消防技术装备

朱曙光　丁　超　编著

合肥工業大學出版社

图书在版编目(CIP)数据

消防技术装备/朱曙光,丁超编著.—合肥:合肥工业大学出版社,2021.12
ISBN 978-7-5650-5383-2

Ⅰ.①消… Ⅱ.①朱…②丁… Ⅲ.①消防设备 Ⅳ.①TU998.13

中国版本图书馆CIP数据核字(2021)第145692号

消防技术装备

朱曙光　丁　超　编著　　　　责任编辑　刘　露

出　版	合肥工业大学出版社	版　次	2021年12月第1版
地　址	合肥市屯溪路193号	印　次	2021年12月第1次印刷
邮　编	230009	开　本	787毫米×1092毫米　1/16
电　话	理工图书出版中心:0551-62903004	印　张	31.5
	营销与储运管理中心:0551-62903198	字　数	690千字
网　址	www.hfutpress.com.cn	印　刷	安徽联众印刷有限公司
E-mail	hfutpress@163.com	发　行	全国新华书店

ISBN 978-7-5650-5383-2　　　　定价:78.00元

如果有影响阅读的印装质量问题,请与出版社营销与储运管理中心联系调换。

《消防技术装备》编委会

前　言

随着我国经济建设和科学技术的高速发展，消防工作面临着前所未有的发展机遇和挑战，消防技术装备领域迎来了良好的发展时机，消防技术装备更新换代加快，新型设备器材层出不穷，大量高科技、新功能、尖端装备不断涌现，为消防救援、执勤保卫等提供了有力保障。为满足高等学校土木建筑类相关专业和消防工程专业教学发展和需要，结合土木建筑类高等本科学校人才培养方案和消防技术装备等专业课程建设的实际情况，在广泛调研和参阅借鉴国内同类优秀教材的基础上，融入新发展和新技术，特编写了本书。

本书编写过程中力求能够及时反映消防工作的新理论、新技术和新标准，突出建筑消防、消防装备教育教学的系统性、可操作性、创新性。本书内容精练，体例新颖，结构合理，顺应建筑消防和消防救援的新时代要求，是一本重在突出专业应用能力培养的教材。本书共包括7章内容，分别为消防概论、建筑防火概论、建筑防火系统与设施、特殊建筑场所灭火系统、建筑灭火救援措施、抢险救援器具和消防设施安装、监测与维护管理。本书可供相关高等院校土木建筑类、安全工程和消防类专业的教学以及基层消防干部、企事业单位专职消防人员的教育培训使用，也可作为土木工程类和消防工程类的工程技术指导书。

在该书的编写过程中，得到了安徽省高校优秀青年人才支持计划重点项目(gxyqZD2016147)和安徽建筑大学引进人才项目(2019QDZ21)的支持，同时参考借鉴了同类图书的相关成果，并获得了相关消防救援部门提供的装备器材影像素材支持，在此谨向有关单位和作者表示深深的感谢。

本书第1章由马鑫、焦艳、朱曙光编写；第2章由王健、胡昊、朱曙光编写；第3章由章瑾、李杨、薛莉娉、丁磊、朱曙光编写；第4章由韦伟、陶涛、朱晓玉、丁超编写；第5章由马鑫、丁超、朱曙光编写；第6章由毛杰、潘法康、陈冰宇、丁超、焦艳编写；第7章由胡昊、朱曙光编写。

全书由安徽建筑大学朱曙光、丁超主编，安徽建筑大学王健、胡昊、章瑾以及安徽水利水电职业技术学院李杨任副主编，朱曙光负责统稿，丁超、朱曙光负责校订。编委成员包括安徽工业大学的丁磊，安徽建筑大学的马鑫、焦艳、韦伟、薛莉娉、毛杰、潘法康、陈冰宇、安徽长之源环境工程有限公司的陶涛、朱晓玉。全书编制过程中，研究生参与了相关工作，名单如下：颜伟康、杜海涛、李云、江云、欧阳匡中、左明明、姜宇、翟苏皖、王志伟、管冰镜、王辉、马少雄、王鑫瑜、吴海维、袁浩、张乔丹、张义悦、陈子威、黄鑫、宋崇崇、袁志伟、盛林、宫皓阳、程运明、张杰、蒙丽、唐卓、张鹏宇、车豪杰、王健、姚尚、张楠、晏子健、程钰峰、王钦章、曹静怡、王星照。

由于编者学识水平和实践经验有限，同时编著时间比较仓促，本书难免存在疏漏和不妥之处，敬请读者和同行批评指正，以便于我们进一步完善和纠正。

编著者

2021 年 11 月

目　录

第 1 章　消防概论

1.1　火灾燃烧基础

火灾是一种在时空上没有受到约束的特殊燃烧现象。因为火灾遵循燃烧过程中的基本规律，为了深入了解火灾的特点，应当对燃烧的机理有一定的了解。燃烧理论中，针对可燃物燃烧的研究主要是围绕工程燃烧展开的。工程燃烧的基本目的是通过燃烧尽可能获得热能并加以利用，是在某种可控条件下对某些类型的燃料形式、燃烧方式和燃烧装置进行研究的。而火灾燃烧是一种非受控燃烧，是在人们所不希望的时间和地点发生的燃烧，因而具有很大的破坏性。因此，火灾燃烧具有许多与工程燃烧不同的特点，研究火灾燃烧时应当更加重视这些特殊性。本章主要结合消防安全的需要，介绍一些相关的基础知识。

1.1.1　燃烧和火灾

1. 燃烧与火焰

可燃物与氧化剂作用发生的放热反应，通常伴有火焰、发光和(或)发烟现象，称为燃烧。燃烧可分为有焰燃烧和无焰燃烧。通常看到的明火都是有焰燃烧；有些固体发生表面燃烧时，有发光发热的现象，但是没有火焰产生，这种燃烧方式则是无焰燃烧。燃烧过程中的化学反应十分复杂，有化合反应、分解反应和复分解反应。多数复杂物质的燃烧，一般都是先受热分解，然后发生氧化反应。燃烧具有化学反应、放热、发光三个特征。

火焰可以由反应混合物(预混)或扩散到一起的反应物(扩散)的反应产生，通常认为火焰是反应物以气相形式存在时形成的。可以将火焰用于气相燃烧，而将火用于所有失控的燃烧。火或燃烧也可表现为因温度变化或催化作用引发的速率失控的放热化学反应。火焰不一定都能观察到，例如用肉眼观察氢气火焰时，由于它是透明的，因此很难看到。火焰还可能处于绝热条件下，此时并不会释放热量，例如发生大火时温度相同的烟尘分布区可能出现这一现象。此外，空气中的氧并不是火或燃烧反应中的唯一氧化剂。

2. 火灾的定义及分类

火灾是指空间或者时间上失去控制的燃烧所造成的灾害。在各种灾害中，火灾是最常见、最普遍的威胁公众安全和社会发展的灾害之一。火灾同样具有失控性、燃烧性和灾害性三个特征。火灾发生的主要原因可归纳为人为的不安全行为(含放火)、物质的不安全状态和工艺技术的缺陷三个方面，其中人的不安全行为是最主要的因素。

火灾根据燃烧对象分为 A 类、B 类、C 类和 D 类等种类。其中，A 类是一般固体物质的火灾，B 类是液体火灾和燃烧时可熔化的某些固体火灾，C 类是气体火灾，D 类是活泼金属(如钾、钠、镁、钛、钾钠合金和镁铝合金),金属氢化物(氢化钠、氢化钾),能自动分解的物质(有机过氧化物、联氨)和自燃的物质(白磷等)。

1.1.2 燃烧和火灾发生条件

燃烧和火灾的发生和发展必须具备三个必要条件,分别是可燃物(如燃料)、助燃物(如氧气)及温度(即足够的热量),三者称为燃烧三要素或"火三角"(Fire Triangle)。当燃烧和火灾发生时,上述三个条件必须同时具备,如果有一个条件不具备,那么燃烧和火灾就不会发生,燃烧"火三角"关系如图1-1所示。

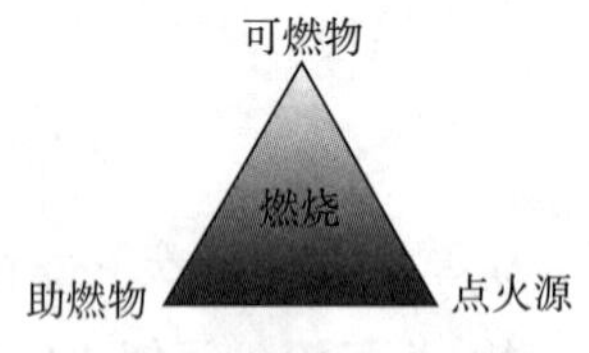

图1-1 燃烧"火三角"关系

1. 可燃物

能与空气中的氧或其他助燃物(氧化剂)起化学反应的物质,均称为可燃物,如木材、煤炭、纸张、石油等。可燃物可分为无机可燃物和有机可燃物两大类;按其所处状态可分为可燃固体、可燃液体和可燃气体三大类;按化学组成分,有单一元素的可燃物(如碳、氢、硫、磷等)和化合物的可燃物(如酒精、甲烷、乙炔等),也有可成混合物状态物质,如液化石油气等。

2. 助燃物

助燃物是指与可燃物结合,能导致和支持燃烧的物质,如空气中的氧气、其他氧化剂等。通常可燃物的燃烧是指在空气中的燃烧。常见的助燃物质除了氧气,还包括一些未列入化学危险物品的氧化剂,还有氯气、高锰酸盐、硝酸盐、过氧化物等。

3. 点火源

点火源是指凡是能够引起可燃物质燃烧的能源。点火源的种类很多,主要有热能、光能、电能、化学能、机械能等,凡是能引起物质燃烧的点燃能源,统称为点火源。常见的点火源有下列几种:

(1)明火。明火指的是生产、生活中的炉火、烛火、吸烟火、机动车辆排气管火星等。

(2)电弧、电火花。电弧、电火花是指电气设备、电气线路、电器开关及漏电打火、静电火花等。

(3)雷击。雷击瞬间高压放电产生的温度能引燃任何可燃物。

(4)高温。高温是指高温加热、烘烤、积热不散、机械设备故障发热、摩擦发热、聚焦发热等。

(5)自然引火源。自然引火源是指在既无明火又无外来热源的情况下,物质本身自行发热、燃烧起火,如白磷;钾钠等金属遇水着火;易燃、可燃物质与氧化剂、过氧化物接触起火等。

具备了上述三个条件,并不意味着燃烧就一定会发生,在必要条件同时具备的情况下,还需要两个充分条件,即:着火源必须具备足够的温度和热量;燃烧的三个必要条件发生相互作用。

综上所述,燃烧必须同时具备可燃物、助燃物、点火源,点火源有足够的能量,且三者相互作用。

研究表明，大部分燃烧和火灾除了具备以上三个条件时，在发生过程中还存在自由基作为中间体。自由基是一种高度活泼的化学基团，能与其他自由基和分子起反应，从而使燃烧按链式反应的形式扩展，也称游离基。多数燃烧反应不是直接进行的，而是通过自由基团和原子这些中间产物瞬间进行的循环链式反应。自由基的循环链式反应是燃烧的本质，燃烧的光和热是物理现象。因此，准确地说，燃烧的条件有4个(如图1-2所示)，即可燃物、助燃物(氧化剂)、点火源(温度)和链式反应自由基。

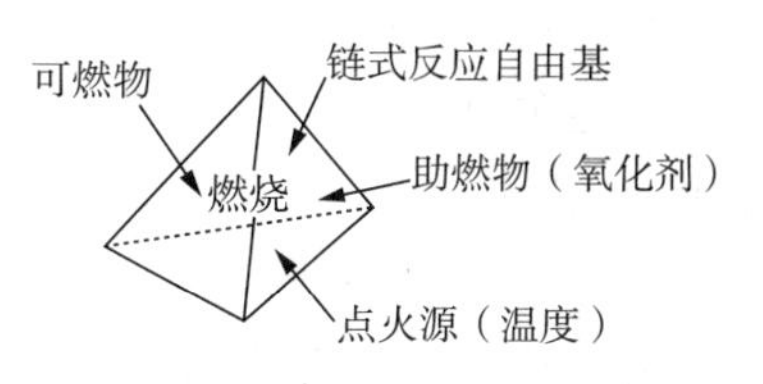

图1-2　燃烧四面体

1.1.3　燃烧分类及特点

1. 闪点、燃点、自燃点

气体、液体、固体物质的燃烧各有特点，通常根据不同燃烧类型，用不同的燃烧性能参数来分别衡量气体、液体、固体可燃物的燃烧特性。

1)闪点

(1)闪点的定义

在规定的试验条件下，液体挥发的蒸气与空气形成的混合物，遇火源能够闪燃液体的最低温度(采用闭杯法测定)，称为闪点。

(2)闪点的意义

闪点是可燃性液体性质的主要标志之一，是衡量液体火灾危险性大小的重要参数。闪点越低，火灾危险性越大；反之，则越小。闪点与可燃性液体的饱和蒸气压有关，饱和蒸气压越高，闪点越低。当液体的温度高于其闪点时，液体随时有可能被火源引燃或发生自燃，若液体的温度低于闪点，则液体是不会发生闪燃的，更不会发生着火。常见的几种易燃或可燃液体的闪点见表1-1所列。

表1-1　常见的几种易燃或可燃液体的闪点

物质名称	闪点(℃)	物质名称	闪点(℃)
汽油	−50	二硫化碳	−30
煤油	38～74	甲醇	11
酒精	12	丙酮	−18
苯	−14	乙醛	−38
乙醚	−45	松节油	35

(3)闪点在消防上的应用

闪点是判断液体火灾危险性大小以及对可燃性液体进行分类的主要依据。可燃性液体的闪点越低，其火灾危险性也越大。例如，汽油的闪点为−50℃，煤油的闪点为38℃～74℃，显然汽油的火灾危险性比煤油大。根据闪点的高低，可以确定生产、加工、储存可燃性液体场所的火灾危险性类别：闪点低于28℃的为甲类；闪点介于28℃～60℃的为乙类；闪点高于60℃的为丙类。

2)燃点

(1)燃点的定义

在规定的试验条件下，应用外部热源使物质表面起火并持续燃烧一定时间所需的最低温度，称为燃点。

(2)常见可燃物的燃点

可燃物的温度没有达到燃点时是不会着火的，物质的燃点越低，越易着火。几种常见可燃物的燃点见表1-2所列。

表1-2 几种常见可燃物的燃点

物质名称	燃点(℃)	物质名称	燃点(℃)
蜡烛	190	棉花	210～255
松香	216	布匹	200
橡胶	120	木材	250～300
纸张	130～230	豆油	220

(3)燃点与闪点的关系

易燃液体的燃点一般高出其闪点1℃～5℃，且闪点越低，这一差值越小，特别是在敞开的容器中，很难将闪点和燃点区分开来。因此，评定这类液体火灾危险性大小时，一般用闪点。对于闪点在100℃以上的可燃液体，闪点和燃点差值达30℃，这类液体一般情况下不易发生闪燃，也不宜用闪点去衡量它们的火灾危险性。固体的火灾危险性大小一般用燃点来衡量。

3)自燃点

(1)自燃点的定义

在规定的条件下，可燃物质产生自燃的最低温度，称为自燃点。在这一温度时，物质与空气(氧)接触，不需要明火的作用，就能发生燃烧。

(2)常见可燃物的自燃点

自燃点是衡量可燃物质受热升温导致自燃危险的依据。可燃物的自燃点越低，发生自燃的危险性就越大。某些常见可燃物在空气中的自燃点见表1-3所列。

表1-3 某些常见可燃物在空气中的自燃点

物质名称	自燃点(℃)	物质名称	自燃点(℃)
氢气	400	丁烷	405
一氧化碳	610	乙醚	160
硫化氢	260	汽油	530～685
乙炔	305	乙醇	423

(3)自燃点变化的规律

不同的可燃物有不同的自燃点,同一种可燃物在不同的条件下自燃点也会发生变化。可燃物的自燃点越低,发生火灾的危险性就越大。

对于液体、气体可燃物,其自燃点受压力、氧浓度、催化、容器的材质和内径等因素的影响。而固体可燃物的自燃点,则受受热熔融、挥发物的数量、固体的颗粒度、受热时间等因素的影响。

2. 燃烧的分类

燃烧的类型可分为闪燃、着火、自燃和爆炸四种类型。

1)闪燃

闪燃是指在一定温度下,易燃或可燃液体(包括能蒸发的少量固体可燃物,如石蜡、樟脑、萘等)表面上产生的蒸汽与空气混合后,达到一定浓度时,遇火源产生的一闪即灭的现象。闪燃往往是着火的先兆。可燃液体闪点越低,火灾危险发生的可能性越大。

2)着火

可燃物质在与空气共存的条件下,当达到某一温度时遇火源接触引起的燃烧,并在火源移开后,仍能继续燃烧,这种持续燃烧的现象叫着火。

3)自燃

可燃物质在空气中没有外来着火源的作用,靠自热或外热发生的燃烧现象叫作自燃。本身自燃:由于可燃物质内部自行发热而发生的燃烧现象,如草垛、煤堆的自燃。受热自燃:可燃物质加热到一定温度时发生的自燃现象,如黄磷的自燃现象。

4)爆炸

按物质产生爆炸的原因和性质不同,通常将爆炸分为物理爆炸、化学爆炸和核爆炸三种。其中,物理爆炸和化学爆炸最为常见。

物理爆炸:主要是由于气体或蒸汽迅速膨胀,压力急剧增加,并大大超过容器所能承受的极限压力,而造成容器爆裂的现象,如气体钢瓶、锅炉等爆炸。

化学爆炸:物质从一种状态迅速转变成另一种状态,并产生大量的热和气体,伴有巨大声响的现象。化学爆炸的速度快(每秒数十米至上千米)、威力强、极具破坏性。可燃气体、液体蒸汽和部分固体可燃物质的粉末与空气混合后,达到一定浓度时,均可以发生化学爆炸。

核爆炸:由于原子核裂变或聚变反应,释放出核能所形成的爆炸。如原子弹、氢弹、中子弹的爆炸都属核爆炸。

3. 燃烧的类型及特点

燃烧类型按燃烧物形态分为三类:气体燃烧、液体燃烧和固体燃烧。

1)气体燃烧

可燃气体的燃烧不需要像固体、液体那样经熔化、蒸发过程,其所需热量仅用于氧化或分解,或将气体加热到燃点,因此容易燃烧且燃烧速度快。根据燃烧前可燃气体与氧混合状况不同，其燃烧方式分为扩散燃烧和预混燃烧。

(1)扩散燃烧

扩散燃烧是边混合边燃烧，如燃气做饭。化学反应速度大于气体混合扩散速度(比如以前家中的煤气罐，除容器密封性保障外，燃烧速度大于气体扩散速度也是保证不会煤气中毒的重要方法之一)，故燃烧速度取决于物理混合速度(取决于慢的那个速度)。其特点是燃烧稳定，扩散火焰不运动，气体混合在可燃气体喷口进行。对于稳定的扩散燃烧，只要控制得好，就不至于造成火灾，一旦发生火灾也较易扑救。

(2)预混燃烧

预混燃烧又称爆炸式燃烧，爆炸反应就属于这种。预混燃烧指可燃气体、蒸汽或粉尘预先同空气(或氧)混合，遇到火源产生带有冲击力的燃烧(如在煤气泄漏的地方点了根烟)。一般在封闭体系中，燃烧放热造成产物体积迅速膨胀，压力升高，压强可达709.1～810.4 kPa。预混燃烧的特点是燃烧反应快，温度高，火焰传播速度快；若预混气体流速大于燃烧速度，则在管中形成稳定的燃烧火焰(如汽灯的燃烧)；若预混气体在管口流速小于燃烧速度，则会发生“回火”。

2)液体燃烧

液体燃烧的本质不是液体在燃烧，而是液体受热时蒸发出来的蒸汽达到燃点燃烧，即蒸发燃烧。故燃烧特性与液体的蒸汽压、闪点、沸点和蒸发速度等性质密切相关。液体燃烧主要分为闪燃和沸溢两种类型。

(1)闪燃。易燃或可燃液体挥发出来的蒸汽分子与空气混合后，达到一定浓度时，遇火源产生一闪即灭的现象。产生这种现象的原因是易燃或可燃液体在闪燃温度下蒸发速度小于燃烧速度，因而一闪就灭，但闪燃却是引起火灾事故的先兆之一(仅因没有达到一定的可燃物量)。

(2)沸溢。以原油为例，原油放置久后会产生油水分离(水在下层)，燃烧中沸程较宽的油产生热波向液体深层运动，热波使油品中的水加热超过沸点而汽化，大量蒸汽在上浮过程中形成油包气的气泡，使液体体积膨胀，向外溢出；同时部分未形成泡沫的油品也被下面的蒸汽膨胀力抛出罐外，使液面猛烈沸腾起来，这种现象即为沸溢。

沸溢有三个形成条件：原油具有形成热波的特性，即沸程宽，比重差大；原油中含乳化水，水遇热波变成蒸气；原油黏度较大，使水蒸气不容易从下向上穿过油层(积聚更猛烈)。

3)固体燃烧

固体燃烧主要分为蒸发燃烧、表面燃烧、分解燃烧、熏烟燃烧四个类型。

(1)蒸发燃烧。可燃固体加热时融化蒸发(或升华)，蒸汽与氧气发生燃烧反应(如石蜡)。

(2)表面燃烧。固体表面氧和物质直接燃烧(属无焰燃烧)又称为异相燃烧(如木炭)。

(3)分解燃烧。加热时先发生热分解，分解出的可燃挥发分子与氧气发生燃烧(如木材、塑料)。

(4)熏烟燃烧。只冒烟而无火焰的燃烧,又称阴燃(如大量堆放的煤、杂草、湿木材)注意阴燃不等于无焰燃烧。其通常发生在空气不流通、加热温度较低、分解出的可燃挥发分子较少或逸散速度较快、含水分较多等条件下。

上述分类的燃烧类型不是绝对的,有些可燃固体的燃烧往往包含两种或两种以上形式。

4. 燃烧的产物

由燃烧或热解作用产生的全部物质,称为燃烧产物,有完全燃烧产物和不完全燃烧产物之分。完全燃烧产物是指可燃物中的C被氧化生成的CO_2(气)、H被氧化生成的H_2O(液)、S被氧化生成的SO_2(气)等。而CO、NH_3、醇类、醛类、醚类等是不完全燃烧产物。燃烧产物的数量、组成等随物质的化学组成及温度、空气的供给情况等的变化而不同。

燃烧产物中的烟主要是燃烧或热解作用所产生的,悬浮于大气中,能被人们看到的极小炭黑粒子直径一般在$10^{-7}\sim10^{-4}$ cm,大直径的粒子容易由烟中落下来称为烟尘或炭黑。炭粒子的形成过程比较复杂。例如,碳氢可燃物在燃烧过程中,会因受热裂解产生一系列中间产物,中间产物还会进一步裂解成更小的碎片,这些小碎片会发生脱氢、聚合、环化等反应,最后形成的石墨化碳粒子构成了烟。

按照构成状态,可将物质分为纯净物和混合物。由一种物质构成的称为纯净物,由不同物质构成的称为混合物。

1)高聚物类的燃烧产物

燃烧产物中有机高分子化合物(简称高聚物),主要是以煤、石油、天然气为原料制得的,如塑料、橡胶、合成纤维、薄膜、胶粘剂和涂料等。其中,塑料、橡胶和纤维是人们熟知的三大合成有机高分子化合物,其应用广泛而且容易燃烧。高聚物在燃烧(或分解)过程中,会产生CO、NO_x、HCl、HF、SO_2及$COCl_2$(光气)等有害气体,对火场人员的生命安全构成极大的威胁。

2)木材和煤的燃烧产物

木材、煤等固体是火灾中最常见的可燃物质。它们是由多种元素组成的、复杂天然高聚物的混合物,成分不单一,并且是非均质的。

(1)木材的燃烧产物

木材的主要成分是纤维素、半纤维素和木质素,主要组成元素是碳、氧、氢和氮。各主要成分在不同温度下分解并释放挥发分,一般为半纤维素200℃~260℃分解,纤维素240℃~350℃分解,木质素280℃~500℃分解。当木材接触火源时,加热到约110℃时就会被干燥并蒸发出极少量的树脂;加热到130℃时开始分解,产物主要是水蒸气和二氧化碳;加热到220℃时分解,开始变色并炭化,分解产物主要是一氧化碳、氢气和碳氢化合物;加热到300℃以上,有形结构开始断裂,在木材表面垂直于纹理方向上木炭层出现小裂纹,这就使挥发物容易通过炭化层表面逸出。随着炭化深度的增加,裂缝逐渐加宽,结果产生“龟裂”现象。此时木材发生剧烈的热分解。

(2)煤的燃烧产物

煤主要由C、H、O、N和S等元素组成。一般情况下,煤受热低于105℃时,主要析出吸留气体和水分;200℃～300℃时开始析出气态产物如CO、CO_2等,煤粒变软成为塑性状态;300℃～550℃时开始析出焦油和CH_4及其同系物、不饱和烃及CO、CO_2等气体;在500℃～750℃时,半焦开始热解,并析出大量含氢较多的气体;760℃～1000℃时,半焦继续热解,析出少量以氢为主的气体,半焦变成高温焦炭。煤热分解产生挥发分的组分及其含量主要取决于煤的炭化程度和温度。炭化程度加深,挥发分析出量减少,但其中可燃组分含量却增多。加热温度越高,挥发分逸出量就越多。

3)金属的燃烧产物

金属的燃烧能力取决于金属本身及其氧化物的物理性质、化学性质。根据熔点和沸点的不同,通常将金属分为挥发金属和不挥发金属。

挥发金属(如Li、Na、K等)在空气中容易着火燃烧,熔融成金属液体,它们的沸点一般低于其氧化物的熔点(K除外),因此在其表面能够生成固体氧化物。由于金属氧化物的多孔性,金属继续被氧化和加热,经过一段时间后,金属被熔化并开始蒸发,蒸发出的蒸气通过多孔的固体氧化物扩散进入空气。

不挥发金属因其氧化物的熔点低于金属的沸点,则在燃烧时熔融金属表面形成一层氧化物。这层氧化物在很大程度上阻碍了金属和氧气的接触,从而减缓了金属被氧化。但这类金属在粉末状、气熔胶状、刨花状时在空气中燃烧进行得很激烈,并且不生成烟。

5. 燃烧的危害

燃烧产物中含有大量的有毒成分,如CO、HCN、SO_2、NO等。这些气体均对人体有不同程度的危害。统计资料表明,火灾中大约75%的死亡人员是由于吸入毒性气体而致死的。常见的有害气体的来源、生理作用及致死浓度见表1-4所列。

表1-4 常见的有害气体的来源、生理作用及致死浓度

来　源	主要的生理作用	短期(10 min)估计致死浓度(ppm)
纺织品、聚丙烯腈尼龙、聚氨酯等物质燃烧时分解的氰化氨(HCN)	一种迅速致死、窒息性毒物	350
纺织物燃烧时产生二氧化氮(NO_2)和其他氨的氧化物	肺的强刺激剂,能引起即刻死亡及滞后性伤害	大于200
木材、纺织品、尼龙燃烧产生的氨气(NH_3)	强刺激性,对眼和鼻有强烈刺激作用	大于1000
PVC电绝缘材料,其他含氨高分子材料及阻燃处理物热分解产生的氯化氨(HCl)	呼吸刺激剂,吸附于微粒上的HCl的潜在危险性较之等量的HCl的气体要大	大于500,气体或微粒存在时

（续表）

来　源	主要的生理作用	短期（10 min）估计致死浓度（ppm）
氟化树脂类及某些含溴阻燃材料热分解产生的含卤酸气体	呼吸刺激剂	约400（HF） 约100（COF_2） 大于500（HBr）
含硫化合物及含硫物质燃烧物质分解产生的二氧化硫（SO_2）	强刺激剂，在远低于致死浓度下即可使人难以忍受	大于500
由聚烯烃和纤维素低温热解（400℃）产生的丙醛	潜在的呼吸刺激剂	30～100

二氧化碳和一氧化碳是燃烧产生的两种主要燃烧产物。其中，二氧化碳虽然无毒，但达到一定浓度时，会刺激人的呼吸中枢，导致呼吸急促、烟气吸入量增加，并且还会引起头痛、神志不清等症状。而一氧化碳是火灾中致死的主要燃烧产物之一，其毒性在于对血液中血红蛋白的高亲和性，其对血红蛋白的亲和力比氧气高出250倍。因此，它能够阻碍人体血液中氧气的输送，引起肌肉调节障碍，导致头痛、虚脱、神志不清等症状的产生。

除毒性之外，燃烧产生的烟气还具有一定的减光性。通常可见光波长（λ）为0.4～0.7 μm，一般火灾烟气中的烟粒子粒径（d）为几微米到几十微米，由于$d>2\lambda$，烟粒子对可见光是不透明的。烟气在火场中弥漫，会严重影响人们的视线，使人们难以辨别火势发展方向和寻找安全疏散路线。同时，烟气中有些气体对人的眼睛有极大的刺激性，使人的能见度降低。

1.1.4 爆炸定义及分类

爆炸是物质从一种状态迅速转变成另一种状态，并在瞬间放出大量能量，产生高温，释放大量气体，同时产生声响的现象。火灾过程有时会发生爆炸，从而对火势的发展及人员安全产生重大影响，爆炸发生后往往又容易引发大面积火灾。

1. 按照爆炸能量来源的分类

1）物理性爆炸

物理性爆炸是由温度、体积和压力等物理变化引起的。在物理性爆炸的前后，爆炸物质的性质及化学成分均不改变。锅炉的爆炸是典型的物理性爆炸，其原因是过热的水迅速蒸发出大量蒸汽，使蒸汽压力不断提高，当压力超过锅炉的极限强度时，就会发生爆炸。又如氧气钢瓶受热升温，引起气体压力增高，当压力超过钢瓶的极限强度时即发生爆炸。发生物理性爆炸时，气体或蒸汽等介质潜藏的能量在瞬间释放出来，会造成巨大的破坏和伤害。上述这些物理性爆炸是蒸汽和气体膨胀力作用的瞬时表现，它们的破坏性取决于蒸汽或气体的压力。

2）化学性爆炸

化学性爆炸是物质在短时间内完成化学变化，形成其他物质，同时产生大量气体和能量的现象。例如，用来制作炸药的硝化棉在爆炸时放出大量热量，同时生成大量气体（CO、CO_2、H_2 和水蒸气等），爆炸时的体积会突然增大 47 万倍，燃烧在几万分之一秒内完成。由于一方面生成大量气体和热量，另一方面燃烧速度又极快，在瞬间生成的大量气体来不及膨胀而分散开，因此仍占据着很小的体积。由于气体的压力同体积成反比，即 $PV=K$（常数），气体的体积越小，压力就越大，而且这个压力产生极快，因而对周围物体的作用就像是急剧的一击，这一击可以击破钢板、岩石等物体。同时，爆炸还会产生强大的冲击波，这种冲击波不仅能推倒建筑物，对在场人员也具有杀伤作用。化学反应的高速度，同时产生大量气体和大量热量，是化学性爆炸的三个基本要素。

2. 按照爆炸反应相的分类

1）气相爆炸

气相爆炸包括：①可燃性气体和助燃性气体混合物的爆炸；②气体的分解爆炸；③液体被喷成雾状物在剧烈燃烧时引起的爆炸，称为喷雾爆炸；④飞扬悬浮于空气中的可燃粉尘引起的爆炸等，具体见表 1-5 所列。

表 1-5　气相爆炸类型

类　别	爆炸原理	举　例
混合气体爆炸	可燃性气体和助燃性气体以适当的浓度混合，由于燃烧波或爆炸波的传播而引起的爆炸	空气和氢气、丙烷、乙醚等混合气的爆炸
气体的分解爆炸	单一气体由于分解反应产生大量的反应热引起的爆炸	乙炔、乙烯、氯乙烯等在分解时引起的爆炸
喷雾爆炸	空气中易燃液体被喷成雾状物在剧烈的燃烧时引起的爆炸	油压机喷出的油珠、喷漆作业引起的爆炸
粉尘爆炸	空气中飞散的易燃性粉尘，由于剧烈燃烧引起的爆炸	空气中飞散的铝粉、镁粉等引起的爆炸

2）液相爆炸

液相爆炸包括聚合爆炸、蒸发爆炸以及由不同液体混合所引起的爆炸。例如硝酸和油脂，液氧和煤粉等混合时引起的爆炸；熔融的矿渣与水接触或钢水包与水接触时，由于过热发生快速蒸发引起的蒸汽爆炸等，见表 1-6 所列。

表 1-6　液相、固相爆炸类型

类　别	爆炸原理	举　例
混合危险物质的爆炸	氧化性物质与还原性物质或其他物质混合引起爆炸	硝酸和油脂、液氧和煤粉、高锰酸钾和浓酸、无水顺丁烯二酸和烧碱等混合时引起的爆炸

（续表）

类　别	爆炸原理	举　例
易爆化合物的爆炸	有机过氧化物、硝基化合物、硝酸酯燃烧引起爆炸和某些化合物的分解反应引起爆炸	丁酮过氧化物、三硝基甲苯、硝基甘油等的爆炸；偶氮化铅、乙炔酮等的爆炸
导线爆炸	在有过载电流流过时，使导线过热，金属迅速汽化而引起爆炸	导线因电流过载而引起的爆炸
蒸汽爆炸	由于过热，发生快速蒸发而引起爆炸	熔融的矿渣与水接触，钢水与水混合爆炸
固相转化时造成爆炸	固相相互转化时放出热量，而造成空气急速膨胀引起爆炸	无定形锑转化成结晶形锑时由于放热而造成爆炸

3)固相爆炸

固相爆炸包括爆炸性化合物及其他爆炸性物质的爆炸(如乙炔铜的爆炸)；导线因电流过载，由于过热，金属迅速汽化而引起的爆炸等。

3. 按照爆炸的瞬时燃烧速度分类

(1)轻爆。物质爆炸时的燃烧速度为每秒数米，爆炸时无多大破坏力，声响也不太大。无烟火药在空气中的快速燃烧，可燃气体混合物在接近爆炸浓度上限或下限时的爆炸即属于此类。

(2)爆炸。物质爆炸时的燃烧速度为每秒十几米至数百米，爆炸时能在爆炸点引起压力激增，有较大的破坏力，有震耳的声响。可燃性气体混合物在多数情况下的爆炸，以及被压火药遇火源引起的爆炸等即属于此类。

(3)爆轰。物质爆炸的燃烧速度为每秒1000～7000 m。爆轰时的特点是突然引起极高压力，并产生超音速的“冲击波”。由于在极短时间内发生的燃烧产物急速膨胀，像活塞一样挤压其周围气体，反应所产生的能量有一部分传给被压缩的气体层，于是形成的冲击波由它本身的能量所支持，迅速传播并能远离爆轰的发源地而独立存在，同时可引起该处的其他爆炸性气体混合物或炸药发生爆炸，从而发生一种“殉爆”现象。

1.1.5　易燃易爆危险品

凡具有爆炸、易燃、毒害、腐蚀、放射性等危险性质，在运输、装卸、生产、使用、储存、保管过程中，于一定条件下能引起燃烧、爆炸，导致人身伤亡和财产损失等事故的化学物品，统称为化学危险物品。目前常见的、用途较广的约有2200种。

我国国家市场监督管理总局先后三次发布了《危险货物品名表》标准，最新版是2012年发布的《危险货物品名表》(GB 12268—2012)，将危险物品分为九个大类，并规定了危险货物的品名和编号。易燃易爆化学物品名录是以燃烧、爆炸为主要特性的压缩气体、液化气体、易燃液体、易燃固体、自燃物品和遇湿易燃物品、氧化剂和有机过氧化物以及毒害品、腐蚀品中部分易燃易爆化学物品。按照该标准，常见易燃易爆物品名录见表1-7所列。

表 1-7 常见易燃易爆物品名录

序号	中文名称(英文名称)	别名	标识符号	备注
1	硫 Sulfur	硫黄	S	—
2	硝酸钾 potassium nitrate	火硝、土硝	KNO_3	—
3	2,4,6-三硝基甲苯 trinitrotoluene	梯恩梯或 茶色炸药	$CH_3C_6H_2(NO_2)_3$	—
4	2,4,6-三硝基苯甲硝胺 2,4,6-trinitrophenyl-methyl nitra mine	特屈儿	$(NO_2)_3C_6H_2N(NO_2)CH_2$	—
5	2,4,7-三硝基芴酮 2,4,7-trinitrofluorenone	—	$C_6H_3(NO_2)COC_6H(NO_2)_2$	—
6	2,4,6-三硝基苯胺 2,4,6-trinitroaniline	苦基胺	$NH_2C_6H_2(NO_2)_3$	—
7	1,3,5-三硝基苯 1,3,5-trinitrobenzene	均三硝基苯	$C_6H_3(NO_2)_3$	—
8	2,4,6-三硝基苯甲酸 2,4,6-trinitrobenzoic acid	三硝基安息香酸	$C_6H_2(NO_2)_3COOH$	—
9	三硝基苯甲醚 trinitroanisole	三硝基茴香醚 苦味酸甲酯	$C_6H_2(OCH_3)(NO_2)_3$	—
10	2,4,6-三硝基苯酚 2,4,6-trinitrophenol	苦味酸	$(NO_2)_3C_6H_2OH$	—
11	2,4,6-三硝基苯酚铵 2,4,6-ammonium tri-nitrophenol	苦味酸铵	$C_6H_2(NO_2)_3ONH_4$	—
12	2,4,6-三硝基氯苯 2,4,6-trinitrochlo-robenzene	苦酰氯苦基氯	$C_6H_2Cl(NO_2)_3$	—
13	三硝基萘 trinitronaphthalene	—	$(NO_2)C_{10}H_5$	—
14	六硝基二苯胺 hexanitrodiphenyl-a mine	二苦基胺 六硝炸药	$(NO_2)_3C_6H_2NHC_6H_2(NO_2)_3$	—
15	2,3,4,6-四硝基苯胺 2,3,4,6-tetranitro-aniline	—	$C_6H(NO_2)_4NH_2$	—
16	环三次甲基三硝胺 cyclotrimethylene-trinitra mine	黑索金 旋风炸药	$C_3H_6N_3(NO_2)_3$	—

（续表）

序　号	中文名称(英文名称)	别　名	标识符号	备　注
17	季戊四醇四硝酸酯 pentaerythrite tetranitrate	泰安喷梯尔	$C(CH_2ONO_2)_4$	—
18	高氯酸 perchloric acid	—	$HClO_4 \cdot 2H_2O$	液体
19	硝化甘油 nitroglycerin	硝酸甘油酯 硝化丙三醇 甘油三硝酸酯	$C_3H_5(ONO_2)_3$	液体
20	硝化淀粉 nitrostarch	—	$[C_6H_7O_2(ONO_2)_3]_n$	粉末
21	硝化纤维素 nitrocellulose	硝化棉	$C_{12}H_{17}(ONO_2)_3O_7$ ~ $C_{12}H_{14}(ONO_2)_6O_7$	—
22	雷酸汞 mercury fulminate	雷汞	$Hg(ONC)_2$	—
23	天那水 thinner	香蕉水、乙酸异戊酯、醋酸异戊酯、香蕉油	—	液体
24	连二亚硫酸钠 sodium hydrosulphite	保险粉	$Na_2S_2O_4$	—
25	黄磷 phosphorus yellow	白磷	P	—
26	红磷 phosphorus red	赤磷	P	—
27	硝酸 nitric acid	—	HNO_3	液体
28	过氧化氢水溶液 hydrogen peroxide	双氧水	H_2O_2	液体
29	硝酸铵 ammonium nitrate	硝铵	NH_4NO_3	—
30	铝粉 aluminum	银粉	Al	—

公安部曾于1994年发布了《易燃易爆化学物品消防安全监督管理办法》(公安部〔1994〕第18号令)，对易燃易爆化学物品的生产、使用、储存、经营、运输的消防监督管理

做了具体规定。易燃易爆化学物品具有较大的火灾危险性，一旦发生灾害事故，往往具有危害大、影响大、损失大、扑救困难等特点。

1.2 建筑火灾

1.2.1 建筑火灾的分类与特点

建筑物是指供人们生活、学习、工作、居住，以及从事生产和文化活动的房屋。其他如水池、水塔、烟囱、堤坝以及各种管道支架等称为构筑物。

建筑物火灾，简称建筑火灾，是最常见的火灾，占日常火灾总数的90%以上。因此，加强建筑火灾研究，对提高建筑火灾扑救能力至关重要。

建筑火灾与其他火灾相比，具有火势蔓延迅速、扑救困难、容易造成人员伤亡事故和经济损失严重的特点。

1. 火灾扑救困难

由于建筑物的面积较大，垂直高度较高，一旦着火，扑救难度较大。从总体上讲，目前城市的消防力量是有限的，尤其是中小城市，消防的整体力量还难以满足大型建筑重大火灾的扑救。另外，消防设备的供水能力、登高工作高度也难以满足高层建筑的消防要求。我国目前使用较多的消防车能直接供水扑救的工作高度约为24 m，其设备和器材难以保证高层建筑的消防需要。

2. 火势蔓延迅速

由于烟气流的流动和风力的作用，建筑火灾的火势蔓延速度非常迅速。发生火灾时产生的大量烟和热会形成炽热的烟气流，烟气流的流动方向往往就是火势蔓延的方向，烟气流的流动速度决定了火势蔓延速度。烟气的流动主要与火灾现场的发热量有关。发热量越大，烟气温度越高，流动的速度也就越快；发热量越小，烟气温度越低，流动的速度也就越慢。另外，烟气的流动还和建筑高度、建筑结构形式、周围温度、建筑内有无通风空调系统等因素有关。风也是助长火势蔓延的重要因素，风力越大，火势蔓延速度越快。同一建筑物的不同高度在同一时间内所受风力的大小是不相同的，离地面越高，所受风力越大。

3. 容易造成人员伤亡事故

建筑物一旦着火，火灾现场就会产生大量的烟尘和各种有毒有害的气体。这些烟尘和有毒有害的气体对人体危害很大，而且流动的速度很快，一旦充满安全出口，就会严重阻碍人们的疏散，进而造成人员伤亡事故。火灾案例表明，在火灾伤亡事故中，被烟气熏死人数的占死亡人数的半数左右，有时高达70%～80%。

4. 经济损失严重

在各种火灾中，发生概率最高、损失最为严重的当属建筑火灾。建筑火灾所造成的损失不仅是建筑本身的价值，而且还包括建筑内各种物质的经济损失。

火灾不仅伤及生命，也给人类物质文化造成毁灭性损失。每年都有约100万人死于火灾或火灾引发的疾病，我国每年有近3000人在火灾中丧生，火灾对人的主要危害是火灾产生的热辐射和燃烧产生的毒气，可很快致人死亡。人类许多文化遗产、宝贵财富在火灾中化为灰烬，这些损失是无法补偿的，因此无法估量它们的价值。我国每年的火灾损失达到200亿元人民币，间接损失也无法估量。

1.2.2　建筑火灾概况

通常情况下，建筑火灾都有一个由小到大、由发展到熄灭的过程，其发生、发展直至熄灭的过程在不同的环境下会呈现不同的特点。本节主要介绍建筑火灾的传热基础、烟气蔓延途径、室内火灾发展的主要阶段。

1. 建筑火灾的传热基础

热量传递有三种基本方式，即热传导、热对流和热辐射。建筑火灾中，燃烧物质所放出的热能通常是通过以上述三种方式来传播，并影响火势蔓延扩大趋势。热传播的形式与起火点、建筑材料、物质的燃烧性能和可燃物的数量等因素有关。

1)热传导

热传导又称导热，属于接触传热，是连续介质就地传递热量而又没有各部分之间相对的宏观位移的一种传热方式。从微观角度讲，之所以发生导热现象，是由于微观粒子(分子、原子或它们的组成部分)的碰撞、转动和振动等热运动而引起能量从高温部分传向低温部分。在固体内部，只能依靠导热的方式传热；在流体中，尽管也有导热现象发生，但通常被对流运动所掩盖。不同物质的导热能力各异，通常用热导率，即单位温度的梯度的热通量来表示物质的导热能力。同种物质的热导率也会因材料的结构、密度、温度等因素的变化而变化。典型常用材料的热导率和密度见表1-8所列。

表1-8　典型常用材料的热导率和密度

材　料	热导率/[W/(m·K)]	密度/(kg/m^3)	材　料	热导率/[W/(m·K)]	密度/(kg/m^3)
树	387	8940	黄松	0.14	640
低碳钢	45.8	7850	石棉板	0.15	577
混凝土	0.8～1.4	1900～2000	纤维绝缘板	0.041	229
玻璃(板)	0.76	2700	聚氨酯泡沫	0.034	20
石膏涂层	0.48	1440	普通砖	0.69	1600
有机玻璃	0.19	1190	空气	0.026	1.1

对于起火的场所，热导率大的物体，由于能受到高温作用迅速加热，又会很快地把热能传导出去，在这种情况下就可能引起没有直接受到火焰作用的可燃物质发生燃烧，有利于火势传播和蔓延。

2)热对流

热对流又称对流，是指流体各部分之间发生相对位移，冷热流体相互掺混引起热量传递的方式。热对流中热量的传递与流体流动有密切的关系。当然，由于流体中存在温度差，所以也必然存在导热现象，但导热在整个传热中处于次要地位。工程上，常把具有相对位移的流体与所接触的固体表面之间的热传递过程称为对流换热。建筑发生火灾的过程中，一般来说，通风孔面积越大，热对流的速度越快；通风孔洞所处位置越高，对流速度越快。热对流对初期火灾发展起重要作用。

3）热辐射

辐射是物体通过电磁波来传递能量的方式。热辐射是因物体本身热量的原因而发出辐射能的现象。辐射换热是物体间以辐射的方式进行的热量传递。与导热和对流不同的是，热辐射在传递能量时不需要互相接触即可进行，所以它是一种非接触传递能量的方式，即使是高度稀薄的太空，热辐射也能照常进行。最典型的例子是太阳向地球表面传递热量的过程。

火场上的火焰、烟雾都能辐射热能，辐射热能的强弱取决于燃烧物质的热值和火焰温度。物质热值越大，火焰温度越高，热辐射也越强。辐射热作用于附近的物体上，能否引起可燃物质着火，要看热源的温度、距离和角度。

2. 建筑火灾的烟气蔓延

建筑发生火灾时，烟气流动的方向通常是火势蔓延的一个主要方向。通常，500℃以上热烟所到之处，遇到的可燃物都有可能被引燃起火。

1）烟气的扩散路线

建筑火灾中产生的高温烟气，其密度比冷空气小，由于浮力作用向上升起，遇到水平楼板或顶棚时，改为水平方向继续流动，这就形成了烟气的水平扩散。这时，如果高温烟气的温度不降低，那么上层将是高温烟气，而下层是常温空气，形成明显分离的两个层流流动。实际上，烟气在流动扩散过程中，一方面总有冷空气掺混，另一方面受到楼板、顶棚等建筑围护结构的冷却，温度逐渐下降。沿水平方向流动扩散的烟气碰到四周围护结构时，进一步被冷却并向下流动。逐渐冷却的烟气和冷空气流向燃烧区，形成了室内的自然对流，火越烧越旺，如图 1-3 所示。

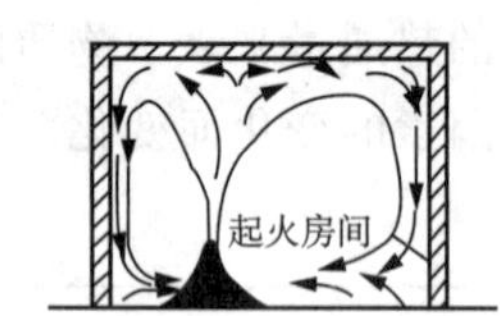

图 1-3　着火房间的自然对流

通常烟气扩散水平流动速度较小，在火灾初期为 0.1～0.3 m/s，在火灾中期为 0.5～0.8 m/s。烟气在垂直方向的扩散流动速度较大，通常为 1～5 m/s。在楼梯间或管道竖井中，由于烟囱效应产生的抽力，烟气上升流动速度更大，可达 6～8 m/s，甚至更大。

当高层建筑发生火灾时，烟气在其内的流动扩散一般有三条路线：第一条，也是最主要的一条，是着火房间→走廊→楼梯间→上部各楼层→室外；第二条是着火房间→室外；第三条是着火房间→相邻上层房间→室外。

2）烟气流动的驱动力

烟气流动的驱动力包括火风压、室内外温差引起的烟囱效应、外界风的作用、通风空调系统的影响等。

（1）火风压

火风压是指建筑物内发生火灾时，在起火房间内，由于温度上升，气体迅速膨胀，对楼板和四壁形成的压力。火风压的影响主要在起火房间，如果火风压大于进风口的压力，则大量的烟火将通过外墙窗口，由室外向上蔓延；若火风压等于或小于进风口的压力，则烟火便全部从内部蔓延，当它进入楼梯间、电梯井、管道井、电缆井等竖向孔道以后，会大大加强烟囱效应。

(2)烟囱效应

当建筑物内外的温度不同时，室内外空气的密度随之出现差别，这将引发浮力驱动的流动。如果室内空气温度高于室外，则室内空气将发生向上运动，建筑物越高，这种流动越强。竖井是发生这种现象的主要场合。在竖井中，由于浮力作用产生的气体运动十分显著，通常称这种现象为烟囱效应。在火灾过程中，烟囱效应是造成烟气向上蔓延的主要因素。

烟囱效应和火风压不同，它能影响全楼。多数情况下，建筑物内的温度大于室外温度，所以室内气流总的方向是自下而上，即正烟囱效应。起火层的位置越低，影响的层数越多。在正烟囱效应下，若火灾发生在中性面(室内压力等于室外压力的一个理论分界面)以下的楼层，火灾产生的烟气进入竖井后会沿竖井上升，一旦升到中性面以上，烟气不单可由竖井上部的开口流出来，也可进入建筑物上部与竖井相连的楼层；若中性面以上的楼层起火，当火势较弱时，由烟囱效应产生的空气流动可限制烟气流进竖井，如果着火层的燃烧强烈，热烟气的浮力足以克服竖井内的烟囱效应，仍可进入竖井而继续向上蔓延。因此，对高层建筑中的楼梯间、电梯井、管道井、天井、电缆井、排气道、中庭等竖向孔道，如果防火处理不当，就形同一座高耸的烟囱，强大的抽吸力将使火沿着竖向孔道迅速蔓延。

(3)外界风的作用

风的存在可在建筑物的周围产生压力分布，而这种压力分布能够影响建筑物内的烟气流动。建筑物外部的压力分布受到多种因素的影响，其中包括风的速度和方向、建筑物的高度和几何形状等。风的影响往往可以超过其他驱动烟气运动的力(自然和人工)。一般来说，风朝着建筑物吹过来会在建筑物的迎风侧产生较高滞止压力，这可增强建筑物内的烟气向下风方向的流动。

3)烟气蔓延的途径

火灾时，建筑内烟气呈水平流动和垂直流动。蔓延的途径主要有：内墙门，洞口，外墙门，窗口，房间隔墙，空心结构，闷顶，楼梯间，各种竖井管道，楼板上的孔洞及穿越楼板、墙壁的管线和缝隙等。对主体为耐火结构的建筑来说，造成蔓延的主要原因有：未设有效的防火分区，火灾在未受限制的条件下蔓延；洞口处的分隔处理不完善，火灾穿越防火分隔区域蔓延；防火隔墙和房间隔墙未砌至顶板，火灾在吊顶内部空间蔓延；采用可燃构件与装饰物，火灾通过可燃的隔墙、吊顶、地毯等蔓延。

(1)孔洞开口蔓延

在建筑内部，火灾可以通过一些开口来实现水平蔓延，如可燃的木质户门、无水幕保护的普通卷帘、未用不燃材料封堵的管道穿孔处等。此外，发生火灾时，一些防火设施未能正常启动，如防火卷帘因卷帘箱开口、导轨等受热变形，或因卷帘下方堆放物品，或因无人操作手动启动装置等导致无法正常放下，同样造成火灾蔓延。

(2)穿越墙壁的管线和缝隙蔓延

室内发生火灾时，室内上半部处于较高压力状态下，该部位穿越墙壁的管线和缝隙，很容易把火焰、高温烟气传播出去，造成蔓延。此外，穿过房间的金属管线在火灾高温的作用下，往往会通过热传导方式将热量传到相邻房间或区域一侧，使与管线接触的可燃物起火。

(3)闷顶内蔓延

由于烟火是向上升腾的，因此顶棚上的入孔、通风口等都是烟火进入的通道。闷顶内往往没有防火分隔墙，空间大，很容易造成火灾水平蔓延，并通过内部孔洞再向四周的房间蔓延。

(4)外墙面蔓延

在外墙面，高温热烟气流会促使火焰蹿出窗口向上层蔓延。一方面，由于火焰与外墙面之间的空气受热逃逸形成负压，周围冷空气的压力致使烟火贴墙面而上，使火蔓延到上一层；另一方面，由于火焰贴附外墙面向上蔓延，致使热量透过墙体引燃起火层上面一层房间内的可燃物。建筑物外墙窗口的形状、大小对火势蔓延有很大影响。

3. 室内火灾发展的主要阶段

建筑火灾最初发生在建筑物内的某个房间或局部区域，然后蔓延到相邻房间或区域，最后扩散到整个建筑物和相邻建筑物，因此，建筑火灾一般是在某个受限空间内进行的。

为了研究受限空间内火灾的发展过程，规定在长、宽、高的比例相差不大、体积约100 m^3的室内测量获得室内火灾温度-时间曲线，其示意图如图 1－4 所示。图中曲线 A 表示可燃固体火灾温度-时间曲线，曲线 B 表示可燃液体及热融塑料火灾温度-时间曲线。为了便于比较和重复，各国都制定了自己标准的室内火灾温度-时间曲线值。根据室内火灾温度随时间变化的特点，将火灾发展过程分为三个阶段：初起阶段，发展阶段和熄灭阶段。

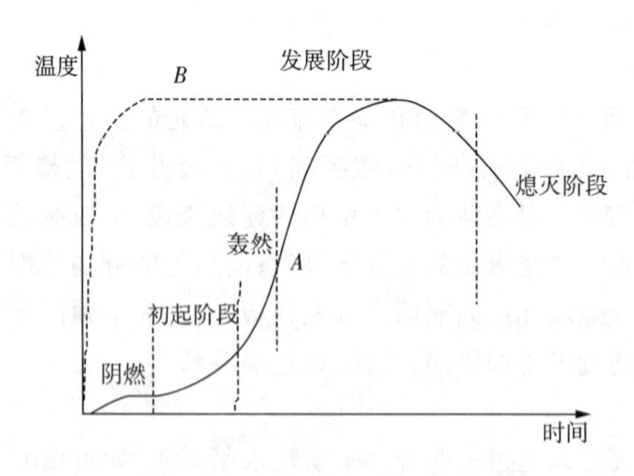

图 1－4　室内火灾温度-时间曲线

1)初起阶段

室内发生火灾后，最初只是起火部位及其周围可燃物着火燃烧，这时火灾好像是在敞开空间里燃烧一样。这种局部燃烧形成之后，由于可燃物数量不多，烧完后自行熄灭；或供给氧气不足，燃烧呈阴燃状态；或者受通风供氧条件的支配，以很慢的燃烧速度继续燃烧;如果有足够的可燃物质,又有良好的通风条件,则火灾迅速发展到整个房间,使室内火灾进入猛烈燃烧的发展阶段。初起阶段的特点是火灾燃烧范围不大,室内平均温度较低,火灾蔓延速度较慢,此时是灭火的最有利时机,应争取在此期间内,尽早发现火灾,及时扑灭火灾,达到起火不成灾的目标。

2)发展阶段

在火灾初起阶段后期,火灾范围迅速扩大,当火灾房间温度达到一定值时,积聚在房间内的可燃性气体突然起火,使整个房间都充满火焰,房间内所有可燃物表面部分都卷入燃烧之中,燃烧很猛烈,温度升高很快。这种房间内由局部燃烧向全室性燃烧过渡的现象称为轰燃。轰燃是室内火灾最显著的特征之一,它标志火灾发展阶段的开始。人们若在轰燃之前还没有从室内逃出,则很难幸存。轰燃发生后,房间内所有可燃物都在猛烈燃烧,放热速度很快,室内温度急剧上升,并持续高温,室内最高温度可达 1100℃左右。火焰、高温烟气从房间的开口大量喷出,把火灾蔓延到建筑物的其他部分。室内高温还对建筑物构件产生热作用,使建筑物构件的承载能力下降,甚至造成建筑物局部或整体倒塌的现象。

3)熄灭阶段

在火灾发展阶段后期,随着室内可燃物数量的不断减少,其挥发物质也不断减少,火灾的燃烧速度递减,温度逐渐下降。当室内平均温度降到最高温度值的 80%时,则认为火灾进入熄灭阶段。随后,室内温度明显下降,直到把房间内的全部可燃物烧光,室内外温度趋于一致,才宣告火灾结束。

图 1-4 中曲线 B 表示可燃液体及热融塑料火灾的温升速率很快,在相当短的时间内,温度可达到 1000℃左右。着火区面积不变,即形成固定面积的池火,则火灾基本上按正常速率燃烧。若形成流淌火,燃烧强度将迅速增大。这种火灾几乎没有多少探测时间,供初期灭火的时间也很有限,加上室内迅速出现高温,极易对人和建筑物造成严重危害。因此防止和扑救这类火灾还应采取一些特别的措施。贮油罐发生火灾,由于火焰在油层深度方向的热辐射、热对流以及通过罐壁和油层的热传导,使油品下部的积水层逐渐达到沸腾,燃烧着的油品从贮罐中喷溅出来,形成巨大的火柱,这就是扬沸现象。扬沸使得火灾迅速蔓延,造成巨大的损失,因此,发生火灾时,应设法防止这种现象的发生。

1.3　灭火原理及灭火介质

1.3.1　灭火的基本原理

火是人们日常生活和生产中不可缺少的,但是,火一旦失去控制,就会造成财产的损失和人员的伤亡,酿成灾害。为了防止火灾的发生,人们采取了各种积极的预防措施,然而火灾总是不可完全避免的。

为防止火势失去控制,继续扩大燃烧而造成灾害,需要采取一定的方式将火扑灭,通常有以下几种方法,这些方法的根本原理是破坏燃烧条件。由燃烧所必须具备的几个基本条件可以得知,灭火就是破坏燃烧条件使燃烧反应终止的过程。其基本原理归纳为以下四个方面:隔离、窒息、冷却和化学抑制。

1. 隔离法(把可燃物与空气隔离开来)

既然燃烧是可燃物与空气两种物质的化学反应,那么将两者隔开,即可中止燃烧。例如,用石墨粉覆盖在燃烧的金属上,把金属与空气隔离开来,金属的燃烧就会熄灭。灭火泡沫像一层厚厚的毡毯覆盖在燃烧液体或固体的表面上,在冷却作用的同时,把可燃物与空气以及火焰隔离开去,火焰失去了燃料来源,随之就会熄灭。

2. 窒息法(减少空气中氧的含量)

各种可燃物的燃烧,都存在一个维持燃烧所需的最低氧浓度,当空气中的氧气低于此浓度时,燃烧就不能进行。各种物质由于其燃烧性能不同,维持其燃烧的最低氧浓度也不同。几种典型物质停止燃烧的最高含氧量见表1-9所列。

表1-9　几种典型物质停止燃烧的最高含氧量

物质名称	停止燃烧的最高含氧量(V%)	物质名称	停止燃烧的最高含氧量(V%)
汽油	14.4	乙醚	12.0
乙醇	15.0	橡胶屑	13.0
煤油	15.0	棉花	8.0
丙酮	13.0	氢	5.9

空气中氧气的浓度按体积计约21%,这种浓度足以维持绝大多数可燃物的燃烧。如果用对燃烧呈惰性的气体,例如二氧化碳、水蒸气、氮气等来稀释空气,使空气中的含氧量降到维持燃烧的最低氧浓度以下,燃烧就会熄灭。

3. 冷却法(降低燃烧物质的温度)

一般可燃物之所以能够持续燃烧,就是因为在火焰或热的作用下,达到或超过了各自的燃点温度,在此温度下,通过热解或蒸发能够产生足以维持燃烧的气体或蒸气。如果将可燃物冷却到其燃点温度以下,并隔绝外来的热源,它就不能产生足以维持燃烧的气体或蒸气,燃烧反应就会被迫中止。

水具有很大的比热容和很高的汽化潜热,用水扑救一般固体物质火灾,主要就是通过冷却作用来实现的。当把水喷洒到灼热的燃烧表面时,水在与燃烧物接触的过程中,通过被加热和汽化,就会大量吸收燃烧物的热量,使燃烧物的温度大大降低冷却到其燃点温度下而最终停止燃烧。

4. 化学抑制法(抑制燃烧链锁反应的进行)

物质的有焰燃烧都是通过链锁反应来进行的。在碳氢化合物燃烧的火焰中,维持其链锁反应的自由基主要是H、OH和O。通常,对于含氢的化合物,燃烧速度取决于火焰中OH自由基的浓度和反应的压力;对于不含氢的燃烧物,燃烧速度取决于火焰中O自由基的浓度。因此,如果能够有效地抑制自由基的产生或者能够迅速降低火焰中H、OH、O等自由基的浓度,那么燃烧就会中止。卤代烷灭火剂在火焰的高温作用下产生的Br、Cl自由基,都是扑获H、OH、O等自由基的能手,从而导致火焰的熄灭。

以上四种灭火方法，也就是各种灭火剂的四种主要的灭火机理或灭火作用。不同的灭火剂有其不同的灭火作用。同一种灭火剂在灭火时，往往不是一种因素单独起作用，而是几种因素联合作用的结果。但是，其中必有一种因素起主要灭火作用。例如，水的主要灭火作用是冷却作用；泡沫、金属灭火剂的主要灭火作用是隔离作用；二氧化碳、水蒸气的主要灭火作用是窒息作用；干粉、卤代烷的主要灭火作用是化学抑制作用。

1.3.2　常见的灭火介质

现代灭火剂的发展很快，不仅在品种上日趋繁多，能够扑救各种火灾，而且在质量上不断提高，向着高效、低毒和通用的方向发展。目前，我国常用的灭火剂种类有水、泡沫灭火剂、干粉灭火剂、二氧化碳气体灭火剂、卤代烷灭火剂五种。

1. 水

水是自然界中分布最广、最廉价的灭火剂。由于水具有较高的比热(4.186 J/g·℃)和潜化热(2260 J/g)，因此在灭火中其冷却作用十分明显，其灭火机理主要依靠冷却和窒息作用进行灭火。水灭火剂的主要缺点是产生水渍损失和造成污染、不能用于带电火灾的扑救。

2. 泡沫灭火剂

泡沫灭火剂是通过与水混溶、采用机械或化学反应的方法产生泡沫的灭火剂，一般由化学物质、水解蛋白或由表面活性剂和其他添加剂的水溶液组成，通常有化学泡沫灭火剂、空气机械烷基泡沫灭火剂、洗涤剂泡沫灭火剂。泡沫灭火剂的灭火机理主要是冷却、窒息作用，即在着火的燃烧物表面上形成一个连续的泡沫层，通过泡沫本身和所析出的混合液对燃烧物表面进行冷却，以及通过泡沫层的覆盖作用使燃烧物与氧隔绝而灭火。泡沫灭火剂的主要缺点是水渍损失和造成污染、不能用于带电火灾的扑救。

目前，在灭火系统中使用的泡沫主要是空气机械烷基泡沫。按发泡倍数可分为三种：发泡倍数在 20 倍以下的称为低倍数泡沫；在 21～200 倍的称为中倍数泡沫；在 201～1000倍的称为高倍数泡沫。

3. 干粉灭火剂

干粉灭火剂是用于灭火的干燥、易于流动的微细粉末，由具有灭火效能的无机盐和少量的添加剂经干燥、粉碎、混合而成的微细固体粉末组成。其主要是使用化学抑制和窒息作用灭火。除扑救金属火灾的专用干粉灭火剂外，常用干粉灭火剂一般分为 BC 干粉灭火剂和 ABC 干粉灭火剂两大类，如碳酸氢钠干粉、改性钠盐干粉、磷酸二氢铵干粉、磷酸氢二铵干粉、磷酸干粉等。

干粉灭火剂主要通过在加压气体的作用下喷出的粉雾与火焰接触、混合时发生的物理、化学作用灭火。一是靠干粉中的无机盐的挥发性分解物与燃烧过程中燃烧物质所产生的自由基或活性基发生化学抑制和负化学催化作用，使燃烧的链式反应中断而灭火；二是靠干粉的粉末落到可燃物表面上，发生化学反应，并在高温作用下形成一层覆盖层，从而隔绝氧窒息灭火。干粉灭火剂的主要缺点是对精密仪器火灾易造成污染。

4. 二氧化碳气体灭火剂

二氧化碳在自然界中的存在也较为广泛，价格低、获取容易，其灭火主要依靠窒息作用和部分冷却作用。主要缺点是灭火需要浓度高，会使人员受到窒息毒害。二氧化碳是一种惰性气体，具有不燃烧、不助燃的性质，所以在燃烧区内稀释空气，减少空气的含氧量，从而降低燃烧强度。当二氧化碳在空气中的浓度达到30%～35%时，就能使燃烧熄灭。

5. 卤代烷灭火剂

卤代烷接触高温表面或火焰时，分解产生的活性自由基，通过溴和氟等卤素氢化物的负化学催化作用和化学净化作用，大量捕捉、消耗燃烧链式反应中产生的自由基，破坏和抑制燃烧的链式反应，而迅速将火焰扑灭；其是靠化学抑制作用灭火，同时还有部分稀释氧和冷却作用。卤代烷灭火剂的主要缺点是破坏臭氧层。目前常用的卤代烷灭火剂有1211和1301两种。1211灭火剂的分子式为CF_2ClBr，是目前国内使用量最大的一种卤代烷灭火剂。1211灭火剂是一种低沸点的液化气体，具有灭火效力高、毒性低、腐蚀性小、久储不变质、灭火后不留痕迹、不污染被保护物、电绝缘性能好等优点，但其化学稳定性较好，对大气中臭氧层破坏较严重，为此国际上已开始淘汰使用，我国也在2010年后淘汰使用。1301灭火剂的毒性较低，在卤代烷灭火剂中毒性是较低的一种，可在有人状态下使用，但1301的稳定性比1211灭火剂更好，对大气中臭氧层的破坏更大，因此也是要被取代的产品。

1.4 消防发展史

1.4.1 我国古代消防发展史

火对人类发展有着巨大的贡献。古人发明用火，是第一次能源的发现，从此结束了茹毛饮血的野蛮生活。它是关系到人类生存、发展、繁衍的大事。燧人氏教民钻木取火。西方流传火的传播者是普罗米修斯。然而自从火的出现，火灾的阴影始终伴随身后，人类抗御火灾经历以及人与自然不断协调的过程共同组成一个人与火的历史。

“消防”一词系日本语，在江户时代开始出现这个词。最早见于享保九年(清雍正二年，1724年)武州新仓郡的《王人帐前书》中有发生火灾时，村中的“消防就赶到”的记载。到明治初期(清同治十二年，1873年)“消防”一词开始普及。但“消防”的根在中国。日本的文字是由中国的汉字演变而来，汉字早在西晋太康五年(284年)就开始传入日本。“消防”一词不仅字形与汉字完全相同，字义也无差别。

火灾与消防是一个非常古老的命题。在各类自然火灾中，火灾是一种不受时间、空间限制且发生频率很高的灾害。这种灾害随着人类用火的历史而伴生；以防范和治理火灾的消防工作(古称“火政”)也就应运而生，与人类结下了不解之缘，并将永远伴随着人类社会的发展而日臻完美。

中国消防历史之悠久，从已发现的史实来看，可以说在世界范围内是无与伦比的。《甲骨文合集》刊载的第583版、第584版两条涂朱的甲骨卜辞，记录了公元前1339—

1281 年商代武丁时期，奴隶夜间放火焚烧奴隶主的三座粮食仓库。这是有文字以来最早的火灾记录。

面对防范和治理火灾，古代的思想家、政治家、法家和史家，一向十分重视。

春秋早期，齐国宰相管仲把消防作为关系国家贫富的五件大事之一，提出了“修火宪”的主张；春秋晚期，儒家的创始人孔子在《春秋》及其后世门人所撰的《左传》中记载了火灾 23 次，数量之多，居所记各类灾害的前列，开创国史记载火灾的先河。

战国思想家墨子在《墨子》一书中，在防范和治理火灾方面提出许多独到的主张。他在《备城门》《杂守》《迎敌祠》等篇中提出许多防火技术措施，既在设置、建造等方面有具体要求，又有明确的数字规定，这是我国早期消防技术规范的萌芽。

我们祖先在同火灾做斗争的长期实践中，积累了丰富的经验。这种经验的科学概括最早见于《周易》：“水在火上，既济。君子以思患而预防之。”东汉史学家荀悦在《申鉴·杂言》中进一步明确提出“防为上，救次之，诫为下”的防患于未然的思想。

西汉武帝建元六年（公元前 135 年）夏四月，汉高祖的陵寝发生火灾，汉武帝颁布了一种虔诚的自我谴责的第一道“罪己诏”。以后历史王朝的皇帝，继承这一做法。明永乐十八年（1420 年），皇宫三大殿发生火灾后，明成祖在“罪己诏”中以极其沉痛的心情对治国安民的十二个方面进行深刻反省。清乾隆有关火灾的“上谕”，仅《中国火灾大典》收录的就达 54 次，为历代皇帝之最。在嘉庆二年（1797 年）十月二十一日，乾清宫不慎失火，此时乾隆已是 87 岁的太上皇，但他仍承担了主要责任，在“罪已诏”中说“皆朕之过，非皇帝之过”。“御灾防患”是各级地方长官职责所在，并大力推行“火政”。像汉代成都太守廉范、唐代岭南节度使杜预、永州司马柳宗元、宋代户县知县陈希亮、明代徽州知府何歆等，因大力推行“火政”，造福人民，“民感之”。清朝林则徐，每到一地，发生火灾，必到场参加扑救，为人们称颂。

据《汉书》记载，西汉长安“每街一亭”，设有 16 个街亭；东汉洛阳城内二十四街，共有 24 个街亭。这又称都亭，相当于现在的警察局，可以驻扎军警，兼有治安防火之需。唐代长安，没有亭，而是建有“武侯铺”的治安消防组织，分布城市各坊，大城门 100 人，大坊 30 人；小城门 20 人，小坊 5 人，受左右金吾下属左右翊府领导，在全城形成一个治安消防网络系统。唐代开始用皮袋、溅筒灭火。北宋开封“每坊三百步有军巡铺一所，铺兵五人”，显然是唐代“武侯铺”制度的继承和发展。在宋朝，管理公众事务的消防治理中最突出的成就在于诞生了世界上第一支由国家建立的城市消防队。这种城市消防队，无论是组织形式还是本质，与今天的城市消防队都有着惊人的相似之处。这支国家消防队创建于北宋开封，完善于南宋临安，到淳祐十二年（1252 年），临安已有消防队 20 隅，7 队，总计 5100 人，有望火楼 10 座。元代正史中未见有“军巡铺”的记载，但在《马可波罗游记中》却有与“军巡铺”完全相同的“遮阴哨所”。而明朝内外皇城则设有“红铺”112 处，每铺官军 10 人。这些虽然各异，但它们都是城市基层的治安消防机构，相当于今天的公安派出所或警亭。

中国古代的消防，作为社会治安的一个方面，没有独立分离出来设置专门的机构。从汉代中央管理机构的“二千石曹尚书”和京城的“执金吾”开始，均“主水火盗贼”，或“司非常水炎”“擒讨奸猾”。消防机构同治安机构始终在一起，也就是水火盗贼不分家。这种始终一体的治安消防体制直到社会分工已相当细化的今天，尽管我国的消防治理已有相当独立的管理范围，但就国家体制而言，消防治理同维护社会治安的各项工作仍由公安部门统一管理，这是中国的一种历史传统。

1.4.2 我国消防发展近现代史

中国近代，随着经济、社会的发展，火灾发生的次数也随之增加，而消防治理、消防技术随之与时俱进，不断发展。

中国现代的消防队制度始建于晚清。1868年，香港成立了中国地区最早的现代消防队，成员是当时招募的志愿者。内地第一支消防队，是在八国联军攻占天津后才出现的。意大利在天津租界组织起一支官办救火队，随后英租界也组织了天津志愿消防队。1902年，清朝政府在天津成立南段巡警总局后，租界消防队移交清政府管理，改称南段巡警总局消防队，成为中国第一支现代意义的消防队。次年，清政府在北京也组建了消防警察队。其后，国内的哈尔滨、保定、南京、昆明、广州、沈阳、长沙等城市也相继组建了地方的消防队，这些消防队均由当地警察厅或警察局直接管辖。1905年，清政府成立巡警部，下设五个司和一个部属消防队，部属消防队专司救火。1906年，改巡警部为民政部，消防队仍属民政部直辖。

新中国成立之后，我国的消防体制总共经历了6次变革：1949年10月至1965年5月，实行职业制时期。各级公安机关建立了专门的消防机构，公安部于1955年10月成立了消防局，各地陆续组建了公安消防队。1965年5月至1969年3月，为改义务兵役制时期。1965年1月15日，国防部、公安部、内务部、财政部、国家编委联合发通知指出：全国公安消防队伍自1965年5月1日起实行义务兵役制，服役期限为五年。实行义务兵役制后，公安消防部队单列编制，由国家行政经费开支。1969年3月至1973年12月，为由军队代管时期。自1969年3月25日开始，消防部队由省军区、军分区或警备区代管。服役期由5年改为3年。这个时期，消防工作推进缓慢。1973年12月至1976年10月，为重归公安机关管理时期。自1973年12月1日起，公安消防队伍由公安机关统一领导，公安消防队伍的征兵退伍，随同全国年度征兵命令由省军区、军分区或警备区一并负责代征代退。消防民警提为干部时，办理退伍手续，转为公安干部。消防民警的服役年限由3年改为5年。公安消防队伍单列编制，仍由行政经费开支。1976年10月—1982年12月，消防工作恢复时期。国务院、中央军委决定消防中队干部实行现役制，使队伍的正规化建设向前迈进了一步。1983年1月至2018年，纳入武警序列时期。1982年6月19日公安消防部队归属于人民武装警察部队，同时又是公安机关的一个警种，执行《中国人民解放军共同条例》和《兵役法》《现役军官法》，享受现役军人同等待遇，可以说既是军人也是警察。2018年以后，纳入应急管理部时期。2018年3月13日，国务院提请审议机构改革方案议案，公安消防部队、武警森林部队转制，与安全生产等应急救援队伍一并作为综合性常备应急骨干力量，由新组建的应急管理部管理。

1.4.3 我国消防技术的发展

1. 消防技术历程

清代末年，我国从西欧、日本等国引进了消防警察的体质和一些近代消防技术，并经历了 20 世纪初兴起的民族工业进程的相关改善，我国消防事业同世界上经济发达国家相比，仍然普及推广得十分缓慢。

新中国建立后，消防事业逐步走向振兴的道路。消防监督机构形成了比较完整的系列和网络，并且形成了由公安消防部队、企业专职消防队和群众义务消防队等多种形式消防队伍组成的消防力量体系，消防实力逐步增强。经济社会发展带来的巨大消防安全需求和科学技术的不断进步，推动了火灾科学和消防技术的长足发展。19 世纪末 20 世纪初，电气控制技术与水力学的发展，促进了自动洒水灭火系统的出现和灭火控制技术的应用。20 世纪 40 年代以后，控制燃烧系统预测技术的显著进展，使得消防工程工具逐步得到应用。20 世纪 60 年代至 70 年代，世界范围内一系列灾难性的高层建筑火灾极大地促进了对高层建筑中烟气运动规律的研究，更为系统化的人身安全设计方法在建筑设计中得到应用。20 世纪 80 年代后期，旨在提高消防投资效益、扩大国际贸易和促进新材料使用的性能化设计方法开始得到研究和应用，并涌现了大量用于分析和评价火灾风险的火灾模型。20 世纪 90 年代左右，在消防基础薄弱、经济迅速发展、人口不断增多的情况下，我国火灾发生率(每 10 万人口发生火灾的次数)、火灾伤亡率(每 10 万人口因火灾死亡、受伤的人数)和火灾造成的经济损失在国民生产总值中所占的比例，多年来保持在比较低的水平。

20 世纪 90 年代以来，中国开展了火灾探测报警与灭火技术、建筑耐火性能和防火技术、火灾模化技术及性能化消防安全设计、城市消防规划与灭火救援、消防标准化、火灾动力学演化与防治基础等方面的研究，并重点进行了高层建筑火灾预防与扑救技术、地下与大空间建筑火灾预防及控制技术、城市火灾与重大化学火灾事故防范与控制技术等项目研究，在解决高层建筑、地下与大空间建筑、城市火灾的特性、预防与控制火灾新技术以及消防工程新技术的综合应用上取得了积极的成果。

我国高度重视科学技术在提高火灾防控能力，保护人民生命安全和公私财产中的重要作用。半个多世纪尤其改革开放以来，中国的火灾科学和消防技术经历了从无到有、从填补国内空白到追赶国际先进水平、从实验科学研究到计算机模拟和理论模型研究，从单一学科研究到多学科联合研究，从国内合作研究到国际合作研究等发展阶段，基本改变了过去中国消防科技基础薄弱、消防产品技术落后和主要消防装备依赖进口的状态，研究开发出大量科技成果，建成了一支具有较强创新能力的跨行业、跨部门的专业化消防科技队伍，研制了一批具有国际水平的实验设施，进行了大量火灾实体实验研究，主要研究领域与国外的差距进一步缩小，主要产品与装备的国产化水平显著提高，部分研究成果和技术已经接近或达到国际先进水平。科学技术在火灾预防、灭火救援、消防标准化、火灾调查、产品检测、宣传教育、训练演习、消防队伍建设等各领域得到广泛应用，显著提升了全社会预防和抗御火灾的整体水平。消防科学技术已成为消防事业发展的有力支撑和强大动力。

随着消防技术的发展，未来消防工作主要从以下三个方面着手：一是加强基础研究，重视学科建设。如火灾科学技术研究，火灾事故安全评估系统，救援装备技术及救援系统理论，消防员及被困人员火灾现场的生理、心理及行为特征的研究等。二是创新发展绿色消防技术。主要针对燃烧和扑灭火灾过程中对环境造成的污染和破坏。绿色消防技术是一种新的需要创新性思维的环保理念、消防理念,如细水雾灭火消防技术等。三是加强消防教育和社会宣传,提高全民消防意识;防患于未然,是对消防理念最好的诠释。

2. 建筑耐火性能与防火技术

建筑耐火性能与防火技术方面的研究主要包括建筑构(配)件耐火性能和建筑结构抗火失效过程的理论计算与实验分析、建筑火灾烟气毒性和火场防排烟技术以及防火阻燃技术等方面。

20 世纪 80 年代中期以来,性能化消防设计作为一种新型的工程设计方法得到了迅速发展。20 世纪 90 年代,关于材料与组件的火灾特性、测试方法和燃烧机理方面的研究逐步开展,并对普通建筑、中庭建筑、大空间建筑和地下建筑的火灾蔓延规律、烟气流动特性及其计算机模拟技术、人员疏散安全评估技术等进行了一些探索性研究,初步建立了大型复杂建筑火灾蔓延模型、烟气流动模型和人员疏散模型。这些研究成果为进一步开展复杂建筑物消防安全性能化设计的研究工作奠定了必备的基础。在建筑物性能化防火设计方法方面,目前我国已对几十个超大型工程项目采用性能化方法进行了消防安全设计。

在材料产烟毒性试验方法方面,我国开发了以材料充分产烟且无火焰情况下进行小鼠 30 分钟染毒并观察 3 天的简化评价以及简易的按等比级数划分材料产烟毒性危险级别的方法,建立了“火灾毒性烟气制取方法”“材料产烟毒性分级”和“评价火灾烟气毒性危险的动物试验方法”等标准。在防火阻燃技术领域,以纳米 Mg - Al - LDHs 为阻燃剂、APP 为协效阻燃剂,采用混炼技术制备了阻燃性聚苯乙烯/Mg - Al 型 LDHs 系列纳米复合材料,开发了 SCB 超薄膨胀型钢结构防火涂料,SWB、SWH 室外钢结构防火涂料,GF 有机防火涂料和 SF 无机防火堵料等产品。

在防治火灾的众多措施中,首先,依法治火,通过法律约束人们的行为,规范各种工作方法、程序,出台各种技术标准、规范,指导人们在各种活动中积极预防火灾的发生,这包括建筑防火设计,各种消防器材设施的配备等;其次,科学治火,不断提高防火治火的科学技术水平,引导人们用先进的手段防火,例如采用阻燃材料,可以减少火灾发生后产生的毒气,减缓火灾发展的速度,从而减少对人生命财产的威胁;再次,提高民众的防火意识,要不断提高我国居民的消防意识,提升群众的消防安全认识水平,在火灾中能有效保护自己的生命安全,并能有效地抢救自己的财产不受火灾威胁,同时要加强消防工程技术人员和消防专业工作者的教育,使他们能成为防治火灾的核心力量;最后,构建一支强大的消防队伍,中国约有 17 万现役消防军人,另约有 20 万政府专职消防员,是同火灾做斗争的主力军,要不断提高他们的装备水平,加强对他们的教育和训练,使他们能在有效保护自己的前提下,尽快尽早地将火扑灭。

防火的源头可从消防规划设计考量。城市火灾是发生在特定时间和空间中,多在城市建筑内。在漫长的社会发展过程中,人类充分认识到了火灾蔓延,特别是火灾发展的一些基本规律,所以就产生了城市消防规划和建筑防火设计,也就是在建设前,把防火的内容考虑进去。在规划城市、建筑的时候，经过这么一道工序，就会先天性地加强抗御火灾的能力。例如，一栋建筑与另一栋建筑之间，留好防火间距和消防通道，楼梯、走道留到足够的宽度，以备发生火灾时人们逃生疏散。

城市消防规划是防火的第一阶段。城市消防规划是城市总体规划中的一项重要的专项规划。消防规划的根本任务就是对城市总体消防安全布局和消防站、消防给水、消防通信、消防车通道等城市公共消防设施和消防装备进行统筹规划并提出实施意见和措施，为城市消防安全布局和公共消防设施以及消防装备的建设提供科学合理的依据。

建筑防火设计是建筑活动中的一部分，世界上许多国家对建筑活动的技术控制，采取的是技术法规和技术标准相结合的管理体制。技术法规是强制性的，是把建筑活动中的技术要求法制化，严格贯彻在工程建设实际工作中。这种管理体制，由于技术法规的数量比较少、重点内容比较突出，因而执行起来就比较明确和方便，不仅能够满足政府行政管理的需要，而且也不会给建筑技术的发展和进步造成障碍。

阻燃是防火的第二阶段。顾名思义，阻燃是阻止燃烧，就是让原本可以燃烧的物质变成不能燃烧的。随着合成材料工业的发展，塑料、橡胶、纤维、涂料等已广泛应用于电子工业、交通运输、通信电缆、建筑、家具等领域。由于这些材料大多数是易燃的，燃烧后又不易扑灭，因此，往往会造成损失较大的火灾事故。为了降低合成材料的易燃性、防止火灾事故、减少经济损失，最简单的方法是加入阻燃剂。在塑料的所有助剂中，阻燃剂的应用占第二位，仅次于增塑剂。阻燃剂根据其在合成树脂中的形态分为反应型和添加型两类。所谓反应型就是将阻燃剂和被阻燃物（如聚酯的单体）按一定方式和比例混合，并使其发生化学反应，然后再配料加工成各种阻燃制品；所谓添加型，是阻燃剂和被阻燃物之间不发生化学反应，仅仅是一种单纯的混合与分散过程。

防火材料是第三阶段。就是在材料是可以燃烧的条件下，用来控制燃烧或者烟气的一种技术措施。这些东西很多，种类庞杂。比如，建筑里面用来防止火势蔓延扩大的防火门、防火窗、防火卷帘，施工当中用的防火涂料、防火堵料等。这些产品很重要，虽然在建筑里面可能是很小的一部分，但是在有效阻止火灾和火灾烟气方面作用巨大。美国商务部国家标准与技术研究所在“9·11”恐怖袭击中倒塌的世贸大厦研究后发现，如果飞机的撞击没有破坏大厦内的防火材料，火焰就会逐渐熄灭，也就不可能破坏大楼的主体结构。

防火工程是第四阶段。这些设备常常自成体系，主要是指自动喷水灭火系统、消火栓系统和火灾自动报警系统。自动喷水灭火系统是公认的最为有效的灭火设施，是应用最广、用量最大的自动灭火系统。美国纽约对 1969—1978 年 1648 起高层建筑喷水灭火案例统计，高层办公楼灭火成功率为 98.4%，其他高层建筑为 97.7%；澳大利亚和新西兰，从 1886—1968 年，安装自动喷水灭火系统的建筑物共发生火灾 5734 次，灭火成功率达 99.8%。实践证明，自动喷水灭火系统安全可靠、经济实用、灭火成功率高。当然也有一些其他灭火系统，例如在计算机机房用的 CO_2 灭火系统等。防火工程是直接针对火灾的，所以应用的领域也很广泛。

除以上防范性措施，还有消防器材。消防器材可能算是最大众化的消防产品，比如灭火器、安全指示标志等，还有家用燃气报警器等，消防器材在民间覆盖面很广，使用频率很高。

最后一道防线就是消防队和消防应急装备，是防范扑救最后的手段。在火灾发生时，首先，要把自救放在首位，其次才是等待消防救援。消防应急装备的配置也极大影响了消防救援效率。消防装备是提高消防队整体作战水平的重要因素。消防装备是消防救援场所使用的各种灭火器和消防车以及配套使用的消防装备的总称。消防装备配置的合理性和有效性是决定消防工作有序发展的重要因素、重要指标。灭火救援装备是消防部队战斗力的重要组成部分，优良的消防装备是消防灭火成功的重要保证，消防部队时刻准备与火灾作战。消防概念诞生以来，各国就科学配置救火装备，以最大限度提升消防部队的作战能力，在保障人们生产、生活的安全过程中扮演重要角色，使社会经济发展免受毁灭性火灾的影响，优化消防装备配置是当前重要的课题。

3. 城市消防规划与消防标准

城市消防规划，实际上是城市消防建设计划，是一项政策性很强的综合性技术工作。城市消防规划管理是市政建设和市政管理的重要组成部分。它的主要内容包括：城市消防安全总体布局规划、重点区域消防规划、消防站（队）规划、市政公用消防设施规划、消防通信及指挥系统规划、历史文化遗产保护消防规划、社会救援规划等内容。

据统计，截至 2020 年初，我国有设市城市 686 个，其中，直辖市 4 个、特别行政区 2 个、地级市 293 个、县级市 387 个，此外，我国还有建制镇 21297 个，城市建设取得了辉煌的成就。但是，在城市建设快速发展的同时，城市火灾危害也呈上升趋势。据统计，城市火灾往往占火灾总数的近一半。初步估计，2020 年全国共接报火灾 25.2 万起，死亡 1183 人，受伤 775 人，直接财产损失 40.09 亿元。与 2019 年相比，火灾四项指数分别下降 1.4%、13.6%、12.8%和 0.5%，在火灾总量与上年接近持平的情况下，伤亡人数明显减少。20 世纪 80 年代，平均每年发生火灾 3 万多起，直接财产损失 3.2 亿元；而进入 90 年代以后，每年发生火灾 18 万多起，比 80 年代平均数翻了两番多，直接财产损失达到 15 亿元之多，是 80 年代平均数的近 5 倍，这些火灾主要发生在城市（镇），城市火灾形势不容乐观。

各城市编制消防规划大多参照 1989 年公安部、建设部、国家计划委员会、财政部联合公布的城市消防规划建设管理规定中关于城市消防安全布局和消防站、消防给水、消防车通道、消防通信等公共消防设施，应纳入城市规划，与其他市政基础设施统一规划、统一设计、统一建设的要求，结合城市自身编制的。

城市规划的重点是：消防工作是城市市政建设和市政管理的重要组成部分。市人民政府建设和市政管理中，要统筹规划，认真做好城市消防建设。结合城市市政规划，要妥善规划市政消防设施。新建的市区，必须按照城市规划法、消防条例，以及有关的消防规范标准，设置相应的消防通道、消防给水管网、消防水源和消防站等。新建的企业、事业单位和居民住宅，必须符合消防防火规范要求。对不符合要求的旧城区的消防设施，要结合城市的改建、扩建加以改造。

近年来，中国开展了城市公共安全规划与应急预案编制及其关键技术方面的研究。

“城市区域火灾风险评估与消防规划技术”的研究结果提出了我国城市消防规划的内容、技术指标要求和编制规划的流程与方法，得出了扑救城市居住区、商业区、商业与居住混合区一次火灾的消防水流量；提出城市消防给水系统应具备的供水能力和优化的配置与布局方法；运用城市区域火灾风险评估技术和消防资源的优化配置方法完成了《城市消防规划技术指南》的编制。在城市灭火救援力量优化布局方法与技术研究方面，中国学者采用离散定位-分配模型(Discrete Location-Allocation Model)，利用集合覆盖(Set Covering)法，最大覆盖(Maximal Covering)法以及P中值(P-median)法，提出了基于城市区域火灾风险等级的城市消防站优化布局方法和区域灭火救援装备及人员优化配置方法；通过引入最不利火灾规划场景(WCPS，Worst Case Planning Scenarios)的概念，提出了区域灭火救援装备及人员需求模型，并开发了城市灭火救援力量优化布局实用软件。城市火灾与其他灾害事故等级划分方法和灭火救援力量出动方案编制技术的研究，首次对城市火灾和其他火灾事故进行了分类分级，建立了灭火救援力量等级出动概念。

自1988年全国消防标准化技术委员会成立以来，中国的消防标准化工作有了长足的进展，大量的研究成果已经成为标准和规范制定的科学依据。目前，已制定各类消防标准和行业标准289项，主要包括消防行业基础技术标准、工程建设消防专业通用标准、消防产品专业通用标准和消防管理专业通用标准等方面。已编制、实施消防技术规范达28项，包括建筑工程防火设计和各类消防设施设计、施工及验收等多方面内容。2005年9月，沈阳消防研究所编制的《消防联动控制标准》作为新标准列入了ISO/TC21/SC3技术委员会的建议草案。2006年，国家颁布了《城市消防站建设标准》以来，各大城市地区的消防救火装备配置得到很大程度的增强，重点单位、学校、商场、办公大楼都严格执行消防装备配置标准；消防部队也增强装备品质，大大增加了消防站数量。

1.4.4 我国消防科学技术展望

21世纪头二十年，是我国发展的重要阶段，各项社会事业蓬勃发展，全面建成小康社会把提升公共安全水平提升上了更突出的位置。在经济建设和社会生活发生显著变化的形势下，非传统消防安全问题凸显，现代火灾呈现出许多新的特点。我们将以科技进步为动力，努力加快消防事业的发展，切实解决日益增长的社会消防安全需求与相对匮乏的消防资源之间的矛盾，不断提高社会防控火灾的能力和公共消防安全水平，使生活在中国的每一个人都享有更高水平的消防安全保障。

1. 注重火灾动力学理论和火灾风险理论的研究与应用

消防安全是一个复杂的系统，火灾的复杂性和燃烧理论的不完善使得消防科技还处于一种有待走向成熟的状态。20世纪70年代以来，燃烧理论、科学计算技术、非线性动力学理论、系统安全原理、宏观与小尺度动态测量技术、信息技术的迅速发展，为系统地研究复杂的火灾问题提供了理论支持和技术手段。我们将深入开展火灾机理、火灾动力学理论和火灾风险评价方法的研究，把可燃物热解动力学与火灾早期特性的研究、复合材料与阻燃材料火灾特性的研究、轰燃与回燃等特殊火行为的机理研究、阴燃及其向明火转化机理的研究、单一房间与复杂特殊环境下火灾蔓延与烟气流动的动力学演化模型及理论研究系统化;开发拥有自主知识产权的火灾模化技术,建立符合我国国情的可靠火灾风险评估体系;通过对公众聚集场所、大型公共建筑、易燃易爆危险品单位、地铁及城市交通隧道等高风险场所火灾烟气排放与控制技术、烟气优化管理技术、烟气危险性评估方法与人员疏散技术的研究,开发火灾风险评估技术和工程工具,将其应用于人员安全疏散设计、消防安全管理和公众教育上,以改善建(构)筑物的消防安全状况,减少火灾中的人员伤亡,最大限度地预防和遏制群死群伤火灾的发生;以建筑火灾虚拟现实和仿真技术应用研究推动对火灾科学试验新手段的开发,为火灾基础理论研究、复杂或常规条件下的火灾过程计算、消防指挥决策、灾害后果分析、消防队员训练、公民安全意识教育等提供先进的研究手段和技术条件。

2. 推进城市区域火灾风险和消防安全保障能力评估技术研究

对城市防治重特大火灾和其他灾害事故的能力进行整体规划、系统研究。引入并发展火灾动力学理论和火灾风险理论,对城市区域火灾危险性、重大危险源火灾危险性、重特大火灾和化学事故进行研究和评估;并与城市消防供水、站点、人员、装备等相关因子耦合,开展城市消防规划、安全布局、消防供水、消防响应时间和消防力量等的优化配置研究,提高城市防控火灾的整体水平。

3. 研制开发新型消防设施及其工程应用技术

建立城市消防重点保护单位的火灾自动报警系统网络监控中心,与消防指挥中心联网,形成城市应对各类灾害事故的监测、预警和应急联动综合平台。进一步加强火灾早期的多信号感知与智能识别技术、火灾探测器响应模型、建筑消防联动优化集成及控制模型、气体灭火系统工程应用评价方法、细水雾灭火系统工程应用、高层建设避难层正压送风效能、特殊建筑机械排烟补同量、新型防火阻燃技术与材料等多方面的研究和技术开发。重点研究开发高效、低毒、纳米阻燃材料、复合防火材料、绿色环保及适用于特殊场所和用途的新型防火材料和防火涂料。

4. 加快消防装备与器材的现代化

消防装备与器材的开发应向新型高效、节水、环保、智能、人性化和多功能集成的方向发展。研究开发灭火、救援和化学处置所必需的新型个人防护装备;研究开发适用于各类场所,具有灭火、防化、洗消及抢险救援等功能的各种新型消防车;研究开发适用于地铁、隧道等特殊场所的灭火救援技术装备;研究开发可应用于危险场合的具有火场侦察、化学侦检、灭火、堵漏、洗消、输转等功能的消防机器人;研究开发空中灭火救援技术及配套装备;开展消防装备优化配置与战斗编成的研究;开展化学侦检传感器、智能头盔、智能搜救器材和轻质高效破拆器具等研究。

5. 进行建筑结构耐火性能评价与抗火设计技术研究

为了有效避免火灾中建筑物坍塌所造成的人员伤亡,需要开展建筑结构耐火性能评价与抗火设计技术研究。其主要内容包括:①热与力综合作用下建筑结构受损坍塌的模拟预测、提高建筑结构耐火性能的方法和建筑结构耐火性能的评价方法;②建立钢结构防火保护系统评估方法、防火涂料的安全性能评估方法,进行新型结构、构件的耐火性能研究；③大跨度空间钢结构建筑火灾升温模型与抗火设计方法研究；④建筑结构火灾灾难性坍塌的机理及规律研究。

6. 开展人在火场中的行为特征研究

火灾与人类行为相互关系的研究随着性能化消防规范的出现和对计算机疏散模型的需求而得到迅速发展。为最大限度地避免和降低火灾造成的人员伤亡，我们将进行不同建筑中人员行为模式特征、居住人员特征分类、疏散模型、疏散场景想定、疏散设计和社区消防安全预案等重点研究，开发大型公共建筑人员疏散模拟技术、考虑火灾中人员的个体和群体心理反应，建立智能化人群疏散模型。

7. 发展完善火灾数据库

火灾发生的随机性和火灾动力学规律的确定性，客观上要求不断发展完善火灾统计数据库、材料燃烧特性数据库、人在火场中的行为特征数据库、消防系统效能数据库等不同类型的火灾数据库。

8. 开展消防经济学与性能化消防工程方法的研究

无论是为了以最低的成本保证一定的消防安全水平还是以一定的投入提供更好的消防安全保障，消防安全的成本效益都是一个核心问题。为了在火灾风险与消防投入之间找到一个社会可以接受的平衡点，就必须要进行消防经济学与性能化消防工程的研究。

第2章　建筑防火概论

2.1　建筑火灾基础

2.1.1　建筑火灾的原因

随着经济建设的发展、城镇化规模的扩大、人民物质文化生活水平的提高，人们在生产和生活中用火用电，用易燃物、可燃物以及采用具有火灾危险性的设备、工艺逐渐增多，因而发生火灾的危险性也相应地增大，火灾发生的次数以及造成的财产损失、人员伤亡呈现上升的趋势。伦敦高层公寓兰格菲尔塔火灾如图2-1所示。

图2-1　伦敦高层公寓兰格菲尔塔火灾

建筑起火的主要原因有以下几个方面。

1. 生活和生产用火不慎

城乡居民家庭火灾绝大多数为生活用火不慎引起。属于这类火灾的有：吸烟不慎、炊事用火不慎、取暖用火不慎、灯火照明不慎、儿童玩火、燃放烟花爆竹不慎、宗教活动用火不慎等。

生产用火不慎涉及内容较多。如用明火熔化沥青、石蜡或熬制动、植物油时，因超过其自燃点，着火成灾；在烘烤木板、烟叶等可燃物时，因升温过高，引起烘烤的可燃物起火成灾；对锅炉中排出的炽热炉渣处理不当，引燃周围的可燃物等。

2. 违反生产安全制度

由于违反生产安全制度引起火灾的情况很多。如在易燃易爆的车间内动用明火，引起爆炸起火；将性质相抵触的物品混存在一起，引起燃烧爆炸；在用电、气焊焊接和切割时，没有采取相应的防火措施，而酿成火灾；在机器运转过程中，不按时加油润滑或没有清除附在机器轴承上面的杂物、废物，而使机器这些部位摩擦发热，引起附着物燃烧起火；电熨斗放在台板上，没有切断电源就离去，导致电熨斗过热，将台板烤燃引起火灾；化工生产设备失修，发生可燃气体、易燃可燃液体跑、冒、滴、漏现象，遇到明火燃烧或爆炸。

3. 电气设备设计、安装、使用及维护不当

电气设备引起火灾的原因，主要有电气设备过负荷、电气线路接头接触不良、电气线路短路等。如照明灯具设置使用不当，将功率较大的灯泡安装在木板、纸等可燃物附近，将日光灯的镇流器安装在可燃基座上，以及用纸或布做灯罩紧贴在灯泡表面，抑或在易燃易爆的车间内使用非防爆型的电动机、灯具、开关等。

4. 自燃现象引起

(1)自燃。自燃是指在没有任何明火的情况下，物质受空气氧化或外界温度、湿度的影响，经过较长时间的发热和蓄热，逐渐达到自燃点而发生燃烧的现象。如大量堆积在库房里的油布、油纸，因为通风不好，内部发热，以致积热不散发生自燃。

(2)雷击。雷电引起的火灾原因，大体上有三种：一是雷直接击在建筑物上发生的热效应、机械效应作用等；二是雷电产生的静电感应作用和电磁感应作用；三是高电位沿着电气线路或金属管道系统侵入建筑物内部。在雷击较多的地区，建筑物上如果没有设置可靠的防雷保护设施，便有可能发生雷击起火事件。

(3)静电。静电通常是由摩擦、撞击而产生的。因静电放电引起的火灾事故较为常见，如易燃、可燃液体在塑料管中流动，由于摩擦产生静电，引起易燃、可燃液体燃烧爆炸；输送易燃液体流速过大，无导除静电设施或者导除静电设施不良，致使大量静电荷积聚，产生火花引起爆炸起火；在有大量爆炸性混合气体存在的地点，身上穿着的化纤织物的摩擦、塑料鞋底与地面的摩擦产生的静电，引起爆炸性混合气体爆炸等。

(4)地震。地震发生时，人们急于疏散，往往来不及切断电源、熄灭炉火以及处理好易燃、易爆生产装备和危险物品等，因而会导致各种火灾发生。

5. 纵火

纵火是指故意放火和恶意烧毁或企图烧毁任何属于别人的建筑物或财产，或烧毁自己财产的行为。纵火分刑事犯罪纵火及精神病人纵火。

6. 建筑布局不合理，建筑材料选用不当

在建筑布局方面，防火间距不符合消防安全要求，没有考虑风向、地势等因素对火灾蔓延的影响，往往会造成火灾时“火烧连营”的局面，形成大面积火灾。在建筑构造、装修方面，大量采用可燃、易燃装修材料和可燃构件，极大程度地增加了建筑火灾发生的可能性。

2.1.2　建筑火灾的危害

建筑在为人们的生产、生活和工作、学习创造良好环境的同时，也存在着各种火灾隐

患，稍有不慎，就可能引发火灾，给城镇建设和群众生活带来极大的灾难和不幸。据统计，通常建筑火灾次数占火灾总数的70%以上，造成的人员死亡和直接财产损失分别占火灾死亡总人数和直接财产总损失的80%和85%以上。建筑火灾具有空间上的广泛性、时间上的突发性、成因上的复杂性、防治上的局限性等特点，其发生在人类生产、生活活动中，是由自然因素、人为因素、社会因素的综合效应作用而造成的非纯自然的灾害事故。建筑火灾的危害性主要表现在危害人员生命、造成经济损失、破坏文明成果、影响社会稳定等。

2.1.3 建筑防火的原理和技术方法

建筑防火原理是根据社会群体行为的规律和后果，采取相应的技术手段，实现控制建筑火灾发生，达到避免和减少火灾对人的生命以及财产造成危害的目的，满足人们对建筑消防安全的需要。具体地说，就是根据建筑工程的建设目标，遵循火灾发生和社会经济发展的客观规律，运用工程技术和经济方法，依据国家和地方的消防技术标准、规范和其他有关标准、规范，针对建筑的使用性质和火灾防控特点，从消防安全角度进行综合、系统的设计。建筑防火的技术方法主要有：

1. 总平面布置

建筑的总平面布置要满足城市规划和消防安全的要求。一是要根据建筑物的使用性质、生产经营规模、建筑高度、建筑体积及火灾危险性等，从周围环境、地势条件、主导风向等方面综合考虑，合理选择建筑物位置。二是要根据实际需要，合理划分生产区、储存区(包括露天存储区)、生产辅助设施区、行政办公区和生活福利区等。同一企业内，若有不同火灾危险的生产建筑，则应尽量将火灾危险性相同的或相近的建筑集中布置，以利于采取防火防爆措施，便于安全管理。三是为防止火灾因传导热、对流热、辐射热影响而导致火势向相邻建筑或同一建筑的其他空间蔓延扩大，并为火灾扑救创造有利条件，在总平面布置中，应合理确定各类建(构)筑物、堆场、贮罐、电力设施及电力线路之间的防火安全距离。四是要根据各建筑物的使用性质、规模、火灾危险性，考虑扑救火灾时所必需的消防车通道、消防水源和消防扑救面。

2. 建筑结构防火

建筑结构的安全是整个建筑的生命线，也是建筑防火的基础。建筑物的耐火等级是研究建筑防火措施、规定不同用途建筑物需采取相应防火措施的基本依据。在建筑防火设计中，正确选择和确定建筑的耐火等级，是防止建筑火灾发生和阻止火势蔓延扩大的一项治本措施。对于建筑物应选择哪一级耐火等级，应根据建筑物的使用性质和规模及其在使用中的火灾危险性来确定，如性质重要、规模较大、存放贵重物资，或大型公共建筑，或工作使用环境有较大火灾危险性的，应采用较高的耐火等级；反之，可选择较低的耐火等级。当遇到某些建筑构件的耐火极限和燃烧性能达不到规范的要求时，可采取适当的方法加以解决。常用的方法主要有：适当增加构件的截面积；对钢筋混凝土构件增加保护层厚度；在构件表面涂覆防火涂料做耐火保护层；对钢梁、钢屋架及木结构做耐火吊顶和防火保护层包敷等。

3. 建筑材料防火

不少建筑材料是可以燃烧的，特别是大多数天然高分子材料和合成高分子材料都具有可燃性，而且这些建筑材料在燃烧后往往产生大量的烟雾和有毒气体，给火灾扑救和人员疏散造成严重威胁。为了预防火灾的发生，或阻止、延缓火灾的发展，最大限度地降低火灾危害，必须对可燃建筑材料的使用及其燃烧性能进行有效的控制。建筑材料防火就是根据国家的消防技术标准、规范，针对建筑的使用性质和不同部位，合理地选用建筑的防火材料，从而保护火灾中的受困人员免受或少受高温有毒烟气侵害，争取更多可用疏散时间的重要措施。建筑材料防火应当遵循的原则主要是：控制建筑材料中可燃物数量，受条件限制或装修特殊要求，必须使用可燃材料的，应当对材料进行阻燃处理；与电气线路或发热物体接触的材料应采用不燃材料或进行阻燃处理；楼梯间、管道井等竖向通道和供人员的走道内应当采用不燃材料。

4. 防火分区分隔

如果建筑内空间面积过大，火灾时则燃烧面积大、蔓延扩展快，因此在建筑内实行防火分区和防火分隔，可有效地控制火势的蔓延，既有利于人员疏散和扑火救灾，也能达到减少火灾损失的目的。防火分区包括水平防火分区和竖向防火分区。水平防火分区是指在同一水平面内，利用防火隔墙、防火卷帘、防火门及防火水幕等分隔物，将建筑平面分为若干个防火分区、防火单元。竖向防火分区指上、下层分别用耐火的楼板等构件进行分隔，对建筑外部采用防火挑檐、设置窗槛(间)墙等技术手段，对建筑内部设置的敞开楼梯、自动扶梯、中庭以及管道井等采取防火分隔措施等。

防火分区的划分应根据建筑的使用性质、火灾危险性以及建筑的耐火等级、建筑内容纳人员和可燃物的数量、消防扑救能力和消防设施配置、人员疏散难易程度及建设投资等情况综合考虑。

5. 安全疏散

人身安全是消防安全的重中之重，以人为本的消防工作理念必须始终贯穿于整个消防工作，从特定的角度来说，安全疏散是建筑防火最根本、最关键的技术，也是建筑消防安全的核心内容。保证建筑内的人员在火灾情况下的安全是一个涉及建筑结构、火灾发展过程、建筑消防设施配置和人员行为等多种基本因素的复杂问题。安全疏散的目标就是要保证建筑内人员疏散完毕的时间必须小于火灾发展到危险状态的时间。

建筑安全疏散技术的重点是：安全出口、疏散出口以及安全疏散通道的数量、宽度、位置和疏散距离。基本要求是：每个防火分区必须设有至少两个安全出口；疏散路线必须满足室内最远点到房门，房门到最近安全出口或楼梯间的行走距离限值；疏散方向应尽量为双向疏散，疏散出口应分散布置，减少袋形走道的设置；选用合适的疏散楼梯形式，楼梯间应为安全的区域，不受烟火的侵袭，楼梯间入口应设置可自行关闭的防火门保护；通向地下室的楼梯间不得与地上楼梯相连，如必须相连时应采用防火墙分隔，通过防火门出入；疏散宽度应保证不出现拥堵现象，并采取有效措施，在足够的空间高度内为人员疏散提供引导。

6. 防烟排烟

烟气是导致建筑火灾人员伤亡的最主要原因,如何有效地控制火灾时烟气的流动,对保证人员安全疏散以及灭火救援行动的展开起着重要作用。火灾时,如能合理地排烟排热,对防止建筑物火灾的轰燃、保护建筑也是十分有效的技术措施。

烟气控制的方法包括合理划分防烟分区和选择合适的防烟、排烟方式。划分防烟分区是为了在火灾初期阶段将烟气控制在一定范围内,以便有组织地将烟气排出室外,使人员疏散、避难空间的烟气层高度和烟气浓度处在安全允许值之内。防排烟系统可分为排烟系统和防烟系统。排烟系统是指采用机械排烟方式或自然通风方式,将烟气排至建筑外,控制建筑内的有烟区域保持一定能见度的系统。防烟系统是指采用机械加压送风方式或自然通风方式,防止烟气进入疏散通道、防烟楼梯间及其前室或消防电梯前室的系统。防烟、排烟是烟气控制的两个方面,是一个有机的整体,在建筑防火设计中,应合理设计防烟、排烟系统。

7. 建筑防爆和电气防火

生产、使用、储存易燃易爆物质的厂(库)房,当爆炸性混合物达到爆炸浓度时,遇到火源就能爆炸。爆炸能够在瞬间释放出巨大的能量,产生高温高压的气体,使周围空气强烈震荡,在离爆炸中心一定范围内,建筑或人会受到冲击波的影响而遇到破坏或造成伤害。因此,在进行建筑防火设计时,应根据爆炸规律与爆炸效应,对有爆炸可能的建筑提出相应的防止爆炸危险区域、合理设计防爆结构和泄爆面积、准确选用防爆设备。

电气火灾在整个建筑火灾中占有三分之一的比重,主要有用电超负荷、电器设备选择和安装不合理、电气线路敷设不规范等原因。为有效防止电气火灾事故发生,同时为保证建筑内消防设施正常供电运行,对建筑的用电负荷、供配电源、电器设备、电气线路及其安装敷设等应当采取安全可靠、经济合理的防火技术措施。

2.2 生产和储存物品火灾危险性分类

2.2.1 生产火灾危险性评定标准

生产的火灾危险性是指生产过程中发生火灾、爆炸事故的原因、因素和条件,以及火灾扩大蔓延条件的总合。它取决于物料及产品的性质、生产设备的缺陷、生产作业行为、工艺参数的控制和生产环境等诸多因素的交互作用。评定生产过程的火灾危险性,就是在了解和掌握生产中所使用物质的物理性质、化学性质和火灾、爆炸特性的基础上,分析物质在加工处理过程中同作业行为、工艺控制条件、生产设备、生产环境等要素的联系与作用,评价生产过程发生火灾和爆炸事故的可能性。厂房的火灾危险性类别是以生产过程中使用和产出物质的火灾危险性类别确定的,物质的火灾危险性是确定生产的火灾危险性类别的基础。

物质火灾危险性的评定,主要是依据其理化性质。物质状态不同,评定的标志也不同,因此,评定气体、液体和固体火灾爆炸危险性的指标是有区别的。

1. 评定气体火灾危险性的主要指标

爆炸极限和自燃点是评定气体火灾危险性的主要指标。可燃气体的爆炸浓度极限范围越大，爆炸下限越低，越容易与空气或其他助燃气体形成爆炸性气体混合物，其火灾爆炸危险性越大。可燃气体的自燃点越低，遇有高温表面等热源引燃的可能性越大，火灾爆炸的危险性越大。另外，气体的比重和扩散性、化学性质活泼性、带电性以及受热膨胀性等也都从不同角度揭示了其火灾危险性。气体化学活泼性越强，发生火灾爆炸的危险性越大；气体在空气中的扩散速度越快，火灾蔓延扩展的危险性越大；相对密度大的气体易聚集不散，遇明火容易造成火灾爆炸事故；易压缩液化的气体遇热后体积膨胀，容易发生火灾爆炸事故。可燃气体的火灾危险性还在于气体极易引燃，一旦燃烧，速度极快，多发生爆炸式燃烧，甚至还会出现爆轰，危害大，难于控制和扑救。

2. 评定液体火灾危险性的主要指标

闪点是评定液体火灾危险性的主要指标。评定可燃液体火灾危险性最直接的指标是蒸气压，蒸气压越高，越易挥发，闪点也越低。由于蒸气压很难测量，所以世界各国都是根据液体的闪点来确定其危险性。闪点越低的液体，越易挥发而形成爆炸性气体混合物，引燃也越容易。对于可燃液体，通常还用自燃点作为评定火灾危险性的标志，自燃点越低的液体，越易发生自燃。此外，液体的爆炸温度极限、受热蒸发性、流动扩散性和带电性也是衡量液体火灾危险性的标志。爆炸温度极限范围越大，危险性越大；受热膨胀系数越大的液体，受热后蒸气压力升高越快(气化量增大)，容易造成设备升压发生爆炸；沸点越低的液体，蒸发性越强，且蒸气压随温度的升高显著增大；液体流动扩散快，泄漏后边流淌蒸发，会加快其蒸发速度，易于起火并蔓延；有些液体(如酮、醚、石油及其产品)有很强的带电能力，其在生产、储运过程中，极易造成静电荷积聚而产生静电放电火花，酿成火灾，增加了液体的危险性。

3. 评定固体火灾危险性的主要指标

对于绝大多数可燃固体来说，熔点和燃点是评定其火灾危险性的主要标志参数。熔点低的固体易蒸发或汽化，燃点也较低，燃烧速度也较快。许多低熔点的易燃固体还有闪燃现象。固体物料由于组成和性质存在的差异较大，各有其不同的燃烧特点，复杂的燃烧现象，增加了评定火灾危险性的难度，评定的标志不一。例如，粉状可燃固体是以爆炸浓度下限作为标志的；遇水燃烧固体是以与水反应速度快慢和放热量的大小为标志；自燃性固体物料是以其自燃点作为标志；受热分解可燃固体是以其分解温度作为评定标志。此外，在评定时，还应从其反应危险性、燃烧危险性、毒害性、腐蚀性及放射性等方面进行分析。例如，有些物料在储运过程中发生自聚反应，引起泄漏或火灾爆炸事故；有的物料具有腐蚀性，使设备遭受破坏，而导致火灾爆炸或中毒烧伤等事故。这些需要对物料在各种环境条件下的特性进行试验，准确地来评定。

2.2.2　生产火灾危险性分类

依据《建筑设计防火规范》(GB 50016—2014)(2018 年版)，可把生产的火灾危险性分为五类，其类别及特征见表 2-1 所列。

表 2-1 生产的火灾危险性类别及特征

生产的火灾危险性类别	使用或产生下列物质生产的火灾危险性特征
甲	(1)闪点小于 28℃的液体 (2)爆炸下限小于 10%的气体 (3)常温下能自行分解或在空气中氧化能导致迅速自燃或爆炸的物质 (4)常温下受到水或空气中水蒸气的作用,能产生可燃气体并引起燃烧或爆炸的物质 (5)遇酸、受热、撞击、摩擦、催化以及遇有机物或硫黄等易燃的无机物,极易引起燃烧或爆炸的强氧化剂 (6)受撞击、摩擦或与氧化剂、有机物接触时能个引起燃烧或爆炸的物质 (7)在密闭设备内操作温度不小于物质本身自燃点的生产
乙	(1)闪点不小于 28℃,但小于 60℃的液体 (2)爆炸下限不小于 10%的气体 (3)不属于甲类的氧化剂 (4)不属于甲类的易燃固体 (5)助燃气体 (6)能与空气形成爆炸性混合物的浮游状态的粉尘、纤维、闪点不小于 60℃的液体雾滴
丙	(1)闪点小于 60℃的液体 (2)可燃固体
丁	(1)对不燃烧物质进行加工,并在高温或熔化状态下经常产生强辐射热、火花或火焰的生产 (2)利用气体、液体、固体作为燃料或将气体、液体进行燃烧做其他用的各种生产 (3)常温下使用或加工难燃烧物质的生产
戊	常温下使用或加工不燃烧物质的生产

同一座厂房或厂房的任一防火分区内有不同火灾危险性生产时,厂房或防火分区内的生产火灾危险性类别应按火灾危险性较大的部分确定。当生产过程中使用或产生易燃、可燃物的量较少,不足以构成爆炸或火灾危险时,可按实际情况确定。当符合下述条件之一时,可按火灾危险性较小的部分确定:

(1)火灾危险性较大的生产部分占本层或本防火分区面积的比例小于 5%或丁、戊类厂房内的油漆工段小于 10%,且发生火灾事故时不足以蔓延到其他部位或火灾危险性较大的生产部分采取了有效的防火措施。

(2)丁、戊类厂房内的油漆工段,当采用封闭喷漆工艺,封闭喷漆空间内保持负压、油漆工段设置可燃气体探测报警系统或自动抑爆系统,且油漆工段占其所在防火分区面积的比例不大于 20%。

我国南方城市的最热月平均气温在 28℃左右,而厂房的设计温度在冬季一般采用 12℃~25℃。根据上述情况,将甲类火灾危险性的液体闪点基准定为小于 28℃,乙类定为大于等于 28℃并小于 60℃,丙类定为大于等于 60℃,这样划分甲、乙、丙类是以汽油、煤油、柴油的闪点为基准的，有利于消防安全和节约资源。在实际工作中，应根据不同液体的闪点，采取相应的防火安全措施，根据液体闪点选用灭火剂并确定泡沫供给强度等。

对于(可燃)气体，则以爆炸下限作为分类的基准。由于绝大多数可燃气体的爆炸下限均小于 10%，一旦设备泄漏，在空气中很容易达到爆炸浓度而造成危险，所以将爆炸下限小于 10%的气体划为甲类，例如，氢气、甲烷、乙烯、乙炔、环氧乙烷、氯乙烯、水煤气和天然气等绝大多数可燃气体。少数气体的爆炸下限大于 10%，在空气中较难达到爆炸浓度，所以将爆炸下限大于等于 10%的气体划为乙类，例如，氨气、一氧化碳和炉煤气等少数可燃气体。

一般，生产的火灾危险性分类要看整个生产过程中的每个环节是否有引起火灾的可能性，并按其中最危险的物质确定，主要考虑以下几个方面：生产中使用的全部原材料的性质；生产中操作条件的变化是否会改变物质的性质；生产中产生的全部中间产物的性质；生产中最终产品及副产物的性质。许多产品可能有若干种工艺生产方法，其中使用的原材料各不相同，所以火灾危险性也各不相同，见表 2-1 所列，生产的火灾危险性类别及其危险性特征。

1. 生产类别为甲类的火灾危险性特征

常温下能自行分解或在空气中氧化能导致迅速自燃或爆炸的物质，其生产特性是生产中的物质在常温下可以逐渐分解，释放出大量的可燃气体并且迅速放热引起燃烧，或者物质与空气接触后能发生猛烈的氧化作用，同时放出大量的热，而温度越高其氧化反应速度越快，产生的热越多使温度升高越快，如此互为因果而引起燃烧或爆炸。如硝化棉、赛璐珞、黄磷等的生产。

常温下受到水或空气中水蒸气的作用，能产生可燃气体并引起燃烧或爆炸的物质，其生产特性是生产中的物质遇水或空气中的水蒸气发生剧烈的反应，产生氢气或其他可燃气体，同时产生热量引起燃烧或爆炸。该种物质遇酸或氧化剂也能发生剧烈反应，发生燃烧爆炸的危险性比遇水或水蒸气时更大。如金属钾、金属钠、氧化钠、氢化钙、碳化钙、磷化钙等的生产。

遇酸、受热、撞击、摩擦、催化以及遇有机物或硫黄等易燃的无机物，极易引起燃烧或爆炸的强氧化剂，其生产特性是生产中的物质有较强的夺取电子的能力，即强氧化性。有些过氧化物中含有过氧基(—O—O—)，性质极不稳定，易放出氧原子，有强烈的氧化性，具有促使其他物质迅速氧化，放出大量的热量而发生燃烧爆炸的危险。该类物质受酸、碱、热、撞击、摩擦、催化或与易燃品、还原剂等接触后能发生迅速分解，极易发生燃烧或爆炸。如氯酸钠、氯酸钾、过氧化氢、过氧化钠等的生产。

受撞击、摩擦或与氧化剂、有机物接触时能引起燃烧或爆炸的物质，其生产特性是生产中的物质燃点较低、易燃烧，受热、撞击、摩擦或与氧化剂接触能引起剧烈燃烧或爆炸，燃烧速度快，燃烧产物毒性大。如赤磷、三硫化磷等的生产。

在密闭设备内操作温度不小于物质本身自燃点的生产，其生产特性是生产中操作温度较高，物质被加热到自燃温度以上，此类生产必须是在密闭设备内进行，因设备内没有助燃气体，所以设备内的物质不能燃烧。但是，一旦设备或管道泄漏，若有其他的火源，该物质就会在空气中立即起火燃烧。这类生产在化工、炼油、医药等企业中很多，火灾事故也不少，不应忽视。

2. 生产类别为乙类的火灾危险性特征

1)乙类第1项、第2项的火灾危险性特征

乙类液体、气体的火灾危险性特征参见上文关于“甲、乙、丙类液体划分的闪点基准”和“气体爆炸下限分类的基准”的有关内容。

2)乙类第3项的火灾危险性特征

所指的不属于甲类的氧化剂是二级氧化剂,即非强氧化剂。这类生产的特性是比甲类第5项的性质稳定些,其物质遇热、还原剂、酸、碱等也能分解产生高热,遇其他氧化剂也能分解发生燃烧甚至爆炸。如过二硫酸钠、高碘酸、重铬酸钠、过醋酸等类的生产。

3)乙类第4项的火灾危险性特征

其生产特性是生产中的物质燃点较低、较易燃烧或爆炸,燃烧性能比甲类易燃固体差,燃烧速度较慢,同时也可放出有毒气体。如硫黄、樟脑或松香等类的生产。

4)乙类第5项的火灾危险性特征

其生产特性是生产中的助燃气体虽然本身不能燃烧(如氧气),在有火源的情况下,如遇可燃物会加速燃烧,甚至有些含碳的难燃或不燃固体也会迅速燃烧,如1983年上海某化工厂,在打开一个氧气瓶的不锈钢阀门时,由于静电打火,使该氧气瓶的阀门迅速燃烧,阀芯全部烧毁(据分析是不锈钢中含碳原子)。因此,这类生产亦属危险性较大的生产。

5)乙类第6项的火灾危险性特征

其生产特性是生产中可燃物质的粉尘、纤维、雾滴悬浮在空气中与空气混合,当达到一定浓度时,遇火源立即引起爆炸。这些细小的物质表面吸附包围了氧气,当温度提高时,便加速了它的氧化反应,反应中放出的热促使它燃烧。这些细小的可燃物质比原来块状固体或较大量的液体具有较低的自燃点,在适当的条件下,着火后以爆炸的速度燃烧。如某港口粮食筒仓,由于铜焊作业使管道内的粉尘发生爆炸,引起21个小麦筒仓爆炸,损失达30多万元。另外,有些金属如铝、锌等在块状时并不燃烧,但在粉尘状态时则能够爆炸燃烧,如某厂磨光车间通风吸尘设备的风机制造不良,叶轮不平衡,使叶轮上的螺母与进风管摩擦发生火花,引起吸尘管道内的铝粉发生猛烈爆炸,炸坏车间及邻近的厂房并造成人员伤亡。

可燃液体的雾滴可以引起爆炸。如1966年11月7日,日本群马县利根河上游的水力发电厂的建筑物内发生了猛烈的雾状油爆炸事故。据爆炸后分析,该建筑物内有一个为调整输出8×10^4 kW的水利发电机进水阀用的压电缸,以前该缸是在大约1.8 MPa的压力下使用,而发生事故时是第一次采用7.0 MPa的压力。据计算空气从常压绝热压缩到7.0 MPa时,其瞬时温度上升可达700℃以上,而该缸内油的自燃温度是235℃,且缸内的高压空气中的氧密度是相当高的,故使缸内的油着火,着火使缸内压力异常上升,人孔法兰盖的垫片被冲开,雾状油从这个间隙喷到外面,当达到爆炸浓度后,浮游状态的油雾滴在空气中发生了猛烈爆炸,当场炸死3人,其余人被冲击波推出去发生骨折或烧伤。

3. 生产类别为丙类的火灾危险性特征

1)丙类第1项的火灾危险性特征

丙类液体的火灾危险性特征参见上文关于“甲、乙、丙类液体划分的闪点基准”的有关内容。

2)丙类第 2 项的火灾危险性特征

其生产特性是生产中的物质燃点较高，在空气中受到火烧或高温作用时能够起火或微燃，当火源移走后仍能持续燃烧或微燃。如木料、橡胶、棉花加工等类型的生产。

4. 危险物质的量对生产的火灾危险性类别的影响

1)厂房内可不按危险物质火灾危险特性确定生产火灾危险性类别的最大允许量

在生产过程中，如使用或产生易燃、可燃物质的量较少，不足以构成爆炸或火灾危险时，可以按实际情况确定其火灾危险性的类别。即在生产过程中虽然使用或产生易燃、可燃物质，但是数量很少，当气体全部放出或可燃液体全部燃烧，气体也不能在整个厂房内达到爆炸极限，可燃物全部也不能使建筑物起火，造成灾害，此时可以按实际情况确定其火灾危险性的类别。如机械修配厂或修理车间，虽然使用少量的汽油等甲类溶剂清洗零件，但不会因此而产生爆炸，所以该厂房不能按甲类厂房处理，仍应按戊类考虑，见表 2－2所列，部分生产中常见的甲、乙类危险品的最大允许量。

表 2－2　部分物质火灾危险特性确定生产火灾危险性类别的最大允许量

火灾危险性类别	火灾危险性的特性	物质名称举例	单位容积的最大允许量	总量
甲类	闪点＜28℃的液体	汽油、丙酮、乙醚	0.04 L/m^3	100 L
	爆炸下限＜10％的气体	乙炔、氢、甲烷、乙烯、硫化氢	1 L/m^3（标准）	25 m^3（标准状态）
	常温下能自行分解导致迅速自燃爆炸的物质	硝化棉、硝化纤维胶片、喷漆棉、火胶棉、赛璐珞棉	0.003 kg/m^3	10 kg
	在空气中氧化即导致迅速自燃的物质	黄磷	0.006 kg/m^3	20 kg
	常温下受到水和空气中水蒸气的作用能产生可燃气体并能燃烧或爆炸的物质	金属钾、钠、锂	0.002 kg/m^3	5 kg
	遇酸、受热、撞击、摩擦、催化以及遇有机物或硫黄等易燃的无机物能引起爆炸的强氧化剂	硝化胍、高氯酸铵	0.006 kg/m^3	20 kg
	遇酸、受热、撞击、摩擦、催化以及遇有机物或硫黄等极易分解引起燃烧的强氧化剂	氯酸钾、氯酸钠、过氧化钠	0.015 kg/m^3	50 kg
	与氧化剂、有机物接触时能引起燃烧或爆炸的物质	赤磷、五硫化磷	0.015 kg/m^3	100 kg
	受到水或空气中水蒸气的作用能产生爆炸下限＜10％的气体的固体物质	电石	0.075 kg/m^3	100 kg

（续表）

火灾危险性类别	火灾危险性的特性	物质名称举例	单位容积的最大允许量	总量
乙类	闪点≥28℃的液体	煤油、松节油	0.02 L/m³	200 L
	爆炸下限≥10%的气体	氨	5 L/m³（标准状态）	50 m³（标准状态）
		氧、氟	5 L/m³（标准状态）	50 m³（标准状态）
	助燃气体不属于甲类的氧化剂	硝酸、硝酸铜、铬酸、发烟硫酸、铬酸钾	0.025 kg/m³	50 kg
		赛璐珞板、硝化纤维色片、镁粉、铝粉	0.015 kg/m³	50 kg
	不属于甲类的化学易燃危险固体	硫黄、生松香	0.075 kg/m³	100 kg

2）厂房内可不按危险物质火灾危险特性确定生产火灾危险性类别时，危险物质的工艺布置在厂房中所占面积比例对生产的火灾危险性类别的影响

一座厂房内或防火分区内有不同性质的生产时，其分类应按火灾危险性较大的部分确定，但火灾危险性大的部分占本层或本防火分区面积的比例小于5%（丁、戊类生产厂房的油漆工段小于10%），且发生事故时不足以蔓延到其他部位，或采取防火措施能防止火灾蔓延时，可按火灾危险性较小的部分确定。如一座厂房中或防火分区有甲、乙类生产时，如果甲类生产在发生事故时，可燃物质足以构成爆炸或燃烧危险，那么该建筑物中的生产类别应按甲类处理。但如果一栋很大的厂房内，甲类生产所占用的面积比例很小时，而且即使发生火灾也不能蔓延到其他地方，该厂房可按火灾危险性较小的确定。如在一栋防火分区最大允许占地面积不限的戊类汽车总装厂房中，喷漆工段占总装厂房的面积比例不足10%时，其生产类别仍属戊类。

2.2.3 储存物品火灾危险性分类

生产和贮存物品的火灾危险性有相同之处，也有不同之处。有些生产的原料、成品都不危险，但生产中的条件变了或经化学反应后产生了中间产物，就增加了火灾危险性，例如，可燃粉尘静止时不危险，但生产时，粉尘悬浮在空中与空气形成爆炸性混合物，遇火源则能爆炸起火，而贮存这类物品就不存在这种情况。与此相反，桐油织物及其制品，在贮存中火灾危险性较大，因为这类物品堆放在通风不良地点，受到一定温度作用时，能缓慢氧化、积热不散会导致自燃起火，而在生产过程中不存在此种情况，所以要分别对生产和贮存物品的火灾危险性进行分类。

1. 储存物品的火灾危险性分类方法

储存物品的分类方法，主要是根据物品本身的火灾危险性，并吸收仓库贮存管理经

验，并参考《危险货物运输规则》相关内容而划分的。按《建筑设计防火规范》储存物品的火灾危险性分为五类，其分类及特征见表 2-3 所列。

表 2-3　储存物品的火灾危险性分类

储存物品的火灾危险性类别	储存物品的火灾危险性特征及特征
甲	(1)闪点小于 28℃的液体 (2)爆炸下限小于 10%的气体，常温下受到水或空气中水蒸气的作用能产生爆炸下限小于 10%气体的固体物质 (3)常温下能自行分解在空气中氧化能导致迅速自燃或爆炸的物质 (4)常温下受到水或空气中水蒸气的作用，能产生可燃气体并引起燃烧或爆炸的物质 (5)遇酸、受热、撞击、摩擦、催化以及遇有机物或硫黄等易燃的无机物，极易引起燃烧或爆炸的强氧化剂 (6)受撞击、摩擦或与氧化剂、有机物接触时能引起燃烧或爆炸的物质
乙	(1)闪点不小于 28℃，但小于 60℃的液体 (2)爆炸下限不小于 10%的气体 (3)不属于甲类的氧化剂 (4)不属于甲类的易燃固体 (5)助燃气体 (6)常温下与空气接触能缓慢氧化，积热不散引起自燃的物品
丙	(1)闪点小于 60℃的液体 (2)可燃固体
丁	难燃烧物品
戊	不燃烧物品

注:(1)同一座仓库或仓库的任一防火分区内储存不同火灾危险性物品时，仓库或防火分区的火灾危险性应按火灾危险性最大的物品确定。

(2)丁、戊类储存物品仓库的火灾危险性，当可燃包装重量大于物品本身重量 1/4 或可燃包装体积大于物品本身体积的 1/2 时，应按丙类确定。

2. 储存物品的火灾危险性特征

1)甲类物品的火灾危险性特征

主要依据《危险货物运输规则》中一级易燃固体、一级易燃液体、一级氧化剂、一级自燃物品、一级遇水燃烧物品和可燃气体的特性划分的。这类物品易燃、易爆，燃烧时还放出大量有害气体。有的遇水发生剧烈反应，产生氢气或其他可燃气体，遇火燃烧爆炸。有的具有强烈的氧化性能，遇有机物或无机物极易燃烧爆炸。有的因受热、撞击、催化或气体膨胀而可能发生爆炸，或与空气混合容易达到爆炸浓度，遇火而发生爆炸。

2)乙类物品的火灾危险性特征

主要是根据《危险货物运输规则》中二级易燃固体、二级易燃液体、二级氧化剂、助燃气体、二级自燃物品的特性划分的，这类物品的火灾危险性仅次于甲类。

3)丙、丁、戊类物品的火灾危险性特征

丙类物品包括闪点在60℃或60℃以上的可燃液体和可燃固体物质。这类物品的特性是液体闪点较高、不易挥发，火灾危险性比甲、乙类液体要小些。可燃固体在空气中受到火烧和高温作用时能立即起火，即使火源拿走，仍能继续燃烧。

丁类物品指难燃烧物品。这类物品的特性是在空气中受到火烧或高温作用时，难起火、难燃或微燃，将火源拿走，燃烧即可停止。

戊类物品指不燃物品。这类物品的特性是在空气中受到火烧或高温作用时，不起火、不微燃、不碳化。

此外，丁、戊类物品的包装材料值得关注。丁、戊类物品本身虽然是难燃或不燃的，但其包装材料很多是可燃的，如木箱、纸盒等，其火灾危险性属于丙类。通过对一些单位的调查，多者每平方米库房面积的可燃包装材料在100～300 kg，少者在30～50 kg。因此，这两类物品仓库，除考虑物品本身的燃烧性能外，还要考虑可燃包装材料的数量，当可燃包装材料重量超过丁、戊类物品本身重量1/4时，这类物品仓库的火灾危险性应为丙类。

4)石油库储存油品的火灾危险性分类方法

《石油库设计规范》(GB 50074—2014)将石油库储存油品的火灾危险性分为三类，与《建筑设计防火规范》要求基本一致，只是对乙类、丙类油品视需要做了适当细化，便于对不同火灾危险性级别的油品提出不同的措施要求。石油库储存油品的火灾危险性的分类见表2-4所列。

表2-4　石油库储存油品的火灾危险性分类

类别		油品闪点 F_t(℃)
甲		$F_t<28$
乙	A	$28\leqslant F_t\leqslant 45$
	B	$45<F_t<60$
丙	A	$60\leqslant F_t\leqslant 120$
	B	$F_t>120$

2.3　建筑分类与耐火等级

2.3.1　建筑分类

建筑也是一个通称，通常我们将供人们生活、学习、工作、居住以及从事生产和各种文化、社会活动的房屋称为建筑物，如住宅、学校、影剧院等；而人们不在其中生产、生活的建筑，则叫作"构筑物"，如水塔、烟囱、堤坝等。建筑物可以有多种分类，按其使用性质分为民用建筑、工业建筑和农业建筑。

1. 民用建筑

按使用功能和建筑高度，民用建筑的分类见表2-5所列。

表 2－5　民用建筑的分类

<table>
<tr><th rowspan="2">名称</th><th colspan="2">高层民用建筑</th><th rowspan="2">单、多层民用建筑</th></tr>
<tr><th>一类</th><th>二类</th></tr>
<tr><td>住宅建筑</td><td>建筑高度大于 54 m 的住宅建筑(包括设置商业服务网点的住宅建筑)</td><td>建筑高度大于 27 m，但不大于 54 m 的住宅建筑(包括设置商业服务网点的住宅建筑)</td><td>建筑高度不大于 27 m 的住宅建筑(包括设置商业服务网点的住宅建筑)</td></tr>
<tr><td rowspan="5">公共建筑</td><td>建筑高度大于 50 m 的公共建筑</td><td rowspan="5">除一类高层公共建筑外的其他高层公共建筑</td><td rowspan="2">建筑高度大于 24 m 的单层公共建筑</td></tr>
<tr><td>建筑高度 24 m 以上部分任一楼层建筑面积大于 1000 m^2 的商店、展览、电信、邮政、财贸金融建筑和其他多种功能组合的建筑</td></tr>
<tr><td>医疗建筑、重要公共建筑、独立建造的老年人照料设施</td><td rowspan="3">建筑高度大于 24 m 的其他公共建筑</td></tr>
<tr><td>省级及以上的广播电视和防灾指挥调度建筑、网局级和省级电力调度建筑</td></tr>
<tr><td>藏书超过 100 万册的图书馆、书库</td></tr>
</table>

注：(1)表中未列入的建筑，其类别应根据本表类比确定。

(2)除规范另有规定外，宿舍、公寓等非住宅类居住建筑的防火要求，应符合规范有关公共建筑的规定；裙房的防火要求应符合规范有关高层民用建筑的规定。

(3)表中住宅建筑是指供单身或家庭成员短期或长期居住使用的建筑。公共建筑指供人们进行各种公共活动的建筑，包括教育、办公、科研、文化、商业、服务、体育、医疗、交通、纪念、园林、综合类建筑等。

2. 工业建筑

工业建筑指工业生产性建筑，如主要生产厂房、辅助生产厂房等。工业建筑按照使用性质的不同，分为加工、生产类厂房和仓储类库房两大类，厂房和仓库又按其生产或储存物质的性质进行分类。

3. 农业建筑

农业建筑指农副产业生产建筑，主要有暖棚、牲畜饲养场、蚕房、烤烟房、粮仓等。

2.3.2　建筑材料的燃烧性能及分级

1. 建筑材料燃烧性能分级

随着火灾科学和消防工程学科领域研究的不断深入和发展，材料及制品燃烧特性的内涵也从单纯的火焰传播和蔓延，扩展到材料的综合燃烧特性和火灾危险性，包括燃烧热释放速率、燃烧热释放量、燃烧烟密度以及燃烧生成物毒性等参数。国外(欧盟)在火灾科学基础理论发展的基础上，建立了建筑材料燃烧性能相关分级体系，分为 A1、A2、B、C、D、E、F 七个等级。按照《建筑材料及制品燃烧性能分级》(GB 8624—2012)，我国建筑材料及制品燃烧性能的基本分级为 A、B1、B2、B3，并明确了分级与欧盟标准分级的对应关系。

1)建筑材料及制品的燃烧性能等级

建筑材料及制品的燃烧性能等级见表 2-6 所列。

表 2-6 建筑材料及制品的燃烧性能等级

燃烧性能等级	名称
A	不燃材料(制品)
B1	难燃材料(制品)
B2	可燃材料(制品)
B3	易燃材料(制品)

2)建筑材料燃烧性能等级判据的主要参数及概念

(1)材料。指单一物质均匀分布的混合物,如金属、石材、木材、混凝土、矿纤、聚合物。

(2)燃烧滴落物/微粒。在燃烧试验过程中,从试样上分离的物质或微粒。

(3)临界热辐射通量。火焰熄灭处的热辐射通量或试验 30 min 时火焰传播到的最远处的热辐射通量。

(4)燃烧增长速率指数——FIGRA。FIGRA 为试样燃烧的热释放速率值与其对应时间比值的最大值,用于燃烧性能分级。例如,FIGRA 0.2 MJ 是指当试样燃烧释放热量达到 0.2 MJ 时的燃烧增长速率指数。

(5)THR 600 s。试验开始后 600 s 内试样的热释放总量(MJ)。

2. 建筑材料燃烧性能等级的附加信息和标识

1)附加信息

建筑材料及制品燃烧性能等级附加信息包括产烟特性、燃烧滴落物、微粒等级和烟气毒性等级。对于 A2 级、B 级和 C 级建筑材料及制品应给出产烟特性等级、燃烧滴落物/微粒等级(铺地材料除外)、烟气毒性等级;对于 D 级建筑材料及制品应给出产烟特性等级、燃烧滴落物/微粒等级。

(1)产烟特性等级。按《建筑材料或制品的单体燃烧试验》(GB/T 20284—2006)或《铺地材料的燃烧性能测定 辐射热源法》(GB/T 11785—2005)试验所获得的数据确定(表 2-7)。

表 2-7 产烟特性等级和分级判据

<table>
<tr><th>产烟
特性等级</th><th>试验方法</th><th colspan="2">分级判据</th></tr>
<tr><td rowspan="3">s1</td><td rowspan="2">GB/T 20284
—2006</td><td>除铺地制品和管状绝热制品外的建筑材料及制品</td><td>烟气生成速率指数 SMOGRA≤30 m^2/s^2
试验 600 s 总烟气生成量 TSP 600 s≤50 m^2</td></tr>
<tr><td>管状绝热制品</td><td>烟气生成速率指数 SMOGRA≤105 m^2/s^2
试验 600 s 总烟气生成量 TSP 600 s≤250 m^2</td></tr>
<tr><td>GB/T 11785
—2005</td><td>铺地材料</td><td>产烟量≤750%×min</td></tr>
</table>

（续表）

产烟特性等级	试验方法	分级判据	
s2	GB/T 20284—2006	除铺地制品和管状绝热制品外的建筑材料及制品	烟气生成速率指数 SMOGRA≤180 m^2/s^2 试验 600 s 总烟气生成量 TSP 600 s≤200 m^2
		管状绝热制品	烟气生成速率指数 SMOGRA≤580 m^2/s^2 试验 600 s 总烟气生成量 TSP 600 s≤1600 m^2
	GB/T 11785—2006	铺地材料	未达到 s1
s3	GB/T20284—2006	未达到 s2	

(2)燃烧滴落物/微粒等级。通过观察《建筑材料或制品的单体燃烧试验》(GB/T 20284—2006)试验中燃烧滴落物/微粒确定(表 2－8)。

表 2－8　燃烧滴落物/微粒等级和分级判据

燃烧滴落物/微粒等级	试验方法	分级判据
d0	GB/T 20284	600 s 内无燃烧滴落物/微粒
d1		600 s 内燃烧滴落物/微粒，持续时间不超过 10 s
d2		未达到 d1

(3)烟气毒性等级。按《铺地材料的燃烧性能测定 辐射热源法》(GB/T 11785—2005)试验所获得的数据确定(表 2－9)。

表 2－9　烟气毒性等级和分级判据

气毒性等级	试验方法	分级判据
t0	GB/T 11785	达到准安全一级 ZA1
t1		达到准安全三级 ZA3
t2		未达到准安全三级 ZA3

2)附加信息标识

当按规定需要显示附加信息时，燃烧性能等级标识如图 2－2 所示。

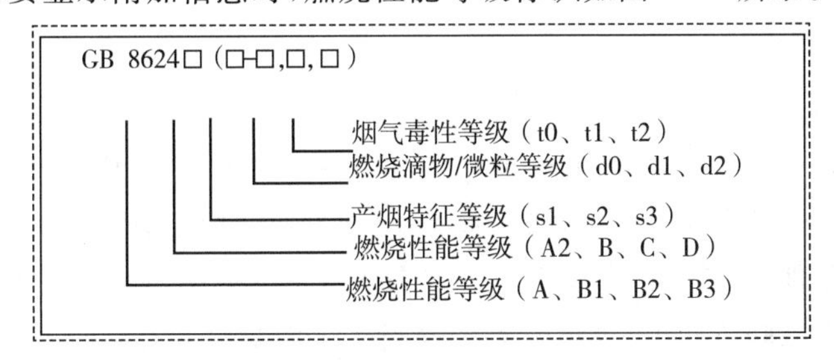

图 2－2　燃烧性能等级标识图

例如,《建筑材料及制品燃烧性能分级》的 GB 8624—2012 B1(B－s1,d0,t1),表示属于难燃 B1 级建筑材料及制品,燃烧性能细化分级为 B 级,产烟特性等级为 s1 级,燃烧滴落物/微粒等级为 d0 级,烟气毒性等级为 t1 级。

2.3.3 建筑构件的燃烧性能和耐火极限

建筑构件主要包括建筑内的墙、柱、梁、楼板、门、窗等,一般来讲,建筑构件的耐火性能包括两部分内容:一是构件的燃烧性能,二是构件的耐火极限。耐火建筑构配件在火灾中起着阻止火势蔓延、延长支撑时间的作用。

1. 建筑构件的燃烧性能

建筑构件的燃烧性能,主要是指组成建筑构件材料的燃烧性能。材料的燃烧性能需要通过试验来确定,大部分建筑材料的燃烧性能可按《建筑材料及制品燃烧性能分级》(GB 8624—2012)等相关标准确定。通常,我国把建筑构件按其燃烧性能分为三类,即不燃性、难燃性和可燃性。

1)不燃性

用不燃烧性材料做成的构件统称为不燃性构件。不燃烧材料是指在空气中受到火烧或高温作用时不起火、不微燃、不炭化的材料,如钢材、混凝土、砖、石、砌块、石膏板等。

2)难燃性

凡用难燃烧性材料做成的构件或用燃烧性材料做成而用非燃烧性材料做保护层的构件统称为难燃性构件。难燃烧性材料是指在空气中受到火烧或高温作用时难起火、难微燃、难碳化,当火源移走后燃烧或微燃立即停止的材料。如沥青混凝土、经阻燃处理后的木材、塑料、水泥、刨花板、板条抹灰墙等。

3)可燃性

凡用燃烧性材料做成的构件统称为可燃性构件。燃烧性材料是指在空气中受到火烧或高温作用时立即起火或微燃,且火源移走后仍继续燃烧或微燃的材料,如木材、竹子、刨花板、保丽板、塑料等。

为确保建筑物在受到火灾危害时,一定时间内不垮塌,并阻止或延缓火灾的蔓延,建筑构件多采用不燃烧材料或难燃材料。这些材料在受火时,不会被引燃或很难被引燃,从而降低了结构在短时间内被破坏的可能性。这类材料如混凝土、粉煤灰、炉渣、陶粒、钢材、珍珠岩、石膏以及一些经过阻燃处理的有机材料等不燃或难燃材料。建筑构件的选用上,总是尽可能不增加建筑物的火灾荷载。

2. 建筑构件的耐火极限

1)耐火极限的概念

耐火极限是指建筑构件按时间-温度标准曲线进行耐火试验,从受到火的作用时,到失去支持能力或完整性或失去隔火作用时的这段时间,用小时(h)表示。其中,支持能力是指在标准耐火试验条件下,承重或非承重建筑构件在一定时间内抵抗垮塌的能力;耐火完整性是指在标准耐火试验条件下,建筑分隔构件当某一面受火时,能在一定时间内防止火焰和热气穿透或在背火面出现火焰的能力;耐火隔热性是指在标准耐火试验条件下,建筑分隔构件当某一面受火时，能在一定时间内其背火面温度不超过规定值的能力。

2)影响耐火极限的要素

在火灾中，建筑耐火构配件起着阻止火势蔓延扩大、延长支撑时间的作用，它们的耐火性能直接决定着建筑物在火灾中的失稳和倒塌的时间。影响建筑构配件耐火性能的因素较多，主要有：材料本身的属性、构配件的结构特性、材料与结构间的构造方式、标准所规定的试验条件、材料的老化性能、火灾种类和使用环境要求等。

(1)材料本身的属性

材料本身的属性是构配件耐火性能主要的内在影响因素，决定其用途和适用性，如果材料本身就不具备防火甚至是可燃烧的材料，就会在热的作用下出现燃烧和烟气，建筑中可燃物越多，燃烧时产生的热量越高，带来的火灾危害就越大。建筑材料对火灾的影响有四个方面：一是影响点燃和轰燃的速度；二是火焰的连续蔓延；三是助长了火灾的热温度；四是产生浓烟及有毒气体。在其他条件相同的情况下，材料的属性决定了构配件的耐火极限，当然还有材料的理化力学性能也应符合要求。

(2)建筑构配件结构特性

构配件的受力特性决定其结构特性(如梁和柱)，不同的结构处理在其他条件相同时，得出的耐火极限是不同的，尤其是节点的处理如焊接、铆接、螺钉连接、简支、固支等方式；球接网架、轻钢桁架、钢结构和组合结构等结构形式；规则截面和不规则截面，暴露的不同侧面等；结构越复杂，高温时结构的温度应力分布越复杂，火灾隐患越大。因此构件的结构特性决定了保护措施选择方案。

(3)材料与结构间的构造方式

性能优异的材料当构造方式不恰当时也起不到应有的防火作用；通常只要不是易燃材料均可起到防火保护作用，因为可以增大材料用量实现作用，只是不经济而已；材料与结构间的构造方式取决于材料自身的属性和基材的结构特性，关系到结构设计的有效性问题，根据材料和基材特性来确定经济合理的构造方式。如厚涂型结构防火涂料在使用厚度超过一定范围后就需要用钢丝网来加固涂层与构件之间的附着力；薄涂型和超薄型结构防火涂料在一定厚度范围内耐火极限达不到工程要求，而增加厚度并不一定能提高耐火极限时，可采用在涂层内包裹建筑纤维布的办法来增强已发泡涂层的附着力，提高耐火极限，满足工程要求。这些仅仅是涂层的构造处理。

(4)标准所规定的试验条件

标准规定的耐火性能试验与所选择的执行标准有关，其中包括试件养护条件、使用场合、升温条件、实验炉压力条件、受力情况、判定指标等。在试件不变的情况下实验条件越苛刻，耐火极限越低。虽然这些条件属于外在因素，但却是必要条件。任何一项条件不满足，得出的结果均不科学准确；不同的构配件由于其作用不同会有试验条件上的差别，由此得出的耐火极限也有所不同。

(5)材料的老化性能

各种构配件虽然在工程中发挥了作用，但能否持久地发挥作用需要所使用的材料具有良好的耐久性和较长的使用寿命，尤其以化学建材制成的构件、防火涂料所保护的结构件最为突出，应尽量选用抗老化性好的无机材料或具有长期使用经验的防火材料做防火保护。对于材料的耐火性能衰减应选用合理的方法和对应产品长期积累的应用实际数据进行合理的评估(使其在发生火灾时能根据其使用年限、环境条件来推算现存的耐火极限，从而为制定合理的扑救措施提供参考依据)。

(6)火灾种类和使用环境要求

应该说由不同的火灾种类得出的构配件耐火极限是不同的。构配件所在环境决定了其进行耐火试验时应遵循的火灾试验条件，应对建筑物可能发生的火灾类型做充分的考虑，引入设计程序中，从各方面保证构配件耐火极限符合相应耐火等级要求。现有的已掌握的火灾种类有：普通建筑纤维类火灾、电力火灾、部分石油化工环境火灾、海上建构筑物、储油罐区、油气田等环境的快速升温火灾、隧道火灾。我国现有工程防火设计中对构件耐火性能的要求大多数都是以建筑纤维类火灾为条件而确定的，当实际工程存在更严酷火灾发生的环境时，按普通建筑纤维类火灾进行的设计不能满足快速升温火灾的防火保护要求，因此应对相关防火措施进行相应的调整。

3)不同耐火等级建筑中建筑构件耐火极限的确定

建筑构件的耐火性能是以楼板的耐火极限为基础，再根据其他构件在建筑物中的重要性以及耐火性能可能的目标值调整后制定的。根据火灾的统计数据来看，88%的火灾可在1.5 h之内扑灭，80%的火灾可在1 h之内扑灭，因此将一级(具体分级标准见建筑耐火等级要求)建筑物楼板的耐火极限定为1.5 h，二级的定为1 h，以下级别的则相应降低要求。其他结构构件按照在结构中所起的作用以及耐火等级的要求而制定了相应的耐火极限时间，如对于在建筑中起主要支撑作用的柱子，其耐火极限值要求相对较高，一级耐火等级的建筑要求3.0 h，二级耐火等级建筑要求2.5 h。这样的要求，对于大部分钢筋混凝土建筑来说都可以满足，但对于钢结构建筑，就必须采取相应的保护措施方可满足耐火极限的要求。

2.3.4 建筑耐火等级要求

耐火等级是衡量建筑物耐火程度的分级标准。规定建筑物的耐火等级是建筑设计防火技术措施中的最基本的措施之一。对于不同类型、性质的建筑物提出不同的耐火等级要求，可做到既有利于消防安全，又有利于节约基本建设投资。在防火设计中，建筑构件的耐火极限是衡量建筑物的耐火等级的主要指标。建筑耐火等级是由组成建筑物的墙、柱、楼板、屋顶承重构件和吊顶等主要构件的燃烧性能和耐火极限决定的。耐火等级分为一、二、三、四级。

由于各类建筑使用性质、重要程度、规模大小、层数高低和火灾危险性存在差异，所要求的耐火程度有所不同。

1. 厂房和仓库的耐火等级

厂房、仓库主要指除炸药厂(库)、花炮厂(库)、炼油厂外的厂房及仓库。厂房和仓库的耐火等级分一、二、三、四级，不同耐火等级厂房和仓库建筑构件的燃烧性能和耐火极限见表2-10所列。

表 2-10　不同耐火等级厂房和仓库建筑构件的燃烧性能和耐火极限　（单位:h）

构件名称	耐火等级			
	一级	二级	三级	四级
防火墙	不燃性 3.00	不燃性 3.00	不燃性 3.00	不燃性 3.00
承重墙	不燃性 3.00	不燃性 2.50	不燃性 2.00	难燃性 0.50
楼梯间、前室的墙，电梯井的墙	不燃性 2.00	不燃性 2.00	不燃性 1.50	难燃性 0.50
疏散走道两侧的隔墙	不燃性 1.00	不燃性 1.00	不燃性 0.50	难燃性 0.25
非承重外墙房间隔墙	不燃性 0.75	不燃性 0.50	难燃性 0.50	难燃性 0.25
柱	不燃性 3.00	不燃性 2.50	不燃性 2.00	难燃性 0.50
梁	不燃性 2.00	不燃性 1.50	不燃性 1.00	难燃性 0.50
楼板	不燃性 1.50	不燃性 1.00	不燃性 0.75	难燃性 0.50
屋顶承重构件	不燃性 1.50	不燃性 1.00	难燃性 0.50	可燃性
疏散楼梯	不燃性 1.50	不燃性 1.00	不燃性 0.75	可燃性
吊顶（包括吊顶搁栅）	不燃性 0.25	难燃性 0.25	难燃性 0.15	可燃性

厂房、仓库的耐火等级、建筑面积、层数等与其生产或储存的类型有着密不可分的关系。对于甲、乙类生产或储存的厂房或仓库，由于其生产或储存的物品危险性大，因此这类生产场所或仓库不应设置在地下或半地下，而且对这类场所的防火安全性能的要求也较之其他类型的生产和仓储要高，在设计、使用时都应特别加以注意。

2. 民用建筑的耐火等级

民用建筑的耐火等级也分为一、二、三、四级。除另有规定外，不同耐火等级建筑相应构件的燃烧性能和耐火极限不应低于表 2-11 中的规定。

表 2-11　不同耐火等级建筑相应构件的燃烧性能和耐火极限　（单位:h）

构件名称	耐火等级			
	一级	二级	三级	四级
防火墙	不燃性 3.00	不燃性 3.00	不燃性 3.00	不燃性 3.00
承重墙	不燃性 3.00	不燃性 2.50	不燃性 2.00	难燃性 0.50
非承重外墙	不燃性 1.00	不燃性 1.00	不燃性 0.50	可燃性
楼梯间、前室的墙，电梯井的墙，住宅建筑单元之间的墙和分户墙	不燃性 2.00	不燃性 2.00	不燃性 1.50	难燃性 0.50
疏散走道两侧的隔墙	不燃性 1.00	不燃性 1.00	不燃性 0.50	难燃性 0.25
房间隔墙	不燃性 0.75	不燃性 0.50	难燃性 0.50	难燃性 0.25
柱	不燃性 3.00	不燃性 2.50	不燃性 2.00	难燃性 0.50
梁	不燃性 2.00	不燃性 1.50	不燃性 1.00	难燃性 0.50
楼板	不燃性 1.50	不燃性 1.00	不燃性 0.50	可燃性

（续表）

构件名称	耐火等级			
	一级	二级	三级	四级
屋顶承重构件	不燃性 1.50	不燃性 1.00	可燃性 0.50	可燃性
疏散楼梯	不燃性 1.50	不燃性 1.00	不燃性 0.50	可燃性
吊顶(包括吊顶搁栅)	不燃性 0.25	难燃性 0.25	难燃性 0.15	可燃性

注：(1)除另有规定外，以木柱承重且墙体采用不燃材料的建筑，其耐火等级应按四级确定。

(2)住宅建筑构件的耐火极限和燃烧性能可按《住宅建筑规范》规定执行。

民用建筑的耐火等级应根据其建筑高度、使用功能、重要性和火灾扑救难度等确定，此外，地下或半地下建筑(室)和一类高层建筑的耐火等级不应低于一级；单、多层重要公共建筑和二类高层建筑的耐火等级不应低于二级。

建筑高度大于 100 m 的民用建筑，其楼板的耐火极限不应低于 2.00 h。一、二级耐火等级建筑的上人平屋顶，其屋面板的耐火极限分别不应低于 1.50 h 和 1.00 h。一、二级耐火等级建筑的屋面板应采用不燃材料，但屋面防水层可采用可燃材料。

二级耐火等级建筑内采用难燃性墙体的房间隔墙，其耐火极限不应低于 0.75 h；当房间的建筑面积不大于 100 m^2 时，房间的隔墙可采用耐火极限不低于 0.50 h 的难燃性墙体或耐火极限不低于 0.30 h 的不燃性墙体。二级耐火等级多层住宅建筑内采用预应力钢筋混凝土的楼板，其耐火极限不应低于 0.75 h。二级耐火等级建筑内采用不燃材料的吊顶，其耐火极限不限。三级耐火等级的医疗建筑、中小学校的教学建筑、老年人建筑及托儿所、幼儿园的儿童用房和儿童游乐厅等儿童活动场所的吊顶，应采用不燃材料；当采用难燃材料时，其耐火极限不应低于 0.25 h。二、三级耐火等级建筑中门厅、走道的吊顶应采用不燃材料。

建筑内预制钢筋混凝土构件的节点外露部位，应采取防火保护措施，且节点的耐火极限不应低于相应构件的耐火极限。

2.4 建筑平面布局与布置

2.4.1 建筑消防安全布局

建筑的平面布局应满足城市规划和消防安全的要求。一般要根据建筑物的使用性质、生产经营规模、建筑高度、体量及火灾危险性等，合理确定其建筑位置、防火间距、消防车道和消防水源等。

1. 建筑选址

1)周围环境要求

各类建筑在规划建设时，要考虑周围环境的相互影响。特别是工厂、仓库选址时，既要考虑本单位的安全，又要考虑邻近的企业和居民的安全。生产、储存和装卸易燃易爆危险物品的工厂、仓库和专用车站、码头，必须设置在城市的边缘或者相对独立的安全地带。

在总平面布局中，应合理确定建筑的位置、防火间距、消防车道和消防水源等，不宜将建筑布置在甲、乙类厂(库)房,甲、乙、丙类液体储罐,可燃气体储罐和可燃材料堆场的附近。易燃易爆气体和液体的充装站、供应站、调压站,应当设置在合理的位置,符合防火防爆要求。

2)地势条件要求

建筑选址时,还要充分考虑和利用自然地形、地势条件。甲、乙、丙类液体的仓库,宜布置在地势较低的地方,以免火灾对周围环境造成威胁;若布置在地势较高处,则应采取防止液体流散的措施。乙炔站等遇水产生可燃气体容易发生火灾爆炸的企业,严禁布置在可能被水淹没的地方。生产、贮存爆炸物品的企业,宜利用地形,选择多面环山、附近没有建筑的地方。

3)考虑主导风向

散发可燃气体、可燃蒸气和可燃粉尘的车间、装置等,宜布置在明火或散发火花地点的常年主导风向的下风或侧风向。液化石油气储罐区宜布置在本单位或本地区全年最小频率风向的上风侧,并选择通风良好的地点独立设置。易燃材料的露天堆场宜设置在天然水源充足的地方,并宜布置在本单位或本地区全年最小频率风向的上风侧。

2. 建筑总平面布局

1)合理布置建筑

应根据各建筑物的使用性质、规模、火灾危险性以及所处的环境、地形、风向等因素,合理布置,以消除或减少建筑物之间及周边环境的相互影响和火灾危害。

2)合理进行功能区域划分

规模较大的企业,要根据实际需要,合理划分生产区、储存区(包括露天储存区)、生产辅助设施区、行政办公和生活福利区等。同一企业内,若有不同火灾危险的生产建筑,则应尽量将火灾危险性相同的或相近的建筑集中布置,以利于采取防火防爆措施,便于安全管理。易燃、易爆的工厂、仓库的生产区、储存区内不得修建办公楼、宿舍等民用建筑。

2.4.2　建筑防火间距

防火间距是一座建筑物着火后,火灾不致蔓延到相邻建筑物的空间间隔,它是针对相邻建筑间设置的。建筑物起火后,其内部的火势在热对流和热辐射的作用下迅速扩大,在建筑物外部则因强烈的热辐射作用对周围建筑物构成威胁。火场辐射热的强度取决于火灾规模的大小、持续时间的长短,与邻近建筑物的距离及风速、风向等因素。通过对建筑物进行合理布局和设置防火间距,防止火灾在相邻的建筑物之间相互蔓延,合理利用和节约土地,并为人员疏散、消防人员的救援和灭火提供条件,减少失火建筑对相邻建筑及其使用者强烈的辐射和烟气的影响。

1. 防火间距的确定原则

影响防火间距的因素很多,火灾时建筑物可能产生的热辐射强度是确定防火间距应考虑的主要因素。热辐射强度与消防扑救力量、火灾延续时间、可燃物的性质和数量、相对外墙开口面积的大小、建筑物的长度和高度以及气象条件等有关。但实际工程中不可能都考虑。防火间距主要是根据当前消防扑救力量,结合火灾实例和消防灭火的实际经验确定的。

1)防止火灾蔓延

根据火灾发生后产生的辐射热对相邻建筑的影响,一般不考虑飞火、风速等因素。火灾实例表明,一、二级耐火等级的低层建筑,保持 6～10 m 的防火间距,在有消防队进行扑救的情况下,一般不会蔓延到相邻建筑物。通常将一、二级耐火等级多层建筑之间的防火间距定为 6 m。其他三、四级耐火等级的民用建筑之间的防火间距,因耐火等级低,受热辐射作用易着火而致火势蔓延,所以防火间距在一、二级耐火等级建筑的要求基础上有所增加。

2)保障灭火救援场地需要

防火间距还应满足消防车的最大工作回转半径和扑救场地的需要。建筑物高度不同,需使用的消防车不同,操作场地也就不同。对于低层建筑,普通消防车即可;而对于高层建筑,则还要使用曲臂、云梯等登高消防车。考虑到扑救高层建筑需要使用曲臂车、云梯登高消防车等车辆,为满足消防车辆通行、停靠、操作的需要,结合实践经验,规定一、二级耐火等级高层建筑之间的防火间距不应小于 13 m。

3)节约土地资源

确定建筑之间的防火间距,既要综合考虑防止火灾向邻近建筑蔓延扩大和灭火救援的需要,同时也要考虑节约用地的因素。如果设定的防火间距过大,就会造成土地资源的浪费。

4)防火间距的计算

防火间距应按相邻建筑物外墙的最近距离计算,如外墙有凸出的可燃构件,则应从其凸出部分外缘算起,如为储罐或堆场,则应从储罐外壁或堆场的堆垛外缘算起。

2. 防火间距

1)厂房的防火间距

厂房之间及其与乙、丙、丁、戊类仓库、民用建筑等之间的防火间距不应小于表 2-12 的规定。厂房间距如图 2-3 所示。

表 2-12　厂房之间及与乙、丙、丁、戊类仓库、民用建筑等的防火间距　(单位:m)

<table>
<tr><th colspan="3" rowspan="3">名称</th><th>甲类厂房</th><th colspan="3">乙类厂房(仓库)</th><th colspan="4">丙、丁、戊类厂房(仓库)</th><th colspan="5">民用建筑</th></tr>
<tr><th>单、多层</th><th colspan="2">单、多层</th><th>高层</th><th colspan="3">单、多层</th><th>高层</th><th colspan="3">裙房,单、多层</th><th colspan="2">高层</th></tr>
<tr><th>一、二级</th><th>一、二级</th><th>三级</th><th>一、二级</th><th>一、二级</th><th>三级</th><th>四级</th><th>一、二级</th><th>一、二级</th><th>三级</th><th>四级</th><th>一类</th><th>二类</th></tr>
<tr><td>甲类厂房</td><td>单、多层</td><td>一、二级</td><td>12</td><td>12</td><td>14</td><td>13</td><td>12</td><td>14</td><td>16</td><td>13</td><td colspan="3" rowspan="4">25</td><td colspan="2" rowspan="4">50</td></tr>
<tr><td rowspan="3">乙类厂房</td><td rowspan="2">单、多层</td><td>一、二级</td><td>12</td><td>10</td><td>12</td><td>13</td><td>10</td><td>12</td><td>14</td><td>13</td></tr>
<tr><td>三级</td><td>14</td><td>12</td><td>14</td><td>15</td><td>12</td><td>14</td><td>16</td><td>15</td></tr>
<tr><td>高层</td><td>一、二级</td><td>13</td><td>13</td><td>15</td><td>13</td><td>13</td><td>15</td><td>17</td><td>13</td></tr>
</table>

（续表）

名称			甲类厂房	乙类厂房（仓库）			丙、丁、戊类厂房（仓库）				民用建筑				
			单、多层	单、多层		高层	单、多层			高层	裙房，单、多层			高层	
			一、二级	一、二级	三级	一、二级	一、二级	三级	四级	一、二级	一、二级	三级	四级	一类	二类
丙类厂房	单、多层	一、二级	12	10	12	13	10	12	14	13	10	12	14	20	15
		三级	14	12	14	15	12	14	16	15	12	14	16	25	20
		四级	16	14	16	17	14	16	18	17	14	16	18		
	高层	一、二级	13	13	15	13	13	15	17	13	13	15	17	20	15
丁、戊类厂房	单、多层	一、二级	12	10	12	13	10	12	14	13	10	12	14	15	13
		三级	14	12	14	15	12	14	16	15	12	14	16	18	15
		四级	16	14	16	17	14	16	18	17	14	16	18		
	高层	一、二级	13	13	15	13	13	15	17	13	13	15	17	15	13
室外变、配电站	变压器总油量（t）	≥5，≤10	25	25	25	25	12	15	20	12	15	20	25	20	
		>10，≤50					15	20	25	15	20	25	30	25	
		>50					20	25	30	20	25	30	35	30	

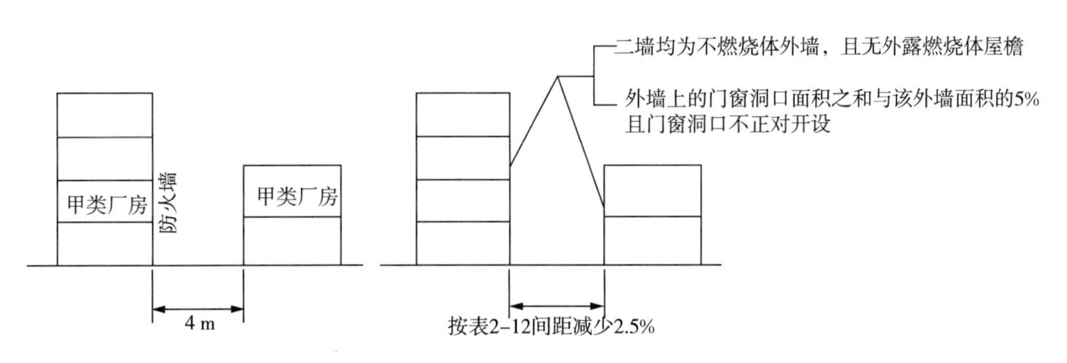

图 2-3 厂房间距示意图

两座一、二级耐火等级的厂房，当相邻较低一面外墙为防火墙且较低一座厂房的屋顶无天窗，屋顶的耐火极限不低于 1.00 h，或相邻较高一面外墙的门、窗等开口部位设置甲级防火门、窗或防火分隔水幕或防火卷帘时，甲、乙类厂房之间的防火间距不应小于 6 m；丙、丁、戊类厂房之间的防火间距不应小于 4 m。

发电厂内的主变压器，其油量可按单台确定。

耐火等级低于四级的既有厂房，其耐火等级可按四级确定。

2)甲类厂房与重要公共建筑、明火或散发火花地点之间的防火间距

甲类厂房与重要公共建筑的防火间距不应小于 50 m，与明火或散发火花地点的防火间距不应小于 30 m。

3)厂房外附设有化学易燃物品设备的防火间距

厂房外附设化学易燃物品的设备时，其室外设备外壁与相邻厂房室外附设设备的外壁或相邻厂房外墙的防火间距，不应小于表 2－12 的规定。用不燃材料制作的室外设备，可按一、二级耐火等级建筑确定。

4)厂区围墙与厂内建筑之间的防火间距

厂区围墙与厂区内建筑的间距不宜小于 5 m，围墙两侧建筑的间距应满足相应建筑的防火间距要求。

5)仓库的防火间距

(1)甲类仓库之间及其与其他建筑、明火或散发火花地点、铁路、道路等的防火间距

甲类仓库之间及与其他建筑、明火或散发火花地点、铁路、道路等的防火间距不应小于表 2－13 的规定，设置装卸站台的甲类仓库与厂内铁路装卸线的防火间距，可不受限制。

表 2－13　甲类仓库之间及与其他建筑、明火或散发火花地点、铁路、道路等的防火间距

(单位：m)

<table>
<tr><th colspan="2" rowspan="3">名称</th><th colspan="4">甲类仓库(储量，t)</th></tr>
<tr><th colspan="2">甲类储存物品
第 3、4 项</th><th colspan="2">甲类储存物品
第 1、2、5、6 项</th></tr>
<tr><th>≤5</th><th>>5</th><th>≤10</th><th>>10</th></tr>
<tr><td colspan="2">高层民用建筑、重要公共建筑</td><td colspan="4">50</td></tr>
<tr><td colspan="2">裙房、其他民用建筑、明火或散发火花地点</td><td>30</td><td>40</td><td>25</td><td>30</td></tr>
<tr><td colspan="2">甲类仓库</td><td>20</td><td>20</td><td>20</td><td>20</td></tr>
<tr><td rowspan="3">厂房和乙、丙、丁、戊类仓库</td><td>一、二级</td><td>15</td><td>20</td><td>12</td><td>15</td></tr>
<tr><td>三级</td><td>20</td><td>25</td><td>15</td><td>20</td></tr>
<tr><td>四级</td><td>25</td><td>30</td><td>20</td><td>25</td></tr>
<tr><td colspan="2">电力系统电压为 35 kV～500 kV 且每台变压器容量不小于 10 MV・A 的室外变、配电站，工业企业的变压器总油量大于 5 t 的室外降压变电站</td><td>30</td><td>40</td><td>25</td><td>30</td></tr>
<tr><td colspan="2">厂外铁路线中心线</td><td colspan="4">40</td></tr>
<tr><td colspan="2">厂内铁路线中心线</td><td colspan="4">30</td></tr>
<tr><td colspan="2">厂外道路路边</td><td colspan="4">20</td></tr>
<tr><td rowspan="2">厂内道路路边</td><td>主要</td><td colspan="4">10</td></tr>
<tr><td>次要</td><td colspan="4">5</td></tr>
</table>

注：甲类仓库之间的防火间距，当第 3、4 项物品储量不大于 2 t，第 1、2、5、6 项物品储量不大于 5 t 时，不应小于 12 m，甲类仓库与高层仓库的防火间距不应小于 13 m。

(2)乙、丙、丁、戊类仓库之间及其与民用建筑之间的防火间距

乙、丙、丁、戊类仓库之间及其与民用建筑之间的防火间距,不应小于表 2-14 的规定。

表 2-14　乙、丙、丁、戊类仓库之间及与民用建筑的防火间距　　(单位:m)

名称			乙类仓库			丙类仓库				丁、戊类仓库			
			单、多层		高层	单、多层			高层	单、多层			高层
			一、二级	三级	一、二级	一、二级	三级	四级	一、二级	一、二级	三级	四级	一、二级
乙、丙、丁、戊类仓库	单、多层	一、二级	10	12	13	10	12	14	13	10	12	14	13
		三级	12	14	15	12	14	16	15	12	14	16	15
		四级	14	16	17	14	16	18	17	14	16	18	17
	高层	一、二级	13	15	13	13	15	17	13	13	15	17	13
民用建筑	裙房,单、多层	一、二级	25			10	12	14	13	10	12	14	13
		三级	25			12	14	16	15	12	14	16	15
		四级	25			14	16	18	17	14	16	18	17
	高层	一类	50			20	25	25	20	15	18	18	15
		二类	50			15	20	20	15	13	15	15	13

注:单层、多层戊类仓库之间的防火间距,可按本表减少 2 m。2. 两座仓库的相邻外墙均为防火墙时,防火间距可以减小,但丙类,不应小于 6 m;丁、戊类,不应小于 4 m。除乙类第 6 项物品外的乙类仓库,与民用建筑之间的防火间距不宜小于 25 m,与重要公共建筑的防火间距不应小于 50 m,与铁路、道路等的防火间距不宜小于表 2-14 中甲类仓库与铁路、道路等的防火间距。

6)民用建筑的防火间距

民用建筑之间的防火间距不应小于表 2-15 的规定,与其他建筑的防火间距,除应符合本节的规定外,尚应符合规范的相关规定。

表 2-15　民用建筑之间的防火间距　　(单位:m)

建筑类别		高层民用建筑	裙房和其他民用建筑		
		一、二级	一、二级	三级	四级
高层民用建筑	一、二级	13	9	11	14
裙房和其他民用建筑	一、二级	9	6	7	9
	三级	11	7	8	10
	四级	14	9	10	12

相邻两座单、多层建筑，当相邻外墙为不燃性墙体且无外露的可燃性屋檐，每面外墙上无防火保护的门、窗、洞口不正对开设且面积之和不大于该外墙面积的 5%时，其防火间距可按表 2-15 规定减少 25%(图 2-4)。

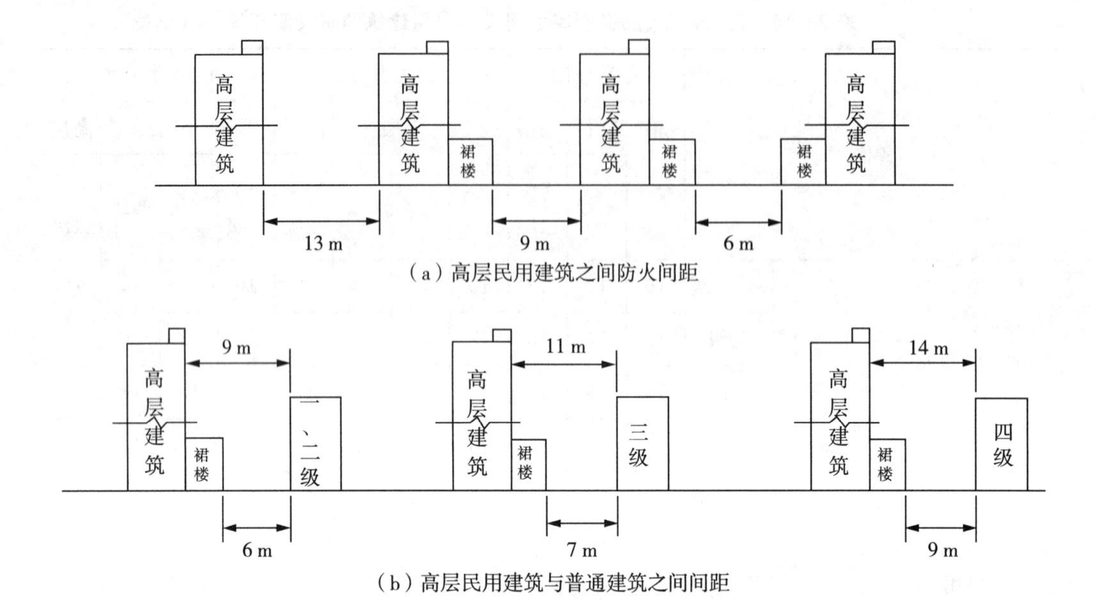

图 2-4　高层民用建筑防火间距示意图

两座建筑相邻较高一面外墙为防火墙，或高出相邻较低一座一、二级耐火等级建筑的屋面 15 m 及以下范围内的外墙为防火墙时，其防火间距可不限(图 2-5)。

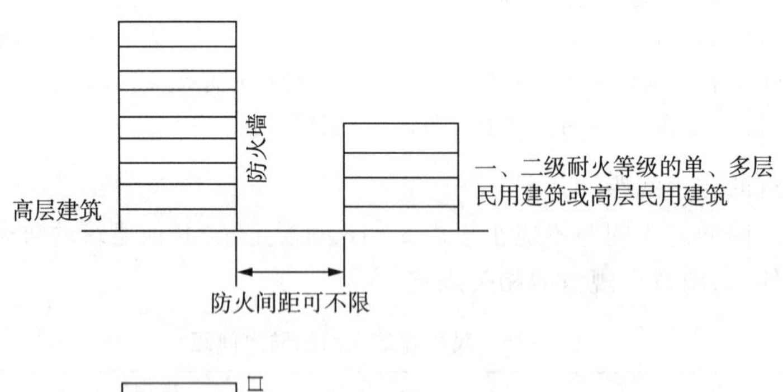

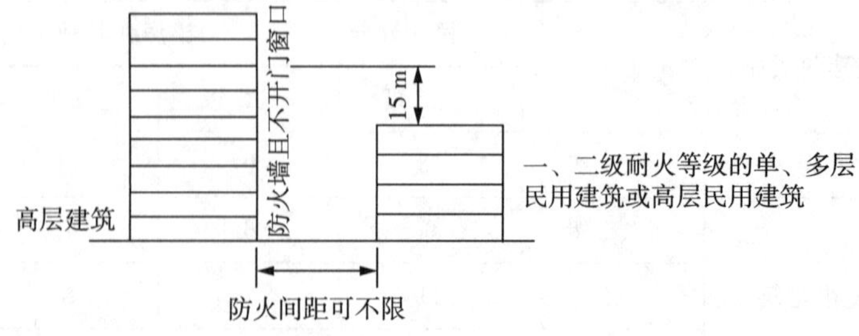

图 2-5　当较高一面外墙为防火墙时防火间距示意图

相邻两座高度相同的一、二级耐火等级建筑中相邻任一侧外墙为防火墙时，其防火间距可不限。相邻两座建筑中较低一座建筑的耐火等级不低于二级，屋面板的耐火极限不低于 1.00 h，屋顶无天窗且相邻较低一面外墙为防火墙时，其防火间距不应小于 3.5 m；对于高层建筑，不应小于 4 m(图 2－6)。

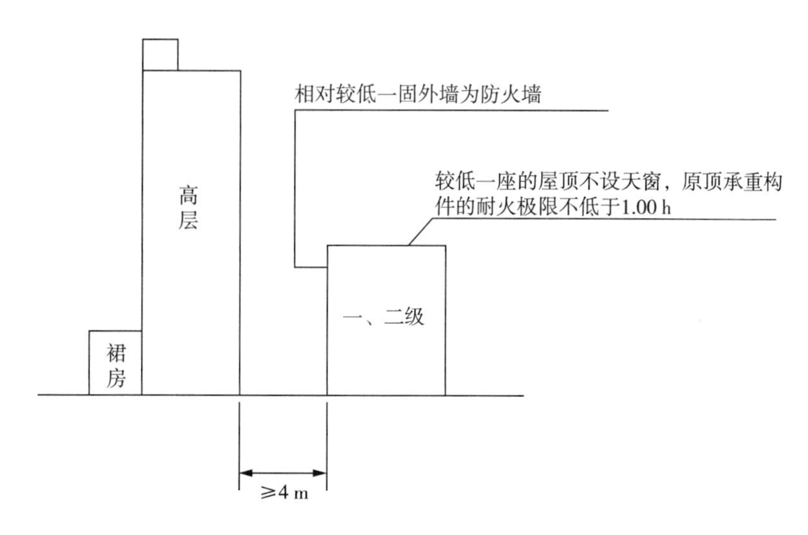

图 2－6　当较低一面外墙为防火墙时防火间距示意图

相邻两座建筑中较低一座建筑的耐火等级不低于二级且屋顶无天窗，相邻较高一面外墙高出较低一座建筑的屋面 15 m 及以下范围内的开口部位设置甲级防火门、窗，或设置符合规定的防火分隔水幕或规范规定的防火卷帘时，其防火间距不应小于 3.5 m；对于高层建筑，其防火间距不应小于 4 m(图 2－7)。

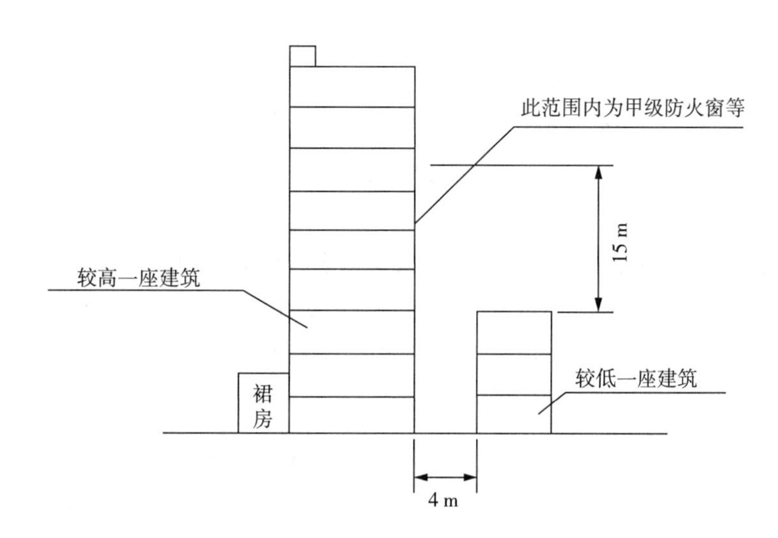

图 2－7　设置防火门、窗等分隔物时，防火间距示意图

相邻建筑通过底部的建筑物、连廊或天桥等连接时，其间距不应小于表2-15的规定。耐火等级低于四级的既有建筑，其耐火等级可按四级确定。建筑高度大于100 m的民用建筑与相邻建筑的防火间距，当符合规范允许减小的条件时，仍不应减小。

7)防火间距不足时的消防技术措施

防火间距由于场地等原因，难以满足国家有关消防技术规范的要求时，可根据建筑物的实际情况，采取以下补救措施：

(1)改变建筑物的生产和使用性质，尽量降低建筑物的火灾危险性，改变房屋部分结构的耐火性能，提高建筑物的耐火等级。

(2)调整生产厂房的部分工艺流程，限制库房内储存物品的数量，提高部分构件的耐火极限和燃烧性能。

(3)将建筑物的普通外墙改造为防火墙或减少相邻建筑的开口面积，如开设门窗，应采用防火门窗或加防火水幕保护。

(4)拆除部分耐火等级低、占地面积小，使用价值低且与新建筑物相邻的原有陈旧建筑物。

(5)设置独立的室外防火墙。在设置防火墙时，应兼顾通风排烟和破拆扑救，切忌盲目设置，顾此失彼。

2.4.3 建筑平面布局

建筑除了要考虑城市的规划和在城市中的设置位置外，单体建筑内，在考虑满足功能需求的划分外，还应根据某些重点部位的火灾危险性、使用性质、人员密集场所人员快捷疏散和消防成功扑救等因素，对建筑物内部空间进行合理布置，以防止火灾和烟气在建筑内部蔓延扩大，确保火灾时的人员生命安全，减少财产损失。

1. 布置原则

(1)建筑内部某部位着火时，能限制火灾和烟气在(或通过)建筑内部和外部的蔓延，并为人员疏散、消防人员的救援和灭火提供保护。

(2)建筑物内部某处发生火灾时，减少对邻近(上下层、水平相邻空间)分隔区域受到强辐射热和烟气的影响。

(3)消防人员能方便进行救援、利用灭火设施进行作战活动。

(4)有火灾或爆炸危险的建筑设备设置部位，能防止对人员和贵重设备造成影响或危害。或采取措施防止发生火灾或爆炸，及时控制灾害的蔓延扩大。

2. 设备用房布置

建筑内的锅炉和变压器规模越来越大，在运行中存在较大的危险，发生事故后的危害也较大，特别是燃油、燃气锅炉，容易发生燃烧爆炸事故。可燃油油浸电力变压器发生故障产生电弧时，将使变压器内的绝缘油迅速发生热分解，析出氢气、甲烷、乙炔等可燃气体，压力骤增，造成外壳爆裂而大面积喷油，或者析出的可燃气体与空气形成爆炸性混合物，在电弧或火花的作用下极易引起燃烧和爆炸。变压器爆炸后，火灾将随高温变压器油的流淌而蔓延，造成更大的火灾。

1）锅炉房、变压器室布置

燃煤、燃油或燃气锅炉、油浸电力变压器、充有可燃油的高压电容器和多油开关等用房宜独立建造。当确有困难时可贴邻民用建筑布置，但应采用防火墙隔开，且不应贴邻人员密集场所。燃油或燃气锅炉、油浸电力变压器、充有可燃油的高压电容器和多油开关等用房受条件限制必须布置在民用建筑内时，不应布置在人员密集场所的上一层、下一层或贴邻，并应符合下列规定：

（1）燃油和燃气锅炉房、变压器室应设置在首层或地下一层靠外墙部位，但常（负）压燃油、燃气锅炉可设置在地下二层，当常（负）压燃气锅炉距安全出口的距离大于 6 m 时，可设置在屋顶上。燃油锅炉应采用丙类液体作燃料。采用相对密度（与空气密度的比值）大于等于 0.75 的可燃气体为燃料的锅炉，不得设置在地下或半地下建筑（室）内。

（2）锅炉房、变压器室的门均应直通室外或直通安全出口；外墙开口部位的上方应设置宽度不小于 1 m 的不燃烧体防火挑檐或高度不小于 1.2 m 的窗槛墙。

（3）锅炉房、变压器室与其他部位之间应采用耐火极限不低于 2.00 h 的不燃烧体隔墙和 1.50 h 的不燃烧体楼板隔开。在隔墙和楼板上不应开设洞口，当必须在隔墙上开设门窗时，应设置甲级防火门窗。

（4）当锅炉房内设置储油间时，其总储存量不应大于 1 m^3，且储油间应采用防火墙与锅炉间隔开，当必须在防火墙上开门时，应设置甲级防火门。

（5）变压器室之间、变压器室与配电室之间，应采用耐火极限不低于 2.00 h 的不燃烧体墙隔开。

（6）油浸电力变压器、多油开关室、高压电容器室，应设置防止油品流散的设施。油浸电力变压器下面应设置储存变压器全部油量的事故储油设施。

（7）锅炉的容量应符合现行国家标准《锅炉房设计规范》的有关规定。油浸电力变压器的总容量不应大于 1260 kV·A，单台容量不应大于 630 kV·A。

（8）应设置火灾报警装置。

（9）应设置与锅炉、油浸变压器容量和建筑规模相适应的灭火设施。

（10）燃气锅炉房应设置防爆泄压设施，燃气、燃油锅炉房应设置独立的通风系统。

2）柴油发电机房布置

柴油发电机房布置在民用建筑内时应符合下列规定：

（1）宜布置在建筑物的首层及地下一、二层，不应布置在地下三层及以下，柴油发电机应采用丙类柴油做燃料。

（2）应采用耐火极限不低于 2.00 h 的不燃烧体隔墙和 1.50 h 的不燃烧体楼板与其他部位隔开，门应采用甲级防火门。

（3）机房内应设置储油间，其总储存量不应大于 8 h 的需要量，且储油间应采用防火墙与发电机间隔开；当必须在防火墙上开门时，应设置甲级防火门。

(4)应设置火灾报警装置。

(5)应设置与柴油发电机容量和建筑规模相适应的灭火设施。

3)消防控制室布置

消防控制室是建筑物内防火、灭火设施的显示控制中心，是扑救火灾的指挥中心，是保障建筑物安全的要害部位之一，应设在交通方便和发生火灾后不易燃烧的部位。其设置应符合下列规定：

(1)单独建造的消防控制室，其耐火等级不应低于二级。

(2)附设在建筑物内的消防控制室，宜设置在建筑物内首层的靠外墙部位，亦可设置在建筑物的地下一层，应采用耐火极限不低于 2.00 h 的隔墙和 1.50 h 的楼板与其他部位隔开，并应设置直通室外的安全出口。

(3)严禁与消防控制室无关的电气线路和管路穿过。

(4)不应设置在电磁场干扰较强及其他可能影响消防控制设备工作的设备用房附近。

4)消防设备用房布置

建筑物内的消防设备用房有固定灭火系统的设备室、消防水泵房和通风空气调节机房、防排烟机房等，应采用耐火极限不低于 2.00 h 的隔墙和 1.50 h 的楼板与其他部位隔开。独立建造的消防水泵房，其耐火等级不应低于二级，附设在建筑内的消防水泵房，不应设置在地下三层及以下或地下室内地面与室外出入口地坪高差大于 10 m 的楼层，消防水泵房设置在首层时，其疏散门宜直通室外，设置在地下层或楼层上时，其疏散门应靠近安全出口。消防水泵房的门应采用甲级防火门；电梯机房应与普通电梯机房之间采用耐火极限不低于 2.00 h 的隔墙分开，如开门，应设甲级防火门。

3. 人员密集场所布置

1)观众厅、会议厅、多功能厅

高层建筑内的观众厅、会议厅、多功能厅等人员密集场所，应设在首层或二、三层；设置在三级耐火等级的建筑内时，不应布置在三层及以及楼层。当必须设在其他楼层时，应符合下列规定：

(1)一个厅、室的建筑面积不宜超过 400 m^2。

(2)一个厅、室的安全出口不应少于两个。

(3)必须设置火灾自动报警系统和自动喷水灭火系统。

(4)幕布和窗帘应采用经阻燃处理的织物。

2)歌舞娱乐放映游艺场所

歌舞厅、卡拉 OK 厅、夜总会、录像厅、放映厅、桑拿浴室、游艺厅、网吧等歌舞娱乐放映游艺场所，应布置在建筑的一至三层，宜靠外墙设置，不应布置在袋形走道的两侧和尽头。并应采用耐火极限不低于 2.00 h 的隔墙和 1.00 h 的楼板与其他场所隔开，当墙上必须开门时应设置不低于乙级的防火门。当必须设置在其他楼层时，尚应符合下列规定：

(1)不应设置在地下二层及二层以下，设置在地下一层时，地下一层地面与室外出入口地坪的高差不应大于 10 m。

(2)一个厅、室的建筑面积不应超过 200 m^2。

(3)一个厅、室的出口不应少于两个,当一个厅、室的建筑面积小于 50 m^2,可设置一个出口。

(4)应设置火灾自动报警系统和自动喷水灭火系统及防烟、排烟设施等。

3)电影院、剧场、礼堂

(1)电影院、剧场等不宜设置在住宅楼、仓库、古建筑内。

(2)一、二级耐火等级的建筑内设置的电影院:即设在商场、市场、购物广场等建筑内,由于影院与商场的作息时间不同,综合建筑内设置的电影院应设置在独立的竖向交通设施,并应有人员集散空间,应有单独出入口通向室外,同时应设置明显标志。设置在三层以上时,其设计一般要求参照设在四层以上的会议厅、多功能厅的要求来设计。

(3)当电影院、剧场、礼堂设置在三级耐火等级的建筑内时,应设置在首层、二层;当设置在四级耐火等级的建筑内时应设置在首层。

4. 特殊场所布置

1)老年人建筑及儿童活动场所

老年人及儿童行动不便,易被造成严重伤害,火灾时无法进行适当的自救和安全逃生,一般均需依靠成年人的帮助来实现逃生。因此老年人建筑及托儿所、幼儿园的儿童用房和儿童游乐厅等儿童活动场所宜设置在独立的建筑内。当一、二级耐火等级的多层和高层建筑内设置时,应设置在建筑物的首层或二、三层;当设置在三级耐火等级的建筑内时,应设置在首层及二层;当设置在四级耐火等级的建筑内时,应设置在首层。并均宜设置独立的出口。

2)医院的病房

对于设置在人防工程中的医院病房,不应设置在地下二层及其以下层,当设置在地下一层时,室内地面与室外出入口地坪高差不应大于 10 m。人防工程内设置的病房,应划分独立的防火分区,且疏散楼梯不得与其他防火分区的疏散楼梯共用。当病房设置在三级耐火等级的建筑内时,应设置在首层、二层;当设置在四级耐火等级的建筑内时,应设置在首层。

5. 工业建筑附属用房布置

1)办公室、休息室

(1)办公室、休息室等不应设置在甲、乙类厂房内,当必须与本厂房贴邻建造时,其耐火等级不应低于二级,并应采用耐火极限不低于 3.00 h 的不燃烧体防爆墙隔开和设置独立的安全出口。

(2)在丙类厂房内设置的办公室、休息室,应采用耐火极限不低于 2.50 h 的不燃烧体隔墙和 1.00 h 的楼板与厂房隔开,并应至少设置 1 个独立的安全出口。如隔墙上需开设相互连通的门时,应采用乙级防火门。

(3)甲、乙类仓库内严禁设置办公室、休息室等,并不应贴邻建造。

(4)在丙、丁类仓库内设置的办公室、休息室,应采用耐火极限不低于2.50 h的不燃烧体隔墙和1.00 h的楼板与库房隔开,并应设置独立的安全出口。如隔墙上需开设相互连通的门时,应采用乙级防火门。

2)液体中间储罐

厂房中的丙类液体中间储罐应设置在单独房间内,其容积不应大于1 m^3。设置该中间储罐的房间,其围护构件的耐火极限不应低于二级耐火等级建筑的相应要求,房间的门应采用甲级防火门。

3)附属仓库

(1)厂房内设置不超过一昼夜需要量的甲、乙类中间仓库时,中间仓库应靠外墙布置,并应采用防火墙和耐火极限不低于1.50 h的不燃烧体楼板与其他部分隔开。

(2)厂房内设置丙类仓库时,必须采用防火墙和耐火极限不低于1.50 h的楼板与厂房隔开,设置丁、戊类仓库时,必须采用耐火极限不低于2.50 h的不燃烧体隔墙和1.00 h的楼板与厂房隔开。

2.5 防火防烟分区与分隔

建筑物内某处失火时,火灾会通过对流热、辐射热和传导热向周围区域传播。建筑物内空间面积大,则火灾时燃烧面积大、蔓延扩展快,火灾损失也大。所以,有效地阻止火灾在建筑物的水平及垂直方向蔓延,将火灾限制在一定范围之内是十分必要的。在建筑物内划分防火分区,可有效地控制火势的蔓延,有利于人员安全疏散和扑救火灾,从而达到减少火灾损失的目的。

2.5.1 防火分区

防火分区是指采用具有较高耐火极限的墙和楼板等构件作为一个区域的边界构件划分出的,能在一定时间内阻止火势向同一建筑的其他区域蔓延的防火单元。防火分区的面积大小应根据建筑物的使用性质、高度、火灾危险性、消防扑救能力等因素确定。不同类别的建筑其防火分区的划分有不同的标准。在建筑物内采用划分防火分区这一措施,可以在建筑物一旦发生火灾时,有效地把火势控制在一定的范围内,减少火灾损失,同时可以为人员安全疏散、消防扑救提供有利条件。

1. 厂房的防火分区

根据不同的生产火灾危险性类别,合理确定厂房的层数和建筑面积,可以有效防止火灾蔓延扩大,减少损失。

甲类生产具有易燃、易爆的特性,容易发生火灾和爆炸,疏散和救援困难,如层数多则更难扑救,严重者对结构有严重破坏。因此,甲类厂房除因生产工艺需要外,应尽量采用单层建筑。

为适应生产需要建设大面积厂房和布置连续生产线工艺时,防火分区采用防火墙分隔比较困难。对此,除甲类厂房外,规范允许采用防火分隔水幕或防火卷帘等进行分隔。

厂房的防火分区面积应根据其生产的火灾危险性类别、厂房的层数和厂房的耐火等级等因素确定。厂房的层数和每个防火分区的最大允许建筑面积应符合表 2-16 的要求。

表 2-16　厂房的层数和每个防火分区的最大允许建筑面积

生产的火灾危险性类别	厂房的耐火等级	最多允许层数	每个防火分区的最大允许建筑面积/m²			
			单层厂房	多层厂房	高层厂房	地下或半地下厂房（包括地下或半地下室）
甲	一级	采用单层	4000	3000	—	—
	二级		3000	2000	—	—
乙	一级	不限	5000	4000	2000	—
	二级	6	4000	3000	1500	—
丙	一级	不限	不限	6000	3000	500
	二级	不限	8000	4000	2000	500
	三级	2	3000	2000	—	—
丁	一、二级	不限	不限	不限	4000	1000
	三级	3	4000	2000	—	—
	四级	1	1000	—	—	—
戊	一、二级	不限	不限	不限	6000	1000
	三级	3	5000	3000	—	—
	四级	1	1500	—	—	—

注：(1)防火分区之间应采用防火墙分隔。除甲类厂房外的一、二级耐火等级单层厂房，当其防火分区的建筑面积大于本表规定，且设置防火墙确有困难时，可采用防火卷帘或防火分隔水幕分隔。

(2)除麻纺厂房外，一级耐火等级的多层纺织厂房和二级耐火等级的单层、多层纺织厂房，其每个防火分区的最大允许建筑面积可按本表的规定增加 0.5 倍，但厂房内的原棉开包、清花车间与厂房内其他部位之间均应采用耐火极限不低于 2.5 h 的防火隔墙分隔，需要开设门、窗、洞口时，应设置甲级防火门、窗。

(3)一、二级耐火等级的单层、多层造纸生产联合厂房，其每个防火分区的最大允许建筑面积可按本表的规定增加 1.5 倍。一、二级耐火等级的湿式造纸联合厂房，当纸机烘缸罩内设置自动灭火系统，完成工段设置有效灭火设施保护时，其每个防火分区的最大允许建筑面积可按工艺要求确定。

(4)一、二级耐火等级的谷物筒仓工作塔，当每层工作人数不超过 2 人时，其层数不限；

(5)一、二级耐火等级卷烟生产联合厂房内的原料、备料及成组配方、制丝、储丝和卷接包、辅料周转、成品暂存、二氧化碳膨胀烟丝等生产用房应划分独立的防火分隔单元，当工艺条件许可时，应采用防火墙进行分隔。其中制丝、储丝和卷接包车间可划分为一个防火分区，且每个防火分区的最大允许建筑面积可按工艺要求确定。但制丝、储丝及卷接包车间之间应采用耐火极限不低于 2.00 h 的墙体和 1.00 h 的楼板进行分隔。厂房内各水平和竖向分隔间的开口应采取防止火灾蔓延的措施。

(6)厂房内的操作平台、检修平台，当使用人数少于 10 人时，平台的面积可不计入所在防火分区的建筑面积内。

(7)“—”表示不允许。

厂房内设置自动灭火系统时，每个防火分区的最大允许建筑面积可增加 1.0 倍。当丁、戊类的场地上厂房内设置自动灭火系统时，每个防火分区的最大允许建筑面积不限。厂房内局部设置自动灭火系统时，其防火分区的增加面积可按该局部面积的 1.0 倍计算。仓库内设置自动灭火系统时，除冷库的防火分区外，每座仓库的最大允许占地面积和每个防火分区的最大允许建筑面积可增加 1.0 倍。

甲、乙类生产场所（仓库）不应设置在地下或半地下。员工宿舍严禁设置在厂房内。

办公室、休息室等不应设置在甲、乙类厂房内，确需贴临本厂房时，其耐火等级不应低于二级，并应采用耐火极限不低于 3.00 h 的防爆墙与厂房分隔，且应设置独立的安全出口。

办公室、休息室设置在丙类厂房内时，应采用耐火极限不低于 2.5 h 的防火隔墙和 1.00 h 的楼板与其他部位分隔，并应至少设置 1 个独立的安全出口。如隔墙上需开设相互连通的门时，应采用乙级防火门。

厂房内设置中间仓库时，甲、乙类中间仓库应靠外墙布置，其储量不宜超过 1 昼夜的需要量；甲、乙、丙类中间仓库应采用防火墙和耐火极限不低于 1.5 h 的不燃性楼板与其他部位分隔；丁、戊类中间仓库应采用耐火极限不低于 2.00 h 的防火隔墙和 1.00 h 的楼板与其他部位分隔。厂房内的丙类液体中间储罐应设置在单独房间内，其容量不应大于 5 m^3。设置中间储罐的房间，应采用耐火极限不低于 3.00 h 的防火隔墙和 1.50 h 的楼板与其他部位分隔，房间门应采用甲级防火门。

变、配电站不应设置在甲、乙类厂房内或贴临，且不应设置在爆炸性气体、粉尘环境的危险区域内。供甲、乙类厂房专用的 10 kV 及以下的变配电站，当采用无门、窗、洞口的防火墙分隔时，可一面贴临，并应符合《爆炸危险环境电力装置设计规范》规定。

乙类厂房的配电站确需在防火墙上开窗时，应采用甲级防火窗。

2. 仓库的防火分区

仓库物资储存比较集中，可燃物数量多，一量发生火灾，灭火救援难度大，常造成严重经济损失。因此，除了对仓库总的占地面积进行限制外，库房防火分区之间的水平分隔必须采用防火墙分隔，不能采用其他分隔方式替代。基于甲、乙类物品危险性大，其仓库内的防火分区之间应采用不开设门窗洞口的防火墙分隔，且甲类仓库应采用单层结构。对于丙、丁、戊类仓库，在实际使用中确因物流等用途需要开口的部位，需采用与防火墙等效的措施，如甲级防火门、防火卷帘分隔，开口部位的宽度一般控制在不大于6.0 m，高度宜控制在 4.0 m 以下，以保证该部位分隔的有效性。

设置在地下、半地下的仓库，火灾时室内气温高，烟气浓度比较高，热分解产物成分复杂、毒性大，而且威胁上部仓库的安全，因此甲、乙类仓库不应附设在建筑物的地下室和半地下室内。仓库的层数和面积应符合表 2 - 17 的规定。

表 2－17　仓库的层数和面积

储存物品的火灾危险性类别		仓库的耐火等级	最多允许层数	每座仓库的最大允许占地面积和每个防火分区的最大允许建筑面积/m^2						
				单层仓库		多层仓库		高层仓库		地下或半地下仓库（包括地下或半地下室）
				每座仓库	防火分区	每座仓库	防火分区	每座仓库	防火分区	防火分区
甲	3、4 项	一级	1	180	60	—	—	—	—	—
	1、2、5、6 项	一、二级	1	750	250	—	—	—	—	—
乙	1、3、4 项	一、二级	3	2000	500	900	300	—	—	—
		三级	1	500	250	—	—	—	—	—
	2、5、6 项	一、二级	5	2800	700	1500	500	—	—	—
		三级	1	900	300	—	—	—	—	—
丙	1 项	一、二级	5	4000	1000	2800	700	—	—	150
		三级	1	1200	400	—	—	—	—	—
	2 项	一、二级	不限	6000	1500	4800	1200	4000	1000	300
		三级	3	2100	700	1200	400	—	—	—
丁		一、二级	不限	不限	3000	不限	1500	4800	1200	500
		三级	3	3000	1000	1500	500	—	—	—
		四级	1	2100	700	—	—	—	—	—
戊		一、二级	不限	不限	不限	不限	2000	6000	1500	1000
		三级	3	3000	1000	2100	700	—	—	—
		四级	1	2100	700	—	—	—	—	—

注：(1)仓库内的防火分区之间必须采用防火墙分隔，甲、乙类仓库内防火分区之间的防火墙不应开设门、窗、洞口；地下或半地下仓库（包括地下或半地下室）的最大允许占地面积，不应大于相应类别地上仓库的最大允许占地面积。

(2)石油库区内的桶装油品仓库应符合《石油库设计规范》的规定。

(3)一、二级耐火等级的煤均化库，每个防火分区的最大允许建筑面积不应大于 1200 m^2。

(4)独立建造的硝酸铵仓库、电石仓库、聚乙烯等高分子制品仓库、尿素仓库、配煤仓库、造纸厂的独立成品仓库，当建筑的耐火等级不低于二级时，每座仓库的最大允许占地面积和每个防火分区的最大允许建筑面积可按本表的规定增加 1.0 倍。

(5)一、二级耐火等级粮食平房仓的最大允许占地面积不应大于 12000 m^2，每个防火分区的最大允许建筑面积不应大于 3000 m^2；三级耐火等级粮食平房仓的最大允许占地面积不应大于 3000 m^2，每个防火分区的最大允许建筑面积不应大于 1000 m^2。

(6)一、二级耐火等级且占地面积不大于 2000 m^2 的单层棉花库房，其防火分区的最大允许建筑面积不应大于 2000 m^2。

(7)一、二级耐火等级冷库的最大允许占地面积和防火分区的最大允许建筑面积，应符合《冷库设计规范》的规定。

(8)“—”表示不允许。

员工宿舍严禁设置在仓库内。办公室、休息室设置在丙、丁类仓库内时，应采用耐火极限不低于 2.50 h 的防火隔墙和 1.00 h 的楼板与其他部位分隔，并应设置独立的安全出口。隔墙上需开设相互连通的门时，应采用乙级防火门。

当物流建筑功能以分拣、加工等作业为主时，其中仓储部分应按中间仓库确定。当建筑功能以仓储为主或建筑难以区分主要功能时，应按本规范有关仓库的规定确定，但当分拣等作业区采用防火墙与存储区完全分隔时，作业区和储存区的防火要求可分别按本规范有关厂房和仓库的规定确定。其中，当分拣等作业区采用防火墙与储存区完全分隔，储存除可燃液体、棉、麻、丝、毛及其他纺织品、泡沫塑料等物品外的丙类物品且建筑的耐火等级不低于一级；或储存丁、戊类物品且建筑的耐火等级不低于二级；或建筑内全部设置自动水灭火系统和火灾自动报警系统时，储存区的防火分区最大允许建筑面积和储存区部分建筑的最大允许占地面积，可增加 3.0 倍。

3. 民用建筑的防火分区

当建筑面积过大时，室内容纳的人员和可燃物的数量相应增大，为了减少火灾损失，对建筑物防火分区的面积按照建筑物耐火等级的不同给予相应的限制。表 2-18 给出不同耐火等级民用建筑防火分区的最大允许建筑面积。

表 2-18　不同耐火等级民用建筑防火分区最大允许建筑面积

名　称	耐火等级	防火分区的最大允许建筑面积/m^2	备　注
高层民用建筑	一、二级	1500	于体育馆、剧场的观众厅，防火分区的最大允许建筑面积可适当增加
单、多层民用建筑	一、二级	2500	
	三级	1200	—
	四级	600	—
地下或半地下建筑（室）	一级	500	设备用房的防火分区最大允许建筑面积不应大于 1000 m^2

当建筑内设置自动灭火系统时，防火分区最大允许建筑面积可按表 2-18 的规定增加 1.0 倍；局部设置时，防火分区的增加面积可按该局部面积的 1.0 倍计算。裙房与高层建筑主体之间设置防火墙时，裙房的防火分区可按单、多层建筑的要求确定。

一、二级耐火等级建筑内的营业厅、展览厅，当设置自动灭火系统和火灾自动报警系统并采用不燃或难燃装修材料时，每个防火分区的最大允许建筑面积可适当增加，同时满足设置在高层建筑内时，不应大于 4000 m^2；或设置在单层建筑内或仅设置在多层建筑的首层内时，不应大于 10000 m^2；或设置在地下或半地下时，不应大于 2000 m^2。

总建筑面积大于 20000 m^2 的地下或半地下商业营业厅，应采用无门、窗、洞口的防火墙、耐火极限不低于 2.00 h 的楼板分隔为多个建筑面积不大于 20000 m^2 的区域。相邻区域确需局部水平或竖向连通时，应采用符合规定的下沉式广场等室外开敞空间、防火隔间、避难走道、防烟楼梯间等方式进行连通，并应符合下列规定：下沉式广场等室外开敞空间应能防止相邻区域的火灾蔓延和便于安全疏散；防火隔间的墙应为耐火极限不低于 3.00 h 的防火隔墙；防烟楼梯间的门应采用甲级防火门。

4. 木结构建筑的防火分区

建筑高度不大于 18 m 的住宅建筑，建筑高度不大于 24 m 的办公建筑或丁、戊类厂房（库房）的房间隔墙和非承重外墙可采用木骨架组合墙体。民用建筑，丁、戊类厂房（库房）可采用木结构建筑或木结构组合建筑，其允许层数和建筑高度应符合表 2 - 19 的规定。木结构建筑防火墙间的允许建筑长度和每层最大允许建筑面积应符合表 2 - 20 的规定。

表 2 - 19　木骨架组合墙体的燃烧性能和耐火极限　（单位：h）

构件名称	建筑物的耐火等级或类型				
	一级	二级	三级	木结构建筑	四级
非承重外墙	不允许	难燃性 1.25	难燃性 0.75	难燃性 0.75	无要求
房间隔墙	难燃性 1.00	难燃性 0.75	难燃性 0.50	难燃性 0.50	难燃性 0.25

表 2 - 20　木结构建筑防火墙间的允许建筑长度和每层最大允许建筑面积

层数（层）	防火墙间的允许建筑长度/m	防火墙间的每层最大允许建筑面积/m^2
1	100	1800
2	80	900
3	60	600

当设置自动喷水灭火系统时，防火墙间的允许建筑长度和每层最大允许建筑面积可按表 2 - 19 规定增加 1.0 倍；当为丁、戊类地上厂房时，防火墙间的每层最大允许建筑面积不限。体育场馆等高大空间建筑，其建筑高度和建筑面积可适当增加。

附设在木结构住宅建筑内的机动车库、发电机间、配电间、锅炉间等火灾危险性较大的场所，应采用耐火极限不低于 2.00 h 的防火隔墙和耐火极限不低于 1.00 h 的不燃性楼板与其他部位分隔，不宜开设与室内相通的门、窗、洞口。采用木结构的自用车库的建筑面积不宜大于 60 m^2。

5. 城市交通隧道的防火分区

隧道内的变电站、管廊、专用疏散通道、通风机房及其他辅助用房等，应采取耐火极限不低于 2.00 h 的防火隔墙和甲级防火门等分隔措施与车行隧道分隔。隧道内附设的地下设备用房，占地面积大，人员较少，每个防火分区的最大允许建筑面积不应大于 1500 m^2。

2.5.2　防火分隔

划分防火分区时必须满足防火设计规范中规定的面积及构造要求，同时还应遵循以下原则：同一建筑物内，不同的危险区域之间、不同用户之间、办公用房和生产车间之间，应进行防火分隔处理;作避难通道使用的楼梯间、前室和具有避难功能的走廊,必须受到完全保护,保证其不受火灾侵害并畅通无阻。高层建筑中的各种竖向井道,如电缆井、管道井等,其本身应是独立的防火单元,应保证井道外部火灾不扩大到井道内部,井道内部火灾也不蔓延到井道外部。有特殊防火要求的建筑,在防火分区之内应设置更小的防火区域。

1. 防火分区分隔

划分防火分区,应考虑水平方向的划分和垂直方向的划分。水平防火分区,即采用一定耐火极限的墙、楼板、门窗等防火分隔物按防火分区的面积进行分隔的空间。按垂直方向划分的防火分区也称竖向防火分区,可把火灾控制在一定的楼层范围内,防止火灾向其他楼层垂直蔓延,主要采用具有一定耐火极限的楼板做分隔构件。每个楼层可根据面积要求划分成多个防火分区,高层建筑在垂直方向应以每个楼层为单元划分防火分区,所有建筑物的地下室,在垂直方向应以每个楼层为单元划分防火分区。

2. 功能区域分隔

1)歌舞娱乐放映游艺场所

歌舞娱乐放映游艺场所相互分隔的独立房间,如卡拉 OK 的每间包房、桑拿浴的每间按摩房或休息室等房间应是独立的防火分隔单元。当其布置在地下或四层及以上楼层时,一个厅、室的建筑面积不应大于 200 m^2,即使设置自动喷水灭火系统面积也不能增加,以便将火灾限制在该房间内。厅、室之间及与建筑的其他部位之间,应采用耐火极限不低于 2.00 h 的防火隔墙和不低于 1.00 h 的不燃性楼板分隔,设置在厅、室墙上的门和该场所与建筑内其他部位相通的门均应采用乙级防火门。单元之间或与其他场所之间的分隔构件上无任何门窗洞口。

2)人员密集场所

观众厅、会议厅(包括宴会厅)等人员密集的厅、室布置在四层及以上楼层时,建筑面积不宜大于 400 m^2,且应设置火灾自动报警系统和自动喷水灭火系统等自动灭火系统,幕布的燃烧性能不应低于 B1 级。

剧场、电影院、礼堂设置在一、二级耐火等级的多层民用建筑内时,应采用耐火极限不低于 2.00 h 的防火隔墙和甲级防火门与其他区域分隔;布置在四层及以上楼层时,一个厅、室的建筑面积不宜大于 400 m^2;设置在三级耐火等级的建筑内时,不应布置在三层及以上楼层;设置在地下或半地下时,宜设置在地下一层,不应设置在地下三层及以下楼层,防火分区的最大允许建筑面积不应大于 1000 m^2;当设置自动喷水灭火系统和火灾自动报警系统时,该面积也不得增加。

3)医院、疗养院建筑

医院、疗养院建筑指医院或疗养院内的病房楼、门诊楼、手术部或疗养楼、医技楼等直接为病人诊查、治疗和休养服务的建筑。病房楼内的火灾荷载大、大多数人员行动能力受限,相比办公楼等公共建筑的火灾危险性更高。因此,在按照规范要求划分防火分区后，病房楼的每个防火分区还需根据面积大小和疏散路线进一步分隔，以便将火灾控制在更小的区域内，并有效地减小烟气的危害，为人员疏散与灭火救援提供更好的条件。医院和疗养院的病房楼内相邻护理单元之间应采用耐火极限不低于2.00 h的防火隔墙分隔，隔墙上的门应采用乙级防火门，设置在走道上的防火门应采用常开防火门。

4)住宅

住宅建筑的火灾危险性与其他功能的建筑有较大差别，需独立建造。当将住宅与其他功能场所空间组合在同一座建筑内时，需在水平与竖向采取防火分隔措施与其他部分分隔，并使各自的疏散设施相互独立，互不连通。在水平方向，应采用无门窗洞口的防火墙分隔；在竖直方向，应采用楼板分隔并在建筑立面开口位置的上下楼层分隔处采用防火挑檐、窗槛墙等防止火灾蔓延。

住宅建筑与其他使用功能的建筑合建时，应符合下列规定：

(1)住宅部分与非住宅部分之间，应采用耐火极限不低于1.50 h的不燃性楼板和耐火极限不低于2.00 h且无门、窗、洞口的防火隔墙完全分隔；当为高层建筑时，应采用耐火极限不低于2.50 h的不燃性楼板和无门、窗、洞口的防火墙完全分隔，住宅部分与非住宅部分相接处应设置高度不小于1.2 m的防火挑檐，或相接处上、下开口之间的墙体高度不应小于4.0 m。

(2)设置商业服务网点的住宅建筑，居住部分与商业服务网点之间应采用耐火极限不低于1.50 h的不燃性楼板和耐火极限不低于2.00 h且无门、窗、洞口的防火隔墙完全分隔，住宅部分和商业服务网点部分的安全出口和疏散楼梯应分别独立设置。

(3)商业服务网点中每个分隔单元之间应采用耐火极限不低于2.00 h且无门、窗、洞口的防火隔墙相互分隔。

3. 设备用房分隔

附设在建筑内的消防控制室、灭火设备室、消防水泵房和通风空气调节机房、变配电室等，应采用耐火极限不低于2.00 h的防火隔墙和不低于1.50 h的楼板与其他部位分隔。设置在丁、戊类厂房内的通风机房应采用耐火极限不低于1.00 h的防火隔墙和不低于0.50 h的楼板与其他部位分隔。通风空气调节机房和变配电室开向建筑内的门应采用甲级防火门，消防控制室和其他设备房开向建筑内的门应采用乙级防火门。

锅炉房、变压器室等与其他部位之间应采用耐火极限不低于2.00 h的防火隔墙和不低于1.50 h的不燃性楼板分隔。在隔墙和楼板上不应开设洞口，必须在隔墙上开设门、窗时，应设置甲级防火门、窗。

锅炉房内设置的储油间，其总储存量不应大于1 m^3，且储油间应采用防火墙与锅炉间分隔；必须在防火墙上开门时，应设置甲级防火门；变压器室之间、变压器室与配电室之间，应设置耐火极限不低于2.00 h的防火隔墙；油浸变压器、多油开关室、高压电容器室，应设置防止油品流散的设施。油浸变压器下面应设置能储存变压器全部油量的事故储油设施。

布置在民用建筑内的柴油发电机房应采用耐火极限不低于 2.00 h 的防火隔墙和不低于 1.50 h 的不燃性楼板与其他部位分隔，门应采用甲级防火门；机房内设置储油间时，其总储存量不应大于 1 m^3，储油间应采用防火墙与发电机间分隔；必须在防火墙上开门时，应设置甲级防火门。

4. 中庭防火分隔

中庭（图 2-8）也称为“共享空间”，是建筑中由上下楼层贯通而形成的一种共享空间。近年来，随着建筑物大规模化和综合化趋势的发展，出现了贯通数层，乃至数十层的大型中庭空间建筑。多数以屋顶或外墙的一部分采用钢结构和玻璃，使阳光充满内部空间。建筑中庭的设计在世界上非常流行，在大型中庭空间中，可以用于集会、举办音乐会、舞会和各种演出，其大空间的团聚气氛显示出良好的效果。

图 2-8　中庭

1）中庭建筑的火灾危险性

中庭发生火灾时，其防火分区被上下贯通的大空间所破坏，有火灾急速扩大的可能性。其危险在于：

（1）火灾不受限制地急剧扩大。中庭空间一旦失火，属于“燃料控制型”燃烧，因此，很容易使火势迅速扩大。

（2）烟气迅速扩散。由于中庭空间形似烟囱，因此易产生烟囱效应。若在中庭下层发生火灾，烟火就进入中庭；若在上层发生火灾，中庭空间未考虑排烟时，就会向周围楼层扩散，进而扩散到整个建筑物。

（3）疏散危险。由于烟气在多层楼迅速扩散，楼内人员会产生心理恐惧，人们争先恐后夺路逃命，极易出现伤亡。

（4）自动喷水灭火设备难启动。中庭空间的顶棚很高，因此采取以往的火灾探测和自动喷水灭火装置等方法不能达到火灾早期探测和初期灭火的效果。即使在顶棚下设置了自动洒水喷头，由于太高，而温度达不到额定值，洒水喷头就无法启动。

(5)灭火和救援活动可能受到的影响。火灾同时可能出现要在几层楼进行灭火;消防队员不得不逆疏散人流的方向进入火场;火灾迅速多方位扩大,消防队员难以围堵扑灭火灾;火灾时,屋顶和壁面上的玻璃因受热破裂而散落,对扑救人员造成威胁;建筑物中庭的用途不确定,将会有大量不熟悉建筑情况的人员参与活动,并可能增加大量的可燃物,如临时舞台、照明设施、座位等,将会加大火灾发生的概率,加大火灾时人员的疏散难度。

2)中庭建筑火灾的防火要求

根据中庭的火灾特点,结合国内外高层建筑中庭防火具体做法,贯通中庭的各层应按一个防火分区计算,当其面积大于有关建筑防火分区的建筑面积时,应采取以下防火分隔措施:

(1)房间与中庭回廊相通的门、通道等,应设乙级防火门、窗以控制火势向各层间蔓延。

(2)与中庭相通的过厅、通道等,应设乙级防火门或耐火极限大于3 h的防火卷帘分隔,以控制烟火向过厅、通道处蔓延扩散。

(3)中庭每层回廊应设自动喷水灭火系统。

(4)中庭每层回廊应设火灾自动报警系统,并与排烟设备和防火门连锁控制。

5. 玻璃幕墙防火分隔

1)玻璃幕墙的火灾危险性

玻璃幕墙(图2-9)是由金属构件和玻璃板组成的建筑外墙面围护结构,分明框、半明框和隐框玻璃幕墙三种。构成玻璃幕墙的材料主要有钢、铝合金、玻璃、不锈钢和粘接密封剂。

图2-9　玻璃幕墙

玻璃幕墙多采用全封闭式,幕墙上的玻璃常采用热反射玻璃、钢化玻璃等。这些玻璃强度高,但耐火性能差,因此,一旦建筑物发生火灾,火势蔓延危险性很大,主要表现在以下几个方面：

(1)建筑物一旦发生火灾，室内温度便急剧上升，用作幕墙的玻璃在火灾初期由于温度应力的作用即会炸裂破碎，导致火灾由建筑物外部向上蔓延。一般幕墙玻璃在250℃左右即会炸裂、脱落，使大面积的玻璃幕墙成为火势向上蔓延的重要途径。

(2)垂直的玻璃幕墙与水平楼板之间的缝隙，是火灾发生时烟火扩散的途径。由于建筑构造的要求，在幕墙和楼板之间留有较大的缝隙，若对其没有进行密封或密封不好，烟火就会由此向上扩散，造成蔓延。

2)玻璃幕墙的防火分隔措施

为了防止建筑发生火灾时通过玻璃幕墙造成大面积蔓延，在设置玻璃幕墙时措施如下：

(1)设有窗间墙、窗槛墙(窗下墙)的玻璃幕墙，其墙体的填充材料应用岩棉、矿棉、玻璃棉、硅酸铝棉等不燃烧材料。当其外墙面采用耐火极限不低于1 h的不燃烧体时，其墙内封底材料可采用难燃烧材料，如B1级的泡沫塑料等。

(2)无窗间墙、窗槛墙(窗下墙)的玻璃幕墙，应在每层楼板外沿设置耐火极限不低于1.00 h、高度不低于0.8 m的不燃烧实体裙墙。

(3)玻璃幕墙与每层楼板、隔墙处的缝隙，应采用不燃烧材料填塞密实(图2-10)。

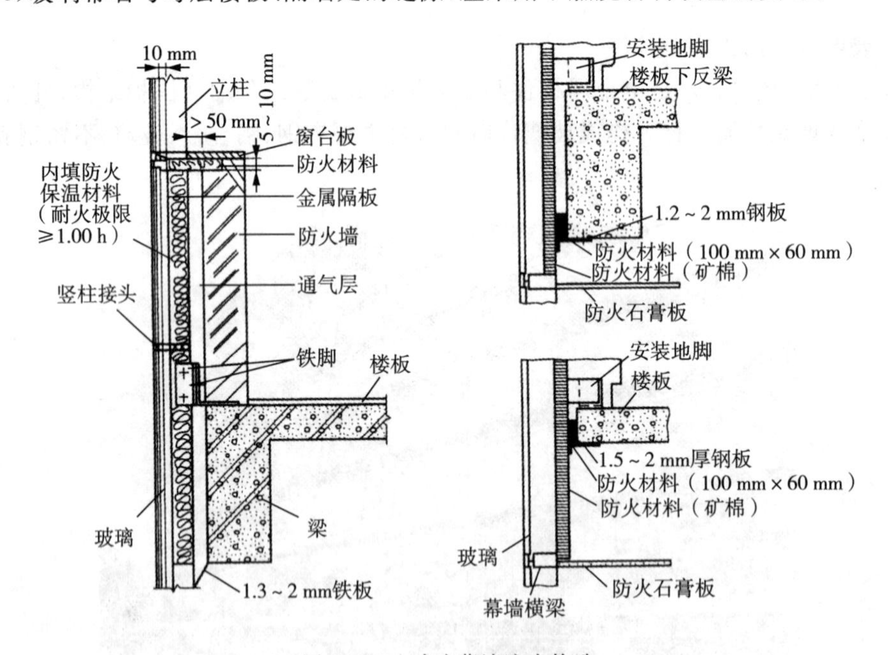

图2-10　玻璃幕墙防火构造

2.5.3 防火分隔设施与措施

对建筑物进行防火分区的划分是通过防火分隔构件来实现的。具有阻止火势蔓延，能把整个建筑空间划分成若干较小防火空间的建筑构件称防火分隔构件。防火分隔构件可分为固定式和可开启关闭式两种。固定式包括普通砖墙、楼板、防火墙等；可开启关闭式包括防火门、防火窗、防火卷帘、防火水幕等。

1. 防火墙

防火墙是具有不少于3.00 h耐火极限的不燃性实体墙。在设置时应满足六个方面的构造要求：

(1)防火墙应直接设置在基础上或钢筋混凝土框架上。防火墙应截断可燃性墙体或难燃性墙体的屋顶结构，且应高出不燃性墙体屋面不小于40 cm，高出可燃性墙体或难燃性墙体屋面不小于50 cm。

(2)防火墙中心距天窗端面的水平距离小于4 m，且天窗端面为可燃性墙体时，应采取防止火势蔓延的设施。

(3)建筑物外墙如为难燃性墙体时，防火墙应突出墙的外表面40 cm，或防火墙带的宽度，从防火墙中心线起每侧不应小于2 m。

(4)防火墙内不应设置排气道。防火墙上不应开设门、窗、洞口，如必须开设时，应采用能自行关闭的甲级防火门、窗。可燃气体和甲、乙、丙类液体管道不应穿过防火墙。其他管道如必须穿过时，应用防火封堵材料将缝隙紧密填塞。

(5)建筑物内的防火墙不应设在转角处。如设在转角附近，内转角两侧上的门窗洞口之间最近的水平距离不应小于4 m。紧靠防火墙两侧的门、窗、洞口之间最近的水平距离不应小于2 m。

(6)设计防火墙时，应考虑防火墙一侧的屋架、梁、楼板等受到火灾的影响而破坏时，不致使防火墙倒塌。

2. 防火卷帘

防火卷帘是在一定时间内，连同框架能满足耐火稳定性和完整性要求的卷帘，由帘板、卷轴、电机、导轨、支架、防护罩和控制机构等组成。

1)类型

按叶板厚度，可分为轻型：厚度为0.5～0.6 mm；重型：厚度为1.5～1.6 mm。一般情况下，0.8～1.5 mm厚度适用于楼梯间或电动扶梯的隔墙，1.5 mm厚度以上适用于防火墙或防火分隔墙。

按卷帘动作方向，可分为：上卷，宽度可达10 m，耐火极限可达4.00 h。侧卷，宽度可达80～100 m，≮90°转弯，耐火极限可达4.30 h。

按材料，可分为：普通型钢质(图2-11)，耐火极限分别达到1.50 h，2.00 h；复合型钢质，中间加隔热材料，耐火极限可分别达到2.50 h，3.00 h，4.00 h。此外，还有非金属材料制作的复合防火卷帘，主要材料是石棉布，有较高的耐火极限。

2)设置要求

防火卷帘应符合《防火卷帘》相关规定。不宜采用侧式防火卷帘。替代防火墙的防火卷帘应符合防火墙耐火极限的判定条件，或在其两侧设冷却水幕，计算水量时，其火灾延续时间按不小于3.00 h考虑。设在疏散走道和前室的防火卷帘应具有延时下降功能。在卷帘两侧设置启闭装置，并应能电动和手动控制(图2-11)。需在火灾时自动降落的防火卷帘，应具有信号反馈的功能。应有防火防烟密封措施。两侧压差为20 Pa时，漏烟量小于

$0.2\ m^3/m^2 \cdot min$。防火卷帘的耐火极限不应低于规范对所设置部位的耐火极限要求。

图 2-11　防火卷帘

3)设置部位

防火卷帘一般设置在电梯厅、自动扶梯周围,中庭与楼层走道、过厅相通的开口部位,生产车间中大面积工艺洞口以及设置防火墙有困难的部位等。需要注意的是,为保证安全,除中庭外,当防火分隔部位的宽度不大于 30 m 时,防火卷帘的宽度不应大于 10 m;当防火分隔部位的宽度大于 30 m 时,防火卷帘的宽度不应大于该防火分隔部位宽度的 1/3,且不应大于 20 m。

3. 防火门窗

1)防火门

防火门是指具有一定耐火极限,且在发生火灾时能自行关闭的门。建筑中设置的防火门,应保证门的防火和防烟性能符合现行国家标准《防火门》的有关规定,并经消防产品质量检测中心检测试验认证才能使用。

(1)分类

① 按耐火极限:防火门分为甲、乙、丙三级,耐火极限分别不低于 1.50 h,1.00 h 和 0.50 h,对应的分别应用于防火墙、疏散楼梯门和竖井检查门。

② 按材料:防火门可分为木质、钢质、复合材料防火门。

③ 按门扇结构:防火门可分为带亮子,不带亮子;单扇、多扇;全玻门、防火玻璃防火门。

(2)防火要求

① 疏散通道上的防火门应向疏散方向开启,并在关闭后应能从任一侧手动开启。设置防火门的部位,一般为房间的疏散门或建筑某一区域的安全出口。建筑内设置的防火门既要能保持建筑防火分隔的完整性,又要能方便人员疏散和开启。因此,防火门的开启方式、开启方向等均要保证在紧急情况下人员能快捷开启,不会导致阻塞。

② 用于疏散走道、楼梯间和前室的防火门,应能自动关闭;双扇和多扇防火门,应设

置顺序闭门器。

③ 除允许设置常开防火门的位置外，其他位置的防火门均应采用常闭防火门。常闭防火门应在门扇的明显位置设置“保持防火门关闭”等提示标志。为方便平时经常有人通行而需要保持常开的防火门，在发生火灾时，应具有自动关闭和信号反馈功能，如设置与报警系统联动的控制装置和闭门器等。

④ 为保证分区间的相互独立，设在变形缝附近的防火门，应设在楼层较多的一侧，且门开启后不应跨越变形缝，防止烟火通过变形缝蔓延。

⑤ 平时关闭后应具有防烟性能。

2)防火窗

防火窗是采用钢窗框、钢窗扇及防火玻璃制成的，能起到隔离和阻止火势蔓延作用的窗，一般设置在防火间距不足部位的建筑外墙上的开口或天窗，建筑内的防火墙或防火隔墙上需要观察等部位以及需要防止火灾竖向蔓延的外墙开口部位。

防火窗按照安装方法可分固定窗扇与活动窗扇两种。固定窗扇防火窗，不能开启，平时可以采光，遮挡风雨，发生火灾时可以阻止火势蔓延；活动窗扇防火窗，能够开启和关闭，起火时可以自动关闭，阻止火势蔓延，开启后可以排除烟气，平时还可以采光和通风。为了使防火窗的窗扇能够开启和关闭，需要安装自动和手动开关装置。

防火窗的耐火极限与防火门相同。设置在防火墙、防火隔墙上的防火窗，应采用不可开启的窗扇或具有火灾时能自行关闭的功能。

防火窗应符合现行国家标准《防火窗》的有关规定。

4. 防火分隔水幕

防火分隔水幕可以起到防火墙的作用，在某些需要设置防火墙或其他防火分隔物而无法设置的情况下，可采用防火水幕进行分隔。

防火分隔水幕宜采用雨淋式水幕喷头，水幕喷头的排列不少于 3 排，水幕宽度不宜小于 6 m，供水强度不应小于 2 L/s・m。

5. 防火阀

防火阀是在一定时间内能满足耐火稳定性和耐火完整性要求，用于管道内阻火的活动式封闭装置。空调、通风管道一旦窜入烟火，就会导致火灾在大范围蔓延。因此，在风道贯通防火分区的部位(防火墙)，必须设置防火阀。

防火阀平时处于开启状态，发生火灾时，当管道内烟气温度达到 70℃时，易熔合金片熔断断开而自动关闭。

1)防火阀的设置部位

防火阀应设置在穿越防火分区处；穿越通风、空气调节机房的房间隔墙和楼板处；穿越重要或火灾危险性大的房间隔墙和楼板处；穿越防火分隔处的变形缝两侧；竖向风管与每层水平风管交接处的水平管段上，但当建筑内每个防火分区的通风、空气调节系统均独立设置时，水平风管与竖向总管的交接处可不设置防火阀；公共建筑的浴室、卫生间和厨房的竖向排风管，应采取防止回流措施或在支管上设置公称动作温度为 70℃的防火阀。公共建筑内厨房的排油烟管道宜按防火分区设置，且在与竖向排风管连接的支管处应设置公称动作温度为150℃的防火阀。

2)防火阀的设置要求

防火阀宜靠近防火分隔处设置；防火阀暗装时，应在安装部位设置方便维护的检修口；在防火阀两侧各2.0 m范围内的风管及其绝热材料应采用不燃材料；防火阀应符合现行国家标准《建筑通风和排烟系统用防火阀门》的规定。

6. 排烟防火阀

排烟防火阀是安装在排烟系统管道上起隔烟、阻火作用的阀门。它在一定时间内能满足耐火稳定性和耐火完整性的要求，具有手动和自动功能。当管道内的烟气达到280℃时排烟阀门自动关闭。

排烟防火阀设置场所：排烟管在进入排风机房处；穿越防火分区的排烟管道上；排烟系统的支管上。

2.5.4 防烟分区

防烟分区是在建筑内部采用挡烟设施分隔而成，能在一定时间内防止火灾烟气向同一防火分区的其余部分蔓延的局部空间。

划分防烟分区一是为了在火灾时，将烟气控制在一定范围内；二是为了提高排烟口的排烟效果。防烟分区一般应结合建筑内部的功能分区和排烟系统的设计要求进行划分，不设排烟设施的部位(包括地下室)可不划分防烟分区。

1. 分类

防烟分区一般根据建筑物的种类和要求不同，可按其用途、面积、楼层划分：

1)按用途划分

对于建筑物的各个部分，按其不同的用途，如厨房、卫生间、起居室、客房及办公室等，来划分防烟分区比较合适，也较方便。国外常把高层建筑的各部分划分为居住或办公用房、疏散通道、楼梯、电梯及其前室、停车库等防烟分区。但按此种方法划分防烟分区时，应注意对通风空调管道、电气配管、给排水管道等穿墙和楼板处，应用不燃烧材料填塞密实。

2)按面积划分

在建筑物内按面积将其划分为若干个基准防烟分区，这些防烟分区在各个楼层，一般形状相同、尺寸相同、用途相同。不同形状的用途的防烟分区，其面积也宜一致。每个楼层的防烟分区可采用同一套防排烟设施。如所有防烟分区共用一套排烟设备时，排烟风机的容量应按最大防烟分区的面积计算。

3)按楼层划分

在高层建筑中，底层部分和上层部分的用途往往不太相同，如高层旅馆建筑，底层布置餐厅、接待室、商店、会议室、多功能厅等，上层部分多为客房。火灾统计资料表明，底层发生火灾的机会较多，火灾概率大，上部主体发生火灾的机会较小。因此，应尽可能根据房间的不同用途沿垂直方向按楼层划分防烟分区。防火墙的排烟管道上，应设排烟防火阀，并与排烟风机联动。

2. 防烟分区分隔构件

划分防烟分区的构件主要有挡烟垂壁、隔墙、防火卷帘、建筑横梁等。

1)挡烟垂壁

挡烟垂壁是用不燃材料制成，垂直安装在建筑顶棚、横梁或吊顶下，能在火灾时形成一定的蓄烟空间的挡烟分隔设施。

挡烟垂壁常设置在烟气扩散流动的路线上烟气控制区域的分界处，和排烟设备配合进行有效的排烟。其从顶棚下垂的高度一般应距顶棚面 50 cm 以上，称为有效高度。当室内发生火灾时，所产生的烟气由于浮力作用而积聚在顶棚下，只要烟层的厚度小于挡烟垂壁的有效高度，烟气就不会向其他场所扩散。

挡烟垂壁分固定式和活动式两种：固定式挡烟垂壁是指固定安装的、能满足设定挡烟高度的挡烟垂壁；活动式挡烟垂壁可从初始位置自动运行至挡烟工作位置，并满足设定挡烟高度的挡烟垂壁。

2)建筑横梁

当建筑横梁的高度超过 50 cm 时，该横梁可作为挡烟设施使用。

3. 防烟分区设置原则

设置防烟分区时，如果面积过大，会使烟气波及面积扩大，增加受灾面，不利于安全疏散和扑救；如面积过小，不仅影响使用，还会提高工程造价。

不设排烟设施的房间(包括地下室)和走道，不划分防烟分区。防烟分区不应跨越防火分区。对有特殊用途的场所，如地下室、防烟楼梯间、消防电梯、避难层间等，应单独划分防烟分区。防烟分区一般不跨越楼层，某些情况下，如 1 层面积过小，允许包括 1 个以上的楼层，但以不超过 3 层为宜。每个防烟分区的面积，设置排烟系统的场所或部位应划分防烟分区。防烟分区不宜大于 2000 m^2，长边不应大于 60 m，车库防烟分区不宜大于 2000 m^2。当室内高度超过 6 m，且具有对流条件时，长边不应大于 75 m。

2.6　安全疏散

安全疏散是建筑防火设计的一项重要内容，对于确保火灾中人员的生命安全具有重要作用。安全疏散设计应根据建筑物的高度、规模、使用性质、耐火等级和人们在火灾事故时的心理状态与行为特点，确定安全疏散基本参数，合理设置安全疏散和避难设施，如疏散走道、疏散楼梯及楼梯间、避难层(间)、疏散门、疏散指示标志等，为人员的安全疏散创造有利条件。

2.6.1　概述

安全疏散基本参数是对建筑安全疏散设计的重要依据。主要包括人员密度计算、疏散宽度指标、疏散距离指标等参数。

1. 人员密度计算

1)办公建筑

办公建筑包括办公室用房、公共用房、服务用房和设备用房等部分。办公室用房包括普通办公室和专用办公室。专用办公室指设计绘图室和研究工作室等。人员密度可按普通办公室每人使用面积 4 m^2,设计绘图室每人使用面积 6 m^2,研究工作室每人使用面积 5 m^2 计算。公共用房包括会议室、对外办事厅、接待室、陈列室、公用厕所、开水间等。会议室分中小会议室和大会议室,中小会议室每人使用面积:有会议桌的不应小于 1.80 m^2,无会议桌的不应小于 0.80 m^2。

2)商场

商店的疏散人数应按每层营业厅的建筑面积乘以表 2-21 规定的人员密度计算。对于建材商店、家具和灯饰展示建筑,其人员密度可按表 2-21 规定值的 30%确定。

表 2-21 商店营业厅内的人员密度 (单位:人/m^2)

楼层位置	地下第二层	地下第一层	地上第一、二层	地上第三层	地上第四层及以上各层
人员密度	0.56	0.60	0.43～0.60	0.39～0.54	0.30～0.42

3)歌舞娱乐放映游艺场所

录像厅、放映厅的疏散人数,应根据厅、室的建筑面积按 1.0 人/m^2 计算;其他歌舞娱乐放映游艺场所的疏散人数,应根据厅、室的建筑面积按 0.5 人/m^2 计算。

4)餐饮场所

餐馆、饮食店、食堂等餐饮场所由餐厅或饮食厅、公用部分、厨房或饮食制作间和辅助部分组成。100 座及 100 座以上餐馆、食堂中的餐厅与厨房(包括辅助部分)的面积比(简称餐厨比)应符合:餐馆的餐厨比宜为 1∶1.1;食堂餐厨比宜为 1∶1。餐馆、饮食店、食堂的餐厅与饮食厅每座最小使用面积可按表 2-22 取值。

表 2-22 餐馆、饮食店、食堂的餐厅与饮食厅每座最小使用面积 (单位:m^2/座)

等级类别	餐馆餐厅	饮食店(厅)	食堂餐厅
一	1.30	1.30	1.10
二	1.10	1.10	0.85
三	1.00	—	—

有固定座位的场所,其疏散人数可按实际座位数的 1.1 倍计算。展览厅的疏散人数应根据展览厅的建筑面积按 0.75 人/m^2 计算。

2. 疏散宽度指标

安全出口的宽度设计不足,会在出口前出现滞留,延长疏散时间,影响安全疏散。我国现行规范根据允许疏散时间来确定疏散通道的百人宽度指标,从而计算出安全出口的总宽度,即实际需要设计的最小宽度。

1)百人宽度指标

百人宽度指标是每百人在允许疏散时间内,以单股人流形式疏散所需的疏散宽度。

$$百人宽度指标=\frac{N}{A \cdot t} \cdot B \qquad (2-1)$$

式中：N——疏散人数(即 100 人)；

t——允许疏散时间，min；

A——单股人流通行能力(平、坡地面为 43 人/min；阶梯地面为 37 人/min)；

B——单股人流宽度，0.55～0.60 m。

2)疏散宽度

(1)厂房疏散宽度

厂房内疏散出口的最小净宽度不宜小于 0.9 m；疏散走道的净宽度不宜小于 1.4 m；疏散楼梯最小净宽度不宜小于 1.1 m。厂房内的疏散楼梯、走道、门的总净宽度应根据疏散人数，按表 2-23 的规定计算确定。

表 2-23　厂房内的疏散楼梯、走道和门的总净宽度指标　(单位：m/百人)

厂房层数	一、二层	三层	≥四层
宽度指标	0.6	0.8	1.0

(2)高层民用建筑疏散宽度

高层民用建筑的疏散外门、走道和楼梯的各自总宽度，应按 1 m/百人计算确定。公共建筑内安全出口和疏散门的净宽度不应小于 0.90 m，疏散走道和疏散楼梯的净宽度不应小于 1.10 m。

高层公共建筑的疏散楼梯和首层楼梯间的疏散门、首层疏散外门和疏散走道的最小净宽度应符合表 2-24 的要求。

表 2-24　高层公共建筑的疏散楼梯和首层楼梯间的疏散门、首层疏散外门和疏散走道的最小净宽度

(单位：m)

高层公共建筑	首层楼梯间的疏散门	走道净宽		疏散楼梯
		单面布房	双面布房	
医　院	1.30	1.40	1.50	1.30
其　他	1.20	1.30	1.40	1.20

(3)体育馆疏散宽度

体育馆供观众疏散的所有内门、外门、楼梯和走道的各自总宽度，应按表 2-25 的规定计算确定。

表 2-25　体育馆每百人所需最小疏散净宽度　(单位：m)

观众厅座位数档次(座)			3000～5000	5001～10000	10001～20000
疏散部位	门和走道	平坡地面	0.43	0.37	0.32
		阶梯地面	0.50	0.43	0.37
	楼　梯		0.50	0.43	0.37

(4)电影院、礼堂、剧场疏散宽度

剧院、电影院、礼堂、体育馆等人员密集的公共场所的疏散走道、疏散楼梯、疏散出口或安全出口的各自总宽度应根据其通过人数和表 2-26 所列的疏散净宽度指标计算确定，并应符合下列规定：观众厅内疏散走道的净宽度，应按每百人不小于 0.6 m 的净宽度计算，且不应小于 1.0 m；边走道的净宽度不宜小于 0.8 m。在布置疏散走道时，横走道之间的座位排数不宜超过 20 排；纵走道之间的座位数，剧院、电影院、礼堂等每排不宜超过 22 个，体育馆每排不宜超过 26 个，前后排座椅的排距不小于 0.9 m 时，可增加一倍，但不得超过 50 个，仅一侧有纵走道时，座位数应减少一半。

表 2-26　剧场、电影院、礼堂等场所每百人所需最小疏散净宽度　　(单位：m)

观众厅座位数(座)			⩽2500	⩽1200
耐火等级			一、二级	三级
疏散部位	门和走道	平坡地面	0.65	0.85
		阶梯地面	0.75	1.00
	楼　梯		0.75	1.00

(5)木结构建筑疏散宽度

木结构建筑内疏散走道、安全出口、疏散楼梯和房间疏散门的净宽度，应根据疏散人数按每 100 人的最小疏散净宽度不小于表 2-27 的规定计算确定。

表 2-27　疏散走道、安全出口、疏散楼梯和房间疏散门每 100 人的最小疏散净宽度

(单位：m/百人)

层　数	地上 1～2 层	地上 3 层
每 100 人的疏散净宽度	0.75	1.00

(6)其他民用建筑

学校、商店、办公楼、候车(船)室、民航候机厅、展览厅、歌舞娱乐放映游艺场所等民用建筑中的疏散走道、疏散楼梯、疏散出口或安全出口的各自总宽度，应按表 2-28 的要求计算确定。考虑到各层人流到达某一出口的时间差，各层人数不需叠加。疏散宽度应按本层及以上各楼层人数最多的一层人数计算，地下建筑中上层楼梯的总宽度应按其下层人数最多一层的人数计算。

表 2-28　疏散楼梯、疏散出口和疏散走道的每百人净宽度　　(单位：m)

建筑层数		耐火等级		
		一、二级	三级	四级
地上楼层	1～2 层	0.65	0.75	1.00
	3 层	0.75	1.00	—
	⩾4 层	1.00	1.25	—
地下楼层	与地面出入口地面的高差⩽10 m	0.75	—	—
	与地面出入口地面的高差＞10 m	1.00	—	—

地下或半地下人员密集的厅、室和歌舞娱乐放映游艺场所，其疏散走道、安全出口、疏散楼梯和房间疏散门的各自总宽度，应按其通过人数每 100 人不小于 1.00 m 计算确定。

办公建筑的门洞口宽度不应小于 1.00 m，高度不应小于 2.10 m。

首层外门的总宽度应按该层及以上人数最多的一层人数计算确定，不供楼上人员疏散的外门，可按本层人数计算确定。

当建筑物使用人数不多，其安全出口的宽度经计算数值又很小时，为便于人员疏散，首层疏散外门、楼梯和走道尚应满足最小宽度的要求。

建筑内疏散走道和楼梯的净宽度不应小于 1.1 m，安全出口和疏散出口的净宽度不应小于 0.9 m。不超过 6 层的单元式住宅一侧设有栏杆的疏散楼梯，其最小宽度可不小于 1 m。高层住宅建筑疏散走道的净宽度不应小于 1.2 m。人员密集的公共场所，其疏散门的净宽度不应小于 1.4 m，室外疏散小巷的净宽度不应小于 3.0 m。

3. 疏散距离指标

安全疏散距离包括两个部分：一是房间内最远点到房门的疏散距离；二是从房门到疏散楼梯间或外部出口的距离。我国规范采用限制安全疏散距离的办法来保证疏散行动时间。

1)厂房、仓库安全疏散距离

确定厂房的安全疏散距离，需要考虑楼层的实际情况(如单层、多层、高层)以及生产的火灾危险性类别及建筑物的耐火等级等。厂房内任一点到最近的安全出口的距离不应大于表 2-29 的规定。从表中可以看出，火灾危险性越大，安全疏散距离要求越严，厂房的耐火等级越低，安全疏散距离要求越严。而对于丁、戊类生产，当采用一、二级耐火等级的厂房时，其疏散距离可以不受限制。

表 2-29　厂房内的最大安全疏散距离　(单位:m)

生产类别	耐火等级	单层厂房	多层厂房	高层厂房	地下、半地下厂房或厂房的地下室、半地下室
甲	一、二级	30.0	25.0	—	—
乙	一、二级	75.0	50.0	30.0	—
丙	一、二级	80.0	60.0	40.0	30.0
	三　级	60.0	40.0	—	—
丁	一、二级	不限	不限	50.0	45.0
	三　级	60.0	50.0	—	—
	四　级	50.0	—	—	—
戊	一、二级	不限	不限	75.0	60.0
	三　级	100.0	75.0	—	—
	四　级	60.0	—	—	—

仓库内任一点到最近安全出口的距离不宜大于表 2-30 规定。

表 2-30　仓库内的最大安全疏散距离　(单位:m)

仓库类别	耐火等级	单层仓库	多层仓库	高层仓库	地下、半地下仓库或仓库的地下室、半地下室
甲	一、二级	30.0	25.0	—	—
乙	一、二级	75.0	50.0	30.0	—
丙	一、二级	80.0	60.0	40.0	30.0
	三　级	60.0	40.0	—	—
丁	一、二级	不限	不限	50.0	45.0
	三　级	60.0	50.0	—	—
	四　级	50.0	—	—	—
戊	一、二级	不限	不限	75.0	60.0
	三　级	100.0	75.0	—	—
	四　级	60.0	—	—	—

2)公共建筑安全疏散距离

直通疏散走道的房间疏散门至最近安全出口的距离应符合表 2-31 的规定。

表 2-31　直通疏散走道的房间疏散门至最近安全出口的最大距离　(单位:m)

名　称		位于两个安全出口之间的疏散门			位于袋形走道两侧或尽端的疏散门		
		耐火等级			耐火等级		
		一、二级	三级	四级	一、二级	三级	四级
托儿所、幼儿园、老人照料设施		25	20	15	20	15	10
单层或多层医院、疗养院		35	30	25	20	15	10
高层医院、疗养院	病房部分	24	—	—	12	—	—
	其他部分	30	—	—	15	—	—
单层或多层教学建筑		35	30	25	22	20	10
高层旅馆、展览建筑、教学建筑		30	—	—	15	—	—
其他建筑	单层或多层	40	35	25	22	20	15
	高　层	40	—	—	20	—	—

(1)建筑中开向敞开式外廊的房间疏散门至安全出口的距离可按规定值增加 5 m。当建筑物内全部设置自动喷水灭火系统时,其安全疏散距离可比规定值增加 25%。

(2)直通疏散走道的房间疏散门至最近未封闭的楼梯间的距离,当房间位于两个楼梯间之间时,应按规定减少 5 m;当房间位于袋形走道两侧或尽端时,应按规定减少 2 m。

(3)楼梯间应在首层直通外室,或在首层采用扩大的封闭楼梯间或防烟楼梯间。当层数不超过 4 层且未采用扩大的封闭楼梯间或防烟楼梯间前室时,可将直通室外的安全出口设置在离楼梯间不大于15 m处。

(4)房间内任一点到该房间直通疏散走道的疏散门的直线距离，不应大于表 2－31 中规定的袋形走道两侧或尽端的疏散门至最近安全出口的直线距离。

(5)一、二级耐火等级建筑内疏散门或安全出口不少于 2 个的观众厅、展览厅、多功能厅、餐厅、营业厅，其室内任一点至最近疏散门或安全出口的直线距离不应大于 30 m；当疏散门不能直通室外地面或疏散楼梯间时，应采用长度不大于 10 m 的疏散走道通至最近的安全出口。当该场所设置自动喷水灭火系统时，室内任一点至最近安全出口的安全疏散距离可增加 25％。

3)住宅建筑安全疏散距离

住宅建筑直通疏散走道的户门至最近安全出口的距离应符合表 2－32 的规定。

表 2－32　住宅建筑直通疏散走道的户门至最近安全出口的距离　(单位：m)

名称	位于两个安全出口之间的户门			位于袋形走道两侧或尽端的户门		
	耐火等级			耐火等级		
	一、二级	三级	四级	一、二级	三级	四级
单层或多层	40	35	25	22	20	15
高层	40	—	—	20	—	—

设置敞开式外廊的建筑，开向该外廊的房间疏散门至安全出口的最大距离可按表 2－32增加 5 m。

建筑内全部设置自动喷水灭火系统时，其安全疏散距离可比规定值增加 25％。

直通疏散走道的户门至最近未封闭的楼梯间的距离，当房间位于两个楼梯间之间时，应按表 2－32 的规定减少 5 m；当房间位于袋形走道两侧或尽端时，应按表 2－32 的规定减少 2 m。

跃廊式住宅户门至最近安全出口的距离，应从户门算起，小楼梯的一段距离可按其 1.50 倍水平投影计算。

4)木结构建筑安全疏散距离

木结构民用建筑房间直通疏散走道的疏散门至最近安全出口的距离不应大于表 2－33 的规定。

表 2－33　木结构房间直通疏散走道的疏散门至最近安全出口的距离　(单位：m)

名称	位于两个安全出口之间的疏散门	位于袋形走道两侧或尽端的疏散门
托儿所、幼儿园	15	10
歌舞娱乐放映游艺场所	15	6
医院和疗养院建筑、老年人建筑、教学建筑	25	12
其他民用建筑	30	15

房间内任一点至该房间直通疏散走道的疏散门的距离，不应大于表 2-33 规定的袋形走道两侧或尽端的疏散门至最近安全出口的距离。

木结构工业建筑中的丁、戊类厂房内任意一点至最近安全出口的疏散距离分别不应大于 50 m 和 60 m。

2.6.2 安全出口与疏散出口

安全出口和疏散出口的位置、数量、宽度对于满足人员安全疏散至关重要。建筑的使用性质、高度、区域的面积及内部布置、室内空间高度均对疏散出口的设计有密切影响。设计时应区别对待，充分考虑区域内使用人员的特性，合理确定相应的疏散设施，为人员疏散提供安全的条件。

1. 安全出口

安全出口(图 2-12)是供人员安全疏散用的楼梯间、室外楼梯的出入口或直通室内外安全区域的出口。现行国家标准《住宅设计规范》规定：

(1)十层以下的住宅建筑，当住宅单元任一层的建筑面积大于 650 m^2，或任一套房的户门至安全出口的距离大于 15 m 时，该住宅单元每层的安全出口不应少于 2 个。

图 2-12　安全出口示意图

(2)十层及十层以上但不超过十八层的住宅建筑，当住宅单元任一层的建筑面积大于 650 m^2，或任一套房的户门至安全出口的距离大于 10 m 时，该住宅单元每层的安全出口不应少于 2 个。

(3)十九层及十九层以上的住宅建筑，每层住宅单元的安全出口不应少于 2 个。

(4)安全出口应分散布置，两个安全出口的距离不应小于 5 m。

(5)楼梯间及前室的门应向疏散方向开启。

1)疏散楼梯

(1)平面布置

为了提高疏散楼梯的安全可靠程度，在进行疏散楼梯的平面布置时，应满足下列防火要求：

① 疏散楼梯宜设置在标准层(或防火分区)的两端，以便于为人们提供两个不同方向的疏散路线。

② 疏散楼梯宜靠近电梯设置。发生火灾时，人们习惯于利用经常走的疏散路线进行疏散，而电梯则是人们经常使用的垂直交通运输工具，靠近电梯设置疏散楼梯，可将常用疏散路线与紧急疏散路线相结合，有利于人们快速进行疏散。如果电梯厅为开敞式时，为避免因高温烟气进入电梯井而切断通往疏散楼梯的通道，两者之间应进行防火分隔。

③ 疏散楼梯宜靠外墙设置。这种布置方式有利于采用带开敞前室的疏散楼梯间，同时，也便于自然采光、通风和进行火灾的扑救。

(2)竖向布置

① 疏散楼梯应保持上、下畅通。高层建筑的疏散楼梯宜通至平屋顶，以便当向下疏

散的路径发生堵塞或被烟气切断时，人员能上到屋顶暂时避难，等待消防部门利用登高车或直升机进行救援。

② 应避免不同的人流路线相互交叉。高层部分的疏散楼梯不应和低层公共部分（指裙房）的交通大厅、楼梯间、自动扶梯混杂交叉，以免紧急疏散时两部分人流发生冲突，引起堵塞和意外伤亡。

2)疏散门

疏散门是人员安全疏散的主要出口。其设置应满足下列要求：

(1)疏散门应向疏散方向开启，但人数不超过 60 人的房间且每樘门的平均疏散人数不超过 30 人时，其门的开启方向不限(除甲、乙类生产车间外)。

(2)民用建筑及厂房的疏散门应采用平开门，不应采用推拉门、卷帘门、吊门、转门和折叠门；但丙、丁、戊类仓库首层靠墙的外侧可采用推拉门或卷帘门。

(3)当门开启时，门扇不应影响人员的紧急疏散。

(4)公共建筑内安全出口的门应设置在火灾时能从内部易于开启门的装置；人员密集的公共场所、观众厅的入场门、疏散出口不应设置门槛，从门扇开启 90°的门边处向外 1.4 m范围内不应设置踏步，疏散门应为推闩式外开门。

(5)高层建筑直通室外的安全出口上方，应设置挑出宽度不小于 1.0 m 的防护挑檐。

3)安全出口设置基本要求

为了在发生火灾时能够迅速安全地疏散人员，在建筑防火设计时必须设置足够数量的安全出口。每座建筑或每个防火分区的安全出口数目不应少于 2 个，每个防火分区相邻 2 个安全出口或每个房间疏散出口最近边缘之间的水平距离不应小于 5.0 m。安全出口应分散布置，并应有明显标志。

一、二级耐火等级的建筑，当一个防火分区的安全出口全部直通室外确有困难时，符合下列规定的防火分区可利用设置在相邻防火分区之间向疏散方向开启的甲级防火门作为安全出口：

(1)该防火分区的建筑面积大于 1000 m^2 时，直通室外的安全出口数量不应少于 2 个；该防火分区的建筑面积小于等于 1000 m^2 时，直通室外的安全出口数量不应少于 1 个。

(2)该防火分区直通室外或避难走道的安全出口总净宽度，不应小于计算所需总净宽度的 70%。

4)公共建筑安全出口设置要求

公共建筑可设置一个安全出口的特殊情况：

(1)除歌舞娱乐放映游艺场所外的公共建筑，当符合下列条件之一时，可设置一个安全出口。

(2)除托儿所、幼儿园外，建筑面积不大于 200 m^2 且人数不超过 50 人的单层建筑或多层建筑的首层。

(3)除医疗建筑、老年人建筑及托儿所、幼儿园的儿童用房和儿童游乐厅等儿童活动场所等外，符合表 2－34 规定的 2、3 层建筑。

表 2-34　公共建筑可设置一个安全出口的条件

耐火等级	最多层数	每层最大建筑面积(m^2)	人数
一、二级	3 层	200	第二层和第三层的人数之和不超过 50 人
三级	3 层	200	第二层和第三层的人数之和不超过 25 人
四级	2 层	200	第二层人数不超过 15 人

(4)一、二级耐火等级公共建筑，当设置不少于 2 部疏散楼梯且顶层局部升高层数不超过 2 层、人数之和不超过 50 人、每层建筑面积不大于 200 m^2 时，该局部高出部位可设置一部与下部主体建筑楼梯间直接连通的疏散楼梯，但至少应另设置一个直通主体建筑上人平屋面的安全出口，该上人屋面应符合人员安全疏散要求，如图 2-13 所示。

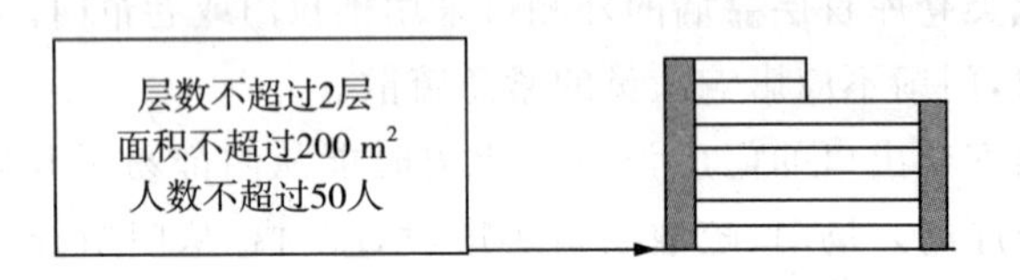

图 2-13　局部升高部分楼梯的设置

(5)相邻两个防火分区(除地下室外)，当防火墙上有防火门连通，且两个防火分区的建筑面积之和不超过规范规定的一个防火分区面积的 1.40 倍的公共建筑。

(6)公共建筑中位于两个安全出口之间的房间，当其建筑面积不超过 60 m^2 时，可设置一个门，门的净宽不应小于 0.9 m；公共建筑中位于走道尽端的房间，当其建筑面积不超过 75 m^2 时，可设置一个门，门的净宽不应小于 1.40 m。

5)住宅建筑安全出口设置要求

住宅建筑每个单元每层的安全出口不应少于 2 个，且两个安全出口之间的水平距离不应小于 5 m。符合下列条件时，每个单元每层可设置 1 个安全出口：

(1)建筑高度不大于 27 m，每个单元任一层的建筑面积小于 650 m^2 且任一套房的户门至安全出口的距离小于 15 m；

(2)建筑高度大于 27 m 且不大于 54 m，每个单元任一层的建筑面积小于 650 m^2 且任一套房的户门至安全出口的距离不大于 10 m，户门采用乙级防火门，每个单元设置一座通向屋顶的疏散楼梯，单元之间的楼梯通过屋顶连通；

(3)建筑高度大于 54 m 的多单元建筑，每个单元任一层的建筑面积小于 650 m^2 且任一套房的户门至安全出口的距离不大于 10 m，户门采用乙级防火门，每个单元设置一座通向屋顶的疏散楼梯，54 m 以上部分每层相邻单元的疏散楼梯通过阳台或凹廊连通。

6)厂房、仓库安全出口设置要求

厂房、仓库的安全出口应分散布置。每个防火分区、一个防火分区的每个楼层，相邻 2 个安全出口最近边缘之间的水平距离不应小于 5 m。厂房、仓库符合下列条件时，可设置一个安全出口：

(1)甲类厂房，每层建筑面积不超过 100 m^2，且同一时间的生产人数不超过 5 人。

(2)乙类厂房，每层建筑面积不超过 150 m^2，且同一时间的生产人数不超过 10 人。

(3)丙类厂房，每层建筑面积不超过 250 m^2，且同一时间的生产人数不超过 20 人。

(4)丁、戊类厂房，每层建筑面积不超过 400 m^2，且同一时间内的生产人数不超过 30 人。

(5)地下、半地下厂房或厂房的地下室、半地下室，其建筑面积不大于 50 m^2 且经常停留人数不超过 15 人。

(6)一座仓库的占地面积不大于 300 m^2 或防火分区的建筑面积不大于 100 m^2。

(7)地下、半地下仓库或仓库的地下室、半地下室，建筑面积不大于 100 m^2。

需要特别提出的是，地下、半地下建筑每个防火分区的安全出口数目不应少于 2 个。但由于地下建筑设置较多的地上出口有困难，因此当有 2 个或 2 个以上防火分区相邻布置时，每个防火分区可利用防火墙上一个通向相邻分区的甲级防火门作为第二安全出口，但每个防火分区必须有一个直通室外的安全出口。

2. 疏散出口

1)基本概念

疏散出口包括安全出口和疏散门。疏散门是直接通向疏散走道的房间门、直接开向疏散楼梯间的门(如住宅的户门)或室外的门，不包括套间内的隔间门或住宅套内的房间门。安全出口是疏散出口的一个特例。

2)疏散出口设置基本要求

民用建筑应根据建筑的高度、规模、使用功能和耐火等级等因素合理设置安全疏散设施。安全出口、疏散门的位置、数量和宽度应满足人员安全疏散的要求。

(1)建筑内的安全出口和疏散门应分散布置，并应符合双向疏散的要求。

(2)公共建筑内各房间疏散门的数量应经计算确定且不应少于 2 个，每个房间相邻 2 个疏散门最近边缘之间的水平距离不应小于 5 m。

(3)除托儿所、幼儿园、老年人建筑、医疗建筑、教学建筑内位于走道尽端的房间外，符合下列条件之一的房间可设置 1 个疏散门：

① 位于两个安全出口之间或袋形走道两侧的房间，对于托儿所、幼儿园、老年人建筑，建筑面积不大于 50 m^2；对于医疗建筑、教学建筑，建筑面积不大于 75 m^2；对于其他建筑或场所，建筑面积不大于 120 m^2。

② 位于走道尽端的房间，建筑面积小于 50 m^2 且疏散门的净宽度不小于 0.90 m，或由房间内任一点至疏散门的直线距离不大于 15 m、建筑面积不大于 200 m^2 且疏散门的净宽度不小于 1.40 m。

③ 歌舞娱乐放映游艺场所内建筑面积不大于 50 m^2 且经常停留人数不超过 15 人的厅、室或房间。

④ 建筑面积不大于 200 m^2 的地下或半地下设备间；建筑面积不大于 50 m^2 且经常停留人数不超过 15 人的其他地下或半地下房间。

对于一些人员密集场所人数众多，如剧院、电影院和礼堂的观众厅，其疏散出口数目应经计算确定，且不应少于 2 个。为保证安全疏散，应控制通过每个安全出口的人数：即每个疏散出口的平均疏散人数不应超过250人;当容纳人数超过2000人时,其超过2000人的部分,每个疏散出口的平均疏散人数不应超过400人。

体育馆的观众厅,其疏散出口数目应经计算确定,且不应少于2个,每个疏散出口的平均疏散人数不宜超过400～700人。

高层建筑内设有固定座位的观众厅、会议厅等人员密集场所,观众厅每个疏散出口的平均疏散人数不应超过250人。

2.6.3 疏散走道与避难走道

疏散走道贯穿整个安全疏散体系,是确保人员安全疏散的重要因素。其设计应简捷明了,便于寻找、辨别,避免布置成"S"形、"U"形或袋形。

1. 疏散走道

疏散走道是指发生火灾时,建筑内人员从火灾现场逃往安全场所的通道。疏散走道的设置应保证逃离火场的人员进入走道后,能顺利地继续通行至楼梯间,到达安全地带。

疏散走道的布置应满足以下要求:

(1)走道应简捷,并按规定设置疏散指示标志和诱导灯。

(2)在1.8 m高度内不宜设置管道、门垛等突出物,走道中的门应向疏散方向开启。

(3)尽量避免设置袋形走道。

(4)疏散走道的宽度应符合表2-28的要求。办公建筑的走道最小净宽应满足表2-35的要求。

表2-35 办公建筑的走道最小净宽 (单位:m)

走道长度	走道净宽	
	单面布房	双面布房
≤40	1.30	1.50
>40	1.50	1.80

(5)疏散走道在防火分区处应设置常开甲级防火门。

2. 避难走道

设置防烟设施且两侧采用防火墙分隔,用于人员安全通行至室外的走道。

避难走道的设置应符合下列规定:

(1)走道楼板的耐火极限不应低于1.50 h。

(2)走道直通地面的出口不应少于2个,并应设置在不同方向;当走道仅与一个防火分区相通且该防火分区至少有1个直通室外的安全出口时,可设置1个直通地面的出口。

(3)走道的净宽度不应小于任一防火分区通向走道的设计疏散总净宽度。

(4)走道内部装修材料的燃烧性能应为A级。

(5)防火分区至避难走道入口处应设置防烟前室,前室的使用面积不应小于6.0 m^2,开向前室的门应采用甲级防火门,前室开向避难走道的门应采用乙级防火门。

(6)走道内应设置消火栓、消防应急照明、应急广播和消防专线电话。

2.6.4 疏散楼梯与楼梯间

当建筑物发生火灾时,普通电梯没有采取有效的防火防烟措施,且供电中断,一般会停止运行,上部楼层的人员只有通过楼梯才能疏散到建筑物的外边,因此楼梯成为最主要的垂直疏散设施。

所谓的疏散楼梯是相对于带有电梯的建筑而言的,它是在发生紧急情况下用来疏散人群的,当然,它也是可以正常情况下使用的,但不可以在通道内摆设物品,更不能将通道的出入口封闭,要保持通道的畅通。没有电梯的建筑,通用的楼梯就是疏散楼梯,也是不可以在通道内摆设物品的。

1. 疏散楼梯间的一般要求

(1)楼梯间应能天然采光和自然通风,并宜靠外墙设置。靠外墙设置时,楼梯间及合用前室的窗口与两侧门、窗洞口最近边缘之间的水平距离不应小于1.0 m。

(2)楼梯间内不应设置烧水间、可燃材料储藏室。

(3)楼梯间不应设置卷帘。

(4)楼梯间内不应有影响疏散的凸出物或其他障碍物。

(5)楼梯间内不应敷设或穿越甲、乙、丙类液体的管道。公共建筑的楼梯间内不应敷设或穿越可燃气体管道。居住建筑的楼梯间内不宜敷设或穿越可燃气体管道,不宜设置可燃气体计量表;当必须设置时,应采用金属配管和设置切断气源的装置等保护措施。

(6)除通向避难层错位的疏散楼梯外,建筑中的疏散楼梯间在各层的平面位置不应改变。

(7)用作丁、戊类厂房内第二安全出口的楼梯可采用金属梯,但净宽度不应小于0.90 m,倾斜角度不应大于45°。

丁、戊类高层厂房,当每层工作平台上的人数不超过2人且各层工作平台上同时工作的人数总和不超过10人时,其疏散楼梯可采用敞开楼梯或利用净宽度不小于0.90 m、倾斜角度不大于60°的金属梯。

(8)疏散用楼梯和疏散通道上的阶梯不宜采用螺旋楼梯和扇形踏步。必须采用时,踏步上、下两级所形成的平面角度不应大于10°,且每级离扶手250 mm处的踏步深度不应小于220 mm。

(9)高度大于10 m的三级耐火等级建筑应设置通至屋顶的室外消防梯。室外消防梯不应面对老虎窗,宽度不应小于0.6 m,且宜从离地面3.0 m高处设置。

(10)除住宅建筑套内的自用楼梯外,地下、半地下室与地上层不应共用楼梯间,必须共用楼梯间时,在首层应采用耐火极限不低于2.00 h的不燃烧体隔墙和乙级防火门将地下、半地下部分与地上部分的连通部位完全分隔,并应有明显标志。

2. 敞开楼梯间

敞开楼梯间是低、多层建筑常用的基本形式,也称普通楼梯间。该楼梯的典型特征是,楼梯与走廊或大厅都是敞开在建筑物内,在发生火灾时不能阻挡烟气进入,而且可能成为向其他楼层蔓延的主要通道。敞开楼梯间安全可靠程度不大，但使用方便、经济，适用于低、多层的居住建筑和公共建筑中。

3. 封闭楼梯间

封闭楼梯间指设有能阻挡烟气的双向弹簧门或乙级防火门的楼梯间，如图 2－14 所示。封闭楼梯间有墙和门与走道分隔，比敞开楼梯间安全。但因其只设有一道门，在火灾情况下人员进行疏散时难以保证不使烟气进入楼梯间，所以，对封闭楼梯间的使用范围应加以限制。

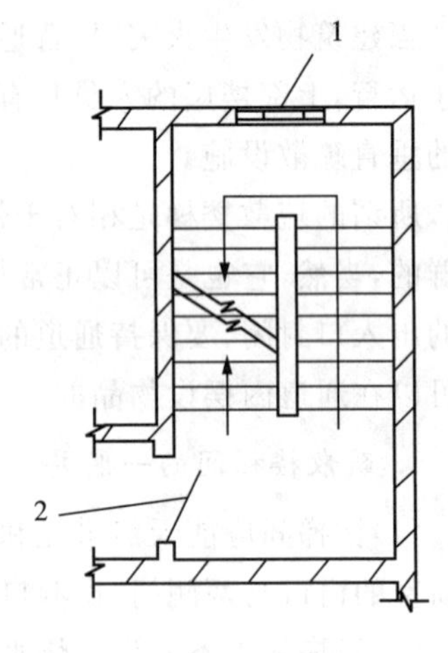

图 2－14　封闭楼梯间

1)封闭楼梯间的适用范围

多层公共建筑的疏散楼梯，除与敞开式外廊直接相连的楼梯间外，均应采用封闭楼梯间。相关建筑主要包括医疗建筑、旅馆、老年人建筑，设置歌舞娱乐放映游艺场所的建筑，商店、图书馆、展览建筑、会议中心及类似使用功能的建筑，6 层及以上的其他建筑，高层建筑的裙房；建筑高度不超过 32 m 的二类高层建筑；建筑高度大于 21 m 且不大于 33 m 的住宅建筑，其疏散楼梯间应采用封闭楼梯间。当住宅建筑的户门为乙级防火门时，可不设置封闭楼梯间。

2)封闭楼梯间的设置要求

(1)封闭楼梯间应靠外墙设置，并设可开启的外窗排烟，当不能天然采光和自然通风时，应按防烟楼梯间的要求设置。

(2)建筑设计中为方便通行，常把首层的楼梯间敞开在大厅中。此时楼梯间的首层可将走道和门厅等包括在楼梯间内，形成扩大的封闭楼梯间，但应采用乙级防火门等措施与其他走道和房间隔开，如图 2－15 所示。

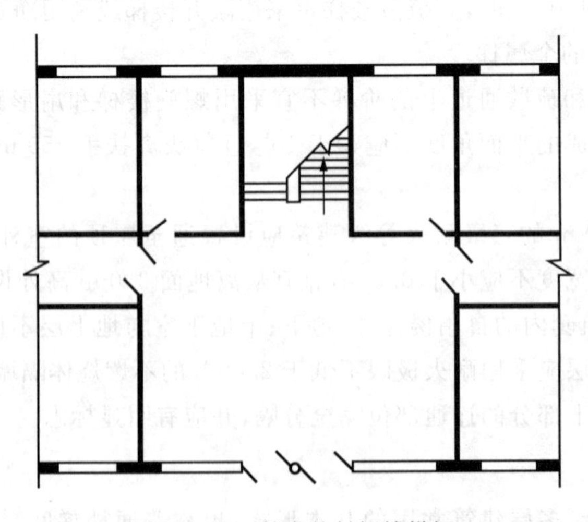
图 2－15　扩大的封闭楼梯间

(3)除楼梯间门外，楼梯间的内墙上不应开设其他的房间门窗及管道井、电缆井的门或检查口。

(4)高层建筑、人员密集的公共建筑、人员密集的多层丙类厂房设置封闭楼梯间时，楼梯间的门应采用乙级防火门，并应向疏散方向开启；其他建筑封闭楼梯间的门可采用双向弹簧门。

4. 防烟楼梯间

防烟楼梯间系指在楼梯间入口处设有前室或阳台、凹廊，通向前室、阳台、凹廊和楼梯间的门均为乙级防火门的楼梯间。防烟楼梯间设有两道防火门和防排烟设施，发生火灾时能作为安全疏散通道，是高层建筑中常用的楼梯间形式。

1)防烟楼梯间的类型

(1)带阳台或凹廊的防烟楼梯间

带开敞阳台或凹廊的防烟楼梯间的特点是以阳台或凹廊作为前室，疏散人员须通过开敞的前室和两道防火门才能进入楼梯间内，如图 2－16、图 2－17 所示。

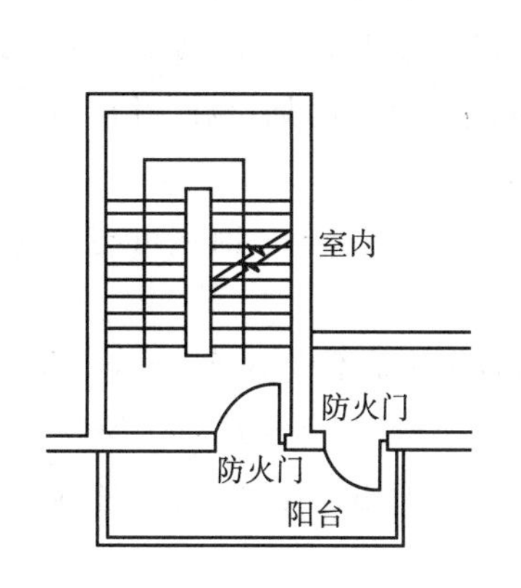

图 2－16　带阳台的防烟楼梯间

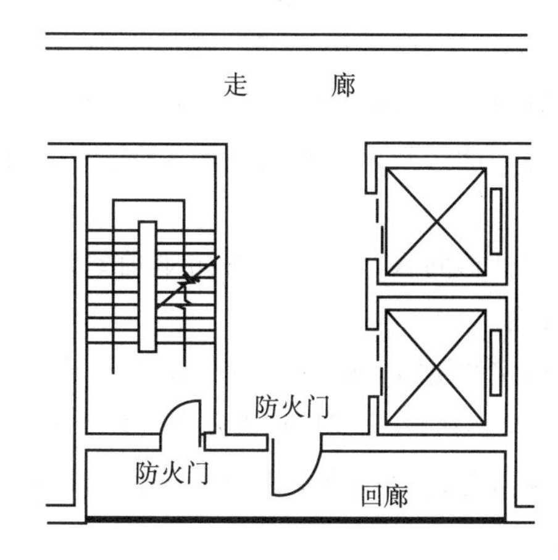

图 2－17　带凹廊的防烟楼梯间

(2)带前室的防烟楼梯间

① 利用自然排烟的防烟楼梯间。设靠外墙的前室，并在外墙上设有开启面积不小于 2 m^2 的窗户，平时可以是关闭状态，但发生火灾时窗户应全部开启。由走道进入前室和由前室进入楼梯间的门必须是乙级防火门，平时及火灾时乙级防火门处于关闭状态，如图 2－18 所示。

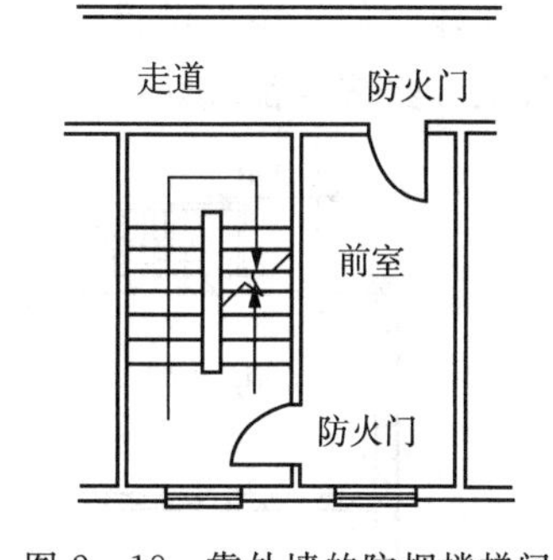

图 2－18　靠外墙的防烟楼梯间

②采用机械防烟的楼梯间。楼梯间位于建筑物的内部，为防止火灾时烟气侵入，采用机械加压方式进行防烟，如图 2－19 所示。加压方式有仅给楼梯间加压(图 2－19b)、分别对楼梯间和前室加压(图 2－19a)以及仅对前室或合用前室加压(图 2－19c)等不同方式。

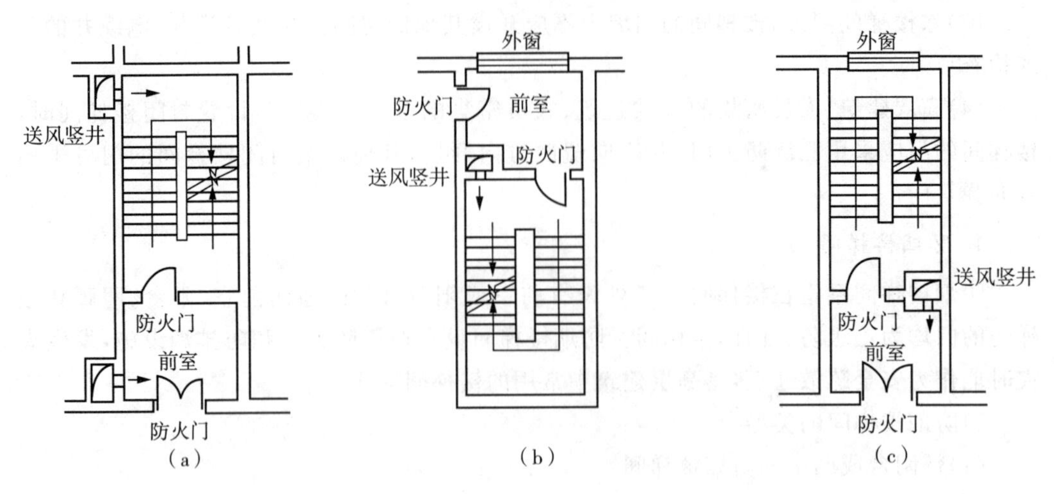

图 2-19　采用机械防烟的楼梯间

2)防烟楼梯间的适用范围

发生火灾时,防烟楼梯间能够保障所在楼层人员安全疏散,是高层和地下建筑中常用的楼梯间形式。防烟楼梯间除应满足疏散楼梯的设置要求外,还应满足以下要求:

(1)当不能天然采光和自然通风时,楼梯间应按规定设置防烟设施,并应设置应急照明设施。

(2)在楼梯间入口处应设置防烟前室、开敞式阳台或凹廊等。前室可与消防电梯间的前室合用。

(3)前室的使用面积:公共建筑不应小于 6.0 m^2,居住建筑不应小于 4.5 m^2;合用前室的使用面积:公共建筑、高层厂房以及高层仓库不应小于 10.0 m^2,居住建筑不应小于 6.0 m^2。

(4)疏散走道通向前室以及前室通向楼梯间的门应采用乙级防火门,并应向疏散方向开启。

(5)除楼梯间门和前室门外,防烟楼梯间及其前室的内墙上不应开设其他门窗洞口。

5. 室外疏散楼梯

在建筑的外墙上设置全部敞开的室外楼梯,如图 2-20 所示,不易受烟火的威胁,防烟效果和经济性都较好。

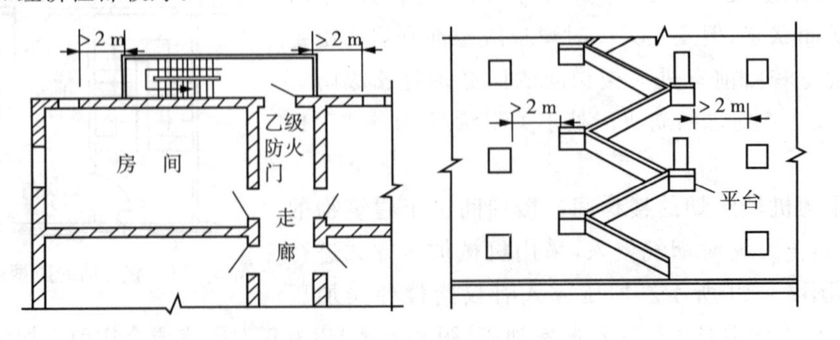

图 2-20　室外疏散楼梯

室外楼梯作为疏散楼梯应符合下列要求：

(1)栏杆扶手的高度不应小于 1.1 m；楼梯的净宽度不应小于 0.9 m。

(2)倾斜度不应大于 45°。

(3)楼梯和疏散出口平台均应采取不燃材料制作。平台的耐火极限不应低于1.00 h，楼梯段的耐火极限不应低于 0.25 h。

(4)通向室外楼梯的门宜采用乙级防火门，并应向室外开启；门开启时，不得减少楼梯平台的有效宽度。

(5)除疏散门外，楼梯周围 2.0 m 内的墙面上不应设置其他门、窗洞口，疏散门不应正对楼梯段。

高度大于 10 m 的三级耐火等级建筑应设置通至屋顶的室外消防梯。室外消防梯不应面对老虎窗，宽度不应小于 0.6 m，且宜从离地面 3.0 m 高处设置。

6. 剪刀楼梯

剪刀楼梯，又名叠合楼梯或套梯，是在同一个楼梯间内设置了一对相互交叉，又相互隔绝的疏散楼梯。剪刀楼梯在每层楼层之间的梯段一般为单跑梯段，如图 2－21 所示。剪刀楼梯的特点是，同一个楼梯间内设有两部疏散楼梯，并构成两个出口，有利于在较为狭窄的空间内组织双向疏散。

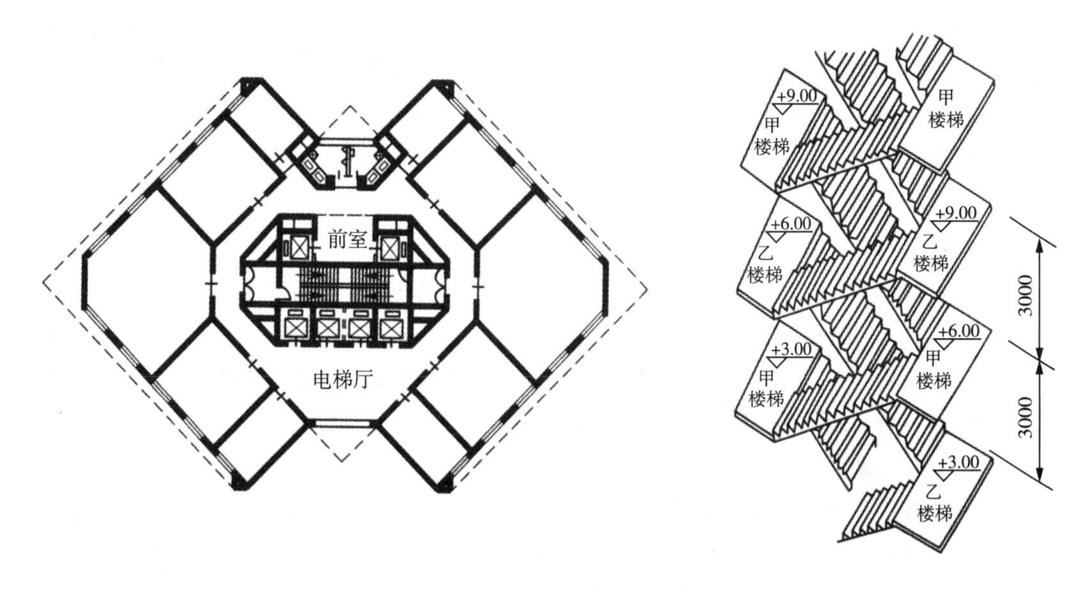

图 2－21　剪刀楼梯示意图

剪刀楼梯的两条疏散通道是处在同一空间内，只要有一个出口进烟，就会使整个楼梯间充满烟气，影响人员的安全疏散，为防止出现这种情况应采取下列防火措施：剪刀楼梯应具有良好的防火、防烟能力，应采用防烟楼梯间，并分别设置前室。为确保剪刀楼梯两条疏散通道的功能，其梯段之间应设置耐火极限不低于 1.00 h 的实体墙分隔。楼梯间内的加压送风系统不应合用。

2.6.5 避难层(间)

避难层是高层建筑中用作消防避难的楼层。一般建筑高度超过 100 m 的高层建筑，为消防安全专门设置的供人们疏散避难的楼层。通过避难层的防烟楼梯应在避难层分隔、同层错位或上下层断开，但人员均必须经避难层方能上下，使得人们遇到危险时能够安全逃生。

1. 避难层

避难层按其围护方式大体分为以下三种类型：敞开式避难层、半敞开式避难层、封闭式避难层。

敞开式避难层是指四周不设围护构件的避难层，一般设于建筑顶层或平屋顶上。这种避难层结构简单，投资小，但防护能力较差，不能绝对保证不受烟气侵入，也不能阻挡雨雪风霜，比较适合于温暖地区。

半敞开式避难层四周设有高度不低于 1.2 m 的防护墙，上部开设窗户和固定的金属百叶窗。这种避难层既能防止烟气侵入，又具有良好的通风条件，可以进行自然排烟。但它不适用于寒冷地区。

封闭式避难层，周围设有耐火的围护结构(外墙、楼板)，室内设有独立的空调和防排烟系统，如在外墙上开设窗口时，应采用防火窗。封闭式避难层可防止烟气和火焰的侵害以及免受外界气候的影响。这种避难层设有可靠的消防设施，足以防止烟气和火焰的侵害，同时还可以避免外界气候条件的影响，因而适用于我国广大地区。

1)避难层的设置条件及面积指标

建筑高度超过 100 m 的公共建筑和住宅建筑应设置避难层。避难层(间)的净面积应能满足设计避难人数避难的要求，可按 5 人/m^2 计算。

2)避难层的设置数量

根据目前国内主要配备的 50 m 高云梯车的实际情况，从首层到第一个避难层之间的高度不应大于 50 m，以便火灾时可将停留在避难层的人员由云梯车救援下来。结合各种机电设备及管道等所在设备层的布置需要和使用管理以及普通人爬楼梯的体力消耗情况，两个避难层之间的高度不大于 50 m。

3)避难层的防火构造要求

为保证避难层具有较长时间抵抗火烧的能力，避难层的楼板宜采用现浇钢筋混凝土楼板，其耐火极限不应低于 2.00 h。为保证避难层下部楼层起火时不致使避难层地面温度过高，在楼板上宜设隔热层。避难层四周的墙体及避难层内的隔墙，其耐火极限不应低于 3.00 h，隔墙上的门应采用甲级防火门。避难层可与设备层结合布置。通常各种设备、管道竖井应集中布置，分隔成间，既方便设备的维护管理，又可使避难层的面积完整。易燃、可燃液体或气体管道，排烟管道应集中布置，并采用防火墙与避难区分隔；管道井、设备间应采用耐火极限不低于 2.00 h 的防火隔墙与避难区分隔。

4)避难层的安全疏散

为保证避难层在建筑物起火时能正常发挥作用，避难层应至少有两个不同的疏散方向可供疏散。通向避难层的防烟楼梯间，其上下层应错位或断开布置，这样楼梯间里的人都要经过避难层才能上楼或下楼，为疏散人员提供了继续疏散还是停留避难的选择机会。同时，使上、下层楼梯间不能相互贯通，减弱了楼梯间的“烟囱”效应。楼梯间的门宜向避难层开启，在避难层进入楼梯间的入口处应设置明显的指示标志。

为了保障人员安全、消除或减轻人们的恐惧心理，在避难层应设应急照明，其供电时间不应小于1.50 h，照度不应低于3.00 lx。除避难间外，避难层应设置消防电梯出口。消防电梯是供消防人员灭火和救援使用的设施，在避难层必须停靠；而普通电梯因不能阻挡烟气进入，则严禁在避难层开设电梯门。

5)通风与防排烟系统

避难层应设置直接对外的可开启窗口或独立的机械防烟设施，外窗应采用乙级防火窗或耐火极限不低于1.00 h的C类防火窗。

6)灭火设施

为了扑救超高层建筑及避难层的火灾，在避难层应配置消火栓和消防软管卷盘。

7)消防专线电话和应急广播设备

为数众多的避难者停留在避难层，为了及时和防灾中心及地面消防部门互通信息，避难层应设有消防专线电话和应急广播。

2. 避难间

建筑高度大于24 m的病房楼，应在二层及以上各楼层设置避难间。

避难间的使用面积应按每个护理单元不小于25.0 m^2 确定。当电梯前室内有1部及以上病床梯兼做消防电梯时，可利用电梯前室作为避难间。

建筑高度超过100 m的公共建筑，应设置避难层(间)。

第一个避难层(间)的楼地面至灭火救援场地地面的高度不应大于50 m，两个避难层(间)之间的高度不宜大于50 m。通向避难层的疏散楼梯应在避难层分隔、同层错位或上下层断开。避难层(间)的净面积应能满足设计避难人员避难的要求，并宜按5.0 人/m^2 计算。避难层可兼做设备层，但设备管道宜集中布置，其中的易燃、可燃液体或气体管道应集中布置，设备管道区应采用耐火极限不低于3.00 h的防火隔墙与避难区分隔。管道井和设备间应采用耐火极限不低于2.00 h的防火隔墙与避难区分隔，管道井和设备间的门不应直接开向避难区；确需直接开向避难区时，与避难层出入口的距离不应小于5 m，且应采用甲级防火门。避难间内不应设置易燃、可燃液体或气体管道，不应开设除外窗、疏散门之外的其他开口。避难间在设置消防电梯出口、消火栓和消防软管卷盘、消防专线电话和应急广播、疏散体系、通风防排烟等要求与避难层要求一致。

避难间附设在办公、客房等人员使用的楼层时，该楼层不得设置歌舞娱乐游艺放映场所、商场等公众聚集场所以及厨房等直接动用明火的场所。避难间与该楼层的其他房间之间应采用防火墙隔开，避难间除开向防烟楼梯间或其前室的门外，不得开设其他门洞。

2.6.6　逃生疏散辅助设施

1. 应急照明及疏散指示标志

在发生火灾时，为了保证人员的安全疏散以及消防扑救人员的正常工作，必须保持一定的电光源，据此设置的照明总称为火灾应急照明。为防止疏散通道在火灾下骤然变暗就要保证一定的亮度，防止人们心理上的惊慌，确保疏散安全，以显眼的文字、鲜明的箭头标记指明疏散方向，引导疏散，这种用信号标记的照明，称为疏散指示标志。

1)应急照明

除住宅建筑外，其他民用建筑、厂房和丙类仓库的下列部位也应设置疏散应急照明灯具：封闭楼梯间、防烟楼梯间及其前室、消防电梯间的前室或合用前室和避难层(间)；消防控制室、消防水泵房、自备发电机房、配电室、防烟与排烟机房以及发生火灾时仍需正常工作的其他房间；观众厅、展览厅、多功能厅和建筑面积超过 200 m^2 的营业厅、餐厅、演播室；建筑面积超过 100 m^2 的地下、半地下建筑或地下室、半地下室中的公共活动场所；公共建筑中的疏散走道。

建筑内消防应急照明灯具的照度应满足疏散走道的地面最低水平照度不应低于 1.0 lx；人员密集场所、避难层(间)内的地面最低水平照度不应低于 3.0 lx；楼梯间、前室或合用前室、避难走道的地面最低水平照度不应低于 5.0 lx；消防控制室、消防水泵房、自备发电机房、配电室、防烟与排烟机房以及发生火灾时仍需正常工作的其他房间的消防应急照明，仍应保证正常照明的照度。消防应急照明灯具宜设置在墙面的上部、顶棚上或出口的顶部。

2)疏散指示标志

公共建筑及其他一类高层民用建筑，高层厂房(仓库)及甲、乙、丙类厂房应沿疏散走道和在安全出口、人员密集场所的疏散门的正上方设置灯光疏散指示标志。下列建筑或场所应在其内疏散走道和主要疏散路线的地面上增设能保持视觉连续的灯光疏散指示标志或蓄光疏散指示标志：总建筑面积超过 8000 m^2 的展览建筑；总建筑面积超过 5000 m^2 的地上商店；总建筑面积超过 500 m^2 的地下、半地下商店；歌舞娱乐放映游艺场所；座位数超过 1500 个的电影院、剧院，座位数超过 3000 个的体育馆、会堂或礼堂。

疏散指示标志设置要求中：安全出口和疏散门的正上方应采用“安全出口”作为指示标识；沿疏散走道设置的灯光疏散指示标志，应设置在疏散走道及其转角处距地面高度 1.0 m 以下的墙面上，且灯光疏散指示标志间距不应大于 20.0 m；对于袋形走道，不应大于 10.0 m；在走道转角区，不应大于 1.0 m。疏散指示标志应符合现行国家标准《消防安全标志》和《消防应急照明和疏散指示系统》的有关规定。

建筑内设置的消防疏散指示标志和消防应急照明灯具，应符合现行国家标准《建筑设计防火规范》《消防安全标志》和《消防应急照明和疏散指示系统》的有关规定。应急照明灯和灯光疏散指示标志，应设玻璃或其他不燃烧材料制作的保护罩。应急照明和疏散指示标志备用电源的连续供电时间，对于高度超过 100 m 的民用建筑不应少于 1.5 h，对于医疗建筑、老年人建筑、总建筑面积大于 100000 m^2 的公共建筑不应少于 1.0 h，对于其他建筑不应少于 0.5 h。

2. 避难袋

避难袋的构造有三层，最外层由玻璃纤维制成，可耐 800℃的高温；第二层为弹性制动层，束缚下滑的人体和控制下滑的速度；内层张力大而柔软，使人体以舒适的速度向下滑降。

避难袋可用在建筑物内部，也可用于建筑物外部。用于建筑内部时，避难袋设于防火竖井内，人员打开防火门进入按层分段设置的袋中，即可滑到下一层或下几层。用于建筑外部时，装设在低层建筑窗口处的固定设施内，失火后将其取出向窗外打开，通过避难袋滑到室外地面。

3. 缓降器

缓降器是高层建筑的下滑自救器具，由于其操作简单，下滑平稳，是应用最广泛的辅助安全疏散产品。缓降器由摩擦棒、套筒、自救绳和绳盒等组成，无须其他动力，通过制动机构控制缓降绳索的下降速度，让使用者在保持一定速度平衡的前提下，安全地缓降至地面。有的缓降器用阻燃套袋替代传统的安全带，这种阻燃套袋可以将逃生人员包括头部在内的全身保护起来，以阻挡热辐射，并降低逃生人员下视地面的恐高心理。缓降器根据自救绳的长度分为三种规格。绳长38 m适用于6～10层；绳长53 m适用于11～16层；绳长74 m适用于16～20层。

使用缓降器时将自救绳和安全钩牢固地系在楼内的固定物上，把垫子放在绳子和楼房结构中间，以防自救绳磨损。疏散人员穿戴好安全带和防护手套后，携带好自救绳盒或将盒子抛到楼下，将安全带和缓降器的安全钩挂牢。然后一手握套筒，一手拉住由缓降器下引出的自救绳开始下滑。可用放松或拉紧自救绳的方法控制速度，放松为正常下滑速度，拉紧为减速直到停止。第一个人滑到地面后，第二个人方可开始使用。

4. 避难滑梯

避难滑梯是一种非常适合病房楼建筑的辅助疏散设施。当发生火灾时病房楼中的伤病员、孕妇等行动缓慢的病人，可在医护人员的帮助下，由外连通阳台进入避难滑梯，靠重力下滑到室外地面或安全区域从而获得逃生。

避难滑梯是一种螺旋形的滑道，节省占地，简便易用、安全可靠、外观别致，能适应各种高度的建筑物，是高层病房楼理想的辅助安全疏散设施。

5. 室外疏散救援舱

室外疏散救援舱由平时折叠存放在屋顶的一个或多个逃生救援舱和外墙安装的齿轨两部分组成。火灾时专业人员用屋顶安装的绞车将展开后的逃生救援舱引入建筑外墙安装的滑轨，逃生救援舱可以同时与多个楼层走道的窗口对接，将高层建筑内的被困人员送到地面，在上升时又可将消防队员等应急救援人员送到建筑内。

室外疏散救援舱比缩放式滑道和缓降器复杂，一次性投资较大，需要由受过专门训练的人员使用和控制，而且需要定期维护、保养和检查，作为其动力的屋顶绞车必须有可靠的动力保障。其优点是每往复运行一次可以疏散多人，尤其适合于疏散乘坐轮椅的残疾人和其他行动不便的人员，它在向下运行将被困人员送到地面后，还可以在向上运行时将救援人员输送到上部。

6. 缩放式滑道

采用耐磨、阻燃的尼龙材料和高强度金属圈骨架制作成可缩放式的滑道，平时折叠存放在高层建筑的顶楼或其他楼层。火灾时可打开释放到地面，并将末端固定在地面事先确定的锚固点，被困人员依次进入后，滑降到地面。紧急情况下，也可以用云梯车在贴近高层建筑被困人员所处的窗口展开，甚至可以用直升机投放到高层建筑的屋顶，由消防人员展开后疏散屋顶的被困人员。

此类产品的关键指标是合理设置下滑角度，并通过滑道材料与使用者身体之间的摩擦有效控制下滑速度。

2.7 建筑防爆

对于有爆炸危险性的厂房或仓库，以及在爆炸性环境中使用的电气设备，通过采取必要的防爆措施，可以防止和减少爆炸事故的发生。当发生爆炸事故时，可以最大限度地减轻其危害和造成的损失(图 2-22)。

图 2-22 建筑爆炸后惨状

在不同生产经营条件下，针对有爆炸危险性的建筑有不同的防爆方法，在大量实践经验的基础上，人们对建筑防爆基本原则和措施进行了总结归纳。

2.7.1 爆炸分类

(1)物理性爆炸：爆炸前后没有新物质产生。

(2)化学性爆炸：由于物质急剧氧化、分解反应产生高温、高压形成的爆炸现象。

① 简单分解爆炸：能量由自身提供，性质不稳定，如雷管、导爆索等。

② 复杂分解爆炸：氧由本身分解提供，如大多数火炸药都属于这一类。

③ 爆炸性混合物爆炸：即由各种可燃气体、蒸汽及粉尘与空气组成的爆炸性混合物的爆炸。其中粉尘爆炸：可燃粉尘与空气混合形成的爆炸性混合物，可燃粉尘爆炸在一定浓度范围内，而且与粒径有关。粒径＞0.5 mm，很难爆炸；粒径＜0.1 mm，很容易爆炸。

(3)原子爆炸:如原子弹、氢弹的爆炸。

2.7.2 防爆原则

根据物质燃烧爆炸原理,防止发生火灾爆炸事故的基本原则是:控制可燃物和助燃物浓度、温度、压力及混触条件,避免物料处于燃爆的危险状态;消除一切足以引起起火爆炸的点火源;采取各种阻隔手段,阻止火灾爆炸事故的扩大。

2.7.3 防爆措施

建筑防爆的基本技术措施分为预防性技术措施和减轻性技术措施。

1. 预防性技术措施

(1)排除能引起爆炸的各类可燃物质:在生产过程中尽量不用或少用具有爆炸危险的各类可燃物质;生产设备应尽可能保持密闭状态,防止“跑、冒、滴、漏”;加强通风除尘;预防燃气泄漏,设置可燃气体浓度报警装置;利用惰性介质进行保护。

(2)消除或控制能引起爆炸的各种火源:防止撞击、摩擦产生火花;防止高温表面成为点火源;防止日光照射;防止电气火灾;消除静电火花;防雷电火花;防止明火。

2. 减轻性技术措施

(1)采取泄压措施:在建筑围护构件设计中设置一些薄弱构件,即泄压构件(面积),当爆炸发生时,这些泄压构件首先被破坏,使高温高压气体得以泄放,从而降低爆炸压力,使主体结构不发生破坏。

(2)采用抗爆性能良好的建筑结构体系:强化建筑结构主体的强度和刚度,使其在爆炸中足以抵抗爆炸压力而不倒塌。

(3)采取合理的建筑布置:根据建筑生产、储存的爆炸危险性,在总平面布局和平面布置上合理设计,尽量减小爆炸的影响范围,减少爆炸产生的危害。

2.8 建筑设备防火

2.8.1 建筑电气防火

根据近几年的火灾统计,电气火灾年均发生次数占火灾年均总发生次数的27%,居各火灾原因之首位。而电气火灾原因中,通过对近年来发生的重特大电气火灾事故起火源的统计分析,结果表明,电气线路是引发电气火灾的主要起火源,占51.35%,其中大部分发生在低压电气线路上;其次是用电器具,占15.32%;再次是电气设备和用电设备,分别占12.84%和10.81%;照明器具,占8.56%,这其中大部分是由日光灯镇流器长期处于工作状态,产生过热或故障引起的重特大电气火灾。由此可见,建筑的电气火灾预防应着重做好电气线路和用电设备的防火措施。

1. 电气线路防火

1)电线电缆的选择

(1)电线电缆选择的一般要求

根据使用场所的潮湿、化学腐蚀、高温等环境因素及额定电压要求,选择适宜的电线电缆。同时根据系统的载荷情况，合理地选择导线截面，在经计算所需导线截面基础上留出适当增加负荷的余量。

(2)电线电缆导体材料的选择

固定敷设的供电线路宜选用铜芯线缆。重要电源、重要的操作回路及二次回路、电机的励磁回路等需要确保长期运行在连接可靠的回路；移动设备的线路及振动场所的线路；对铝有腐蚀的环境；高温环境、潮湿环境、爆炸及火灾危险环境；工业及市政工程等场所不应选用铝芯线缆。非熟练人员容易接触的线路，如公共建筑与居住建筑；线芯截面为 6 m^2 及以下的线缆不宜选用铝芯线缆。对铜有腐蚀而对铝腐蚀相对较轻的环境、氨压缩机房等场所应选用铝芯线缆。

(3)电线电缆绝缘材料及护套的选择

① 普通电线电缆

普通聚氯乙烯电线电缆适用温度范围为－15℃～60℃，在燃烧时会散放有毒烟气，不适用于地下客运设施、地下商业区、高层建筑和重要公共设施等人员密集场所。

交联聚氯乙烯(XLPE)电线电缆不具备阻燃性能，但燃烧时不会产生大量有毒烟气，适用于有清洁要求的工业与民用建筑。

橡皮电线电缆弯曲性能较好，能够在严寒气候下敷设，适用于水平高差大和垂直敷设的场所；橡皮电线电缆适用于移动式电气设备的供电线路。

② 阻燃电线电缆

阻燃电缆是指在规定试验条件下被燃烧，能使火焰蔓延仅在限定范围内，撤去火源后，残焰和残灼能在限定时间内自行熄灭的电缆。阻燃电缆的性能主要用氧指数和发烟性两指标来评定。

阻燃电缆燃烧时的烟气特性可分为一般阻燃电缆、低烟低卤阻燃、无卤阻燃电缆三大类。电线电缆成束敷设时，应采用阻燃型电线电缆。当电缆在桥架内敷设时，应考虑将来增加电缆时，也能符合阻燃等级，宜按近期敷设电缆的非金属材料体积预留 20%余量。电线在槽盒内敷设时，也宜按此原则来选择阻燃等级。在同一通道中敷设的电缆，应选用同一阻燃等级的电缆。阻燃和非阻燃电缆也不宜在同一通道内敷设。非同一设备的电力与控制电缆若在同一通道时，宜互相隔离。

直埋地电缆、直埋入建筑孔洞或砌体的电缆及穿管敷设的电线电缆，可选用普通型电线电缆。敷设在有盖槽盒、有盖板的电缆沟中的电缆，若已采取封堵、阻水、隔离等防止延燃的措施，可降低一级阻燃要求。

③ 耐火电线电缆

耐火电线电缆是指规定试验条件下，在火焰中被燃烧一定时间内能保持正常运行特性的电缆。耐火电缆按绝缘材质可分为有机型和无机型两种。有机型主要是采用耐高温 800℃的云母带以 50%重叠搭盖率包覆两层作为耐火层。外部采用聚氯乙烯或交联聚乙烯为绝缘，若同时要求阻燃，只要绝缘材料选用阻燃型材料即可。加入隔氧层后，可以耐受 950℃高温。无机型是矿物绝缘电缆。它是采用氧化镁作为绝缘材料，铜管作为护套的电缆，国际上称为 MI 电缆。

(4)电线电缆截面的选择

电线电缆截面的选型应满足以下原则:通过负载电流时,线芯温度不超过电线电缆绝缘所允许的长期工作温度;通过短路电流时,不超过所允许的短路强度,高压电缆要校验热稳定性,母线要校验动、热稳定性;电压损失在允许范围内;满足机械强度的要求;低压电线电缆应符合负载保护的要求,TNT 系统中还应保证在接地故障时保护电器能断开电路。

2)电气线路的保护措施

为有效预防由于电气线路故障引发的火灾,除了合理地进行电线电缆的选型,还应根据现场的实际情况合理选择线路的敷设方式,并严格按照有关规定规范线路的敷设及连接环节,保证线路的施工质量。此外低压配电线路还应按照《低压配电设计规范》及《漏电保护器安装和运行》等相关标准要求设置短路保护、过负载保护和接地故障保护。

(1)短路保护

短路保护装置应保证在短路电流导体和连接件产生的热效应和机械力造成危害之前分断该短路电流;分断能力不应小于保护电气安装的预期短路电流,但在上级已装有所需分断能力的保护电气时,下级保护电路的分断能力允许小于预期短路电流,此时该上下级保护电器的特性必须配合,使得通过下级保护电器的能量不超过其能够承受的能量。应在短路电流使导体达到允许的极限温度之前分断该短路电流。

(2)过负载保护

保护电器应在过负载电流引起的导体升温对导体的绝缘、接头、端子或导体周围的物质造成损害之前分断过负载电流。对于突然断电比过负载造成的损失更大的线路,如消防水泵之类的负荷,其过负载保护应作为报警信号,不应作为直接切断电路的触发信号。

过负载保护电器的动作特性应同时满足以下两个条件:线路计算电流小于等于熔断器熔体额定电流,后者应小于等于导体允许持续载流量;保证保护电器可靠动作的电流小于等于 1.45 倍熔断器熔体的额定电流。

(3)接地故障保护

当发生带电导体与外露可导电部分、装置外可导电部分、PE 线、PEN 线、大地等之间的接地故障时,保护电器必须切断该故障电路。接地故障保护电器的选择应根据配电系统的接地形式、电气设备使用特点及导体截面等确定。

2. 用电设备防火

1)照明器具防火

电气照明是现代照明的主要方式,电气照明往往伴随着大量的热和高温,如果安装或使用不当,极易引发火灾事故。

照明器具包括室内各类照明及艺术装饰用的灯具,如各种室内照明灯具、镇流器、启辉器等。常用的照明灯具有:白炽灯、荧光灯、高压汞灯、高压钠灯、卤钨灯和霓虹灯。照明器具的防火主要应从灯具选型、安装、使用上采取相应的措施。

2)电气装置防火

电气装置是指相关电气设备的组合,具有为实现特定目的所需的相互协调的特性。电气装置的火灾预防措施主要有如下几个方面:

(1)开关防火:开关应设在开关箱内,开关箱应加盖。开关箱应设在干燥处,不应安装在易燃、受震、潮湿、高温、多尘的场所。开关的额定电流和额定电压均应和实际使用情况相适应。降低接触电阻防止发热过度。潮湿场所应选用拉线开关。有化学腐蚀、火灾危险和爆炸危险的房间,应把开关安装在室外或合适的地方,否则应采用相应型式的开关,例如在有爆炸危险的场所采用隔爆型、防爆充油的防爆开关。在中性点接地的系统中,单极开关必须接在火线上,否则开关虽断,电气设备仍然带电,一旦火线接地,有发生接地短路引起火灾的危险。尤其库房内的电气线路,更要注意。对于多极刀开关,应保证各级动作的同步性且接触良好,避免引起多相电动机因缺相运行而损坏的事故。

(2)熔断器防火:熔断器的熔丝额定电流应与被保护的设备相适应,且不应大于熔断器、电度表等的额定电流。一般应在电源进线,线路分支和导线截面改变的地方安装熔断器,尽量使每段线路都能得到可靠的保护。为避免熔件爆断时引起周围可燃物燃烧,熔断器宜装在具有火灾危险厂房的外边,否则应加密封外壳,并远离可燃建筑物件。

(3)继电器防火:继电器在选用时,除线圈电压、电流应满足要求外,还应考虑被控对象的延误时间、脱口电流倍数、触点个数等因素。继电器要安装在少震、少尘、干燥的场所,现场严禁有易燃、易爆物品存在。

(4)接触器防火:接触器技术参数应符合实际使用要求,接触器一般应安装在干燥、少尘的控制箱内,其灭弧装置不能随意拆开,以免损坏。

(5)启动器防火:启动器的火灾危险,主要是由于分断电路时接触部位的电弧飞溅以及接触部位的接触电阻过大而产生的高温烧毁开关设备并引燃可燃物,因此启动器附近严禁有易燃、易爆物品存在。

(6)漏电保护器防火:漏电保护器应按使用要求及规定位置进行选择和安装,以免影响动作性能;在安装带有短路保护的漏电保护器时,必须保证在电弧喷出方向有足够的飞弧距离。应注意漏电保护器的工作条件,在高温、低温、高湿、多尘以及有腐蚀性气体的环境中使用时,应采取必要的辅助保护措施。接线时应注意分清负载侧与电源侧,应按规定接线,切忌接反。注意分清主电路与辅助电路的接线端子,不能接错。注意区分中性线和保护线。

(7)低压配电柜防火:配电柜应固定安装在干燥清洁的地方,便于操作和确保安全。配电柜上的电气设备应根据电压等级、负荷容量、用电场所和防火要求等进行设计或选定。配电柜中的配线,应采用绝缘导线和合适的截面。配电柜的金属支架和电气设备的金属外壳,必须进行保护接地或接零。

3. 电动机防火

如果电动机选型不合理、本身质量差或使用维护不当等都可能造成铁心、绕组等部件发热而引发火灾。

1)电动机的火灾危险性

电动机的具体火灾原因有以下几个方面：

(1)过载

当电动机所带机械负载超过额定负载或者电源电压过低时，会造成绕组电流增加，绕组和铁心温度上升，严重时会引发火灾。

(2)缺相运行

处于运转中的三相异步电动机，如果因电源缺相、接触不良、内部绕组断路等原因造成缺相，电动机虽然还能运转，但由于绕组电流会增大以致烧毁电动机而引发火灾。

(3)接触不良

电动机运转时如果电源线、电源引线、绕组等电器连接点处接触不良，会造成接触电阻过大而发热或者产生电弧，严重时可引燃电动机内可燃物进而引发火灾。

(4)绝缘损坏

由于长期过载使用、受潮湿环境或腐蚀性气体侵蚀、金属异物掉入机壳内、频繁启动、雷击或瞬间过电压等原因，造成电动机绕组绝缘损坏或绝缘能力降低，形成相间和匝间短路，因而引发火灾。

(5)机械摩擦

当电动机轴承损坏时，摩擦增大，出现局部过热现象，润滑脂变稀溢出轴承，进一步加速轴承温度升高。当温度达到一定程度时，会引燃周围可燃物质而引发火灾。轴承损坏严重时可造成定子、转子摩擦或者电动机轴被卡住，产生高温或绕组短路而引发火灾。

(6)选型不当

应根据不同的使用场所选择不同类型的电动机，如果在易燃易爆场所使用了一般防护式电动机，则当电动机发生故障时，产生的高温或火花可引燃可燃或可爆炸物质，引发火灾或者爆炸。

(7)铁心消耗过大

电动机运行时，由于定子和转子的铁心内部、外壳产生涡流、磁滞等，都会形成一定的损耗，这部分损耗叫作铁损。如果电动机铁心的硅钢片由于质量、规格、绝缘强度等不符合要求，使涡流损耗过大而造成铁心发热和绕组过载，严重时可引发火灾。

(8)接地不良

当电动机绕组发生短路时，如果接地保护不良，会导致电动机外壳带电，一方面可引起人身触电事故，另一方面致使机壳发热，严重时引燃周围可燃物而引发火灾。

2)电动机的火灾预防措施

(1)合理选择功率和型式

合理选择电动机包括两方面的内容：一方面，应考虑传动过程中功率的损失和对电动机的实际功率需求，选择合适功率的电动机；另一方面，应根据使用环境、运行方式和生产工况等因素，特别是防潮、防腐、防尘、防暴等对电动机的要求，合理选择电动机的型式。

(2)合理选择启动方式

三相异步电动机的启动方式包括直接启动、降压启动两种。其中直接启动适用于功率较小的异步电动机;降压启动包括星-三角形启动、定子串电阻启动、自耦变压器启动、软启动器启动、变频器启动等,适用于各种功率的电动机。因此,在使用电动机时应根据电动机的型式、容量、电源等情况选择合适的启动方式。

(3)正确安装电动机

电动机应安装在不燃材料制成的机座上,电动机机座的基础与建筑物或其他设备之间应留出距离不小于1 m的通道。电动机与墙壁之间,或成列装设的电动机一侧已有通道时,另一侧的净距离应不小于0.3 m。电动机与其他设备的裸露带电部分的距离不应小于1 m。

电动机及联动机械至开关的通道应保持畅通,急停按钮应设置在便于操作的地方,以便于紧急事故时的处置。电动机及电源线管均应有牢固的保护接地,电源线靠近电动机一端必须用金属软管或塑料套管保护,保护管与电源线之间必须用夹头扎牢并固定,另一端要与电动机进线盒牢固连接并做固定支点。电动机附近不准堆放可燃物,附近地面不应有油渍、油棉纱等易燃物。

(4)应设置符合要求的保护装置

不同类型的电动机应采用相适合的保护装置,例如中小容量低压感应电动机的保护装置应具有短路保护、堵转保护、过载保护、断线保护、低压保护、漏电保护、绕组温度保护等功能。

(5)启动符合规范要求

电动机启动前应按照规程进行试验和外观检查。所有试验应符合要求,机械及电动机部分应完好无异状。电动机的绝缘电阻应符合要求,380 V及以下电动机的绝缘电阻不应小于0.5 MΩ,6 kV高压绝缘电阻应不小于6 MΩ。电动机不允许频繁启动,冷态下启动次数不应超过5次,热态下启动次数不应超过2次。

(6)加强运行监视

电动机在运行中应对电流、电压、温升、声音、振动、传动装置的状况等进行严格监视,当上述参数超出允许值或出现异常时,应立即停止运行,检查原因,排除故障。

(7)加强电动机的运行维护

电动机在运行中应做好防雨、防潮、防尘和降温等工作,保持轴承润滑良好,电动机周围保持环境整洁。

2.8.2 采暖系统防火防爆

采暖是采用人工方法提供热量,使在较低的环境温度下,仍能保持适宜的工作或生活条件的一种技术手段。按设施的布置情况主要分集中采暖和局部采暖两大类。其中,集中采暖由锅炉房供给热水或蒸汽(称载热体),通过管道分别输送到各有关室内的散热器,将热量散发后再流回锅炉循环使用,或将空气加热后用风管分别送到各有关房间。局部采暖则有火炉、电炉或煤气炉等就地发出热量,只供给本房间内部或少数房间应用。有些地区也采用火墙、火炕等简易采暖设施,也有利用太阳能或辐射热作为热源的采暖方式。

采暖系统的防火防爆主要是对具有一定危险性的生产厂房(库房)、汽车库等的采暖系统，建筑采暖系统的防火设计应按《建筑设计防火规范》及《汽车库、修车库、停车场设计防火规范》等的规定执行。

1. 选用采暖装置的原则

(1)甲、乙类厂房和甲、乙类库房内严禁采用明火和电热散热器采暖。因为用明火或电热散热器的采暖系统，其热风管道可能被烧坏，或者带入火星与易燃易爆气体或蒸气接触，易引起爆炸火灾事故。

(2)散发可燃粉尘、可燃纤维的生产厂房不应使用肋形散热器，以防积聚粉尘。为防止纤维或粉尘积集在管道和散热器上受热自燃，散热器表面平均温度不应超过 82.5℃。但输煤廊的采暖散热器表面平均温度不应超过 130℃。若散发物(包括可燃气体、蒸气、粉尘)与采暖管道和散热器表面接触能引起燃烧爆炸时，应采用不循环使用的热风采暖，且不应在这些房间穿过采暖管道，如必须穿过时，应用不燃烧材料隔热。

(3)在生产过程中散发可燃气体、可燃蒸气、可燃粉尘、可燃纤维(CS_2 气体、黄磷蒸气及其粉尘等)与采暖管道、散热器表面接触能引起燃烧的厂房以及在生产过程中散发受到水或水蒸气的作用能引起自燃、爆炸的粉尘(生产和加工钾、钠、钙等物质)或产生爆炸性气体(电石、碳化铝、氢化钾、氢化钠、硼氢化钠等释放出的可燃气体)的厂房，应采用不循环使用的热风采暖，以防止此类场所发生火灾爆炸事故。

2. 采暖设备的防火防爆措施

(1)采暖管道要与建筑物的可燃构件保持一定的距离

采暖管道穿过可燃构件时，要用不燃烧材料隔开绝热；或根据管道外壁的温度，在管道与可燃构件之间保持适当的距离。当管道温度大于 100℃时，距离不小于 100 mm 或采用不燃材料隔热；当温度小于等于 100℃时，距离不小于 50 mm。

(2)加热送风采暖设备的防火设计

① 电加热设备与送风设备的电气开关应有连锁装置，以防风机停转时，电加热设备仍单独继续加热，温度过高而引起火灾。在重要部位，应设感温自动报警器；必要时加设自动防火阀，以控制取暖温度，防止过热起火。装有电加热设备的送风管道应用不燃材料制成。

② 甲、乙类厂房、仓库的采暖管道和设备的绝热材料应采用不燃材料，以防火灾沿着管道的绝热材料迅速蔓延到相邻房间或整个房间。对于其他建筑，可采用燃烧毒性小的难燃绝热材料，但应首先考虑采用不燃材料。

③ 存在与采暖管道接触能引起燃烧爆炸的气体、蒸气或粉尘的房间内不应穿过采暖管道，当必须穿过时，应采用不燃材料隔热。

④ 车库采暖设备的防火设计中，车库内应设置热水、蒸气或热风等采暖设备，不应用火炉或其他明火采暖方式，以防火灾事故的发生。甲、乙类物品运输车的汽车库、Ⅰ、Ⅱ、Ⅲ类汽车库、Ⅰ、Ⅱ类修车库需要采暖时应设集中采暖。Ⅳ类汽车库、Ⅲ、Ⅳ类修车库，当

采用集中采暖有困难时，可采用火墙采暖，但对容易暴露明火的部位，如炉门、节风门、除灰门，严禁设在汽车库、修车库内，必须设置在车库外。汽车库采暖部位不应贴邻甲、乙类生产厂房、库房布置，以防燃烧、爆炸事故的发生。

2.8.3 通风与空调系统防火防爆

建筑物内的通风和空调系统给人们的工作和生活创造了舒适的环境条件，若系统设计不当，不仅设备本身存有火险隐患，通风和空气调节系统的管道还将成为火灾在建筑物内蔓延传播的重要途径，并纵横交错贯穿于建筑物中，火灾由此蔓延的后果极为严重。在散发可燃气体、可燃蒸气和粉尘的厂房内，加强通风，及时排除空气中的可燃有害物质，是一项很重要的防火防爆措施。

1. 通风、空调系统的防火防爆原则

(1)甲、乙类生产厂房中排出的空气不应循环使用，以防止排出的含有可燃物质的空气重新进入厂房，增加火灾危险性。丙类生产厂房中排出的空气，如含有燃烧或爆炸危险的粉尘、纤维(如棉、毛、麻等)，易造成火灾的迅速蔓延，应在通风机前设滤尘器对空气进行净化处理，并应使空气中的含尘浓度低于其爆炸下限的25%之后，再循环使用。

(2)甲、乙类生产厂房用的送风和排风设备不应布置在同一通风机房内，且其排风设备也不应和其他房间的送、排风设备布置在一起。因为甲、乙类生产厂房排出的空气中常常含有可燃气体、蒸气和粉尘，如果将排风设备与送风设备或与其他房间的送、排风设备布置在一起，一旦发生设备事故或起火爆炸事故，这些可燃物质将会沿着管道迅速传播，扩大灾害损失。

(3)通风和空气调节系统的管道布置，横向宜按防火分区设置，竖向不宜超过5层，以构成一个完整的建筑防火体系，防止和控制火灾的横向、竖向蔓延。当管道在防火分隔处设置防止回流设施或防火阀，且高层建筑的各层设有自动喷水灭火系统时，能有效地控制火灾蔓延，其管道布置可不受此限制。

(4)有爆炸危险的厂房内的排风管道，严禁穿过防火墙和有爆炸危险的车间隔墙等防火分隔物，以防止火灾通过风管道蔓延扩大到建筑的其他部分。

(5)民用建筑内存放容易起火或爆炸物质的房间，设置排风设备时应采用独立的排风系统，且其空气不应循环使用，以防止易燃易爆物质或发生的火灾通过风道扩散到其他房间。此外，其排风系统所排出的气体应通向安全地点进行泄放。

(6)排除含有比空气轻的可燃气体与空气的混合物时，其排风管道应顺气流方向向上坡度敷设，以防在管道内局部积聚而形成有爆炸危险的高浓度气体。

(7)排风口设置的位置应根据可燃气体、蒸气的密度不同而有所区别。比空气轻者，应设在房间的顶部；比空气重者，则应设在房间的底部，以利于及时排出易燃易爆气体。进风口的位置应布置在上风方向，并尽可能远离排气口，保证吸入的新鲜空气中，不再含有从房间排出的易燃、易爆气体或物质。

(8)可燃气体管道和甲、乙、丙类液体管道不应穿过通风管道和通风机房，也不应沿通风管道的外壁敷设，以防甲、乙、丙类液体管道一旦发生火灾事故沿着通风管道蔓延扩散。

(9)含有爆炸危险粉尘的空气，在进入排风机前应先进行净化处理，以防浓度较高的爆炸危险粉尘直接进入排风机，遇到火花发生事故；或者在排风管道内逐渐沉积下来自燃起火和助长火势蔓延。

(10)有爆炸危险粉尘的排风机、除尘器应与其他一般风机、除尘器分开设置，且应按单一粉尘分组布置，这是因为不同性质的粉尘在一个系统中，容易发生火灾爆炸事故。如硫黄与过氧化铅、氯酸盐混合物能发生爆炸；炭黑混入氧化剂的自燃点会降低。

(11)净化有爆炸危险粉尘的干式除尘器和过滤器，宜布置在厂房之外的独立建筑内，且与所属厂房的防火间距不应小于 10 m，以免粉尘一旦爆炸波及厂房扩大灾害损失。当有连续清尘设备，或风量不超过 15000 m^3/h 且集尘斗的储尘量小于 60 kg 的定期清灰的除尘器和过滤器可布置在厂房的单独房间内，但应采用耐火极限分别不低于 3.00 h 的隔墙和 1.50 h 的楼板与其他部位分隔。

(12)有爆炸危险的粉尘和碎屑的除尘器、过滤器和管道，均应设有泄压装置，以防一旦发生爆炸造成更大的损害。净化有爆炸危险的粉尘的干式除尘器和过滤器，应布置在系统的负压段上，以避免其在正压段上漏风而引起事故。

(13)甲、乙、丙类生产厂房的送、排风管道宜分层设置，以防止火灾从起火层通过管道向相邻层蔓延扩散。但进入厂房的水平或垂直送风管设有防火阀时，各层的水平或垂直送风管可合用一个送风系统。

(14)排除有燃烧、爆炸危险的气体、蒸气和粉尘的排风管道应采用易于导除静电的金属管道，应明装不应暗设，不得穿越其他房间，且应直接通到室外的安全处，尽量远离明火和人员通过或停留的地方，以防止管道渗漏发生事故时造成更大影响。

(15)通风管道不宜穿过防火墙和不燃性楼板等防火分隔物。如必须穿过时，应在穿过处设防火阀；在防火墙两侧各 2 m 范围内的风管保温材料应采用不燃材料；并在穿过处的空隙用不燃材料填塞，以防火灾蔓延。有爆炸危险的厂房，其排风管道不应穿过防火墙和车间隔墙。

2. 通风、空调设备防火防爆措施

根据《建筑设计防火规范》《人民防空防火规范》和《汽车库、修车库、停车场设计防火规范》的有关规定，建筑的通风、空调系统的设计应符合下列要求：

(1)空气中含有容易起火或爆炸物质的房间，其送、排风系统应采用防爆型的通风设备和不会发生火花的材料(如可采用有色金属制造的风机叶片和防爆的电动机)。

(2)含有易燃、易爆粉尘(碎屑)的空气，在进入排风机前应采用不产生火花的除尘器进行处理，以防止除尘器工作过程中产生火花引起粉尘、碎屑燃烧或爆炸事故。对于遇湿可能形成爆炸的粉尘(如电石、锌粉、铝镁合金粉等)，严禁采用湿式除尘器。

(3)排除、输送有燃烧、爆炸危险的气体、蒸气和粉尘的排风系统，应采用不燃材料并设有导除静电的接地装置。其排风设备不应布置在地下、半地下建筑(室)内,以防止有爆炸危险的蒸气和粉尘等物质的积聚。

(4)排除、输送温度超过80℃的空气或其他气体以及容易起火的碎屑的管道,与可燃或难燃物体之间应保持不小于150 mm的间隙,或采用厚度不小于50 mm的不燃材料隔热,以防止填塞物与构件因受这些高温管道的影响而导致火灾。当管道互为上下布置时,表面温度较高者应布置在上面。

(5)下列任何一种情况下的通风、空气调节系统的送、回风管道上都应设置防火阀:

① 送、回风总管穿越防火分区的隔墙处,主要防止防火分区或不同防火单元之间的火灾蔓延扩散。

② 穿越通风、空气调节机房及重要的房间(如重要的会议室、贵宾休息室、多功能厅、贵重物品间等)或火灾危险性大的房间(如易燃物品实验室、易燃物品仓库等)隔墙及楼板处的送、回风管道,以防机房的火灾通过风管蔓延到建筑物的其他房间,或者防止火灾危险性大的房间发生火灾时经通风管道蔓延到机房或其他部位。

③ 多层建筑和高层建筑垂直风管与每层水平风管交接处的水平管段上,以防火灾穿过楼板蔓延扩大。但当建筑内每个防火分区的通风、空气调节系统均独立设置时,该防火分区内的水平风管与垂直总管的交接处可不设置防火阀。

④ 在穿越变形缝的两侧风管上各设一个防火阀,以使防火阀在一定时间内达到耐火完整性和耐火稳定性要求,起到有效隔烟阻火的作用。

(6)防火阀的设置宜靠近防火分隔处设置。有熔断器的防火阀,其动作温度宜为70℃。防火阀安装时,可明装也可暗装。当防火阀暗装时,应在安装部位设置方便检修的检修口。为保证防火阀能在火灾条件下发挥作用,穿过防火墙两侧各2 m范围内的风管绝热材料应采用不燃材料且具备足够的刚性和抗变形能力,穿越处的空隙应用不燃材料或防火封堵材料严密填实。防火阀、防排烟阀的基本分类见表2-36所列。

表2-36　防火阀、防排烟阀的基本分类

类别	名称	性　能	用途
防火类	防火阀	采用70℃温度熔断器自动关闭(防火),可输出联动讯号	用于通风空调系统风管内,防止火势沿风管蔓延
	防烟防火阀	靠烟感探测器控制动作,用电讯号通过电磁铁关闭(防烟); 还可采用70℃温度熔一断器自动关闭(防火)	用于通风空调系统风管内,防止烟火蔓延
	防火调节阀	70℃时自动关闭,手动复位,0℃～90℃无级调节,可以输出关闭电讯号	用于通风空调系统风管内,防止烟火蔓延
防烟类Ⅰ	加压送风口	靠烟感探测器控制,电讯号开启,也可手动(或远距离缆绳)开启,可设280℃温度熔断器重新关闭,用于排烟系统风管上闭装置,输出动作电讯号,联动送风机开启	用于加压送风系统的风口,起赶烟、排烟作用

（续表）

类别	名称	性　能	用途
排烟类	排烟阀	电讯号开启或手动开启，输出开启电讯号联动排烟机开启	用于排烟系统风管上
	排烟防火阀	电讯号开启，手动开启，采用 280℃温度熔断器重新关闭，输出动作电讯号	用于排烟房间吸入口管道或排烟支管上
	排烟口	电讯号开启，手动（或远距离缆绳）开启，输出电讯号联动排烟机	用于排烟房间的顶棚或墙壁上，可设 280℃重新关闭装置
	排烟窗	靠烟感探测器控制动作，电讯号开启，还可缆绳手动开启	用于自然排烟处的外墙上

（7）防火阀的易熔片或其他感温、感烟等控制设备触发，应能顺气流方向自行严密关闭，并应设有单独支吊架等防止风管变形而影响关闭的措施。其他感温元件应安装在容易感温的部位，其作用温度应较通风系统正常工作时的最高温度约高 25℃，一般可采用 70℃。

（8）通风、空气调节系统的风管、风机等设备应采用不燃烧材料制作，但接触腐蚀性介质的风管和柔性接头，可采用难燃材料。体育馆、展览馆、候机（车、船）楼（厅）等大空间建筑、办公楼和丙、丁、戊类厂房内的通风、空气调节系统，当风管按防火分区设置且设置了防烟防火阀时，可采用燃烧产物毒性较小且烟密度等级小于等于 25 的难燃材料。

（9）公共建筑的厨房、浴室、卫生间的垂直排风管道，应采取防止回流设施或在支管上设置防火阀。公共建筑的厨房的排油烟管道宜按防火分区设置，且在与垂直排风管连接的支管处应设置温度为 150℃的防火阀，以免影响平时厨房操作中的排风。

（10）风管和设备的保温材料、用于加湿器的加湿材料、消声材料（超细玻璃棉、玻璃纤维、岩棉、矿渣棉等）及其黏结剂，宜采用不燃烧材料，当确有困难时，可采用燃烧产物毒性较小且烟密度等级小于等于 50 的难燃烧材料（如自熄性聚氨酯泡沫塑料、自熄性聚苯乙烯泡沫塑料等），以减少火灾蔓延。有电加热器时，电加热器的开关和电源开关应与风机的启停连锁控制，以防止通风机已停止工作，而电加热器仍继续加热导致过热起火，电加热器前后各 0.8 m 范围内的风管和穿过设有火源等容易起火房间的风管，均必须采用不燃烧保温材料，以防电加热器过热引起火灾。

（11）燃油、燃气锅炉房在使用过程中存在逸漏或挥发的可燃性气体，要在燃油、燃气锅炉房内保持良好的通风条件，使逸漏或挥发的可燃性气体与空气混合气体的浓度能很快稀释到爆炸下限值的 25%以下。锅炉房应选用防爆型的事故排风机。可采用自然通风或机械通风，当设置机械通风设施时，该机械通风设备应设置导除静电的接地装置。燃油锅炉房的正常通风量按换气次数不少于 3 次/h 确定。燃气锅炉房的正常通风量按换气次数不少于 6 次/h 确定，事故通风量为正常通风量的 2 倍。

（12）电影院的放映机室宜设置独立的排风系统。当需要合并设置时，通向放映机室的风管应设置防火阀。

(13)设置气体灭火系统的房间,因灭火后产生大量气体,人员进入之前需将这些气体排出,应设置有排除废气的排风装置;为了不使灭火气体扩散到其他房间,与该房间连通的风管应设置自动阀门,火灾发生时,阀门应自动关闭。

(14)设置通风系统的汽车库,其通风系统应独立设置,不应和其他建筑的通风系统混设,以防止积聚油蒸气而引起爆炸事故。喷漆间、电瓶间均应设置独立的排气系统。风管应采用不燃材料制作,且不应穿过防火墙、防火隔墙,当必须穿过时,除应采用不燃材料将孔洞周围的空隙紧密填塞外,还应在穿过处设置防火阀。防火阀的动作温度宜为70℃。风管的保温材料应采用不燃或难燃材料;穿过防火墙的风管,其位于防火墙两侧各2 m范围内的保温材料应为不燃材料。

2.8.4 燃油、燃气设施防火防爆

在民用建筑中,常见的燃油、燃气设施有柴油发电机、直燃机和厨房设备,其火灾危险性和防火防爆措施各有特点。

1. 柴油发电机防火防爆

根据我国经济、技术条件和供电情况,建筑中一般采用柴油发电机组作为应急电源。

1)柴油发电机房的火灾危险性

柴油发电机房主要安装了发电机组、电气设备和供油设施,它可能发生下列几种火灾:因发电设备超温、油路泄漏、机内电路短路导致的固体表面火灾。供电线路短路或其他原因的火灾引起电器设备着火。供油系统的输油管路、容器泄漏或火灾时遭到破坏,油类流淌到地面,接触到高温烟气或明火而燃烧的非水溶性可燃液体(柴油)火灾。

2)柴油发电机房的防火防爆措施

柴油发电机房布置在民用建筑内时,宜布置在首层或地下一、二层,不应布置在人员密集场所的上一层、下一层或贴邻。柴油发电机应采用丙类柴油做燃料,柴油的闪点不应小于55℃。应采用耐火极限不低于2.00 h的不燃烧体隔墙和1.50 h的不燃烧体楼板与其他部位隔开,门应采用甲级防火门。机房内设置储油间时,其总储存量不应大于1 m^3,储油间应采用防火墙与发电机间分隔;必须在防火墙上开门时,应设置甲级防火门。应设置火灾报警装置。建筑内其他部位设置自动喷水灭火系统时,应设置自动喷水灭火系统。柴油发电机进入建筑物内的燃料供给管道应在进入建筑物前和设备间内,设置自动和手动切断阀;储油间的油箱应密闭且应设置通向室外的通气管,通气管应设置带阻火器的呼吸阀;油箱的下部应设置防止油品流散的设施;燃油供给管道的敷设、使用丙类液体燃料储罐布置应符合现行国家标准的有关规定。

2. 直燃机的防火防爆

溴化锂直燃式制冷机组的基本工作原理是通过燃油或燃气直接提供热源,制取5℃以上的冷水和70℃以下热水的冷热水机组。随着城市建筑的快速发展,大型建筑及高层建筑内使用空气调节系统越来越多,直燃机具有体积小、能耗少、功能全、无大气污染及一次性投资费用较低的优点。由于城市用地紧张,在建筑以外单独设置直燃机房的可能

性较小，溴化锂直燃机体小，安全可靠度高，适合设置在室内。

1)直燃机的火灾危险性

直燃机机组使用燃油（轻油、柴油），燃气（煤气、天然气、液化石油气）做燃料，这些燃料的物化性质决定了燃料本身就具有一定的火灾危险性。当设备在运行过程中当设备控制失灵、管道阀门泄漏以及机件损坏时燃油、燃气泄漏，液体蒸气、气体与空气形成爆炸混合物，遇明火、热源产生燃烧、爆炸。若操作人员违反操作规程造成直燃机熄火，会使炉膛内的气体、雾化油体积急剧膨胀造成炉膛爆炸。水平烟道，烟囱内的气体、油气、油的裂解气爆炸。

2)直燃机房的防火防爆措施

直燃机组机房的安全问题，其核心是防止可燃性气体泄漏，使爆炸不致发生。

通常机组应布置在首层或地下一层靠外墙部位，不应布置在人员密集场所的上一层，下一层或贴邻，并采用无门窗洞口的耐火极限不低于 2.00 h 的隔墙和 1.50 h 的楼板与其他部位隔开。当必须开门时，应设甲级防火门。燃油直燃机房的油箱不应大于 1 m^3，并应设在耐火极限不低于二级的房间内，该房间的门应采用甲级防火门。

直燃机房人员疏散的安全出口不应少于两个，至少应设一个直通室外的安全出口，从机房最远点到安全出口的距离不应超过 35 m。疏散门应为乙级防火门，外墙开口部位的上方，应设置宽度不小于 1.00 m 不燃烧体的防火挑檐或不小于 1.20 m 的窗间墙。

机房应设置火灾自动报警系统（燃油直燃机房应设温感报警探测器，燃气直燃机房应设可燃气体报警探测器）及水喷雾灭火装置，并且可靠联动，报警探测器检测点不少于两个，且应布置在易泄漏的设备或部件上方，当可燃气体浓度达到爆炸下限 25%时，报警系统应能及时准确报警和切断燃气总管上的阀门和非消防电源，并启动事故排风系统。设置水喷雾灭火系统的直燃机房应设置排水设施。

主机房应设置可靠的送风、排风系统，室内不应出现负压。直燃机工作期间排风系统的换气次数可按 10～15 次/h，非工作期间可按 3 次/h 计算，其机械排风系统与可燃气体浓度报警系统联动。并且送风量不应小于燃烧所需的空气量（18 $m^3/10^4$ kcal）和人员所需新鲜空气量之和，以保证主机房的天然气浓度低于爆炸下限，应能保证在停电情况下正常运行。

应设置双回路供电，并应在末端配电箱处设自动切换装置。燃气直燃机房使用气体如比重比空气小（如天然气），机房应采用防爆照明电器；使用气体比重比空气大（如液化石油气），则机房应设不发火地面，且使用液化石油气的机房不应布置在地下各层。

燃气直燃机房应有事故防爆泄压设施，并应符合消防技术规范的要求，外窗、轻质屋盖、轻质墙体（自重不超过 60 kg/m^2）可为泄压设施，在机房四周和顶部及柱子迎爆面安装爆炸减压板，降低爆炸时产生的爆炸压力峰值，保护主体结构。防爆泄压面积的设置应避开人员集中的场所和主要交通道路，并宜靠近容易发生爆炸的部位。

进入地下机房的天然气管道应尽量缩短，除与设备连接部分的接头外，一律采用焊接，并穿套管单独铺设，应尽量减少阀门数量，进气管口应设有可靠的手动和自动阀门。进入建筑物内的燃气管道必须采用专用的非燃材料管道和优质阀门，保证燃气不致泄漏。进气、进油管道上应设置紧急手动和自动切断阀，燃油直燃机应设事故油箱。

机房内的电气设备应采用防爆型，溴化锂机组所带的真空泵电控柜也应采取隔爆措施，保证在运行过程中不产生火花。电气设备应有可靠的接地措施。

烟道和烟囱应具有能够确保稳定燃烧所需的截面积结构，在工作温度下应有足够的强度，在烟道周围 0.50 m 以内不允许有可燃物，烟道不得从油库房及有易燃气体的房屋中穿过，排气口水平距离 6 m 以内，不允许堆放易燃品。

每台机组宜采用单独烟道，多台机组共用一个烟道时，每个排烟口应设置风门。

3. 厨房设备防火防爆

1)厨房的火灾危险性

(1)燃料多。厨房是使用明火进行作业的场所，所用的燃料一般有液化石油气、煤气、天然气、炭等，若操作不当，很容易引起泄漏、燃烧和爆炸。

(2)油烟重。厨房常年与煤炭、气火打交道，场所环境一般较湿，燃料燃烧过程中产生的不均匀燃烧物及油蒸汽蒸发产生的油烟很容易积聚，形成一定厚度的可燃物油层和粉尘附着在墙壁、油烟管道和抽油烟机的表面，如不及时清洗，有可能引起火灾。

(3)电气线路隐患大。在有些厨房，仍然存在装修用铝芯线代替铜芯线，电线不穿管、电闸不设后盖的现象。这些设施在水电、油烟的长期腐蚀下，很容易发生漏电、短路起火等事故。另外厨房内运行的机器比较多，超负荷现象严重，特别是一些大功率电器设备，在使用过程中会因电流过载引发火灾。

(4)灶具器具易引发事故。灶具和餐具若使用不当，极易引发厨房火灾。生活中因高压锅、蒸汽锅、电饭煲、冷冻机、烤箱等操作不当引发火灾的案例不在少数。

(5)用油不当引发火灾。厨房用油大致分为两种：一是燃料用油；二是食用油。燃料用油指的是柴油、煤油，大型宾馆和饭店主要用柴油。柴油闪点较低，在使用过程中因调火、放置不当等原因很容易引发火灾。

2)厨房设备防火防爆措施

根据《建筑设计防火规范》：除住宅外，其他建筑内的厨房隔墙应采用耐火极限不低于 2.00 h 的不燃烧体，隔墙上的门窗应为乙级防火门窗。同时，餐厅建筑面积大于 1000 m^2 的餐馆或食堂，其烹饪操作间的排油烟罩及烹饪部位宜设置自动灭火装置，且应在燃气或燃油管道上设置紧急事故自动切断装置。由于厨房环境温度较高，其洒水喷头选择也应符合其工作环境温度要求，应选用公称动作温度为 93℃的喷头，颜色为绿色。

对厨房内燃气、燃油管道、阀门必须进行定期检查，防止泄漏。如发现燃气泄漏应首先关闭阀门，及时通风，并严禁使用任何明火和启动电源开关。厨房灶具旁的墙壁、抽油烟机罩、油烟管道应及时清洗。厨房内的电器设施应严格按照国家技术标准设置，各种机械设备不得超负荷用电，并注意使用过程中防止电器设备和线路受潮。使用检测合格的各种灶具和炊具工作结束后，操作人员应及时关闭所有燃气燃油阀门，切断电源、火源。

2.8.5 锅炉房防火防爆

通常为民用建筑服务的锅炉房，都是为建筑采暖提供热源，一般以热水或蒸气锅炉应用较多。

1. 锅炉房的火灾危险性

锅炉房的火灾危险性属于丁类生产厂房，但根据锅炉的燃料不同，燃油和燃煤锅炉房分别为一、二级。但如装设总额定蒸发量不超过4.00 T/h、以煤为燃料的锅炉房，可采用三级耐火等级建筑。

燃油锅炉的油箱间、油泵间、油料加热间的火灾危险性，为丙类生产厂房，建筑物耐火等级不低于二级。

2. 锅炉房防火防爆措施

(1)在总平面布局中，锅炉房应选择在主体建筑的下风或侧风方向，且应考虑到由于明火或烟囱飞火，对周围的甲、乙类生产厂房，易燃物品和重要物资仓库，易燃液体储罐，以及稻草和露天粮、棉、木材堆场等部位必须保持的防火间距，一般为25～50 m。燃煤锅炉房与煤堆场之间应保持6～8 m的防火间距。灰煤与煤堆之间，应保持不小于10 m的间距。燃烧易燃油料或液化石油气的锅炉房与储罐之间的防火间距，应根据储量按规范规定确定。单台蒸汽锅炉的蒸发量不大于4 t/h或单台热水锅炉额定热功率不大于2.8 MW的燃煤锅炉房与民用建筑的防火间距，可根据锅炉房的耐火等级按该规范中有关民用建筑的规定确定。燃油或燃气锅炉房、蒸发量或额定热功率大于该规范规定的燃煤锅炉房与民用建筑的防火间距，应符合该规范中有关丁类厂房的规定。

(2)锅炉房宜独立建造。当确有困难时可贴邻民用建筑布置，但应采用防火墙隔开，且不应贴邻人员密集场所。燃油或燃气锅炉受条件限制必须布置在民用建筑内时，不应布置在人员密集场所的上一层、下一层或贴邻，并应符合下列规定：

① 燃油和燃气锅炉房应设置在首层或地下一层靠外墙部位，但常(负)压燃油、燃气锅炉可设置在地下二层，当常(负)压燃气锅炉距安全出口的距离大于6.0 m时，可设置在屋顶上。当锅炉房设在楼顶时，其顶板应做成双浇混凝土加厚处理，提高耐火极限。燃油锅炉应采用丙类液体作燃料。采用相对密度(与空气密度的比值)大于等于0.75的可燃气体为燃料的锅炉，不得设置在地下或半地下建筑(室)内。

② 锅炉房的门应直通室外或直通安全出口；外墙开口部位的上方应设置宽度不小于1.0 m的不燃性防火挑檐或高度不小于1.2 m的窗槛墙。

③ 锅炉房与其他部位之间应采用耐火极限不低于2.00 h的不燃性隔墙和1.50 h的不燃性楼板隔开。在隔墙和楼板上不应开设洞口，当必须在隔墙上开设门窗时，应设置甲级防火门窗。

④ 当锅炉房内设置储油间时，其总储存量不应大于1.00 m^3，且储油间应采用防火墙与锅炉间隔开；当必须在防火墙上开门时，应设置甲级防火门。

⑤ 锅炉的容量应符合现行国家标准《锅炉房设计规范》的有关规定。应设置火灾报警装置和与锅炉容量及建筑规模相适应的灭火设施。

⑥ 燃气锅炉房应设置防爆泄压设施。燃油、燃气锅炉房应有良好的自然通风或机械通风设施。燃气锅炉房应选用防爆型的事故排风机。设置机械通风设施时，其机械通风

装置应设置导除静电的接地装置，通风量应符合相关规定。

(3)锅炉房为多层建筑时，每层至少应有两个出口，分别设在两侧，并设置安全疏散楼梯直达各层操作点。锅炉房前端的总宽度不超过 12 m，面积不超过 200 m^2 的单层锅炉房，可以开一个门。锅炉房通向室外的门应向外开，在锅炉运行期间不得上锁或闩住，确保出入口畅通无阻。

(4)锅炉的燃料供给管道应在进入建筑物前和设备间内的管道上设置自动和手动切断阀。储油间的油箱应密闭且应设置通向室外的通气管，通气管应设置带阻火器的呼吸阀，油箱的下部应设置防止油品流散的设施。燃气供给管道的敷设应符合现行国家标准《城镇燃气设计规范》的规定。

(5)油箱间、油泵间、油加热间应用防火墙与锅炉间及其他房间隔开，门窗应对外开启，不得与锅炉间相连通，室内的电气设备应为防爆型。

(6)锅炉房电力线路不宜采用裸线或绝缘线明敷，应采用金属管或电缆布线，且不宜沿锅炉烟道、热水箱和其他载热体的表面敷设，电缆不得在煤场下通过。

2.8.6 电力变压器防火防爆

电力变压器是根据电磁感应原理，以互感现象为基础，将一定电压的交流电能转变为不同电压交流电能的设备，按其冷却介质不同又可分为干式变压器和油浸式变压器。电力变压器是由铁芯柱或铁轭构成的一个完整闭合磁路，由绝缘铜线或铝线制成线圈，形成变压器的原、副边线圈。

1. 电力变压器的火灾危险性

除小容量的干式变压器外，大多数变压器都是油浸自然冷却式，绝缘油起线圈间的绝缘和冷却作用。变压器中的绝缘油闪点约为 135℃，易蒸发燃烧，同空气混合能形成爆炸混合物。变压器内部的绝缘衬垫和支架大多采用纸板、棉纱、布、木材等有机可燃物质组成，如 1000 kV·A 的变压器大约用木材 0.012 m^3，用纸 40 kg，装绝缘油 1 t 左右。所以，一旦变压器内部发生过载或短路，可燃的材料和油就会因高温或电火花、电弧作用而分解、膨胀以致气化，使变压器内部压力剧增。这时，可引起变压器外壳爆炸，大量绝缘油喷出燃烧，燃烧着的油流又会进一步扩大火灾危险。

2. 电力变压器的安全设置

(1)油浸变压器室、高压配电装置室的耐火等级不应低于二级，其他防火设计应按《火力发电厂和变电所设计防火规范》等规范的有关规定执行。

(2)油浸电力变压器、充有可燃油的高压电容器和多油开关等用房宜独立建造。当确有困难时可贴邻民用建筑布置，但应采用防火墙隔开，且不应贴邻人员密集场所。

(3)变、配电所不应设置在甲、乙类厂房内或贴邻建造，且不应设置在爆炸性气体、粉尘环境的危险区域内。供甲、乙类厂房专用的 10 kV 及以下的变、配电所，当采用无门窗洞口的防火墙隔开时，可一面贴邻建造，并应符合有关规定。乙类厂房的配电所必须在防火墙上开窗时，应设置密封固定的甲级防火窗。

(4)多层民用建筑与变电所的防火间距，应符合《建筑设计防火规范》规定。10 kV 以下的箱式变压器与建筑物的防火间距不应小于 3.00 m。

(5)油浸电力变压器、充有可燃油的高压电容器和多油开关等用房受条件限制必须布置在民用建筑内时，不应布置在人员密集场所的上一层、下一层或贴邻，并应符合下列规定：

① 变压器室应设置在首层或地下一层靠外墙部位。

② 变压器室的门均应直通室外或直通安全出口；外墙开口部位的上方应设置宽度不小于 1.0 m 的不燃性防火挑檐或高度不小于 1.20 m 的窗槛墙。

③ 变压器室与其他部位之间应采用耐火极限不低于 2.00 h 的不燃性隔墙和 1.50 h 的不燃性楼板隔开。在隔墙和楼板上不应开设洞口，当必须在隔墙上开设门窗时，应设置甲级防火门窗。

④ 变压器室之间、变压器室与配电室之间，应采用耐火极限不低于 2.00 h 的不燃烧体墙隔开。

⑤ 油浸电力变压器、多油开关室、高压电容器室，应设置防止油品流散的设施。油浸电力变压器下面应设置储存变压器全部油量的事故储油设施。

⑥ 应设置火灾报警装置。

⑦ 应设置与油浸变压器容量和建筑规模相适应的灭火设施。根据《建筑设计防火规范》规定，单台容量在 40 MV·A 及以上的厂矿企业油浸变压器，单台容量在 90 MV·A 及以上的电厂油浸变压器，单台容量在 125 MV·A 及以上的独立变电站油浸变压器；设置在高层民用建筑内、充可燃油的高压电容器和多油开关室均宜采用水喷雾灭火系统。设置在室内的油浸变压器、充可燃油的高压电容器和多油开关室，可采用细水雾灭火系统。

3. 电力变压器本体的防火防爆措施

(1)防止变压器过载运行。如果长期过载运行，会引起线圈发热，使绝缘逐渐老化，造成匝间短路、相间短路或对地短路及油的分解。

(2)保证绝缘油质量。变压器绝缘油在贮存、运输或运行维护中，若油质量差或杂质、水分过多，会降低绝缘强度。当绝缘强度降低到一定值时，变压器就会短路而引起电火花、电弧或出现危险温度。因此，运行中变压器应定期化验油质，不合格的油应及时更换。

(3)防止变压器铁芯绝缘老化损坏。铁芯绝缘老化或夹紧螺栓套管损坏，会使铁芯产生很大的涡流，引起铁芯长期发热造成绝缘老化。

(4)防止检修不慎破坏绝缘。变压器检修吊芯时，应注意保护线圈或绝缘套管，如果发现有擦破损伤，应及时处理。

(5)保证导线接触良好。线圈内部接头接触不良，线圈之间的连接点、引至高、低压侧套管的接点以及分接开关上各支点接触不良，会产生局部过热，破坏绝缘，发生短路或断路。此时所产生的高温电弧会使绝缘油分解，产生大量气体，变压器内压力增大。当压力超过瓦斯断电器保护定值而不跳闸时，会发生爆炸。

(6)防止雷击。电力变压器的电源一般通过架空线而来，而架空线很容易遭受雷击，变压器会因击穿绝缘而烧毁。避雷器的接地线应与变压器的低压中性点及油箱壁接地螺栓连在一起接地。对多雷地区 3～10 kV Y/YO 或 Y/Y 接地的配电变压器，为防止雷电波从低压侧侵入，宜在低压侧装一组避雷器。低压侧中性点不接地时也应设阀型避雷器。

(7)短路保护要可靠。变压器线圈或负载发生短路，变压器将承受相当大的短路电流，如果保护系统失灵或保护定值过大，就有可能烧毁变压器。为此，必须安装可靠的短路保护装置。

(8)保持良好的接地。对于采用保护接零的低压系统，变压器低压侧中性点要直接接地，当三相负载不平衡时，零线上会出现电流。当这一电流过大而接触电阻又较大时，接地点就会出现高温，引燃周围的可燃物质。容量 100 kV·A 以下的变压器接地电阻应不大于 10 Ω。

(9)防止超温。变压器运行时应监视温度的变化。如果变压器线圈导线是 A 级绝缘，其绝缘体以纸和棉纱为主，温度的高低对绝缘和使用寿命的影响很大，温度每升高 8℃，绝缘寿命要减少 50%左右。变压器在正常温度(90℃)下运行，寿命约 20 年；若温度升至 105℃，则寿命为 7 年；温度升至 120℃，寿命仅为两年。所以变压器运行时，一定要保持良好的通风和冷却，必要时可采取强制通风，以达到降低变压器温升的目的。

(10)变压器室应配备相应消防设施，如缆式线型定温火灾探测器等探测报警设备、二氧化碳或水喷雾等自动灭火系统和应急照明系统。消防设施设备的线路，可以考虑采用铜芯护套矿物绝缘、耐高温、防火电缆或其他耐火电缆，以满足防火的要求。

(11)应经常对运行中的变压器进行检查、维护，包括变压器的声音、油面、接地、温度表保护装置、套管以及变压器整体整洁等是否完好、正常，便于及早发现隐患即时处理。

第3章 建筑防火系统与设施

建筑防火是建筑的防火措施，以防火灾发生和减少火灾对生命财产的危害。建筑防火包括火灾前的预防和火灾时采取的措施两个方面，前者主要为确定耐火等级和耐火构造，控制可燃物数量及分隔易起火部位等；后者主要为进行防火分区，设置疏散设施及排烟、灭火设备等。

建筑消防设施指建(构)筑物内设置的火灾自动报警系统、自动喷水灭火系统、消火栓系统等用于防范和扑救建(构)筑物火灾的设备设施的总称。它是保证建筑物消防安全和人员疏散安全的重要设施，是现代建筑的重要组成部分，对保护建筑起到了重要的作用，有效地保护了公民的生命安全和国家财产的安全。

建筑消防系统根据使用灭火剂的种类和灭火方式可分为下列三种灭火系统：消火栓给水系统、自动喷水灭火系统、其他使用非水灭火剂的固定灭火系统，如二氧化碳灭火系统、干粉灭火系统和其他气体灭火系统等。

3.1 建筑消防设施作用与分类

由于建筑消防安全包括防火、灭火、疏散、救援等多个方面，因此建筑消防设施也有与之相匹配的多种类别与功能，如火灾自动报警系统的报警与联动控制功能、机械加压送风与排烟系统的防排烟功能等。

3.1.1 建筑消防设施的作用

不同建筑根据其使用性质、规模和火灾危险性的大小，需要有相应类别、功能的建筑消防设施作为保障。建筑消防设施的主要作用是及时发现和扑救火灾、限制火灾蔓延的范围，为有效地扑救火灾和疏散人员创造有利条件，从而减少由火灾造成的财产损失和人员伤亡。具体的作用大致包括防火分隔、火灾自动(手动)报警、电气与可燃气体火灾监控、自动(人工)灭火、防烟与排烟、应急照明、消防通信以及安全疏散、消防电源保障等方面。

3.1.2 建筑消防设施的分类

现代建筑消防设施种类多、功能全、使用普遍。按其使用功能不同进行划分，常用的建筑消防设施有以下16类：

1)建筑防火分隔设施

建筑防火分隔设施是指能在一定时间内把火势控制在一定空间内，阻止其蔓延扩大的一系列分隔设施。各类防火分隔设施一般在耐火稳定性、完整性和隔热性等方面具有不同要求。常用的防火分隔设施有防火墙、防火隔墙、防护门窗、防火卷帘、防火阀、阻火圈等。

2)安全疏散设施

安全疏散设施是指能在建筑发生火灾等紧急情况时，及时发出火灾等险情警报以通知、引导人们向安全区域撤离,并提供可靠的保障疏散安全的硬件设备与途径。常用的安全疏散设施包括安全出口、疏散楼梯、疏散(避难)走道、消防电梯、屋顶直升飞机停机坪、消防应急照明和安全疏散指示标志等。

3)消防给水设施

消防给水设施是建筑消防给水系统的重要组成部分,其主要功能是为建筑消防给水系统储存并提供足够的消防水量和水压,确保消防给水系统的供水安全。消防给水设施通常包括消防供水管道、消防水池、消防水箱、消防水泵、消防稳(增)压设备、消防水泵接合器等。

4)消火栓系统

室内消火栓给水系统是把室外给水系统提供的水量,经过加压(外网压力不满足需要时),输送给用于扑灭建筑物内的火灾而设置的固定灭火设备。按压力分为高压(常高压)给水系统、临时高压给水系统和低压消防给水系统。

5)防烟与排烟设施

建筑的防烟设施分为机械加压送风的防烟设施和可开启外窗的自然防烟设施。建筑的排烟设施分为机械排烟设施和可开启外窗的自然排烟设施。建筑机械防排烟设施是由送排风管道、管井、防火阀、门开关设备、送排风机等设备组成的。

6)消防供配电设施

消防供配电设施是建筑电力系统的重要组成部分,消防供配电系统主要包括消防电源、消防配电装置、线路等。消防配电装置是从消防电源到消防用电设备的中间环节装置。

7)火灾自动报警系统

火灾自动报警系统由火灾探测器触发装置、火灾报警装置、火灾警报装置以及具有其他辅助功能的装置组成。此系统能在火灾初期将燃烧产生的烟雾、热量、火焰等物理量,通过火灾探测器变成电信号传输到火灾报警控制器,并同时显示出火灾发生的部位、时间等,使人们能够及时发现火灾并采取有效措施。火灾自动报警系统按应用范围可分为区域报警系统、集中报警系统和控制中心报警系统三类。

8)自动喷水灭火系统

自动喷水灭火系统是由洒水喷头、报警阀组、水流报警装置(水流指示器、压力开关)等组件以及管道、供水设施组成的,能在火灾发生时做出响应并实施喷水的自动灭火系统。此系统依照采用的喷头分为两类:采用闭式洒水喷头的为闭式系统,包括湿式系统、干式系统、预作用系统、简易自动喷水系统等;采用开式洒水喷头的为开式系统,包括雨淋系统、水幕系统等。

9)水喷雾灭火系统

水喷雾灭火系统是由水源、供水设备、管道、雨淋阀组(或电动控制阀、气动控制阀)、过滤器和水雾喷头等组成的,向保护对象喷射水雾进行灭火或防护冷却的系统。其灭火机理是在水雾喷头的工作压力下将水流分解成粒径不超过1 mm的细小水滴并喷射到正在燃烧的物质表面,产生表面冷却、窒息、乳化和稀释的综合效应,具有较高的电绝缘性能和良好的灭火性能。该系统按启动方式可分为电动启动和传动管启动两种类型;按应用方式可分为固定式水喷雾灭火系统、自动喷水-水喷雾混合配置系统、泡沫-水喷雾联用系统三种类型。

10)细水雾灭火系统

细水雾灭火系统是由供水装置、过滤装置、控制阀、细水雾喷头等组件和供水管道组成的，能自动和人工启动并喷放细水雾进行灭火或控火的固定灭火系统。该系统的灭火机理主要是表面冷却、窒息、辐射热阻隔和浸湿以及乳化作用，在灭火过程中，几种作用往往同时发生，从而实现有效灭火。系统按工作压力可分为低压系统、中压系统和高压系统；按应用方式可分为全淹没系统和局部应用系统；按动作方式可分为开式系统和闭式系统；按雾化介质可分为单流体系统和双流体系统；按供水方式可分为泵组式系统、瓶组式系统、瓶组与泵组结合式系统。

11)泡沫灭火系统

泡沫灭火系统由消防泵、泡沫贮罐、比例混合器、泡沫产生装置、阀门及管道、电气控制装置组成。泡沫灭火系统按泡沫液的发泡倍数的不同，分低倍数泡沫灭火系统、中倍数泡沫灭火系统及高倍泡沫灭火系统；按设备安装使用方式可分为固定式泡沫灭火系统、半固定式泡沫灭火系统和移动式泡沫灭火系统。

12)气体灭火系统

气体灭火系统是指灭火剂平时以液体、液化气体或气体状态贮存于压力容器内，灭火时以气体(包括蒸汽、气雾)状态喷射灭火介质的灭火系统。该系统能在防护区空间内形成各方向均一的气体浓度，而且至少能保持该灭火浓度达到规范规定的浸渍时间，实现扑灭该防护区的空间、立体火灾。气体灭火系统按灭火系统的结构特点可分为管网灭火系统和无管网灭火装置；按防护区的特征和灭火方式可分为全淹没灭火系统和局部应用灭火系统；按一套灭火剂贮存装置保护的防护区的多少可分为单元独立系统和组合分配系统。

13)干粉灭火系统

干粉灭火系统由启动装置、氮气瓶组、减压阀、干粉罐、干粉喷头、干粉枪、干粉炮、电控柜、阀门和管系等零部件组成，一般为火灾自动探测系统与干粉灭火系统联动状态。氮气瓶组内的高压氮气经减压阀减压后进入干粉罐，其中一部分被送到罐的底部，起到松散干粉灭火剂的作用。随着罐内压力的升高，部分干粉灭火剂随氮气进入出粉管被送到干粉固定喷嘴或干粉枪、干粉炮的出口阀门处，当干粉固定喷嘴或干粉枪、干粉炮的出口阀门处的压力到达一定值后，打开阀门(或者定压爆破膜片自动爆破)，将压力能迅速转化为速度能，这样高速的气粉流便从固定喷嘴(或干粉枪、干粉炮的喷嘴)中喷出，射向火源，切割火焰，破坏燃烧链，起到迅速扑灭或抑制火灾的作用。

14)可燃气体报警系统

可燃气体报警系统即可燃气体泄露检测报警成套装置。当系统检测到泄漏可燃气体浓度达到报警器设置的爆炸临界点时，可燃气体报警器就会发出报警信号，提醒人们及时采取安全措施，防止发生气体大量泄漏以及爆炸、火灾、中毒等事故。按照使用环境可以分为工业用气体报警器和家用燃气报警器。按自身形态可分为固定式可燃气体报警器和便携式可燃气体报警器。按工作原理分为传感器式报警器、红外线探测报警器、高能量回收报警器。

15)消防通信设施

消防通信设施指专门用于消防检查、演练、火灾报警、接警、安全疏散、消防力量调度以及与医疗、消防等防灾部门之间联络的系统设施。主要包括火灾事故广播系统、消防专用电话系统、消防电话插孔以及无线通信设备等。

16)移动式灭火器材

移动式灭火器材是相对于固定式灭火器材设施而言的,即可以人为移动的各类灭火器具,如灭火器、灭火毯、消防梯、消防钩、消防斧、安全锤、消防桶等。

除此以外,还有一些其他的器材和工具在火灾等不利情况下,也能够发挥灭火和辅助逃生等消防功效,如防毒面具、消防手电、消防绳、消防沙、蓄水缸等。

3.2 水灭火系统与装备

3.2.1 消防增压系统

当前新建高层建筑、地下工程、工业建筑均要求建有固定灭火系统,如消火栓系统、自动喷水灭火系统或泡沫系统等。除了建筑固定灭火系统,消防车也可以通过消防泵接合器向固定灭火系统供水,也可以直接向水枪、水炮供水以扑救火灾。这些供水设备在防火安全中起了一定的作用。但随着火灾向高、深、远和立体方向发展后,现有设备和作战方法出现了难以适应的问题。当消防队伍赶到火灾现场时,有时难以迅速正常供水。其主要原因是:楼层高、供水距离远,消防泵出口压力太低,不能正常出水,虽然能够出水,但流量小,没有喷射能力,达不到迅速控制火灾、扑救火灾的要求,从而造成重大经济损失和人员伤亡。

因此现代火灾对消防增压供水系统中的固定消防供水系统(包括管道、水带、接扣、消火栓、水泵接合器等)要求耐压高、密封性好,对超高层建筑耐压应高达 3 MPa 以上,这样有利于消防车向固定消防供水(灭火)系统供水。消防泵应具有工作可靠、压力转向方便等特点。中低压或高低压消防泵应具有多出口向火场供水的结构特点。中压消防泵通常是额定压力在 1.8~3.0 MPa 之间的消防泵,其最小流量为 10 L/s。高压消防泵通常是额定压力不小于 4.0 MPa 的消防泵,最大流量为 10 L/s。

1. 低压消防泵

20 世纪 90 年代以前,低压消防泵由于价格较低、技术成熟、性能稳定、操作使用方便等因素,被广泛应用于固定灭火系统和消防车辆上。随着中低压消防泵和高低压消防泵的开发和应用,目前低压消防泵的应用比例有所减少,但在今后较长时期内仍将大量应用于普通消防车上。目前大型消防车已开始使用大流量的低压消防泵,这类低压消防泵与中低压消防泵、高低压消防泵可以同时供应。其类型可分为涡壳式和导叶式,单级式、双级式和多级式,单吸式和双吸式等。

1)低压离心泵的构成

离心泵主要由叶轮、泵壳、泵轴、轴封装置等构成(图 3-1~图 3-2)。

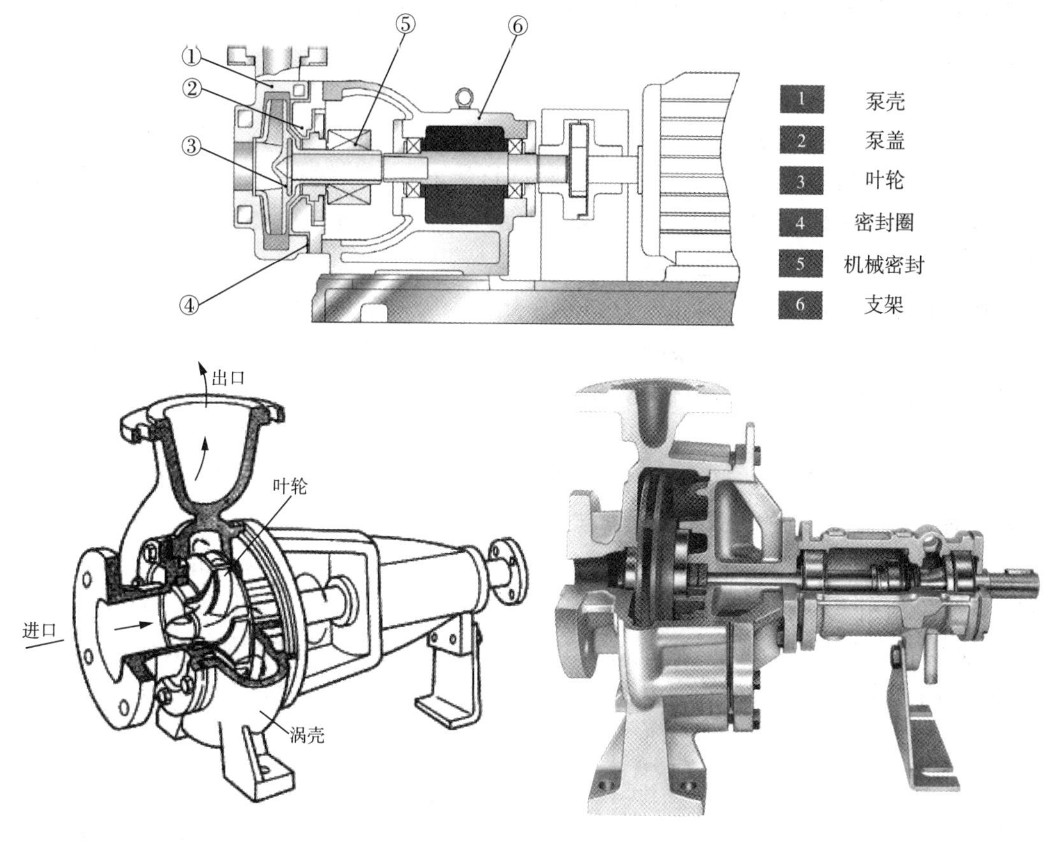

图 3－1　低压离心泵示意图

(1)叶轮

叶轮是离心泵的核心部件，经过它的转动，离心泵将原动机机械能转化为水的动能和压能。水泵的流量和扬程的大小以及效率的高低，均与叶轮的几何参数以及叶轮内流道的表面光滑程度有密切关系。

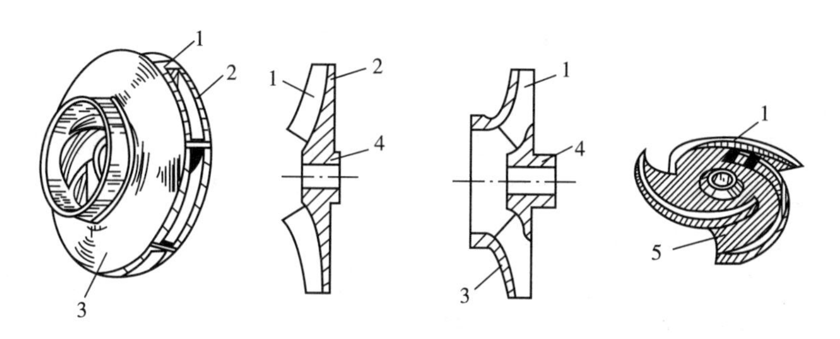

1—叶片；2—后盖板；3—前盖板；4—轮毂；5—加强筋。

图 3－2　低压离心泵结构图

叶轮的几何参数主要有叶轮入口直径、叶片入口直径、叶片入口宽度、叶片数、叶片入口安放角、叶片厚度、叶轮外径、叶片出口安放角及叶轮出口宽度等。其中前三个参数对离心泵气蚀性能影响较大，叶轮出口宽度对离心泵流量影响较大，叶轮外径、叶片出口安放角对离心泵扬程影响较大。

(2)泵壳

泵壳的作用是将叶轮封闭在一定空间，以便使叶轮在运转中吸入和排出液体。单级离心泵的泵壳一般为蜗壳式，即按叶轮旋转方向，从出水口一侧起，泵壳与叶轮边缘所形成的过流面积逐渐增大，至出水口处为最大。所以，当水由叶轮中心被甩向四周而汇集流动时，流速逐渐减小，压力逐渐增大。

通常将泵体中由吸入口到叶轮中心的部分称为吸入室，将液体由叶轮甩出、汇集至泵出水口的部分称为压出室。泵的吸入室、压出室、叶轮、吸入口和出水口统称为泵的过流部件，其结构和材质是影响泵性能、效率和寿命的主要因素之一。

(3)泵轴

电动机通过泵轴向水泵输入能量，叶轮、轴套等零件均套装在泵轴上。泵轴的一端靠滑动轴承支承，另一端靠凸缘联轴器与动力输出轴相连接(图 3-3)。由于泵轴在泵内高速旋转，它除了承受扭矩外，还要承受叶轮工作时产生的轴向力以及由于转子自重及剩余不平衡所引起的径向力等。因此，泵轴是在弯曲与扭转的复合作用下工作的。所以，泵轴要有一定强度。此外，泵的正常工作要求泵轴的最大挠度及加了转子后的径向跳动应小于叶轮密封环的最小间隙。为此，泵轴必须有一定的刚度。

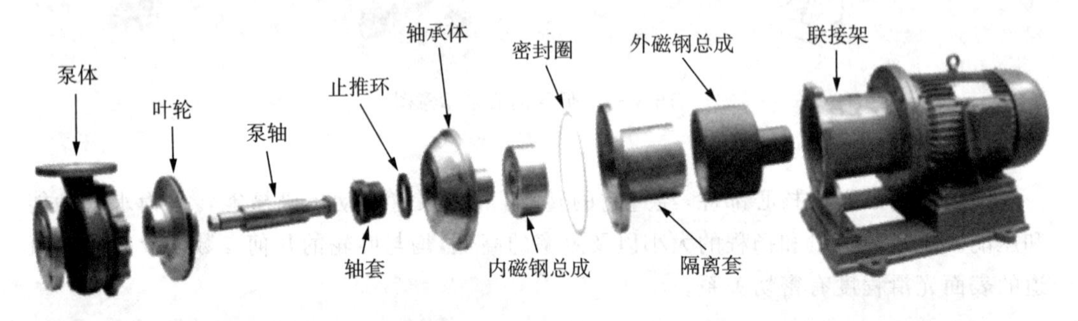

图 3-3　泵轴结构示意图

(4)轴封装置

旋转的泵轴与泵壳之间的密封装置称为轴封装置。轴封装置可减少泵内压力较高的液体由泵壳与泵轴的间隙流出的量，并且防止水泵在排气引水时进入空气。轴封装置性能的好坏，直接影响水泵能否正常工作。

在低压消防泵中，常用的轴封装置为橡胶密封圈。其原理是利用橡胶的弹力和弹簧圈的压力将密封圈紧压在轴套上。橡胶密封圈的优点是结构简单、体积小、密封效果比较明显；缺点是密封圈的内孔尺寸容易超差(即产品外形尺寸超出了产品标准规定的公差范围)，将轴套压得太紧，消耗的功率较大。在使用中，一般要加上润滑脂进行润滑。

2)低压离心泵的工作原理

当泵内充满液体后，随着叶轮的转动，压出室内液体在离心力的作用下，由叶轮中心被甩向四周，汇集后由泵出口流出，完成压水过程。与此同时，由于叶轮中心部分的水被甩出，在叶轮入口处形成真空。于是水在大气压作用下，由吸水管进入泵体吸入室，从而完成吸水过程。离心泵就是在叶轮连续转动下，通过不断完成压水和吸水过程而工作的。

应当指出的是，离心泵工作的必要条件是事先要给泵灌满水。这是因为，离心泵没有排气引水的能力。在固定泵系统中，为使泵能开始工作，常采用水源自灌或用自来水注水的方式使泵内充满水。而对车用消防泵来说这两种方式都不方便，而采用安装排气引水装置的方式。当排气引水装置工作时，泵及吸水管中的空气被排除，形成一定真空度，在大气压作用下，将水源的水引入。当泵正常工作后，则自身能保持内部的真空度要求。

2. 中低压消防泵

为了使消防泵在额定转速下能满足较多的使用工况，特别是中压时保持较大的流量，解决我国目前高层建筑和远距离火场供水的问题，通常使用离心式串并联结构的消防泵。目前，我国消防部队中低压消防车主要配备串并联中低压消防泵和串联式中低压消防泵。中低压消防泵按叶轮的数量可分为双级离心式和单级离心式；双级离心式又可分为双级串并联式和双级串联式。双级串并联式中低压消防泵（串并联消防泵）中一级叶轮和二级叶轮并联工作时，泵的出口输出低压水流，一级叶轮和二级叶轮串联工作时则输出中压水流。双级串联式中低压消防泵（串联式中低压泵）的一级叶轮出水口输出低压水流，而二级叶轮出水口输出中压水流。单级离心式中低压消防泵一般依靠改变泵的转速来实现输出低压水流和中压水流。

1)中低压消防泵结构

中低压消防泵主要有以下几种形式：单级离心消防泵是指只有一只离心叶轮的悬臂式消防泵。多级离心消防泵是指两只或多只离心叶轮串联工作的消防泵。离心旋涡消防泵是指一只或一只以上的离心叶轮和一只或一只以上的旋涡叶轮单独和（或）串联工作的消防泵。串并联中低压消防泵是指两只或两只以上的叶轮或串联或并联工作的具有中压和低压性能的消防泵，串并联工况示意图如图 3－4 所示。

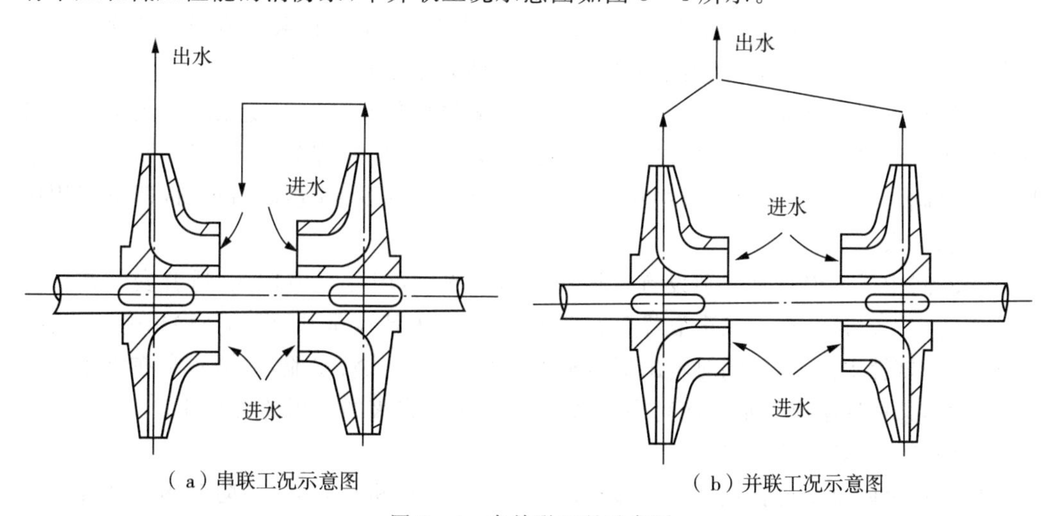

（a）串联工况示意图　　（b）并联工况示意图

图 3－4　串并联工况示意图

2)中低压泵工作原理

(1)串并联中低压消防泵工作原理及特点

串并联中低压消防泵主要由叶轮、泵轴、泵壳、前中后盖、进水活门、换向阀等组成。当转换阀处于串联位置时,第一级叶轮的压力水进入第二级叶轮吸水腔室,经第二级叶轮再次加压后由出水管流出,输出中压水流。这时泵处于串联工作状态,二级叶轮进水活门关闭,隔断第二级叶轮与吸水管的联系。当转换阀处于并联位置时,阀芯使第一级叶轮与出水管直接相通,并隔断第一级叶轮汇流出口与第二级叶轮吸水腔室的联系,此时,二级叶轮进水活门在负压下打开,两个叶轮互不干涉,并联供水,输出低压水流。图3-5为中低压消防泵串联、并联工作状态示意图。

串并联中低压消防泵仅设一组出水管,结构紧凑,泵的体积小,适合于中置泵式消防车,该泵既可低压大流量供水,又可中压远距离向高层供水,还可设置中压软管卷盘以快速出枪扑救各类初期火灾。该泵兼有普通低压泵的特点,可以取代普通低压泵。

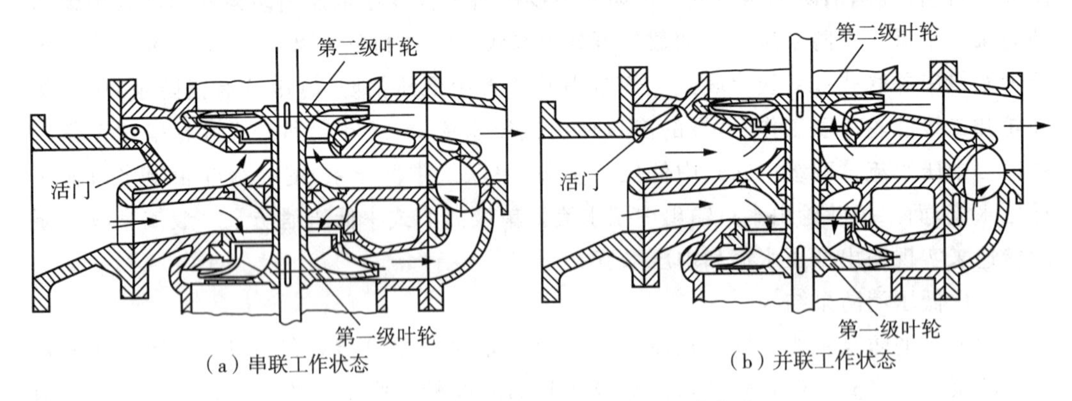

图3-5 中低压消防泵串联、并联工作状态

(2)串联式中低压消防泵工作原理及特点

串联式中低压消防泵主要由低压叶轮、中压叶轮、泵轴、泵壳、低压出水口、中压出水口、中压软管卷盘接口、低压至中压连接管、各种阀门等组成。该泵一般配有活塞引水泵和自动泡沫比例混合器,活塞引水泵与中低压消防泵使用同一泵轴。

当发动机带动泵轴转动时,低压叶轮中压叶轮同时转动。打开低压叶轮出水口即可输出低压水流;打开低压至中压连接管上的阀门,低压水的一部分进入中压叶轮,打开中压出水口阀门,中压叶轮即输出中压水。这时若打开中压软管卷盘的阀门,即可利用中压枪储水灭火。

串联式中低压消防泵分别设有低压和中压出水口,因此泵体较大,适合安装在后置泵式消防车上。该泵也可完全取代普通低压泵,其最大特点是:既可单独输出低压水流、中压水流、软管水流,也可同时输出低压水流、中压水流、软管水流,使消防车在近距离灭火的同时,又可远距离供水和向高层供水,大大增强其在火场使用的机动性。

3)中低压消防泵的特点

中低压消防泵结构新颖,设计合理,设有串并联转换机构,实现消防泵串联和并联状态下工作,具有中压消防泵和低压消防泵的性能,技术先进。当两叶轮并联工作时,压力达 1.0 MPa 以上，流量为 25～50 L/s，可对不同的喷雾枪、直流水枪以及消防炮提供压力水源，也可服务水喷雾灭火技术。串联工作时，压力为 2.0 MPa 以上，最大工作压力为 2.5 MPa，流量为 8～15 L/s。

中低压消防泵使用工况范围广，供水能力强，能适应我国不同场合火场供水的需要。根据不同火场特点，既可实现低压大流量供水，又可实现高压较大流量向高层建筑或远距离供水。中低压消防泵指既能提供中压液流又能提供低压液流的消防泵。它是为单车满足扑救高层建筑火灾供水及远距离供水的需要，适应一车多能、一车多用、减少火场用战斗车数量、实现快速反应以扑救初起火灾的需要而设计的。

目前已研制的典型中低压消防泵工况见表 3-1 所列。

表 3-1　典型中低压消防泵工况

工况	项目	BZ25/25	BZ25/40	BZ25/50
额定工况（并联）	额定流量/(L·s^{-1})	25	40	50
	额定出口压力/MPa	1.0	1.0	1.0
	转速/(r·min^{-1})	3000	3000	3000
	吸深/m	3	3	3
工况 1（并联）	流量/(L·s^{-1})	17.5	28	35
	出口压力/MPa	1.3	1.3	1.3
	转速/(r·min^{-1})	3300	3300	3300
	吸深/m	3	3	3
工况 2（串联）	流量/(L·s^{-1})	12.5	20	25
	出口压力/MPa	2.0	2.0	2.0
	转速/(r·min^{-1})	3000	3000	3000
	吸深/m	3	3	3
工况 3（串联）	流量/(L·s^{-1})	8	12.5	15
	出口压力/MPa	⩾2.5	⩾2.5	⩾2.5
	转速/(r·min^{-1})	3200	3200	3200
	吸深/m	3	3	3
工况 4（并联）	流量/(L·s^{-1})	12.5	20	25
	出口压力/MPa	1.0	1.0	1.0
	吸深/m	7	7	7
引水时间	最大深度/m	7		
	引水时间/s	25～29		

3. 高低压消防泵

高低压消防泵是指可输出高压和低压两种压力的消防泵类。通常它既可单独输出低压或高压，也可同时输出高压和低压。近几年，配备有高低压消防泵的水罐消防车和泡沫消防车被快速投入应用。

1)高低压消防泵的结构及工作原理

离心漩涡消防泵是高低压消防泵的典型结构，如图3-6所示，这种泵由单级离心泵和漩涡泵串联而成，它既有单级离心泵的功能，又能按需要产生高压水，向需要高压水的设备和喷射器具供水。离心漩涡泵主要由离心泵、漩涡泵、真空泵、引水阀、操纵阀、解除阀等组成。

图3-6 高低压消防泵示意图

(1)离心泵

离心漩涡泵内的离心泵为一单级离心泵，轴向进水，径向出水，在其出水口上，设有与漩涡泵相连的连接管。

(2)漩涡泵

漩涡泵主要由叶轮、泵壳、进水口、出水口等组成。它与离心泵共用一个泵轴。

漩涡泵的叶轮是离心漩涡泵的增压元件。其周边的两侧都开有若干沟槽，每个沟槽都相当于一个叶片。在叶轮转动情况下，每一沟槽中的液体受离心力作用沿沟槽底边向径向甩出，到顶部压力升高后，又沿着流道四周向沟槽底部运动，形成液体在泵内的循环。这样，在漩涡泵进水口处，由于流道变宽，卷吸进液体，经过叶轮旋转加压后，在出水口因流道截面突缩而压出。叶轮周边沟槽很多，使漩涡泵可相当于几级离心叶轮的增压作用。一般来说，一只漩涡泵叶轮增加的压力可达3～4 MPa。

漩涡泵壳的作用是为叶轮的增压提供必要形式的流道。流道将叶轮的叶片与泵的吸入口和压出口安全隔开，使水进入后经过在流道与叶片形成的每一工作室的循环运动，能量增加。

在连接离心泵出水口与漩涡泵进水口的连接管上设有操纵阀，将它置于不同位置，可使两个泵串联或使离心泵单独工作。

(3)引水装置

离心漩涡泵的引水泵为水环引水泵，其独特的驱动装置可实现全自动引水。

(4)摩擦轮

离心漩涡泵上有一对摩擦轮,一只装在水泵轴上,一只装在水环泵上。其作用是将水环泵轴上的动力传递给水环泵轴,使水环泵完成排气引水作业。在平时,两只摩擦轮处于啮合状态,启动消防泵后,水环泵也在转动,完成排气引水作业。水泵出水后,一股压力水被引入水环泵摩擦轮的驱动装置,在水压力作用下,两只摩擦轮脱离,水环泵停止运转。这样就实现了该泵引水、脱离的自动过程。

(5)其他装置

离心漩涡泵的轴封装置为机械密封形式。其离心泵的叶轮、泵轴、泵壳等的构造和功能同离心泵。

2)高低压消防泵的特点

离心漩涡消防泵是高低压消防泵的典型结构,这种泵由单级离心泵和漩涡泵串联而成,它既有单级离心泵的功能,又能按需要产生高压水,向需要高压水的设备和喷射器具供水。离心漩涡泵具有尺寸小、结构紧凑等优点,尤其是其一般配置的高压软管卷盘与高压水枪系统,使得其灭火时出动快(不需连接水带),满足了快速反应的要求。而高压水枪既可喷射直流水,又可喷射雾状水,使得灭火时水流运用机动灵活,大大提高了灭火效率。

4. 引水消防泵

由于离心泵无自吸能力,为使它正常工作,必须将泵及吸水管内的空气排除。将用于抽吸离心泵及其吸水管中空气,使其形成一定真空度,进而把水源的水引入泵内的泵统称为引水消防泵(简称引水泵或真空泵)。常用的引水泵有水环泵、刮片泵、喷射泵、活塞泵等。

1)水环泵

水环泵属于容积泵,主要靠泵腔内形成的水环工作,故称水环泵。

(1)结构

水环泵主要由泵壳、泵盖、叶轮、泵轴等组成。其泵壳一般为离心泵泵壳,上面设有吸气孔和排气孔。吸气孔通过一腔室与进气管、进水管连通,排气孔通过一腔室与排气管相连通。泵壳底部设有排水口,与排水管相连,可排空泵内余水。泵盖与泵壳为叶轮工作提供合适的空间。叶轮由轮毂和叶片组成,在结构上与泵壳偏心安装。水环泵的叶轮一般和离心泵叶轮使用同一泵轴,有的虽设有独立泵轴,但要靠摩擦轮等机构由离心泵泵轴取得动力。

(2)工作原理

水环泵正常工作必须同时满足三个条件:叶轮要有一定转速,以形成等厚度水环;叶轮与泵体要有一定偏心距,以形成容积不等的工作容腔;泵腔内水适当,使水环内表面恰好与叶轮轮毂相切。当由进水管向泵内注入一定量水后,随着叶轮的转动,在离心力作用下,沿泵壳周向形成等厚度水环。如水量适当,可使水环内表面与叶轮轮毂面在某一处相切,这样就由两相邻叶片、水环内表面、叶轮轮毂面以及泵壳泵盖形成若干个工作容腔。每一容腔在右侧 180°转动中,容积不断增大,则由于压力降低,可由吸气孔中吸入气体;而每一容腔在左侧 180°转动时,容腔体积不断减小而由排气孔排出气体。随着每一容腔周而复始的吸气、排气,水环泵则可将离心泵及吸水管内空气通过吸气管抽吸出去,形成一定真空度。

(3)水环泵的特点

水环泵结构简单、工作可靠、运转平稳;泵内用水环密封、无金属摩擦面使制造精度要求不高,也无须进行润滑。水环泵的缺点是效率较低,一般只有30%～50%。另外,水环泵还需设储水箱,在冬季需考虑防冻措施。

2)刮片泵

刮片泵也属于容积泵,是较早使用的排气引水泵之一。它有单作用刮片泵和双作用刮片泵两种结构形式。单作用刮片泵的叶轮每转一周,每一工作容腔完成一次排气、吸气,而双作用刮片泵的叶轮每转一周,每一工作容腔完成两次排气、吸气。消防泵多配备单作用刮片泵。

(1)结构

单作用刮片泵主要由泵轴、泵壳、衬套、泵盖、叶轮、叶片、进气口、排气口等组成。叶轮与泵壳偏心安装,叶片装在叶轮的槽孔内,在离心力作用下可沿槽孔在径向自由滑动。泵壳由隔板分为两个舱室,一个舱室内设有衬套,并安装叶轮;另一舱室分隔为负压室和正压室,分别连接泵的进气管和排气管。隔板上开有月牙形窗口,使叶轮舱室的负压区和正压区分别和另一舱室的负压室和正压室相连,进而分别与泵的进气管和排气管相连。双作用刮片泵中定子和转子不是偏心安装而是同心安装的;定子内表面不再是圆柱面,而是由两段半径为r和两段半径为R的四段圆柱面连接而成,近似于椭圆面;吸入腔和压出腔各有一对并对称分布,转子每转一周,每个工作容腔完成二次排气、吸气。

(2)工作原理

单作用刮片泵工作原理与水环泵相似,如图3-7所示。当泵轴以一定速度沿顺时针方向转动时,受离心力作用,各叶片沿槽孔向外甩出,并于衬套结合摩擦。这样,由相邻叶片、衬套内表面、叶轮轮毂面及泵壳、泵盖形成若干个工作容腔。这些工作容腔随叶轮转动一周,其容积完成由小到大,又由大到小的周期性变化,则可以进行由进气管、负压

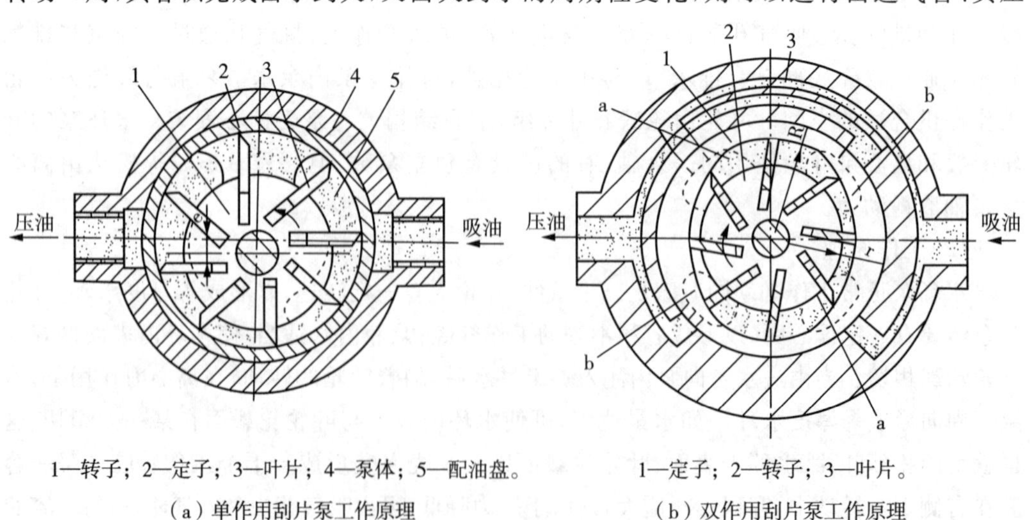

1—转子; 2—定子; 3—叶片; 4—泵体; 5—配油盘。

(a) 单作用刮片泵工作原理

1—定子; 2—转子; 3—叶片。

(b) 双作用刮片泵工作原理

图3-7 单、双作用刮片泵

室、月牙形窗口吸气，由月牙形窗口、正压室、排气管排气的整个过程。循环往复，即可使离心泵及其吸水管内形成 定真空度。

双作用刮片泵具有对称的两个吸油腔和两个压油腔，因而，在转子每转一周的过程中每个密封空间要完成两次吸油和压油，所以称为双作用刮片泵。双作用刮片泵采用了两侧对称的吸油腔和压油腔结构，所以作用在转子上的径向压力是相互平衡的，不会给高速转动的转子造成径向的偏载。

(3)刮片泵的特点

刮片泵结构紧凑、体积小、重量轻、流量均匀、运转平稳、噪音小、寿命长、效率高。但结构复杂、需要较高的润滑条件、制造精度要求高、加工复杂是其主要缺点，目前主要用于手抬机动泵上，在车用离心消防泵上的使用越来越少。刮片泵一般单独设轴，不与离心泵使用同一泵轴，其操作机构与活塞引水泵相似。

3)喷射引水泵

喷射引水泵是利用一定压力的流体通过管嘴喷射引入并输送另一种流体的，它在消防上使用较为广泛，如泡沫产生器、负压泡沫比例混合器、排吸器等。消防车和手抬机动消防泵上常用喷射泵进行排气引水，以使离心泵能开始正常输水，其工作介质一般为发动机排出的废气。

喷射泵主要由真空管、喷嘴、弯头、吸入口等组成，它主要依靠一个双头阀门来操纵。双头阀门可在 90°范围内转动，可封闭喷射泵工作介质入口或消声器进气管。

平时，阀门将喷射引水泵进气口堵塞，发动机废气由排气管经消声器进气管、消声器排出。需排气引水时，由操纵杆操作阀门摇臂，使阀门逆时针转过 90°封闭消声器进气管，迫使发动机废气由弯头、喷嘴等喷出。当废气经过喷嘴时，由于过流面积大大缩小，废气流速大大提高，根据伯努利方程，废气此时的压力大大下降。当发动机转速足够高时，则在真空室形成一定真空度，使离心泵内的空气被强制“吸入”并喷射出去。

由于喷射引水泵结构简单，工作可靠，不易出故障，寿命长，因此应用较为广泛。但是，它在排气引水时，人为地大大缩小了发动机废气排出的通流面积，致使发动机内部工况恶化。经常使用，会影响发动机寿命。因此，喷射引水泵一般只作为消防车离心泵的辅助引水装置，当主要排气引水装置有故障时，才使用喷射引水泵。

4)活塞引水泵

活塞引水泵主要由凸轮、活塞、顶杆、壳体、弹簧、吸排气活门(为整体片式)等组成，如图 3－8 所示。它可以实现引水过程的全自动作业，即：只要离心泵启动，则排气引水可自动进行，无须进行单独的引水操作；当水被引入泵后，随压力水的输出，活塞引水泵使能自动停止作业。活塞引水泵在国外消防车上已广泛使用。

非工作状态时，两活塞在两端弹簧力作用下，其顶杆与凸轮保持接触。启动水泵后，由于活塞泵与离心泵同轴，则凸轮也随之转动，推动两活塞左右往复运动。当活塞由内止点向外运动时，腔体内体积增大，则工作腔由吸气孔吸气；相反，活塞由外止点向内止点运动时，工作容腔体积减小，向外排气。当水泵正常输水后，由吸气口通过管道与水泵出水口相连，则压力水进入活塞泵内，克服弹簧压力将两活塞推至外止点处，排气引水作业停止。

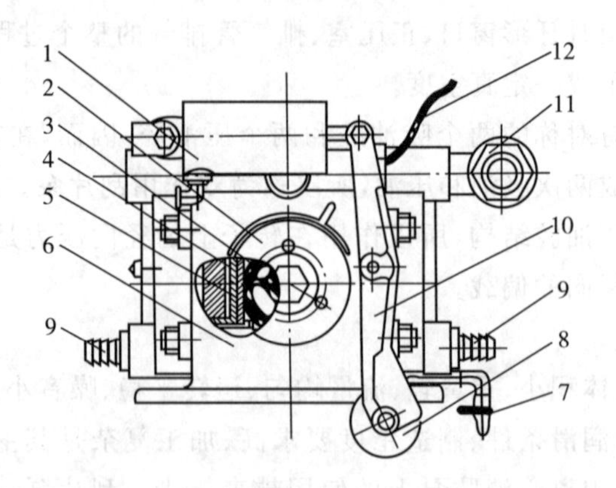

1—压力推杆部件;2—皮带轮;3—泵轴;4—凸轮;5—活塞部件;6—壳体;
7—真空泵放油阀;8—张紧轮;9—排气口;10—拐臂;11—进气口;12—钢丝拉线。

图 3－8　活塞引水泵示意图

5. 手抬机动消防泵

手抬机动消防泵,简称手抬泵,如图 3－9 所示,指由离心泵与轻型发动机组装为一体、可由人力移动的消防泵。作为独立的供水单元,手抬泵广泛应用于中小城镇、工矿码头、仓库和农村,扑救一般固体物质火灾及小规模油类火灾。与消防车不同的是,手抬泵主要配备于有水源但道路狭窄(或无道路)、车辆无法到达的区域。手抬泵还可作为第一级供水设备,使消防车使用较低或较远的水源。

图 3－9　手抬泵

1)手抬泵的结构

手抬泵主要由轻型发动机、离心消防泵、排气引水消防泵、手抬架及配套的吸水管、水带、水枪等组成。

(1)轻型发动机

主要应用于手抬泵的轻型发动机按燃油种类分为汽油发动机和柴油发动机,我国主要生产和使用汽油发动机型手抬泵。按工作原理不同可分为四冲程发动机和二冲程发动机，其中二冲程汽油机无专设的配气、润滑机构，因此结构简单、重量轻、维修制造方便，而且运转平稳、每转做功，是发展微型消防装备的使用方向。但因其在工作中不能将废气排除干净，且扫气时有部分新鲜混合气体随废气排出，所以其缺点是经济性较差。除此之外，气缸内热负荷高，对冷却条件要求较高。而四冲程汽油机虽然结构较为复杂，但由于配气机构较为完善，混合气燃烧较为彻底，因此其经济性能较好；同时有专门装置进行润滑，零部件润滑性好，使用寿命长；不烧混合油，使用方便。目前，四冲程汽油机在消防装备中仍有广泛使用。

(2)单级离心泵与排气引水装置

单级离心泵是手抬泵上将发动机的机械能转变为水的动能的输水单元。它主要由叶轮、泵壳、泵轴等组成。离心泵的泵轴为发动机曲轴的输出端(另一端为飞轮、磁电机机构)，曲轴转动后，带动叶轮旋转，使水泵进行输水工作。单级离心泵的泵壳有蜗壳式，也有导叶式。单级离心泵设有吸水口(一般为轴向进水形式)，可连接吸水管由水池吸水；设有出水球阀和出水口，以连接水带向外供水。

手抬泵的排气引水装置可分为废气引水装置、刮片引水泵、水环引水泵三种。废气引水装置是在汽油机废气排放的消声器内设置喷射泵，直接利用发动机废气为工作介质，将离心泵及吸水管内空气排除，以形成一定真空度。而当水泵正常输水后，则冷却过程靠水泵压力水进行。

(3)手抬架及附件

手抬泵的手抬架一般由机架、手柄、支承脚组成。机架由角钢或钢管焊接而成，要求刚度要好、不变形；外涂防锈漆层，以防锈蚀。发动机、水泵等部件以螺栓连接方式固定在机架上。手柄一般有 4 个，一端与机架相连接，可回转使其分别处于收藏位置或抬运位置。手柄另一端设有橡胶护套，使人抬运时手感舒适，也起防滑作用。支承脚与架身相焊接，下面装有橡胶垫，既防震又稳固。手抬泵的附件包括吸水管、水带、水枪、滤水器等。吸水管长 7～9 m，一端装有滤水器。滤水器用铁皮冲制而成，上有小孔，吸水时可滤除杂物。当水源杂质较多时，要在滤水器的外面再套一个竹篓以增加滤水效果。浮艇泵仅需配备水带、水枪和拉绳即可使用。

2)手抬泵的工作原理

首先启动手抬泵泵组发动机，带动水泵叶轮高速转动，通过真空泵真空或者排气式真空在 30 s 时间之内把水从进水管引入水泵，通过水泵叶轮的高速转动产生压力，再通过水泵出水口排水。

3)手抬泵的特点

手抬泵具有体积小、重量轻、结构紧凑、启动迅速、使用可靠、维护方便的特点，并且具有引水快、吸水深等特点。

3.2.2　室内外消火栓给水系统

建筑消火栓给水系统是指为建筑消防服务的以消火栓为给水点、以水为主要灭火剂的消防给水系统。它由消火栓、给水管道、供水设施等组成。按设置区域分，消火栓系统分为室外消火栓给水系统和室内消火栓给水系统。

1. 室外消火栓给水系统

室外消火栓给水系统通常是指室外消防给水系统，它是设置在建筑物外墙外的消防给水系统，主要承担城市、集镇、居住区或工矿企业等室外部分的消防给水任务。室外消火栓给水系统的任务就是通过室外消火栓为消防车等消防设备提供消防用水，或通过进户管为室内消防给水设备提供消防用水。室外消火栓给水系统应满足火灾扑救时各种消防用水设备对水量、水压、水质的基本要求。

1)系统组成与分类

室外消火栓给水系统由消防水源、消防供水设备、室外消防给水管网和室外消火栓灭火设施组成。室外消防给水管网包括进水管、干管和相应的配件、附件。室外消火栓灭火设施包括室外消火栓、水带、水枪等。

室外消火栓给水系统分为合并的室外消防给水系统和独立的室外消防给水系统。合并的室外消防给水系统包含取水、净水和输配水工程，消防车吸水口是取水工程中最简单的一种。独立的室外消防给水系统包括取水和输配水工程，因消防对水质无特殊要求，所以可直接从水源取水作消防用水。

(1)消防水源

向水灭火设施、车载或手抬等移动消防水泵、固定消防水泵等提供消防用水的水源，包括市政给水、消防水池、高位消防水池和天然水源等。

当市政给水管网连续供水时，消防给水系统可采用市政给水管网直接供水方式，市政给水管网应满足市政给水厂应至少有两条输水干管向市政给水管网输水；市政给水管网应为环状管网；应至少有两条不同的市政给水干管上不少于两条引入管向消防给水系统供水。市政给水管网供水作为消防水源，在生产、生活用水量达到最大时，能满足室内外消防用水量，可以作为消防水源，否则要增设第二水源。为避免个别管段损坏导致管网供水中断问题，应该设置分隔阀门将环状管网分成若干独立段；室外消防给水管道最小管径不小于 100 mm。

江、河、湖、海、水库等天然水源的设计枯水流量保证率应根据城乡规模和工业项目的重要性、火灾危险性和经济合理性等综合因素确定，宜为 90%～97%。但村镇的室外消防给水水源的设计枯水流量保证率可根据当地水源情况适当降低。应采取确保消防车、固定和移动消防水泵在枯水位取水的技术措施；当消防车取水时，最大吸水高度不应超过 6 m；应采取防止冰凌、漂浮物、悬浮物等物质堵塞消防水泵的技术措施，并应采取确保安全取水的措施。天然水源消防车取水口的设置位置和设施，应符合现行国家标准《室外给水设计标准》(GB 50013—2018)有关地表水取水的规定，且取水头部宜设置格栅，其栅条间距不宜小于 50 mm，也可采用过滤管，还应设置消防车到取水口的消防车道和消防车回车场或回车道。井水作为消防水源向消防给水系统直接供水时，其最不利水位应满足水泵吸水要求，其最小出流量和水泵扬程应满足消防要求，且当需要两路消防供水时，水井不应少于两眼，每眼井的深井泵的供电均应采用一级供电负荷，还应设置探测水井水位的水位测试装置。

消防水池是用以贮存和供给消防用水的构筑物，当具备下列情况之一时，应设消防水池：当生产、生活用水量达到最大时，市政给水管网或入户引入管不能满足室内、室外消防给水设计流量，当采用一路消防供水或只有一条入户引入管，且室外消火栓设计流量大于 20 L/s 或建筑高度大于 50 m；市政消防给水设计流量小于建筑室内外消防给水设计流量。

(2)消防供水设备

消防供水设备通常是指室外消火栓。按结构不同可为地上式消火栓、地下式消火栓；按压力不同可为低压消火栓、高压消火栓。

地上式消火栓适用于气温较高的地区，阀体大部分露出地表，具有目标明显、易于寻找、出水操作方便等特点。地上式消火栓有 SS100 和 SS150 两种型号，有一个直径为 100 mm 和两个直径为 65 mm 的接口。地下式消火栓具有防冻、不易遭到人为损坏、交通便利等优点。但目标不明显、操作不便，适用于气候寒冷地区。在附近地面上有明显的固定标志，以便在下雪天等恶劣天气寻找消火栓。地下式消火栓有 SA65 和 SA100 两种型号，有 100 mm 和 65 mm 接口各一个。

低压消火栓设置在低压消防给水管网上，为消防车提供必需的消防用水量，火场上水枪等灭火设备所需的压力由消防车加压获得。高压消火栓设置在高压消防给水管网上，系统压力较高，能够保证所有消火栓直接接出水带、水枪产生所需的充实水柱实施灭火，而不需要消防车或其他移动式消防水泵再加压。

(3)室外消火栓给水管网

室外消火栓给水系统按管网布置分类包括环状管网系统和支状管网系统。环状管网系统是指在平面形成若干闭合环的给水管网系统，供水能力是支状管网系统的 1.5～2 倍(同管径和压力)，最主要是供水安全。枝状管网系统是指平面布置上，干线成树枝状，分支后干线彼此没有联系的给水管网系统。在室外消防用水流量小于 15 L/s 时候，可以采用。环状管网不少于两条市政给水管引入，且每条管道可以通过全部消防用水量。室外消火栓在管段上不超过 5 个，要通过阀门分成若干独立段，管径不小于 100 mm。

2)系统工作原理

室外消火栓给水系统包括常高压消防给水系统、临时高压消防给水系统、低压消防给水系统等几种形式，其工作方式也略有差异。

(1)常高压消防给水系统

常高压消防给水系统管网内经常保持足够大的压力和消防用水量。当火灾发生后，现场的人员可从设置在附近的消火栓箱内取出水带和水枪，将水带与消火栓栓口连接，接上水枪，打开消火栓的阀门，直接出水灭火。

(2)临时高压消防给水系统

在临时高压消防给水系统中设有消防泵，平时管网内压力较低。当火灾发生后，现场的人员可从设置在附近的消火栓箱内取出水带和水枪，将水带与消火栓栓口连接，接上水枪，打开消火栓的阀门，通知水泵房启动消防泵，使管网内的压力达到高压给水系统的水压要求，从而使得消火栓可投入使用。当在室外采用高压或临时高压给水系统时，宜与室内消防给水系统合用，独立的室外临时高压消防给水系统宜采用稳压泵维持系统的充水和压力。

(3)低压消防给水系统

低压消防给水系统管网内的压力较低,当火灾发生后,消防队员打开最近的室外消火栓,将消防车与室外消火栓连接,从室外管网内吸水加入消防车内,然后再利用消防车直接加压灭火,或者消防车通过水泵接合器向室内管网内加压供水。通常市政消火栓给水系统为低压消防给水系统,管网布设直接连接在市政供水管网上的消火栓。当火灾发生后,消防人员可将水龙带与设置在附近的消火栓栓口连接,接上水枪,打开消火栓的阀门,通过加压装置以加压供水灭火。

3)系统设置要求

(1)建筑室外消火栓的数量应根据室外消火栓的设计流量和保护半径经计算确定,保护半径不应大于 150 m,每个室外消火栓的出水流量宜按 10～15 L/s 计算。考虑火场供水需要,要求间距不应大于 120 m。

(2)室外消火栓宜沿建筑周围均匀布置,且不宜集中布置在建筑一侧;建筑消防扑救面一侧的室外消火栓数量不宜少于 2 个。

(3)人防工程、地下工程等建筑应在出入口附近设置室外消火栓,且距出入口的距离不宜小于 5 m,并不宜大于 40 m。

(4)停车场的室外消火栓宜沿停车场周边设置,且与最近一排汽车的距离不宜小于 7 m,距离加油站或油库不宜小于 15 m。

建筑室外消火栓的具体布置要求应参照《消防给水与消火栓系统技术规范》(GB 50974—2014)相关规定执行。

2. 室内消火栓给水系统

室内消火栓给水系统是建筑物应用最广泛的一种消防设施。其既可以供火灾现场人员使用消火栓箱内的消防水喉与水枪扑救初期火灾,也可供消防队员扑救建筑物的大火。室内消火栓实际上是室内消防给水管网向火场供水的带有专用接口的阀门。其进水端与消防管道相连,出水端与水带相连。

1)系统组成

室内消火栓给水系统是由供水设施、消火栓、配水管网和阀门等组成的系统,如图 3-10所示。

其中消防给水基础设施包括市政管网、室外消防给水管网及室外消火栓、消防水池、消防水泵、消防水箱、增压稳压设备、水泵接合器等,该设施的主要任务是为系统储存并提供灭火用水。给水管网包括进水管、水平干管、消防竖管等,其任务是向室内消火栓设备输送灭火用水。室内消火栓包括水带、水枪、水喉等,是供人员灭火使用的主要工具。系统附件包括各种阀门、屋顶消火栓等。报警控制设备用于启动消防水泵。

(1)供水设施

① 消防水池

消防水池设置的条件:当生产、生活用水量达到最大时,市政给水管道、进水管或天然水源不能满足室内外消防用水量;市政给水管道为支状或只有一条进水管,且消防用

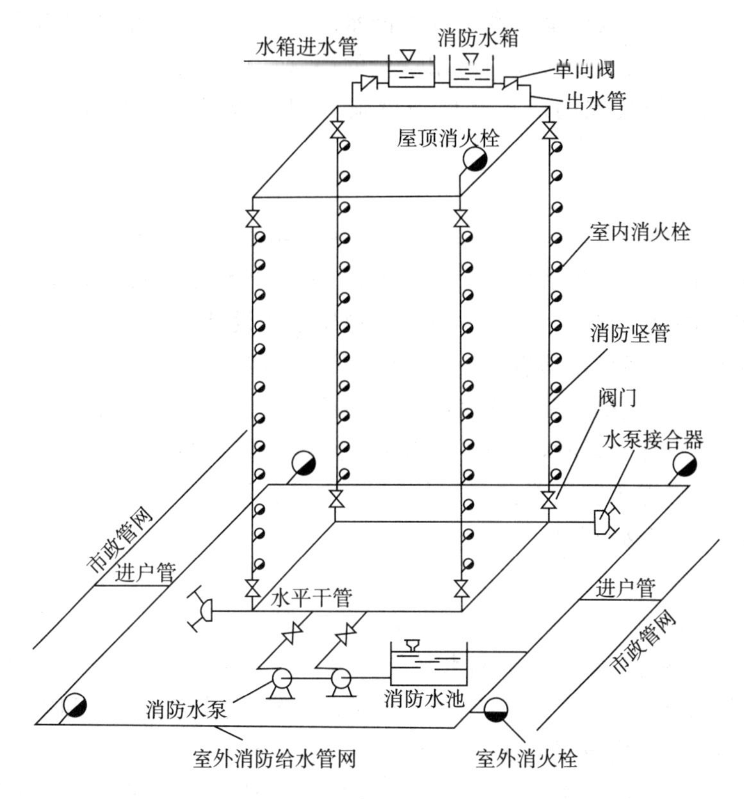

图 3－10　消火栓给水系统组成示意图

水量之和超过 25 L/s；不允许水泵直接取水。消防水池应设有水位控制阀的进水管和溢水管、通气管、泄水管、出水管及水位指示器等附属装置。根据各种用水系统的供水水质要求是否一致，既可将消防水池与生产贮水池合用，也可单独设置，但生活水池须独立设置。

② 消防水泵

消防水泵机组应由水泵、驱动器和专用控制柜等组成，一组消防水泵可由同一消防给水系统的工作泵和备用泵组成。消防水泵宜根据可靠性、安装场所、消防水源、消防给水设计流量和扬程等综合因素确定型式，水泵驱动器宜采用电动机或柴油机直接传动，消防水泵不应采用双电动机或基于柴油机等组成的双动力驱动水泵。消防水泵生产厂商应提供完整的水泵流量扬程性能曲线，并应标示流量、扬程、气蚀余量、功率和效率等参数。单台消防水泵的最小额定流量不应小于 10 L/s，最大额定流量不宜大于 320 L/s。当消防水泵采用离心泵时，泵的型式宜根据流量、扬程、气蚀余量、功率和效率、转速、噪声，以及安装场所的环境要求等因素综合确定。

③ 高位消防水箱

高位消防水箱是设置在高处，直接向水灭火设施重力供应初期火灾消防用水量的储水设施，应储存 10 min 的消防用水量。高位消防水箱可采用热浸铸镀锌钢板、钢筋混凝土、不锈钢板等建造。高位消防水箱的设置位置应高于其所服务的水灭火设施，且最低有效水位应满足水灭火设施最不利点处的静水压力。临时高压消防给水系统的高位消防水箱有效容积应满足初期火灾消防用水量的要求。高位消防水箱的人孔以及进出水管的阀门等应采取锁具或阀门箱等保护措施，同时做好防冻、隔热、基础荷载等安全措施。

④ 稳压泵

稳压泵是用于稳定自动喷水灭火系统和消火栓给水系统的压力，使系统水压始终处于要求压力状态的一种消防水泵。稳压泵宜采用单吸单级或单吸多级离心泵，泵外壳和叶轮等主要部件的材质宜采用不锈钢材料。稳压泵的设计流量不应小于消防给水系统管网的正常泄漏量和系统自动启动流量。稳压泵的设计压力应满足系统自动启动和管网充满水的要求。设置稳压泵的临时高压消防给水系统应设置防止稳压泵频繁启停的技术措施，当采用气压水罐时，其调节容积应根据稳压泵启泵次数不大于 15 次/h 的标准经计算确定，但有效储水容积不宜小于 150 L。稳压泵吸水管应设置明杆闸阀，稳压泵出水管应设置消声止回阀和明杆闸阀。

⑤ 消防水泵接合器

消防水泵接合器如图 3－11 所示。水泵接合器是连接消防车向室内消防给水系统加压供水的装置，一端有消防给水管网水平干管引出另一端设于消防车易于接近的地方。室内消火栓系统、自动喷水灭火系统、水喷雾灭火系统、泡沫灭火系统和固定消防炮灭火系统等水灭火系统，均应设置消防水泵接合器。水泵接合器由闸门、安全阀、止回阀、消防水泵结合器接口组成，可分为地上、地下、墙壁式三种形式。其给水流量宜按每个 10 L/s～15 L/s 计算。每种水灭火系统的消防水泵接合器设置的数量应按系统设计流量经计算确定，但当计算数量超 3 个时，可根据供水可靠性适当减少。水泵接合器应设在室外便于消防车使用的地点，且距室外消火栓或消防水池的距离不宜小于 15 m，并不宜大于 40 m。墙壁消防水泵接合器的安装高度距地面宜为 0.7 m；与墙面上的门、窗、孔、洞的净距离不应小于 2 m，且不应安装在玻璃幕墙下方；地下消防水泵接合器的安装，应使进水口与井盖底面的距离不大于 0.4 m，且不应小于井盖的半径。

图 3－11　消防水泵接合器（地上、地下、墙壁式）

(2)消火栓

室内环境温度不低于 4℃,且不高于 70℃的场所,应采用湿式室内消火栓系统。室内环境温度低于 4℃或高于 70℃的场所,宜采用干式消火栓系统。建筑高度不大于 27 m 的多层住宅建筑设置室内湿式消火栓系统确有困难时,可设置干式消防竖管。对于严寒、寒冷等冬季结冰地区城市隧道及其他构筑物的消火栓系统,应采取防冻措施,并宜采用干式消火栓系统和干式室外消火栓。

① 水枪

水枪可与水龙带用快速螺母连接。室内消火栓宜配置当量喷嘴直径为 16 mm 或 19 mm 的消防水枪,但当消火栓设计流量为 2.5 L/s 时宜配置当量喷嘴直径为 11 mm 或 13 mm 的消防水枪;消防软管卷盘和轻便水龙应配置当量喷嘴直径为 6 mm 的消防水枪。

② 水龙带

水龙带是能承受一定液体压力的管状带织物,可在较高压力下输送水或泡沫灭火液。水龙带用优质棉、麻或高强化学纤维为原料,织物组织为双经单纬平纹管状结构。麻质水龙带具有抗折叠、质轻、水流阻力大的特点。橡胶水龙带具有易老化、质重、水流阻力小的特点。消防用水龙带的口径常见的有 50 mm 和 65 mm 等规格。

③ 消防软管卷盘

消防软管卷盘(图 3－12)属于室内消防装置,宜安装在消火栓箱内,一般人员均能操作使用,是消火栓给水系统中一种重要的辅助灭火设备。它可与消防给水系统连接,也可与生活给水系统连接。消防软管卷盘是由阀门、输入管路、软管、喷枪等组成的,并能在迅速展开软管的过程中喷射灭火剂的灭火器具。高级旅馆、重要的办公楼、一类建筑的商业楼、展览楼、综合楼和建筑高度超过 100 m 的其他高层建筑,应设消防卷盘,其用水量可不计入消防用水总量。消防卷盘的间距应保证有一股水流能到达室内地面任何部位,消防卷盘的安装高度应便于取用,动作灵活无卡阻。消防卷盘的栓口直径宜为 25 mm;配备的胶带内径不小于 19 mm,长度常见为 20 m、25 m、30 m;消防卷盘喷嘴口径为 6～8 mm。

图 3－12　消防软管卷盘

④ 消火栓箱

消火栓箱是指用于存放消火栓的箱体，内置消火栓、水枪、水龙带、消防软管卷盘、消防报警装置及启泵装置等，安装方式有明装式、暗装式、半暗装式。其中，消火栓本体采用内扣式快速连接螺母、球形阀，有单出口、双出口形式。消火栓箱性能参数见表 3-2 所列。

表 3-2　消火栓箱性能参数

名　　称	性　　能		
水枪喷嘴/mm	13	16	19
水枪直径/mm	50	50　65	65
水带长度/mm	15　20　25　30　计算确定		
水带材料	化纤、麻纤维、不衬胶(阻力小)		
内扣式球型阀消火栓	单出口/mm		65、50
	双出口/mm		65

(3)配水管网

向室内环状消防给水管网供水的输水干管不应少于两条，当其中一条发生故障时，其余的输水干管应仍能满足消防给水设计流量要求。下列消防给水管网应采用环状给水管网：向两栋或两座及以上建筑供水时、向两种及以上水灭火系统供水时、采用设有高位消防水箱的临时高压消防给水系统时、向两个及以上报警阀控制的自动水灭火系统供水时。此外，当室外消火栓设计流量不大于 20 L/s，且室内消火栓不超过 10 个时，消防给水管网可布置成支状。室内消防管道管径应根据系统设计流量、流速和压力要求经计算确定；室内消火栓竖管管径应根据竖管最低流量经计算确定，但不应小于 DN100。

室内消火栓竖管应保证检修管道时关闭停用的竖管不超过 1 根，当竖管超过 4 根时，可关闭不相邻的 2 根。每根竖管与供水横干管相接处应设置阀门。室内消火栓给水管网宜与自动喷水等其他水灭火系统的管网分开设置；当合用消防泵时，供水管路沿水流方向应在报警阀前分开设置。消防给水管道的设计流速不宜大于 2.5 m/s，但任何消防管道的给水流速不应大于 7 m/s。

(4)阀门及其他

消防给水系统中埋地管道的阀门宜采用带启闭刻度的暗杆闸阀、设在阀门井内时采用耐腐蚀明杆闸阀；室内架空管道的阀门宜采用蝶阀、明杆闸阀或带启闭刻度的暗杆闸阀等。埋地管道的阀门应采用球墨铸铁阀门，室内架空管道的阀门应采用球墨铸铁或不锈钢阀门。消防给水系统管道的最高点处宜设置自动排气阀。消防水泵出水管上的止回阀宜采用水锤消除止回阀，当消防水泵供水高度超过 24 m 时，应采用水锤消除器。当消防水泵出水管上设有囊式气压水罐时，可不设水锤消除设施。采用减压措施的减压阀应设置备用减压阀；减压阀的进口处应设置过滤器；减压阀前后应设压力表；过滤器前和减压阀后应设置控制阀门；减压阀后应设置压力试验排水阀；减压阀应设置流量检测测试接口或流量计；比例式减压阀宜垂直安装，可调式减压阀宜水平安装；减压阀和控制阀门宜有保护或锁定调节配件的装置。

2）系统工作原理

室内消火栓给水系统的工作原理与系统的给水方式有关。通常针对建筑消防给水系统采用的是临时高压消防给水系统。

在临时高压消防给水系统中，系统设有消防泵和高位消防水箱。当火灾发生后，现场的人员可打开消火栓箱，将水带与消火栓栓口连接，打开消火栓的阀门，消火栓即可投入使用。按下消火栓箱内的按钮向消防控制中心报警，同时要求设在高位消防水箱出水管上的流量开关和设在消防水泵出水干管上的压力开关，或报警阀压力开关等开关信号应能直接启动消防水泵。在供水的初期，由于消火栓泵的启动需要一定的时间，其初期用水由高位消防水箱来供给。对于消火栓泵的启动，还可由消防泵现场、消防控制中心控制，消火栓泵一旦启动便不得自动停泵，停泵只能由现场人员手动控制。

3.2.3　消防炮

消防炮是远距离扑救火灾的重要消防设备，是以水或泡沫混合液为喷射介质，利用红外、紫外、数字图像或其他火灾探测装置对烟、温度等的探测进行早期火灾的自动跟踪定位，并运用自动控制方式来实现灭火的射流灭火系统。消防炮按照喷射介质分为消防水炮、消防泡沫炮、干粉消防炮。消防炮灭火系统按照控制方式可分为手动消防炮、电控消防炮和液控消防炮。手动消防炮是只能在现场手动操作的固定消防炮灭火系统；电控消防炮是以电驱动为主的远控消防炮；液控消防炮以液压驱动为主。按使用功能可分为单用消防炮、两用消防炮和组合消防炮。按照安装方式可分为固定式消防炮和移动式消防炮。

1. 水炮系统

消防水炮以水作为介质，是远距离扑灭火灾的灭火设备。该炮适用于石油化工企业、储罐区、飞机库、仓库、港口码头等场所，更是消防车理想的车载消防炮。

1）消防水炮的构成

消防水炮由底座、进水管、回转体、集水管、射流调节环、手把和锁紧机构等组成，炮身可做水平回转和仰俯回转，并可实现定位。炮使用压力范围广，射程远并可实施直流至 90°开花、水雾射流的无级调节，重量轻、体积小、功能全、灭火效果好是该炮的最大特点。

2）消防水炮的工作原理

若火灾发生，人员发现火灾时可以直接按下其他报警信号或从现场控制盘进行灭火。若是视频消防炮发现火情则会自动激活中心控制器进行自动灭火，系统工作流程如下：

（1）现场发生火灾，各类火灾探测器发出报警信号。

（2）启动自动消防炮开始扫描定位。

（3）自动移动消防炮炮管，直到定位器图像里有火源信号。

（4）计算自动消防炮定位器图像里火的坐标，控制炮管移动到该位置，完成自动消防炮定位。

(5)启泵、开阀,自动消防炮灭火。

(6)自动消防炮完成灭火,灭火成功后归位。

如果其他联动报警信号或手报按钮无法传达火情到中心控制器时,则从现场控制盘上直接手动扫描定位,立刻开阀并通知水泵房人员起泵进行灭火。水流指示器动作信号传达给中心控制器后开启声光报警,启动其他联动输出,激活视频录像功能,录取现场灭火情况,直到灭火结束。

2. 泡沫炮系统

消防泡沫炮是产生和喷射泡沫以远距离扑救甲、乙、丙类液体火灾或喷射水远距离扑救固体物质火灾的消防炮。不仅适用于石油化工企业、储罐区、飞机场、仓库、港口码头,而且适用于船舶和海上固定平台以及消防车等设施。

1)消防泡沫炮的构成

泡沫炮主要由手把、底座、进水管、回转体、锁紧装置、泡沫喷射系统及转动机构组成。在 8～10 MPa 的压力范围内具有良好的性能,它不但能喷射泡沫,还能喷射水。

2)消防泡沫炮的工作原理

空气泡沫炮是产生和喷射空气泡沫炮的大型设备,其产生和喷射泡沫量至少在 200 L/s以上。空气泡沫炮的种类很多,按适用场所不同可分为船用型和陆用型;按操纵方式不同,可分为固定式和移动式。喷射空气泡沫时,将比例混合器调整至本炮的流量值后即可使用。各种空气泡沫炮基本的构造原理是相同的,主要由扩散控制器、炮筒、泡沫产生器、集流管、回转座、球阀和操作手柄(包括电动控制)等组成。

3. 干粉炮系统

1)消防干粉炮的构成

喷射干粉灭火剂的固定消防炮系统,主要由干粉罐、氮气瓶组、管道、阀门、干粉炮、动力源和控制装置等组成。

2)消防干粉炮的工作原理

当保护对象着火后,自动或手动启动电磁阀,启动瓶打开,启动瓶中的气体开启动力瓶容器阀,打开动力瓶,动力瓶中的高压气体进入集流管、过滤器、减压阀减压至规定的压力后,通过单向阀、进气阀进入干粉罐内,使罐内的干粉灭火剂发生剧烈搅动,并被疏松,当干粉罐内的气压达到工作压力时,打开出粉装置(干粉枪、干粉炮或管网喷嘴),干粉灭火剂和动力气以一定的气粉混合比例流向出粉装置,喷向保护对象,实现灭火目的。

3.2.4 自动喷水灭火系统

自动喷水灭火系统是一种固定式的能自动喷水灭火并同时发出火警信号的灭火系统,是扑灭建筑初期火灾非常有效的灭火设备。

自动喷水灭火系统与消火栓系统相比有如下优点:自动报警,自动洒水;随时处于准备工作状态;从火场中心喷水,并不受烟雾的影响,造成水渍的损失小;灭火及时,使火灾不易扩散,灭火成功率高。

自动喷水灭火系统应在人员密集、不易疏散、外部增援灭火与救生较困难的性质重要的场所或火灾危险性较大的场所中设置。自动喷水灭火系统不适用于存在较多下列物品的场所:遇水发生爆炸或加速燃烧的物品;遇水发生剧烈化学反应或产生有毒有害物质的物品;洒水将导致喷溅或沸溢的液体。

1. 系统分类

自动喷水灭火系统按喷头开闭形式,分为闭式自动喷水灭火系统和开式自动喷水灭火系统。

闭式自动喷水灭火系统可分为湿式自动喷水灭火系统、干式自动喷水灭火系统、预作用自动喷水灭火系统、重复启闭预作用灭火系统等。开式自动喷水灭火系统可分为雨淋灭火系统、防火分隔水幕、水幕系统和防护冷却水幕。

2. 系统工作原理与适用范围

1)闭式自动喷水灭火系统

(1)湿式自动喷水灭火系统

① 工作原理

发生火灾时,火焰或高温气流使闭式喷头的热敏感元件动作,喷头开启,喷水灭火。此时,管网中的水由静止的变为流动的,使水流指示器动作送出电信号,在报警控制器上指示某一区域已在喷水。由于喷头开启持续喷水泄压造成湿式报警阀上部水压低于下部水压,在压力差的作用下,原来处于关闭状态的湿式报警阀就自动开启,压力水通过报警阀流向灭火管网,同时打开通向水力警铃的通道,水流冲击水力警铃发出声响警报信号。控制中心根据水流指示器或压力开关的警报信号,自动启动消防水泵向系统加压供水,达到持续自动喷水灭火的目的。

② 适用范围

环境温度不低于 4℃,且不高于 70℃的场所应采用湿式系统。

(2)干式自动喷水灭火系统

① 工作原理

平时干式报警阀前与水源相连并充满水,干式报警阀后的管路充以压缩空气,报警阀处于关闭状态。发生火灾时,闭式喷头热敏感元件动作,喷头首先喷出压缩空气,管网内的气压逐渐下降,当降到某一气压值时干式报警阀的下部水压大于上部气压,干式报警阀打开,压力水进入供水管网,将剩余压缩空气从已打开的喷头处推赶出去,然后再喷水灭火;干式报警阀的另一路压力水进入信号管,推动水力警铃和压力开关报警,并启动水泵加压供水。

② 适用范围

环境温度低于 4℃,或高于 70℃的场所应采用干式自动喷水灭火系统。

(3)预作用自动喷水灭火系统

① 工作原理

预作用系统在预作用阀后的管道中,平时不充水而充以压缩空气或氮气,或为空管,闭式喷头和火灾探测器同时布置在保护区域内，发生火灾时探测器动作，并发出火警信号，报警器核实信号无误后，发出动作指令，打开预作用阀，并开启排气阀使管网充水待命，管网充水时间不应超过 3 min。随着火势的继续扩大，闭式喷头上的热敏元件熔化或炸裂，喷头自动喷水灭火，系统中的控制装置根据管道内水压的降低自动开启消防泵进行灭火。

② 适用范围

具有下列要求之一的场所应采用预作用系统：系统处于准工作状态时，严禁管道漏水；严禁系统误喷；替代干式系统。

(4)重复启闭预作用灭火系统

① 工作原理

重复启闭预作用灭火系统是由预作用自动喷水灭火系统发展形成的，这种系统不但像预作用系统一样能自动喷水灭火，而且火被扑灭后能自动关闭，火复燃后还能再次开启灭火。

② 适用范围

灭火后必须及时停止喷水的场所，应采用重复启闭预作用系统。

(5)自动喷水防护冷却系统

① 工作原理

当闭式喷头的玻璃球因火灾而爆破后，系统侧管网内的水向爆破的喷头流动(湿式报警阀同时被打开，从报警口流出的水经延时后驱动水力警铃报警)，安装于支管上的水流指示器将水流信号传输到灭火控制器，延时器计时，延时期满后，控制器向泵发出开启指令，管道内充满用于启动系统的有压水。

② 适用范围

用于冷却防火、防火玻璃墙等防火分隔设施的闭式系统。

2)开式自动喷水灭火系统

(1)雨淋喷水灭火系统

① 工作原理

被保护的区域内一旦发生火灾，急速上升的热气流使感温探测器探测到火灾有燃烧的粒子，立即向电控箱发出警报信号，经电控箱分析确认后发出声、光报警信号，同时启动雨淋阀的电磁阀，使高压腔的压力水快速排出。由于经单向阀补充流入高压腔的水流缓慢，因而高压腔水压快速下降，供水作用在阀瓣上的压力将迅速打开雨淋阀门，水流立即充满整个雨淋管网，使该雨淋阀控制的管道上所有开式喷头同时喷水，可以在瞬间像下暴雨一样喷出大量的水以覆盖火区，达到灭火目的，雨淋阀打开后，水同时流向报警管网，使水力警铃发出声响警报，在水压作用下，接通压力开关，并通过电控箱切换，给值班室发出电信号或直接启动水泵，加压供水。

② 适用范围

具有下列条件之一的场所，应采用雨淋系统：火灾的水平蔓延速度快、闭式喷头的开放不能及时使喷水有效覆盖着火区域；室内净空高度较高，且必须迅速扑救初期火灾；严重危险级达Ⅱ级。

(2)水幕系统

① 工作原理

消防水幕系统不以灭火为主要目的。该系统是将水喷洒成水帘幕状,用以冷却防火分隔物,提高分隔物的耐火性能;或利用防火水帘阻止火焰和热辐射穿过开口部位,防止火势扩大和火灾蔓延。

② 适用范围

具有下列条件之一的场所,应采用水幕系统:超过 1500 座的剧院和超过 2000 座的会堂,礼堂的舞台口,以及与舞台相连的侧口、后台的门窗洞口;应设防火墙等防火分隔物而无法设置的开口部位;防火卷帘或防火幕的上部;高层民用建筑物内超过 800 座的剧院、礼堂的舞台口和设有防火卷帘、防火幕的部位;人防工程内代替防火墙的防火卷帘的上部。

3.2.5　水喷雾灭火系统

水喷雾灭火系统由水源、供水设备、管道、雨淋报警阀(或电动控制阀、气动控制阀)、过滤器和水雾喷头等组成,向保护对象喷射水雾进行灭火或防护冷却的系统。

系统组件水雾喷头的选型中,扑救电气火灾,应选用离心雾化型水雾喷头;室内粉尘场所设置的水雾喷头应带防尘帽,室外设置的水雾喷头宜带防尘帽;离心雾化型水雾喷头应带柱状过滤网。

1. 工作原理

水喷雾灭火系统,在系统组成上与雨淋系统基本相似,所不同的是该系统使用的是一种喷雾喷头。这种喷头有螺旋状叶片,当有一定压力的水通过喷头时,叶片旋转,在离心力作用下,同时产生机械撞击作用和机械强化作用,使水形成雾状喷向被保护部位。

冷却:水喷雾灭火系统喷出的雾状水水滴粒径小,遇热迅速汽化的同时带走大量的汽化热,使燃烧区表面的温度迅速降至燃点以下,冷却效果好。

窒息:喷雾水喷射到燃烧区后遇热汽化,便生成比原体积大 1700 倍的水蒸气包围和覆盖在火焰周围,导致燃烧区氧气浓度不断下降,火焰因窒息而熄灭。

冲击乳化:对于不溶于水的可燃液体,喷雾水冲击到液体的表层与其混合,形成不燃性的乳浊状液体层,使火熄灭。

稀释:对于水溶性液体火灾,可利用水来稀释液体,使液体的燃烧速度降低而较易扑灭,灭火的效果取决于水雾的冷却、窒息和稀释的综合效应。

2. 适用范围

水喷雾灭火系统可用于扑救固体物质火灾、丙类液体火灾、饮料酒火灾和电气火灾,并可用于可燃气体和甲、乙、丙类液体的生产、储存装置或装卸设施的防护冷却。

水喷雾灭火系统不得用于扑救遇水能发生化学反应而造成燃烧、爆炸的火灾,以及水雾会对保护对象造成明显损害的火灾。

3.2.6　细水雾灭火系统

细水雾灭火系统是一种灭火效率高,又对环境无污染的灭火系统。细水雾是指在最小设计工作压力下，雾滴直径 Dv0.50 小于 200 μm、Dv0.99 小于 400 μm 的水雾滴，即直径小于 200 μm 的雾滴占总体积的 50%以上，直径小于 400 μm 的雾滴占总体积的 99%以上。

细水雾灭火系统按供水方式分类，可分为瓶组式细水雾灭火装置、泵组式细水雾灭火装置、瓶组与泵组结合方式细水雾灭火装置。按流动介质类型分类，可分为单流体细水雾灭火装置、双流体细水雾灭火装置。其按装置工作压力分类，可分为高压细水雾灭火装置（分配管网中流动介质压力 $P \geqslant 3.45$ MPa）、中压细水雾灭火装置（1.21 MPa$\leqslant P<3.45$ MPa）、低压细水雾灭火装置（$P<1.21$ MPa）。其按所使用的细水雾喷头型式分类，可分为闭式细水雾灭火装置、开式细水雾灭火装置。

1. 工作原理

细水雾的灭火机理主要是表面冷却、窒息、辐射热阻隔和浸湿作用。除此之外，细水雾还具有乳化等作用，而在灭火过程中，往往会有几种作用同时发生，从而有效灭火。细水雾相对于水喷雾滴粒径小，相同体积的水，细水雾的表面积大大增加，吸收火焰的热量快，同时小粒径的雾滴遇火焰高温后迅速气化，也吸收大量热量，所以细水雾能使火焰的温度迅速降低。雾滴在气化过程中，体积可膨胀 1700 倍以上，形成大量的水蒸气包围和覆盖在火焰周围，使保护区的氧浓度大为降低。因此细水雾具有很强的气化降温作用和隔氧窒息作用，达到迅速灭火的目的。当扑救不溶于水的可燃液体火灾时，雾状水冲击液体表面并与之混合，形成乳状液体层，使燃烧中断；当扑救水溶性液体火灾时，雾状水与水溶性液体混合，使可燃性液体浓度降低，从而实现灭火的目的。

2. 适用范围

细水雾适用于相对封闭空间内的可燃固体表面火灾；相对封闭空间内的可燃液体火灾，带电电气设备的火灾。细水雾灭火系统不应直接用于扑灭以下火灾：能与水发生剧烈反应或产生大量有害物质的活泼金属或化合物，如钠、钾、碳化钙等；可燃气体火灾；可燃固体的深位火灾。

3. 系统主要组成及设置要求

自动喷水灭火系统主要由供水装置、过滤装置、控制阀、细水雾喷头等组件和管网等组件组成。

1）洒水喷头

消防喷淋头用于消防喷淋系统，当发生火灾时，水通过喷淋头溅水盘洒出进行灭火。

喷头按结构形式分类，可分为闭式喷头（图 3－13）、开式喷头（图 3－14）。闭式喷头是闭式自动喷水灭火系统的关键设备，闭式喷头一旦开启后，便不能自动恢复原状；开式喷头的喷口是敞开的，管路中充满自由空气，灭火时，管路中充满压力水，经喷口喷水灭火，开式喷头可重复使用。

闭式喷头按感温元件不同可分为玻璃球喷头和易熔合金元件喷头。玻璃球喷头的热敏感元件是一个内装一定量彩色膨胀液体的玻璃球，当室内发生火灾时球内的液体因受热而膨胀，当达到规定温度时，液体就充满了瓶内全部空间，当压力达到规定值时，玻璃球炸裂，压力水便喷出灭火；而易熔合金元件为由易熔金属或其他易熔材料制成的元件，当室内起火温度达到易熔元件本身的设计温度时，易熔元件熔化，释放机构便脱落，压力水便喷出灭火。

按安装方式分类，可分为直立型喷头、下垂型喷头、边墙型喷头、吊顶型喷头等。

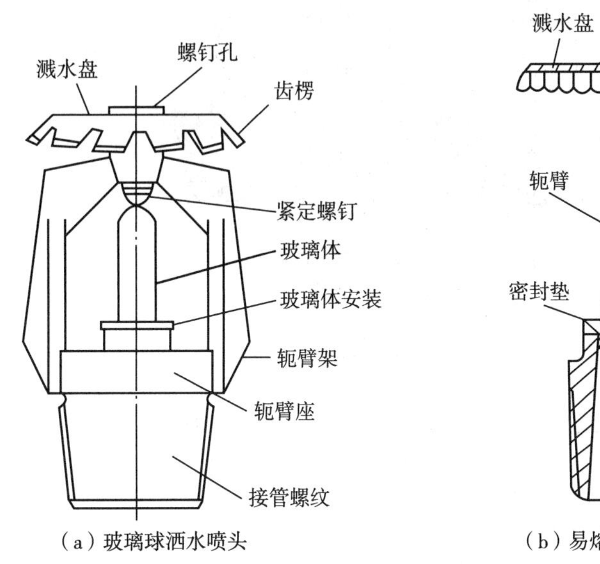

（a）玻璃球洒水喷头　　（b）易熔合金洒水喷头

图 3－13　闭式喷头构造图

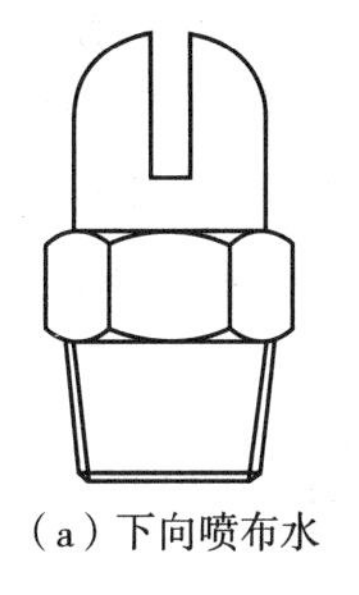

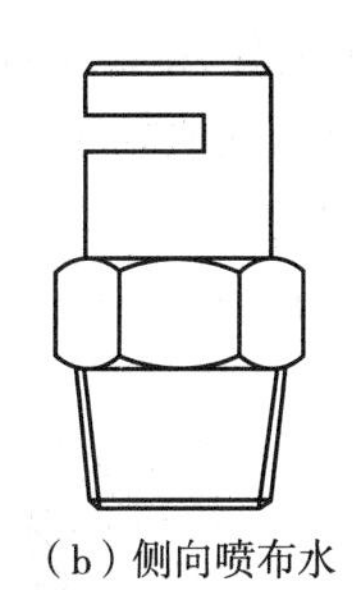

（a）下向喷布水　　（b）侧向喷布水

图 3－14　开式喷头构造图

2)报警阀组

自动喷水灭火系统根据不同的系统，选用不同的报警阀组。报警阀组分为湿式报警阀组、干式报警阀组、雨淋报警阀组和预作用报警装置。

(1)湿式报警阀组

湿式报警阀是湿式系统的专用阀门，是只允许水流入系统并在规定压力、流量下驱动配套部件报警的一种单向阀。湿式报警阀组结构为止回阀，开启条件与入口压力及出口流量有关，与延迟器、水力警铃、压力开关、控制阀等组成报警阀组。

湿式报警阀组中报警阀的结构有隔板座圈型和导阀型两种。隔板座圈型湿式报警阀上设有进水口、报警口、测试口、检修口和出水口，阀内部设有阀瓣、阀座等组件，是控制水流方向的主要可动密封件，其结构如图 3－15 所示。

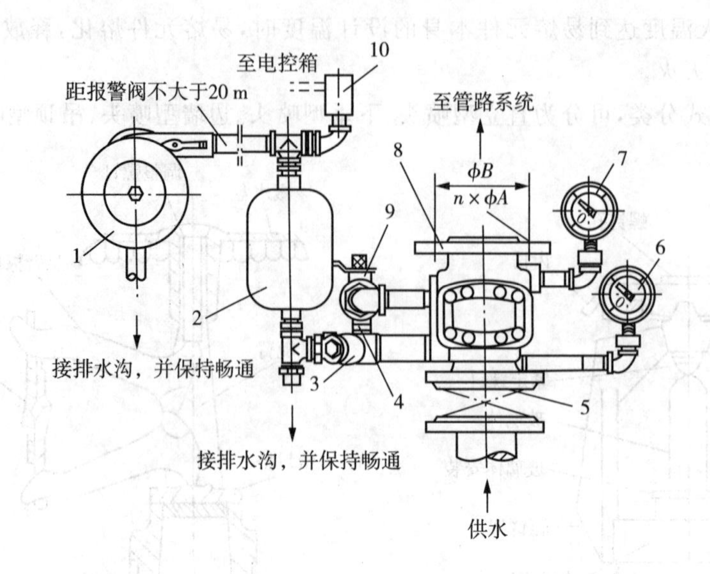

1—水力警铃；2—延迟器；3—过滤器；4—试验球阀；5—水源控制阀；6—进水侧压力表；7—出水侧压力表；8—排水球阀；9—报警阀；10—压力开关。

图 3-15　湿式报警阀组

以隔板座圈型湿式报警阀为例，在准工作状态下，阀瓣上下充满水，水压强近似相等。由于阀瓣上面与水接触的面积大于下面与水接触的面积，阀瓣受到的水压合力向下。在水压力及自重的作用下，阀瓣坐落在阀座上，处于关闭状态。当水源压力出现波动或冲击时，通过补偿器（或补水单向阀）使上下腔压力保持一致，水力警铃不发生报警，压力开关不接通，阀瓣仍处于准工作状态（图 3-16）。补偿器具有防止误报或误动作功能。闭式喷头喷水灭火时，补偿器来不及补水，阀瓣上面的水压下降，当下降到使下腔的

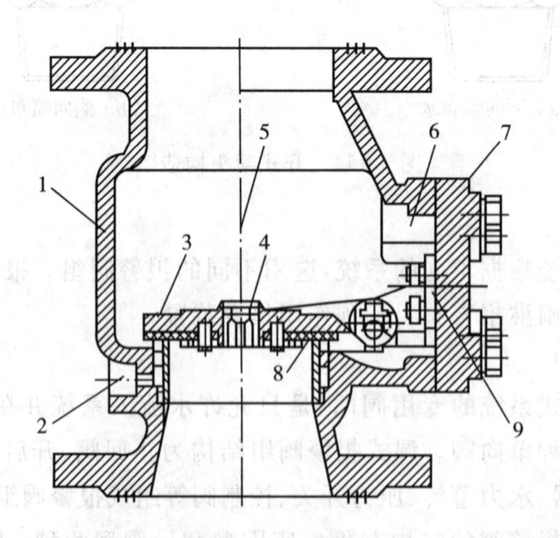

1—阀体；2—报警口；3—阀瓣；4—补水单向阀；5—测试口；6—检修口；7—阀盖；8—座圈；9—支架。

图 3-16　隔板座圈型湿式报警阀

水压足以开启阀瓣时，下腔的水便向洒水管网及动作喷头供水，同时水沿着报警阀的环形槽进入报警口，流向延迟器、水力警铃，警铃发出声响报警，压力开关开启，给出电接点信号报警并启动自动喷水灭火系统给水泵。

延迟器是一个罐式容器，如图 3－17 所示，入口与报警阀的报警水流通道连接，出口与压力开关和水力警铃连接，延迟器入口前安装过滤器，用来防止由水压波动引起的报警阀开启而导致的误报。报警阀开启后，水流需经过 30 s 左右时间充满延迟器并由出口溢出，才能驱动水力警铃和压力开关。

水力警铃的构造如图 3－18 所示，水力警铃是一种靠水力驱动的机械警铃，安装在报警阀组的报警管道上。报警阀开启后，水流进入水力警铃并形成一股高速射流，冲击水轮带动铃锤快速旋转，敲击铃盖发出声响警报。

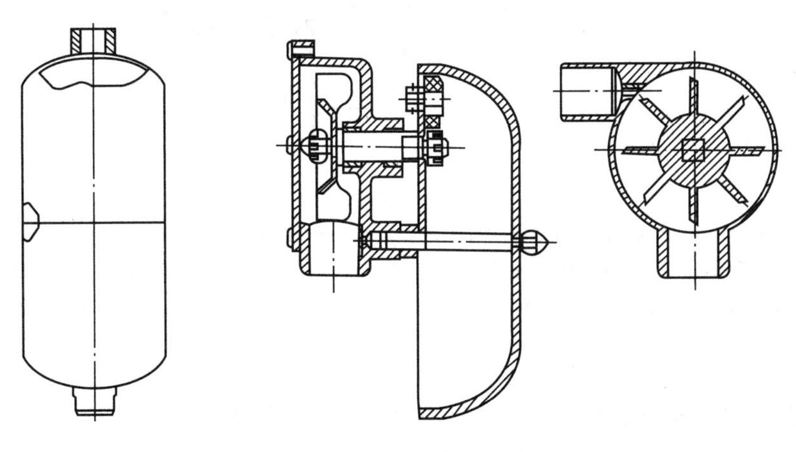

图 3－17　延迟器　　　　图 3－18　水力警铃构造图

压力开关是一种压力传感器，是自动喷水灭火系统中的一个部件，其作用是将系统的压力信号转化为电信号，报警阀开启后，报警管道充水，压力开关受到水压的作用后接通电触点，输出报警阀开启并启动供水泵的信号，报警阀关闭时电触点断开。压力开关构造如图 3－19 所示。雨淋系统和防火分隔水幕的水流报警装置宜采用压力开关；应采用压力开关控制稳压泵，并应能调节启停压力。

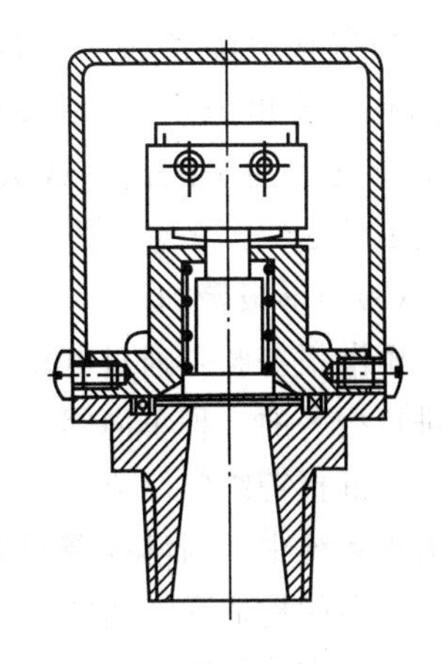

图 3－19　压力开关

(2)干式报警阀组

干式报警阀组主要由干式报警阀、水力警铃、压力开关、空压机、安全阀、控制阀等组成，如图 3－20 所示。报警阀的阀瓣将阀门分成两部分，出口侧与系统管路相连，内充压缩空气，进口侧与水源相连，配水管道中的气压抵住阀瓣，使配水管道始终保持干管状态，通过两侧气压和水压的压力变化控制阀瓣的封闭和开启。喷头开启后，干式报警阀自动开启，其后续的一系列动作类似于湿式报警阀组。

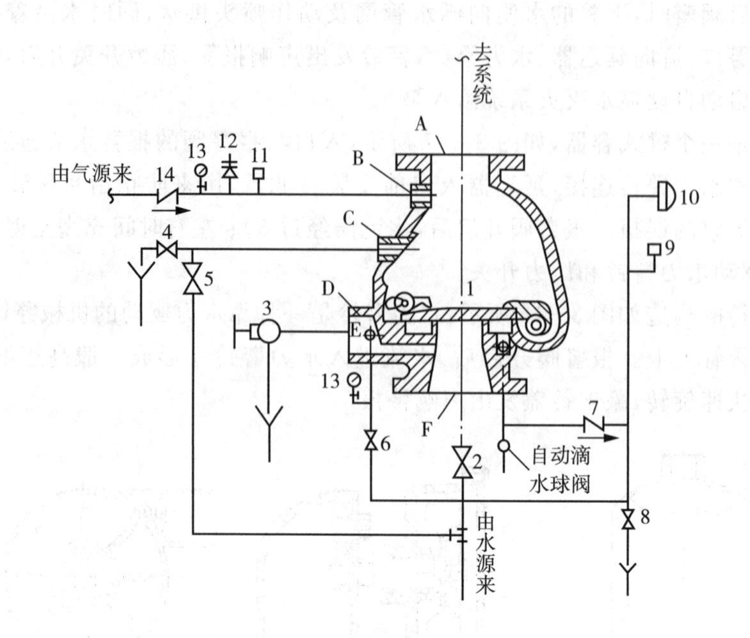

A—报警阀出口;B—充气口;C—注水排水口;D—主排水口;E—试警铃口;F—供水口;G—信号报警口;
1—报警阀;2—水源控制阀;3—主排水阀;4—排水阀;5—注水阀;6—试警铃阀;7—止回阀;
8—小孔阀;9—压力开关;10—警铃;11—低压压力开关;12—安全阀;13—压力表;14—止回阀。

图 3-20　干式报警阀组

干式报警阀的阀瓣、水密封阀座、气密封阀座组成隔断水、气的可动密封件。在准工作状态,报警阀处于关闭位置,橡胶面的阀瓣紧紧合于两个同心的水、气密封阀座上,内侧为水密封圈,外侧为气密封圈,内外侧之间的环形隔离室与大气相通,大气由报警接口配管通向平时开启的自动滴水球阀。在注水口加水,加到打开注水排水阀有水流出为止,然后关闭注水口。注水是为了使气垫圈起密封作用,防止系统中的空气泄漏到隔离室或大气中。只要管道的气压保持在适当值,阀瓣就始终处于关闭状态。

(3)雨淋报警阀组

雨淋报警阀是通过电动、液动、气动方法开启,使水能够自动流入喷水灭火系统并同时进行报警的一种单向阀。按照其结构可分为隔膜式、推杆式、活塞式、蝶阀式雨淋报警阀。雨淋报警阀广泛应用于雨淋系统、水幕系统、水雾系统、泡沫系统等各类开式自动喷水灭火系统中。雨淋报警阀组的组成如图 3-21 所示。

雨淋阀构造示意图如图 3-22 所示。雨淋阀是水流控制阀,可以通过电动、液动、气动及机械方式开启。雨淋阀的阀腔分成上腔、下腔和控制腔三部分。控制腔与供水管道连通,中间设限流传压的孔板。供水管道中的压力水推动控制腔中的膜片进而推动驱动杆顶紧阀瓣锁定杆,锁定杆产生力矩,把阀瓣锁定在阀座上。阀瓣使下腔的压力水不能进入上腔。控制腔泄压时,使驱动杆作用在阀瓣锁定杆上的力矩低于供水压力作用在阀瓣上的力矩,于是阀瓣开启,供水进入配水管道。

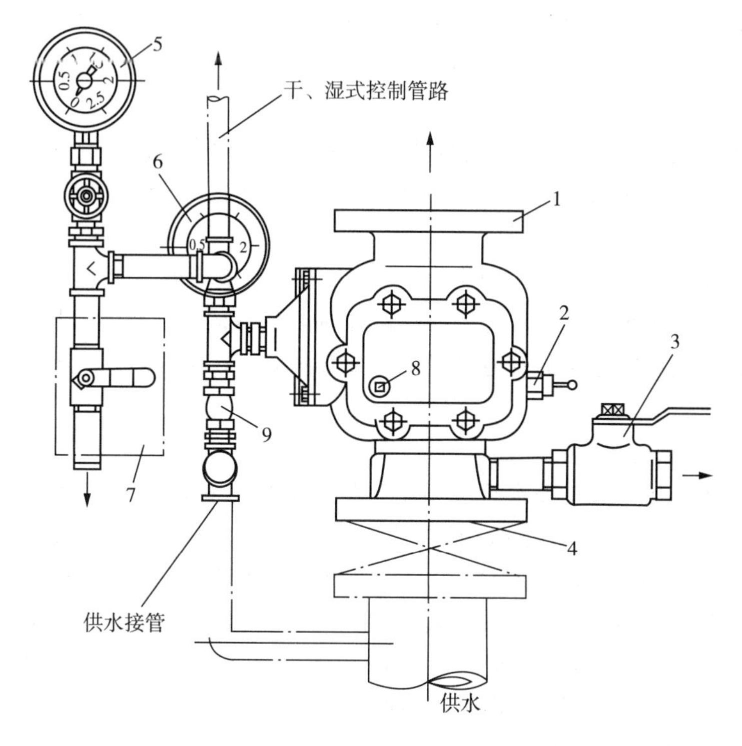

1—雨淋阀；2—自动滴水阀；3—排水球阀；4—供水控制阀；5—隔膜室压力表；
6—供水压力表；7—紧急手动控制装置；8—阀碟复位轴；9—节流阀。

图 3-21　雨淋报警阀组

(4)预作用报警装置

预作用报警装置由预作用报警阀组、控制盘、气压维持装置和空气供给装置等组成，是通过电动、气动、机械或者其他方式控制报警阀组开启，使水能够单向流入喷水灭火系统，同时进行报警的一种单向阀组装置。

(5)报警阀设置要求

在自动喷水灭火系统中设报警阀组时，为保护室内钢屋架等建筑构件的闭式系统，应设独立的报警阀组。水幕系统应设独立的报警阀组或感温雨淋阀。

串联接入湿式系统配水干管的其他自动喷水灭火系统，应分别设置独立的报警阀组，其控制的喷头数计入湿式阀组控制的喷头总数。湿式系统、预作用系统中一个报警阀组控制的喷头数不宜超过 800 只；干式系统不

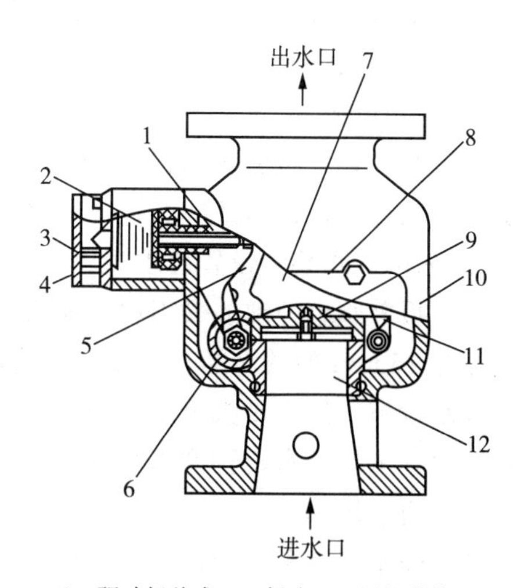

1—驱动杆总成；2—侧腔；3—固锥弹簧；
4—节流孔；5—锁止机构；6—复位手轮
7—上腔；8—检修盖板；9—阀瓣总成；
10—阀体总成；11—复位扭簧；12—下腔。

图 3-22　雨淋阀构造示意图

宜超过500只。当配水支管同时安装保护吊顶下方和上方空间的喷头时，应只将数量较多一侧的喷头计入报警阀组控制的喷头总数。每个报警阀组供水的最高与最低位置喷头的高程差不宜大于50 m。

雨淋阀组的电磁阀，其入口应设过滤器。并联设置雨淋阀组的雨淋系统，其雨淋阀控制腔的入口应设止回阀。连接报警阀进出口的控制阀应采用信号阀。当不采用信号阀时，控制阀应设锁定阀位的锁具。

报警阀组宜设在安全且易于操作的地点，报警阀距地面的高度宜为1.2 m。安装报警阀的部位应设有排水设施。水力警铃应设在有人值班的地点附近，其工作压力不应小于0.05 MPa，与报警阀连接的管道管径应为20 mm，总长不宜大于20 m。

3)水流指示器

(1)水流指示器的组成

水流指示器是用于自动喷水灭火系统中将水流信号转换成电信号的一种水流报警装置，一般用于湿式、干式、预作用、循环启闭式、自动喷水-泡沫联用系统中。水流指示器的叶片与水流方向垂直，喷头开启后引起管道中的水流动，当浆片或膜片感知水流的作用力时带动传动轴动作，接通延时线路，延时器开始计时。到达延时设定时间后叶片仍向水流方向偏转无法回位，电触点闭合输出信号。当水流停止时，叶片和动作杆复位，触点断开，信号消除。水流指示器的结构如图3-23所示。

(2)水流指示器设置要求

除报警阀组控制的喷头只保护不超过防火分区面积的同层场所，每个防火分区、每个楼层均应设水流指示器；仓库内顶板下喷头与货架内喷头应分别设置水流指示器；当在水流指示器入口前设置控制阀时，应采用信号阀。

4)末端试水装置

(1)装置组成

末端试水装置由试水阀、压力表以及试水接头等组成，其作用是检验系统的可靠性，测试干式系统和预作用系统的管道充水时间。末端试水装置构造如图3-24所示。

(2)末端试水装置设置要求

每个报警阀组控制的最不利点喷头处，应设末端试水装置，其他防火分区、楼层均应设直径为25 mm的试水阀。末端试水装置和试水阀应便于操作，且应有具备足够排水能力的排水设施。试水接头出水口的流量系数，应等同于同楼层或防火分区内喷头的最小流量系数。末端试水装置的出水，应采取孔口出流的方式排入排水管道。

5)管道系统

自动喷水系统配水管道的工作压力应不大于1.20 MPa，并不应设置其他用水设施。配水管道的布置，应使配水管入口的压力均衡。轻危险级、中危险级场所中各配水管入口的压力均不宜大于0.40 MPa。

配水管道应采用内外壁热镀锌钢管或符合现行国家或行业标准的涂覆其他防腐材料的钢管，以及铜管、不锈钢管。当报警阀入口前管道采用不防腐的钢管时，应在该段管道的报警阀前设过滤器。

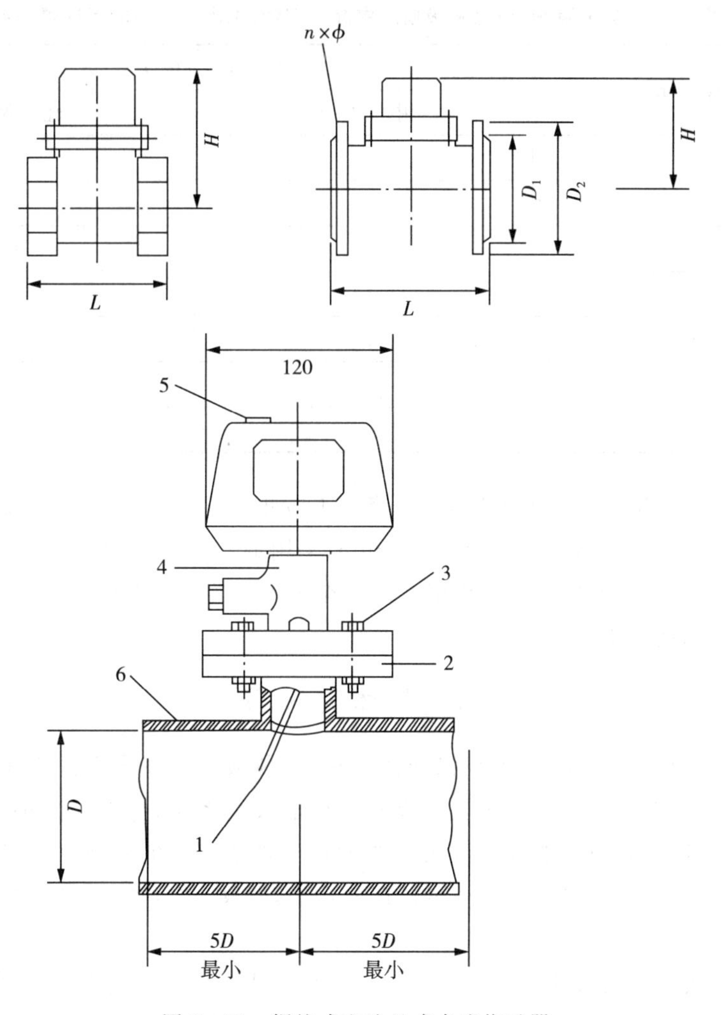

图 3 - 23　螺纹式和法兰式水流指示器

镀锌钢管应采用沟槽式连接件(卡箍)、丝扣或法兰连接。报警阀前采用内壁不防腐钢管时,可焊接连接。系统中直径等于或大于 100 mm 的管道,应分段采用法兰或沟槽式连接件(卡箍)连接。水平管道上法兰间的管道长度不宜大于 20 m;立管上法兰间的距离,不应跨越 3 个及以上楼层。净空高度大于 8 m 的场所内,立管上应有法兰。

轻危险级、中危险级场所中配水管两侧每根配水支管控制的标准喷头数,不应超过 8 只,同时在吊顶上下安装喷头的配水支管,上下侧均不应超过 8 只,见表 3 - 3 所列。严重危险级及仓库危险级场所均不应超过 6 只。

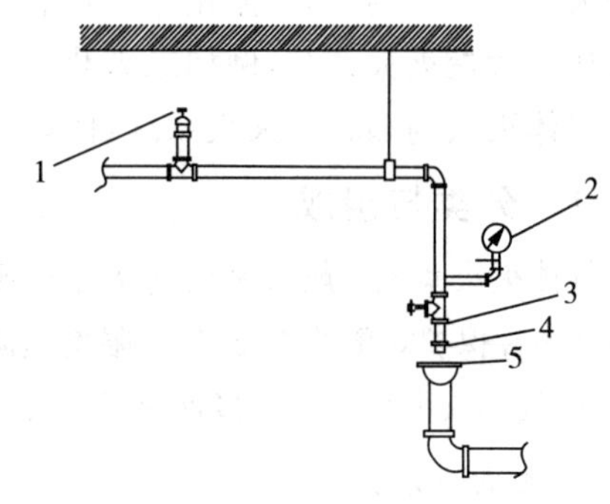

1—截止阀;2—压力表;3—试水接头;
4—排水漏斗;5—最不利点处喷头。

图 3 - 24　末端试水装置

表 3-3　轻危险级、中危险级场所中配水支管、配水管控制的标准喷头数

公称管径/mm	控制的标准喷头数/只	
	中危险级	轻危险级
25	1	1
32	3	3
40	5	4
50	10	8
65	18	12
80	48	32
100	—	64

短立管及末端试水装置的连接管，其管径不应小于 25 mm。干式系统、预作用系统的供气管道采用钢管时，管径不宜小于 15 mm；采用铜管时，管径不宜小于 10 mm。水平安装的管道宜有坡度，并应在坡向设泄水阀。充水管道的坡度不宜小于 2‰，准工作状态下不充水管道的坡度不宜小于 4‰。

3.3　气体灭火系统

气体灭火系统是指平时灭火剂以液体、液化气体或气体状态存贮于压力容器内，灭火时以气体（包括蒸汽、气雾）作为灭火介质喷射的灭火系统，并能在防护区空间内形成均一的气体浓度，而且至少能保持该灭火浓度达到规范规定的浸渍时间，实现扑灭该防护区的空间、立体火灾的目标。系统由贮存容器、容器阀、选择阀、液体单向阀、喷嘴和阀驱动装置组成。

卤代烷灭火系统具有化学稳定好、耐储存、腐蚀性小、不导电、毒性低、蒸发后不留痕迹、适用于扑救多种火灾等优点。由于卤代烷 1211 和 1301 等是耗损臭氧的物质，为了保护大气臭氧层，我国已停止生产卤代烷。在卤代烷替代阶段，一方面利用其他灭火系统替代卤代烷灭火系统，例如二氧化碳灭火系统和气溶胶灭火系统；另一方面研究新型洁净气体灭火剂和相应灭火系统，例如七氟丙烷灭火系统。

3.3.1　分类与组成

气体灭火系统一般由灭火剂储存装置、启动分配装置、输送释放装置、监控装置等组成。为满足各种保护对象的需要，最大限度地降低火灾损失，根据其充装灭火剂的种类、增压方式的不同，气体灭火系统具有多种应用形式。气体灭火系统组成示意图如图 3-25 所示。

1. 系统的分类

1）按使用的灭火剂分类

（1）二氧化碳灭火系统

二氧化碳灭火系统是以二氧化碳作为灭火介质的气体灭火系统。二氧化碳是一种惰性气体，对燃烧具有良好的窒息和冷却作用。

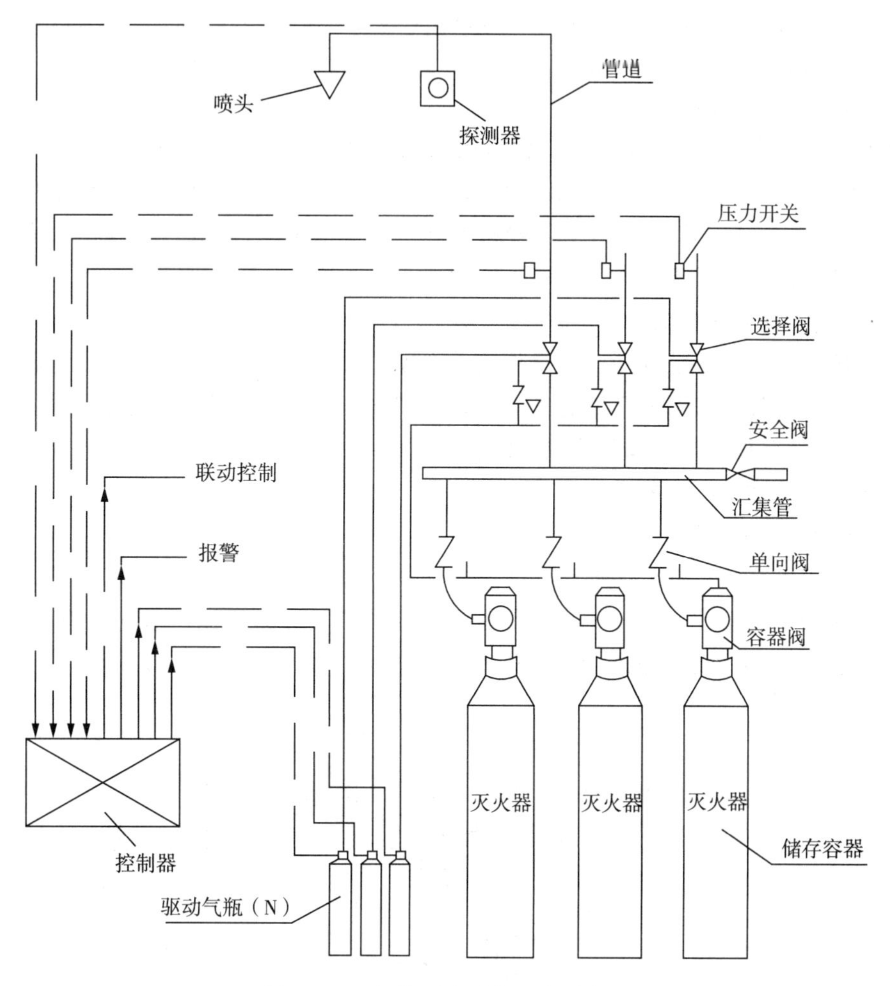

图 3－25　气体灭火系统组成示意图

二氧化碳灭火系统按灭火剂储存压力不同可分为高压系统(指将灭火剂在常温下储存的系统)和低压系统(指将灭火剂在－20℃～－18℃低温下储存的系统)两种应用形式。管网起点计算压力(绝对压力):高压系统应取 5.17 MPa,低压系统应取 2.07 MPa。

高压储存容器中二氧化碳的温度与储存地点的环境温度有关。因此,容器必须能够承受最高预期温度所产生的压力。储存容器中的压力还受二氧化碳灭火剂充装密度的影响。因此,要注意控制在最高储存温度下的充装密度,充装密度过大,会在环境温度升高时因液体膨胀造成保护膜片破裂而自动释放灭火剂。

低压系统储存容器内二氧化碳灭火剂温度利用保温和制冷手段被控制在－20℃～－18℃。典型的低压储存装置是在压力容器外包一个密封的金属壳,壳内有隔热材料,在储存容器一端安装一个标准的制冷装置,它的冷却蛇管装于储存容器内。

(2)七氟丙烷灭火系统

此系统是以七氟丙烷作为灭火介质的气体灭火系统。七氟丙烷灭火剂属于卤代烷灭火剂系列,具有灭火能力强、性能稳定的特点,但与卤代烷 1301 和卤代烷 1211 灭火剂相比，其臭氧层损耗能力(ODP)为0，全球温室效应潜能值(GWP)很小，不会破坏大气环境。但七氟丙烷灭火剂及其分解产物对人有毒性危害，使用时应引起重视。

(3)惰性气体灭火系统

惰性气体灭火系统包括：IG01(氩气)灭火系统、IG100(氮气)灭火系统、IG55(氩气、氮气)灭火系统、IG541(氩气、氮气、二氧化碳)灭火系统。由于惰性气体纯粹来自自然环境，是一种无毒、无色、无味、惰性且不导电的纯"绿色"压缩气体，故惰性气体灭火系统又被称为洁净气体灭火系统。

(4)热气溶胶灭火系统

热气溶胶灭火系统是以固态化学混合物(热气溶胶发生剂)经化学反应生成的具有灭火性质的气溶胶作为灭火介质的灭火系统。按气溶胶发生剂的主要化学组成可分为S型热气溶胶、K型热气溶胶和其他热气溶胶。

2)按系统的结构特点分类

(1)无管网灭火系统

无管网灭火系统是将灭火剂储存装置和喷放组件等经预先设计、组装成套成具有联动控制功能的灭火系统，又称预制灭火系统。该系统又分为柜式气体灭火装置(图3-26)和悬挂式气体灭火装置两种类型，其适应于较小的、无特殊要求的防护区。

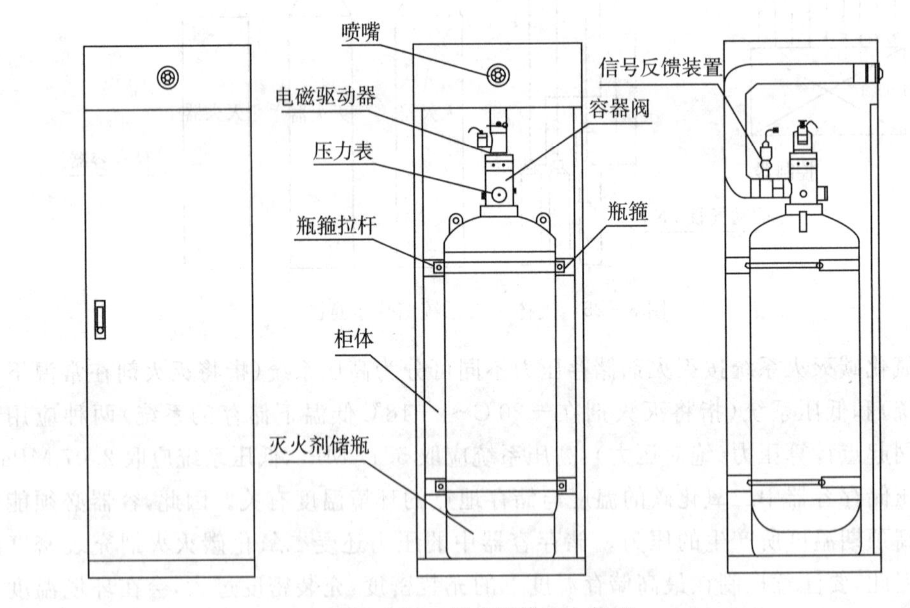

图3-26　柜式气体灭火装置

(2)管网灭火系统

管网灭火系统是指按一定的应用条件进行计算，将灭火剂从储存装置经由干管、支管输送至喷放组件实施喷放的灭火系统。管网系统又可分为组合分配系统和单元独立系统。

组合分配系统(图3-27)是指用一套灭火系统储存装置同时保护两个或两个以上防护区或保护对象的气体灭火系统。组合分配系统的灭火剂设计用量是按最大的一个防护区或保护对象来确定的，如组合中某个防护区需要灭火，则通过控制选择阀、容器阀等，定向释放灭火剂。这种灭火系统的优点是可使储存容器数和灭火剂用量大幅度减少，有较高应用价值。

单元独立系统是指用一套灭火剂储存装置保护一个防护区的灭火系统。一般说来，用单元独立系统保护的防护区在位置上是单独的，离其他防护区较远不便于组合，或是两个防护区相邻，但有同时失火的可能。对于一个防护区包括两个以上封闭空间，也可以用一个单元独立系统来保护，但设计时必须做到系统储存的灭火剂能够满足这几个封闭空间同时灭火的需要，并能同时供给它们各自所需的灭火剂量。当两个防护区需要灭火剂量较多时，也可采用两套或数套单元独立系统保护一个防护区，但设计时必须要求这些系统应同步工作。

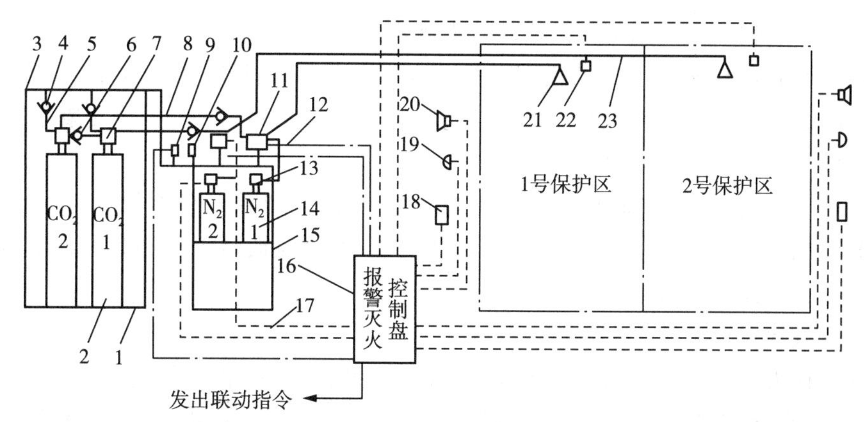

1—XT 灭火剂储瓶框架；2—灭火剂储瓶；3—集流管；4—液流单向阀；5—软管；6—气流单向阀；7—瓶头阀；8—启动管道；9—压力信号器；10—安全阀；11—选择阀；12—信号反馈线路；13—电磁阀；14—启动钢瓶；15—QXT 启动瓶框架；16—报警灭火控制盘；17—控制线路；18—手动控制盒；19—光报警器；20—声报警器；21—喷嘴；22—火灾探测器；23—灭火剂输送管道。

图 3－27　组合分配系统示意图

3）按应用方式分类

（1）全淹没灭火系统

全淹没灭火系统是指在规定的时间内，向防护区喷射一定浓度的气体灭火剂，并使其均匀地充满整个防护区的灭火系统。全淹没灭火系统的喷头均匀布置在防护区的顶部，火灾发生时，喷射的灭火剂与空气的混合气体迅速在此空间内建立有效扑灭火灾的灭火浓度，并将灭火剂浓度保持一段所需要的时间，即通过灭火剂气体将封闭空间淹没实施灭火。

（2）局部应用灭火系统

局部应用灭火系统指在规定的时间内向保护对象以设计喷射率直接喷射气体，在保护对象周围形成局部高浓度，并持续一定时间的灭火系统。局部应用灭火系统的喷头均匀布置在保护对象的四周，火灾发生时，将灭火剂直接而集中地喷射到保护对象上，使其笼罩整个保护对象外表面，即通过在保护对象周围局部范围内达到较高的灭火剂气体浓度实施灭火。

4)按加压方式分类

(1)自压式气体灭火系统

指灭火剂无须加压而是依靠自身饱和蒸气压力进行输送的灭火系统。

(2)内储压式气体灭火系统

指灭火剂在瓶组内用惰性气体进行加压储存,系统动作时灭火剂靠瓶组内的充压气体进行输送的灭火系统。

(3)外储压式气体灭火系统

指系统动作时灭火剂由专设的充压气体瓶组按设计压力对其进行充压的灭火系统。

2. 系统的组成

1)高压二氧化碳灭火系统及内储压式七氟丙烷灭火系统

这类系统由灭火剂瓶组、驱动气体瓶组(可选)、单项阀、选择阀、驱动装置、集流管、连接管、喷头、信号反馈装置、安全泄放装置、控制盘、检漏装置、管道管件及吊钩支架等组成。

2)外储压式七氟丙烷灭火系统

该系统由灭火剂瓶组、加压气体瓶组、驱动气体瓶组(可选)、单项阀、选择阀、减压装置、驱动装置、集流管、连接管、喷头、信号反馈装置、安全泄放装置、控制盘、检漏装置、管道管件及吊钩支架等组成。

3)惰性气体灭火系统

惰性气体灭火系统由灭火剂瓶组、驱动气体瓶组(可选)、单项阀、选择阀、减压装置、驱动装置、集流管、连接管、喷头、信号反馈装置、安全泄放装置、控制盘、检漏装置、管道管件及吊钩支架等组成。

4)低压二氧化碳灭火系统

该系统由灭火剂储存装置、总控阀、驱动器、喷头、管道超压泄放装置、信号反馈装置、控制器等组成。

3.3.2 系统工作原理与适用范围

气体灭火系统主要有自动、手动、机械应急手动和紧急启动/停止四种控制方式,但他们的工作原理却因其灭火剂种类、灭火方式、结构特点、加压方式和控制方式的不同而各不相同,下面列举部分气体灭火系统分别进行介绍。

1. 系统工作原理

1)高压二氧化碳灭火系统、内储压式七氟丙烷灭火系统与惰性气体灭火系统

平时,系统处于准工作状态。当防护区发生火灾,产生的烟雾、高温和光辐射使烟感、温感、感光等探测器探测到火灾信号,探测器将火灾信号转变为电信号传送到报警灭火控制器,控制器自动发出声光报警并经逻辑判断后,启动联动装置,经过一段时间延时,发出系统启动信号,启动驱动气体瓶组上的容器阀释放驱动气体,打开通向发生火灾的防护区的选择阀,同时打开灭火剂瓶组的容器阀,各瓶组的灭火剂经连接管汇集到集流管,通过选择阀到达安装在防护区内的喷头进行喷放灭火,同时安装在管道上的信号反馈装置动作,将信号传送到控制器,由控制器启动防护区外的释放警示灯和警铃。

另外，通过压力开关可监测系统是否正常工作，若启动指令发出，而压力开关的信号未反馈，则说明系统存在故障，值班人员应在听到事故报警后尽快赶到储瓶间，手动开启储存容器上的容器阀，人工启动灭火系统。

2)外储压式七氟丙烷灭火系统

控制器发出系统启动信号，启动驱动气体瓶组上的容器阀释放驱动气体，打开通向发生火灾的防护区的选择阀，同时加压单元气体瓶组的容器阀，加压气体经减压进入灭火剂瓶组，加压后的灭火剂经连接管汇集到集流管，通过选择阀到达安装在防护区内的喷头进行喷放灭火。

3)气溶胶灭火系统

气溶胶是指以空气为分散介质，以固态或液态的微粒为分散质的胶体体系。当气溶胶中的分散质(固体或液体微粒)具有了灭火性质，可以用来扑灭火灾，这种气溶胶称为气溶胶灭火剂。按产生的方式，气溶胶灭火剂可分为 2 类，即以固体组合物燃烧而产生的热气溶胶(凝结型)灭火剂和以机械分散方式产生的冷气溶胶(分散型)灭火剂。按分散介质不同，气溶胶灭火剂又可分为固基气溶胶和水基气溶胶 2 种。

热气溶胶灭火剂的成分依据气溶胶发生剂配方设计中所选原材料的不同而存在一定差异，但基本组成基本一致，一般由以下两部分组成：

(1)固体微粒：主要是金属氧化物(MeO)、碳酸盐($MeCO_3$)及碳酸氢盐($MeHCO_3$)。

(2)气体：主要是 N_2 和少量的 CO_2，以及微量的 CO、NO_x、O_2，水蒸气和极少量吊顶碳氢化合物。大多数气溶胶灭火剂中固体微粒占总质量的 40%(体积比约为 20%)，其余 60%为气体(体积比约为 98%)。这一比例根据发生剂配方不同而存在一定的差异。

根据热气溶胶灭火剂发生剂所采用氧化剂的不同，将热气溶胶灭火剂分为 K 型和 S 型。K 型热气溶胶灭火剂是指其发生剂中采用 KNO_3 作为主氧化剂，且质量分数达到 30%以上；S 型热气溶胶灭火剂是指其发生剂中采用 $Sr(NO_3)_2$ 作为主氧化剂，同时以 KNO_3 作为辅氧化剂，其中 $Sr(NO_3)_2$ 和 KNO_3 的质量分数在发生剂中分别为 35%～50%、10%～20%。相对于 K 型气溶胶，S 型气溶胶灭火剂不仅具有较好的灭火效能，而且有较高的洁净度，气溶胶喷洒后的残留物对于电子设备的影响较小。

S 型气溶胶灭火机理：

(1)吸热降温灭火机理：金属盐微粒在高温下吸收大量的热，发生热熔、气化等物理吸热过程，火焰温度被降低，进而辐射到可燃烧物燃烧面的用于气化可燃物分子和将已气化的可燃烧分子裂解成自由基的热量就会减少，燃烧反应速度得到一定抑制。

(2)气相化学抑制：在热作用下，灭火气溶胶中分解的气化金属离子或失去电子的阳离子可以与燃烧中的活性基团发生亲和反应，反复大量消耗活性基团，减少燃烧自由基。

(3)固相化学抑制：灭火气溶胶中的微粒粒径很小(10^{-9}～10^{-6} m)，具有很大的表面积和表面能，可吸附燃烧中的活性基团，并与之发生化学作用，大量消耗活性基团，减少燃烧自由基。

(4)降低氧浓度：灭火气溶胶中的 N_2、CO_2 可降低燃烧中氧浓度，但其速度是缓慢的，灭火作用远远小于吸热降温、化学抑制的作用。

2. 系统使用范围

气体灭火系统根据其灭火剂种类、灭火机理不同，其适用的范围也各不相同，下面分类进行介绍。

1)二氧化碳灭火系统

二氧化碳灭火系统可用于扑救下列火灾：

(1)灭火前可切断气源的气体火灾。

(2)液体火灾或石蜡、沥青等可熔化的固体火灾。

(3)固体表面火灾及棉毛、织物、纸张等部分固体深位火灾及电气火灾。

该系统不适用于扑救下列火灾：

(1)硝化纤维、火药等含氧化剂的化学制品火灾。

(2)钾、钠、镁、钛、锆等活泼金属火灾。

(3)氢化钾、氢化钠等金属氢化物火灾。

(4)二氧化碳全淹没系统不应用于有人停留的场所。

2)七氟丙烷灭火系统

七氟丙烷灭火系统适用于扑救下列火灾：

(1)电气火灾。

(2)固体表面火灾。

(3)液体火灾。

(4)灭火前可切断气源的气体火灾。

该系统不适用于扑救下列火灾：

(1)硝化纤维、硝酸钠等氧化剂或含氧化剂的化学制品火灾。

(2)钾、镁、钠、钛、镐、铀等活泼金属火灾。

(3)氢化钾、氢化钠等金属氢化物火灾。

(4)过氧化氢、联胺等能自行分解的化学物质火灾及可燃固体物质的深位火灾。

3)热气溶胶灭火系统

按灭火装置充装气溶胶发生剂的主化学成分可分为S型气溶胶灭火装置和K型气溶胶灭火装置。

K型和S型气溶胶灭火装置适用于扑救下列初期火灾：

(1)变(配)电间、发电机房、电缆夹层、电缆井(沟)等场所的火灾。

(2)生产和使用或贮存柴油(35#柴油除外)、重油、变压器油、动植物油等丙类可燃液体场所的火灾。

(3)可燃固体物质的表面火灾。

S型气溶胶灭火装置适用于扑救下列火灾(不可采用K型气溶胶灭火装置)，包括计算机房、通信机房、通信基站、数据传输及储存设备等精密电子仪器场所的火灾。

气溶胶灭火装置不能用于扑救下列物质的火灾：

(1)无空气仍能氧化的物质，如硝酸纤维、火药等。

(2)活泼金属，如钾、钠、镁、钛等。

(3)能自行分解的化合物,如某些过氧化物、联氨等。

(4)金属氢化物,如氰化钾、氢化钠等。

(5)能自燃的物质,如磷等。

(6)强氧化剂,如氧化氮、氟等。

(7)可燃固体物质的深位火灾。

(8)人员密集场所火灾,如影剧院、礼堂等。

(9)有爆炸危险的场所火灾,如含有易发生爆炸危险的粉尘的工房等。

(10)超洁净环境,如制药车间、芯片加工场所、医疗间等。

3.3.3　系统主要组建及设置要求

二氧化碳灭火系统一般为管网灭火系统,管网灭火系统由灭火剂储存装置、容器阀、选择阀、压力开关、安全阀、喷嘴、管道及其附件等组件组成。本节主要介绍系统组件及其设置要求。

1. 二氧化碳灭火系统

1)储存装置

高压系统的储存装置应由储存容器、容器阀、单向阀和集流管等组成。储存装置的环境温度应为0℃～49℃。储存容器的工作压力不应小于15 MPa,储存容器或容器阀上应设泄压装置,其泄压动作压力应为19±0.95 MPa。储存容器中二氧化碳的充装系数应按国家现行《气瓶安全监察规定》执行。

低压系统的储存装置应由储存器、容器阀、安全泄压装置、压力表、压力报警装置和制冷装置等组成。储存容器的设计压力不应小于2.5 MPa,并应采取良好的绝热措施。储存容器上至少应设置两套安全泄压装置,其泄压动作压力应为2.38±0.12 MPa。储存装置的高压报警压力设定值应为2.2 MPa,低压报警压力设定值应为1.8 MPa。储存容器中二氧化碳的装置系数应按国家现行《压力容器安全技术监察规程》执行。容器阀应能在喷出要求的二氧化碳量后自动关闭。储存装置的环境温度宜为−23℃～49℃。

储存容器中充装的二氧化碳应符合现行国家标准《二氧化碳灭火剂》(GB 4396—2005)的规定,应设称重检漏装置,当储存容器中充装的一氧化碳量损失10%时,应及时补充。

储存装置宜设在专用的储存容器间内,应方便检查和维护,并应避免阳光直射。局部应用灭火系统的储存装置可设置在固定的安全围栏内。专用的储存容器间的设置应靠近防护区,出口应直接通向室外或疏散走道;耐火等级不应低于二级,室内应保持干燥和良好通风。

2)选择阀与喷头

在组合分配系统中,每个防护区或保护对象应设一个选择阀。选择阀的位置宜靠近储存容器,并应便于手动操作,方便检查维护。选择阀可采用电动、气动或机械操作方式。选择阀的工作压力:高压系统不应小于12 MPa,低压系统不应小于2.5 MPa。系统启动时,选择阀应在容器阀动作之前打开或同时打开。

全淹没灭火系统的喷头布置应使防护区内二氧化碳分布均匀,应接近天花板或屋顶安装。设置在粉尘或喷漆作业等场所的喷头,应增设不影响喷射效果的防尘罩。

3)管道及其附件

高压系统管道及其附件应能承受最高环境温度下二氧化碳的储存压力,低压系统管道及其附件应能承受4.0 MPa的压力。管道应采用符合现行国家标准《输送流体用无缝钢管》(GB/T 8163—2018)的规定,并应进行内外表面镀锌防腐处理。对镀锌层有腐蚀的环境,管道可采用不锈钢管、铜管或其他抗腐蚀的材料。挠性连接的软管必须能承受系统的工作压力和温度,并宜采用不锈钢软管。

低压系统的管网中应采取防膨胀收缩措施。在可能产生爆炸危险的场所,管网应吊挂安装并采取防晃措施。管道可采用螺纹连接、法兰连接或焊接。公称直径等于或小于80 mm的管道,宜采用螺纹连接;公称直径大于80 mm的管道,宜采用法兰连接。在管网中阀门之间的封闭管段应设置泄压装置,对于其泄压动作压力:高压系统应为15±0.75 MPa,低压系统应为2.38±0.12 MPa。

2. 七氟丙烷灭火系统

储存容器或容器阀以及组合分配系统集流管上的安全泄压装置的动作压力,应符合下列规定:

(1)储存容器增压压力为2.5 MPa时,应为5.0±0.25 MPa(表压);

(2)储存容器增压压力为4.2 MPa,最大充装量为950 kg/m^3时,应为7.0±0.35 MPa(表压);最大充装量为1120 kg/m^3时,应为8.4±0.42 MPa(表压);

(3)储存容器增压压力为5.6 MPa时,应为10.0±0.50 MPa(表压)。

增压压力为2.5 MPa的储存容器宜采用焊接容器;增压压力为4.2 MPa的储存容器,可采用焊接容器或无缝容器;增压压力为5.6 MPa的储存容器,应采用无缝容器。在容器阀和集流管之间的管道上应设单向阀。

3. 热气溶胶灭火系统

气溶胶发生剂的主要性能指标应符合表3-4～表3-6规定。

表3-4 气溶胶发生剂主要性能

项目	技术指标
发气量/($mL \cdot g^{-1}$)	≥300
含水率/%	≤2.0
吸湿率/%	≤5.0
热安定性:试验前后发气量变化量/($mL \cdot g^{-1}$)	±10
撞击感度/%	0
静电感度/%	0
摩擦感度/%	0
密度/($g \cdot cm^{-3}$)	厂方公布值±0.1

表 3-5　热气溶胶灭火剂主要性能(S 型)

项目	技术指标
点绝缘性/kV	≥3.00
毒性	试验结束后小鼠不应丧失逃离能力； 试验结束后 3 d 之内小鼠不应死亡
降尘率/($g \cdot m^{-3}$)	≤0.8
固态沉降物吸湿性/($m \cdot m^{-1}$)	≤0.5
固态沉降物绝缘强度/MΩ	≥20
水溶液 pH 值	7.0～8.5
固态沉降物腐蚀性	黄铜板颜色无明显变化

表 3-6　热气溶胶灭火剂主要性能(K 型)

项目	技术指标
电绝缘性/kV	≥3.00
毒性	试验结束后小鼠不应丧失逃离能力； 试验结束后 3 d 之内小鼠不应死亡
降尘率/($g \cdot m^{-3}$)	≤9.0
固态沉降物吸湿性/($m \cdot m^{-1}$)	≤0.8
固态沉降物绝缘强度/MΩ	≥1
水溶液 pH 值	7.0～9.5

3.4　干粉灭火系统

干粉是一种干燥的、易于流动的微细固体粉末。干粉灭火剂是由灭火基料(如小苏打、碳酸铵、磷酸的铵盐等)和适量润滑剂(硬脂酸镁、云母粉、滑石粉等)、少量防潮剂(硅胶)混合后共同研磨制成的细小颗粒，是用于灭火的且易于飘散的干燥固体粉末灭火器，主要用于扑救石油、有机溶剂等易燃液体、可燃气体和电气设备的初期火灾。

干粉灭火器利用二氧化碳气体或氮气气体作为动力，将筒内的干粉喷出以达灭火的目的。干粉灭火器可扑灭一般火灾和由油、气等燃烧引起的火灾。干粉在灭火过程中，粉雾与火焰接触、混合，发生一系列物理和化学作用后既具有化学灭火剂的作用，同时又具有物理抑制剂的特点，其灭火机理如下。

1. 化学抑制作用

干粉灭火剂的灭火组分是燃烧的非活性物质，当把干粉灭火剂加入燃烧区域火焰混合后，干粉粉末 M 与火焰中的自由基接触时，捕获 OH· 和 H·，自由基被瞬时吸附在粉末表面。当大量的粉末以雾状形式喷向火焰时，火焰中的自由基被大量吸附和转化，使自由基数量急剧减少，燃烧反应链中断，最终火焰熄灭。

2. 隔离作用

干粉灭火系统喷出的固体粉末覆盖在燃烧物表面，构成阻碍燃烧的隔离层。特别当粉末覆盖达到一定厚度时，还可以起到防止复燃的作用。

3. 冷却与窒息作用

干粉灭火剂在动力气体推动下喷向燃烧区进行灭火时，干粉灭火剂的基料在火焰高温作用下，将会发生一系列分解反应，钠盐和钾盐干粉在燃烧区吸收部分热量，并放出水蒸气和二氧化碳气体，起到冷却和稀释可燃气体的作用。磷酸盐等化合物还具有导致碳化的作用，它附着于着火固体表面可碳化，碳化物是热的不良导体，可使燃烧过程变得缓慢，使火焰的温度降低。

3.4.1 分类与组成

干粉灭火系统根据其灭火方式、保护情况、驱动气体储存方式等的不同可分为10余种类型。

1. 干粉灭火系统的组成

干粉灭火系统在组成上与气体灭火系统相类似，由干粉灭火设备和自动控制装置两大部分组成。前者由干粉储罐、动力气瓶、减压阀、输粉管道以及喷嘴等组成。后者由火灾探测器、启动瓶、报警控制器等组成，如图3-28所示。

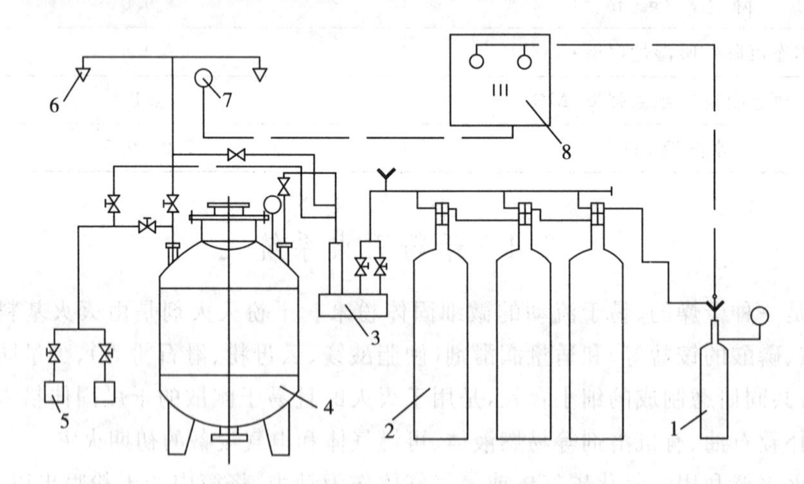

1—启动气体瓶组；2—高压驱动气体瓶组；3—减压器；4—干粉储罐；
5—干粉枪及卷盘；6—喷嘴；7—火灾探测器；8—控制装置。

图3-28 干粉灭火系统组成示意图

2. 干粉灭火系统的分类

1)按灭火对象分类

(1)普通干粉灭火剂(又称BC干粉灭火剂)，是由碳酸氢钠(92%)、活性白土(4%)、云母粉和防结块添加剂(4%)组成。普通干粉主要用于扑救可燃液体火灾、可燃气体火灾以及带电设备的火灾。

(2)多用途干粉灭火剂(又称ABC干粉灭火剂),是由磷酸二氢钠(75%)和硫酸铵(20%)以及催化剂、防结块剂(3%)、活性白土(1.85%)、氧化铁黄(0.15%)组成。多用途干粉灭火剂不仅适于扑救可燃液体、可燃气体和带点设备,还适于扑救一般固体物质火灾。

(3)其他功能型灭火剂,商用的有D类、烷基铝类、其他金属类等,主要扑救金属火灾。

2)按灭火方式分类

(1)全淹没式干粉灭火系统

指将干粉灭火剂释放到整个防护区,通过在防护区空间建立起灭火浓度来实施灭火的系统形式。该系统的特点是对防护区提供整体保护,适用于较小的封闭空间、火灾燃烧表面不易确定且不会复燃的场合,如油泵房等类场合。

(2)局部应用式干粉灭火系统

指通过喷嘴直接向火焰或燃烧表面以实施灭火的系统。当不宜在整个房间建立灭火浓度或仅保护某一局部范围、某一设备、室外危险场所等,可选择应用式干粉灭火系统,例如用于保护甲、乙、丙类液体的敞顶罐或槽,不怕粉末污染的电气设备以及其他场所等。

(3)手持软管干粉灭火系统

手持软管干粉灭火系统具有固定的干粉供给源,并配备有一条或数条输送干粉灭火剂的软管及喷枪,火灾时通过人为操作实施灭火。

3)按系统保护情况分类

(1)组合分配系统

当一个区域有几个保护对象且每个保护对象发生火灾后又不会蔓延时,可选用组合分配系统,即用一套系统同时保护多个保护对象。

(2)单元独立系统

若火灾的蔓延情况不能被预测,则对每个保护对象应单独设置一套保护系统,即单元独立系统。

4)按驱动气体储存方式分类

(1)储气式干粉灭火系统

指将驱动气体(氮气或二氧化碳气体)单独储存在储气瓶中,灭火时,再将驱动气体充入干粉储罐,进而携带驱动干粉喷射实施灭火。干粉灭火系统大多数采用的是该种系统形式。

(2)储压式干粉灭火系统

指将驱动气体与干粉灭火剂同储于一个容器,灭火时直接启动干粉储罐。这种系统结构比储气系统简单,但要求驱动气体不能泄漏。

(3)燃气式干粉灭火系统

指驱动气体不采用压缩气体,而是在火灾时点燃燃气发生器内的固体燃料,通过生产的燃气压力来驱动干粉喷射实施灭火。

3.4.2 系统工作原理与适用范围

干粉灭火系统启动方式可分为自动控制、手动控制，本节主要介绍系统各类控制方式的工作原理与适用范围。

1. 系统的工作原理

1)自动控制方式

当保护对象着火后，温度上升达到规定值，探测器发出火灾信号到达控制器，然后由控制器打开相应报警设备(如声光及警铃)，当启动机构接收到控制器的启动信号后将启动瓶打开，启动瓶内的氮气通过管道将高压驱动气体瓶组的瓶头阀打开，瓶中的高压驱动气体进入集气管，经过高压阀进入减压阀，减压至规定压力后，通过进气阀进入干粉储罐内，搅动罐中干粉灭火剂，使罐中干粉灭火剂疏松形成便于流动的气粉混合物，当干粉罐内的压力上到规定压力数值时，定压动作机构开始动作，打开干粉罐出口球阀，干粉灭火剂则经过总阀门、选择阀、输粉管和喷嘴向着火对象，或者经喷枪射到着火对象的表面，进行灭火。

为了提高系统的可靠性，最大限度地避免由探测器误报引起灭火系统误动作，从而带来不必要的经济损失，通常在保护场所设置两种不同类型或两组同一类型的探测器进行复合探测。只有当两种不同类型或两组同一类型的火灾探测器均检测出保护场所存在火灾时，才能发出启动灭火系统的指令。

2)手动控制方式

手动启动装置是防护区内或保护对象附近的人员在发现火险时启动灭火系统的手段之一，故要求它们安装在靠近防护区或保护对象同时又能够确保操作人员安全的位置。为了避免操作人员在紧急情况下错按其他按钮，在所有手动启动装置处都应明显地标示出其对应的防护区或保护对象的名称。

手动紧急停止装置是在系统启动后的延迟时段内发现不需要或不能够实施喷放灭火剂的情况时可采用的一种使系统中止下来的手段。产生这种情况的原因很多，比如有人错按了启动按钮；火情未到非启动灭火系统不可的地步，可改用其他简易灭火手段；区域内还有人员尚未完全撤离等。一旦系统开始喷放灭火剂，手动紧急停止装置便失去了作用。启用紧急停止装置后，虽然系统控制装置停止了后继动作，但干粉储罐增压仍然继续，系统处于蓄势待发的状态，这时仍有可能需要重新启动系统，释放灭火剂。根据使用对象和场合的不同，灭火系统亦可与感温、感烟探测器联动。在经常有人的地方也可采用半自动操作方式，即人工确认火灾，启动手动按钮就完成了全部喷粉灭火动作。

2. 系统适用范围

干粉灭火系统迅速可靠，尤其适用于火焰蔓延迅速的易燃液体，它造价低，占地小，不冻结，对于无水及寒冷的我国北方尤为适宜。

干粉灭火系统可用于扑救下列火灾：

(1)灭火前可切断气源的气体火灾。

(2)易燃/可燃液体和可熔化固体火灾。

(3)可燃固体表面火灾。

(4)带电设备火灾。

干粉灭火系统不得用于扑救下列物质的火灾：

(1)硝化纤维、炸药等无空气仍能迅速氧化的化学物质与强氧化剂。

(2)钾、钠、镁、钛、锆等活泼金属及其氢化物。

3.4.3　系统主要组建及设置要求

1. 储存装置

储存装置宜由干粉储存容器、容器阀、安全泄压装置、驱动气体储瓶、瓶头阀、集流管、减压阀、压力报警及控制装置等组成。

干粉储存容器、驱动气体储瓶及其充装系数应符合国家现行标准《压力容器安全技术监察规程》《气瓶安全监察规定》的规定。干粉储存容器设计压力可取 1.6 MPa 或 2.5 MPa压力级；其干粉灭火剂的装量系数不应大于 0.85；其增压时间不应大于 30 s。安全泄压装置的动作压力及额定排放量应按现行国家标准《干粉灭火系统及部件通用技术条件》(GB 16668—2010)执行。

驱动气体应选用惰性气体，宜选用氮气；二氧化碳含水率不应大于 0.015%(m/m)，其他气体含水率不得大于 0.006%(m/m)；驱动压力不得大于干粉储存容器的最高工作压力。储存装置的布置应方便检查和维护，并宜避免阳光直射，其环境温度应为 −20℃～50℃。储存装置宜设在专用的储存装置间内。专用储存装置间满足：应靠近防护区，出口应直接通向室外或疏散通道；耐火等级不应低于二级；宜保持干燥和良好通风，并应设应急照明设施；当采取防湿、防冻、防火等措施后，局部应用灭火系统的储存装置可设置在固定的安全围栏内。

2. 选择阀和喷头

在组合分配系统中，每个防护区或保护对象应设一个选择阀。选择阀的位置宜靠近干粉储存容器，并便于手动操作，方便检查和维护。选择阀应采用快开型阀门，其公称直径应与连接管道的公称直径相等；选择阀可采用电动、气动或液动驱动方式，并应有机械应急操作方式。阀的公称压力不应小于干粉储存容器的设计压力。系统启动时，选择阀应在输出容器阀动作之前打开。

喷头应有防止灰尘或异物堵塞喷孔的防护装置，防护装置在灭火剂喷放时应能被自动吹掉或打开；喷头的单孔直径不得小于 6 mm。

3. 管道及附件

管道及附件应能承受最高环境温度下的工作压力。管道应采用无缝钢管。管道及附件应进行内外表面防腐处理；对防腐层有腐蚀的环境，管道及附件可采用不锈钢、铜管或其他耐腐蚀的不燃材料；输送启动气体的管道，宜采用铜管。

管道可采用螺纹连接、沟槽(卡箍)连接、法兰连接或焊接。公称直径等于或小于

80 mm的管道，宜采用螺纹连接；公称直径大于 80 mm 的管道，宜采用沟槽(卡箍)或法兰连接。

管网中阀门之间的封闭管段应设置泄压装置，其泄压动作压力取工作压力的 115%±5%；在通向防护区或保护对象的灭火系统主管道上，应设置压力信号器或流量信号器。在可能产生爆炸的场所，管网宜吊挂安装并采取防晃措施。

3.5 其他灭火系统

3.5.1 烟雾灭火系统

烟雾灭火系统是一项主要用于贮存甲、乙、丙类液体的固定顶和内浮顶储罐的灭火技术，特别适用于缺水、缺电和交通不便地区的储库灭火。烟雾灭火剂在烟雾灭火器内进行燃烧反应产生烟雾灭火气体，喷射到储罐着火液面的上方空间，形成一种均匀而浓厚的灭火气体层，是一种用于扑救储罐初起火灾的自动灭火系统。

1. 系统的组成

烟雾灭火系统由烟雾产生器、烟雾灭火剂、引燃装置、喷射装置、漂浮装置等其他附件组成。

1)烟雾产生器

烟雾产生器的壳体宜选用低碳素钢板或压力容器用低合金钢板，内壁应涂刷防锈油漆。罐内式系统壳体的设计压力不应小于 1.0 MPa，罐外式系统壳体的设计压力不应小于 1.6 MPa。

2)烟雾灭火剂

烟雾灭火剂由硝酸钾、木炭、硫黄、三聚氰胺、碳酸氢钾组成；烟雾灭火剂的燃烧速度应控制在 1.1～1.5 mm/s 范围内，产生的氮气、二氧化碳等惰性气体占 85.5%以上，对火灾有窒息作用。

3)引燃装置

引燃装置感温元件的公称动作温度应高出储罐最高贮存温度 30℃，且不宜低于 110℃，误差应控制在±5℃范围内。导火索的燃烧速度应大于 1.0 m/s。缠绕在筛孔导流筒上的导火索药芯燃烧速度宜为 0.025～0.04 m/s，导火索的螺旋缠绕间距宜为 55～60 mm。导火索的保护管应选用热镀锌钢管。

4)喷射装置

喷射装置宜由冷轧钢板制成，喷孔圈应采用无缝钢管，设计压力不应小于 1.0 MPa。导烟管应采用无缝钢管，钢管壁厚不应小于 4 mm。导烟管及其连接法兰的公称压力不应小于 1.6 MPa。

5)漂浮装置

漂浮装置由浮漂、三翼定位支腿和脚轮组成。浮漂宜由冷轧钢板制成，与储罐液面的距离宜为 0.2 m。三翼定位支腿的浮筒应由金属材料制成，气密性试验压力不应低于 0.1 MPa；浮筒间应采用带铜套的铰链连接。脚轮宜由铜或铝制成。

6)附件

罐外式系统的保护箱、平台、高度调节装置、固定支架、拉杆或支撑杆等附件,应满足系统强度和防腐要求。密封膜宜选用耐油、耐水的聚酯薄膜;密封剂宜选用室温下可固化的黏结剂。

2. 系统工作原理

烟雾自动灭火机按照安装形式的不同可分为罐内式、罐外式。罐内式包括罐内式、三翼浮漂式,罐外式即自动灭火机装在罐体外。

1)罐内式烟雾灭火系统

罐内式烟雾灭火系统是烟雾产生器等系统组件全部安装在油罐内,并漂浮在液面中部的烟雾灭火系统,简称罐内式(图3-29)。此系统由烟雾发生器、浮漂和脚轮、三翼定位支腿等组成。当储油罐起火后,罐内温度达到110℃时,烟雾灭火器头盖上的易熔合金探头自行熔化脱落,由火焰直接点燃导火索,通过中心导火索,把火传递至各放药盘上的导火索,油罐起火后,当罐内空间温度上升到110℃时,烟雾发生器头盖上的易熔合金探头自动熔化脱落,通过中心导火索,各放药盘上的烟雾灭火剂几乎同时发生燃烧反应,从而将导燃装置的烟雾灭火剂引燃,灭火烟气冲破密封膜从喷孔迅速地喷出,并在油罐内迅速形成均匀而浓厚的灭火烟雾层,通过窒息、隔离和金属离子的化学抑制作用灭火。

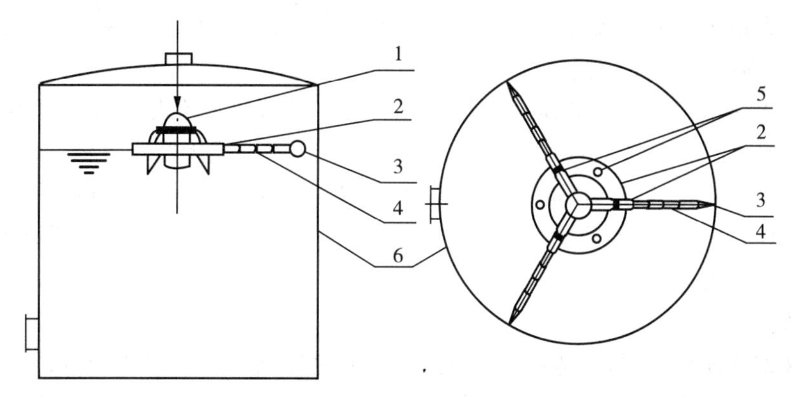

1—烟雾产生器;2—浮漂;3—脚轮;4—三翼定位支腿;5—呼吸阀;6—罐壁。

图3-29　罐内式烟雾灭火系统示意图

2)罐外式烟雾灭火系统

罐外式烟雾灭火系统的结构主要包括发烟装置(内装烟雾灭火剂)、导烟装置、引火装置及附件四部分(图3-30)。当储罐内油品着火后,罐内温度急剧上升,感温探头的易熔合金壳体熔化,火焰点燃壳体内的消防引线,消防引线引燃发烟器内的灭火剂,产生大量含有氮气、二氧化碳及金属氧化物的烟雾气溶胶气体,以较高速度和一定压力喷射至储罐内,切割和覆盖火焰,降低燃烧区的氧含量和可燃蒸气的浓度,同时对燃烧的链式反应起抑制作用,使火焰熄灭。

罐外式烟雾灭火系统对罐内工艺装置无严格要求,对油罐液面波动无要求,现场安装、维护、更换药剂也方便。与罐内式系统相比,其结构简单,探测灵敏,启动速度快,灭火药剂和引燃设施使用期长，安装维护方便，投资也少。

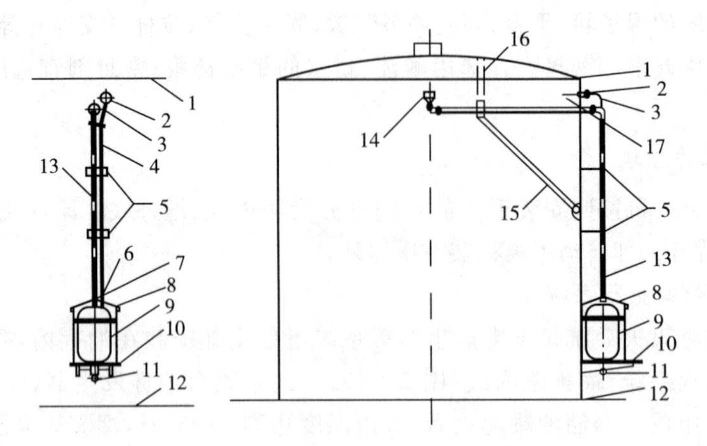

1—储罐上沿；2—法兰短套管；3—弯管；4—导火索保护管；5—固定支架；6—活接头；
7—导火索连接盒；8—保护箱；9—烟雾产生器；10—平台；11—高度调节装置；
12—储罐底沿；13—导烟管；14—喷头；15—支撑杆；16—拉杆；17—Y 型保护管。

图 3-30　罐外式烟雾灭火系统示意图

3.5.2　泡沫灭火系统

1. 系统的组成

泡沫灭火系统由泡沫液、泡沫消防水泵、泡沫混合液泵、泡沫液泵、泡沫比例混合器（装置）、压力容器、泡沫产生装置、火灾探测与启动控制装置、控制阀门及管道等组成。主要用于扑灭非水溶性可燃液体及一般固体火灾。其灭火原理是泡沫灭火剂的水溶液通过化学、物理作用，充填大量气体（二氧化碳或空气）后形成无数小气泡，覆盖在燃烧物表面，使燃烧物与空气隔绝，阻断火焰的热辐射，从而产生灭火效果。同时泡沫在灭火过程中析出液体，可使燃烧物冷却。受热产生的水蒸气还可降低燃烧物附近的氧气浓度，也能起到较好的灭火效果。

1)泡沫液

泡沫液即泡沫灭火剂，是能够与水混溶，并可通过化学反应或机械方法产生灭火泡沫的灭火药剂。灭火剂由发泡剂、泡沫稳定剂、降黏剂、抗冻剂、助熔剂、防腐剂及水组成，主要用于扑灭水溶性可燃液体及一般固体火灾。

泡沫灭火剂按发泡机理分类可分为化学泡沫、空气泡沫。空气泡沫是通过空气泡沫灭火剂的水溶液与空气在泡沫产生器中进行机械混合搅拌而生成的，又称为机械泡沫，泡沫中所包含的气体一般为空气。化学泡沫是通过两种药剂的水溶液发生化学反应产生的，泡沫中所包含的气体为二氧化碳。泡沫灭火剂按用途分类可分为普通泡沫灭火剂、抗溶性泡沫灭火剂、通用泡沫灭火剂。

泡沫灭火剂按发泡倍数分类可分为低倍数泡沫（发泡倍数 $n<20$）、中倍数泡沫（$20\leqslant n<200$）、高倍泡沫（$n\geqslant200$）。

(1)低倍泡沫

低倍泡沫中常见的有普通蛋白泡沫、氟蛋白泡沫、“轻水”泡沫（水成膜泡沫）、抗溶性泡沫等。普通蛋白泡沫由水解蛋白、泡沫稳定剂(Fe^{2+}、Zn^{2+}、Mg^{2+}、Ca^{2+})、盐类、抗冻剂组成,呈黑褐色黏稠状有异臭,具有稳定性好如热稳定性好的优点,但其流动性较差,灭火速度较慢,抗油类污染的能力低,不能以液下喷射的方式扑救油罐火灾,不能与干粉灭火剂联合使用。氟蛋白泡沫灭火剂含有 F－C 表面活性剂、蛋白泡沫等,呈黑褐色黏稠状,有异臭,具有稳定性好、热稳定性好、流动性好、抗油类污染能力强、可液下喷射、可与干粉联用的优点。"轻水"泡沫灭火剂含有 F－C 表面活性剂、C－H 表面活性剂呈浅黄色、半透明状,无味,具有表面张力和界面张力低、流动性好、灭火速度快、抵抗油类污染的能力强、可液下喷射、能与干粉灭火剂联合使用等优点,但其稳定性差、析液时间短、热稳定性差、抗烧时间短、价格昂贵。抗溶性泡沫灭火剂含有触变性多糖、F－C 表面活性剂、C－H 表面活性剂、其他溶剂,呈黏稠状、浅黄色,可以扑救水溶性和非水溶性液体火灾、固体火灾。

在选择非水溶性甲、乙、丙类液体储罐低倍数泡沫液时,当采用液上喷射系统时,应选用蛋白、氟蛋白、成膜氟蛋白或水成膜泡沫液;当采用液下喷射系统时,应选用氟蛋白、成膜氟蛋白或水成膜泡沫液;当选用水成漠泡沫液时,其抗烧水平不应低于现行国家标准《泡沫灭火剂》(GB 15308—2006)规定的 C 级。

在选择保护非水溶性液体的泡沫(水喷淋系统、泡沫枪系统、泡沫炮系统泡沫液)时,当采用吸气型泡沫产生装置时,应选用蛋白、氟蛋白、水成膜或成膜氟蛋白泡沫液;当采用非吸气型喷射装置时,应选用水成膜或成膜氟蛋白泡沫液。

对于水溶性甲、乙、丙类液体和其他对普通泡沫有破坏作用的甲、乙、丙类液体,以及用一套系统同时保护水溶性和非水溶性甲、乙、丙类液体的,必须选用抗溶泡沫液。

(2)中倍数泡沫

我国研制的用于油罐的中倍数泡沫液是一种添加了人工合成碳氢表面活性剂的氟蛋白泡沫液。在配套设备条件下,发泡倍数在 20～30 倍范围内。为了提高泡沫的稳定性和增强灭火效果,其混合比定为 8%。除油罐外的其他场所,可选用中倍数泡沫液或高倍数泡沫液。

(3)高倍数泡沫

高倍数泡沫灭火系统利用热烟气发泡时,应采用耐温耐烟型高倍数泡沫液。系统形式的选择应根据防护区的总体布局、火灾的危害程度、火灾的种类和扑救条件等因素,经综合技术经济比较后确定。按应用方式,高倍数泡沫灭火系统分为全淹没系统、局部应用系统、移动系统三种。全淹没系统为固定式自动系统;局部应用系统分为固定与半固定两种方式,其中固定式系统根据需要可设置成自动控制或手动控制。

当采用海水作为系统水源时,必须选择适用于海水的泡沫液。泡沫液宜储存在通风干燥的房间或敞棚内。泡沫液储存在高温潮湿的环境中,会加速其老化变质。储存温度过低,泡沫液的流动性会受到影响。另外,当泡沫混合液温度较低或过高时,发泡倍数会受到影响,析液时间会缩短,泡沫灭火性能会降低。泡沫液的储存温度通常为 0℃～40℃。

2)泡沫消防泵

泡沫消防水泵、泡沫混合液泵应选择特性曲线平缓的离心泵,且其工作压力和流量应满足系统设计要求;当泡沫液泵采用水力驱动时,应将其消耗的水流量计入泡沫消防水泵的额定流量；当采用环泵式比例混合器时，泡沫混合液泵的额定流量宜为系统设计流量的1.1倍；泵出口管道上应设置压力表、单向阀和带控制阀的回流管。

蛋白类泡沫液中含有某些无机盐，其对碳钢等金属有腐蚀作用；合成类泡沫液含有较大比例的碳氢表面活性剂及有机溶剂，其不但对金属有腐蚀作用，而且对许多非金属材料也有溶解、溶胀和渗透作用。因此，泡沫液泵的材料应能耐泡沫液腐蚀。同时，某些材料对泡沫液的性能有不利影响，尤其是碳钢对水成膜泡沫液的性能影响最大。因此，泡沫液泵的材料亦不能影响泡沫液的性能。

泡沫液泵应能耐受不低于10 min的空载运转。因泡沫液的黏度较高，在美国等国家，一般推荐采用容积式泵。

3)泡沫比例混合器(装置)

泡沫比例混合器有压力式空气泡沫比例混合器、环泵式泡沫比例混合器、管线式泡沫比例混合器等类型。选择泡沫比例混合器(装置)时，单罐容量不小于20000 m^3 的非水溶性液体与单罐容量不小于5000 m^3 的水溶性液体固定顶储罐，及按固定顶储罐对待的内浮顶储罐、单罐容量不小于50000 m^3 的内浮顶和外浮顶储罐，宜选择计量注入式比例混合装置或平衡式比例混合装置；当选用的泡沫液密度低于1.12 g/mL时，不应选择无囊式压力比例混合装置；应用全淹没高倍数泡沫灭火系统或局部应用高倍数、中倍数泡沫灭火系统，采用集中控制方式保护多个防护区时，应选用平衡式比例混合装置或囊式压力比例混合装置；应用全淹没高倍数泡沫灭火系统或局部应用高倍数、中倍数泡沫灭火系统保护一个防护区时，宜选用平衡式比例混合装置或囊式压力比例混合装置。

当采用平衡式比例混合装置时，泡沫液进口管道上应设置单向阀；泡沫液管道上应设置冲洗及放空设施。

当采用计量注入式比例混合装置(图3-31)时，流量计进口前和出口后直管段的长度不应小于管径长度的10倍；泡沫液进口管道上应设置单向阀；泡沫液管道上应设置冲洗及放空设施。

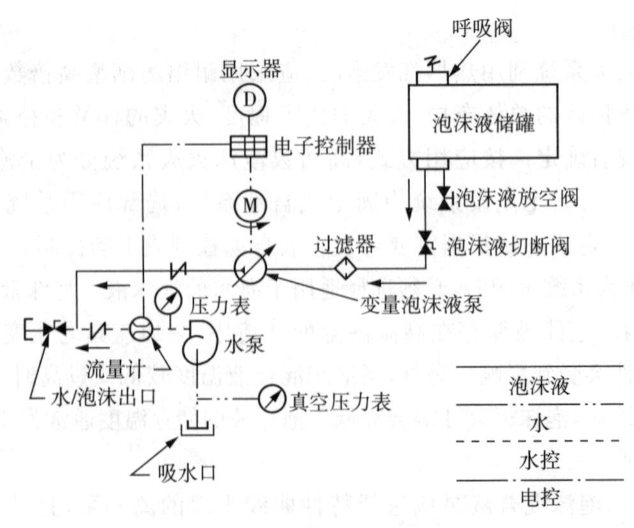

图3-31　计量注入式比例混合装置

当采用压力式比例混合装置时，泡沫液储罐的单罐容积不应大于 10 m^3；对于无囊式压力比例混合装置，当泡沫液储罐的单罐容积大于 5 m^3 且储罐内无分隔设施时，宜设置 1 台小容积压力式比例混合装置，其容积应大于 0.5 m^3，并应保证系统按最大设计流量连续提供 3 min 的泡沫混合液。

当采用环泵式比例混合器（图 3－32）时，出口背压宜为零或负压，当进口压力为 0.7～0.9 MPa 时，其出口背压可为 0.02～0.03 MPa；吸液口不应高于泡沫液储罐最低液面 1 m；比例混合器的出口背压大于零时，吸液管上应有防止水倒流入泡沫液储罐的措施；应设有不少于 1 个的备用量。

当半固定式或移动式系统采用管线式比例混合器时，比例混合器的水进口压力应为 0.6～1.2 MPa，且出口压力应满足泡沫产生装置的进口压力要求；比例混合器的压力损失可按水进口压力的 35％计算。

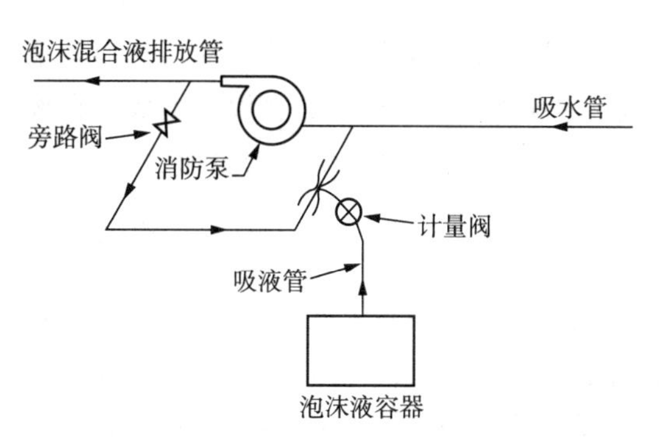

图 3－32　环泵式比例混合流程示意图

4）压力容器

泡沫液储罐上应设置出液口、液位计、进料孔、排渣孔、人孔、取样口、呼吸阀或通气管，储罐宜采用耐腐蚀材料制作，且与泡沫液直接接触的内壁或衬里不应对泡沫液的性能产生不利影响。泡沫液会随着温度的升高而发生膨胀，尤其是蛋白类泡沫液长期储存时会有部分沉降物积存在罐底部。因此，常压泡沫液储罐罐内应留有泡沫液热膨胀空间和泡沫液沉降损失部分所占空间，蛋白类泡沫液沉降物的体积按泡沫液储量（体积）的 5％计算为宜。储罐出液口的设置应保障泡沫液泵进口为正压，且应设置在沉降层之上。泡沫液储罐上应有标明泡沫液种类、型号、出厂与灌装日期及储量的标志。不同种类、不同牌号的泡沫液不得混存。

5）泡沫产生装置

泡沫产生器是一种固定安装在液体储罐上，可产生和喷射空气泡沫的灭火设备。可分为低倍数泡沫产生器、中倍数泡沫产生器、高倍数泡沫产生器和高背压泡沫产生器。

（1）低倍数泡沫产生器在固定顶储罐、按固定顶储罐对待的内浮顶储罐，宜选用立式泡沫产生器；在泡沫产生器的空气吸入口及露天的泡沫喷射口，应设置防止异物进入的金属网；在横式泡沫产生器的出口应设置长度不小于 1 m 的泡沫管。

（2）中倍数泡沫产生器的发泡网应采用不锈钢材料。安装于油罐上的中倍数泡沫产生器，其进空气口应高出罐壁顶；

（3）高倍数泡沫产生器在防护区内设置并利用热烟气发泡时，应选用水力驱动型泡沫产生器；在防护区内固定设置泡沫产生器时，应采用不锈钢材料的发泡网。

（4）高背压泡沫产生器是从储罐内部液下喷射空气泡沫扑救油罐火灾的主要设备。

6）控制阀门和管道

当泡沫消防水泵或泡沫混合液泵出口管道口径大于 300 mm 时，不宜采用手动阀门。

低倍数泡沫灭火系统的水与泡沫混合液及泡沫管道应采用钢管，且管道外壁应进行防腐处理。中倍数泡沫灭火系统的干式管道应采用钢管；湿式管道对宜采用不锈钢管或内、外部进行了防腐处理的钢管。高倍数泡沫灭火系统的干式管道宜采用镀锌钢管；湿式管道宜采用不锈钢管或内、外部进行了防腐处理的钢管；高倍数泡沫产生器与其管道过滤器的连接管道应采用不锈钢管，泡沫液管道应采用不锈钢管。在寒冷季节有冰冻的地区，泡沫灭火系统的湿式管道应采取防冻措施。泡沫-水喷淋系统的管道应采用热镀锌钢管。防火堤或防护区内的法兰垫片应采用不燃材料或难燃材料。

2. 系统工作原理

保护场所起火后，自动或手动启动消防泵，打开出水阀门，水流经过泡沫比例混合器后，将泡沫液与水按规定比例混合形成混合液，然后经混合液管道输送至泡沫产生装置，将产生的泡沫施放到燃烧物的表面上，将燃烧物表面覆盖，从而实施灭火。

3.6 火灾自动报警系统

火灾自动报警系统是火灾探测报警与消防联动控制系统的简称，是以实现火灾早期探测和报警、向各类消防设备发出控制信号并接收设备反馈信号，进而实现预定消防功能为基本任务的一种自动消防设施。火灾自动报警系统中设置的火灾探测器，属于自动触发报警装置，而手动火灾报警按钮则属于人工手动触发报警装置。火灾自动报警系统应设有自动和手动两种触发装置。火灾自动报警系统可用于有人员居住和经常有人滞留的场所、存放重要物资或燃烧后产生严重污染需要及时报警的场所。

3.6.1 火灾探测器、手动火灾报警按钮与系统分类

1. 火灾探测器分类

火灾探测器是火灾自动报警系统的基本组成部分之一，它至少含有一个能够连续或以一定频率周期监视与火灾有关的适宜的物理和/或化学现象的传感器，并且至少能够向控制和指示设备提供一个合适的信号，是否报火警或操纵自动消防设备，可由探测器或控制和指示设备做出判断。

1)火灾探测器分类

火灾探测器可按其探测的火灾特征参数、监视范围、复位功能、拆卸性能等进行分类。

根据探测火灾特征参数的不同，火灾探测器可以分为感烟、感温、感光、气体、复合五种基本类型。

(1)感温火灾探测器：响应异常温度、温升速率和温差变化等参数的探测器。

(2)感烟火灾探测器：响应悬浮在大气中的、由燃烧或热解产生的固体或液体微粒的探测器，进一步可分为离子感烟、光电感烟、红外光束、吸气型等。

(3)感光火灾探测器：响应火焰发出的特定波段电磁辐射的探测器，又称火焰探测器，进一步可分为紫外、红外及复合式等类型。

(4)气体火灾探测器：响应由燃烧或热解产生的气体的火灾探测器。

(5)复合火灾探测器:将多种探测原理集中于一身的探测器,它进一步又可分为烟温复合、红外紫外复合等火灾探测器。

此外,还有一些特殊类型的火灾探测器,包括:使用摄像机、红外热成像器件等视频设备或通过将它们组合的方式获取监控现场视频信息,进行火灾探测的图像型火灾探测器;探测泄漏电流大小的漏电流感应型火灾探测器;探测静电电位高低的静电感应型火灾探测器;还有在一些特殊场合使用的、要求探测极其灵敏、动作极为迅速,通过探测爆炸产生的参数变化(如压力的变化)信号来抑制、消灭爆炸事故发生的微压差型火灾探测器;利用超声原理探测火灾的超声波火灾探测器等。

2)根据监视范围分类

火灾探测器根据其监视范围的不同,分为点型火灾探测器和线型火灾探测器。

(1)点型火灾探测器:响应一个小型传感器附近的火灾特征参数的探测器。

(2)线型火灾探测器:响应某一连续路线附近的火灾特征参数的探测器。

此外,还有一种多点型火灾探测器:响应多个小型传感器(例如热电偶)附近的火灾特征参数的探测器。

3)根据其是否具有复位(恢复)功能分类

火灾探测器根据其是否具有复位功能,分为可复位探测器和不可复位探测器两种。

(1)可复位探测器:在响应后和在引起响应的条件终止时,不更换任何组件即可从报警状态恢复到监视状态的探测器。

(2)不可复位探测器:在响应后不能恢复到正常监视状态的探测器。

4)根据其是否具有可拆卸性分类

火灾探测器根据其维修和保养时是否具有可拆卸性,分为可拆卸探测器和不可拆卸探测器两种类型。

(1)可拆卸探测器:探测器设计成容易从正常运行位置上拆下来的形式,以方便维修和保养。

(2)不可拆卸探测器:在维修和保养时,探测器设计成不容易从正常运行位置上拆下来的形式。

在选择火灾探测器种类时,要根据探测区域内可能发生的初期火灾的形成和发展特征、房间高度、环境条件以及可能引起误报的原因等因素来决定。对火灾初期有阴燃阶段,会产生大量的烟和少量的热,很少或没有火焰辐射的场所,应选择感烟火灾探测器;对火灾发展迅速,可产生大量热、烟和火焰辐射的场所,可选择感温火灾探测器、感烟火灾探测器、火焰探测器或其组合;对火灾发展迅速,有强烈的火焰辐射和少量烟、热的场所,应选择火焰探测器;对火灾初期有阴燃阶段,且需要早期探测的场所,宜增设一氧化碳火灾探测器;对使用、生产可燃气体或可燃蒸气的场所,应选择可燃气体探测器。应根据保护场所可能发生火灾的部位和对燃烧材料的分析,以及火灾探测器的类型、灵敏度和响应时间等,选择相应的火灾探测器,对火灾形成特征不可预料的场所,可根据模拟试验的结果选择火灾探测器。在同一探测区域内设置多个火灾探测器时,可选择具有复合判断火灾功能的火灾探测器和火灾报警控制器。

2. 手动火灾报警按钮的分类

1)手动火灾报警按钮的分类

手动火灾报警按钮是火灾自动报警系统中不可缺少的一种手动触发器件,它通过手动操作报警按钮的启动机构向火灾报警控制器发出火灾报警信号。

手动火灾报警按钮按编码方式分为编码型报警按钮与非编码型报警按钮。

2)手动火灾报警按钮的设置要求

(1)每个防火分区应至少设置一个手动火灾报警按钮。从一个防火分区内的任何位置到最邻近的一个手动火灾报警按钮的步行距离不应大于 30 m。手动火灾报警按钮宜设置在公共活动场所的出入口处。

(2)手动火灾报警按钮应设置在明显的和便于操作的部位。当安装在墙上时,其底边距地高度宜为 1.3~1.5 m,且应有明显的标志。

3. 火灾自动报警系统分类

1)区域报警系统

区域报警系统由火灾探测器、手动火灾报警按钮、火灾声光警报器及火灾报警控制器等组成,系统中可包括消防控制室图形显示装置和指示楼层的区域显示器。区域报警系统的组成如图 3-33 所示。

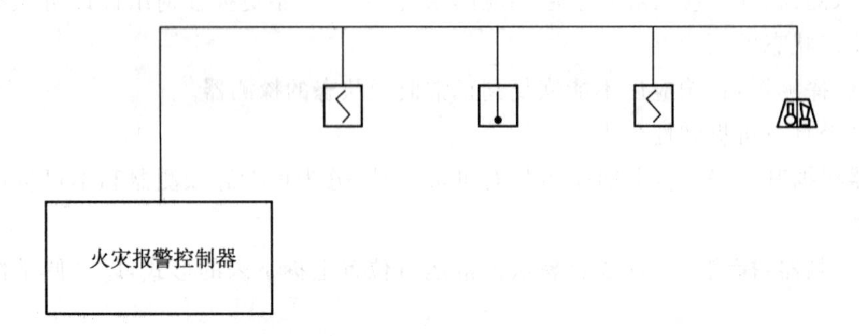

序号	图例	名称	备注	序号	图例	名称	备注
1		感烟火灾探测器	—	10	FI	火灾显示盘	—
2		感温火灾探测器	—	11	SFJ	送风机	—
3		烟温复合探测器	—	12	XFB	消防水泵	—
4		火灾声光警报器	—	13		可燃气体探测器	—
5		线型光束探测器	—	14	M	输入模块	GST-LD-8300
6		手动火灾报警按钮	—	15	C	控制模块	GST-LD-8301
7		消火栓报警按钮	—	16	H	电话模块	GST-LD-8304
8		报警电话	—	17	G	广播模块	GST-LD-8305
9		吸顶式音箱	—	18	—	—	—

图 3-33 区域报警系统的组成示意图

2)集中报警系统

集中报警系统由火灾探测器、手动火灾报警按钮、火灾声光警报器、消防应急广播、消防专用电话、消防控制室图形显示装置、火灾报警控制器、消防联动控制器等组成。集中报警系统的组成如图 3－34 所示。

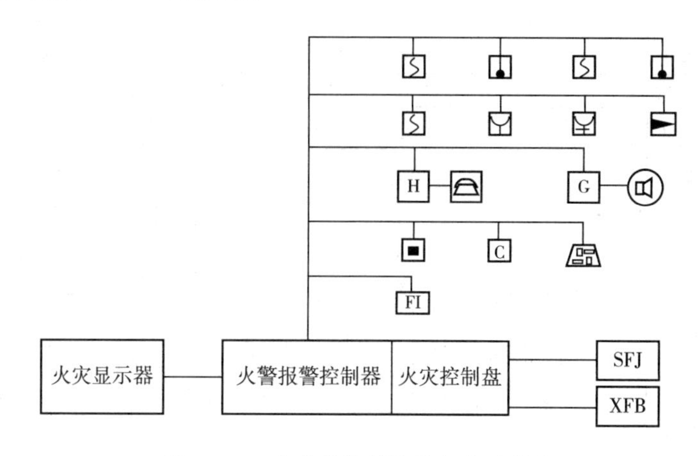

图 3－34　集中报警系统的组成示意图

3)控制中心报警系统

控制中心报警系统由火灾探测器、手动火灾报警按钮、火灾声光警报器、消防应急广播、消防专用电话、消防控制室图形显示装置、火灾报警控制器、消防联动控制器等组成，且包含两个及两个以上集中报警系统。控制中心报警系统的组成如图 3－35 所示。

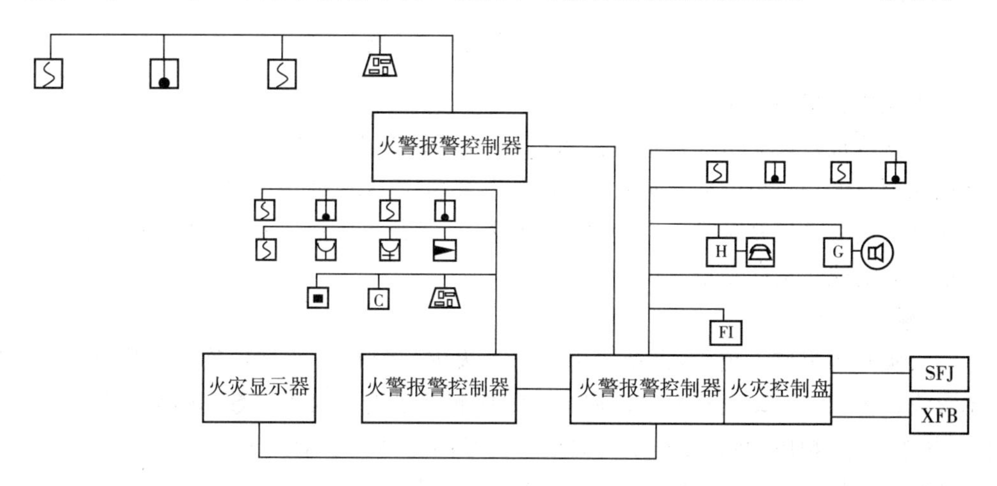

图 3－35　控制中心报警系统的组成示意图

3.6.2　系统组成、工作原理、适用范围

火灾自动报警系统一般设置在工业与民用建筑内部和其他可对生命和财产造成危害的火灾危险场所，与自动灭火系统、防排烟系统以及防火分隔设施等其他消防设施一起构成完整的建筑消防系统。

1. 系统的组成

火灾自动报警系统由火灾探测报警系统、消防联动控制系统、可燃气体探测报警系统及电气火灾监控系统组成。火灾自动报警系统的组成如图 3－36 所示。

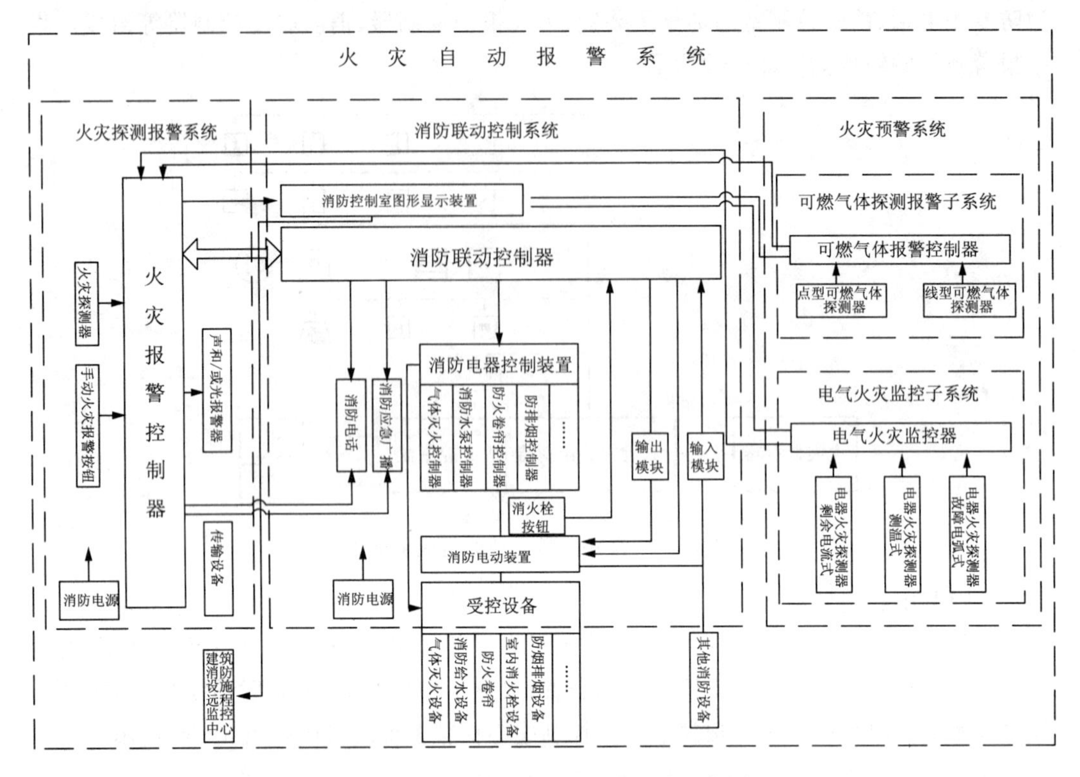

图 3－36　火灾自动报警系统组成示意图

1)火灾探测报警系统

火灾探测报警系统由火灾报警控制器、触发器件和火灾警报装置等组成，它能及时、准确地探测被保护对象的初起火灾，并做出报警响应，从而使建筑物中的人员有足够的时间在火灾尚未发展蔓延到危害生命安全的程度时疏散至安全地带，是保障人员生命安全的最基本的建筑消防系统。

(1)触发器件

在火灾自动报警系统中，自动或手动产生火灾报警信号的器件称为触发器件，主要包括火灾探测器和手动火灾报警按钮。火灾探测器是能对火灾参数(如烟、温度、火焰辐射、气体浓度等)响应，并自动产生火灾报警信号的器件。手动火灾报警按钮是通过手动方式产生火灾报警信号、启动火灾自动报警系统的器件。

(2)火灾报警装置

在火灾自动报警系统中，用以接收、显示和传递火灾报警信号，并能发出控制信号和具有其他辅助功能的控制指示设备称为火灾报警装置，火灾报警控制器就是其中最基本的一种。火灾报警控制器担负着为火灾探测器提供稳定的工作电源；监视探测器及系统自身的工作状态；接收、转换、处理火灾探测器输出的报警信号；进行声光报警；指示报警的具体部位及时间；执行相应辅助控制等诸多任务。

(3)火灾警报装置

在火灾自动报警系统中，用以发出区别于环境中声、光的火灾警报信号的装置称为火灾警报装置。它以声、光和音响等方式向报警区域发出火灾警报信号,以警示人们迅速安全疏散,以及采取灭火救灾措施。

(4)电源

火灾自动报警系统属于消防用电设备,其主电源应当采用消防电源,备用电源可采用蓄电池。系统电源除为火灾报警控制器供电外,还为与系统相关的消防控制设备等供电。

2)消防联动控制系统

消防联动控制系统由消防联动控制器、消防控制室图形显示装置、消防电气控制装置(防火卷帘控制器、气体灭火控制器等)、消防电动装置、消防联动模块、消火栓按钮、消防应急广播设备、消防电话等设备和组件组成。在火灾发生时,联动控制器按设定的控制逻辑准确发出联动控制信号给消防泵、喷淋泵、防火门、防火阀、防排烟阀和通风等消防设备,完成对灭火系统、疏散指示系统、防排烟系统及防火卷帘等其他有关消防设备的控制功能。当消防设备动作后将动作信号反馈给消防控制室并显示,实现对建筑消防设施的状态监视功能,即接收来自消防联动现场设备以及火灾自动报警系统以外的其他系统的火灾信息,或其他信息的触发和输入功能。

(1)消防联动控制器

消防联动控制器是消防联动控制系统的核心组件。它通过接收火灾报警控制器发出的火灾报警信息,按预设逻辑对建筑中设置的自动消防系统(设施)进行联动控制。消防联动控制器可直接发出控制信号,通过驱动装置控制现场的受控设备;对于控制逻辑复杂且在消防联动控制器上不便实现直接控制的情况,可通过消防电气控制装置(如防火卷帘控制器、气体灭火控制器等)间接控制受控设备,同时接收自动消防系统(设施)动作的反馈信号。

(2)消防控制室图形显示装置

消防控制室图形显示装置用于接收并显示保护区域内的火灾探测报警及联动控制系统、消火栓系统、自动灭火系统、防烟排烟系统、防火门及卷帘系统、电梯、消防电源、消防应急照明和疏散指示系统、消防通信等各类消防系统及系统中的各类消防设备(设施)运行的动态信息和消防管理信息,同时还具有信息传输和记录功能。

(3)消防电气控制装置

消防电气控制装置的功能是用于控制各类消防电气设备,它一般通过手动或自动的工作方式来控制各类消防泵、防烟排烟风机、电动防火门、电动防火窗、防火卷帘、电动阀等各类电动消防设施的控制装置及双电源互换装置,并将相应设备的工作状态反馈给消防联动控制器进行显示。

(4)消防电动装置

消防电动装置用于电动消防设施的电气驱动或释放,它是包括电动防火门窗、电动防火阀、电动防烟排烟阀、气体驱动器等电动消防设施的电气驱动或释放装置。

(5)消防联动模块

消防联动模块是消防联动控制器和其所连接的受控设备或部件之间传输信号的设

备，包括输入模块、输出模块和输入输出模块。输入模块的功能是接收受控设备或部件的反馈信号并将信号输入到消防联动控制器中进行显示，输出模块的功能是接收消防联动控制器的输出信号并发送到受控设备或部件，输入输出模块则同时具备输入模块和输出模块的功能。

(6)消火栓按钮

消火栓按钮是辅助启动消火栓系统的控制按钮。

(7)消防应急广播设备

消防应急广播设备由控制和指示装置、声频功率放大器、传声器、扬声器、广播分配装置、电源装置等部分组成，是在火灾或意外事故发生时通过控制功率放大器和扬声器进行应急广播的设备，它的主要功能是向现场人员通报火灾发生，指挥并引导现场人员疏散。

(8)消防电话

消防电话是用于消防控制室与建筑物中各部位之间通话的电话系统。由消防电话总机、消防电话分机、消防电话插孔构成。消防电话是与普通电话分开的专用独立系统，一般采用集中式对讲电话，消防电话的总机设在消防控制室，分机分设在其他各个部位。其中消防电话总机是消防电话的重要组成部分，能够与消防电话分机进行全双工语音通信。消防电话分机设置在建筑物中各关键部位，能够与消防电话总机进行全双工语音通信；消防电话插孔安装在建筑物各处，插上电话手柄就可以和消防电话总机通信。

2. 火灾自动报警系统工作原理

在火灾自动报警系统中，火灾报警控制器和消防联动控制器是核心组件，是系统中火灾报警与警报的监控管理枢纽和人机交互平台。

1)火灾探测报警系统

火灾发生时，安装在保护区域现场的火灾探测器，将火灾产生的烟雾、热量和光辐射等火灾特征参数转变为电信号，经数据处理后，将火灾特征参数信息传输至火灾报警控制器；或直接由火灾探测器做出火灾报警判断，将报警信息传输到火灾报警控制器。火灾报警控制器在接收到探测器的火灾特征参数信息或报警信息后，经报警确认判断，显示报警探测器的部位，记录探测器火灾报警的时间。处于火灾现场的人员，在发现火灾后可立即触动安装在现场的手动火灾报警按钮，手动报警按钮便将报警信息传输到火灾报警控制器，火灾报警控制器在接收到手动火灾报警按钮的报警信息后，经报警确认判断，显示动作的手动报警按钮的部位，记录手动火灾报警按钮报警的时间。火灾报警控制器在确认火灾探测器和手动火灾报警按钮的报警信息后，驱动安装在被保护区域现场的火灾警报装置发出火灾警报，向处于被保护区域内的人员警示火灾的发生。火灾探测报警系统的工作原理如图 3－37 所示。

2)消防联动控制系统

火灾发生时，火灾探测器和手动火灾报警按钮的报警信号等联动触发信号传输至消防联动控制器，消防联动控制器按照预设的逻辑关系对接收到的触发信号进行识别判

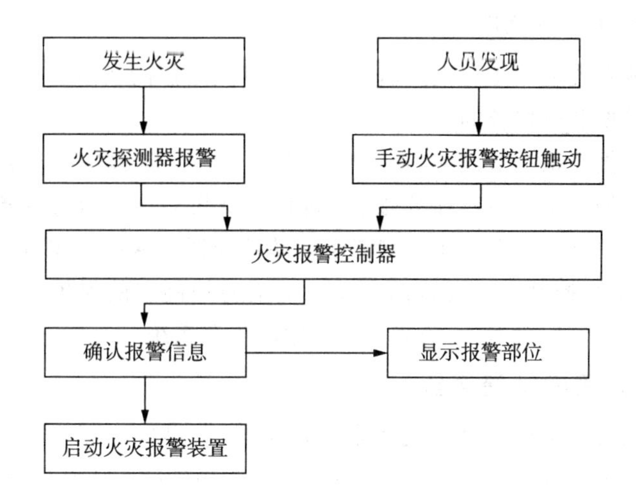

图 3-37　火灾探测报警系统的工作原理图

断，在满足逻辑关系条件时，消防联动控制器按照预设的控制时序启动相应的自动消防系统(设施)，实现预设的消防功能；消防控制室的消防管理人员也可以通过操作消防联动控制器的手动控制盘直接启动相应的消防系统(设施)，从而实现相应消防系统(设施)预设的消防功能。消防联动控制系统接收并显示消防系统(设施)动作的反馈信息。消防联动控制系统的工作原理如图 3-38 所示。

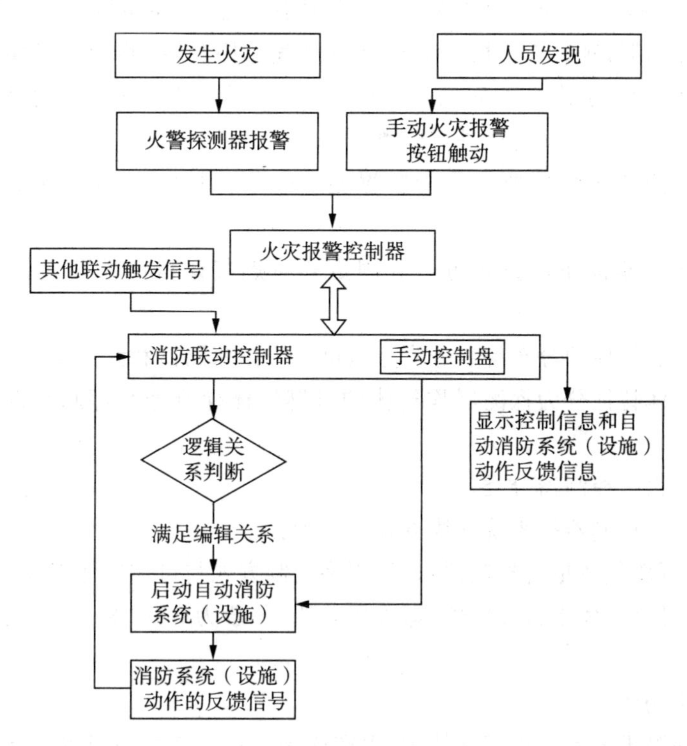

图 3-38　消防联动控制系统工作原理图

3. 火灾自动报警系统适用范围

火灾自动报警系统适用于有人员居住和经常有人滞留的场所、存放重要物资或燃烧后产生严重污染需要及时报警的场所。

选择火灾自动报警系统形式时，对于仅需要报警，不需要联动自动消防设备的保护对象宜采用区域报警系统。不仅需要报警，同时需要联动自动消防设备，且只设置一台具有集中控制功能的火灾报警控制器和消防联动控制器的保护对象，应采用集中报警系统，并应设置一个消防控制室。设置两个及以上消防控制室的保护对象，或已设置两个及以上集中报警系统的保护对象，应采用控制中心报警系统。

3.6.3 可燃气体探测报警系统

可燃气体探测报警系统由可燃气体报警控制器、可燃气体探测器组成，能够在保护区域内泄露可燃气体的浓度低于爆炸下限的条件下提前报警，从而预防由于可燃气体泄漏引发的火灾和爆炸事故的发生。

1. 系统分类及适用场所

根据探测气体类型的不同以及使用场所的不同，对可燃气体探测报警系统进行了具体的分类。

1)可燃气体探测器分类

现有可燃气体探测器主要有 7 种：测量范围为 0～100%LEL 的点型可燃气体探测器；测量范围为 0～100%LEL 的独立式可燃气体探测器；测量范围为 0～100%LEL 的便携式可燃气体探测器；测量人工煤气的点型可燃气体探测器；测量人工煤气的独立式可燃气体探测器；测量人工煤气的便携式可燃气体探测器；线型可燃气体探测器。上述 7 种可燃气体探测器可按不同特征进行分类。

可燃气体探测器按防爆要求分为防爆型可燃气体探测器和非防爆型可燃气体探测器。

可燃气体探测器按使用方式可分为固定式可燃气体探测器和便携式可燃气体探测器。

其按探测可燃气体的分布特点分为点型可燃气体探测器和线型可燃气体探测器。

其按探测气体特征分为探测爆炸气体的可燃气体探测器和探测有毒气体的可燃气体探测器。

2)可燃气体报警控制器分类

可燃气体报警控制器按系统连线方式分类为：

(1)多线制可燃气体报警控制器：即采用多线制方式与可燃气体报警控制器连接。

(2)总线制可燃气体报警控制器：即采用总线(一般为 2～4 根)方式与可燃气体探测器连接。

3)系统适用场所

可燃气体探测报警系统适用于使用、生产或聚集可燃气体或可燃液体蒸气场所中可燃气体浓度探测，在泄漏或聚集的可燃气体浓度达到爆炸下限前发出报警信号，提醒专业人员排除火灾、爆炸隐患，实现火灾的早期预防，避免火灾、爆炸事故的发生。

2. 系统组成及工作原理

可燃气体探测报警系统是火灾自动报警系统的独立子系统，属于火灾预警系统。可燃气体探测报警系统的组成如图 3－39 所示。

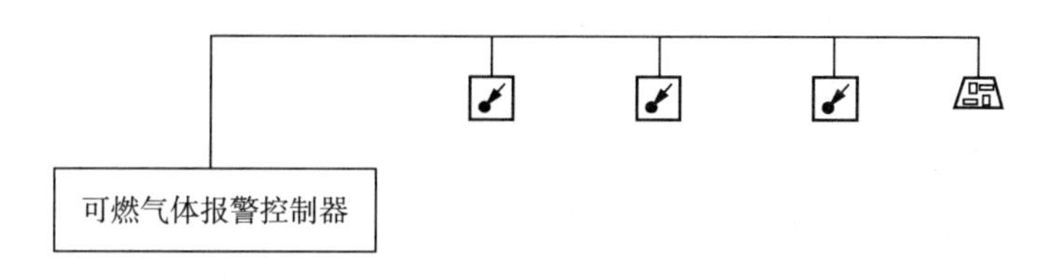

图 3－39　可燃气体探测报警系统组成示意图

1)可燃气体报警控制器

可燃气体报警控制器用于为所连接的可燃气体探测器供电，接收来自可燃气体探测器的报警信号，发出声、光报警信号和控制信号，指示报警部位，记录并保存报警信息。

2)可燃气体探测器

可燃气体探测器是能对泄漏的可燃气体进行响应，自动产生报警信号并向可燃气体报警控制器传输报警信号及泄漏可燃气体浓度信息的器件。

3)系统工作原理

发生可燃气体泄漏事故时，安装在保护区域现场的可燃气体探测器，将泄漏的可燃气体的浓度参数转变为电信号，经数据处理后，将可燃气体浓度参数信息传输至可燃气体报警控制器；或直接由可燃气体探测器做出泄漏可燃气体浓度超限报警判断，将报警信息传输到可燃气体报警控制器。可燃气体报警控制器在接收到探测器的可燃气体浓度参数信息或报警信息后，经报警确认判断，显示泄漏报警探测器的部位并发出泄漏可燃气体浓度信息，记录探测器报警的时间，同时驱动安装在保护区域现场的声光警报装置，发出声光警报，警示人员采取相应的处置措施；必要时可以控制并关断燃气的阀门，防止燃气的进一步泄漏。可燃气体探测报警系统的工作原理如图 3－40 所示。

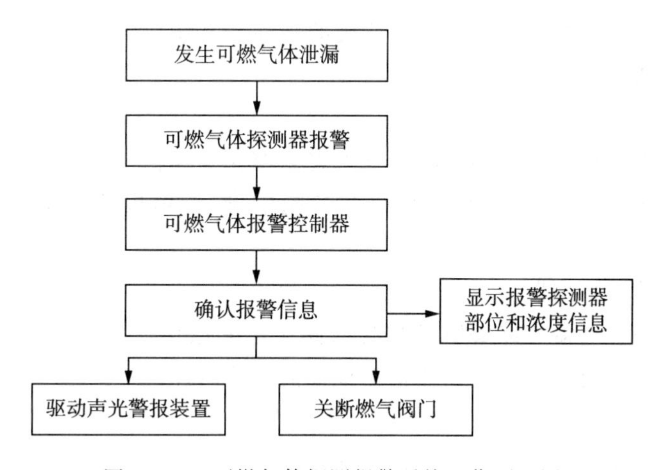

图 3－40　可燃气体探测报警系统工作原理图

3.6.4 电气火灾监控系统

电气火灾监控系统由电气火灾监控器、电气火灾监控探测器和火灾声警报器组成，能在电气线路、该线路中的配电设备或用电设备发生电气故障并产生一定电气火灾隐患的条件下报警，提醒专业人员排除电气火灾隐患，实现电气火灾的早期预防，避免电气火灾的发生，因此具有很强的电气防火预警功能。

1. 系统分类

1)电气火灾监控探测器的分类

(1)电气火灾监控探测器按工作方式分类

① 独立式电气火灾监控探测器，即可以自成系统，不需要配接电气火灾监控设备。

② 非独立式电气火灾监控探测器，即自身不具有报警功能，需要配接电气火灾监控设备组成系统。

(2)电气火灾监控探测器按工作原理分类

① 剩余电流保护式电气火灾监控探测器，即当被保护线路的相线直接或通过非预期负载对大地接通，而产生近似正弦波形且其有效值呈缓慢变化的剩余电流，当该电流大于预定数值时即自动报警的电气火灾监控探测器。

② 测温式(过热保护式)电气火灾监控探测器，即当被保护线路的温度高于预定数值时，自动报警的电气火灾监控探测器。

③ 故障电弧式电气火灾监控探测器，即当被保护线路上发生故障电弧时，发出报警信号的电气火灾监控探测器。

2)电气火灾监控设备的分类

电气火灾监控设备按系统连线方式分类为：

① 多线制电气火灾监控设备，即采用多线制方式与电气火灾监控探测器连接。

② 总线制电气火灾监控设备，即采用总线(一般为 2～4 根)方式与电气火灾监控探测器连接。

2. 系统组成

电气火灾监控系统是火灾自动报警系统的独立子系统，属于火灾预警系统。电气火灾监控系统的组成如图 3-41 所示。

1)电气火灾监控器

电气火灾监控器用于为所连接的电气火灾监控探测器供电，接收来自电气火灾监控探测器的报警信号，发出声、光报警信号和控制信号，指示报警部位，记录并保存报警信息。

2)电气火灾监控探测器

电气火灾监控探测器是能够响应保护线路中的剩余电流、温度等电气故障参数，自动产生报警信号并向电气火灾监控器传输报警信号的器件。

3. 系统适用场所

电气火灾监控系统适用于具有电气火灾危险的场所，尤其是变电站、石油石化、冶金

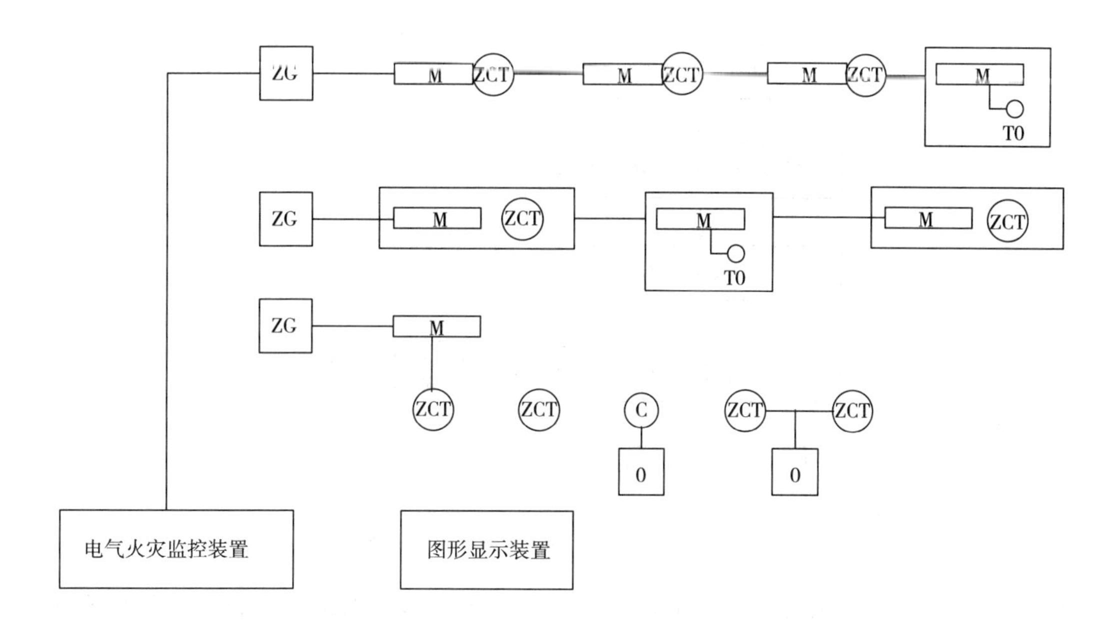

图例说明：

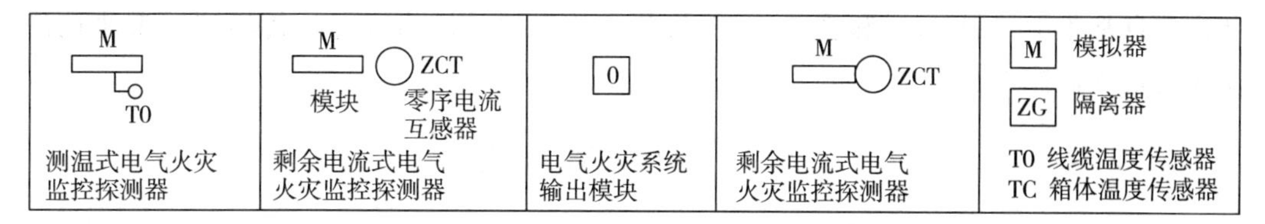

图 3-41　电气火灾监控系统组成示意图

等不能中断供电的重要供电场所的电气故障探测，在产生一定电气火灾隐患的条件下发出报警信号，提醒专业人员排除电气火灾隐患，实现电气火灾的早期预防，避免电气火灾的发生。

4. 系统工作原理

发生电气故障时，电气火灾监控探测器将保护线路中的剩余电流、温度等电气故障参数信息转变为电信号，经数据处理后，探测器做出报警判断，将报警信息传输到电气火灾监控器。电气火灾监控器在接收到探测器的报警信息后，经报警确认判断，显示电气故障报警探测器的部位信息，记录探测器报警的时间，同时驱动安装在保护区域现场的声光警报装置，发出声光警报，警示人员采取相应的处置措施，排除电气故障、消除电气火灾隐患，防止电气火灾的发生。电气火灾监控系统的工作原理如图 3-42 所示。

3.6.5　消防控制室

消防控制室是建筑消防系统的信息中心、控制中心、日常运行管理中心和各自动消防系统运行状态监视中心，也是建筑发生火灾和日常火灾演练时的应急指挥中心。在有城市远程监控系统的地区，消防控制室也是建筑与监控中心的接口，可见其地位是十分

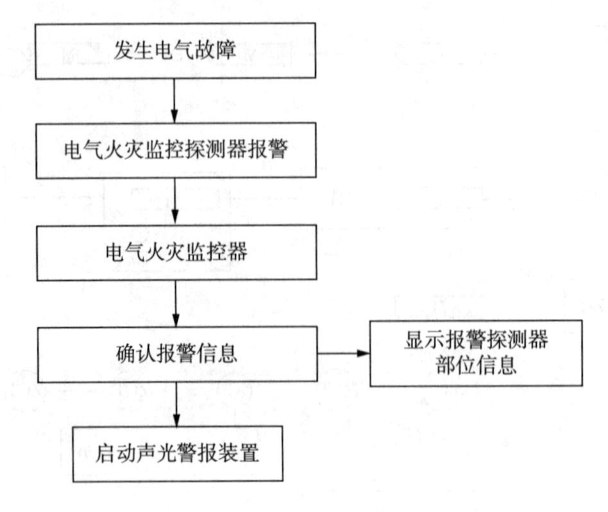

图 3-42　电气火灾监控系统工作原理图

重要的。由于每个建筑的使用性质和功能各不相同，其包括的消防控制设备也不尽相同。作为消防控制室，应将建筑内的所有消防设施包括火灾报警和其他联动控制装置的状态信息都集中控制、显示和管理，并能将状态信息通过网络或电话传输到城市建筑消防设施远程监控中心。

3.7　防排烟系统

3.7.1　自然通风与自然排烟

自然通风与自然排烟，是建筑火灾烟气控制中经济适用且有效的防烟和排烟的方式。

1. 自然通风方式

1)自然通风的原理

自然通风是以热压和风压作用的、不消耗机械动力的、经济的通风方式。如果室内外存在空气温度差或者窗户开口之间存在高度差，就会产生热压作用下的自然通风。当室外气流遇到建筑物时产生绕流流动，在气流的冲击下，将在建筑迎风面形成正压区，在建筑屋顶上部和建筑背风面形成负压区，这种建筑物表面所形成的空气静压变化即为风压。当建筑物受到热压、风压同时作用时，外围护结构各窗孔就会产生由内外压差引起的自然通风。由于室外风的风向和风速经常变化，因此风压是一个不稳定因素。

2)自然通风方式的选择

当建筑物发生火灾时，疏散楼梯间是建筑物内部人员疏散的唯一通道；前室、合用前室是消防队员进行火灾扑救的起始场所，也是人员疏散必经的通道。因此，在火灾时无论采用何种防烟方法，都必须保证烟气不进入上述安全区域。

对于建筑高度小于等于 50 m 的公共建筑、工业建筑和建筑高度小于等于 100 m 的住宅建筑，由于这些建筑受风压作用影响较小，利用建筑本身的采光通风，也可基本起到防止烟气进入安全区域的作用，因此，采用自然通风方式的防烟系统，简便易行。当采用凹廊、阳台作为防烟楼梯间的前室或合用前室，或者当防烟楼梯间前室或合用前室具有两个不同朝向的可开启外窗且可开启窗面积符合《建筑防烟排烟系统技术标准》(GB 51251—2017)规定时，如图 3-43、图 3-44、图 3-45 所示，可以认为前室或合用前室自然通风性能优良，能及时排出因前室的防火门开启时，从建筑内漏入前室或合用前室的烟气，并可阻止烟气进入防烟楼梯间。

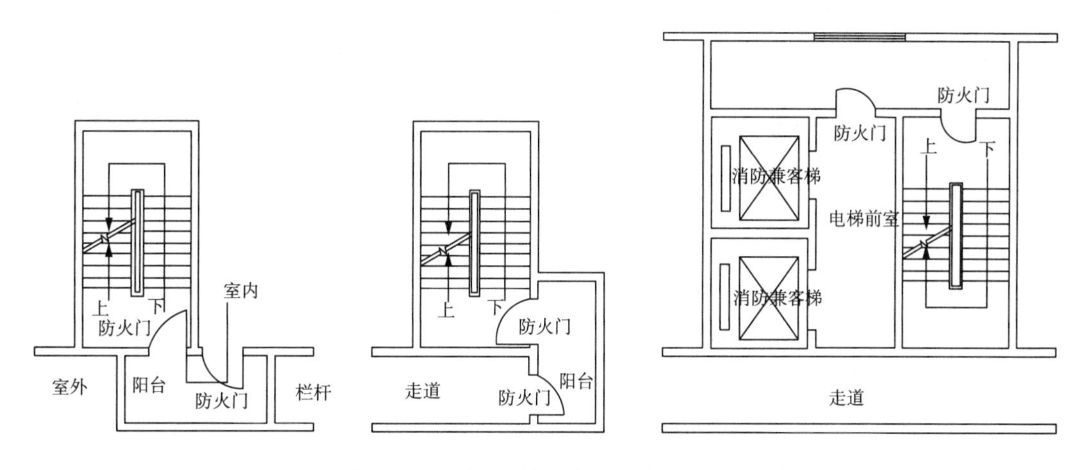

图 3-43　利用室外阳台或凹廊自然通风

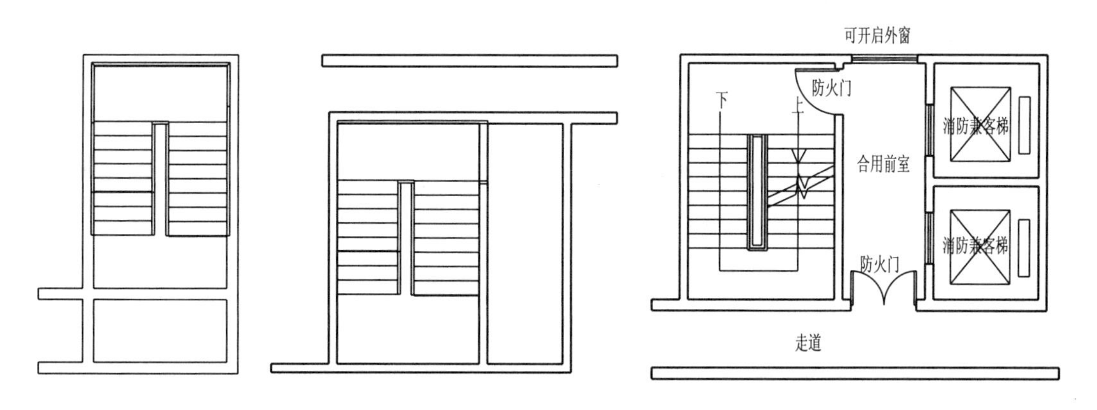

图 3-44　利用直接向外开启窗的自然通风

2. 自然排烟方式

1)自然排烟的原理

自然排烟是充分利用建筑物的构造，在火灾产生的热烟气流的浮力和外部风力作用下，通过建筑物房间或走道的开口把烟气排至室外的排烟方式，如图 3-46 所示。这种排烟方式的实质是使室内外空气对流以排烟，在自然排烟中，必须有冷空气的进口和热烟气的排出口。一般是采用可开启外窗以及专门设置的排烟口进行自然排烟。这种排烟方式经济、简单、易操作，并具有不需使用动力及专用设备等优点。自然排烟是简单、不

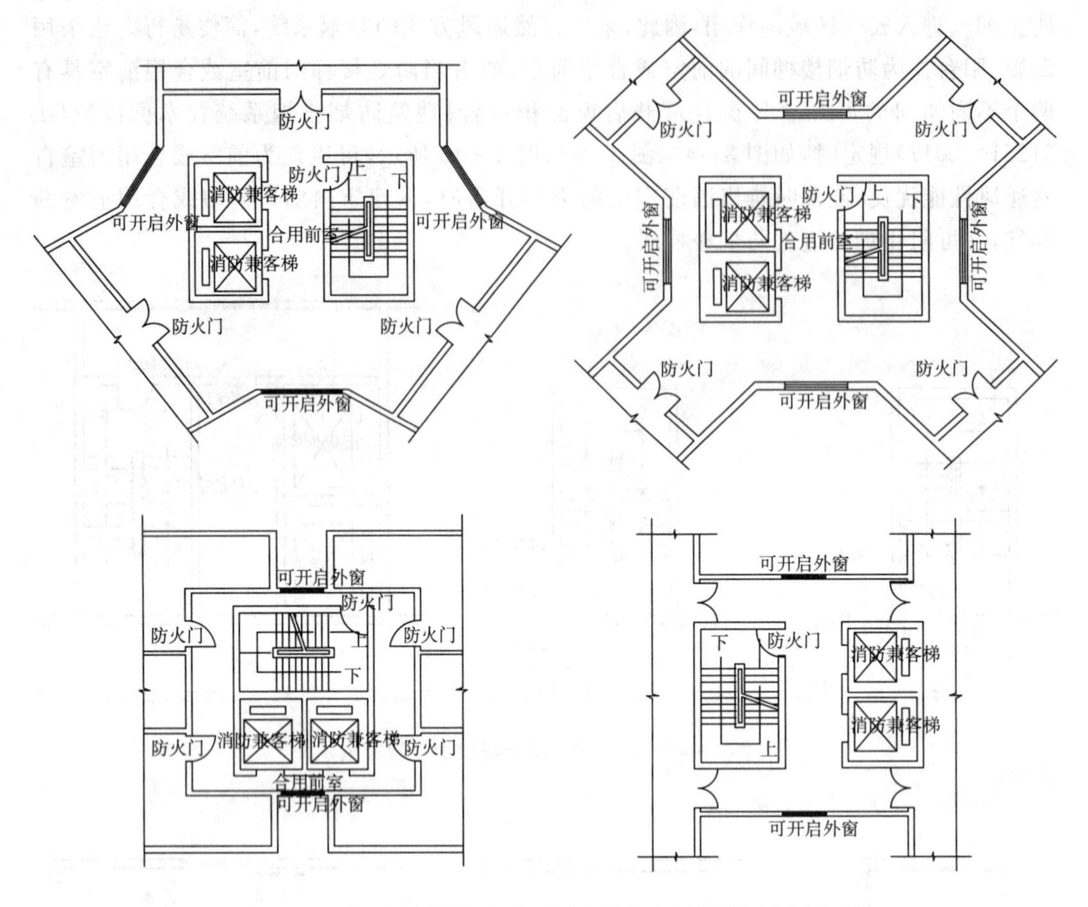

图 3-45　有两个不同朝向的可开启外窗防烟楼梯间合用前室

消耗动力的排烟方式，系统无复杂的控制及控制过程、操作简单，因此，对于满足自然排烟条件的建筑，首先应考虑采取自然排烟方式。

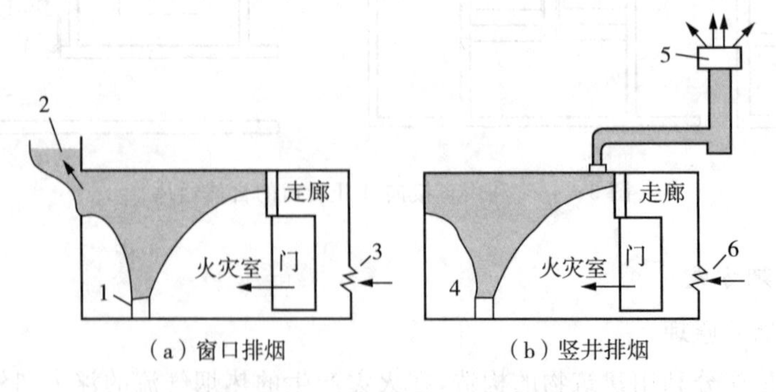

1、4—火源；2—排烟口；3、6—进风口；5—风帽。

图 3-46　自然排烟的方式

2)自然排烟方式的选择

由于高层建筑受室外风速、风压、风向等自然条件影响较大，因此一般采用机械排烟方式较多。多层建筑受外部条件影响较小，一般采用自然通风方式较多。

工业建筑中，因生产工艺的需要，出现了许多无窗或设置固定窗的厂房和仓库，丙类及以上的厂房和仓库内可燃物荷载大，一旦发生火灾，烟气很难排放。其设置排烟系统既可为人员疏散提供安全环境，又可在排烟过程中导出热量，防止建筑或部分构件在高温下出现倒塌等恶劣情况，为消防队员进行灭火救援提供较好的条件。考虑到厂房、库房建筑的外观要求没有民用建筑的要求高，因此可以采用可熔材料制作的采光带、采光窗进行排烟。

在设有中庭的建筑中，中庭应设自然排烟系统。四类隧道和行人或非机动车辆的三类隧道，因长度较短、发生火灾的概率较低或火灾危险性较小，可不设置排烟设施。当隧道较短或隧道沿途顶部可开设通风口时可以采用自然排烟方式。根据《人民防空工程设计防火规范》(GB 50098—2009)规定，自然排烟口的总面积大于本防烟分区面积的 2% 时，宜采用自然排烟方式。根据《汽车库、修车库、停车场设计防火规范》(GB 50067—2014)规定，敞开式汽车库以及建筑面积小于1000 m^2 的地下一层汽车库、修车库，其汽车进出口可直接排烟，且不大于一个防烟分区，故可不设排烟系统，但汽车库、修车库内最不利点至汽车坡道口不应大于 30 m。

3.7.2　机械加压送风与机械排烟

1. 机械加压送风系统

在不具备自然通风条件时，机械加压送风系统是确保火灾中建筑疏散楼梯间及前室(合用前室)安全的主要措施。

1)机械加压送风系统的组成

机械加压送风系统主要由送风口、送风管道、送风机和吸风口组成。

2)机械加压送风系统的工作原理

机械加压送风方式通过送风机所产生的气体流动和压力差来控制烟气的流动，即是在建筑内发生火灾时，对着火区以外的有关区域进行送风加压，使其保持一定正压，以防止烟气侵入的防烟方式，如图 3 - 47 所示。

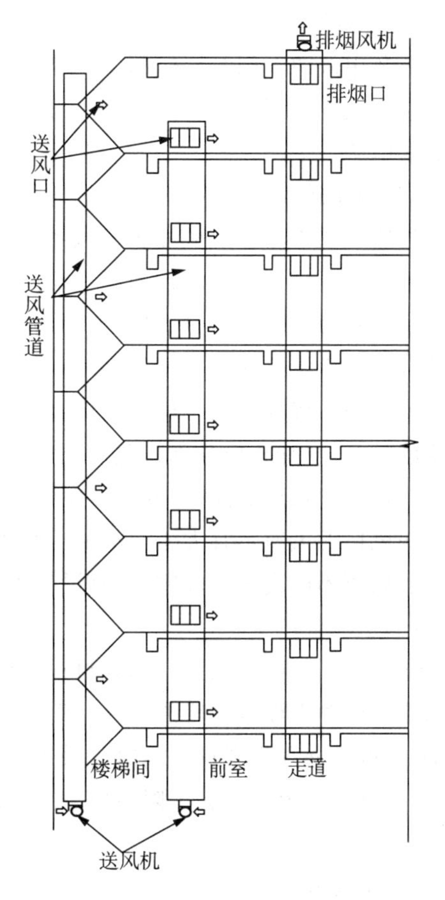

图 3 - 47　机械加压送风系统

为保证疏散通道不受烟气侵害，使人员安全疏散，发生火灾时，从安全性的角度出发，高层建筑内可分为四个安全区：第一类安全区为防烟楼梯间、避难层；第二类安全区为防烟楼梯间前室、消防电梯间前室或合用前室；第三类安全区为走道；第四类安全区为房间。依据上述原则，加压送风时应使防烟楼梯间压力大于前室压力，前室压力大于走道压力，走道压力大于房间压力，同时还要保证各部分之间的压差不要过大，避免造成开门困难影响疏散。当火灾发生时，机械加压送风系统应能够及时开启，防止烟气侵入作为疏散通道的走廊、楼梯间及其前室，以确保有一个安全可靠、畅通无阻的疏散通道和环境，为安全疏散提供足够的时间。

3)机械加压送风的组件与设置要求

(1)机械加压送风机

机械加压送风机可采用轴流风机或中、低压离心风机，其安装位置应符合下列要求：

① 送风机的进风口宜直通室外。

② 送风机的进风口宜设在机械加压送风系统的下部，且应采取防止烟气侵袭的措施。

③ 送风机的进风口不应与排烟风机的出风口设在同一层面。当必须设在同一层面时，送风机的进风口与排烟风机的出风口应分开布置。竖向布置时，送风机的进风口应设置在排烟机出风口的下方，其两者边缘最小垂直距离不应小于 6 m。水平布置时，两者边缘最小水平距离不应小于 20 m。

④ 送风机应设置在专用机房内。该房间应采用耐火极限不低于 2 h 的隔墙和 1.5 h 的楼板及甲级防火门与其他部位隔开。

⑤ 当送风机出风管或进风管上安装单向风阀或电动风阀时，应采取火灾时阀门自动开启的措施。

(2)加压送风口

加压送风口用作机械加压送风系统的风口，具有赶烟、防烟的作用。

加压送风口分常开和常闭两种形式。常闭型风口靠感烟(温)信号控制开启，也可手动(或远距离缆绳)开启，风口可输出动作信号，联动送风机开启。风口可设 280℃重新关闭装置。除直灌式送风方式外，楼梯间宜每隔 2～3 层设一个常开式百叶送风口；合用一个井道的剪刀楼梯的两个楼梯间应每层设一个常开式百叶送风口；分别设置井道的剪刀楼梯的两个楼梯间，应分别每隔一层设一个常开式百叶送风口。前室、合用前室应每层设一个常闭式加压送风口，并应设手动开启装置。

送风口的风速不宜大于 7 m/s。送风口不宜设置在被门挡住的部位。采用机械加压送风的场所不应设置百叶窗、不宜设置可开启外窗。

(3)送风管道

送风井(管)道应采用不燃烧材料制作，且应采用光滑井(管)道，不应采用土建井道。送风管道应独立设置在管道井内。管道井应采用耐火极限不小于 1 h 的隔墙与相邻部位分隔，当墙上必须设置检修门时应采用乙级防火门。当必须与排烟管道布置在同一管道井内时，排烟管道的耐火极限不应小于 1 h。未设置在管道井内的加压送风管，其耐火极限不应小于 1 h。

(4)余压阀

余压阀是控制压力差的阀门。为了保证防烟楼梯间及其前室、消防电梯间前室和合用前室的正压值，防止正压值过大而导致疏散门难以推开，应在防烟楼梯间与前室、前室与走道之间设置余压阀，前室与走道之间的压差应为25～30 Pa，楼梯间与走道之间的压差为40～50 Pa。

2. 机械排烟系统

在不具备自然排烟条件时，机械排烟系统能将火灾中建筑房间、走道中的烟气和热量排出建筑，为人员安全疏散和灭火救援行动创造有利条件。

1)机械排烟系统的组成

机械排烟系统由挡烟壁（活动式或固定式挡烟垂壁，或挡烟隔墙、挡烟梁）、排烟口（或带有排烟阀的排烟口）、排烟防火阀、排烟道、排烟风机和排烟出口组成。

2)机械排烟系统的工作原理

当建筑物内发生火灾时，采用机械排烟系统，将房间、走道等空间的烟气排至建筑物外。通常是由火场人员手动控制或由感烟探测器将火灾信号传递给防排烟控制器，开启活动的挡烟垂壁将烟气控制在发生火灾的防烟分区内，并打开排烟口以及和排烟口联动的排烟防火阀，同时关闭空调系统和送风管道内的防火调节阀，防止烟气从空调、通风系统蔓延到其他非着火房间，最后由设置在屋顶的排烟机将烟气通过排烟管道排至室外，如图3-48所示。

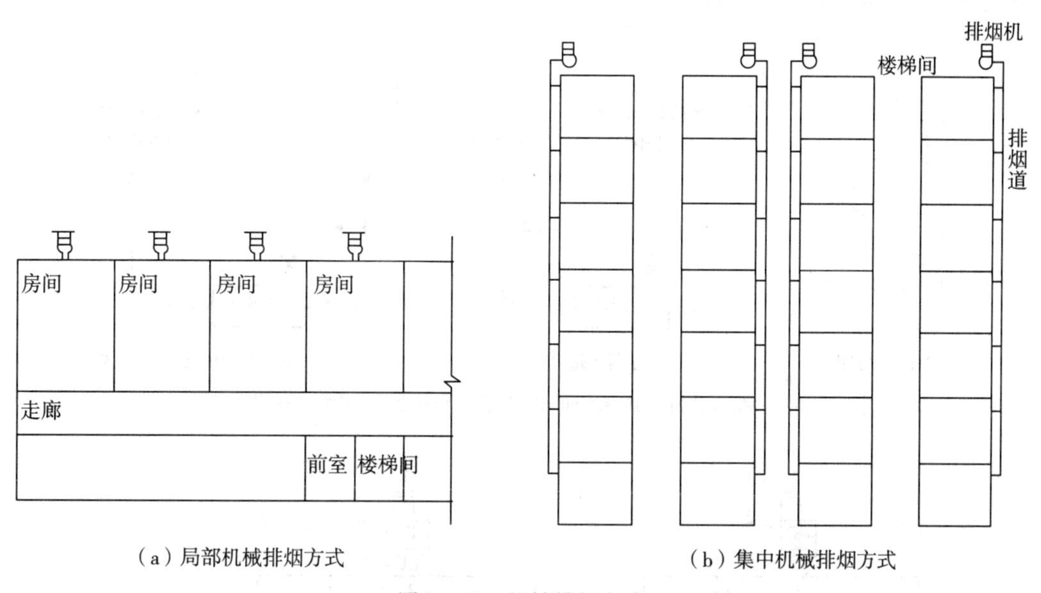

（a）局部机械排烟方式　（b）集中机械排烟方式

图3-48　机械排烟方式

目前常见的排烟方式有机械排烟与自然补风组合、机械排烟与机械补风组合、机械排烟与排风合用、机械排烟与通风空调系统合用等形式，如图3-49、图3-50所示。

根据空气流动的原理，在排出某一区域空气的同时，也需要有另一部分的空气与之补充。排烟系统排烟时，补风的主要目的是形成理想的气流组织，迅速排除烟气，有利于人员的安全疏散和消防救援。

对于建筑地上部分的机械排烟的走道、小于500 m^2 的房间，由于这些场所的面积较小，排烟量也较小，可以利用建筑的各种缝隙满足排烟系统所需的补风，为了简便系统管理和减少工程投入量，可以不用专门为这些场所设置补风系统。除这些场所以外的排烟系统均应设置补风系统。

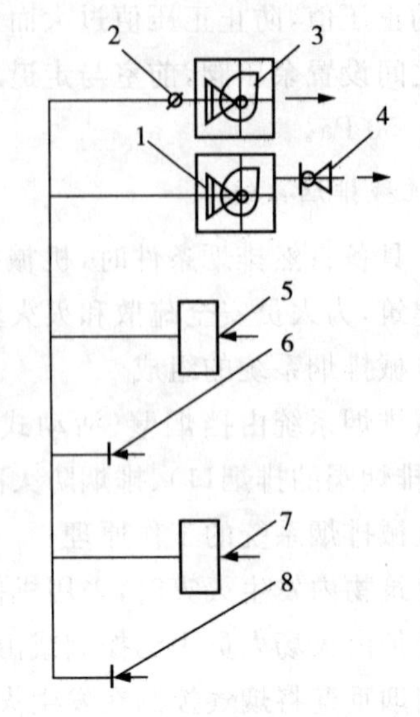

1—排风机；2—280℃排烟防火阀及止回阀；3—排烟风机；4—止回阀或电动风阀；5、7—排烟口；6、8—排风口。

图 3-49　机械排烟和排风合用系统示意图

补风系统应直接从室外引入空气，可采用疏散外门、手动或自动可开启外窗等自然进风方式以及机械送风方式。

机械补风可以采用机械排烟与机械补风组合方式，也称为全面通风排烟方式。其防烟、排烟效果好，不受室外气象条件影响，但系统较复杂、设备投资较高，耗电量较大，如图 3-51 所示。机械补风还可采用自然排烟与机械补风组合方式。这种方式需要控制加压区域的空气压力，避免其与着火房间压力相差过大，因此导致渗入着火房间的新鲜空气过多，助长火灾的发展。

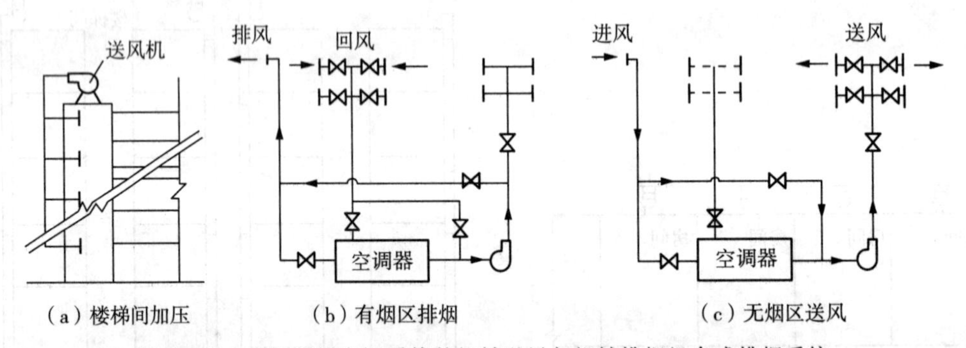

图 3-50　利用通风空调系统的机械送风与机械排烟组合式排烟系统

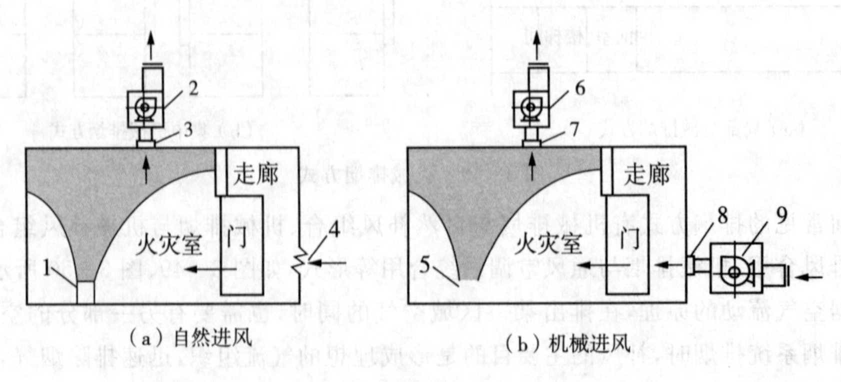

1、5—火源；2、6—排烟风机；3、7—排烟口；4、8—进（送）风口；9—通风机。

图 3-51　机械排烟的方式

3)机械排烟系统适应范围

在同一个防烟分区内不应同时采用自然排烟方式和机械排烟方式,主要是考虑到两种方式相互之间对气流的干扰会影响排烟效果。建筑内应设排烟设施,但不具备自然排烟条件的房间、走道及中庭等,均应采用机械排烟方式。高层建筑主要受自然条件(如室外风速、风压、风向等)的影响较大,一般采用机械排烟方式较多。

人防工程下列部位应设置机械排烟设施:建筑面积大于 50 m^2,且经常有人停留或可燃物较多的房间、大厅;丙、丁类生产车间;总长度大于 20 m 的疏散走道;电影放映间、舞台等。

除敞开式汽车库、建筑面积小于 1000 m^2 的地下一层汽车库和修车库外,汽车库、修车库应设置排烟系统(可选机械排烟系统)。

4)机械排烟系统的组件与设置要求

(1)排烟风机

排烟风机可采用离心式或轴流排烟风机(满足 280℃时连续工作 30 min 的要求),排烟风机入口处应设置 280℃能自动关闭的排烟防火阀,并与排烟风机连锁,当该阀关闭时,排烟风机应能停止运转。

排烟风机宜设置在排烟系统的顶部,烟气出口宜朝上,并应高于加压送风机和补风机的进风口,两者竖向布置时,送风机的进风口应设置在排烟机出风口的下方,其两者边缘最小垂直距离不应小于 6 m;水平布置时,两者边缘最小水平距离不应小于 20 m。

排烟风机应设置在专用机房内,该房间应采用耐火极限不低于 2 h 的隔墙和 1.5 h 的楼板及甲级防火门与其他部位隔开。风机两侧应有 600 mm 以上的空间。

(2)排烟防火阀

排烟系统竖向穿越防火分区时垂直风管应设置在管井内,且与垂直风管连接的水平风管应设置 280℃排烟防火阀。排烟防火阀安装在排烟系统管道上,平时呈关闭状态,火灾时由电讯号或手动开启,同时排烟风机启动开始排烟;当管内烟气温度达到 280℃时自动关闭,同时排烟风机停机。

(3)排烟阀(口)

排烟口应设在防烟分区所形成的储烟仓内。用隔墙或挡烟垂壁划分防烟分区时,每个防烟分区应分别设置排烟口,排烟口应尽量设置在防烟分区的中心部位,排烟口至该防烟分区最远点的水平距离不应超过 30 m。

走道内排烟口应设置在其净空高度的 1/2 以上,当设置在侧墙时,其最近的边缘与吊顶的距离不应大于 0.5 m。排烟口的设置宜使烟流方向与人员疏散方向相反,排烟口与附近安全出口相邻边缘之间的水平距离不应小于 1.5 m。每个排烟口的排烟量不应大于最大允许排烟量。同一分区内设置数个排烟口时,所有排烟口要能同时开启,排烟量应等于各排烟口排烟量的总和。

火灾时由火灾自动报警系统联动开启排烟区域的排烟阀(口),应在现场设置手动开启装置。当排烟阀(口)设在吊顶内,通过吊顶上部空间进行排烟时,封闭式吊顶的吊平顶上设置的烟气流入口的颈部烟气速度不宜大于 1.5 m/s,且吊顶应采用不燃烧材料;非封闭吊顶的吊顶开孔率不应小于吊顶净面积的25%，且应均匀布置。

单独设置的排烟口，平时应处于关闭状态，其控制方式可采用自动或手动开启方式；排风口和排烟口合并设置时，应在排风口或排风口所在支管设置有防火功能的自动阀门，并应与火灾自动报警系统联动；发生火灾时，着火防烟分区内的阀门仍应处于开启状态，其他防烟分区内的阀门应全部关闭。

(4)排烟管道

排烟管道必须采用不燃材料制作。当采用金属风道时，管道风速不应大于20 m/s；当采用非金属材料风道时，不应大于15 m/s；不应采用土建风道。当吊顶内有可燃物时，吊顶内的排烟管道应采用不燃材料进行隔热，并应与可燃物保持不小于150 mm的距离。

当排烟管道竖向穿越防火分区时，垂直风道应设在管井内，排烟管道井应采用耐火极限不小于1 h的隔墙与相邻区域分隔；当墙上必须设置检修门时，应采用乙级防火门；排烟管道的耐火极限不应低于0.5 h，当水平穿越两个及两个以上防火分区或排烟管道在走道的吊顶内时，其管道的耐火极限不应小于1 h；排烟管道不应穿越前室或楼梯间，如果确有困难必须穿越时，其耐火极限不应小于2 h，且不得影响人员疏散。

(5)防烟分区划分构件

① 挡烟垂壁

挡烟垂壁是为了阻止烟气沿水平方向流动而垂直向下吊装在顶棚上的挡烟构件，其有效高度不小于500 mm。挡烟垂壁可采用固定式或活动式，当建筑物净空较高时可采用固定式，将挡烟垂壁长期固定在顶棚上；当建筑物净空较低时，宜采用活动式。挡烟垂壁应用不燃材料制作，如钢板、防火玻璃、无机纤维织物、不燃无机复合板等。活动式的挡烟垂壁应由感烟控测器控制，或与排烟口联动，或受消防控制中心控制，但同时应能就地手动控制。活动挡烟垂壁落下时，其下端距地面的高度应大于1.8 m。

② 挡烟隔墙

在高层建筑设计和施工中，为了防烟，要求隔墙应砌至梁板底部，且不宜留有缝隙的部位有：走廊两侧的隔墙；面积超过100 m^2 的房间隔墙；贵重设备房间隔墙；火灾危险性较大的房间隔墙；病房等房间隔墙。

③ 挡烟梁

有条件的建筑物可利用钢筋混凝土梁或钢梁进行挡烟。挡烟梁是在顶棚某处下垂一梁式构造，突出顶棚不小于50 cm。挡烟梁高度应超过挡烟垂壁的有效高度，宽度应小于顶棚总宽度的1/10。其挡烟效果优于挡烟垂壁。

④ 防火卷帘

防火卷帘(图3-52)由帘板、导轨、座板、门楣、箱体等组成，并配以由卷门机和控制箱所组成的能符合耐火完整性要求的构件，平时卷放在门窗洞口上方或侧面的转轴箱内，发生火灾时将其放下展开，用以防火、防烟。在特殊情况下，它还可以配合防火冷却水幕替代防火墙作防火分隔之用。其可分为钢质防火卷帘、无机纤维复合防火卷帘、特级防火卷帘等类型。为了防止烟气漏出，防火卷帘门扇各接缝处、导轨、卷筒等缝隙应有防火、防烟密封措施。设在疏散走廊上的防火卷帘应在卷帘的两侧设置启闭装置，并应能自动、手动和机械控制，保证应急使用。

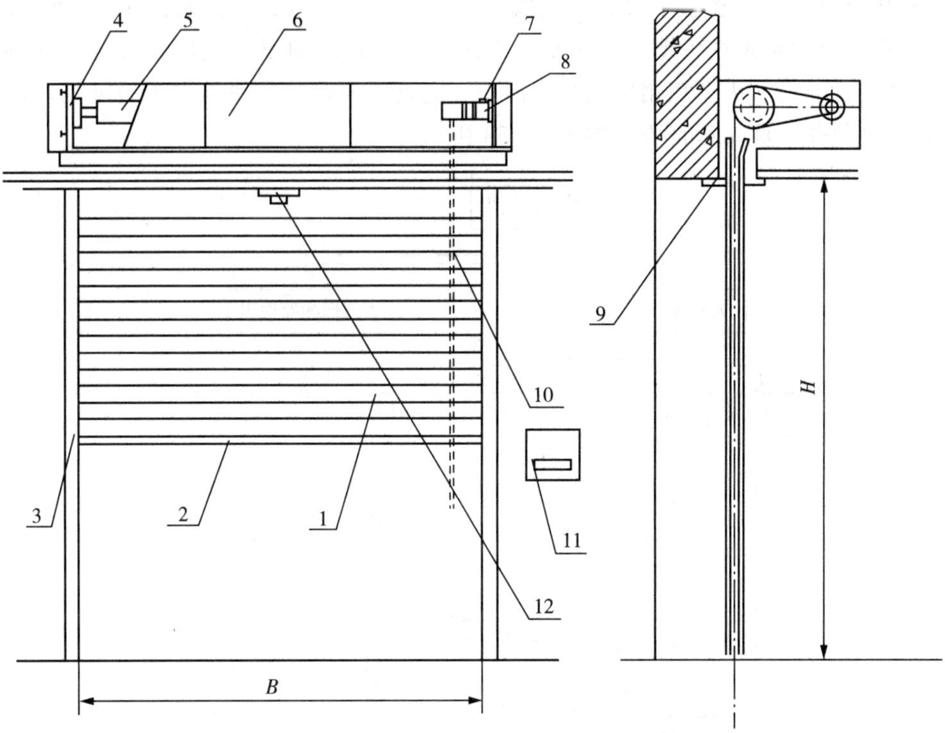

1—帘面；2—座板；3—导轨；4—支座；5—卷轴；6—箱体；7—限位器；8—卷门机；
9—门楣；10—手动拉链；11—控制箱（按钮盒）；12—感温、感烟探测器。

图 3－52　防火卷帘结构示意图

⑤ 防火阀

防火调节阀是安装在有防火要求的通风、空调系统的送回、风管道上，平时处于开启状态，发生火灾时当管道内气体温度达到 70℃时，使阀门关闭，并在一定时间内能满足耐火稳定性和耐火完整性要求，起到隔烟阻火作用的阀门。防火阀按动作形式通常有自垂翻板式和弹簧式；按叶片构成可分为单叶和多叶；按外形通常有圆形和矩形。

3.7.3　防排烟系统的联动控制

1. 防烟系统的联动控制

对采用总线控制的系统，当某一防火分区发生火灾时，该防火分区内的感烟、感温探测器探测的火灾信号发送至消防控制主机。主机发出开启与探测器对应的该防火分区内前室及合用前室的常闭加压送风口的信号，传至相应送风口的火警联动模块，由它开启送风口。消防控制中心收到送风口动作信号，就发出指令给装在加压送风机附近的火警联动模块，启动前室及合用前室的加压送风机，同时启动该防火分区内所有楼梯间加压送风机。当火灾确认后，火灾自动报警系统应能在 15 s 内联动开启常闭加压送风口和加压送风机。除火警信号联动外，还可以通过联动模块在消防中心直接联动控制，或在消防控制室通过多线控制盘直接手动启动加压送风机，也可手动开启常闭型加压送风口，由送风口开启信号联动开启加压送风机。另外设置就地启停控制按钮，以供调试及维修用，火灾时也可现场手动开启风机。系统中任一常闭加压送风口开启时，相应加压风机应能自动启动。火警撤销由消防控制中心通过火警联动模块停加压送风机，送风口通常由手动复位。联动运行方式如图 3-53 所示。

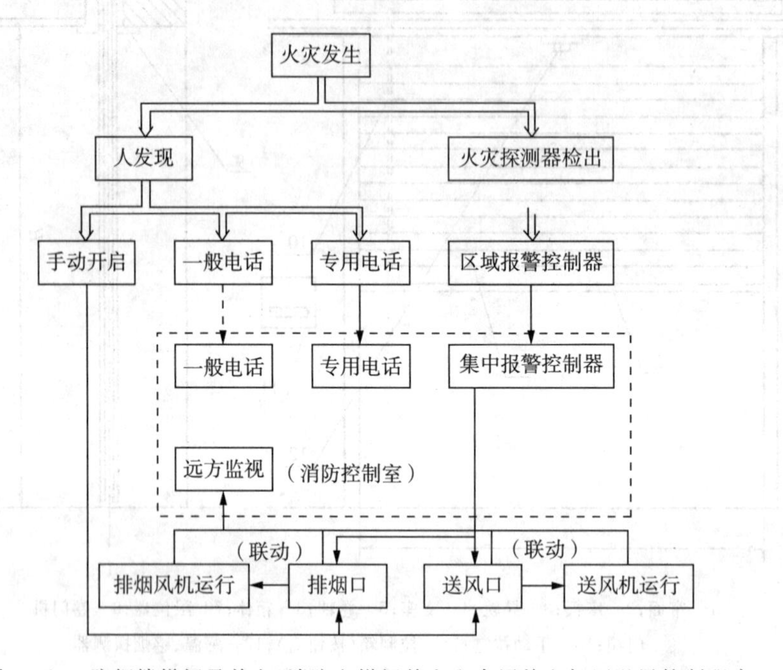

图 3-53　防烟楼梯间及前室、消防电梯间前室和合用前室加压送风控制程序

2. 排烟系统的联动控制

机械排烟系统中的常闭排烟阀（口）应设置火灾自动报警系统联动开启功能和就地开启的手动装置，并与排烟风机联动。火警时，与排烟阀（口）相对应的火灾探测器探得火灾信号发送至消防控制主机，主机发出开启排烟阀（口）信号至相应排烟阀的火警联动模块，由它开启排烟阀（口）。消防控制主机收到排烟阀（口）动作信号后，发出指令给排烟风机、补风机附近的火警联动模块，启动排烟风机、补风机。除火警信号联动外，还可以通过联动模块在消防中心直接联动控制，或在消防控制室通过多线控制盘直接手动启动，也可现场手动启动排烟风机、补风机。另外设置就地启停控制按钮，以供调试及维修用。当火灾确认后，火灾自动报警系统应在 15 s 内自动开启同一排烟区域的全部排烟阀（口）、排烟风机和补风设施。并应在 30 s 内自动关闭与排烟无关的通风、空调系统。担负两个及以上防烟分区的排烟系统，应仅打开着火防烟分区的排烟阀（口），其他防烟分区的排烟阀（口）应呈关闭状态。系统中任一排烟阀（口）开启时，相应排烟风机、补风机应能自动启动。火警撤销，由消防控制中心通过火警联动模块停排烟风机、补风机，关闭排烟阀（口）。

排烟系统吸入高温烟雾，当烟雾温度达到 280℃时，应停排烟风机，自动关闭排烟防火阀。当烟雾温度达到280℃时，排烟防火阀自动关闭，可通过触点开关（串入风机启停回路）直接停排烟风机，但收不到防火阀关闭的信号。也可在排烟防火阀附近设置火警联动模块，将防火阀关闭的信号送到消防控制中心，消防中心收到此信号后，再送出指令至排烟风机火警联动模块停风机，这样消防控制中心不但可收到停排烟风机信号，而且也能收到防火阀的动作信号。联动运行方式如图3-54、图3-55所示。

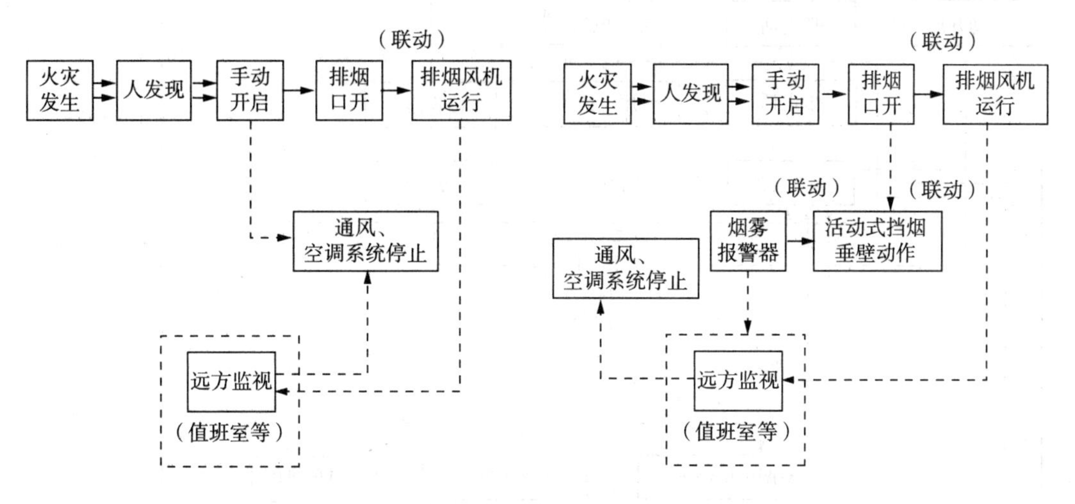

图3-54　不设消防控制室的机械排烟控制程序

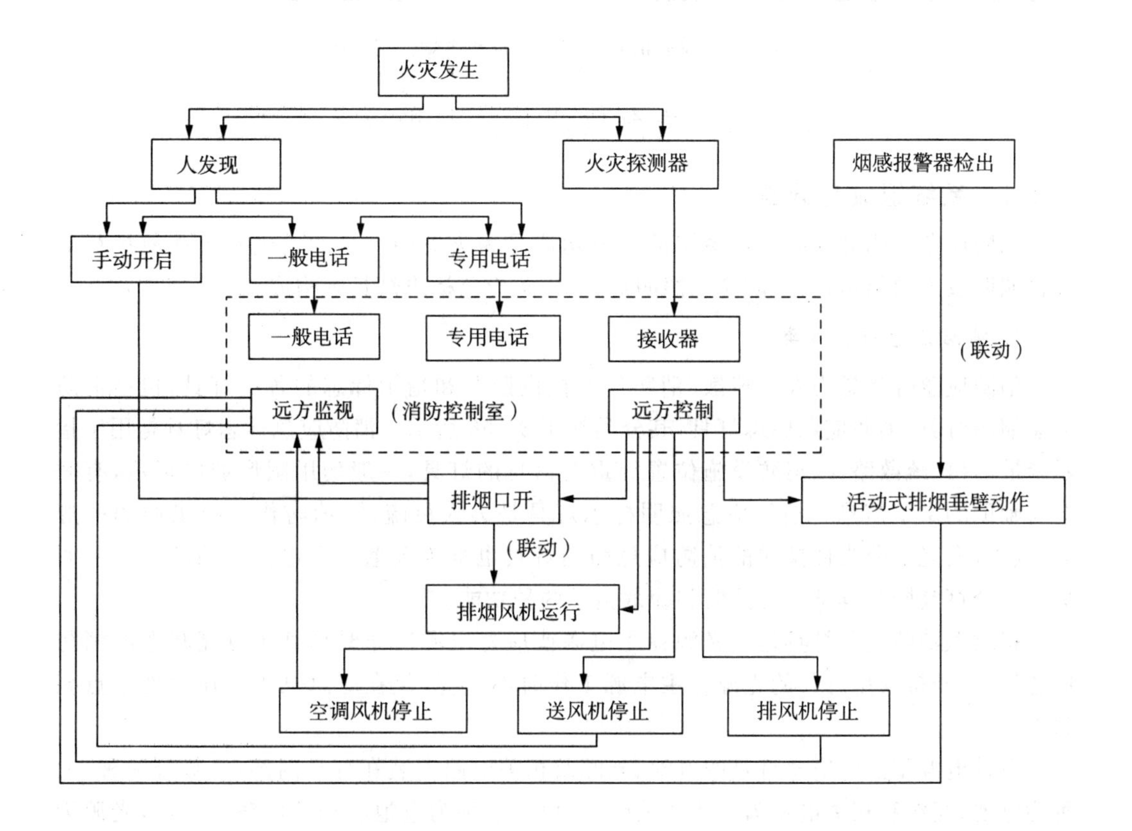

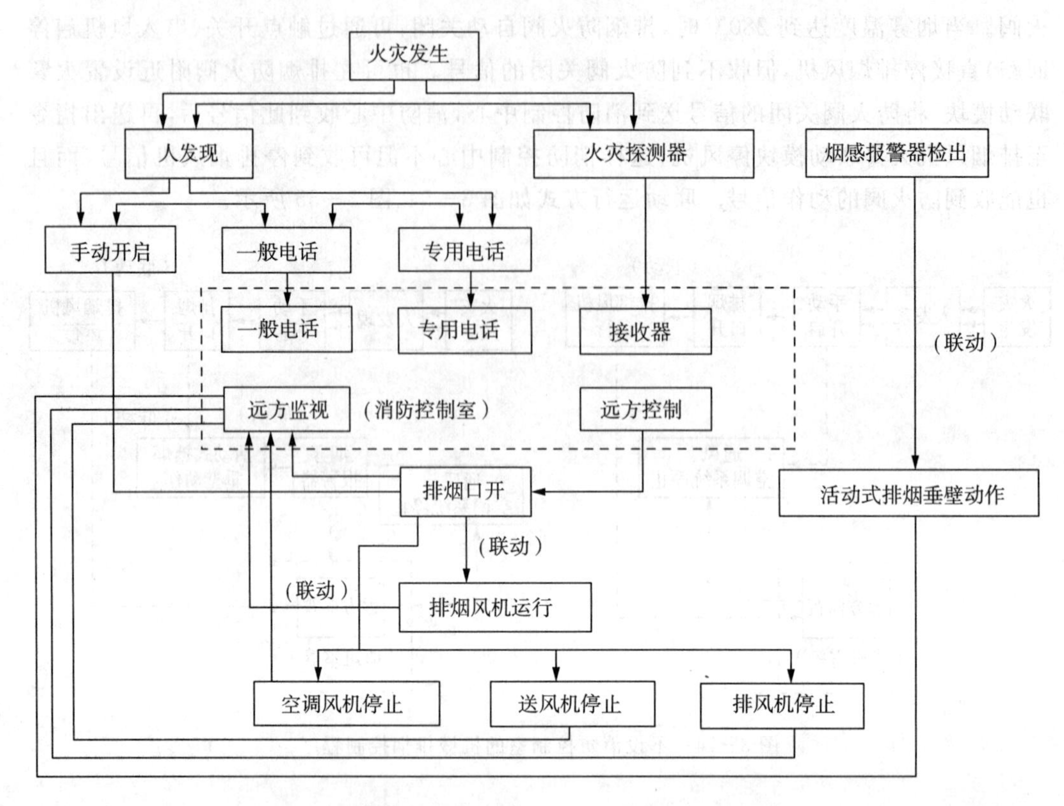

图 3-55　设有消防控制室的机械排烟控制程序

3.8　消防应急照明和疏散指示系统

3.8.1　系统组成与分类

消防应急照明和疏散指示系统的主要功能是为火灾中人员的逃生和灭火救援行动提供照明及方向指示，由消防应急照明灯具、消防应急标志灯具等构成。

1. 消防应急灯具分类

消防应急灯具是为人员疏散、消防作业提供照明和指示标志的各类灯具，包括消防应急照明灯具、消防应急标志灯具，其分类如图 3-56 所示。消防应急标志灯具是用于指示疏散出口、疏散路径、消防设施位置等重要信息的灯具，一般均用图形加以标示，有时会有辅助的文字信息。消防应急照明标志灯具是为人员疏散、消防作业提供照明的灯具，其中，发光部分为便携式的消防应急照明灯具也称为疏散用手电筒。消防应急照明标志复合灯具同时具备应急照明和疏散指示两种功能。

持续型消防应急灯具是指光源在主电源或应急电源工作时均处于点亮状态的消防应急灯具，非持续型灯具的光源在主电源工作时不点亮，仅在应急电源工作时处于点亮状态。

自带电源型消防应急灯具的电池、光源及相关电路安装在灯具内部，一般分两种，一种为电池、光源和相关电路为一体的消防应急灯；一种为电池和相关电路为一体，光源为分体的消防应急灯。子母型消防应急灯具由子灯具和母灯具组成，子灯具的电源和点亮方式均由母灯具控制。集中电源型灯具的电源由应急照明集中电源提供，自身无独立的电池，不能独立工作。

2. 系统的分类与组成

消防应急照明和疏散指示系统按照灯具的应急供电方式和控制方式的不同，分为自带电源非集中控制型、自带电源集中控制型、集中电源非集中控制型、集中电源集中控制型四类系统，如图 3－56 所示。

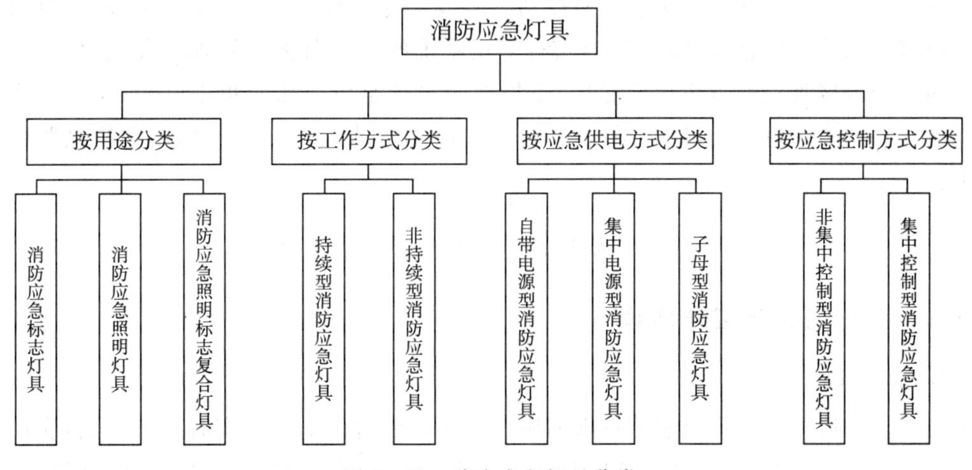

图 3－56　消防应急灯具分类

3.8.2　系统工作原理

自带电源非集中控制型、自带电源集中控制型、集中电源非集中控制型、集中电源集中控制型四类系统，由于供电方式和应急工作的控制方式不同，因此工作原理存在着一定的差异。

1. 自带电源非集中控制型系统工作原理

自带电源非集中控制型系统在正常工作状态时，市电通过应急照明配电箱为灯具供电，用于正常工作和蓄电池充电。发生火灾时，相关防火分区内的应急照明配电箱工作，切断消防应急灯具的市电供电线路，灯具的工作电源由灯具内部自带的蓄电池提供，灯具进入应急状态，为人员疏散和消防作业提供应急照明和疏散指示。

2. 自带电源集中控制型系统工作原理

自带电源集中控制型系统在正常工作状态时，市电通过应急照明配电箱为灯具供电，用于正常工作和蓄电池充电。应急照明控制器通过实时检测消防应急灯具的工作状态，实现灯具的集中监测和管理。发生火灾时，应急照明控制器接收到消防联动信号后，下发控制命令至消防应急灯具，控制应急照明配电箱和消防应急灯具转入应急状态，为人员疏散和消防作业提供照明和疏散指示。

3. 集中电源非集中控制型系统工作原理

集中电源非集中控制型系统在正常工作状态时，市电接入应急照明集中电源，用于正常工作和电池充电，通过各防火分区设置的应急照明分配电装置将应急照明集中电源的输出提供给消防应急灯具。发生火灾时，应急照明集中电源的供电电源由市电切换至电池，集中电源进入应急工作状态，通过应急照明分配电装置供电的消防应急灯具也进入应急工作状态，为人员疏散和消防作业提供照明和疏散指示。

4. 集中电源集中控制型系统工作原理

集中电源集中控制型系统在正常工作状态时，市电接入应急照明集中电源，用于正常工作和电池充电，通过各防火分区设置的应急照明分配电装置将应急照明集中电源的输出提供给消防应急灯具。应急照明控制器通过实时检测应急照明集中电源、应急照明分配电装置和消防应急灯具的工作状态，实现系统的集中监测和管理。发生火灾时，应急照明控制器接收到消防联动信号后，下发控制命令至应急照明集中电源、应急照明分配电装置和消防应急灯具，控制系统转入应急状态，为人员疏散和消防作业提供照明和疏散指示。

3.9 城市消防远程控制系统

3.9.1 系统组成与工作原理

1. 系统组成

城市消防远程监控系统能够对联网用户的建筑消防设施进行实时状态监测，实现对联网用户的火灾报警信息、建筑消防设施运行状态以及消防安全管理信息的接收、查询和管理，并为联网用户提供信息服务。该系统由用户信息传输装置、报警传输网络、报警受理系统、信息查询系统、用户服务系统及相关终端和接口构成，如图 3－57 所示。

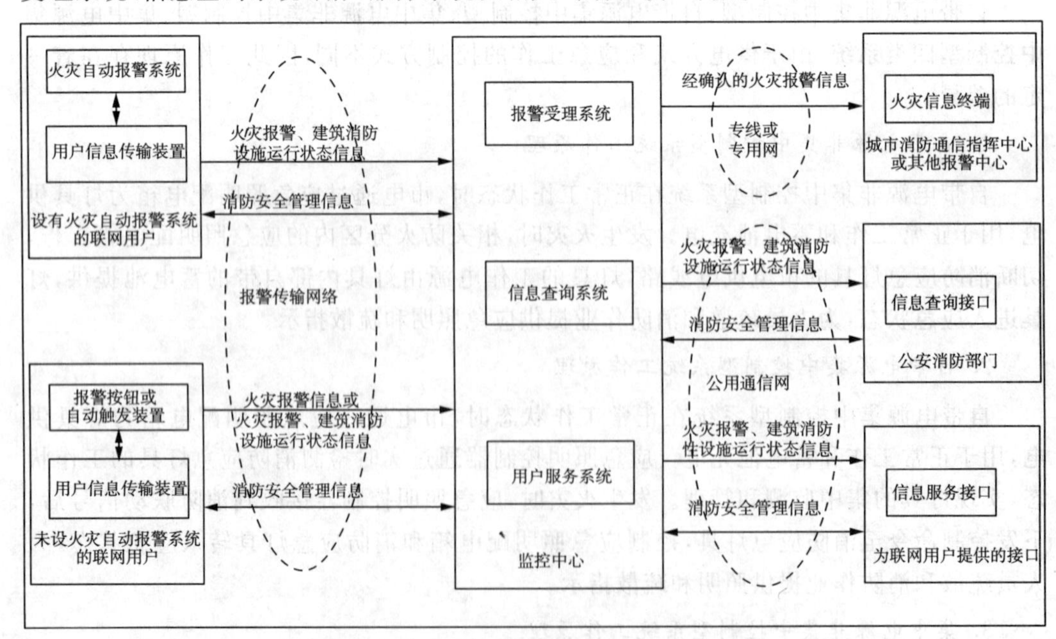

图 3－57　城市消防远程监控系统组成图

用户信息传输装置作为城市消防远程监控系统的前端设备，设置在联网用户端，对联网用户内的建筑消防设施运行状态进行实时监测，并能通过报警传输网络，与监控中心进行信息传输。报警传输网络是联网用户和监控中心之间的数据通信网络，一般依托公用通信网或专用通信网，进行联网用户的火灾报警信息、建筑消防设施运行状态信息和消防安全管理信息的传输。监控中心作为城市消防远程监控系统的核心，是对远程监控系统中的各类信息进行集中管理的节点。火警信息终端设置在城市消防通信指挥中心或其他接处警中心，用于接收并显示监控中心发送的火灾报警信息。

监控中心的主要功能在于能够为城市消防通信指挥中心或其他接处警中心的火警信息终端提供经确认的火灾报警信息，同时为公安消防部门提供火灾报警信息、建筑消防设施运行状态信息及消防安全管理信息查询服务，也能为联网用户提供各单位自身的火灾报警信息、建筑消防设施运行状态信息查询和消防安全管理信息服务。监控中心的主要设备包括报警受理系统、信息查询系统、用户服务系统，同时还包括通信服务器、数据库服务器、网络设备、电源设备等。

2. 系统的分类

按信息传输方式，城市消防远程监控系统可分为有线城市消防远程监控系统、无线城市消防远程监控系统。

按报警传输网络形式，城市消防远程监控系统可分为基于公用通信网的城市消防远程监控系统、基于专用通信网的城市消防远程监控系统。

3. 系统的工作原理

城市消防远程监控系统能够对系统内各联网用户的火灾自动报警信息和建筑消防设施运行状态等信息进行数据采集、传输、接收、显示和处理，并能为公安机关消防机构和联网用户提供信息查询和信息服务。同时，城市消防远程监控系统也能为联网用户消防值班人员提供远程查岗功能。

1)数据的采集和传输

城市消防远程监控系统通过设置在联网用户端的用户信息传输装置，实现火灾自动报警信息和建筑消防设施运行状态等信息的采集和传输。

通过连接建筑消防设施的状态输出通信接口或开关量状态输出接口，用户信息传输装置实时监测所连接的火灾自动报警系统等建筑消防设施的输出数据和状态，通过数据解析和状态识别，准确获取建筑消防设施的运行工作状态。一旦建筑消防设施发出火警提示或设施运行状态发生改变，用户信息传输装置能够立即进行现场声光提示或信息指示，并按照规定的协议方式，对采集到的建筑消防设施运行状态信息进行信息协议编码，立即向监控中心传输数据。

2)信息的接收和显示

设在监控中心的报警受理系统能够对用户信息传输装置发来的火灾自动报警信息和建筑消防设施运行状态信息进行接收和显示。

报警受理系统在接收到报警监控信息后，按照不同信息类型，将数据存入数据库，同时数据也被传送到监控中心的监控受理座席,由监控受理座席进行相应警情的显示,并提示中心值班人员进行警情受理。监控受理座席的显示信息主要包括:

(1)报警联网用户的详细文字信息,包括:报警时间、报警联网用户名称、用户地址、报警点的建筑消防设施编码和实际安装位置、相关负责人、联系电话等。

(2)报警联网用户的地理信息,包括:报警联网用户在城市或企业平面图上的位置、联网用户建筑外景图、建筑楼层平面图、消火栓位置、逃生通道位置等,并可以在楼层平面图上定位具体报警消防设施的位置,显示报警消防设施类型等。

3)信息的处理

监控中心对接收到的信息,按照不同信息类型进行分别处理。

(1)火灾报警信息处理

监控中心接收到联网用户的火灾报警信息后,一旦火灾警情被确认后,监控中心立即向设置在城市消防通信指挥中心的火警信息终端传送火灾报警信息。同时,监控中心通过移动电话、SMS短信息或电子邮件方式,向联网用户的消防责任人或相关负责人发送火灾报警信息。城市消防通信指挥中心通过火警信息终端,实时接收监控中心发送的联网单位火灾报警信息,并根据火警信息快速进行灭火救援力量的部署和调度。

(2)其他建筑消防设施运行信息的处理

监控中心将接收到建筑消防设施的故障及运行状态等信息通过SMS短信或电子邮件等方式发送给消防设施维护人员处理,同时也发送给联网用户的相关管理人员进行信息提示。

(3)信息查询和信息服务

监控中心在对联网用户的火灾自动报警信息、建筑消防设施运行状态信息和消防安全管理信息进行接收和存储处理后,一般通过Web服务方式,向消防机构和联网用户提供相应的信息查询和信息服务。消防机构和联网用户通过登录监控中心提供的网站入口,根据不同人员系统权限,进行相应的信息浏览、检索、查询、统计等操作。

(4)远程查岗

监控中心能够根据不同权限,为消防机构的监管人员或联网用户安全负责人提供远程查岗功能。

3.9.2 系统的主要设施

城市消防远程监控系统的主要设备包括:用户信息传输装置、报警受理系统、信息查询系统、用户服务系统、火警信息终端、通信服务器和数据库服务器。

1. 用户信息传输装置

用户信息传输装置设置在联网用户端,是通过报警传输网络与监控中心进行信息传输的装置,应满足国家标准《城市消防远程监控系统技术规范》(GB 26875.1—2011)的要求。用户信息传输装置主要具备以下功能:

(1)火灾报警信息的接收和传输功能:用户信息传输装置应能接收来自联网用户火灾探测报警系统的火灾报警信息,并在20 s内将信息传输至监控中心。用户信息传输装置在传输除火灾报警信息和手动报警信息之外的其他信息期间，及在进行查岗应答、装置自检、信息查询等操作期间，如火灾探测报警系统发出火灾报警信息，传输装置应能优先接收和传输。

(2)建筑消防设施运行状态信息的接收和传输功能：用户信息传输装置应能接收来自联网用户建筑消防设施的运行状态信息，监控中心与用户信息传输装置之间通信巡检周期不应大于2 h并能动态设置巡检方式和时间。

(3)手动报警功能：用户信息传输装置应设置手动报警按键(钮)。当手动报警按键(钮)动作时，传输装置应能在20 s内将手动报警信息传送至监控中心。手动报警操作和传输应具有最高优先级。

(4)巡检和查岗功能：用户信息传输装置应能接收监控中心发出的巡检指令，并能根据指令要求将传输装置的相关运行状态信息传送至监控中心。同时用户信息传输装置应能接收监控中心发送的值班人员查岗指令，并能通过设置的查岗应答按键(钮)进行应答操作。

(5)故障告警功能：用户信息传输装置应具有本机故障告警功能，并能将相应故障信息传输至监控中心。

(6)自检功能：用户信息传输装置应有手动检查本机面板所有指示灯、显示器、音响器件和通信链路是否正常的功能。

(7)主、备电源切换功能：用户信息传输装置应具有主、备电源自动切换功能；备用电源的容量应能保证用户信息传输装置连续正常工作时间不小于8 h。

2. 报警受理系统

报警受理系统设置在监控中心，接收、处理联网用户按规定协议发送的火灾报警信息、建筑消防设施运行状态信息，并能向城市消防通信指挥中心或其他接处警中心发送火灾报警信息的设备。报警受理系统的软件功能应满足国家标准《城市消防远程监控系统技术规范》5.2.2中要求，其主要功能包括：接收、处理用户信息传输装置发送的火灾报警信息；显示报警联网用户的报警时间、名称、地址、联系电话、地理信息、内部报警点位置及周边情况等；对火灾报警信息进行核实和确认，确认后应将报警联网用户的名称、地址、联系人电话、监控中心接警人员等信息向城市消防通信指挥中心或其他接处警中心的火警信息终端传送；接收、存储用户信息传输装置发送的建筑消防设施运行状态信息，对建筑消防设施的故障信息进行跟踪、记录、查询和统计，并发送至相应的联网用户；自动或人工对用户信息传输装置进行巡检测试；显示和查询过去报警信息及相关信息；与联网用户进行语音、数据或图像通信；实时记录报警受理的语音及相应时间，且原始记录信息不能被修改；具有自检及故障报警功能；具有系统启、停时间的记录和查询功能；具有消防地理信息系统基本功能。

3. 信息查询系统

信息查询系统是设置在监控中心为公安机关消防机构提供信息查询服务的设备。其软件功能应满足国家标准《城市消防远程监控系统技术规范》5.2.3中内容，其主要功能包括:查询联网用户的火灾报警信息;查询联网用户的建筑消防设施运行状态信息;存储、显示联网用户的建筑平面图、立面图,消防设施分布图、系统图,安全出口分布图,人员密集、火灾危险性较大场所等重点部位所在位置、人员数量等基本情况;查询联网用户的消防安全管理信息;查询联网用户的日常值班、在岗等信息;对上述查询信息,能按日期、单位名称、单位类型、建筑物类型、建筑消防设施类型、信息类型等检索项进行检索和统计。

4. 用户服务系统

用户服务系统是设置在监控中心为联网用户提供信息服务的设备。其软件功能应满足《城市消防远程监控系统技术规范》5.2.4 中要求,其主要功能包括:为联网用户提供查询其自身的火灾报警、建筑消防设施运行状态信息、消防安全管理信息的服务平台;对联网用户的建筑消防设施日常维护保养情况进行管理;为联网用户提供符合消防安全重点单位信息系统数据结构标准的数据录入、编辑服务;通过随机查岗,实现联网用户的消防负责人对值班人员日常值班工作的远程监督;为联网用户提供使用权限管理服务以及消防法规、消防常识和火灾情况等信息。

5. 火警信息终端

火警信息终端设置在城市消防通信指挥中心或其他接处警中心,是接收并显示监控中心发送的火灾报警信息的设备。其具有以下功能:接收监控中心发送的联网用户火灾报警信息,向其反馈接收确认信号,并发出明显的声、光提示信号;显示报警联网用户的名称、地址、联系人电话、监控中心值班人员、火警信息终端警情接收时间等信息;具有自检及故障报警功能。

6. 通信服务器

通信服务器能够进行用户信息传输装置传送数据的接收转换和信息转发,其软件功能应满足国家标准《城市消防远程监控系统技术规范》(GB 50440—2007)要求,能够监视用户信息传输装置、受理座席和其他连接终端设备的通信连接状态,并进行故障告警,还具有自检功能和系统启、停时间的记录查询功能。

7. 数据库服务器

数据库服务器用于存储和管理监控中心的各类信息数据,主要包括联网单位信息数据、消防设施数据、地理信息数据和历史记录数据等,为监控中心内各系统的运行提供数据支持。

3.10 建筑灭火器

灭火器是扑救初起火灾的重要消防器材,轻便灵活,人员稍经训练即可掌握其操作使用方法,可手提或推拉至着火点附近,及时灭火,确属消防实战灭火过程中较理想的第一线灭火装备。

3.10.1 灭火器的分类

不同种类的灭火器,适用于由不同物质引起的火灾,其结构和使用方法也各不相同。

灭火器的种类较多，按其移动方式可分为：手提式和推车式；按驱动灭火剂的动力来源可分为：储气瓶式、储压式，按所充装的灭火剂则又可分为：水基型、干粉、二氧化碳灭火器、洁净气体灭火器等；按配置场所火灾种类分：A 类灭火器、B 类灭火器、C 类灭火器、D 类灭火器、E 类灭火器等。

各类灭火器一般都有特定的型号与标识（图 3-58），我国灭火器的型号是按照《消防产品型号编制方法》（GN 11—82）编制的。灭火器型号应以汉语拼音大写字母和阿拉伯数字标于筒体。它由类、组、特征代号及主要参数几部分组成。类、组、特征代号用大写汉语拼音字母表示，一般编在型号首位，是灭火器本身的代号，通常用“M”表示。灭火剂代号编在型号第二位：F——干粉灭火剂；T——二氧化碳灭火剂；Y——1211 灭火剂；Q——清水灭火剂。型式号编在型号中的第三位，是各类灭火器结构特征的代号。目前我国灭火器的结构特征有手提式（包括手轮式）、推车式、鸭嘴式、舟车式、背负式五种，其中型号分别用 S、T、Y、Z、B 表示。型号最后面的阿拉伯数字代表灭火剂量或容积，一般单位为 kg 或 L，如“MF/ABC2”表示 2 kgABC 干粉灭火器；“MSQ9”表示容积为 9 L 的手提式清水灭火器；“MFT50”表示灭火剂质量为 50 kg 的推车式（碳酸氢钠）干粉灭火器。

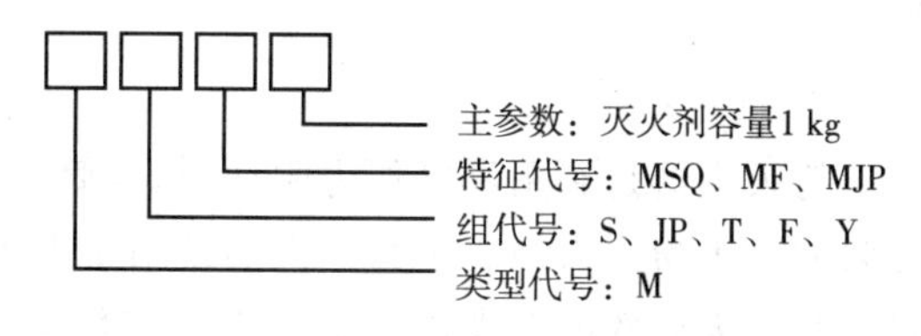

图 3-58　灭火器型号及类型代号

根据《建筑灭火器配置验收及检查规范》（GB 50444—2008）规定，酸碱型灭火器、化学泡沫灭火器、倒置使用型灭火器以及氯溴甲烷、四氯化碳灭火器应做报废处理，也就是说这几类灭火器业已被淘汰。目前常用灭火器的类型主要有：水基型灭火器、干粉灭火器、二氧化碳灭火器、洁净气体灭火器等。

1. 水基型灭火器

水基型灭火器是指内部充入的灭火剂是以水为基础的灭火器，一般由水、氟碳表面活性剂、碳氢表面活性剂、阻燃剂、稳定剂等多组分配合而成，以氮气（或二氧化碳）为驱动气体，是一种高效的灭火剂。常用的水基型灭火器有清水灭火器、水基型泡沫灭火器和水基型水雾灭火器三种。

1）清水灭火器

清水灭火器是指筒体中充装的是清洁的水，并以二氧化碳（氮气）为驱动气体的灭火器。一般有 6 L 和 9 L 两种规格，灭火器容器内分别盛装有 6 L 和 9 L 的水。

清水灭火器由保险帽、提圈、筒体、二氧化碳（氮气）气体贮气瓶和喷嘴等部件组成，使用时摘下保险帽，用手掌拍击开启杆顶端灭火器头，清水便会从喷嘴喷出。它主要用于扑救固体物质火灾，如木材、棉麻、纺织品等的初起火灾，但不适于扑救油类、电气、轻金属以及可燃气体火灾。清水灭火器的有效喷水时间为 1 min 左右。所以当灭火器的水喷出时，应迅速将灭火器提起，将水流对准燃烧最猛烈处喷射；同时，清水灭火器在使用中应始终与地面保持大致垂直状态，不能颠倒或横卧，否则会影响水流的喷出。

2)水基型泡沫灭火器

水基型泡沫灭火器内部装有 AFFF 水成膜泡沫灭火剂和氮气,除具有氟蛋白泡沫灭火剂的显著特点外,还可在烃类物质表面迅速形成一层能抑制其蒸发的水膜,靠泡沫和水膜的双重作用迅速有效地灭火,是化学泡沫灭火器的更新换代产品。它能扑灭可燃固体、液体的初起火灾,更多用于扑救石油及石油产品等非水溶性物质的火灾(抗溶性泡沫灭火器可用于扑救水溶性易燃、可燃液体火灾)。水基型泡沫灭火器具有操作简单、灭火效率高、使用时不需倒置、有效期长、抗复燃、双重灭火等优点,是木竹类、织物、纸张及油类物质的开发、加工、贮运等场所的消防必备品,并广泛应用于油田、油库、轮船、工厂、商店等场所。

3)水基型水雾灭火器

水基型水雾灭火器具有绿色环保、高效阻燃、抗复燃性强、灭火速度快、渗透性强等特点。其在水中添加少量的有机物或无机物可以改进水的流动性能、分散性能、润湿性能和附着性能等,进而提高水的灭火效率,主要适合配置在具有可燃固体物质的场所,如商场、饭店、写字楼、学校、旅游、娱乐场所、纺织厂、橡胶厂、纸制品厂、煤矿厂甚至家庭等场所。

2. 干粉灭火器

干粉灭火器是利用氮气作为驱动力,将筒内的干粉喷出灭火的灭火器。干粉灭火器内充装的是干粉灭火剂。干粉灭火剂是用于灭火的干燥且易于流动的微细粉末,组成成分包括具有灭火效能的无机盐和由少量的添加剂经干燥、粉碎、混合而成的微细固体粉末。它是一种在消防中得到广泛应用的灭火剂,且主要用于灭火器中。除扑救金属火灾的专用干粉化学灭火剂外,干粉灭火剂一般分为 BC 干粉灭火剂和 ABC 干粉灭火剂两大类。目前国内已经生产的产品有:磷酸铵盐、碳酸氢钠、氯化钠、氯化钾干粉灭火剂等。

干粉灭火器可扑灭一般可燃固体火灾,还可扑灭由油、气等燃烧引起的火灾。主要用于扑救石油、有机溶剂等易燃液体、可燃气体和电气设备的初期火灾,广泛用于油田、油库、炼油厂、化工厂、化工仓库、船舶、飞机场以及工矿企业等。

3. 二氧化碳灭火器

二氧化碳灭火器的容器内充装的是二氧化碳气体,靠自身的压力驱动喷出进行灭火。二氧化碳是一种不燃烧的惰性气体。它在灭火时具有两大作用:一是窒息作用,当把二氧化碳施放到灭火空间时,二氧化碳的迅速汽化、稀释燃烧区的空气,使空气的氧气含量减少到低于维持物质燃烧时所需的极限含氧量时,物质就不会继续燃烧,从而熄灭。二是具有冷却作用,当二氧化碳从瓶中释放出来,由于液体迅速膨胀为气体,会产生冷却效果,因此部分二氧化碳瞬间转变为固态的干冰。在干冰迅速汽化的过程中要从周围环境中吸收大量的热量,从而达到灭火的效果。二氧化碳灭火器具有流动性好、喷射率高、不腐蚀容器和不易变质等优良性能,用来扑灭图书、档案、贵重设备、精密仪器、600 V 以下电气设备及油类的初起火灾。

4. 洁净气体灭火器

这类灭火器是将洁净气体(如 IG541、七氟丙烷、三氟甲烷等)灭火剂直接加压充装在容器中，使用时，灭火剂从灭火器中排出形成气雾状射流射向燃烧物，当灭火剂与火焰接触时发生一系列物理化学反应，使燃烧中断，达到灭火目的。洁净气体灭火器适用于扑救可燃液体、可燃气体和可融化的固体物质以及带电设备的初期火灾，可在图书馆、宾馆、档案室、商场、企事业单位以及各种公共场所使用。其中 IG541 灭火剂的成分为 50% 的氮气、10% 的二氧化碳和 40% 的惰性气体。洁净气体灭火器对环境无害，在自然中存留期短，灭火效率高且低毒，适用于有工作人员常驻的防护区，是卤代烷灭火器在现阶段较为理想的替代产品。

卤代烷灭火器又称哈龙灭火器，是将卤代烷 1211、卤代烷 1301（分别为二氟一氯一溴甲烷、三氟一溴甲烷的代号）灭火剂以液态充装在容器中，并用氮气或二氧化碳加压作为灭火剂的喷射动力的灭火器。卤代烷灭火剂是一种低沸点的液化气体，它在灭火过程中的基本作用是化学中断，最大程度上不伤及着火物件，所以最适合扑救易燃、可燃液体、气体，带电设备以及固体物质的表面初起火灾。由于卤代烷灭火剂对大气臭氧层有较大的破坏作用，因此我国早在 1994 年 11 月就下发了《关于在非必要场所停止再配置哈龙灭火器的通知》，规定在非必要使用场所一律不准新配置卤代烷 1211 等哈龙灭火器，并鼓励使用对环境保护没有影响的哈龙替代技术，如洁净气体灭火器等。

3.10.2　灭火器的构造

不同规格类型的灭火器不仅灭火机理不一样，其构造也根据其灭火机理与使用功能需要而有所不同，如手提式与推车式、储气瓶式与贮压式的结构都有着明显差别。

1. 灭火器配件

灭火器配件主要由灭火器筒体、阀门（俗称器头）、灭火剂、保险销、虹吸管、密封圈和压力指示器（二氧化碳灭火器除外）等组成。

为保障建筑灭火器的合理安装配置和安全使用，及时有效地扑救初起火灾，减少火灾危害，保护人身和财产安全，建筑物中配置的灭火器应定期检查、检测和维修。

2. 灭火器构造

1)手提式灭火器

手提式灭火器结构根据驱动气体的驱动方式可分为：贮压式、外置储气瓶式、内置储气瓶式三种形式。外置储气瓶式和内置储气瓶式主要应用于干粉灭火器，随着科技的发展，性能安全可靠的贮压式干粉灭火器逐步取代了储气瓶式干粉灭火器。储气瓶式干粉灭火器较贮压式干粉灭火器构造复杂、零部件多、维修工艺繁杂；在贮存时此类灭火器筒体内干粉易吸潮结块，如若维护保管不当将影响到灭火器的安全使用性能；在使用过程中，平时不受压的筒体及密封连接处瞬间受压，一旦灭火器筒体承受不住瞬时充入的高压气体，容易发生爆炸事故。目前这两种结构的灭火器已经停止生产，市场上常见的主要是贮压式结构的灭火器，像 1211 灭火器、干粉灭火器、水基型灭火器等都是贮压式结构，手提贮压式灭火器结构如图 3 - 59 所示。

手提贮压式灭火器主要由筒体、器头阀门、喷（头）管、保险销、灭火剂、驱动气体（一般为氮气，与灭火剂一起充装在灭火器筒体内，额定压力一般在 1.2～1.5 MPa）、压力表

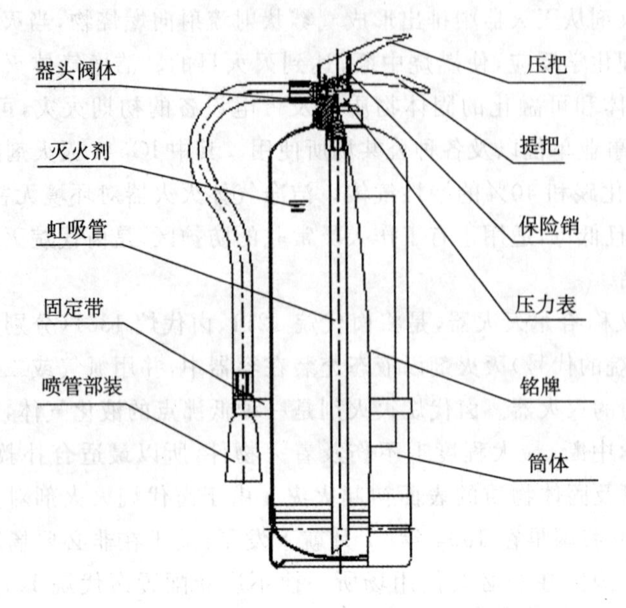

图 3-59　手提贮压式灭火器结构图

以及铭牌等组成。在待用状态下,灭火器内驱动气体的压力通过压力表显示出来,以便人们判断灭火器是否失效。

使用手提式干粉灭火器时,应在距燃烧处 5 m 左右放下灭火器,先拔出保险销,一手握住开启把,另一手握在喷射软管前端的喷嘴处。如灭火器无喷射软管,可一手握住开启压把,另一手扶住灭火器底部的底圈部分。先将喷嘴对准燃烧处,用力握紧开启压把,对准火焰根部扫射。在使用干粉灭火器灭火的过程中要注意,如果在室外,应尽量选择在上风方向使用。

手提式二氧化碳灭火器结构与手提贮压式灭火器结构相似,充装压力较高,一般在 2 MPa 左右,二氧化碳既是灭火剂又是驱动气体,取消了压力表,增加了安全阀。判断二氧化碳灭火器是否失效可利用称重法。标准要求二氧化碳灭火器每年至少检查一次,低于额定充装量的 95%时就应进行检修。以前二氧化碳灭火器除鸭嘴式外还有一种手轮式结构,现已明令淘汰。手提式二氧化碳灭火器结构如图 3-60 所示。

用手提式二氧化碳灭火器灭火时,将灭火器提到火场,在距燃烧物 5 m 左右处,放下灭火器,拔出保险销,一手握住喇叭筒根部的手柄,另一只手紧握启闭阀的压把。对没有喷射软管的二氧化碳灭火器,应把喇叭筒往上扳 70°～90°。灭火时,当可燃液体呈流淌状燃烧时,使用者将二氧化碳灭火剂的喷流由近而远向火焰喷射。如果可燃液体在容器内燃烧时,使用者应将喇叭筒提起,从容器的一侧上部向燃烧的容器中喷射,但不能将二氧化碳射流直接冲击可燃液面,以防止将可燃液体冲出容器而扩大火势,造成灭火困难。使用二氧化碳灭火器扑救电气火灾时,如果电压超过 600 V,应先断电后再灭火。

2)推车式灭火器

推车式灭火器主要由灭火器筒体、阀门机构、喷管喷枪、车架、灭火剂、驱动气体(一般为氮气，与灭火剂一起密封在灭火器筒体内）、压力表及铭牌组成。推车式灭火器结构如图 3－61 所示。

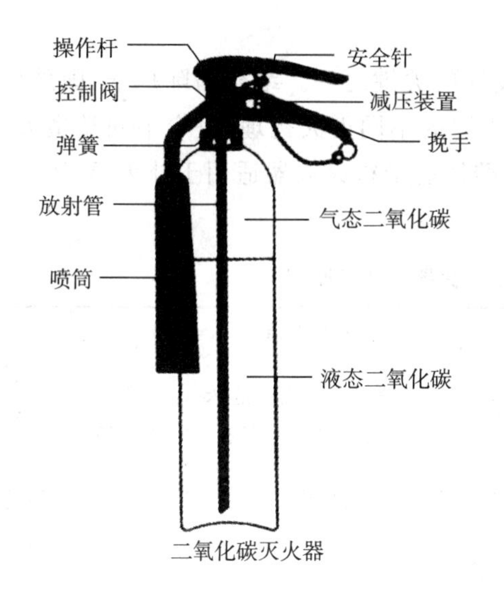

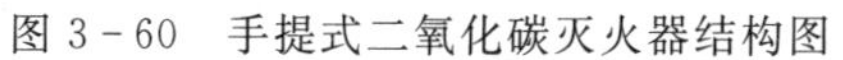

图 3－60　手提式二氧化碳灭火器结构图

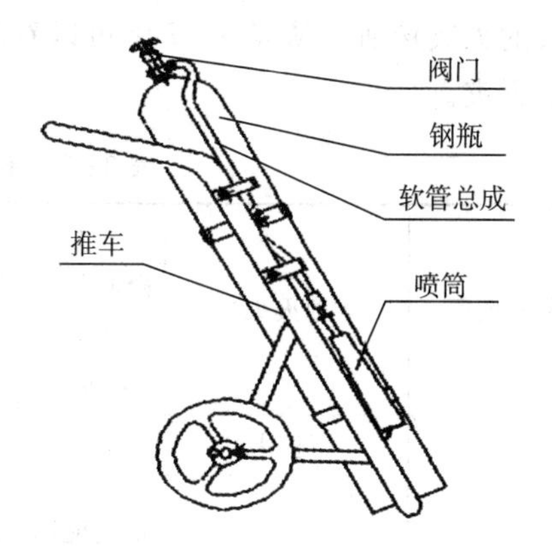

图 3－61　推车式灭火器结构图

推车式灭火器一般由两人配合操作，使用时两人一起将灭火器推或拉到燃烧处，在离燃烧物 10 m 左右停下，一人快速取下喷枪（二氧化碳灭火器为喇叭筒）并展开喷射软管后，握住喷枪（二氧化碳灭火器为喇叭筒根部的手柄），另一人快速按逆时针方向旋动手轮，并开到最大位置。灭火方法和注意事项与手提式灭火器基本一致。

3.10.3　灭火器的灭火机理与适用范围

灭火器的灭火机理有冷却、窒息、隔离、化学抑制等，各类灭火器因灭火机理的差异，其适用范围也各不相同。

1. 灭火器的灭火机理

灭火器的灭火机理即灭火器在一定环境条件下具体实现灭火目的的工作方式及其特定的规则和原理。以下仅就最为常用的干粉灭火器和二氧化碳灭火器加以解析。

1)干粉灭火器

干粉灭火器的主要灭火机理，一是靠干粉中无机盐的挥发性分解物，与燃烧过程中燃料所产生的自由基或活性基团发生化学抑制和副催化作用，使燃烧的链式反应中断而灭火；二是靠干粉的粉末落在可燃物表面外，发生化学反应，并在高温作用下形成一层玻璃状覆盖层，从而隔绝氧气，进而窒息灭火。另外，还有部分稀氧和冷却作用。

2)二氧化碳灭火器

二氧化碳作为灭火剂已有一百多年的历史，其价格低廉，获取、制备容易。二氧化碳主要依靠窒息作用和部分冷却作用灭火。二氧化碳具有较高的密度，约为空气的 1.5 倍。在常压下，液态的二氧化碳会立即汽化，一般 1 kg 的液态二氧化碳可产生约 0.5 m^3 的气体。因而，灭火时，二氧化碳气体可以排除空气而包围在燃烧物体的表面或分布于较密闭的空间中，降低可燃物周围和防护空间内的氧浓度，产生窒息作用而灭火。另外，二氧化碳从储存容器中喷出时，会由液体迅速汽化成气体，而从周围吸收部分热量，起到冷却的作用。

2. 灭火器的适用范围

灭火器的正确选型是建筑灭火器配置设计的关键之一。结合国际标准、国外标准、消防实战经验和实验验证，根据各种类型灭火器的不同灭火机理，决定不同类型灭火器可灭的火灾场所。从表 3－7 中可以看出：磷酸铵盐干粉灭火器适用于扑灭 A、B、C 和 E 多类火灾。

表 3－7 不同类型灭火器的适用性

火灾场所	水型灭火器	干粉灭火器		泡沫灭火器		卤代烷1211灭火器	二氧化碳灭火器
		磷酸铵盐干粉灭火器	碳酸氢钠干粉灭火器	机械泡沫灭火器	抗溶泡沫灭火器		
A类场所	适用	适用	不适用	适用		适用	不适用
	水能冷却并穿透固体燃烧物质而灭火，并可有效防止复燃	粉剂能附着在燃烧物的表面层，起到窒息火焰作用	碳酸氢钠对固体可燃物无黏附作用，只能控火，不能灭火	具有冷却和覆盖燃烧物表面及与空气隔绝的作用		具有扑灭A类火灾的效能	灭火器喷出的二氧化碳无液滴，全是气体，对A类火基本无效
B类场所	不适用[②]	适用		适用于扑救非极性溶剂和油品火灾，覆盖燃烧物表面，使其与空气隔绝	适用于扑救极性溶剂火灾	适用	适用
	水射流冲击油面，会激溅油火，致使火势蔓延，灭火困难	干粉灭火剂能快速窒息火焰，具有中断燃烧过程的链锁反应的化学活性				洁净气体灭火剂能快速窒息火焰，抑制燃烧链锁反应，而中止燃烧过程	二氧化碳靠气体堆积在燃烧物表面，稀释并隔绝空气
C类场所	不适用	适用		不适用		适用	适用
	灭火器喷出的细小水流对气体火灾作用很小，基本无效	喷射干粉灭火剂能快速扑灭气体火焰，具有中断燃烧过程的链锁反应的化学活性		泡沫对可燃液体火灭火有效，但对扑救可燃气体火基本无效		洁净气体灭火剂能抑制燃烧链锁反应，而中止燃烧过程	二氧化碳窒息灭火，不留残迹，不污损设备
E类场所	不适用	适用	适用于带电的B类火	不适用		适用	适用于带电的B类火

为了合理配置建筑灭火器，有效地扑救工业与民用建筑初起火灾，减少火灾损失，保护人身和财产安全，依据国标《建筑灭火器配置设计规范》(GB 50140—2005)要求，对灭火器的类型选择、配置设计等进行合理选择。

3.11　消防供配电

3.11.1　消防用电及负荷等级

所有工业及民用建筑中的消防控制室、消防泵、消防电梯、火灾自动报警及消防联动控制系统、消防应急照明和疏散指示系统、防烟及排烟设施、自动灭火系统、电动防火卷帘及门窗、电动防火阀门等均属于消防设备，需要电能方可进行工作。

1. 消防用电

正常条件下，消防用电设备依靠城市电网供给电能。一旦发生火灾，就会直接影响城市电网电能输出的可靠性和安全性，也就会直接影响消防用电设备在火灾条件下工作的可靠性和安全性。消防电源是指在火灾时能保证消防用电设备继续正常运行的独立电源。消防电源的基本要求包括以下几个方面：

1)可靠性

在火灾条件下，若消防电源停止供电，会使消防用电设备直接失去作用，贻误了抢险救援的时机，给人民的生命财产带来严重的后果，因此必须确保消防电源及配电系统的可靠性。

2)耐火性

在火灾条件下，许多消防用电设备是在火灾现场或附近工作的，因此消防电源的配电系统应具有耐火、耐热及防爆性能，同时还可以采用耐火材料在建筑整体防火条件下提高不间断供电的能力和时间。

3)有效性

消防用电设备在抢险救援过程中需要持续一定的工作时间，因此消防电源应能在火灾条件下保证持续供电时间，以确保消防用电设备的工作有效性。

4)安全性

消防电源和配电系统在火灾条件下工作环境极为恶劣，必须采用相应的保护措施，防止过流、过压导致消防用电设备的故障起火，防止由电气线路漏电引发的触电事故发生。

5)科学性和经济性

在保证可靠性、耐火性、有效性和安全性的前提下，要考虑系统设计的科学性，考虑电源的节能效果和电源质量，考虑施工和操作的方便快捷，考虑投资、运行和维护保养的费用等等。

2. 消防用电的负荷等级

在供配电系统中，用电设备被称为电力负荷，其大小以功率或电流表示。消防负荷就是指消防用电设备，根据供电可靠性及中断供电所造成的损失或影响的程度，分为一级负荷、二级负荷及三级负荷。消防负荷等级划分由建筑物的结构、使用性质、火灾危险性、人员疏散和扑救难度、事故造成的后果等因素决定。

1)一级负荷

(1)一级负荷的电源供电方式

一级负荷应由双重电源供电,且两路电源之间无联系。若两路电源有直接联系,但符合下列要求:任一电源发生故障时,另一个电源的任何部分均不应同时损坏;发生任何一种故障且保护装置正常时,有一个电源不中断供电,并且在发生任何一种故障且主保护装置失灵并导致两个电源均中断供电后,应能在有人员值班的处所完成各种必要操作,迅速恢复一个电源供电。

(2)结合消防用电设备的特点,以下供电方式可视为一级负荷供电:电源一个来自区域变电站(电压在 35 kV 及以上),同时另设一台自备发电机组;电源来自两个区域变电站。

2)二级负荷

二级负荷的电源供电方式可以根据负荷容量及重要性进行选择:

(1)二级负荷包括的范围比较广,停电造成的损失较大的场所,采用两回线路供电且变压器为两台(两台变压器可不在同一变电所);

(2)负荷较小或地区供电条件较困难的条件下,允许有一回路为 6 kV 以上专线架空线或电缆供电。

当采用架空线时,可为一回路架空线供电;当用电缆线路供电时,由于电缆发生故障的恢复时间和故障点排查时间长,因此应采用由两个电缆组成的线路供电,并且每个电缆均应能承受100%的二级负荷。

3)三级消防负荷

三级消防用电设备采用专用的单回路电源供电,并在其配电设备设有明显标志。其配电线路和控制回路应按照防火分区进行划分。

3. 消防备用电源

建筑处于火灾条件下,为确保人员安全疏散和及时抢险救援,许多消防用电设备仍需要坚持工作,为消防用电设备应急供电的独立电源就称为消防备用电源。

消防备用电源有应急发电机组、消防应急电源等。在特定防火对象的建筑物内,消防备用电源种类不是单一的,多采用几个电源的组合方案。一般根据建筑负荷等级、供电质量、应急负荷的数量与分布以及负荷特性等因素来决定方案的选择。消防用电设备在正常条件下由主电源供电,在发生火灾时由消防备用电源供电,当主电源被任何原因切断时,消防备用电源应能自动投入以保证消防用电的可靠性。

1)应急发电机组

应急发电机组有柴油发电机组和燃气轮机发电机组两种。

柴油发电机组是将柴油机与发电机组合在一起的发电设备。其优点是:机组运行不受城市电网运行状态的影响,是较理想的独立可靠电源;机组功率范围广,可从几千瓦到数十千瓦不等;机组操作简单,容易实现自动控制;机组工作效率高,对油质要求不高。

缺点是：工作噪音大，过载能力小，适应启动冲击负荷能力较差。

燃气轮机发电机组包括燃气轮机、发电机、控制屏、启动蓄电池、油箱等设备。由于燃气轮机的冷却不需要水冷，需要空气自行冷却，加之燃烧需要大量空气。因此，燃气轮机组的空气使用量比柴油机组大 2.5～4 倍，宜安装在进气和排气方便的地上层或屋顶，不宜设在地下等进气和排气有难度的场所。

2）消防应急电源

消防应急电源是指平时以市政电源给蓄电池充电，市电失电后利用蓄电池放电而继续供电的备用电源装置。

3）消防备用电源的选型及设置

消防备用电源类型，应根据负荷的容量、允许中断供电的时间，以及要求的电源为交流或直流等条件来选择。

（1）消防备用电源类型的选择

需要配接备用电源的消防设备及适宜的备用电源种类见表 3－8 所列。

表 3－8　消防用电设备与适宜备用电源种类一览表

需要配接备用电源的消防设备	适宜的备用电源种类	
	应急发电机组	消防应急电源
室内消火栓系统	适宜	适宜
排烟系统	适宜	适宜
自动喷水灭火系统	适宜	适宜
泡沫灭火系统	适宜	适宜
干粉灭火系统	适宜	适宜
消防电梯	适宜	不适宜
火灾自动报警系统	不适宜	适宜
电动防火门窗	适宜	适宜
消防联动控制系统	不适宜	适宜
消防应急照明和疏散指示系统	不适宜	适宜

建筑内设置的自备柴油发电机组一般除了作为备用电源外，还可兼作建筑物内消防设备的应急电源。当发生火灾时，自备柴油发电机组应能自动切除所带的非消防负荷。疏散照明灯具应急电源应采用由自带电池或由集中电源组成的应急电源系统，以确保在救火过程中有可靠的电源供电，来保证疏散人员的人身安全。疏散照明灯具的应急电源可采用 EPS 集中供电或灯具自带电池的应急电源系统。灯具自带电池组时，任何情况下充电电源均不得被切断。

（2）电源的切换

允许中断供电时间为 15 s 以上的供电，可选用快速自启动的发电机组。特别重要负荷中有需要驱动的电动机负荷，启动电流冲击负荷较大，但允许停电时间为15 s以上的，可采用快速自启动的发电机组，这是考虑到，一般快速自启动的发电机组的自启动时间为10 s左右。允许中断供电时间为毫秒级的供电，可选用蓄电池静止型不间断供电装置、蓄电池机械贮能电机型不间断供电装置或柴油发电机不间断供电装置。应急电源与正常电源之间必须采取防止并列运行的措施。

3.11.2 消防电源供配电系统

1. 消防用电设备的配电方式

建筑物内低压配电系统主接线方案的选择应根据建筑物的高度、规模和性质来合理确定。通常建筑高度越高，体量越大，发生火灾时扑救的难度也越大。因此，保证消防用电设备的可靠供电非常重要。为了保证消防负荷供电不受非消防负荷的影响，低压配电系统主接线采用分组设计方案可大幅提高配电系统的可靠性。方案要根据负荷性质及容量合理设置短路保护、过负荷保护、接地故障保护和过、欠电压保护。

2. 电线电缆的选择

火灾报警与消防联动控制系统的布线要选择铜芯绝缘电线或铜芯电缆。对于火灾自动报警系统的传输线路和采用50 V以下电压供电的控制线路，选择的导线电压等级不应低于交流250 V，当线路的额定工作电压超过50 V时，选择的导线电压等级不应低于交流500 V。

电线电缆种类及敷设方式要根据消防电线电缆在火灾条件下的持续工作时间因素进行选择；消防设备的配电线路要满足消防设备在发生火灾时持续运行时间的要求。要根据使用场所对线缆的毒性、烟密度、引发和传播火灾的可能性等要求选择普通负荷的配电线路、控制线路和电子信息系统线路的类型及敷设方式。

消防用电设备配电系统的水平分支线路不宜跨越防火分区，当跨越防火分区时应采取防止火灾延燃的措施。

第 4 章　特殊建筑场所灭火系统

4.1　特殊建筑场所防火要求的火灾特点

本书所述的特殊建筑和场所，是指使用功能和建筑条件特殊，有专业规范要求的建筑和场所，主要包括：石油化工生产和储运场所、地铁、城市交通隧道、加油加气站、火力发电厂、飞机库、汽车库和修车库、洁净厂房、信息机房、人民防空工程、综合管廊与古建筑等。

4.1.1　特殊建筑场所的火灾特点

特殊建筑和场所由于其用途和建筑特点差异，除了具有一般工业和民用建筑的火灾危险性和特点外，还具有其自身的火灾危险特性。

1. 火灾爆炸的高危性

石油化工企业的生产不乏高温、高压、蒸馏、裂解等高危工艺，生产过程中的各种原料、中间体、产品和废弃物等分别以气、液、固态存在，由于其自身的理化特性，具有相应的火灾爆炸危险特性。汽车加油加气站由于储存、加注的汽油、液化石油气、压缩天然气等物质具有易燃易爆的特性，因此加油加气站也属于易燃易爆场所，具有易发生火灾和爆炸事故的高危险性。

2. 火灾危险源的流动性

地铁内客流量巨大，人员复杂，乘客所带物品、乘客行为等难以有效控制，如乘客违反规定携带易燃易爆物品乘车，则存在着潜在流动火灾隐患。城市交通隧道因交通工具、车载货物都在移动，因而也存在移动的火灾危险源。这一特点也决定了地铁、隧道一旦发生火灾事故，便具有起火部位移动性、燃烧形式多样性、火灾蔓延跳跃性的特点。

3. 火灾发展的规模化

由于飞机停泊维修保养的需要，飞机库一般是大跨度、大空间的建筑，且飞机进库维修时带有一定量的可燃和易燃液体，如燃油、液压油、润滑油等，维修过程又不可避免地要进行切割、焊接、用有机溶剂清洗、黏结、喷漆等作业，具有火灾危险性大的特点，而且一旦发生火灾，短时间内可使飞机受热面的机身蒙皮发生破坏，引发燃油箱爆炸、易燃液体流散、火势迅猛发展的后果。

4. 灭火救援的艰难性

石油化工企业若发生火灾爆炸，很有可能酿成大规模的火灾事故，对灭火救援人员的人身安全也造成严重的威胁。地铁、隧道、人防工程深埋地下，空间封闭、通风不畅，发生火灾时，高温烟气难以及时排除，安全疏散设施有限，消防通信不畅，灭火救援十分艰难。洁净厂房、信息机房由于其生产工艺的需要，往往采用密闭性能良好的空间，导致消防救援条件有限，灭火救援实施较困难。

5. 火灾损失不可估性

信息机房平均每平方米的设备费用昂贵，而且存储介质对温度的要求较为苛刻，例如在以光盘作为存储介质的情况下，如果温度超过45℃，不但会造成数据丢失，还会造成光盘发生不可修复的损坏，其数据损失及间接的行业损失更是难以统计。所以信息机房一旦发生火灾，其造成的损失难以估量。文物古建筑是古代劳动人民的智慧结晶，是研究古代社会政治经济、文化艺术、宗教信仰的历史资料，是国家珍贵的文化遗产，如果发生火灾，其损失也无法用经济来计算。

4.1.2 特殊建筑场所防火基本要求

1. 合理进行总体规划布局

以石油化工企业为例，选择合理的区域地址，科学地进行工厂总体布置，是防止石油化工企业火灾大范围蔓延的有效技术手段，能够有效地避免火灾威胁区域消防安全。在进行区域规划时，结合地形、风向等条件，考虑常年主导风向对周边城镇的影响，邻近江河、海岸时考虑防泄漏措施，与相邻工厂或重要设施确保防火间距等，可参照《石油化工企业设计防火标准》(GB 50160—2008)中的石油化工企业与相邻工厂或设施的防火间距、石油化工企业与同类企业及油库的防火间距执行。在进行工厂总体布置时，应根据场内地形、风向等条件，合理布置易燃易爆工艺装置、储存罐区、装卸区、危险品仓库和办公生活区，划分不同的功能分区，防止火灾的发生和减少火灾时相互间的影响，这样，既便于生产操作和管理，又有利于安全防火，具体参照《石油化工企业设计防火标准》(GB 50160—2008)(2018年版)中石油化工企业总平面布置的防火间距要求执行。

2. 采取针对性的防火技术措施

针对这些建筑和场所的特殊性，根据其火灾特点，需要采取特殊的防火技术，确保消防安全。例如在石油化工企业、发电厂、古建筑密集区应设立消防站，确保发生火灾时，灭火救援力量能够及时赶到，发挥作用。对于石油化工企业、加油加气站和发电厂，针对生产、储存、运输不同特点性质的物料，以及生产工艺、重点防火区域的保护需求，应采取不同的防火防爆技术措施，减少爆炸危险。对于洁净厂房和信息机房，应考虑贵重设备和精密仪器的特性，以及场所内通风空调、管道线缆布置等特点，采取相应的防火分隔保护措施。在地铁、城市交通隧道，应当从空间密闭狭长、机械设备量多复杂、安全疏散和灭火救援困难等方面考虑，采取有效的建筑结构防火保护、火灾烟气控制和安全疏散等防火技术措施。对于古建筑，应根据其耐火等级低又要保护原有风貌等特点，在电气线路保护、防止雷击等方面采取相应的防火技术措施。

3. 配置有效的消防设施

对于这些建筑和场所，应根据其建筑特点和火灾危险性，配置有效的火灾报警和灭火设施。例如在石油化工企业中除常规灭火设施外，还应酌情配置雨淋系统、泡沫系统，在可燃气体、蒸气仓库内设置可燃气体报警装置。在地铁内，需要对各车站站厅公共区、站台、设备区、地下隧道、控制中心等部位设置火灾自动报警系统；在地下车站的通信机械室、公网引入室、信号机械室、环控电控室及地下变电所等重要电气用房应采用气体灭火系统。对于达到一定机组容量的火力发电厂，在其火灾危险性较大的重点部位、场所通常设置自动喷水与水喷雾灭火系统、气体灭火系统及泡沫灭火系统。对于不同类型的飞机库，可设闭式自动喷水灭火系统用于灭火、降温以保护屋架，在库内较低位置设置泡沫灭火系统和泡沫枪用于扑灭地面油火。对于古建筑，可在内部选用红外线光束感烟探测器、缆式线型定温探测器及火焰探测器，设置“严禁烟火”“禁止吸烟”等消防安全警示标志。

4.2　石油化工防火

石油化工生产工业是指以石油、天然气为原材料，生产石油产品、化学制品、合成纤维、合成橡胶等有机化工原料的一种工业。石油化工产业在我国经济发展过程中有着非常重要的作用，石油化工产业一旦出现安全事故，会对我国经济发展、社会稳定以及人们的生活造成严重的影响。

4.2.1　危害特性

1. 石油化工火灾的危险性

石油化工生产的原材料具有易燃易爆的特点。在石油化工生产进行的过程中，几乎每一个阶段产生的产品都具有易燃易爆的特点。石油化工设备应能承受高温、高压、低温、高真空度和可处理易燃易爆、有腐蚀性等的物料。这是因为石油化工设备出现问题常常导致大量可燃、易燃物料的泄露。石油及其产品的主要成分是由碳和氢两种元素组成的碳氢化合物。石油产品可分为：石油燃料、石油溶剂与化工原料、润滑剂、石蜡、石油沥青、石油焦六类，在某些特定的环境中，其气体或蒸气与空气进行混合，如果浓度达到一定范围之后，遇点火源即会发生爆炸。一旦爆炸发生，破坏力巨大。并且，石油化工生产过程中使用的原材料大多具有一定毒性，因此，在生产过程中不仅要考虑防火防爆安全，还需要防中毒。石油化工产品是批量生产的，一旦一处发生火灾引发爆炸，整个生产厂房都会发生连环爆炸。

石油化工运输时如果发生火灾，不仅会是石油化工企业的损失，而且会对周遭的生态环境造成不可估计的破坏以及对附近人员的人身安全产生威胁，最后还会导致社会不稳定。例如“11・22 青岛输油管道爆炸”事件，事故共造成 63 人遇难，156 人受伤，直接经济损失 7.5 亿元。美国墨西哥湾原油泄漏事件同样是由于某个石油钻井平台发生爆炸，导致原油泄漏。这一事件中为了封堵漏油，英国石油公司花费了 9.3 亿美元，专家指出，污染可能导致墨西哥湾沿岸 1600 多千米的湿地和海滩被毁，渔业受损，脆弱的物种灭绝，由已泄漏的原油造成的损失将不可估计。

2. 石油化工火灾的特性

石油化工生产过程是通过一系列的物理、化学变化完成的，其工艺操作大多在高温高压下进行，反应复杂、连续性强，这就决定了其突出的特点是生产危险性大、发生火灾的概率高，发生火灾后常伴有爆炸、复燃以及立体、大面积、多点等形式的燃烧，易造成人员重大伤亡和财产重大损失。其火灾特点主要有：

1)爆炸与燃烧并存,易造成人员伤亡

在石油化工生产过程中,常伴随着物理爆炸和化学爆炸,或先爆炸后燃烧,或先燃烧后爆炸,或爆炸与燃烧交替进行。爆炸会使管线、设备、装置破裂,造成物料流淌、建筑结构破坏和人员伤亡。

2)燃烧速度快、火势发展迅猛

石油化工企业原料和产品大都为易燃易爆气体、液体,一旦发生火灾,燃烧速度快、火势发展迅猛,能在较短时间内形成大面积火灾,并发生连锁反应。

3)易形成立体火灾

由于可燃气体和可燃液体具有良好的扩散性和流动性,石油化工企业大型设备和管道被破坏时,化工原料流体将会急速涌泄而出,容易造成大面积流淌火灾;又由于生产设备高大密集呈立体布置,框架结构孔洞多,发生火灾时,容易通过楼板孔洞、通风管道、楼梯间等流动扩散,从而使火灾蔓延扩大,火势难以有效控制,易形成大面积立体火灾。

4)火灾扑救困难

石油化工装置工艺复杂、自动化程度高,火灾蔓延速度快、涉及面广、燃烧时间长,且存在爆炸的危险性、气体的毒害性、物料的腐蚀性,对火灾扑救中灭火剂的选择、安全防护、灭火方法等要求高、针对性强,给扑救工作带来很多困难;火灾时,需要足够的灭火力量和灭火剂,才能有效地控制火势。

4.2.2 石油化工企业消防要求

石油化工企业中,生产、储存和运输具有不同特点和性质的物料(如物理、化学性质的不同,气态、液态、固态的不同,储存方式的不同,露天或室内的场合不同等),必须采用不同的灭火手段和不同的灭火药剂。

设置消防设施时,既要设置大型消防设备,又要配备扑灭初期火灾用的小型灭火器材。岗位操作人员使用的小型灭火器及灭火蒸汽快速接头,在扑救初起火灾上起着十分重要的作用,具有便于操作人员掌握、灵活机动、及时扑救的特点。

当装置的设备、建筑物区占地面积大于10000～20000 m^2 时,为了防止可能发生的由火灾造成的大面积重大损失,应加强消防设施的设置,主要措施有:增设消防水炮、设置高架水炮、水喷雾(水喷淋)系统、配备高喷车、加强火灾自动报警和可燃气体探测报警系统设置等。

1. 工艺装置和系统单元消防要求

工艺设备本体(不含衬里)及其基础,管道(不含衬里)及其支架、吊架和基础应采用不燃烧材料,但储罐底板垫层可采用沥青砂。设备和管道的保温层应采用不燃烧材料,当设备和管道的保冷层采用阻燃型泡沫塑料制品时,其氧指数不应小于30。建筑物的构件耐火极限应符合现行国家标准《建筑设计防火规范》(GB 50016—2014)(2018年版)有关规定。设备和管道应根据其内部物料的火灾危险性和操作条件,设置相应的仪表、自动连锁保护系统或紧急停车措施。在使用或产生甲类气体或甲、乙A类液体的工艺装置、系统单元和储运设施区内,应按区域控制和重点控制相结合的原则,设置可燃气体报警系统。

2. 储运设施消防要求

可燃气体、助燃气体、液化烃和可燃液体的储罐基础、防火堤、隔堤及管架(墩)等，均应采用不燃烧材料。防火堤的耐火极限不得小于3 h。液化烃、可燃液体储罐的保温层应采用不燃烧材料。当保冷层采用阻燃型泡沫塑料制品时，其氧指数不应小于30。储运设施内储罐与其他设备及建构筑物之间的防火间距应按国家标准《石油化工企业设计防火标准》(GB 50160—2008)(2018年版)中关于设备、建筑物平面布置的防火间距要求执行。

4.2.3　石油化工企业消防设施

1. 消防站

消防站应由车库、通信室、办公室、值勤宿舍、药剂库、器材库、干燥室(寒冷或多雨地区)、培训学习室及训练场、训练塔，以及其他必要的生活设施等组成。大中型石油化工企业消防站的规模应根据石油化工企业的规模、火灾危险性、固定消防设施的设置情况，以及邻近单位消防协作条件等因素确定。石油化工企业消防车辆的车型应根据被保护对象选择，以大型泡沫消防车为主，且应配备干粉或干粉-泡沫联用车；大型石油化工企业尚宜配备高喷车和通讯指挥车。消防站宜设置向消防车快速灌装泡沫液的设施，并宜设置泡沫液运输车，车上应配备向消防车输送泡沫液的设施。消防车库的耐火等级不应低于二级；车库室内温度不宜低于12℃，并宜设机械排风设施。车库、值勤宿舍必须设置警铃，并应在车库前场地一侧安装车辆出动的警灯和警铃。通信室、车库、值勤宿舍以及公共通道等处应设事故照明。车库大门应面向道路，距道路边不应小于15 m。车库前场地应采用混凝土或沥青地面，并应有不小于2%的坡度坡向道路。

2. 消防水源及泵房

当消防用水由工厂水源直接供给时，工厂给水管网的进水管不应少于2条。当其中一条发生事故时，另一条应能满足100%的消防用水和70%的生产、生活用水总量的要求。消防用水由消防水池(罐)供给时，工厂给水管网的进水管，应能满足消防水池(罐)的补充水和100%的生产、生活用水总量的要求。工厂水源直接供给不能满足消防用水量、水压和火灾延续时间内消防用水总量要求时，应建消防水池(罐)。消防水泵房宜与生活或生产水泵房合建，其耐火等级不应低于二级。消防水泵应采用自灌式引水系统。当消防水池处于低液位，不能保证消防水泵再次自灌启动时，应设辅助引水系统。消防水泵、稳压泵应分别设置备用泵；备用泵的能力不得小于最大一台泵的能力。消防水泵应在接到报警后2 min以内投入运行。稳高压消防给水系统的消防水泵应能依靠管网压降信号自动启动。消防水泵应设双动力源；当采用柴油机作为动力源时，柴油机的油料储备量应能满足机组连续运转6 h的要求。

3. 消防给水管道及消火栓

大型石油化工企业的工艺装置区、罐区等，应设独立的稳高压消防给水系统，其压力宜为0.7～1.2 MPa。其他场所采用低压消防给水系统时，其压力应确保灭火时最不利点消火栓的水压不低于0.15 MPa(自地面算起)。消防给水系统不应与循环冷却水系统合并，且不应用于其他用途。消防给水管道应为环状布置。消防给水管道应保持充水状态。地下独立的消防给水管道应埋设在冰冻线以下，管顶与冰冻线的距离不应小于150 mm。独立的消防给水管道的流速不宜大于3.5 m/s。消火栓的设置应宜选用地上式消火栓；消火栓宜沿道路敷设；消火栓距路面边不宜大于5 m；距建筑物外墙不宜小于5 m；地上式消火栓距城市型道路路边不宜小于1 m；距公路型双车道路肩边不宜小于1 m；地上式消火栓的大口径出水口应面向道路。当其设置场所有可能受到车辆冲撞时，应在其周围设置防护设施；地下式消火栓应有明显标志。消火栓的保护半径不应超过120 m。高压消防给水管道上消火栓的出水量应根据管道内的水压及消火栓出口要求的水压经计算确定，低压消防给水管道上公称直径为100 mm、150 mm的消火栓的出水量可分别取15 L/s、30 L/s。罐区及工艺装置区的消火栓应在其四周道路边设置，消火栓的间距不宜超过60 m。当装置内设有消防道路时，应在道路边设置消火栓。距被保护对象15 m以内的消火栓不应计算在该保护对象可使用的数量之内。与生产或生活合用的消防给水管道上的消火栓应设切断阀。

4. 消防水炮、水喷淋和水喷雾

甲、乙类可燃气体、可燃液体设备的高大构架和设备群应设置水炮保护。固定式水炮的布置应根据水炮的设计流量和有效射程确定其保护范围。消防水炮距被保护对象不宜小于15 m。消防水炮的出水量宜为30～50 L/s，水炮应具有直流和水雾两种喷射方式。

工艺装置内加热炉、甲类气体压缩机、介质温度超过自燃点的泵及换热设备、长度小于30 m的油泵房附近等宜设消防软管卷盘，其保护半径宜为20 m。工艺装置内的甲、乙类设备的构架平台高出其所处地面15 m时，宜沿梯子敷设半固定式消防给水竖管。对于液化烃泵、操作温度等于或高于自燃点的可燃液体泵，当布置在管廊、可燃液体设备、空冷器等下方时，应设置水喷雾（水喷淋）系统或用消防水炮保护泵，喷淋强度不低于9 L/(m^2·min)。在寒冷地区设置的消防软管卷盘、消防水炮、水喷淋或水喷雾等消防设施应采取防冻措施。

5. 低倍数泡沫灭火系统

可能发生可燃液体火灾的场所宜采用低倍数泡沫灭火系统。下列场所应采用固定式泡沫灭火系统：

(1)甲、乙类和闪点等于或小于90℃的丙类可燃液体的固定顶罐，浮盘为易熔材料的内浮顶罐：单罐容积等于或大于10000 m^3 的非水溶性可燃液体储罐；单罐容积等于或大于500 m^3 的水溶性可燃液体储罐。

(2)甲、乙类和闪点等于或小于90℃的丙类可燃液体的浮顶罐，浮盘为非易熔材料的内浮顶罐：单罐容积等于或大于50000 m^3 的非水溶性可燃液体储罐。

(3)移动消防设施不能进行有效保护的可燃液体储罐。

可采用移动式泡沫灭火系统的场所有：罐壁高度小于7 m或容积等于或小于200 m^3 的非水溶性可燃液体储罐；润滑油储罐；可燃液体地面流淌火灾、油池火灾。

除前述固定式泡沫灭火系统、可采用移动式泡沫灭火系统外的可燃液体罐宜采用半固定式泡沫灭火系统。

6. 蒸汽灭火系统

工艺装置有蒸汽供给系统时，宜设固定式或半固定式蒸汽灭火系统，但在使用蒸汽可能造成事故的部位不得采用蒸汽灭火。灭火蒸汽管应从主管上方引出，蒸汽压力不宜大于1 MPa。半固定式灭火蒸汽快速接头（简称半固定式接头）的公称直径应为20 mm；与其连接的耐热胶管长度宜为15～20 m。固定式筛孔管灭火系统的蒸汽供给强度应符合：封闭式厂房或加热炉炉膛不宜小于0.003 kg/(s·m^3)；加热炉管回弯头箱不宜小于0.0015 kg/(s·m^3)。

7. 灭火器

生产区内宜设置干粉型或泡沫型灭火器，控制室、机柜间、计算机室、电信站、化验室等宜设置气体型灭火器。

工艺装置内手提式干粉型灭火器的选型及配置应满足：

(1)扑救可燃气体、可燃液体火灾宜选用钠盐干粉灭火剂，扑救可燃固体表面火灾应采用磷酸铵盐干粉灭火剂，扑救烷基铝类火灾宜采用D类干粉灭火剂。

(2)甲类装置灭火器的最大保护距离不宜超过9 m，乙、丙类装置不宜超过12 m。

(3)每一配置点的灭火器数量不应少于2个，多层构架应分层配置。

(4)在危险的重要场所宜增设推车式灭火器。

对于可燃气体、液化烃和可燃液体的铁路装卸栈台，应沿栈台每12 m处上下分别设置2个手提式干粉型灭火器。可燃气体、液化烃和可燃液体的地上罐组宜按防火堤内面积每400 m^2 配置1个手提式灭火器，但每个储罐配置的数量不宜超过3个。灭火器的配置按现行国家标准《建筑灭火器配置设计规范》(GB 50140—2005)有关规定执行。

8. 火灾报警系统

石油化工企业的生产区、公用及辅助生产设施、全厂性重要设施和区域性重要设施的火灾危险场所应设置火灾自动报警系统和火灾电话报警。

消防站应设置可受理不少于2处同时报警的火灾受警录音电话，且应设置无线通信设备。在生产调度中心、消防水泵站、中央控制室、总变配电所等重要场所应设置与消防站直通的专用电话。

甲、乙类装置区周围和罐组四周道路边应设置手动火灾报警按钮，其间距不宜大于100 m。单罐容积大于或等于30000 m^3 的浮顶罐的密封圈处应设置火灾自动报警系统；单罐容积大于或等于10000 m^3 并小于30000 m^3 的浮顶罐的密封圈处宜设置火灾自动报警系统。火灾自动报警系统的220V AC主电源应优先选择不间断电源(UPS)供电。直流备用电源应采用火灾报警控制器的专用蓄电池，应保证在主电源发生事故时持续供电时间不少于8 h。火灾报警系统的设计应按现行国家标准《石油化工企业设计防火标准》(GB 50160—2008)、《火灾自动报警系统设计规范》(GB 50116—2013)有关规定执行。

4.3 地铁防火

地铁是一种大容量、快捷、规模浩大的交通性公共建筑。当车站和区间位于地下时，空间封闭,通道狭长,无法形成天然采光和自然通风与排烟条件。一旦地铁工程内发生火灾,不良的物理环境会造成人员疏散和灭火救援极为困难。

4.3.1 危害特性

1. 地铁火灾的危害性

1)空间小、人员密度和流量大

地下车站和地下区间是通过挖掘的方法获得的地下建筑空间,仅有与地面连接空间相对较小的地下车站的通道作为出入口,不像地上建筑有门、窗,可与大气相通。因此,相对空间小、人员密度大和流量大是其最为显著的特征。

2)用电设施、设备繁多

地铁内有由车辆、通讯、信号、供电、自动售检票、空调通风、给排水等数十个机电系统设施和设备组成的庞大复杂的系统,各种强弱电电气设备、电子设备不仅种类、数量多,而且配置复杂,供配电线路、控制线路和信息数据布线等密如蛛网,如一旦出现绝缘不良或短路等情况,极易发生电气火灾,并沿着线路迅速蔓延。

3)动态火灾隐患多

地铁内客流量巨大,人员复杂,乘客所带物品、乘客行为等难以控制,潜在火灾隐患多,如乘客违反有关安全乘车规定,擅自携带易燃易爆物品乘车,在车上吸烟、纵火等,都将造成消防安全管理难度大。

2. 地铁的火灾特点

1)火情探测和扑救困难

由于地铁的出入口数量有限,而且出入口又通常是火灾时的出烟口,消防人员不易接近着火点,扑救工作难以展开。再加上地下工程对通信设施的干扰较大,扑救人员与地面指挥人员通讯、联络的困难,也为消防扑救工作增加了障碍。

2)氧含量急剧下降

地铁火灾发生后,地下建筑相对封闭,大量的新鲜空气难以迅速补充,致使空气中氧气含量急剧下降,导致人体窒息死亡。

3)产生有毒烟气、排烟排热效果差

地铁内乘客携带物品种类繁多,大多为可燃物品,一旦燃烧很容易蔓延扩大,产生大量有毒烟气,而地铁空间狭小,大量烟气集聚在车厢内无法扩散,短时间内迅速扩散至整个地下空间,造成车厢内人员易吸入有毒烟气死亡。

4)人员疏散困难

首先,地铁完全靠人工照明,客观存在比地面建筑自然采光条件差的因素,发生火灾时正常照明有可能中断,人的视觉完全靠应急照明灯和疏散指示标志保证,此时如果再没有应急照明灯,车站和区间将一片漆黑,人看不清逃离路线,使人员疏散极为困难。其次,地铁发生火灾时只能通过地面出口逃生,地面建筑内发生火灾时人员的逃生方向与烟气的自然扩散方向相反,人往下逃离就有可能脱离烟气的危害,而在地铁里发生火灾时,人只有往上逃到地面才能安全,但人员的逃生方向与烟气的自然扩散方向一致,烟的扩散速度一般又比人的行动速度快，因此人员疏散更加困难。

4.3.2 地铁消防要求

1. 地铁总平面布局

1）车站与车间

地上车站建筑的周围应设置环形消防车道，确有困难时，可沿车站建筑的一个长边设置消防车道。地下车站的出入口、风亭、电梯和消防专用通道的出入口等附属建筑，地上车站、地上区间、地下区间及其敞口段（含车辆基地出入线）、区间风井及风亭等，与周围建筑物、储罐（区）、地下油管等的防火间距应符合现行国家有关标准的规定。

对于火灾工况，如不能有效防止烟气流倒灌时，要尽量拉开风井之间或风井与出入口之间的距离。地下车站有条件时，要尽量采用高风亭进行通风和排烟。采用高风亭时，排风口、活塞风口应高于进风口；进风口、排风口、活塞风口两两之间的最小水平距离不应小于 5 m，且不宜位于同一方向。当受周边的特殊环境限制，需要采用敞口低风井时，风井之间、风井与出入口之间的最小水平距离应满足现行规范《地铁设计防火标准》（GB 51298—2018）要求。

地上车站的消防水泵房宜布置在首层，当布置在其他楼层时，应靠近安全出口；地下车站的消防水泵房应布置在站厅层及以上楼层，并宜布置在站厅层设备管理区内的消防专用通道附近。

2）控制中心与主变电所

独立建造的控制中心、地上主变电所应设置环形消防车道，确有困难时，可沿建筑的一个长边设置消防车道。控制中心宜独立建造，不应与商业、娱乐场所等人员密集的场所合建，并应避开易燃、易爆场所；确需与其他建筑合建时，控制中心应采用无门窗洞口的防火墙与建筑的其他部分分隔。主变电所应独立建造。

3）车辆基地

车辆基地的总平面布置应以车辆段（停车场）为主体，根据功能需要及地形条件合理确定基地内各建筑的位置、防火间距、运输道路和消防水源等。车辆基地应避免设置在甲、乙类厂（库）房和甲、乙、丙类液体、可燃气体储罐及可燃材料堆场附近。易燃物品库应独立布置，并应按存放物品的不同性质分库设置。

车辆基地不宜设置在地下。当车辆基地的停车库、列检库、停车列检库、运用库、联合检修库等设置在地下时，应在地下设置环形消防车道；当库房的总宽度不大于 75 m 时，可沿库房的一条长边设置地下消防车道，但尽头式消防车道应设置回车道或回车场，回车场的面积不应小于 15 m×15 m。

车辆基地内的消防车道应符合现行国家标准《地铁设计防火标准》（GB 51298—2018）、《建筑设计防火规范》（GB 50016—2014）的相关规定。地下消防车道与停车库、列检库、停车列检库、运用库、联合检修库之间应采用耐火极限不低于 3 h 的防火墙分隔。防火墙上应设置消防救援入口，入口处应采用乙级防火门等进行分隔。

2. 建筑的耐火等级与防火分隔

地下车站的风道、区间风井及其风道等的围护结构的耐火极限均不应低于 3 h，区间风井内柱、梁、楼板的耐火极限均不应低于 2 h。

车站(车辆基地)控制室(含防灾报警设备室)、变电所、配电室、通信及信号机房、固定灭火装置设备室、消防水泵房、废水泵房、通风机房、环控电控室、站台门控制室、蓄电池室等火灾时需运作的房间,应分别独立设置,并应采用耐火极限不低于 2 h 的防火隔墙和耐火极限不低于 1.5 h 的楼板与其他部位分隔。

地铁的疏散策略与一般的地下建筑有所不同,站台、站厅付费区以及非付费区、出入口通道内的乘客疏散区范围内应最大限度地减少火源,禁止设置商铺和非地铁功能场所。在站厅非付费区的乘客疏散区外设置的商铺,不得经营和储存甲、乙类火灾危险性的商品,不得储存可燃性液体类商品。每个站厅商铺的总建筑面积不应大于 100 m^2,单处商铺的建筑面积不应大于 30 m^2。商铺应采用耐火极限不低于 2 h 的防火隔墙或耐火极限不低于 3 h 的防火卷帘与其他部位分隔,商铺内应设置火灾自动报警和灭火系统。

在站厅的上层或下层设置商业区等非地铁功能的场所时,站厅严禁采用中庭与商业区等非地铁功能的场所连通;在站厅非付费区连通商业等非地铁功能场所的楼梯或扶梯的开口部位应设置耐火极限不低于 3 h 的防火卷帘,防火卷帘应能分别由地铁、商业区等非地铁功能的场所控制,楼梯或扶梯周围的其他临界面应设置防火墙。在站厅层与站台层之间设置商业区等非地铁功能的场所时,站台至站厅的楼梯或扶梯不应与商业区等非地铁功能的场所连通,对于楼梯或扶梯穿越商业区等非地铁功能的场所的部位周围,应设置无门窗洞口的防火墙。

在站厅公共区同层布置的商业区等非地铁功能的场所,应采用防火墙与站厅公共区进行分隔,相互间宜采用下沉广场或连接通道等方式连通,不应直接连通。下沉广场的宽度不应小于 13 m;连接通道的长度不应小于 10 m、宽度不应大于 8 m,连接通道内应设置两道分别由地铁和商业区等非地铁功能的场所控制且耐火极限均不低于 3 h 的防火卷帘。

车辆基地建筑的上部不宜设置其他使用功能的场所或建筑,确需设置时,应满足车辆基地与其他功能场所之间被耐火极限不低于 3 h 的楼板分隔;车辆基地建筑的承重构件的耐火极限不应低于 3 h,楼板的耐火极限不应低于 2 h。

3. 安全疏散

关于站台至站厅或其他安全区域的疏散楼梯、自动扶梯和疏散通道的通过能力,应保证在远期或客流控制期中超高峰小时最大客流量时,一列进站列车所载乘客及站台上的候车乘客能在 4 min 内全部撤离站台,并应能在 6 min 内全部疏散至站厅公共区或其他安全区域。

每个站厅公共区应至少设置 2 个直通室外的安全出口。安全出口应分散布置,且相邻两个安全出口之间的最小水平距离不应小于 20 m。换乘车站共用一个站厅公共区时,站厅公共区的安全出口数量应按每条线不少于 2 个设置。

站厅公共区与商业区等非地铁功能的场所的安全出口应各自独立设置。两者的连通口和上、下联系楼梯或扶梯不得作为相互间的安全出口。

4. 消防给水与灭火设施

除高架区间外，地铁工程应设置室内外消防给水系统。消防用水宜由市政给水管网供给，也可由消防水池或天然水源供给。利用天然水源时，应保证枯水期最低水位时的消防用水要求，并应设置可靠的取水设施。室内消防给水应采用与生产、生活分开的给水系统。消防给水应采用高压或临时高压给水系统。当室内消防用水量达到最大流量时，其水压应满足室内最不利点灭火系统的要求，消防给水管网应设置防超压设施。消防用水量应按车站或地下区间在同一时间内发生一次火灾时的室内外消防用水量之和计算。自动喷水灭火系统的管网宜与室内消火栓系统的管网分开设置。

地铁工程地下部分室内外消火栓系统的设计火灾延续时间不应小于 2 h。地下车站和设置室内消火栓系统的地上建筑应设置消防水泵接合器，并满足：消防水泵接合器的数量应按室内消防用水量经计算确定，每个消防水泵接合器的流量应按 10～15 L/s计算；水泵接合器应设置在室外便于消防车取用处，地下车站宜设置在出入口或风亭附近的明显位置，距离室外消火栓或消防水池取水口宜为 15～40 m；消防水泵接合器宜采用地上式，并应设置相应的永久性固定标识，位于寒冷和严寒地区应采取防冻措施。

除区间外，地铁工程内应配置建筑灭火器。车站内的公共区、设备管理区、主变电所和其他有人值守的设备用房设置的灭火器，应按现行国家标准《建筑灭火器配置设计规范》(GB 50140—2005)规定的严重危险级配置。

5. 防烟与排烟

地铁中应设置排烟设施的场所包括：地下或封闭车站的站厅、站台公共区；同一个防火分区内总建筑面积大于 200 m^2 的地下车站设备管理区，地下单个建筑面积大于 50 m^2 且经常有人停留或可燃物较多的房间；连续长度大于一列列车长度的地下区间和全封闭车道；车站设备管理区内长度大于 20 m 的内走道，长度大于 60 m 的地下换乘通道、连接通道和出入口通道。

防烟楼梯间及其前室、避难走道及其前室应设置防烟设施。地下车站设置机械加压送风系统的封闭楼梯间、防烟楼梯间宜在其顶部设置固定窗，但公共区供乘客疏散、设置机械加压送风系统的封闭楼梯间、防烟楼梯间顶部应设置固定窗。

机械防烟系统和机械排烟系统可与正常通风系统合用，合用的通风系统应符合防烟、排烟系统的要求，且该系统由正常运转模式转为防烟或排烟运转模式的时间不应大于 180 s。

站厅公共区和设备管理区应采用挡烟垂壁或建筑结构划分防烟分区，防烟分区不应跨越防火分区。站厅公共区内每个防烟分区的最大允许建筑面积不应大于 2000 m^2，设备管理区内每个防烟分区的最大允许建筑面积不应大于 750 m^2。在公共区楼扶梯穿越楼板的开口部位、公共区吊顶与其他场所连接处的顶棚或吊顶面高差不足 0.5 m 的部位应设置挡烟垂壁。挡烟垂壁或划分防烟分区的建筑结构材料应为不燃材料且耐火极限不应低于 0.5 h，凸出顶棚或封闭吊顶不应小于 0.5 m。挡烟垂壁的下缘至地面、楼梯或扶梯踏步面的垂直距离不应小于 2.3 m。

6. 火灾自动报警

车站、地下区间、区间变电所及系统设备用房、主变电所、控制中心、车辆基地应设置火灾自动报警系统。正常运行工况需控制的设备,应由环境与设备监控系统直接监控;火灾工况专用的设备,应由火灾自动报警系统直接监控。正常运行与火灾工况均需控制的设备,平时可由环境与设备监控系统直接监控,火灾时应能接收火灾自动报警系统指令,并应优先执行火灾自动报警系统确定的火灾工况。换乘车站的火灾自动报警系统宜集中设置,按线路设置的火灾自动报警系统之间应能相互传输并显示状态信息。在车辆基地上部设置其他功能的建筑时,两者的控制中心应能实现信息互通。地铁工程的火灾自动报警系统应由中央级、车站级或车辆基地级、现场级火灾自动报警系统及相关通信网络组成。

7. 消防通信

消防通信应包括消防专用电话、防灾调度电话、消防无线通信、视频监视及消防应急广播。控制中心应具有全线消防救援、调度指挥和与上一级防灾指挥中心联网的功能。地铁全线应设置独立的消防专用电话系统、防灾调度电话系统和防灾无线通信系统。地下线应设置消防无线引入系统。车站、主变电所、车辆基地应设置消防应急广播系统,并宜与运营广播合用。站厅、站台、通道等公共区和设备管理区用房应设置消防应急广播扬声器。车辆客室应设置供乘客与司机或控制中心紧急对讲的装置,并应设置明显的告示牌。

8. 消防配电与应急照明

1)消防配电

地铁的消防用电负荷应为一级负荷。其中,火灾自动报警系统、环境与设备监控系统、变电所操作电源和地下车站及区间的应急照明用电负荷应为特别重要负荷。应急照明应由应急电源提供专用回路供电,并应按公共区与设备管理区分回路供电。备用照明和疏散照明不应由同一分支回路供电。

2)应急照明

在变电所、配电室、环控电控室、通信机房、信号机房、消防水泵房、事故风机房、防排烟机房、车站控制室、站长室以及火灾时仍需坚持工作的其他房间,应设置备用照明。车站公共区、楼梯或扶梯处、疏散通道、避难走道(含前室)、安全出口、长度大于 20 m 的内走道、消防楼梯间、防烟楼梯间(含前室)、地下区间、联络通道应设置疏散照明。地下车站及区间应急照明的持续供电时间不应小于 60 min,由正常照明转换为应急照明的切换时间不应大于 5 s。

4.3.3 地铁火灾工况运作模式

当地铁采用地面、高架形式时,火灾工况疏散路径较为简单,与其相匹配的防排烟运作模式可参照地面建筑的设计要求。当地铁位于地下时,由于火灾点的不同,人员疏散路径及其相匹配的防排烟运作模式也有所不同。主要分为:站台层公共区火灾、车轨区火灾、站厅层公共区火灾、设备管理区火灾、区间隧道火灾和辅助线段区间火灾等几种工况运作模式。

1. 站台层公共区火灾工况运作模式

当站台层公共区发生火灾时，乘客通过楼梯和自动扶梯(此时自动扶梯为停止或上行状态)向站厅层公共区疏散，经出入口至地面。此工况人员疏散及防排烟的运作模式为：

(1)开启站台层排烟。通过排风机，从站台排烟，形成站台层负压。并开启站厅层送风机送风，使梯口形成 1.5 m/s 的向下气流，避免站台层烟气漫延至站厅。

(2)位于站厅的自动检票机门处于常开状态，同时打开位于非付费区和付费区之间所有栏栅门，使乘客无阻挡通过出入口疏散到地面。

(3)确认本站火灾后，应通过显示、声讯或人员管理等措施阻止地面出入口处乘客进入车站。

(4)确认本站发生火灾后，控制中心调度应使其他列车不再进入本站或快速通过，不停站。

2. 车轨区火灾工况运作模式

当车站车轨区发生火灾时，往往会使火灾列车滞留在车站内。此工况人员疏散及防排烟的运作模式为：

(1)当站台层设有屏蔽门时，停车侧应自动打开(如有故障，可开启应急门)。

(2)启动车站站台层相关排烟系统，尽所能排除烟气。

(3)对于典型的地下车站，一般设有大型事故风机，车轨区上部设有排风管，应启动相关风机，尽所能排除该车轨区烟气，形成车轨区负压。并开启站厅层送风机补风。

(4)乘客从列车下到站台层后经楼梯和自动扶梯到达站厅，再经过检票机口和栏栅门等通道，从出入口到达地面。

(5)确认本站发生火灾后，应阻止地面出入口处乘客进入本站。

(6)确认本站发生火灾后，控制中心调度应使其他列车不再进入本站或快速通过不停站。

3. 站厅层公共区火灾工况模式

当站厅公共区发生火灾时，乘客由站厅通过出入口疏散至地面。此工况人员疏散及防排烟的运作模式为：

(1)站厅排烟，形成站厅公共区负压，新风由出入口和站台自然补入。

(2)火灾确实后，应阻止地面乘客进入本车站内。

(3)应调度列车尽快把滞留在站台上的乘客带走。

4. 设备管理区火灾工况模式

车站设备管理区是单独防火分区，不涉及乘客疏散区域。根据使用功能划分为气体保护的电气设备用房和一般用房。此工况人员疏散及防排烟的运作模式为：

(1)配置气体保护的电气用房，灭火时，该区域通风系统关闭，灭火完毕，开启通风系统通风换气。

(2)非气体保护房间，根据相关规范，当达一定规模时，发生火灾时需要进行排烟，并补充50%的新风。

(3)位于设备管理防火分区内的人员，可通过设备管理区直通地面的消防专用通道疏散至地面，或疏散至相邻车站公共区。

5. 区间隧道火灾工况模式

列车在区间内运行时，一旦列车着火，只要不完全丧失动力，工作人员应尽量使列车开行到前方车站，则火灾时的疏散路径和防排烟运作模式全同车站车轨区火灾工况模式进行。下面是考虑到火灾列车滞留在区间内的事故工况。

对于空间有限的地下区间，只能采用纵向通风的防排烟模式来保证疏散路径处于新风区。当列车火灾部位明确后可分以下几种情况：

(1)列车头节发生火灾时，此工况人员疏散及防排烟的运作模式为：

① 当火灾位于列车头节时，为保证大多数乘客的安全，列车尾节端门打开(自动落下梯)，乘客鱼贯而入到达轨道面层，向列车尾端侧车站疏散。

② 此时，列车尾端侧车站送风，列车头端侧车站排风，形成区间介于2 m/s～11 m/s的气流量，即通风方向与疏散方向始终相逆。

③ 设有纵向应急通道的区间，此时应打开列车侧门，使乘客通过端门疏散的同时，也可通过应急平台疏散，疏散方向也向列车尾端侧车站。

④ 应充分利用位于疏散区间段内上、下行区间的联络通道，从火灾区间进入非火灾区间疏散，此时，非火灾区间内应停止运行列车，方能作为疏散通道使用。

(2)列车尾节发生火灾时，此工况与列车头节火灾工况相同，疏散与防排烟运作模式与上述情况相反。

(3)当列车中部节发生火灾时，一般为了避免更多的乘客受烟气影响，火灾通风气流与行车方向一致，疏散路径、通风模式同列车头火灾模式一样。由于列车中部着火，为了提高列车头、尾节列车上乘客生还机会，充分利用纵向应急通道更显重要。

(4)其他

① 当列车火灾部位不明确时，通风气流方向宜与列车行驶方向一致，即同列车头节火灾运作模式。

② 由于区间长短、断面积、列车阻塞比等不同，需要开启的风机量和规模视工程而异。

③ 对于单洞双线区间，一旦列车发生火灾时，对开列车绝对禁止进入火灾区间。

④ 当长区间隧道设有中间风井时，在中间风井内应设可至地面的疏散梯。

6. 辅助线段区间火灾

(1)辅助线段区间(停车线、折返线、渡线、出入线)，列车运行载客通行的辅助线段火灾模式同地下区间。

(2)一般停车场或车辆设施与综合基地位于地面，由正线至停车场或车辆设施与综合基地的出入线发生火灾时，应尽快将烟气排至地面，此时通风方向由地下至地面。

4.4　城市交通隧道防火

隧道是埋置于地层内的工程建筑物，是人类利用地下空间的一种形式，可分为交通隧道、水工隧道、市政隧道、矿山隧道。1970 年，国际经济合作与发展组织召开的隧道会议综合了各种因素，对隧道所下的定义为："以某种用途、在地面下用任何方法按规定形状和尺寸修筑的断面积大于 2 m^2 的洞室。"交通隧道是与人类社会生活、生产活动关系最为密切的一类隧道，主要用于人员、机动车、火车、船舶等通行，按照其使用功能分为公路隧道、铁路隧道、城市地下铁路隧道、航运隧道和人行隧道等。城市交通隧道（以下简称隧道）的防火设计应综合考虑隧道内的交通组成、隧道的用途、隧道环境条件、隧道长度等因素。

4.4.1　隧道分类

隧道的用途及交通组成、通风情况决定了隧道可燃物的数量与种类、火灾的可能规模及其增长过程和火灾延续时间，影响隧道发生火灾时可能逃生的人员数量及其疏散设施的布置；隧道的环境条件和隧道长度等决定了消防救援和人员的逃生难易程度及隧道的防烟、排烟和通风方案；隧道的通风与排烟等因素又对隧道中的人员逃生和灭火救援影响很大。

参考日本《道路隧道紧急情况用设施设置基准及说明》和我国行业标准《公路隧道交通工程设计规范》(JTG/T D71—2004)等标准，考虑到隧道长度和通行车辆类型等与消防需求密切相关的因素，将隧道分为单孔和双孔形式。单孔和双孔隧道应按其封闭段长度和交通情况分为一、二、三、四类，见表 4－1 所列。

表 4－1　单孔和双孔剖隧道分类

用途	一类	二类	三类	四类
	隧道封闭段长 L/m			
可通行危险化学品等机动车	$L>1500$	$500<L\leqslant 1500$	$L\leqslant 500$	—
仅限通行非危险化学品等机动车	$L>3000$	$1500<L\leqslant 3000$	$500<L\leqslant 1500$	$L\leqslant 500$
仅限人行或通行非机动车	—	—	$L>1500$	$L\leqslant 1500$

4.4.2　隧道的火灾危险性及其特点

1. 火灾危险性

隧道建筑空间特性、交通工具及其运输方式，不仅决定了隧道火灾危害后果与一般工业与民用建筑火灾之间的差别，也决定了不同隧道火灾之间的差异。隧道火灾危害性后果除导致人员伤亡、造成直接经济损失外，其特有的次生灾害和造成的间接损失，甚至比前者对社会、生活以及区域经济的影响更为严重。

(1)火灾时温度对人体的影响。隧道的使用人员在遇到隧道火灾时，因瞳孔反应和声响等干扰因素引起情绪冲动或拘谨，瞬间会不知所措，大多数人将处于不稳定物理平衡状态,但并不失去理智和处理能力。在温度小于或等于80℃时乘用人员有生存可能性;温度为80℃～180℃虽有生存可能但具有潜在危险;当温度高于180℃则达到致死作用。

(2)隧道发生火灾时空气中有毒气体含量。高温烟气在移动过程中,会向周围不断辐射热量,对人员、结构造成损伤,同时火风压作用会导致隧道内通风系统紊乱;浓烟使得隧道内的能见度降到很低,会降低甚至损坏逃生通道和信号引导灯的功用,同时,含大量有毒有害气体的高温烟雾会刺激人眼睛流泪使视力下降,进而不易辨别路线和方向,也给人精神上造成巨大压力,降低人的分析能力。

(3)隧道火灾对结构的破坏。隧道不仅车载量大,而且需要通行运输有危险材料的车辆,有时受条件限制还需采用单孔双向行车道,导致火灾规模增大,对隧道结构的破坏作用大。地下建筑物受位置和空间的局限很大,与地上火灾的特征也明显不同。地下火灾的排烟散热条件差、温度高而且上升快、烟雾浓度大、能见度低,消防、救火难度大,因此,隧道火灾对结构的破坏是相当严重的。

(4)隧道火灾对洞内附属设施的破坏。包括对交通标志、照明系统、供电设施、通风系统、通信设施等的破坏,给隧道内通风、照明、供电等带来困难,导致无法正常引导车辆和人员的疏散。

2. 火灾特点

隧道火灾是以交通工具及其车载货物燃烧、爆炸为特征的火灾,其火灾特点如下:

(1)温度高,烟雾大。隧道内发生火灾时,隧道内的照明系统会被破坏,使得能见度大大降低。由于隧道内空间很小,且呈狭长型,近似于密闭空间,因此火灾发生时产生的热量和烟雾等不能自然散发。隧道发生火灾时地下通风系统启动,空气流动加快,热量随空气迅速扩散并加热空气,可把热量传递到任何易燃材料上。

(2)灭火救援困难。发生火灾后,由于隧道内散热慢、温度较高、烟雾大、能见度低,起火点附近未进行防火保护的隧道承重结构体处混凝土容易崩落。由前面隧道火灾对结构的破坏可知,火灾发生后的短时间内混凝土衬砌会发生爆裂、崩落。现代隧道的长度日益增加,导致排烟和逃生、救援愈发困难。一般隧道大多远离城市,缺乏可靠的水源,灭火条件有限,救援途径也有限,因此,火灾扑救难度很大。

(3)人员及车辆疏散困难。由于隧道空间密闭,道路狭窄,随着车流量日益增长,发生火灾的可能性增加。火灾发生后容易造成车辆拥堵,并且火灾在车辆之间的蔓延也很快,每辆汽车内都有易燃烧的汽油、柴油等,汽油燃烧将加剧火势发展。

(4)易造成交通堵塞和出现二次灾害。在车流量大或处于交通高峰期的隧道发生火灾时,由于隧道内能见度很低,驾驶人员对于火灾会很恐惧,容易因慌不择路而造成交通拥堵或出现新的交通事故。隧道壁上一般分布有很多电缆及用电设备,在狭长的隧道内车辆疏散速度会很慢,疏散时间越长,其间发生二次灾害的概率越大。

4.4.3 隧道建筑消防要求

1. 一般要求

一、二类隧道承重结构体耐火极限分别不应低于2 h和1.5 h;对于三类隧道,耐火极限不应低于 2 h；对于四类隧道，耐火极限不限。

隧道内的地下设备用房、风井和消防救援出入口的耐火等级应为 级，地面的重要设备用房、运营管理中心及其他地面附属用房的耐火等级不应低于二级。除嵌缝材料外，隧道的内部装修材料应采用不燃材料。

当通行机动车的双孔隧道发生火灾时，下风向的车辆可继续向前方出口行驶，上风向的车辆则需要利用隧道辅助设施进行疏散。隧道内的车辆疏散一般可采用两种方式，一是在双孔隧道之间设置车行横通道，另一种是在双孔中间设置专用车行疏散通道。隧道与车行横通道或车行疏散通道的连通处，应采取防火分隔措施。

隧道火灾可以采用多种逃生避难形式，如横通道、地下管廊、疏散专用道等。采用人行横通道和人行疏散通道进行疏散与逃生，是目前隧道中应用较为普遍的形式。人行横通道是垂直于两孔隧道长度方向设置、连接相邻两孔隧道的通道，当两孔隧道中某一条隧道发生火灾时，该隧道内的人员可以通过人行横通道疏散至相邻隧道。人行疏散通道是设在两孔隧道中间或隧道路面下方、直通隧道外的通道，当隧道发生火灾时，隧道内的人员进入该通道进行逃生。人行横通道与人行疏散通道相比，造价相对较低，且可以利用隧道内车行横通道。设置人行横通道和人行疏散通道时，需符合以下原则：

(1)人行横通道的间隔和隧道通向人行疏散通道的入口间隔，要能有效保证隧道内的人员在较短时间内进入人行横通道或人行疏散通道。

(2)人行横通道或人行疏散通道的尺寸要能保证人员的应急通行。

(3)在隧道与人行横通道或人行疏散通道的连通处所进行的防火分隔，应能防止火灾和烟气影响人员安全疏散。

单孔隧道宜设置直通室外的人员疏散出口或独立避难所等避难设施。

隧道内的变电站、管廊、专用疏散通道、通风机房及其他辅助用房等，应采取耐火极限不低于 2 h 的防火隔墙和乙级防火门等分隔措施与车行隧道分隔。

隧道内地下设备用房的每个防火分区的最大允许建筑面积不应大于 1500 m^2，每个防火分区的安全出口数量不应少于 2 个，与车道或其他防火分区相通的出口可作为第二安全出口，但必须至少设置 1 个直通室外的安全出口；建筑面积不大于 500 m^2 且无人值守的设备用房可设置 1 个直通室外的安全出口。

2. 消防给水与灭火设施

进行城市交通的规划和设计时，应同时设计消防给水系统。四类隧道和行人或通行非机动车辆的三类隧道，可不设置消防给水系统。隧道内宜设置独立的消防给水系统。对严寒和寒冷地区的消防给水管道及室外消火栓应采取防冻措施；当采用干式给水系统时，应在管网的最高部位设置自动排气阀，管道的充水时间不宜大于 90 s。

消防水源和供水管网应符合国家现行有关标准的规定。一、二类隧道的火灾延续时间不应小于 3 h；三类隧道不应小于 2 h。隧道内的消防用水量应按同时开启所有灭火设施的用水量之和计算。隧道内的消火栓用水量不应小于 20 L/s，隧道外的消火栓用水量不应小于 30 L/s。对于长度小于 1000 m 的三类隧道，隧道内、外的消火栓用水量可分别为 10 L/s 和 20 L/s。

管道内的消防供水压力应保证用水量达到最大时，最不利点处的水枪充实水柱不小于10 m。消火栓栓口处的出水压力大于0.7 MPa时，应设置减压设施。

在隧道出入口处应设置消防水泵接合器和室外消火栓。应在隧道单侧设置室内消火栓箱，消火栓箱内应配置1支喷嘴口径为19 mm的水枪，1盘长为25 m、直径为65 mm的水带，并宜配置消防软管卷盘。隧道内消火栓的间距不应大于50 m，消火栓的栓口距地面高度宜为1.1 m。设置消防水泵供水设施的隧道，应在消火栓箱内设置消防水泵启动按钮。

隧道内应设置排水设施。排水设施应考虑排除渗水、雨水、隧道清洗等水量和灭火时的消防用水量，并应采取措施防止事故时可燃液体或有害液体沿隧道漫流。

引发隧道内火灾的主要部位有：行驶车辆的油箱、驾驶室、行李或货物和客车的旅客座位等，火灾类型一般为A、B类混合，部分火灾可能由隧道内的电器设备、配电线路引起。因此，在隧道内要合理配置能扑灭A、B、C类火灾的灭火器。通行机动车的一、二类隧道和通行机动车并设置3条及以上车道的三类隧道，在隧道两侧均应设置灭火器，每个设置点不应少于4具；其他隧道，可在隧道一侧设置灭火器，每个设置点不应少于2具；灭火器设置点的间距不应大于100 m。

3. 通风和排烟系统

根据对隧道的火灾事故分析，由一氧化碳导致的人员死亡事故数和因直接烧伤、爆炸及其他有毒气体引起的人员死亡事故数约各占一半。通常，采用通风、防排烟措施控制烟气产物及烟气运动可以改善火灾环境，并降低火场温度以及热烟气和热分解产物的浓度，改善视线。但是，机械通风会通过不同途径对不同类型和规模的火灾产生影响，在某些情况下反而会加剧火势发展和蔓延。

通行机动车的一、二、三类隧道应设置排烟设施。隧道内机械排烟系统中，长度大于3000 m的隧道宜采用纵向分段排烟方式或重点排烟方式；长度不大于3000 m的单洞单向交通隧道宜采用纵向排烟方式；单洞双向交通隧道，宜采用重点排烟方式。

机械排烟系统与隧道的通风系统宜分开设置。合用时，合用的通风系统应具备在火灾时快速转换的功能，并应符合机械排烟系统的要求。隧道内用于火灾排烟的射流风机，应至少备用一组。

隧道内设置的机械排烟系统应满足：采用全横向和半横向通风方式时，可通过排风管道排烟；采用纵向排烟方式时，应能迅速组织气流、有效排烟，其排烟风速应根据隧道内的最不利火灾规模确定，且纵向气流的速度不应小于2 m/s，并应大于临界风速；排烟风机和烟气流经的风阀、消声器、软接等辅助设备，应能承受设计的隧道火灾烟气排放温度，并应能在250℃下连续正常运行不小于1 h。排烟管道的耐火极限不应低于1 h。

隧道的避难设施内应设置独立的机械加压送风系统，其送风的余压值应为30～50 Pa。

4. 火灾自动报警系统

在隧道入口处100～150 m应设置当隧道内发生火灾时，能提示车辆禁入隧道的警报信号装置，而在隧道用电缆通道和主要设备用房内应设置火灾自动报警系统，对于可能产生屏蔽的隧道，应设置无线通信等保证灭火时通信联络畅通的设施。 、二类隧道应设置火灾自动报警系统，通行机动车的三类隧道宜设置火灾自动报警系统。火灾自动报警系统的设置应符合下列规定：

(1)应设置火灾自动探测装置。

(2)隧道出入口和隧道内每隔100～150 m处，应设置报警电话和报警按钮。

(3)应设置火灾应急广播或应每隔100～150 m处设置发光警报装置。

5. 隧道的安全疏散设施

隧道安全疏散通常是利用隧道内设置的辅助坑道或者专门设置的疏散避难通道，对隧道内车辆、人员在火灾及其他紧急情况下进行安全疏散、紧急避难。

1)安全出口和疏散通道

安全出口是在两车道孔之间的隔墙上开设直接的安全门，作为两孔互为备用的疏散口，人员疏散和救援可由同平面通行，方便快捷。

安全通道则根据隧道形式不同，可分为四类：一是利用横洞作为疏散联络道，两座隧道互为安全疏散通道；二是利用平行导坑作为疏散通道；三是利用竖井、斜井等设置人员疏散通道；四是利用多种辅助坑道组合设置人员疏散通道。

(1)矩形双孔(或多孔)加管廊的隧道。在两孔车道之间的中间管廊内设置安全通道，并沿纵向每隔80～125 m向安全通道内开设一对安全门(图4-1)。安全通道两端应与隧道洞口或通向地面的疏散楼梯相连，火灾时，人员从一孔隧道进入安全门，穿越安全通道至另一孔隧道。

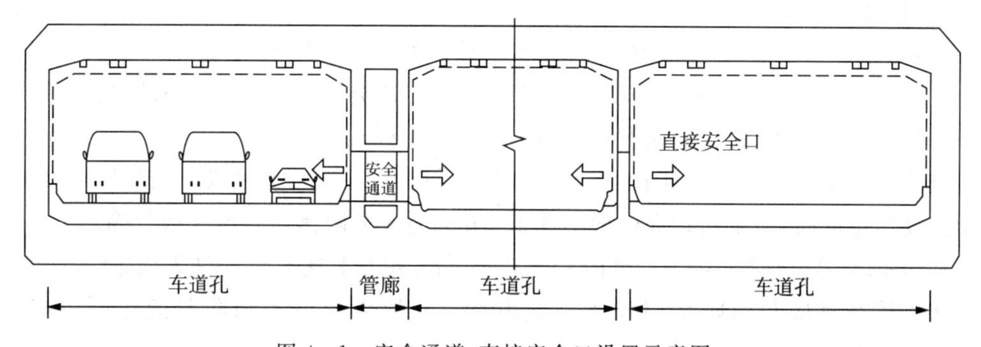

图4-1 安全通道、直接安全口设置示意图

(2)圆形隧道。在圆形隧道的两孔隧道之间设置连接通道，并在通道的两端设置防火门。当一条隧道发生火灾时，人员可通过横通道疏散至另一条隧道进行疏散。连接通道的间距一般宜为400～800 m，当设有其他相应的安全疏散措施时，间距可适当放大。圆形隧道的安全通道常设置在车道板下，通过安全口和爬梯、滑梯进出(图4-2)。人员可从安全口，经安全通道进行长距离疏散。设有安全通道时，其安全口的设置间距一般可取80～125 m。

2)疏散楼梯

有条件的情况下，双层隧道上下层车道之间可以设置疏散楼梯，发生火灾时通过疏

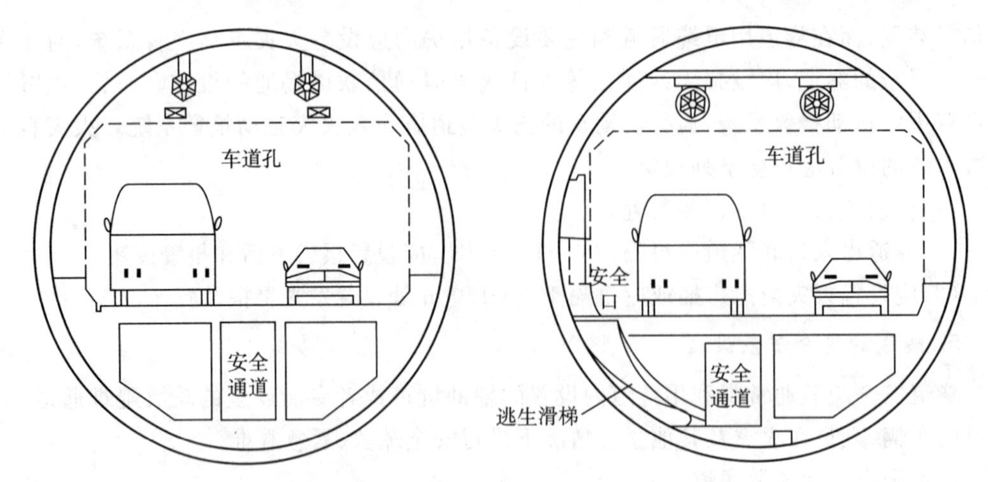

图 4-2 圆隧道安全通道、安全口设置示意图

散楼梯至另一层隧道，间距一般取 100 m 左右。

3)避难室

为减少因救援人员不能及时到位地区的人员伤亡数量，长大隧道需设置避难室。避难室与隧道车道形成独立的防火分区，并通过设置气闸等措施，阻止火灾及烟雾进入。避难室大小和间距根据交通流量和疏散人员数量确定。

6. 供电与通信系统

一、二类隧道的消防用电应按一级负荷要求供电；三类隧道的消防用电应按二级负荷要求供电。

隧道两侧、人行横通道和人行疏散通道上应设置疏散照明和疏散指示标志，其设置高度不宜大于 1.5 m。一、二类隧道内疏散照明和疏散指示标志的连续供电时间不应小于 1.5 h；其他隧道，不应小于 1.0 h。隧道内设置的各类消防设施均应采取与隧道内环境条件相适应的保护措施，并应设置明显的发光指示标志。

隧道内严禁设置可燃气体管道；电缆线槽应与其他管道分开敷设。当设置 10 kV 及以上的高压电缆时，应采用耐火极限不低于 2 h 的防火分隔体与其他区域分隔。

通信系统主要包括：消防专用电话系统、广播系统、电视监视系统、消防无线通信系统等。

防灾控制室应与消防部门设置直线电话。隧道内应设置消防紧急电话，一般每 100 m宜设置一台。

火灾事故广播无须单独设置，可与隧道运营广播系统合用。火灾事故广播具有优先权。

在防灾控制室内设置独立的火灾监视器，监视隧道内的灾情，其他电视监视设备与运营监视等共用。

应将城市地面消防无线通信电波延伸至隧道内，当发生灾害时可通过无线通信系统进行指挥、协调。系统方案应根据当地消防无线通信系统的制式、频点进行设置。

4.5 加油加气站防火

汽车加油加气站是加油站、加气站、加油加气合建站的统称，视为为汽车油箱加注汽油、柴油等车用燃油，以及为燃气汽车储气瓶加注车用液化石油气、车用压缩天然气或车用液化天然气的专门场所。汽车加油加气站主要由油气储存区、加油加气区和管理区三部分组成。有的加油站还设有便利店、洗车等辅助设施。汽车加油加气站属危险性设施，又主要建在人员稠密地区，所以必须采取适当的措施保证安全。

4.5.1　加油加气站的分类分级

1. 加油加气站的分类

汽车加油加气站按其提供燃料的不同可以划分为汽车加油站、汽车加气站、汽车加油加气合建站。汽车加油站是指为机动车加注汽油、柴油等车用燃油并可提供其他便利性服务的场所。汽车加气站是指LPG加气站、CNG加气站、LNG加气站(液化天然气加气站)的统称，是通过加气机为燃气汽车储气瓶加注车用LPG、CNG、LNG，或通过加气柱为CNG车载储气瓶组充装CNG，并可提供其他便利性服务的场所。汽车加油加气合建站是指既可为汽车油箱充装车用燃油，又可为燃气汽车储气瓶充装LPG、CNG、LNG，并可提供其他便利性服务的场所。

2. 汽车加油加气站的等级分类

汽车加油加气站根据其储油罐、储气罐的容积划分为不同的等级。

1)汽车加油站

汽车加油站按站中汽油、柴油储存罐的容积规模划分为三个等级。加油站的等级划分见表4-2所列。

表4-2　加油站的等级划分

级别	油罐容积/m^3	
	总容积	单罐容积
一　级	$150<V\leqslant210$	$V\leqslant50$
二　级	$90<V\leqslant150$	$V\leqslant50$
三　级	$V\leqslant90$	汽油罐$V\leqslant30$，柴油罐$V\leqslant50$

2)LPG加气站

LPG加气站按储气罐的容积规模划分为三个等级。LPG加气站的等级划分见表4-3所列。

表4-3　LPG加气站的等级划分

级别	LPG罐容积/m^3	
	总容积	单罐容积
一　级	$45<V\leqslant60$	$V\leqslant30$
二　级	$30<V\leqslant45$	$V\leqslant30$
三　级	$V\leqslant30$	$V\leqslant30$

3)CNG 加气站

压缩天然气加气站储气设施的总容积应根据加气汽车数量、每辆汽车加气时间、母站服务的子站的个数、规模和服务半径等因素综合确定。在城市建成区内,CNG 加气母站储气设施的总容积不应超过 120 m^3;CNG 常规加气站储气设施的总容积不应超过 30 m^3;CNG 加气子站停放的车载储气瓶组拖车不应多于 1 辆,站内固定储气设施的总容积不应超过 18 m^3。若 CNG 加气子站内无固定储气设施,站内可停放 2 辆车载储气瓶组拖车。

4)加油和 LPG 加气合建站

加油和 LPG 加气合建站按汽油、柴油储存罐和 LPG 储气罐的容积划分为三个等级。加油和 LPG 加气合建站的等级划分见表 4－4 所列。

表 4－4　加油和 LPG 加气合建站的等级划分

级别	LPG 储罐总容积/m^3	LPG 储罐总容积与油品储罐总容积合计/m^3
一级	$V\leqslant45$	$120<V\leqslant180$
二级	$V\leqslant30$	$60<V\leqslant120$
三级	$V\leqslant20$	$V\leqslant60$

注:(1)V 为油罐总容积或 LPG 罐总容积。

(2)油罐的总容量与单罐容量按表 4－2 执行。

(3)LPG 罐单罐容积不应大于 30 m^3。

5)加油和 CNG 加气合建站

加油和 CNG 加气合建站按汽油、柴油储存罐和 CNG 储气设施的总容积划分为二个等级。加油和 CNG 加气合建站的等级划分见表 4－5 所列。

表 4－5　加油和 CNG 加气合建站的等级划分

<table>
<tr><th>级别</th><th>油品储罐总容积/m^3</th><th>常规 CNG 加气站储气设施总容积/m^3</th><th>加气子站储气设施/m^3</th></tr>
<tr><td>一级</td><td>$90<V\leqslant120$</td><td rowspan="2">$V\leqslant24$</td><td rowspan="2">固定储气设施总容积 $V\leqslant12$,可停放 1 辆车载储气瓶组拖车</td></tr>
<tr><td>二级</td><td>$V\leqslant90$</td></tr>
<tr><td>三级</td><td>$V\leqslant60$</td><td>$V\leqslant12$</td><td>可停放 1 辆车载储气瓶组拖车</td></tr>
</table>

柴油罐容积可折半计入油罐总容积。当油罐总容积大于 90 m^3 时,油罐单罐容积不应大于 50 m^3;当油罐总容积小于或等于 90 m^3 时,汽油罐单罐容积不应大于 30 m^3,柴油罐单罐容积不应大于 50 m^3。

4.5.2　加油加气站的火灾危险性及其特点

由于汽车加油加气站储存与加注的汽油、LPG、CNG 等物质具有易燃易爆的特性,因此属于易燃易爆场所,具有较大的火灾危险性。

1. 加油站火灾的危害性

由于加油站收发的油品为汽油和柴油，加油站火灾除具备一般火灾的共性外，还具有油品易燃烧和油气混合气易爆炸的特殊性，若管理不当，容易发生火灾爆炸事故。加油站火灾事故，按其发生的原因不同可分为作业事故和非作业事故两大类。

1)油品的燃烧特点

(1)易燃易爆性

汽油一般为无色或淡黄色透明液体，闪点远远低于室温，汽油蒸气的最小点火能量很小，仅为0.2 MJ，因此即使遇到能量较小的火源也易引起燃烧，汽油燃烧热值高，燃烧温度达1200℃，对周围可燃物带来巨大的热辐射。汽油在室温下极易挥发，蒸汽比空气重，易于聚积在低洼处；汽油的爆炸浓度下限仅为37.2 mg/L，与空气混合易形成爆炸性混合气体。

(2)易蔓延

扩散汽油密度为730 kg/m^3，比水轻且不溶于水，属于低黏度的轻质油品，流动扩散性强，发生泄漏后易流淌扩散，加之汽油燃烧速度很快，加油站内一旦发生火灾，油品流淌蔓延开，火势将迅速扩展。

(3)易产生静电

油品在输送过程中，由于与管道之间的摩擦，会产生大量的静电荷，若不导走，静电荷聚集到一定程度形成高电位就可能释放电火花，引起爆炸着火事故。

(4)火焰温度高，扑救难度大

汽油热值为46892 kJ/kg，燃烧温度高达1200℃，起火后对周围可燃物带来巨大的热辐射，且在火灾过程中，随着油气浓度不断地变化，燃烧和爆炸不断转化，给消防人员正确判断火场情况，控制扑灭火灾带来难度。另外，扑救过程中若处理不当，没有持续地对高温的油罐、输油管道继续进行冷却，未及时切断泄漏源，均可能引发油品的复燃、复爆。

2)作业事故

作业事故主要发生在卸油、量油、加油和清罐环节，这四个环节都使油品暴露在空气中，如果在作业中违反操作程序，使油品或油品蒸气在空气中与火源接触，就会导致爆炸燃烧事故的发生。

(1)卸油时发生火灾

加油站火灾事故的60%～70%发生在卸油作业中。常见事故有：

① 油罐满溢。卸油时对液位监测不及时造成油品跑冒，油品溢出罐外后，周围空气中油蒸气的浓度迅速上升，达到或在爆炸极限范围内时，使用工具刮舀、开启电灯照明观察、开窗通风等，均可能产生火花引起爆炸燃烧。

② 油品滴漏。由于卸油胶管破裂、密封垫破损、快速接头紧固栓松动等，油品滴漏至地面，遇火花立即燃烧。

③ 静电起火。由于油管无静电接地、采用喷溅式卸油、卸油中油罐车无静电接地等，静电积聚放电从而点燃油蒸气。

④ 卸油中遇明火。在非密封卸油过程中，大量油蒸气从卸油口溢出，当周围出现烟

火或火花时,就会产生爆炸燃烧。

(2)量油时发生火灾

油罐车送油到站后未待静电消除就开盖量油,将引起静电起火,如果油罐未安装量油孔或量油孔铝质(铜质)镶槽脱落,在用储油罐量油时,量油尺与钢质管口摩擦产生火花,就会点燃罐内油蒸气,引起燃烧爆炸。

(3)加油时发生火灾

目前,国内大部分加油站未采用密封加油技术,加油时,大量油蒸气外泄,或因操作不当造成油品外溢,都可能在加油口附近形成一个爆炸危险区域,如遇烟火或使用手机等通信工具、铁钉鞋摩擦、金属碰撞、电器打火、发动机排气管喷火等,都可导致火灾。

(4)清罐时发生火灾

在进行加油站油罐清洗作业时,油罐内的油蒸气和沉淀物无法彻底被清除,残余油蒸气遇到静电、摩擦、电火花等都可能导致火灾发生。

3)非作业事故

加油站非作业事故可分为与油品相关的火灾和非油品火灾。

(1)与油品相关的火灾

① 油蒸气沉淀。由于油蒸气密度比空气密度大,会沉淀于管沟、电缆沟、下水道、操作井等低洼处,积聚于室内角落处,一旦遇到火源就会发生爆炸燃烧。油蒸气四处蔓延,把加油站和作业区内外沟通起来,将站外火源引至站内,造成严重的燃烧爆炸。

② 油罐、管道渗漏。由于腐蚀、制造缺陷、法兰未紧固等,在非作业状态下,油品渗漏,遇明火燃烧。

③ 雷击。雷电直接击中油罐或加油设施,或者雷电作用于油罐和加油没施,或者雷电作用于油罐、加油机等处产生间接放电,导致油品燃烧或油气混合气爆炸。

(2)非油品火灾

① 电气火灾。电气老化、绝缘破损、线路短路、私拉乱接电线、超负荷用电、过载、接线不规范、发热、电器使用管理不当等原因引起的火灾。

② 明火管理不当,生产、生活用火失控,引燃站房。

③ 站外火灾蔓延殃及站内。

2. 加气站火灾的危害性

1)天然气具有危险性

天然气的主要成分甲烷属一级可燃气体,甲类火灾危险性,爆炸极限为5%~15%(V/V),最小点火能量仅为0.28 MJ,燃烧速度快,燃烧热值高,对空气的比重为0.055,扩散系数为0.196,极易燃烧、爆炸,并且扩散能力强,火势蔓延迅速,一旦发生火灾难以施救。

2)泄漏引发事故

若加气站站内工艺过程处于高压状态,容易造成设备泄漏,气体外泄可能发生的部位很多,管道焊缝、阀门、法兰盘、气瓶、压缩机、干燥器、回收罐、过滤罐等都有可能发生泄漏;当液化石油气、压缩天然气管道被拉脱或加气车辆意外失控而撞毁加气机时会造成燃气大量泄漏。泄漏气体一旦遇到引火源，就会发生火灾和爆炸事故。

3)高压运行危险性大

压缩天然气加气站技术要求储气设施的工作压力为25 MPa，加气机额定工作压力为20 MPa，压缩天然钢瓶的运行压力为16～20 MPa，这是目前国内可燃气体的最高压力储存容器。系统高压运行容易发生超压事故，当系统压力超过其能够承受的许用压力，超过设备及配件的强度极限可能引发爆炸或局部炸裂。液化石油气储罐的设计压力不应小于1.77 MPa，阀门及附件系统的设计压力不应小于2.5 MPa，若设备不能满足技术要求，稍有疏忽，便可发生爆炸或火灾事故。

4)天然气质量差带来危险

在天然气中的游离水未脱净的情况下，积水中的硫化氢容易引起钢瓶腐蚀。从理论上讲，硫化氢的水溶液在高压状态下对钢瓶或容器的腐蚀，比在4 MPa以下的管网中进行得更快、更容易。

5)存在多种引火源

商业性汽车加气站绝大多数建立在车辆来往频繁的交通干道之侧，周围环境较复杂，受外部点火源的威胁较大，如邻近建筑物烟囱的飞火，邻近建筑物的火灾，频繁出入的车辆，人为带入的烟火、手机电磁火花、穿钉鞋摩擦、撞击火花、穿脱化纤服装时产生的静电火花，燃放鞭炮的散落火星，雷击等，均可成为加气站火灾的点火源。操作中也存在多种引火源，加气站设备控制系统是对站内各种设备实施手动或自动控制的系统，潜藏着电气火花；售气系统工作时，天然气在管道中高速流动，易产生静电火源，操作中使用工具不当或操作不慎造成的摩擦、撞击火花等。

6)作业事故带来危险

由于作业人员的安全意识差，未按照操作规定设施作业，如灌装接头安装不到位、灌装开关关闭不严等造成的气体泄漏等事故。另外，如车辆撞击设备、施工过程防护不到位导致设备破损等其他事故也会引发火灾。

4.5.3　加油加气站的消防要求

1. 站址选择及平面布局

1)站址选择

加油加气站的站址选择，应符合城乡规划、环境保护和防火安全的要求，并应选在交通便利的地方。在城市建成区不应建一级加油站、一级加气站、一级加油加气合建站、CNG加气母站。在城市中心区不宜建一级加气站、一级加油站、一级加油加气合建站、CNG加气母站。城市建成区内的加油加气站，宜靠近城市道路，但不宜选在城市干道的交叉路口附近。

2)防火间距

依据安全理念，以技术手段确保可燃物料储运设施自身的安全性能，是主要的防火措施，设置防火间距是辅助措施。加油加气站与站外设施之间的安全间距，有两方面的作用，一是防止站外明火、火花或其他危险行为影响加油加气站安全；二是避免加油加气站发生火灾事故时，对站外设施造成较大危害。加油加气站与站外建构筑物的防火间距按照《汽车加油加气站设计与施工规范》(GB 50156—2012)规定执行。

3)平面布局

在运营管理中还需注意避免加油、加气车辆堵塞汽车槽车驶离车道，以防止事故发生时阻碍汽车槽车迅速驶离。根据加油加气站内各设施的特点和火灾爆炸危险情形，按照《汽车加油加气站设计与施工规范》(GB 50156—2012)、《城镇燃气设计规范》(GB 50028—2006)、《液化天然气(LNG)生产、储存和装运》(GB/T 20368—2012)等相关要求规定各设施间的防火距离。

2. 建筑防火

1)加油加气站建筑防火通用要求

加油加气站内的站房及其他附属建筑物的耐火等级不应低于二级。当罩棚顶棚的承重构件为钢结构时，其耐火极限可为 0.25 h，顶棚其他部分不得采用燃烧体建造。加油加气站内不得设置经营性的住宿、餐饮和娱乐等设施。液化石油气加气站内不应种植树木和易造成可燃气体积聚的其他植物。加油岛、加气岛及汽车加油、加气场地宜设罩棚，罩棚应采用非燃烧材料制作，其有效高度不应小于 4.5 m。罩棚边缘与加油机或加气机的平面投影距离不宜小于 2 m。

加气站、加油加气合建站内建筑物的门、窗应向外开。对于有爆炸危险的建筑物，应采取泄压措施。加油加气站内，爆炸危险区域内的房间的地坪应采用不发火花地面并采取通风措施。

锅炉宜选用额定供热量不大于 140 kW 的小型锅炉。当采用燃煤锅炉时，宜选用具有除尘功能的自然通风型锅炉。锅炉烟囱出口应高出屋顶 2 m 及以上，且应采取防止火星外逸的有效措施。当采用燃气热水器采暖时，热水器应设有排烟系统和熄火保护等安全装置。

站内地面雨水可散流排出站外。当雨水由明沟排到站外时，在排出围墙之前，应设置水封装置。清洗油罐的污水应集中收集处理，不应直接进入排水管道。液化石油气罐的排污(排水)应采用活动式回收桶集中收集处理，严禁直接接入排水管道。

加油加气站的电力线路宜采用电缆并直埋敷设。电缆穿越行车道部分，应穿钢管保护。当采用电缆沟敷设电缆时，电缆沟内必须充沙填实。电缆不得与油品、液化石油气和天然气管道、热力管道敷设在同一沟内。

油罐、液化石油气罐和压缩天然气储气瓶组必须进行防雷接地。当加油加气站的站房和罩棚需要防直击雷时，应采用避雷带(网)保护。地上或管沟敷设的油品、液化石油气和天然气管道的始、末端和分支处应设防静电和防感应雷的联合接地装置。在加油加气站的汽油罐车和液化石油气罐车卸车场地，应设罐车卸车时用的防静电接地装置。

2)汽车加油站的建筑防火要求

加油站地上罐应集中单排布置，罐与罐之间的净距不应小于相邻较大罐的直径。地上罐组四周应设置高度为 1 m 的防火堤，防火堤内堤脚线至罐壁净距离不应小于 2 m。埋地罐之间距离不应小于 2 m，罐与罐之间应采用防渗混凝土墙隔开。

汽车加油站的储油罐应采用卧式钢制油罐。加油站的汽油罐和柴油罐应埋地设置，严禁设在室内或地下室内。一、二级加油站的油罐宜设带有高液位报警功能的液位计。油罐车卸油必须采用密闭卸油方式。汽油罐车卸油宜采用卸油油气回收系统。汽油罐与柴油罐的通气管应分开设置。管口应高出地面 4 m 及以上。沿建筑物的墙(柱)向上敷设的通气管管口，应高出建筑物的顶面 1.5 m 及以上。通气管管口应安装阻火器。

加油机不得设在室内。加油站内的工艺管道应埋地敷设，且不得穿过站房等建、构筑物。当油品管道与管沟、电缆沟和排水沟相交叉时，应采取相应的防渗漏措施。

3)液化石油气加气站的建筑防火要求

液化石油气罐严禁设在室内或地下室内。在加油加气合建站和城市建成区内的加气站，液化石油气罐应埋地设置，且不宜布置在车行道下。当液化石油气加气站采用地下储罐池时，罐池底和侧壁应采取防渗漏措施。地上储罐的支座应采用钢筋混凝土支座，其耐火极限不应低于 5 h。

液化石油气储罐的进液管、液相回流管和气相回流管上应设止回阀。出液管和卸车用的气相平衡管上宜设过流阀。止回阀和过流阀宜设在储罐内。储罐必须设置全启封闭式弹簧安全阀。安全阀与储罐之间的管道上应装设切断阀。地上储罐放散管管口应高出储罐操作平台 2 m 及以上，且应高出地面 5 m 及以上。地下储罐的放散管管口应高出地面 2.5 m 及以上。放散管管口应设有防雨罩。在储罐外的排污管上应设两道切断阀，阀间宜设排污箱。

液化石油气储罐必须设置就地指示的液位计、压力表和温度计以及液位上、下限报警装置。储罐宜设置液位上限限位控制和压力上限报警装置。

液化石油气压缩机进口管道应设过滤器。出口管道应设止回阀和安全阀。进口管道和储罐的气相之间应设旁通阀。连接槽车的液相管道和气相管道上应设拉断阀。加气机的液相管道上宜设事故切断阀或过流阀。事故切断阀和过流阀及加气机附近应设防撞柱(栏)。

加气站和加油加气合建站应设置紧急切断系统。液化石油气罐的出液管道和连接槽车的液相管道上应设紧急切断阀。紧急切断阀宜为气动阀。紧急切断系统至少应能在距卸车点 5 m 以内、在控制室或值班室内和在加气机附近工作人员容易接近的位置启动。

4)压缩天然气加气站的建筑防火要求

压缩天然气加气站的储气瓶(储气井)间宜采用开敞式或半开敞式钢筋混凝土结构或钢结构。屋面应采用非燃烧轻质材料制作。压缩天然气加气站的压缩机房宜采用单层开敞式或半开敞式建筑，净高不宜低于 4 m；屋面应为不燃烧材料的轻型结构。

压缩机出口与第一个截断阀之间应设安全阀，压缩机进口、出口应设高压、低压报警和高压越限停机装置。压缩机组的冷却系统应设温度报警及停车装置。压缩机组的润滑油系统应设低压报警及停机装置。压缩机的卸载排气不得对外放散。压缩机排出的冷凝液应集中处理。

加气站内压缩天然气的储气设施宜选用储气瓶或储气井。储气瓶组或储气井与站内汽车通道相邻一侧，应设安全防撞栏或采取其他防撞措施。

加气机不得设在室内。加气机的进气管道上宜设置防撞事故自动切断阀。加气机的加气软管上应设拉断阀。加气机附近应设防撞柱(栏)。

天然气进站管道上应设紧急截断阀。手动紧急截断阀位置的选取应便于发生事故时能及时切断气源。储气瓶组(储气井)进气总管上应设安全阀及紧急放散管、压力表及超压报警器。每个储气瓶(井)出口应设截止阀。储气瓶组(储气井)与加气枪之间应设储气瓶组(储气井)截断阀、主截断阀、紧急截断阀和加气截断阀。

加气站内的天然气管道和储气瓶组应设置泄压保护装置，泄压保护装置应采取防塞和防冻措施。不同压力级别系统的放散管宜分别设置。放散管管口应高出设备平台 2 m 及以上，且应高出所在地面 5 m 及以上。

3. 消防设施

1)灭火器材

每 2 台加气机应配置不少于 2 具质量为 4 kg 的手提式干粉灭火器，加气机不足 2 台时应按 2 台配置。每 2 台加油机应配置不少于 2 具质量为 4 kg 的手提式干粉灭火器，或 1 具质量为 4 kg 的手提式干粉灭火器和 1 具容积为 6 L 的泡沫灭火器。加油机不足 2 台时应按 2 台配置。地上 LPG 储罐、地上 LNG 储罐、地下和半地下 LNG 储罐、CNG 储气设施，应配置 2 台质量不小于 35 kg 的推车式干粉灭火器。当两种介质储罐之间的距离超过 15 m 时，应分别配置。地下储罐应配置 1 台质量不小于 35 kg 的推车式干粉灭火器。当两种介质储罐之间的距离超过 15 m 时，应分别配置。LPG 泵和 LNG 泵、压缩机操作间(棚)，应在每 50 m^2 建筑面积内配置不少于 2 具质量为 4 kg 的手提式干粉灭火器。一、二级加油站应配置灭火毯 5 块、沙子 2 m^3；三级加油站应配置灭火毯不少于 2 块、沙子 2 m^3。加油加气合建站应按同级别的加油站配置灭火毯和沙子。其余建筑的灭火器配置按照现行国家标准《建筑灭火器配置设计规范》(GB 50140—2005)有关规定执行。

2)消防给水设施

加油加气站的 LPG 设施、设置有地上 LNG 储罐的一、二级 LNG 加气站和地上 LNG 储罐总容积大于 60 m^3 的合建站应设消防给水系统。

加油站、CNG 加气站、三级 LNG 加气站和采用埋地、地下和半地下 LNG 储罐的各级 LNG 加气站及合建站，可不设消防给水系统。合建站中地上 LNG 储罐总容积不大于 60 m^3 时，可不设消防给水系统。

消防给水宜利用城市或企业已建的消防给水系统或自建消防给水系统。LPG、LNG 设施的消防给水管道可与站内的生产、生活给水管道合并设置，消防水量应按固定式冷却水量和移动水量之和计算。

LPG 储罐采用地上设置的加气站，消火栓消防用水量不应小于 20 L/s，连续给水时间不应少于 3 h；总容积大于 50 m^3 的地上 LPG 的储罐还应设置固定式消防冷却水系统，其冷却水供给强度不应小于 0.15 L/(m^2 · s)。采用埋地 LPG 储罐的加气站，连续给水时间不应少于 1 h，一级站消火栓消防用水量不应小于 15 L/s；二级站和三级站消火栓消防用水量应小于 10 L/s。LPG 设施的消防给水系统利用城市消防给水管道时，室外消火栓与 LPG 储罐的距离宜为 30～50 m。三级站的 LPG 储罐距市政消火栓不大于 80 m，且市政消火栓给水压力大于 0.2 MPa 时，站内可不设消火栓。

应设消防给水系统的 LNG 加气站及加油加气合建站，连续给水时间不应少于 2 h，一级站消火栓消防用水量不应小于 20 L/s，二级站消火栓消防用水量不应小于 15 L/s。

消防水泵宜设 2 台。当设 2 台消防水泵时，可不设备用泵。当计算消防用水量超过 35 L/s 时，消防水泵应设双动力源。固定式消防喷淋冷却水的喷头出口处给水压力不应小于 0.2 MPa。移动式消防水枪出口处给水压力不应小于 0.2 MPa，并应采用多功能水枪。

3)火灾报警系统

加气站、加油加气合建站应设置可燃气体检测报警系统。加气站、加油加气合建站内设置有 LPG 设备、LNG 设备的场所和设置有 CNG 设备(包括罐、瓶、泵、压缩机等)的房间内、罩棚下，应设置可燃气体检测器。可燃气体检测器一级报警设定值应小于或等于可燃气体爆炸下限的 25%。

LPG 储罐和 LNG 储罐应设置液位上限、下限报警装置和压力上限报警装置。报警器宜集中设置在控制室或值班室内。报警系统应配有不间断电源。LNG 泵应设超温、超压自动停泵保护装置。

可燃气体检测器和报警器的选用和安装，应符合现行国家标准《石油化工可燃气体和有毒气体检测报警设计标准》(GB/T 50493—2019)的有关规定。

4. 供配电

加油加气站的供电负荷等级可为三级，信息系统应设不间断供电电源。加油站、加气站及加油加气合建站的消防泵房、罩棚、营业室、LPG 泵房、压缩机间等处，均应设事故照明。当引用外电源有困难时，加油加气站可设置小型内燃发电机组。

内燃机的排烟管口处应安装阻火器。排烟口高出地面 4.5 m 以下时，排烟管口至各爆炸危险区域边界的水平距离不应小于 5 m；排烟口高出地面 4.5 m 及以上时，不应小于 3 m。

当采用电缆沟敷设电缆时，加油加气作业区内的电缆沟内必须充沙填实。电缆不得与油品、LPG、LNG 和 CNG 管道以及热力管道敷设在同一沟内。

爆炸危险区域内的电气设备选型、安装、电力线路敷设等，应符合现行国家标准《爆炸危险环境电力装置设计规范》(GB 50058—2014)的有关规定。加油加气站内爆炸危险区域以外的照明灯具，可选用非防爆型。罩棚下处于非爆炸危险区域的灯具，应选用防护等级不低于 IP44 级的照明灯具。

5. 防雷、防静电

在可燃液体罐的防雷措施中，储罐的良好接地很重要，它可以降低雷击点的电位、反击电位和跨步电压。钢制油罐、LPG 储罐、LNG 储罐和 CNG 储气瓶(组)必须进行防雷接地，接地点不应少于两处，以提高其接地的可靠性。

埋地钢制油罐、埋地 LPG 储罐和埋地 LNG 储罐，以及非金属油罐顶部的金属部件和罐内的各金属部件，应与非埋地部分的工艺金属管道相互做电气连接并接地。加油加气站内油气放散管在接入全站共用接地装置后，可不单独做防雷接地。当加油加气站内的站房和罩棚等建筑物需要防直击雷时，应采用避雷带(网)保护。加油加气站的信息系统应采用铠装电缆或导线穿钢管配线。配线电缆金属外皮两端、保护钢管两端均应接地。

地上或管沟敷设的油品管道、LPG 管道、LNG 管道和 CNG 管道，应设防静电和防感应雷的共用接地装置，其接地电阻不应大于 30Ω。加油加气站的汽油罐车、LPG 罐车和 LNG 罐车卸车场地，应设卸车或卸气时用的防静电接地装置，并应设置能检测跨接线及监视接地装置状态的静电接地仪。

采用导静电的热塑性塑料管道时，导电内衬应接地；采用不导静电的热塑性塑料管道时，不埋地部分的热熔连接件应保证长期可靠的接地，也可采用专用的密封帽将连接管件的电熔插孔密封，管道或接头的其他导电部件也应接地。防静电接地装置的接地电阻不应大于 100Ω。油品罐车、LPG 罐车、LNG 罐车卸车场地内用于防静电跨接的固定接地装置，不应设置在爆炸危险 1 区。

4.6 发电厂防火

发电厂又称发电站，是将自然界蕴藏的各种一次能源转换为电能的工厂。在我国，自 1969 年 11 月至 1985 年 6 月的 15 年间比较大的发电厂与变电站火灾事故中，发电厂的火灾事故数量占 87.9%，变电站的火灾事故数量占 12.1%。发电厂的火灾事故率在整个电力系统中占主要地位。而发电厂和变电站发生火灾后，直接损失和间接损失都很大，直接影响了工农业生产和人民生活水平。

4.6.1 发电厂分类

现在的发电厂有多种发电途径：靠火力发电的称火电厂，靠水力发电的称水电厂，还有些靠太阳能和风力与潮汐发电的电厂等。而以核燃料为能源的核电厂已在世界上许多国家中发挥越来越大的作用。垃圾发电作为火力发电的一种，据统计，截至 2019 年 2 月，全国(除港澳台地区)已运行垃圾焚烧厂数量达到 418 座，在建垃圾发电厂 167 座。地热能电厂则利用贮存在地球内部的可再生热能，一般集中分布在构造板块边缘一带，起源于地球的熔融岩浆和放射性物质的衰变。当前在电力系统中起主导作用的仍是火力、水力、核能发电厂。

4.6.2 火力发电厂的火灾危险性

以煤为燃料的火力发电厂的主要生产过程是：煤从储煤场由输煤栈桥输送到锅炉房原煤仓，经粉碎、制粉、筛选干燥后送进锅炉里燃烧；锅炉里的水被加热成高温、高压蒸汽后进入汽轮机，推动汽轮机旋转做功，再经发电机将机械能转变成电能而发电；发电机发出的电能经升压变压器升压后由输电线输送到不同等级的电网中，或直接向附近的用户供电。

根据物质火灾燃烧理论和实践中火力发电厂发生事故后的经验教训，上述生产过程的主要火灾危险性分析如下：

(1)燃料系统：火力发电厂的主要燃料为煤，属丙类(固体)火灾危险性，经钢球磨煤机粉碎制成的煤粒，为煤的微小颗粒，与空气接触易氧化，易自燃，悬浮于空气中时，与空气混合能形成爆炸性混合物(爆炸极限为 45～2000 g/m^3)，遇明火会爆炸，所以煤粉制备工段属乙类生产火灾危险性；贮存煤粉用的煤仓属丙类火灾危险性。

(2)燃烧系统：燃煤锅炉的火灾危险性为丁类。

(3)水汽系统与透平油系统：透平油系统是供给汽轮机调速系统作为调节气门的开启和关闭的动力；对于氢冷发电机是用于轴承的滑润和氢气的密封，是汽轮机设备的重要组成部分，透平油是润滑油的一种，比重为 0.87，闪点为 180～190℃，自燃点为 300～350℃，由于汽轮机组主蒸汽温度很高，常在 300℃左右，故该工段属丙类火灾危险性。

(4)电缆系统：发电厂大量使用电缆，数量和长度极为可观，几乎遍及全厂，敷设形式主要有隧道、沟道、竖井、悬挂等多种，电缆的绝缘材料多为丙类可燃物质，着火后蔓延速度快，且产生大量浓烟和有毒气体，甚至会危及中控室和汽轮机房，造成事故灾害扩大。

(5)发电机：发电机是发电厂内将机械能转变成电能的“心脏”部位，地位极为重要，其发生火灾的原因比较复杂，总的说来有 2 类：一类是设备上的原因，如定子绕组绝缘被击穿，铁芯发热燃烧，同步发电机不对称运行，短路等会引起火灾；另一类是氢气冷却系统漏气，与空气形成爆炸性混合气体(爆炸极限为 4.175%)，遇明火或高温而发生火灾。

(6)变压器：发电厂内油浸电力变压器是必不可少的，由于变压器的贮油量较大，因此变压器为丙类火灾危险性，变压器火灾一般都是通过喷油燃烧引发的，火热迅猛。

4.6.3　火力发电厂的消防要求

1. 一般规定

单机容量 125 MW 机组及以上的燃煤电厂应采用独立的消防给水系统。单机容量 100 MW 机组及以下的燃煤电厂宜采用与生活用水或生产用水合用的给水系统。

消防给水系统应保证任意一种建筑物的最大消防用水量并保证其最不利点处消防设施的工作压力。消防给水系统可采用具有高位水箱或稳压泵的临时高压给水系统。建筑物一次灭火用水量应为室外和室内消防用水量之和。

厂区内应设置室内、室外消火栓系统。消火栓系统、自动喷水灭火系统、水喷雾灭火系统、泡沫灭火系统、固定消防炮灭火系统等消防给水系统可合并设置。

2. 室外消防给水

厂区内同一时间内的火灾次数，应符合现行国家标准《消防给水及消火栓系统技术规范》(GB 50974—2014)的有关规定。建(构)筑物、点火油罐区、露天煤场、液氨区消防用水参照国家标准《火力发电厂与变电站设计防火标准》(GB 50229—2019)的有关规定。

火电厂中，主厂房、煤场、液氨区、点火油罐区的火灾危险性较大，灭火的主要介质也是水，因此，有必要在这些区域周围布置环状管网，增加供水的可靠性。点火油罐宜设移动式冷却水系统。室外消防给水管道和消火栓的布置应符合现行国家标准《消防给水及消火栓系统技术规范》的有关规定；液氨区及露天布置的锅炉区域，消火栓的间距不宜大于 60 m；液氨区应配置喷雾水枪。设在道路中并高出路面的室外消火栓与阀门启闭装置，宜设置防撞设施。

3. 室内消火栓系统

1)消火栓设置场所

主厂房，主控制楼，网络控制楼，微波楼，屋内高压配电装置(有充油设备)，脱硫控制楼，吸收塔的检修维护平台，屋内卸煤装置、碎煤机室、转运站、筒仓运煤皮带层，柴油发电机房，一般材料库，特殊材料库等建筑物或场所应设置室内消火栓

下列建筑物或场所可不设置室内消火栓：脱硫工艺楼，增压风机室，吸风机室，屋内高压配电装置(无油)，除尘构筑物，室内贮煤场、运煤栈桥，运煤隧道，油浸变压器室，油浸变压器检修间，供、卸油泵房，油处理室，循环水泵房，岸边水泵房，灰浆、灰渣泵房，生活、消防水泵房，综合水泵房，稳定剂室、加药设备室，取水建(构)筑物，冷却塔，化学水处理室，循环水处理室，启动锅炉房，推煤机库，供氢站(制氢站)，空气压缩机室(有润滑油)，热工、电气、金属实验室，天桥，排水、污水泵房，污水处理构筑物，电缆隧道，材料库棚。

2)室内消防给水管

火电厂主厂房属高层工业厂房，其建筑物高度参差不齐，布置竖向环管很困难。为了保证消防供水安全可靠，在厂房内必须形成水平环状管网，各消防竖管可以从该环状管网上引接成枝状。主厂房及超过 4 层的建筑室内消防管网上应设置水泵接合器。室内消火栓给水管道可采用经防腐处理的钢管，应根据管道材质、施工条件等因素选择沟槽、螺纹、法兰或焊接等连接方式。

3)室内消火栓布置要求

消火栓的布置应保证有 2 支水枪的充实水柱同时到达室内任何部位；建筑高度小于或等于 24 m 且体积小于或等于 5000 m^3 的材料库，可采用 1 支水枪充实水柱到达室内任何部位。对于高层建筑、主厂房和材料库，消火栓栓口的动压不应小于 0.35 MPa，消防水枪的充实水柱长度应按 13 m 计算；对于其他建筑，消火栓栓口的动压不应小于 0.25 MPa，消防水枪的充实水柱长度应按 10 m 计算。消火栓栓口处静压大于 1.0 MPa 时，应采用分区给水系统；消火栓栓口处的出水压力不应大于 0.5 MPa，当超过 0.7 MPa 时，应设置减压设施。室内消火栓应设在明显易于取用的地点，栓口距地面高度宜为 1.1 m，其出水方向宜向下或与设置消火栓的墙面成 90°角。主厂房内消火栓的间距不应超过30 m。应采用同一型号的配有消防软管卷盘的消火栓箱，消火栓水带直径宜为 65 mm，长度不应超过 25 m，水枪喷嘴口径不应小于 19 mm。主厂房的煤仓间最高处应设检验用的消火栓和压力显示装置；在室内消防给水管路最高处应设自动排气阀。当室内消火栓设在寒冷地区非供暖的建筑物内时，可采用干式消火栓给水系统，但在进水管上应安装快速启闭阀。带电设施附近的消火栓应配备喷雾水枪。

4)高位水箱

消防水箱应储存有时长为 10 min 的消防用水量；当室内消防用水量不超过 25 L/s 时，经计算，消防储水量超过 12 m^3 时，可采用 12 m^3；当室内消防用水量超过 25 L/s，经

计算，水箱消防储量超过 18 m^3 时，可采用 18 m^3。消防用水与其他用水合并的水箱，应采取消防用水不作他用的技术措施。

4. 水喷雾、细水雾、自动喷水及固定水炮灭火系统

为了安全起见，水喷雾灭火设施与高压电气设备带电（裸露）部分的最小安全净距应符合国家现行标准《高压配电装置设计技术规程》（DL/T 5352—2018）的规定。当在寒冷地区设置室外变压器水喷雾灭火系统、氨区水喷雾灭火系统及油罐固定冷却水系统时，为了防止变压器灭火后水喷雾管管内水结冰，应设置管路放空设施。

自动喷水设置场所的火灾危险等级的确定，涉及因素较多，如火灾荷载、空间条件、人员密集程度、灭火的难易以及疏散及增援条件等。火电厂建筑物内，具有火灾危险性的物质以电缆、润滑油及煤为主。对应于主厂房内自动喷水灭火系统的设置，主要是柴油、润滑油、煤粉、煤及电缆等。国内火电厂的自动喷水设计，绝大部分按照中危险级计算喷水强度。参照现行国家标准《自动喷水灭火系统设计规范》（GB 50084—2017）的规定，考虑到综合因素，主厂房内自喷最高危险等级按严重危险Ⅰ级。柴油发电机房中的柴油闪点在 60℃左右，按现行国家标准《自动喷水灭火系统设计范》可界定为严重危险级Ⅰ级的强度为12 L/(min・m^2)。对于液氨区，现行国家标准《水喷雾灭火系统技术规范》（GB 50219—2014）和《石油化工企业设计防火规范》（GB 50160—2018）有关规定，液氨储罐的喷雾强度为 6 L/(min・m^2)。运煤系统建筑物设闭式自动喷水灭火系统时，宜采用快速响应喷头。

设置在室内贮煤场内的固定灭火水炮，应保证至少有一门水炮的水柱到达煤场内任意点；每门水炮的流量不宜小于 20 L/s；应具有直流和水雾两种喷射方式；宜采用就地手动控制；固定水炮的系统设计尚应符合现行国家标准《固定消防炮灭火系统设计规范》（GB 50338—2003）的规定。

5. 消防水泵房与消防水池

消防水泵房是消防给水系统的核心，为了操作人员在火灾发生的情况下能坚持工作并利于人员安全疏散，消防水泵房应设直通室外的出口。

为了保证消防水泵不间断供水，一组消防水泵的吸水管不应少于 2 条；当其中 1 条损坏时，其余的吸水管应能满足全部用水量。吸水管上应装设检修用阀门。消防水泵房应有不少于 2 条出水管与环状管网连接，当其中 1 条出水管检修时，其余的出水管应能满足全部用水量。消防泵组应设试验回水管，并配装检查用的放水阀门、水锤消除、安全泄压及压力、流量测量装置。

消防水泵应采用自灌式吸水，宜采用柴油机驱动消防泵作为备用泵。稳压泵的设计流量宜为消防给水系统设计流量的 1%～3%，稳压泵启泵压力与消防泵自动启泵的压力之差宜为 0.02 MPa，稳压泵的启泵压力与停泵压力之差不应小于 0.05 MPa；系统压力控制装置所在处准工作状态时的压力与消防泵自动启泵的压力差宜为 0.07～0.10 MPa。

气压罐的调节容积应按稳压泵启泵次数不大于 15 次/h 计算确定，气压罐内最低水压应满足任意消防设施最不利点的工作压力需求。

燃煤电厂应设消防水池，当消防用水与其他用水共用时，应采取确保消防用水量不作他用的技术措施。消防水池的容积应能满足全厂同一时间火灾次数条件下、不同场所火灾延续时间内供水的需要。容积大于 500 m^3 的消防水池应分格为两个各自独立使用的水池，二者之间应设满足水泵在最低有效水位取水的连通管。当湿式冷却塔数量多于一座且供水有保证时，冷却塔贮水池可兼作消防水源且无须分格。不同场所各种消防给水系统的火灾延续时间在 1～6 h 不等。

6. 消防排水

消防设施灭火时的排水可进入生产、雨水或生活排水管网。在油系统等设施的消防排水管道上或排水设施中宜设置水封或采取油水分隔措施。其他场所的消防排水宜排入室外雨水管道。

7. 泡沫灭火系统

点火油罐区宜采用低倍数泡沫灭火系统。其他灭火方式，如烟雾灭火，也适用于油罐，但在电力系统中应用较少，使用时需慎重考虑。点火油罐的泡沫灭火系统中，单罐容量大于 200 m^3 的油罐应采用固定式泡沫灭火系统；单罐容量小于或等于 200 m^3 的油罐应采用移动式泡沫灭火系统。

8. 气体惰化系统

气体灭火剂的类型、气体灭火系统型式的选择，应根据被保护对象的特点、重要性、环境要求并结合防护区的布置，经技术经济比较后确定。

关于气体灭火，国内电力行业使用 IG541、七氟丙烷及二氧化碳的为最多。七氟丙烷不导电，不破坏臭氧层，灭火后无残留物，可以扑救 A(表面火)、B、C 类和电气火灾，可用于保护经常有人的场所，但其系统管路长度不宜太长。IG541 不破坏臭氧层，不导电，灭火后不留痕迹，可以扑救 A(表面火)、B、C 类和电气火灾，可以用于保护经常有人的场所，但该系统为高压系统，对制造、安装要求非常严格。二氧化碳灭火系统，可以扑救 A、B、C 类和电气火灾，不能用于经常有人的场所。采用低压二氧化碳灭火系统时，其贮罐宜布置在零米层。低压系统的制冷机组及安全阀是关键部件，对其可靠性的要求极高。在二氧化碳的释放中，可能出现干冰，导致系统作用减弱甚至失败，这对释放管路的计算、布置和喷嘴的选型均提出了严格要求，一旦出现设计施工不合理情况，会因干冰阻塞管道或喷嘴，造成事故。气溶胶灭火后有残留物，属于非洁净灭火剂，可用于扑救 A(表面火)、部分 B 类、电气火灾，不能用于经常有人出现、易燃易爆的场所。

9. 灭火器

现行国家标准《建筑灭火器配置设计规范》(GB 50140—2005)规定，工业建筑灭火器配置的场所的危险等级，应根据其生产、使用、贮存物品的火灾危险性、可燃物数量，火灾蔓延速度以及扑救难易程度划分为三类，即严重危险级、中危险级、轻危险级。就火电厂总体而言，大部分建筑及设备可归为中危险级；各类控制室、供氢站、磨煤机、汽轮机油箱、汽机运转层及下及中间层油管道、汽动给水泵油箱、汽机贮油箱等，地位重要，一旦发生火灾则后果严重，危险等级为严重危险级。

每 400 m^2 点火油罐区防火堤应配置 1 具质量为 8 kg 的手提式干粉灭火器，当计算数量超过 6 具时，可采用 6 具。鉴于灭火器有环境温度的限制条件，考虑地域差异，南方地区室外气温可能很高，户外变压器、油区等处的灭火器将考虑设置遮阳设施，保证灭火剂有效使用。

10. 消防救援设施

单台机组容量为 300 MW 及以上的大型火电厂应设置企业消防站。对于集中建设的电站群或建在工业园区的电厂，宜采用联合建设原则集中设置消防站。

消防车的配置应满足单机容量为 300 MW、600 MW 级机组，应不少于 2 辆消防车，其中一辆应为水罐或泡沫消防车，另一辆可为干粉或干粉泡沫联用车；单机容量为 1000 MW 级机组，应不少于 3 辆消防车，其中两辆应为水罐或泡沫消防车，另一辆可为干粉或干粉泡沫联用车。

11. 火灾自动报警、消防设备控制

单机容量为 50～150 MW 的燃煤电厂，应设置集中报警系统。单机容量为200 MW 及以上的燃煤电厂，应设置控制中心报警系统，宜划分火灾报警区域。消防控制室应与集中控制室合并设置。

火灾报警控制器应设置在值长所在的集中控制室内，报警控制器的安装位置应便于操作人员监控。

点火油罐区是易燃易爆区，设置在油区内的探测器，尤应注意选择防爆类型的探测器，以避免引起意外损失。运煤栈桥及转运站等建筑因经常采用水力冲洗室内地面，有防水要求，运煤系统内的火灾探测器及相关连接件的 IP 防护等级不应低于 IP55。

变压器区域宜设置工业电视监视系统，监视画面应能在集中控制室显示。

室内贮煤场的挡煤墙中宜设置测温装置，其信号应能传送至集中控制室发出声光警报。

其他系统的音响应区别于火灾自动报警系统的警报音响。当火灾确认后，火灾自动报警系统应能将生产广播切换到消防应急广播。

燃气体探测器、液氨区的氨气浓度检测报警的信号应接入火灾自动报警系统。

4.7　飞机库防火

飞机库是停机库和飞机维修库的统称，包括飞机停放和维修区及其贴邻建造的生产辅助用房。飞机停放和维修区通常设有悬挂机坞（如机头坞、机身坞、机尾坞）和地面机坞，以满足不同的飞机维修要求；生产辅助用房包括办公楼、维修车间、航材库、飞机部件喷漆间、飞机座椅维修间、配电室和动力站等，建造时与飞机停放和维修区分属不同的防火分区。

4.7.1　飞机库的分类

飞机库可按飞机停放和维修区的防火分区建筑面积、使用功能和维修工艺条件进行分类，如图 4－3 所示。

1. 按防火分区建筑面积分类

(1) Ⅰ类飞机库：飞机停放和维修区内一个防火分区的建筑面积为 5001～50000 m^2

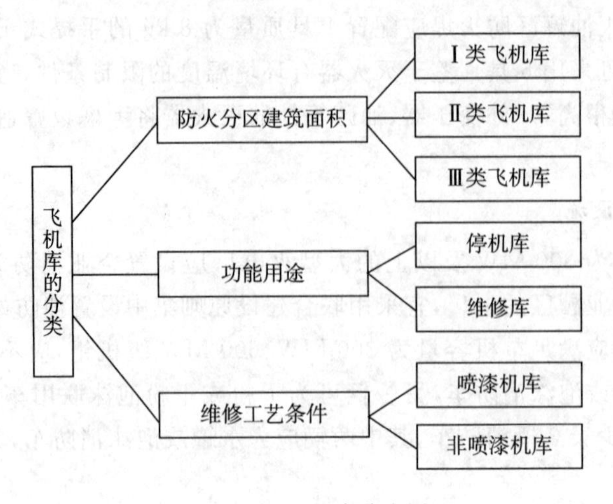

图 4-3　飞机库分类图

的飞机库。

(2)Ⅱ类飞机库：飞机停放和维修区内一个防火分区的建筑面积大于 3001 m^2，小于 5000 m^2 的飞机库。该类型飞机库仅能停放和维修 1～2 架中型飞机。

(3)Ⅲ类飞机库：飞机停放和维修区内一个防火分区的建筑面积等于或小于 3000 m^2 的飞机库。该类型飞机库只能停放和维修小型飞机。

2. 按功能用途分类

飞机库按功能用途可分为停机库和维修库。

(1)停机库：无维修功能、专门用来停放飞机的飞机库。

(2)维修库：可为飞机提供大、中修服务的飞机库。

3. 按维修工艺条件分类

飞机库按维修工艺条件分类可分为喷漆机库和非喷漆机库。

(1)喷漆机库：从事飞机喷漆作业的飞机库称为喷漆机库。飞机进行清洗和喷漆时，使用大量有机溶剂、可燃或易燃液体、易燃及易爆材料，一般喷漆机库在建筑构造、防火保护、通风、电气设备和工艺操作等方面均有一些特殊要求。

(2)非喷漆机库：在建筑构造、防火保护、通风、电气设备和工艺操作等方面不需考虑喷漆需求的机库为非喷漆机库。

4.7.2　飞机库的火灾危险性

飞机进库维修时总带有一定量的可燃和易燃液体，如燃油、液压油、润滑油等，维修过程又不可避免地要进行切割、焊接、用有机溶剂清洗、黏结、喷漆等火灾危险性大的作业；此外，维修飞机需要在大跨度的高大空间内的配套设施上进行。因此飞机库容易发生火灾且往往损失巨大。

飞机库的火灾危险性主要表现在以下几个方面：

1)燃油流散遇火源引发火灾

飞机进库维修时，虽经过了燃油抽出处理，但残留在机翼油箱龙骨间等处的燃油是无法完全被抽出的。因此，飞机进库维修等同于在飞机库内添加了一个小油库。飞机在维修过程中这部分燃油有可能发生泄漏和流散至地面，当有火源存在或出现火源时，即发生易燃液体流散火灾。如果燃油火灾火势迅猛，短时间内可使飞机受热面的机身蒙皮发生破坏，也有可能引发燃油箱爆炸，甚至引起机库的坍塌。

2)清洗飞机座舱引发火灾

飞机座舱内部装修多采用轻质合金、塑料、化纤织物等。有些轻质合金如镁合金是可燃金属，塑料、化纤织物等也为易燃品，虽经阻燃处理后可达到难燃标准，但在清洗和维修机舱时常使用溶剂、黏结剂和油漆等，这些材料都是易燃、易爆品，稍有不慎即可引发火灾。

3)电气系统引发火灾

飞机和飞机库内，供电线路和电气设备遍布其内部，当供电线路因绝缘老化、漏电，或接触不良、超负荷运行，或电气设备发生短路时，都有可能产生电火花或电弧，从而引燃周围可燃物引起火灾。

4)静电引发火灾

燃油特别是航空煤油在受冲击时最容易产生静电，蒸气或气体在管道内高速流动或由阀门、缝隙高速喷出时可产生气体静电，飞机库内维修人员穿着高电阻的鞋靴、衣服因摩擦会产生人体静电，另外液体和固体摩擦也会产生静电。飞机库内静电累积有时可达到很高的电位，而高电位的静电泄放时会产生火花，对燃油和飞机构成严重威胁。

5)人为过失引发火灾

吸烟、用火不慎、人为纵火会引发飞机库火灾；当进行喷漆、电焊、气焊、切割等动火作业时，违反操作规程也会造成火灾。

4.7.3　飞机库的消防要求

为了防止和减少火灾对飞机库的危害，保护人身和财产的安全，必须遵循“预防为主，防消结合”的消防工作方针，针对飞机库火灾的特点，采取可靠的消防措施，做到安全适用、技术先进、经济合理。

1. 防火分区和耐火等级

Ⅰ、Ⅱ、Ⅲ类飞机库内飞机停放和维修区的防火分区允许最大建筑面积分别为 50000 m^2、5000 m^2、3000 m^2。Ⅰ类飞机库的耐火等级应为一级。Ⅱ、Ⅲ类飞机库的耐火等级不应低于二级。飞机库地下室的耐火等级应为一级。

建筑构件均应为不燃烧体材料，其耐火极限按照《飞机库设计防火规范》(GB 50284—2008)规定。

在飞机停放和维修区内，支承屋顶承重构件的钢柱和柱间钢支撑应采取防火隔热保护措施，并应达到相应耐火等级建筑要求的耐火极限。结合飞机库屋顶承重构件多为钢构件的特点，飞机库飞机停放和维修区屋顶金属承重构件应采取外包敷防火隔热板或喷涂防火隔热涂料等措施进行防火保护，当采用泡沫-水雨淋灭火系统或采用自动喷水灭火系统后，屋顶可采用无防火保护的金属构件。

2. 总平面布局和平面布置

1)一般规定

飞机库的总图位置、消防车道、消防水源及与其他建筑物的防火间距等应符合航空港总体规划要求。

飞机库与其贴邻建造的生产辅助用房之间的防火分隔措施,应根据生产辅助用房的使用性质和火灾危险性确定,满足《飞机库设计防火规范》(GB 50284—2008)相关规定。

在飞机库内不宜设置办公室、资料室、休息室等用房。甲、乙、丙类物品暂存间不应设置在飞机库内。甲、乙类火灾危险性的使用场所和库房不得设在地下或半地下室。危险品库房、装有油浸电力变压器的变电所不应设置在飞机库内或与飞机库贴邻建造。飞机库应设置从室外地面或附属建筑屋顶通向飞机停放和维修区屋面的室外消防梯,且数量不应少于2部。当飞机库长边长度大于250 m时,应增设1部。

2)防火间距

两座相邻飞机库之间的防火间距不应小于13 m。对于两座飞机库,其相邻的较高一面的外墙为防火墙时,其防火间距不限。两座飞机库相邻的较低一面外墙为防火墙,且较低一座飞机库屋顶结构的耐火极限不低于1 h时,其防火间距不应小于7.5 m。

飞机库与其他建筑物之间的防火间距满足《飞机库设计防火规范》相关规定。

3)消防车道

飞机库周围应设环形消防车道,Ⅲ类飞机库可沿飞机库的两个长边设置消防车道。当设置尽头式消防车道时,尚应设置回车场。

飞机库的长边长度大于220 m时,应设置进出飞机停放和维修区的消防车出入口,消防车道出入飞机库的门净宽度不应小于车宽加1 m,门净高度不应低于车高加0.5 m,且门的净宽度和净高度均不应小于4.5 m。

消防车道的净宽度不应小于6 m,消防车道边线距飞机库外墙不宜小于5 m,消防车道上空4.5 m以下范围内不应有障碍物。消防车道与飞机库之间不应设置妨碍消防车操作的树木、架空管线等。消防车道下的管道和暗沟应能承受大型消防车满载时的压力。

在供消防车取水的天然水源或消防水池处,应设置消防车道或回车场。

3. 安全疏散

飞机停放和维修区的每个防火分区至少应有2个直通室外的安全出口,其最远工作地点到安全出口的距离不应大于75 m。当飞机库大门上设有供人员疏散用的小门时,小门的最小净宽不应小于0.9 m。

在飞机停放和维修区的地面上应设置标示疏散方向和疏散通道宽度的永久性标线,并应在安全出口处设置明显指示标志。

飞机停放和维修区内的地下通行地沟应设有不少于2个通向室外的安全出口。

当飞机库内供疏散用的门和供消防车辆进出的门为自控启闭门时,均应有可靠的手动开启装置。飞机库大门应设置使用拖车、卷扬机等辅助动力设备开启的装置。

在防火分隔墙上设置的防火卷帘门应设逃生门，当同时用于人员通行时，应设疏散用的平开防火门。

4. 火灾自动报警系统

飞机库内应设火灾自动报警系统，在飞机停放和维修区内设置的火灾探测器应满足：屋顶承重构件区宜选用感温探测器；在地上空间宜选用火焰探测器和感烟探测器；在地面以下的地下室和地面以下的通风地沟内有可燃气体聚集的空间、燃气进气间和燃气管道阀门附近应选用可燃气体探测器。

飞机停放和维修区内的火灾报警按钮、声光报警器及通讯装置距地面安装高度不应小于 1 m。

消防泵的电气控制设备应具有手动和自动启动方式，并应采取措施使消防泵逐台启动。稳压泵应按灭火设备的稳压要求自动启停。当灭火系统的压力达不到稳压要求时，控制设备应发出声、光信号。

泡沫-水雨淋灭火系统、翼下泡沫灭火系统、远控消防泡沫炮灭火系统和高倍数泡沫灭火系统宜由 2 个独立且不同类型的火灾信号组合控制启动，并应具有手动功能。泡沫-水雨淋灭火系统启动时，应能同时联动开启相关的翼下泡沫灭火系统。泡沫枪、移动式高倍数泡沫发生器和消火栓附近应设置手动启动消防泵的按钮，并应将反馈信号引至消防控制室。在Ⅰ、Ⅱ类飞机库的飞机停放区和维修区内，应设置手动启动泡沫灭火装置，并应将反馈信号引至消防控制室。

Ⅰ、Ⅱ类飞机库应设置消防控制室，消防控制室宜靠近飞机停放区和维修区，并宜设观察窗。

5. 消防给水和灭火设施

1)消防给水和排水

消防水源及消防供水系统必须满足在规定的连续供给时间内室内外消火栓和各类灭火设备同时使用的最大用水量。为保证安全，通常要设专用消防水池。

飞机库消防所用的泡沫液为动、植物蛋白与添加剂混合的有机物和氟碳表面活性剂，如果设计不合理，维修使用不适当，泡沫液会回流入水源或消防水池，从而造成环境污染。消防给水必须采取可靠措施以防止泡沫液回流污染公共水源和消防水池。

氟蛋白泡沫液、水成膜泡沫液可使用淡水。某些型号也可使用海水或咸水。含有破乳剂、防腐剂和油类的水不适合配制泡沫混合液。供给泡沫灭火设施的水质应符合设计采用的泡沫液产品标准的技术要求。

维修飞机前需要清洗飞机和地面，通常情况下飞机停放区和维修区内设有地漏或排水沟。地漏或排水沟的排水能力宜按最大消防用水量设计。合理地布置地漏或排水沟可使外泄燃油限制在最小的区域内，以防止火灾蔓延。在地面进水口处设置水封和排水管应采用不燃材料等，有助于防止地面火沿管道传播。

设置油水分离器是为了减少油对环境的污染。为防止发生火灾事故，油水分离器应设置在飞机库的室外。油水分离器不能承受消防水量，故设跨越管。

2)灭火设备的选择

Ⅰ类飞机库飞机停放和维修区内灭火系统的设置应选择下列方案之一：

(1)应设置泡沫-水雨淋灭火系统和泡沫枪；当飞机机翼面积大于 280 m^2 时，尚应设翼下泡沫灭火系统。

(2)应设置屋架内自动喷水灭火系统、远控消防泡沫炮灭火系统或其他低倍数泡沫自动灭火系统、泡沫枪；当符合本规范第 3.0.5 条的规定时，可不设屋架内自动喷水灭火系统。

Ⅱ类飞机库飞机停放区和维修区内灭火系统的设置应选择下列方案之一：

(1)应设置远控消防泡沫炮灭火系统或其他低倍数泡沫自动灭火系统、泡沫枪。

(2)应设置高倍数泡沫灭火系统和泡沫枪。

Ⅲ类飞机库飞机停放和维修区内应设置泡沫枪灭火系统。

在飞机停放和维修区内设置的消火栓宜与泡沫枪合用给水系统。消火栓的用水量应按同时使用两支水枪和充实水柱不小于 13 m 的要求。消火栓箱内应设置统一规格的消火栓、水枪和水带，可设置 2 条长度不超过 25 m 的消防水带。

飞机停放和维修区贴邻建造的建筑物，其室内消防给水和灭火器的配置以及飞机库室外消火栓的设计应符合现行国家标准《建筑设计防火规范》(GB 50016—2014)和《建筑灭火器配置设计规范》(GB 50140—2005)的有关规定。

3)泡沫-水雨淋灭火系统

在飞机停放和维修区内的泡沫，水雨淋灭火系统应分区设置，一个分区的最大保护地面面积不应大于 1400 m^2，每个分区应由一套雨淋阀组控制。

泡沫-水雨淋灭火系统的喷头宜采用带溅水盘的开式喷头或吸气式泡沫喷头，开式喷头宜选用流量系数 K 等于 80 或 K 等于 115 的喷头。

泡沫-水雨淋灭火系统的设计参数应符合现行国家标准《飞机库设计防火规范》(GB 50284—2008)、《自动喷水灭火系统设计规范》(GB 50084—2017)和《泡沫灭火系统技术标准》(GB 50151—2021)的有关规定。

4)翼下泡沫灭火系统

翼下泡沫灭火系统是泡沫-水雨淋灭火系统的辅助灭火系统。其作用有三：一是对飞机机翼和机身下部喷洒泡沫，弥补泡沫-水雨淋灭火系统被大面积机冀遮挡之不足；二是控制和扑灭飞机初期火灾和地面燃油流散火；三是当飞机在停放和维修时发生燃油泄漏时，可及时用泡沫覆盖，防止起火。

翼下泡沫灭火系统常用的释放装置为固定式低位消防泡沫炮，可由电机或水力摇摆驱动，并具有机械应急操作功能。

当采用氟蛋白泡沫液时，设计供给强度不应小于 6.5 L/(min · m^2)。当采用水成膜泡沫液时，设计供给强度不应小于 4.1 L/(min · m^2)。泡沫混合液的连续供给时间不应小于 10 min，连续供水时间不应小于 45 min。

5)远控消防泡沫炮灭火系统

根据我国现有飞机库的消防设备使用经验，将人工操作的泡沫炮发展为远控、自动消防泡沫炮，远控、自动消防泡沫炮已开始在码头上和飞机库中使用。消防泡沫炮具有结构简单、射程远、喷射流量大、可直达火源、操作灵活等特点。远控消防泡沫炮灭火系统应具有自动或远控功能，并应具有手动及机械应急操作功能。

泡沫混合液的设计供给强度、最小供给速率、连续供给时间符合国家标准《飞机库设计防火规范》相关要求。泡沫炮的固定位置应保证两股泡沫射流可同时到达被保护的飞机停放和维修机位的任一部位。泡沫炮可设置在高位也可设置在低位，一般是高、低位配合使用。

6)泡沫枪

当采用氟蛋白泡沫液时，泡沫枪的泡沫混合液流量不应小于 8.0 L/s。当采用水成膜泡沫液时，混合液流量不应小于 4.0 L/s。飞机停放和维修区内任一点应能同时得到两支泡沫枪保护，泡沫液连续供给时间不应小于 20 min。

泡沫枪宜采用室内消火栓接口，公称直径应为 65 mm，有利于与消火栓系统合并使用。因为飞机停放和维修区面积大，故需要较长的消防水带，总长度不宜小于 40 m。

7)高倍数泡沫灭火系统

高倍数泡沫灭火系统的泡沫最小供给速率(m^3/min)应为泡沫增高速率(m/min)乘以最大一个防火分区的全部地面面积(m^2)，泡沫增高速率应大于 0.9 m/min。泡沫液和水的连续供给时间应大于 15 min。高倍数泡沫发生器的数量和设置地点应满足均匀覆盖飞机停放和维修区地面的要求。

移动式泡沫发生器适用于初期火灾，用来扑灭地面流散火或覆盖泄漏的燃油。移动式高倍数泡沫灭火系统泡沫的最小供给速率应为泡沫增高速率乘以最大一架飞机的机翼面积，泡沫增高速率应大于 0.9 m/min。泡沫液和水的连续供给时间应大于 12 mim。为每架飞机设置的移动式泡沫发生器不应少于 2 台。

8)自动喷水灭火系统

在飞机库停放和维修区设闭式自动喷水灭火系统主要用于屋架内灭火、降温以保护屋架，以采用湿式或预作用灭火系统为宜。

飞机停放和维修区设置的自动喷水灭火系统喷水强度不应小于 7.0 L/(min · m^2)，Ⅰ类飞机库作用面积不应小于 1400 m^2，Ⅱ类飞机库作用面积不应小于 480 m^2，一个报警阀控制的面积不应超过 5000 m^2，喷头宜采用快速响应喷头，公称动作温度宜采用 79℃，周围环境温度较高区域宜采用 93℃。Ⅱ类飞机库也可采用标准喷头，喷头公称动作温度宜为 162℃～190℃。自动喷水灭火系统的连续供水时间不应小于 45 min。

9)泡沫液泵、比例混合器、泡沫液储罐、管道和阀门

泡沫液泵应符合现行国家标准《消防泵》(GB 6245—2006)的有关规定、性能要求，并设置备用泵，其性能应与工作泵相同。

泡沫系统应采用平衡式比例混合装置、计量注入式比例混合装置或压力式比例混合装置，以正压注入方式将泡沫液注入灭火系统与水混合。

泡沫灭火设备的泡沫液均应有备用量，备用量应与一次连续供给量相等，且必须为性能相同的泡沫液。泡沫液储罐必须设在为泡沫液泵提供正压的位置上，泡沫液储罐应符合现行国家标准《泡沫灭火系统技术标准》的有关规定。

因泡沫液具有腐蚀性，泡沫液管宜采用不锈钢管、钢衬不锈钢或钢塑复合管。安装在泡沫液管道上的控制阀宜采用衬胶蝶阀、不锈钢球阀或不锈钢截止阀。

为了尽快将泡沫混合液送至防护区，泡沫液储罐、泡沫液泵等宜设在靠近飞机停放区和维修区附属建筑内，其环境条件采取水喷淋保护或用防火隔热板封闭等措施。为保证使用或试验泡沫液和泡沫混合液管道系统后，用淡水将其冲洗干净不留残液，同时，对于长期充有泡沫液且供应管较长的管道，为保证泡沫液不因长期停滞而结块，要求设循环管路定期运行，在适当位置宜设冲洗接头和排空阀，在泡沫枪、泡沫炮供水总管的末端或最低点宜设置用于日常检修维护的放水阀门。

4.8 汽车库、修车库、停车场防火

随着改革开放不断深入，城市新建了大量与大楼配套的汽车库，且大都为地下汽车库，而北方内陆地区大都为地上汽车库，因此要对汽车库、修车库、停车场的场所积极采用先进的防火与灭火技术，做到确保安全、方便使用、技术先进、经济合理。

4.8.1 汽车库、修车库、停车场的分类

汽车库、修车库、停车场的分类应根据停车（车位）数量和总建筑面积确定，具体见表4－6所列。

表4－6 汽车库、修车库、停车场的分类

名称		Ⅰ	Ⅱ	Ⅲ	Ⅳ
汽车库	停车数量/辆	＞300	151～300	51～150	≤50
	总建筑面积 S/m^2	S＞10000	5000＜S≤10000	2000＜S≤5000	S≤2000
修车库	车位数/个	＞15	6～15	3～5	≤2
	总建筑面积 S/m^2	S＞3000	1000＜S≤3000	500＜S≤1000	S≤500
停车场	停车数量/辆	＞400	251～400	101～250	≤100

注：(1)当屋面露天停车场与下部汽车库共用汽车坡道时，其停车数量应计算在汽车库的车辆总数内。

(2)室外坡道、屋面露天停车场的建筑面积可不计入汽车库的建筑面积之内。

(3)公交汽车库的建筑面积可按本表的规定值增加2倍。

4.8.2 汽车库、修车库、停车场的火灾危险性

汽车库、修车库内主要可燃物是停放的汽车，其火灾过程集固体火灾和液体火灾于一身，火灾迅速发展过程中释放出的大量热和有毒烟气极易大面积蔓延，造成人员与财产损失。

1. 起火快，燃烧猛

汽车内部的装饰物大量采用合成材料，主要是聚氨酯类，其火灾蔓延速度快，热值高、燃烧中会释放出大量的热和有毒烟气，特别是当汽油、柴油参与燃烧反应时，现场条件将更加恶劣。因汽车库内的汽车停放横向间距一般仅为500～800 mm，在火灾中易形成

“多米诺骨牌”效应，极易造成大面积汽车过火的失控状态，并直接威胁建筑物本身的安全。

2. 火灾类型多，难以扑救

汽车库、修车库火灾不同于单一物质火灾，其可燃物集可燃固体物质(A)类火灾(如座椅和内饰物等)和可燃液体物质(B)类火灾(如燃油)于一身，以天然气为燃料的汽车还存在着压缩气体(C)类火灾危险，兼有可燃液体贮油箱受热膨胀、爆炸、燃烧的特点。这一特点使汽车库火灾有别于其他用途的建筑物火灾。

3. 通风排烟难

对汽车库来讲，尤其是地下多层汽车库的建筑结构决定其平时不能仅靠自然风力进行通风排烟，需要安装防排烟系统。而防排烟系统在烟气温度达 280℃ 时即停止工作。一旦汽车库发生火灾，高热值的可燃物很快使火场温度超过 280℃，防排烟设备即会停止工作，此时仅能依靠自然排烟方式和临时架设排烟设施来排烟。

4. 灭火救援困难

在汽车库、修车库发生火灾时，产生的高温有毒气体和浓烟的流动状态是复杂和随机的，造成能见度急剧下降，这对快速准确地确定起火点和判定火灾规模极为不利。另空气呼吸器的缺少和地下空间内无线对讲系统的干扰和遮蔽，都会造成灭火救援行动的延误。

5. 火灾影响范围大

大型地下汽车库的地上部分一般都为高层住宅或大型公共建筑，发生火灾后，由于地上与地下共用楼梯间、管道井、电梯井等，烟火通过开口部位对上方建筑造成很大威胁；同时，由于汽车库火灾荷载大，长时间燃烧很有可能造成上方高层住宅或公共建筑的倒塌；一些重要的设备如变电所、消防控制室、消防水泵房等与汽车库相邻的设置，也将面临严重威胁。

4.8.3　汽车库、修车库、停车场的消防要求

1. 耐火等级

建筑物的耐火等级决定着建筑抵御火灾的能力，耐火等级是由相应建筑构件的耐火极限和燃烧性能决定的，必须明确汽车库、修车库的耐火等级分类以及构件的燃烧性能和耐火极限。汽车库、修车库的耐火等级应分为一级、二级和三级，其构件的燃烧性能和耐火极限见表 4-7 所列。

表 4-7　汽车库、修车库构件的燃烧性能和耐火极限　　(单位:h)

建筑构件名称		耐火等级		
		一级	二级	三级
墙	防火墙	不燃性 3.00	不燃性 3.00	不燃性 3.00
	承重墙	不燃性 3.00	不燃性 2.50	不燃性 2.00
	楼梯间和前室的墙、防火隔墙	不燃性 2.00	不燃性 2.00	不燃性 2.00
	隔墙、非承重处墙	不燃性 1.00	不燃性 1.00	不燃性 0.50

（续表）

建筑构件名称	耐火等级		
	一级	二级	三级
柱	不燃性 3.00	不燃性 2.50	不燃性 2.00
梁	不燃性 2.00	不燃性 1.50	不燃性 1.00
楼板	不燃性 1.50	不燃性 1.00	不燃性 0.50
疏散楼梯、坡道	不燃性 1.50	不燃性 1.00	不燃性 1.00
屋顶承重构件	不燃性 1.50	不燃性 1.00	可燃性 0.50
吊顶（包括吊顶格栅）	不燃性 0.25	不燃性 0.25	难燃性 0.15

汽车库和修车库的耐火等级规定如下：地下、半地下和高层汽车库应为一级。甲、乙类物品运输车的汽车库、修车库和Ⅰ类汽车库、修车库，应为一级。Ⅱ、Ⅲ类汽车库、修车库的耐火等级不应低于二级。Ⅳ类汽车库、修车库的耐火等级不应低于三级。

2. 总平面布局和平面布置

1）一般规定

汽车库、修车库、停车场的选址和总平面设计，应根据城市规划要求，合理确定汽车库、修车库、停车场的位置、防火间距、消防车道和消防水源等。汽车库、修车库、停车场不应布置在易燃液体、可燃液体或可燃气体的生产装置区和贮存区内。

汽车库不应与火灾危险性为甲、乙类的厂房、仓库贴邻或组合建造，也不应与托儿所、幼儿园、老年人建筑，中小学校的教学楼，病房楼等组合建造。在满足建筑构件耐火极限、安全出口和疏散楼梯要求时，汽车库可设置在托儿所、幼儿园、老年人建筑，中小学校的教学楼，病房楼等的地下部分。

甲、乙类物品运输车在停放或修理时有时有残留的易燃液体和可燃气体，漂浮在地面上或散发在室内，遇到明火就会燃烧、爆炸。甲、乙类物品运输车的汽车库、修车库应为单层建筑，且应独立建造。当停车数量不大于 3 辆时，可与一、二级耐火等级的Ⅳ类汽车库贴邻，但应采用防火墙隔开。

Ⅰ类修车库的特点是车位多、维修任务量大，为了保养和修理车辆方便，在一幢建筑内往往包括很多工种，并经常需要进行明火作业和使用易燃物品。如用汽油清洗零件、喷漆时使用有机溶剂等，火灾危险性大。为保障安全，Ⅰ类修车库应单独建造；Ⅱ、Ⅲ、Ⅳ类修车库可设置在一、二级耐火等级建筑的首层或与其贴邻，但不得与甲、乙类厂房、仓库，明火作业的车间或托儿所、幼儿园、中小学校的教学楼，老年人建筑，病房楼及人员密集场所组合建造或贴邻。

为汽车库、修车库服务的下列附属建筑，可与汽车库、修车库贴邻，但应采用防火墙隔开，并应设置直通室外的安全出口：①贮存量不超过 1.0t 的甲类物品库房；②总安装容量不大于 5.0 m^3/h 的乙炔发生器间和贮存量不超过 5 个标准钢瓶的乙炔气瓶库；③1 个车位的非封闭喷漆间或不大于 2 个车位的封闭喷漆间；④建筑面积不大于 200 m^2 的充电间和其他甲类生产场所。

地下、半地下汽车库内不应设置修理车位、喷漆间、充电间、乙炔间和甲类物品库房、乙类物品库房。汽车库和修车库内不应设置汽油罐、加油机、液化石油气或液化天然气储罐、加气机，也不应设置燃油或燃气锅炉、油浸变压器、充有可燃油的高压电容器和多油开关等。停放易燃液体、液化石油气罐车的汽车库内，不得设置地下室和地沟。Ⅱ类汽车库、停车场宜设置耐火等级不低于二级的灭火器材间。

2)防火间距

防火间距是在火灾发生情况下减少火势向不同建筑蔓延的有效措施，防火间距是总平面布局上最重要的防火设计内容之一，如果相邻建筑之间不能保证足够的防火间距，火势便难以得到有效的控制。汽车库、修车库、停车场之间及汽车库、修车库、停车场与其他建筑物的防火间距见表 4－8～表 4－10 所列。

表 4－8　汽车库、修车库、停车场之间及汽车库、修车库、停车场与除甲类物品仓库外的其他建筑物的防火间距　（单位：m）

名称和耐火等级	汽车库、修车库		厂房、仓库、民用建筑		
	一、二级	三级	一、二级	三级	四级
一、二级汽车库、修车库	10	12	10	12	14
三级汽车库、修车库	12	14	12	14	16
停车场	6	8	6	8	10

表 4－9　汽车库、修车库、停车场与可燃材料露天、半露天堆场的防火间距　（单位：m）

名称		总储量	汽车库、修车库		停车场
			一、二级	三级	
稻草、麦秸、芦苇等/t		10～5000	15	20	15
		5001～10000	20	25	20
		10001～20000	25	30	25
棉麻、毛、化纤、百货/t		10～500	10	15	10
		501～1000	15	20	15
		1001～5000	20	25	20
煤和焦炭/t		1000～5000	6	8	6
		5000	8	10	8
粮食	筒仓/t	10～5000	10	15	10
		5001～20000	15	20	15
	席围/t	10～5000	15	20	15
		5001～20000	20	25	20
木材等可燃材料/m^3		50～1000	10	15	10
		1001～10000	15	20	15

表4-10 汽车库、修车库、停车场与易燃、可燃液体储罐,可燃气体储罐,以及液化石油气储罐的防火间距 (单位:m)

名称	总容量(积)/m^3	汽车库、修车库		停车场
		一、二级	三级	
易燃液体储罐	1~50	12	15	12
	51~200	15	20	15
	201~1000	20	25	20
	1001~5000	25	30	25
可燃液体储罐	5~250	12	15	12
	251~1000	15	20	15
	1001~5000	20	25	20
	5001~25000	25	30	25
湿式可燃气体储罐	≤1000	12	15	12
	1001~10000	15	20	15
	>10000	20	25	20
液化石油气储罐	1~30	18	20	18
	31~200	20	25	20
	201~500	25	30	25
	>500	30	40	30

3)消防车道

汽车库、修车库周围应设置消防车道,并满足:除Ⅳ类汽车库和修车库以外,消防车道应为环形,当设置环形车道有困难时,可沿建筑物的一个长边和另一边设置;尽头式消防车道应设置回车道或回车场,回车场的面积不应小于12 m×12 m;消防车道的宽度不应小于4 m。

穿过汽车库、修车库、停车场的消防车道,其净空高度和净宽度均不应小于4 m;当消防车道上空遇有障碍物时,路面与障碍物之间的净空高度不应小于4 m。其净高、净宽尺寸是满足消防车行驶实际需要的。

3. 防火分隔与建筑构造

1)防火分隔

防火分区是在火灾发生情况下将火势控制在建筑物一定空间范围内的有效的防火分隔,防火分区的面积划定是建筑防火设计最重要的内容之一,汽车库应设防火墙划分防火分区。每个防火分区设定参照国家规范《汽车库、修车库、停车场设计防火规范》(GB 50067—2014)相关规定。汽车库防火分区的最大允许建筑面积应符合表4-11的规定。

表4-11 汽车库防火分区最大允许建筑面积 (单位:m^2)

耐火等级	单层汽车库	多层汽车库	地下汽车库或高层汽车库
二级	3000	2500	2000
三级	1000	不允许	不允许

2)防火墙、防火隔墙和防火卷帘

防火墙及防火隔墙是保证防火分隔有效性的重要手段。防火墙必须从基础及框架砌筑,且应从上至下均处在同一轴线位置,相应框架的耐火极限也要与防火墙的耐火极限相适应。当汽车库、修车库的屋面板为不燃材料且耐火极限不低于 0.5 h 时,防火墙、防火隔墙可砌至屋面基层的底部。防火隔墙应从楼地面基层隔断至梁、楼板底面基层。三级耐火等级汽车库、修车库的防火墙、防火隔墙应截断其屋顶结构,并应高出其不燃性屋面不小于 0.4 m 的距离;高出可燃性或难燃性屋面的距离不小于 0.5 m。

防火墙设在转角处不能阻止火势蔓延,防火墙不宜设在汽车库、修车库的内转角处。可燃气体和甲、乙类液体管道严禁穿过防火墙,防火墙内不应设置排气道。防火墙或防火隔墙上不应设置通风孔道,也不宜穿过其他管道(线);当管道(线)穿过防火墙或防火隔墙时,应采用防火封堵材料将孔洞周围的空隙紧密填塞。

防火墙或防火隔墙上不宜开设门、窗、洞口,当必须开设时,应设置甲级防火门、窗,或耐火极限不低于 3 h 的防火卷帘。设置在车道上的防火卷帘的耐火极限,应符合现行国家标准《门和卷帘的耐火试验方法》(GB/T 7633—2008)有关耐火完整性的判定标准;设置在停车区域上的防火卷帘的耐火极限,应符合现行国家标准《门和卷帘的耐火试验方法》(GB/T 7633—2008)有关耐火完整性和耐火隔热性的判定标准。

3)电梯井、管道井和其他防火构造

电梯井、管道井、电缆井和楼梯间应分别独立设置。管道井、电缆井的井壁应采用不燃材料,且耐火极限不应低于 1 h;电梯井的井壁应采用不燃材料,且耐火极限不应低于 2 h。

电缆井、管道井应在每层楼板处采用不燃材料或防火封堵材料进行分隔,且分隔后的耐火极限不应低于楼板的耐火极限,井壁上的检查门应采用丙级防火门。

除敞开式汽车库、斜楼板式汽车库外,其他汽车库内的汽车坡道两侧应采用防火墙与停车区隔开,坡道的出入口应采用水幕、防火卷帘或甲级防火门等与停车区隔开;但当汽车库和汽车坡道上均设置自动灭火系统时,坡道的出入口可不设置水幕、防火卷帘或甲级防火门。

4. 安全疏散和救援设施

设置在工业与民用建筑内的汽车库,其车辆疏散出口应与其他场所的人员安全出口分开设置。除室内无车道且无人员停留的机械式汽车库外,汽车库、修车库内每个防火分区的人员安全出口不应少于 2 个,Ⅳ类汽车库和Ⅲ、Ⅳ类修车库可设置 1 个。

汽车库、修车库的疏散楼梯、消防电梯、室外疏散楼梯的设置应符合现行国家标准《建筑设计防火规范》(GB 50016—2014)(2018 年版)、《汽车库、修车库、停车场设计防火规范》(GB 50067—2014)的有关规定。

汽车库室内任一点至最近人员安全出口的疏散距离不应大于 45 m,当设置自动灭火系统时,其距离不应大于 60 m。对于单层或设置在建筑首层的汽车库,室内任一点至室外最近出口的疏散距离不应大于 60 m。

汽车库、修车库的汽车疏散出口总数不应少于 2 个，且应分散布置。当符合下列条件之一时，汽车库、修车库的汽车疏散出口可设置 1 个：Ⅳ类汽车库；设置双车道汽车疏散出口的Ⅲ类地上汽车库；设置双车道汽车疏散出口、停车数量小于或等于 100 辆且建筑面积小于 4000 m^2 的地下或半地下汽车库；Ⅱ、Ⅲ、Ⅳ类修车库。Ⅳ类汽车库设置汽车坡道有困难时，可采用汽车专用升降机作汽车疏散出口，升降机的数量不应少于 2 台，停车数量少于 25 辆时，可设置 1 台。

5. 消防给水和固定灭火系统

1)消防给水

汽车库、修车库、停车场应设置消防给水系统。消防给水可由市政给水管道、消防水池或天然水源供给。利用天然水源时，应设置可靠的取水设施和通向天然水源的道路，并应在枯水期最低水位时，确保消防用水量。耐火等级为一、二级的Ⅳ类修车库和停放车辆不超过 5 辆的一、二级耐火等级的汽车库、停车场，可不设室内外消防给水系统，配备一些灭火器即可。

当室外消防给水采用高压或临时高压给水系统时，汽车库、修车库、停车场消防给水管道内的压力应保证在消防用水量达到最大时，最不利点水枪的充实水柱高度不小于 10 m；当室外消防给水采用低压给水系统时，消防给水管道内的压力应保证灭火时最不利点消火栓的水压不小于 0.1 MPa。

除《汽车库、修车库、停车场设计防火规范》另有规定外，汽车库、修车库、停车场应设置室外消火栓系统，其室外消防用水量应按消防用水量最大的一座建筑计算，并满足：Ⅰ、Ⅱ类汽车库、修车库、停车场，不应小于 20 L/s；Ⅲ类汽车库、修车库、停车场，不应小于 15 L/s；Ⅳ类汽车库、修车库、停车场，不应小于 10 L/s。

停车场的室外消火栓宜沿停车场周边设置，且离最近一排汽车的距离不宜小于 7 m，距离加油站或油库不宜小于 15 m。室外消火栓的保护半径不应大于 150 m，在市政消火栓保护半径 150 m 范围内的汽车库、修车库、停车场，市政消火栓可计入建筑室外消火栓的数量。

除本规范另有规定外，汽车库、修车库应设置室内消火栓系统，其消防用水量应符合以下规定：Ⅰ、Ⅱ、Ⅲ类汽车库及Ⅰ、Ⅱ类修车库的用水量不应小于 10 L/s，系统管道内的压力应保证相邻两个消火栓的水枪充实水柱同时到达室内任何部位；Ⅳ类汽车库及Ⅲ、Ⅳ类修车库的用水量不应小于 5 L/s，系统管道内的压力应保证一个消火栓的水枪充实水柱到达室内任何部位。

室内消火栓水枪的充实水柱不应小于 10 m。同层相邻室内消火栓的间距不应大于 50 m，高层汽车库和地下汽车库、半地下汽车库室内消火栓的间距不应大于 30 m。室内消火栓超过 10 个时，室内消防管道应布置成环状，并应有两条进水管与室外管道相连接。4 层以上的多层汽车库、高层汽车库和地下、半地下汽车库，其室内消防给水管网应设置水泵接合器。水泵接合器的数量应按室内消防用水量确定，并应设置在便于消防车停靠和安全使用的地点，在其周围 15～40 m 范围内应设室外消火栓或消防水池。

对于设置高压给水系统的汽车库、修车库，当能保证最不利点消火栓和自动喷水灭火系统等的水量和水压时，可不设置消防水箱。设置临时高压消防给水系统的汽车库、修车库，应设置屋顶消防水箱，其容量不应小于 12 m^3，并应符合现行国家标准《消防给水及消火栓系统技术规范》(GB 50974—2014)有关规定。消防用水与其他用水合用的水箱，应采取保证消防用水不作他用的技术措施。

采用消防水池作为消防水源时，其有效容量应满足火灾延续时间内室内外消防用水量之和的要求。火灾延续时间应按 2 h 计算，但自动喷水灭火系统可按 1 h 计算，泡沫灭火系统可按 0.5 h 计算。供消防车取水的消防水池应设置取水口或取水井，其水深应保证消防车的消防水泵吸水高度不大于 6 m。消防用水与其他用水共用的水池，应采取保证消防用水不作他用的技术措施。严寒或寒冷地区的消防水池应采取防冻措施。

2)自动喷水灭火系统

除敞开式汽车库、屋面停车场外，Ⅰ、Ⅱ、Ⅲ类地上汽车库，停车数大于 10 辆的地下、半地下汽车库，机械式汽车库，采用汽车专用升降机作汽车疏散出口的汽车库，Ⅰ类修车库均要设置自动灭火系统。这几种类型的车库有的规模大，停车数量多，有的没有车行道，车辆进出靠机械传送，有的设在地下层，疏散和灭火救援极为困难。所以应设置自动喷水灭火系统。

泡沫-水喷淋系统对于扑救汽车库、修车库火灾具有比自动喷水灭火系统更好的效果，对于Ⅰ类地下、半地下汽车库、Ⅰ类修车库、停车数大于 100 辆的室内无车道且无人员停留的机械式汽车库等一旦发生火灾扑救难度大的场所，可采用泡沫-水喷淋系统，以提高灭火效力。

地下、半地下汽车库是封闭空间，可采用高倍数泡沫灭火系统。停车数量不大于 50 辆的室内无车道且无人员停留的机械式汽车库，由于是一个无人的封闭空间，可采用二氧化碳等气体灭火系统。

环境温度低于 4℃时间较短的非寒冷或寒冷地区，可采用湿式自动喷水灭火系统，但应采用防冻措施。

自动喷水灭火系统喷头布置应设置在汽车库停车位的上方或侧上方，对于机械式汽车库，尚应按停车的载车板分层布置，且应在喷头的上方设置集热板；错层式、斜楼板式汽车库的车道、坡道上方均应设置喷头。

除室内无车道且无人员停留的机械式汽车库外，汽车库、修车库、停车场均应配置灭火器。

6. 供暖、通风和排烟

汽车库、修车库、停车场内不得采用明火取暖，需要供暖的Ⅰ、Ⅱ、Ⅲ类汽车库，Ⅰ、Ⅱ类修车库和甲、乙类物品运输车的汽车库内，采用集中供暖方式。对于Ⅳ类汽车库，Ⅲ、Ⅳ类修车库，当集中供暖有困难时，可采用火墙供暖，但其炉门、节风门、除灰门不得设置在汽车库、修车库内。

设置通风系统的汽车库，其通风系统宜独立设置。风管应采用不燃材料制作，且不应穿过防火墙、防火隔墙。

除敞开式汽车库、建筑面积小于1000 m^{2}的地下一层汽车库和修车库外，汽车库、修车库应设置排烟系统，并应划分防烟分区。防烟分区的建筑面积不宜大于2000 m^2，且防烟分区不应跨越防火分区。防烟分区可采用挡烟垂壁、隔墙或从顶棚下突出不小于0.5 m的梁划分。

排烟系统可采用自然排烟方式或机械排烟方式。机械排烟系统可与人防、卫生等排气、通风系统合用。当采用自然排烟方式时，可采用手动排烟窗、自动排烟窗、孔洞等作为自然排烟口。

每个防烟分区应设置排烟口，排烟口宜设在顶棚或靠近顶棚的墙面上。排烟口距该防烟分区内最远点的水平距离不应大于30 m。排烟风机可采用离心风机或排烟轴流风机，并应保证280℃时能连续工作30 min。在穿过不同防烟分区的排烟支管上应设置当烟气温度大于280℃时能自动关闭的排烟防火阀，排烟防火阀应连锁关闭相应的排烟风机。

对机械排烟管道的风速，当采用金属管道时不应大于20 m/s；采用内表面光滑的非金属材料风道时，不应大于15 m/s。排烟口的风速不宜大于10 m/s。汽车库内无直接通向室外的汽车疏散出口的防火分区，当设置机械排烟系统时，应同时设置补风系统，且补风量不宜小于排烟量的50%。

4.9 洁净厂房防火

洁净厂房也叫无尘车间、洁净室(Clean Room)，是指将一定空间范围内空气中的微粒子、有害空气、细菌等污染物排除，并将室内的温度、洁净度、压力、气流速度与气流分布、噪音振动及照明、静电控制在某一需求范围内，而所给予特别设计的房间。

4.9.1 洁净厂房的分类

洁净室的分类方法有很多，但最多的是按洁净室的气流流型和洁净室的使用性质来进行分类。按洁净室的气流流型可分为单向流洁净室、非单向流洁净室(乱流洁净室)、混合流(局部单向流)洁净室等形式；按洁净室的使用性质可分为工业洁净室、生物洁净室、生物安全实验室。

4.9.2 洁净厂房的火灾危险性

由于洁净厂房内生产工艺对厂房的密闭性能有着特殊要求，火灾发生时，洁净厂房主要存在以下几点火灾危险性。

1. 火灾危险源多，火灾发生概率高

在医药、化工、电子等行业，以生产工序或生产流程的流水作业要求来划分功能的情况比较突出，这使某些危险工序或危险设备会直接影响到建筑和人员的安全。特别是一些使用原料或在生产过程中产生的中间产品带有易燃易爆危险性，无法从建筑构造或建筑布局中加以防范，使得厂房的火灾危险性大大增加。

2. 洁净区域大，防火分隔困难

随着现代工业特别是电子工业类的飞速发展以及洁净技术的不断更新，洁净区的面积也不断增大。如某芯片生产企业根据工艺需求，其洁净区面积达近十万平方米，穿孔楼板使工厂洁净区与原料设备区融为一体，洁净区又与送回风井道进行了一体化设计，高度达二十余米。对于此类超大型的洁净厂房，设置水平垂直防火分区分隔困难重重。当发生火灾时，火灾产生的烟尘易蔓延至整个厂区，造成全面性的损害。

3. 室内迂回曲折，人员疏散困难

随着洁净区面积的不断增大，对空气悬浮粒子浓度控制要求的不断提高，洁净厂房内工艺隔离措施、除尘防尘设施也不断增加。厂内走廊、通道的布置均要先满足工艺的要求，使得室内平面布置迂回曲折，人员疏散困难。大部分医药、电子、食品类洁净厂房属于劳动密集型厂房，特别是包装车间、装配车间等，大多数车间面积小、人员多，发生火灾易造成群死群伤。

4. 建筑结构密闭，排烟扑救困难

为保证洁净室的净化度要求和节约能耗，生产区往往不设外窗或设数量较少的固定窗，生产空间保持结构密闭，一旦发生火灾，热量难以散发，烟气难以排出，使得人员疏散和灭火救援火场排烟越发困难。部分洁净厂房的保温材料在火灾发生时释放出的有毒气体被引入封闭的洁净厂房，也给人员疏散和火灾扑救带来极大的困难。此外，洁净室的分隔墙及吊顶较多地采用金属板，对电磁波具有较强的屏蔽作用，对无线通信的影响尤为巨大。一旦发生火灾，消防人员救援时的无线通信系统很难在洁净区内使用，使消防救援行动更为困难。

5. 火灾蔓延迅速，早期发现困难

洁净室一般均有较高的温湿度要求，送风、排风和除尘风管较为复杂，风管通常布置在洁净室上方的技术夹层内，发生火灾时火势易顺着风道迅速蔓延。洁净厂房内风管密布，大量使用难燃保温材料。一旦发生火灾，不仅会造成火灾蔓延，更会大量产生有毒有害的燃烧产物，也容易引起人员的伤亡。洁净室内工艺物料和公用工程管道、电缆布置错综复杂，且布置隐蔽，一般安装在技术夹层或暗敷于隔墙内，若发生故障不易及时被发现，若存在火灾隐情也不易被发现。

6. 生产工艺特殊，次生灾害控制困难

部分洁净厂房由于生产生物活性物质，一旦发生火灾，不仅要控制、扑灭火灾，还要控制次生灾害的产生。一旦控制次生灾害措施不当，造成的环境污染的后果将远远大于火灾造成的后果。

4.9.3　洁净厂房的消防要求

一般来说，新建的洁净厂房一般有着严格的消防安全要求控制，往往洁净级别较高的对消防安全要求也越高。由于洁净厂房内生产工艺的特殊性、洁净室（区）的特殊性，因此其在防火要求上较为特殊。

1. 一般要求

1）火灾危险性分类

根据生产所需的原料、工艺、辅助介质的不同，结合生产特点，洁净厂房的火灾危险性分为甲、乙、丙、丁四类，见表4－12所列。

表4－12　洁净厂房火灾危险性分类

洁净厂房类别	火灾危险性特征	举　例
甲	使用或产生下列物质 1. 闪点＜28℃的液体 2. 爆炸下限＜10％的气体	使用甲类溶媒的抗生素、合成药品、生物药品、天然药品的精制、浓缩、干燥车间 软胶囊洗丸干燥、固体制剂制粒和包衣、酊剂配置和分装、贴剂的溶胶、涂布和干燥车间 集成电路工厂的化学清洗间
乙	使用或产生下列物质 1. 28℃≤闪点＜60℃的液体 2. 爆炸下限＞10％的气体 3. 能与空气形成爆炸性混合物的浮游状态的粉尘	使用乙类溶媒的抗生素、合成药品、生物药品、天然药品的精制、浓缩、干燥车间 淀粉、葡萄糖、部分氨基酸和半合成抗生素生产中的粉碎、干装和包装工序 制剂中糖粉碎工序
丙	使用或产生下列物质 1. 闪点＞60℃的液体 2. 可燃固体	除甲、乙类火灾危险区外的抗生素、合成药品、生物药品、天然药品的精制、浓缩、干燥、包装车间 固体制剂、粉针剂、冻干制剂、滴丸的生产车间 集成电路前工序工厂的氧化扩散区、光刻区、离子注入区、薄膜区、机械研磨区
丁	常温下使用或加工难燃烧物质的生产	以水等不燃液态物质为基础的生产车间，如大输液、水针、口服液、糖浆的生产车间(外包装除外) 以难燃烧物质生产加工为主的生产车间

2)建筑材料及其燃烧性能

洁净厂房的耐火等级不应低于二级，使建筑构配件耐火性能与甲、乙类生产相适应，从而减少成灾的可能性。

洁净室的顶棚、壁板及夹芯材料应为不燃烧体，且不得采用有机复合材料。顶棚和壁板的耐火极限不应低于0.4 h，疏散走道顶棚的耐火极限不应低于1 h。

3)防火分区和分隔

生产类别为甲、乙类的洁净厂房宜为单层厂房，其单层厂房防火分区最大允许建筑面积宜为3000 m^2，多层厂房宜为2000 m^2。丙、丁、戊类生产的洁净厂房的防火分区最大允许建筑面积应符合现行国家标准《建筑设计防火规范》的有关规定。

在一个防火分区内的综合性厂房，洁净生产区与一般生产区域之间应设置不燃烧体隔断措施。隔墙及其相应顶棚的耐火极限不应低于1 h，隔墙上的门窗耐火极限不应低于0.6 h。穿隔墙或顶板的管线周围空隙应采用防火或耐火材料紧密填堵。

技术竖井井壁应为不燃烧体，其耐火极限不应低于1 h。井壁上检查门的耐火极限不应低于0.6 h；竖井内在各层或间隔一层楼板处，应采用相当于楼板耐火极限的不燃烧体做水平防火分隔；穿过水平防火分隔的管线周围空隙应采用防火或耐火材料紧密填堵。

4)安全疏散

(1)安全出口

洁净厂房每一生产层、每一防火分区或每一洁净区的安全出口数量不应少于 2 个。当符合下列要求时可设 1 个:对甲、乙类生产厂房每层的洁净生产区总建筑面积不超过 100 m^2,且同一时间内的生产人员总数不超过 5 人;对丙、丁、戊类生产厂房,应按现行国家标准《建筑设计防火规范》的有关规定设置。

洁净区与非洁净区、洁净区与室外相通的安全疏散门应向疏散方向开启,并应加闭门器。安全疏散门不应采用吊门、转门、侧拉门、卷帘门以及电控自动门。

(2)疏散距离

洁净厂房的疏散距离应满足现行国家规范《建筑设计防火规范》的要求。洁净厂房内最远工作地点或洁净区疏散口到外部出口或楼梯的距离应符合表 4 - 13 要求。

表 4 - 13　洁净厂房内最远工作地点或洁净区疏散口到外部出口或楼梯的距离

(单位:m)

生产类别	单层	多层	高层	地下室
甲	30	25	—	—
乙	75	50	30	—
丙	80	60	40	30
丁	不限	不限	50	45
戊	不限	不限	75	60

丙类生产的电子工业洁净厂房,在关键生产设备自带火灾报警和灭火装置以及回风气流中设有灵敏度严于 0.01% obs/m 的高灵敏度早期火灾报警探测系统后,安全疏散距离可按工艺需要确定,但不得大于以上规定的安全疏散距离的 1.5 倍;对于玻璃基板尺寸大于 1500 mm×1850 mm 的 TFT - LCD 厂房,且洁净生产区人员密度小于 0.02 人/m^2,其疏散距离应按工艺需要确定,但不得大于 120 m。

(3)疏散楼梯

洁净厂房各疏散楼梯均应出屋面,楼梯间的首层设置直接对外的出口。当疏散楼梯在首层无法设置直接对外的出口,应设置直通室外的安全通道(如有开向安全通道房间的门应为乙级防火门),安全通道内设置正压送风。

(4)疏散通道

部分洁净厂房的平面布置因洁净度要求,每一工序都在单独的较小的空间内进行,使平面布置错综复杂。转折的生产流线和多重进出房门影响了人员安全疏散的时间。在医药工业制剂厂房中,疏散走道的确定应尽量结合工艺要求,将工艺中已采取防火分隔措施的主通道作为安全疏散通道。

通常洁净厂房由洁净区外部的人、物流通道及洁净区内部的人、物流通道两部分组成。洁净区各个生产用房往往由内部通道相连以满足不同的生产工序的需要，这些内部通道同时也作为洁净区人员的安全疏散路线，通过安全疏散门与外部非洁净通道相连，人员通过外部通道到达室外安全出口或疏散楼梯间。洁净区外部通道尽可能环通，达到多向疏散的目的，尽可能避免袋型走道，同时也有利于消防扑救。

(5)专用消防口

专用消防口是消防人员为灭火而进入建筑物的专用入口，平时封闭，火灾时由消防人员从室外打开。洁净厂房通常是个相对封闭的空间，一旦发生火灾，给消防扑救带来困难。洁净厂房与洁净区同层外墙应设可供消防人员通往厂房洁净区的门窗，其洞口间距大于 80 m 时，在该段外墙的适当部位设置专用消防口。专用消防口的宽度不小于 750 mm，高度不小于 1800 mm，并应有明显标志。楼层专用消防口应设置阳台，并从二层开始向上层架设钢梯。

洁净厂房外墙上的吊门、电控自动门以及宽度小于 750 mm、高度小于 1800 mm 或装有栅栏的窗，均不应作为火灾发生时消防人员进入厂房的入口。

2. 消防设施配置

由于洁净厂房的建筑造价及工艺设备都比较昂贵，火灾带来的直接和间接经济损失都十分惨重，因此建立行之有效的消防保障体系是洁净室建造和运行必须解决的重要问题。目前被广泛使用于洁净厂房的灭火设施有：室内外消火栓系统、自动喷水灭火系统和灭火器。另外，还应根据具体的条件和要求，有针对性地选用其他必要的消防设备，如气体灭火系统等。

1)室内外消火栓系统

洁净厂房设置的室内外消火栓系统应符合现行规范的要求。洁净厂房室、内外消防给水可采用高压、临时高压或低压给水系统，如采用高压或临时高压给水系统，管道的压力应保证用水量达到最大且水枪在任何建筑物的最高处时，水枪的充实水柱仍不小于 10 m；如采取低压给水系统，管道的压力应保证灭火时最不利点消火栓的水压不小于10 m 水柱(从地面算起)。洁净室的生产层及可通行的上、下技术夹层应设置室内消火栓。消火栓的用水量不应小于 10 L/s，同时使用水枪数不应少于 2 只，水枪充实水柱长度不应小于 10 m，每只水枪的出水量应按不小于 5 L/s 计算。洁净厂房室外消火栓的用水量不应小于 15 L/s。

2)自动喷水灭火系统

目前，自动喷水灭火系统已成为洁净厂房消防系统的首选配置。设置在洁净室或洁净区的自动喷水灭火系统，宜采用预作用自动喷水灭火系统。自动喷水灭火系统的设计应符合现行国家标准《自动喷水灭火系统设计规范》(GB 50084—2017)的要求。按照该规范的要求，其喷水强度一般不宜小于 8.0 L/(min·m^2)，作用面积不宜小于 160 m^2。

3)其他灭火设施

除设置水灭火系统之外，在硅烷配送区域应当设置直接作用于各个气瓶的水喷雾系统，该系统的动作信号应当来自感光探测器，如在远离建筑物的区域设计的开放式配送系统采取了有效措施减轻爆轰影响后，可以不设置水喷雾系统。另外目前较为广泛使用的还有二氧化碳、IG541、三氟甲烷和七氟丙烷等洁净气体灭火系统。当设置气体灭火系统时,不应采用卤代烷1211以及能导致人员窒息和对保护对象产生二次损害的灭火剂。

4)火灾自动报警系统

洁净厂房应设置火灾自动报警系统及消防联动控制系统,其防护等级应符合现行国家标准《火灾自动报警系统设计规范》(GB 50116—2013)的有关规定。硅烷储存、分配间(区)应设置红外线-紫外线火焰探测器。洁净生产区、走道和技术夹层(不包括不通行的技术夹层)应设置手动报警按钮和声光报警装置。根据洁净厂房的特殊要求,火灾自动报警系统要合理选择,充分优化。下面以医药类洁净厂房和电子类洁净厂房等为例进行说明。

(1)医药类洁净厂房火灾自动报警系统

医药类洁净厂房生产区应设置火灾探测器,生产区与走道还应设置手动火灾报警按钮。高活性药物生产洁净室由于生产过程中使用或产生了致敏性药物、生物活性药物或一般致病菌,容易造成污染,因此设置在该类洁净室内的火灾自动报警装置设备应具备密闭性、耐用性、高灵敏度和表面光洁的特点。点式探测器可选用温感探测器或火焰探测器,如需要烟感探测器,建议选用红外光束型线型感烟探测器。对于安装在吊顶或夹层内比较隐蔽的电缆或电气设备发热可能导致的火灾的探测,可选用缆式线型感温探测器。探测器可直接接触或在邻近被探测目标的位置安装,以便及早发现火灾隐患。

(2)电子类洁净厂房火灾自动报警系统

电子类洁净厂房应根据生产工艺布置和公用动力系统的装备情况设置火灾报警装置。洁净生产区、技术夹层、机房、站房等均应设火灾探测器,其中洁净生产区、技术夹层应设智能型探测器。在洁净室(区)空气处理设备的新风或循环风的出口处宜设火灾探测器。当厂房内防火分区面积超过现行规定要求时,在洁净室内净化空调系统混入新风前的回风气流中应设置高灵敏度早期报警火灾探测器。当洁净室(区)顶部安装探测器不能满足《火灾自动报警系统设计规范》要求时,在洁净室内净化空调系统混入新风前的回风气流中应设置高灵敏度早期报警火灾探测器。

(3)洁净厂房内特种气体和化学品泄漏探测系统

洁净厂房使用了多种易燃、易爆、有毒性和腐蚀性气体以及易燃、易爆、腐蚀性溶剂,其中任何一种气体和溶剂泄漏都会带来很大的火灾危害、设备毁坏或人员伤害,因此在各易燃、易爆和腐蚀性特种气体间、气瓶柜内部、溶剂间、溶剂输送柜内部、SUBFAB、阀门箱和生产区均应按输送介质以及介质危险性的不同,安装不同类型、不同灵敏度的探测器,常用的探测器有电化学探测器、真空泵抽气式探测器、UV/IR探测器等。

5)防烟排烟

当疏散楼梯间布置在建筑的外墙侧,可以采用可开启外窗进行自然排烟。当疏散楼梯布置在建筑内部或楼梯间有洁净要求不具备自然排烟条件时,应设置机械加压送风系统。洁净避难区设置的机械加压送风系统一般利用新风空调机组进行加压,火灾时,维持避难区正压,正压值相对于相邻区域为25～30 Pa。

丙类厂房中建筑面积大于300 m^2 的地上洁净室和建筑面积大于200 m^2 的地下洁净室应设排烟设施。洁净厂房疏散走道应设置机械防排烟设施。排烟形式主要有上排烟模式、上排烟和下排烟相结合模式、利用回风通道设置排烟风机进行排烟形式、排烟风机兼作火灾时排烟形式。采用常开风时，排烟支管除采用 280℃排烟防火阀(常开)外，还需要设有 280℃排烟阀(常闭)。

洁净厂房每个防烟分区的排烟支管上均应设置排烟防火阀，排烟口采用常开型风口。排烟风机入口处设置 280℃关闭的排烟防火阀，并与排烟风机连锁。为维持洁净室内部空气压力，服务于净化区域内的排烟系统管路上应采用低泄漏的排烟阀和排烟防火阀。排烟口宜采用低泄漏常闭型板式排烟口，在排烟风机入口处采用低泄漏常闭型排烟防火阀并能接受消防中心的信号自动开启阀体。

洁净室机械防排烟系统宜与通风、净化空调系统合用，但必须采取可靠的防火安全措施。

6)灭火器配置

洁净厂房内各场所应配置灭火器，并应符合现行国家标准《建筑灭火器配置设计规范》(GB 50140—2005)的有关规定。灭火器的配置关键在于正确选择和使用灭火剂。选择灭火剂时，应考虑配置场所的火灾类型、灭火剂的灭火能力、被保护对象污损程度、使用的环境温度以及灭火剂之间的相容性、灭火剂与可燃物的相容性。在洁净室内通常不宜选用化学干粉灭火剂、泡沫灭火剂等灭火后会对工艺设备和洁净室环境产生一定污染和腐蚀作用的灭火剂。二氧化碳灭火剂灭火后不留痕迹，不污损、腐蚀被保护物品，在洁净室内得到普遍使用。

7)疏散标志和应急照明

洁净厂房内应设置供人员疏散用的应急照明。在安全出口、疏散口和疏散通道转角处应按现行国家标准设置疏散标志，在专用消防扑救口处应设置红色应急照明灯。

8)气体管道的安全措施

洁净厂房气体管道的干管，应敷设在上、下技术夹层或技术夹道内，当与水、电管线共架时，应设在其上部。与本房间无关的管道不应穿过。气体管道应按不同介质设明显的标识。

各种气瓶库应集中设置在洁净厂房外。当日用气量不超过 1 瓶时，气瓶可设置在洁净室内，但必须采取不积尘和易于清洁的措施。

可燃气体管道应设下列安全技术措施：接至用气设备的支管和放散管应设置阻火器；引至室外的放散管应设防雷保护设施；应设导除静电的接地设施。可燃气体重点部位应设可燃气体报警装置和事故排风装置，报警装置应与相应的事故排风机连锁。氧气管道应设下列安全技术措施：管道及其阀门、附件应经严格脱脂处理；应设导除静电的接地设施。

4.10 数据中心防火

为集中放置的电子信息设备提供运行环境的建筑场所，可以是一栋或几栋建筑物，也可以是一栋建筑物的一部分，包括主机房、辅助区、支持区和行政管理区等。

4.10.1 数据中心分类

随着电子信息技术的发展，各行各业对数据中心的建设提出了不同的要求，从数据中心的使用性质和数据丢失或网络中断在经济或社会上造成的损失或影响程度，将数据中心划分为A、B、C三级。

A级为“容错”系统，可靠性和可用性等级最高，如金融行业、国家气象台、国家级信息中心、重要的军事部门、交通指挥调度中心、广播电台、电视台、应急指挥中心、邮政、电信等行业的数据中心及企业认为重要的数据中心。

B级为“冗余”系统，可靠性和可用性等级居中，如科研院所、高等院校、博物馆、档案馆、会展中心、政府办公楼等的数据中心。

C级为满足基本需要，可靠性和可用性等级最低。

4.10.2　信息机房的火灾特点

信息机房属于密闭空间建筑，房间内设备价值高、用电量大，且日常无人值守，这些特点决定了其火灾特点具有相对独特性。如果机房内发生火灾，不仅会造成严重的直接经济损失，而且信息、资料数据的破坏会严重影响相关行业的管理、控制系统，导致的间接损失更为严重。

1. 散热困难，火灾烟量大

由于信息机房等精密仪器正常工作时对环境的温度、湿度及洁净度要求较高，因此信息机房内的大多数机房和设备用房多为密闭空间且门窗较少，一旦发生火灾，热烟气无法通过窗户顺利排出，机房内烟气较大。同时，主机房等耐火等级高，机房隔墙较厚，导热性差、散热弱，导致燃烧产生的热量会大部分积累在室内，室内温升较快。燃烧会产生许多有毒或刺激气体(如HCL、HCN、HF等)，对设备损害较大。

2. 用电量大，电气火灾多

信息机房的用电量为普通办公室的4～5倍。机柜电源安全是机房电气安全的瓶颈，常有负载超过连线和电路结构的承载能力，引发积热、打火、断路、数据损失，甚至是电气火灾等事故的发生。此外，由于长期高负荷运转，部分电气线路的绝缘保护层会因为高温而加速老化，易形成阴燃。在低压线(如信号线)中可能产生足够的热量，并引燃附近的可燃材料。此类阴燃的燃烧特点是蔓延时间长、发烟量少、早期不易察觉，一旦发现往往已形成明火，延误了早期灭火的时间。

3. 无人值守，遇警处置慢

由于电子计算机及网络技术的快速发展，数据中心内计算机集成度高，大多实现了计算机自动管理，为无人值守机房。对大型机房而言，传统的火灾探测器无法及时感应火灾而会延误灭火时机。即使有的机房火灾报警系统发出预警后，也会由于管理人员无法及时找到故障区，灾情进一步扩大。

4. 环境特殊，扑救难度大

由于信息机房内的设备都属于精密设备，对环境的要求很高，如防水、防烟等。如果为了消灭火灾而采取的灭火方法不当，容易造成对设备、信息等的再次破坏。

5. 设备精密，火灾损失大

信息机房内平均每平方米的设备费用高达数万元至数十万元，而且数据中心内某些存储介质对温度的要求较高，如当温度超过45℃时，光盘内的数据不仅会丢失，而且光盘损坏后无法重新使用。此外，根据有关资料，即使是很小的阴燃火中的电气设备或电线电缆也会造成很大的非热型损失，也就是说不是由热而是由其他某些因素引起的损失。其中最主要的是燃烧产物，特别是燃烧的塑料，当塑料燃烧时，会释放出酸性蒸气，它们与氧气、水汽相结合后会腐蚀金属表面和电路。

4.10.3 信息中心的消防要求

电子信息机房的建筑防火，除应符合国家标准《电子信息系统机房设计规范》(GB 50174—2008)的规定外，还应根据其建筑高度分别按国家标准《数据中心设计规范》(GB 50174—2017)的相关要求执行。

1. 防火与疏散

数据中心的耐火等级不应低于二级。当数据中心与其他功能用房在同一个建筑内时，数据中心与建筑内其他功能用房之间应采用耐火极限不低于2 h的防火隔墙和1.5 h的楼板隔开，隔墙上开门应采用甲级防火门。主机房的顶棚、壁板和隔断应为不燃烧体，且不得采用有机复合材料。地面及其他装修应采用不低于B1级的装修材料。

数据中心的火灾危险性分类应为丙类，数据中心内任一点到最近安全出口的最大直线距离见表4-14所列的规定。当主机房设有高灵敏度的吸气式烟雾探测火灾报警系统时，主机房内任一点到最近安全出口的直线距离可增加50%。其他疏散距离见表4-15～表4-16所列。

表4-14 数据中心内任一点到最近安全出口的最大直线距离 (单位:m)

类型	单层	多层	高层	地下室、半地下室
最大直线距离	80	60	40	30

表4-15 直通疏散走道的房间疏散门至最近安全出口的最大直线距离 (单位:m)

疏散门的位置	单层、多层	高层
位于两个安全出口之间的疏散门	40	40
位于袋形走道两侧或尽端的疏散门	22	20

表4-16 房间内任一点至房间直通疏散走道的疏散门最大直线距离 (单位:m)

类型	单层、多层	高层
最大直线距离	22	20

建筑面积大于120 m^2 的主机房，疏散门不应少于两个，并应分散布置。建筑面积不大于120 m^2 的主机房，或位于袋形走道尽端、建筑面积不大于200 m^2 的主机房，且机房内任一点至疏散门的直线距离不大于15 m时，可设置一个疏散门，疏散门的净宽度不应小于1.4 m。主机房的疏散门应向疏散方向开启，应自动关闭，并应保证在任何情况下均

能从机房内开启。走廊、楼梯间应畅通，并应有明显的疏散指示标志。

当单罐柴油容量不大于 50 m^2，总柴油储量不大于 200 m^3 时，直埋地下的卧式柴油储罐与建筑物和园区道路之间的最小防火间距应符合现行国家标准《数据中心设计规范》(GB 50174—2017)、《建筑设计防火规范》(GB 50016—2014)(2018 年版)、《汽车加油加气站设计与施工规范》(GB 50156—2012)和《石油化工企业设计防火标准》(GB 50160—2008)(2018 年版)的有关规定。

2. 静电防护及接地

主机房和辅助区的地板或地面应有静电泄放措施和接地构造，防静电地板、地面的表面电阻或体积电阻值应为 $2.5\times10^4\sim1.0\times10^9$ Ω，且应具有防火、环保、耐污、耐磨性能。

信息中心保护性接地和功能性接地宜共用一组接地装置，其接地电阻应按其中最小值确定。主机房内的导体必须与大地做可靠的连接，不得有对地绝缘的孤立导体。

3. 消防设施

A 级信息中心的主机房应设置洁净气体灭火系统。B 级信息中心的主机房，以及 A 级和 B 级信息中心的变配电、不间断电源系统和电池室，宜设置洁净气体灭火系统，也可设置高压细水雾灭火系统。C 级信息中心及其他区域，可设置高压细水雾灭火系统或自动喷水灭火系统。自动喷水灭火系统宜采用预作用系统。凡设置固定灭火系统及火灾探测器的计算机房，其吊顶上下及活动地板下方，均应设置探测器和喷嘴。

1)室内消火栓系统

当机房进深大于 25 m 时，应在机房两侧设置公共走道，并在走道上设置室内消火栓系统。

2)气体灭火系统

当单个防护区面积小于 800 m^2、体积小于 3600 m^3 时，可考虑采用气体灭火系统。设置气体灭火系统的主机房，应配置专用空气呼吸器或氧气呼吸器。采用全淹没方式灭火需要保证在灭火场所形成一个封闭的空间，以达到灭火的效果。灭火系统控制器应在灭火设备动作之前，联动控制关闭房间内的风门、风阀，并应停止空调机、排风机，切断非消防电源。采用全淹没方式灭火的区域应设置火灾警报装置，防护区外门口上方应设置灭火显示灯，提示房间内的人员尽快离开火灾现场以及提醒外部人员不要进入火灾现场。灭火系统的控制箱(柜)应设置在房间外便于操作的地方，并应有保护装置防止误操作。

信息中心及基本工作间内宜使用对设备无损坏，且环保、安全无毒性的 IG541 灭火系统或细水雾灭火系统。当防护区面积、体积大于上述标准或防护区个数大于 8 个时，为了经济实用，可采用细水雾系统或其他新型、环保的哈龙替代技术。

3)火灾自动报警系统

火灾探测报警装置可根据信息机房的重要程度和火灾特点选择，主要有传统的火灾探测器、空气采样烟雾报警器、分布式感温光缆等。当机房内采用由火灾自动报警系统启动的自动灭火系统时，其火灾探测器宜在感温、感烟和感光等不同类型的探测器中选用 2 种。

如果机房内火灾自动报警系统并未报警，但值班人员在巡查中发现火情，应采用机械应急方式启动气体灭火系统，此时火灾自动报警系统应联动所有相关消防设施，切断火灾区域的非消防电源。

主机房是电子信息系统运行的核心，灭火系统的误动作将造成设备的损坏和信息丢失，在确定消防措施时，应同时保证人员和设备的安全，避免灭火系统误动作造成损失。采用管网式气体灭火系统或细水雾灭火系统的主机房，应同时设置两组独立的火灾探测器，火灾报警系统应与灭火系统和视频监控系统联动。

4)其他灭火设备

当数据中心与其他功能用房合建时，应在数据中心内的自动喷水灭火系统设置单独的报警阀组。电子信息设备属于重要精密设备，使用手提灭火器对局部火灾进行灭火后，不应使电子信息设备受到污渍损害，推荐采用手提式二氧化碳灭火器、水基喷雾灭火器或新型哈龙替代物灭火器。

4.11 人民防空工程防火

人民防空工程也叫人防工事，是指为保障战时人员与物资掩蔽、人民防空指挥、医疗救护而单独修建的地下防护建筑，以及结合地面建筑修建的战时可用于防空的地下室。人防工程是具有特殊功能的地下建筑，其建设使用不但要满足战时的功能需要，贯彻“长期准备、重点建设、平战结合”的战略方针，同时，要与城市的经济建设协调发展，努力适应不断发展变化的新形式。

根据人防工程的平时使用情况和火灾特点，应做到立足自救，即由工程内部人员利用火灾自动报警系统、自动喷水灭火系统、消防水源、防排烟设施、消防应急照明等条件，完成疏散和灭火的任务，把火灾扑灭在初期阶段。

4.11.1 人民防空工程分类

人防工程按构筑形式可分为地道工程、坑道工程、堆积式工程和掘开式工程。

人防工程按战时功能分为指挥通信工程、医疗救护工程、防空专业队工程、人员掩蔽工程和其他配套工程五大类。

4.11.2 火灾危险性及特点

随着经济的不断发展，人类生存的空间不断扩大，人民防空工程的使用也日益增多，并且逐渐向大规模、多功能发展。与地面建筑相比，人防工程有许多特点，其主要的特点是地下建筑处在封闭状态，只有内部空间，绝大多数没有与大气直接连通的外窗，与内部连通的孔洞少，而且面积也较小，所以相比于地上建筑的火灾后果更严重。

1. 火灾危险性

由于是立足于战时防空和地下建筑的结构，人防工程火灾危险性较大。

(1)易燃物品多。首先是易燃装饰材料多。人防工程内，工厂、商店、仓库、饭店、旅馆、电话机房、微机房、档案库、病房及文化娱乐等各行各业无所不有，为了美观和方便使用，多数都进行了装修，使用了大量的易燃装饰材料，如钙塑板、塑料壁纸、塑料地板革等。其次是存放的易燃物品多，由于受空间的限制和使用上的方便，人防工程内一般存放的物品较多，特别是作为地下仓库、商店时更是堆积连绵。这些易燃装饰材料、易燃物品的大量存在，极易引起火灾并蔓延。

(2)用电用火多。由于不能采用自然光照明和通风，人防工程内采光和通风完全依靠电动和机械进行；为防止停电，工程内还装设了双路电源和自发电装置；为了疏散的需要，又必须设置疏散指示照明灯和指示标志等。这样，就使得工程内电线蛛连，电器众多，导致用电时间长，用电量大，极易发生电气故障，引起火灾。同时，作为商店、旅馆、饭店及娱乐场所等用途的工程内，不但人流量大，吸烟用火难以完全杜绝，而且炒菜、做饭都会大量使用明火，极易发生火灾。

(3)地下潮湿，易引起电气或自燃火灾。尽管人防工程内使用了除湿机进行除湿，但湿度一般仍比地面上高，特别是靠近洞壁的地方，潮湿情况更严重，这就增加了发生事故的机会。一是易使电气线路、设备受潮而导致绝缘破坏或接触不良，引起短路或打火造成火灾；二是易引起自燃物品(如硝化纤维制品、油脂制品等)自燃起火。

(4)通风不畅，易形成爆炸性混合物。人防工程由于其自然通风条件不良，完全依靠机械通风，因而空气流动性较差。因此在有可燃易燃液体、气体的地方，蒸发或泄漏出来的可燃蒸气就不易扩散，易形成爆炸性混合物，一旦遇明火或火星，就可能引起爆炸或燃烧。特别是用作汽油库、煤油库、酒库的工程，在灌装、兑酒或泄漏以及平时储存的过程中，都容易达到汽油、煤油和乙醇的爆炸浓度极限，从而形成爆炸性混合物，导致爆炸或燃烧。

2. 火灾特点

基于特殊的建筑结构形式——即建于地下或山体中，与地面隔绝，出口少、障碍多，通道狭长而曲折迂回，不能自然通风采光等，决定了人防工程火灾的特殊性。

(1)火灾发现晚。人防工程大都是封闭于地下的通道式结构，不在其中的人难以观察到其中的情况。因此，工程内起火时，不易及时发现。

(2)火灾蔓延快。实践证明，人防工程内发生火灾后，蔓延速度往往高于地面。这除了工程内易燃可燃物品相对集中的原因外，还由于人防工程一般都较地面建筑低矮、空间小，通风不良、对流差，热量不易散发，因而一旦起火，工程内温度会急剧上升，迅速达到许多可燃物的燃点或自燃点，推进或引起可燃物燃烧，使工程内很快出现轰燃(即全面燃烧)。资料显示，人防工程起火后一般在 3～8 分钟内即出现轰燃。再就是火源沿通道蔓延迅速。人防工程因通风、除湿和出入的需要，设有许多通风管道、洞口和竖井，空气流通就是通过这些地方进行的。因此，如果工程内起火，烟火就会形成自然通风条件，沿风道、竖井、洞口等向四周特别是上方蔓延。

(3)疏散困难，易造成人员伤亡。人防工程因处于地下，受许多方面的限制，发生火灾后疏散非常困难，往往会造成人员伤亡。其主要原因有三：一是能见度低。因工程不能使用自然光照，只能采用电力照明，如果没有事故照明和疏散标志，或事故照明和指示标志亦因火灾被断电，工程内将一片漆黑，使人不辨东西，难以脱险；此外，火灾时的烟雾弥漫，也会造成能见度降低，使人迷失方向而遇难。二是出口少，通道窄，疏散距离长，如果疏导不好，往往会使群众闻警后蜂拥而起，慌张而逃，将通道、洞口堵塞而造成人员伤亡。三是毒烟和缺氧会使人中毒或窒息。由于工程内出口少、密闭性好、通风不良、空气潮湿等特点，发生火灾后，一方面会因燃烧产生大量有毒气体，特别是氧气不足会产生大量的一氧化碳；另一方面又会因燃烧后氧气得不到补充而浓度迅速降低，很易达到危害人体的浓度。有关方面实验证明，在火灾初期，人防工程内一氧化碳浓度即达1%以上，二氧化碳含量达3%～4%，氧气浓度降为19%～16%；发生轰燃后，一氧化碳一般能达到2%以上，有时能达到10%以上，二氧化碳浓度达13%左右，而氧气含量则降为7%以下。正常情况下，人在平地行进的速度为1.5～2 m/s，上下楼梯的速度为0.5 m/s，在紧张恐惧、道路不熟、能见度差的情况下，要大大低于上述速度；而烟雾在火灾轰燃后的水平流动速度为0.5～0.8 m/s，倾斜、垂直流动速度为1～4 m/s，且烟雾的流动方向一般都与人的疏散方向一致，由于烟雾扩散快而人员疏散慢，如在轰燃前人员疏散不出去，就会造成大的伤亡。

(4)扑救困难，易造成大的损失。首先，灭火战斗展开慢。消防队在人防工程内的灭火战斗展开速度要比地面上慢很多。因为人防工程内起火后往往烟雾弥漫，消防队要花费很大工夫来寻找着火点。其次，战斗力不能充分发挥。一是消防队员不能像在地面那样全面展开救援，而只能选派少数人组成小分队进入工程内扑救；二是消防队员必须佩戴空气呼吸器等防毒设施和隔热服、照明灯具等，这些增加了战斗员的身体负荷，影响了战斗员的行动速度和灵活性，限制了其活动范围；三是不能有效地使用消防器材装备，特别是在许多出口小或为楼梯式通道的工程，消防车进不去，而只能长距离接力，遇到一些不能用水扑救的火灾，如遇水燃烧物质、高档电器、仪器等的火灾，不能使用特种消防车进行扑救，而只能使用灭火器。

第三，通讯指挥易受阻。由于人防工程设在地下，又是钢筋混凝土结构，易产生屏蔽效应，而目前消防部队配备的无线通信器材功能又较差，进入人防工程内往往会联系不通。因而在灭火中，战斗员、指挥员、调度员不易传递信息与沟通情况，不能及时有效地报告火情、调整力量、指挥战斗，往往会失去战机。

第四，易造成战斗员伤亡。首先是极易造成烟雾中毒或缺氧窒息后果。其次是工程内的热烟和高温蒸汽易喷出造成伤亡。由于人防工程火灾产生的高温烟气，不能有效地散发，工程内温度很高，当灭火用水射到燃烧的物质或炽热的墙壁、拱顶及其他高温物体上时，会迅速汽化产生大量的高温蒸汽，使工程内压力急剧增大，并以正压状态迅速扑向出口处，不但增加了灭火难度，而且往往会将扑救人员烫伤。

4.11.3　人民防空工程的消防要求

本节将从总平面布局、防火分隔、疏散、防排烟及消防设施、电器等方面对人防工程的消防要求进行解析。

1. 总平面布局和平面布局

1)一般规定

人防工程的总平面设计应根据人防工程建设规划、规模、用途等因素，合理确定其位置、防火间距、消防水源和消防车道等。

人防工程内不得使用和储存液化石油气、相对密度（与空气密度比值）大于或等于 0.75 的可燃气体和闪点小于 60℃的液体燃料。人防工程内不应设置哺乳室、托儿所、幼儿园、游乐厅等儿童活动场所和残疾人员活动场所。人防工程内不得设置油浸电力变压器和其他油浸电气设备。当人防工程设置直通室外的安全出口数量和位置受条件限制时，可设置避难走道。

医院病房、歌舞厅、卡拉 OK 厅、夜总会、录像厅、放映厅、桑拿浴室（除洗浴部分外）、游艺厅、网吧等歌舞娱乐、放映游艺场所不应设置在地下二层及以下层，当设置在地下一层时，室内地面与室外出入口地坪高差不应大于 10 m。

消防控制室应设置在地下一层，并应邻近直接通向（以下简称直通）地面的安全出口；消防控制室可设置在值班室、变配电室等房间内；当地面建筑设置有消防控制室时，可与地面建筑消防控制室合用。

设置地下商店、下沉式广场、柴油发电机房和燃油或燃气锅炉房、燃气管道、汽车库、修车库时，应符合国标《人民防空工程设计防火规范》（GB 50098—2009）、《建筑设计防火规范》（GB 50016—2014）（2018 年版）、《城镇燃气设计规范》（GB 50028—2006）（2020 修订版）、《汽车库、修车库、停车场设计防火规范》（GB 50067—2014）相关规定。

人防工程涉及的各类生产车间、库房、公共场所以及其他用途场所，其耐火极限应按现行国家标准《建筑设计防火规范》（GB 50016—2014）（2018 年版）对相应建筑或场所耐火极限的有关规定执行。

2）防火间距

人防工程的出入口地面建筑物与周围建筑物之间的防火间距按现行国家标准《建筑设计防火规范》（GB 50016—2014）（2018 年版）有关规定执行。有采光窗井的人防工程，其防火间距是按照耐火等级为一级的相应地面建筑所要求的防火间距来考虑的，采光窗井与相邻地面建筑的最小防火间距见表 4-17 所列。

表 4-17　采光窗井与相邻地面建筑的最小防火间距　（单位：m）

人防工程类别	地面建筑类别和耐火等级								
	民用建筑			丙、丁、戊类厂房、库房			高层民用建筑		甲、乙类厂房、库房
	一、二级	三级	四级	一、二级	三级	四级	主体	附属	—
丙、丁、戊类生产车间物品库房	10	12	14	10	12	14	13	6	25
其他人防工程	6	7	9	10	12	14	13	6	25

注：（1）防火间距按人防工程有窗外墙与相邻地面建筑物外墙的最近距离计算；
（2）当相邻的地面建筑物外墙为防火墙时，其防火间距不限。

2. 防火、防烟分区和建筑构造

1）防火和防烟分区

人防工程内应采用防火墙划分防火分区，当采用防火墙确有困难时，可采用防火卷帘等防火分隔设施分隔。工程内设置有旅店、病房、员工宿舍时，不得设置在地下二层及以下层，并应划分为独立的防火分区，且疏散楼梯不得与其他防火分区的疏散楼梯共用。

每个防火分区的最大允许建筑面积，通常不应大于500 m^2。当设置有自动灭火系统时，最大允许建筑面积可增加1倍；局部设置时，增加的面积可按该局部面积的1倍计算。商业营业厅、展览厅、电影院和礼堂的观众厅、溜冰馆、游泳馆、射击馆、保龄球馆等防火分区最大允许建筑面积按照国标《人民防空工程设计防火规范》(GB 50098—2009)约定适当增加。丙、丁、戊类物品库房的防火分区允许最大建筑面积应符合表4-18的规定。

表4-18　丙、丁、戊类物品库房防火分区最大允许建筑面积　　(单位：m^2)

储存物品类别		防火分区最大允许建筑面积
丙	闪点≥60℃的可燃液体	150
	可燃固体	300
丁		500
戊		1000

在人防工程中，有时因使用功能和空间高度等方面的需要，可能在两层间留出各种开口，如内挑台、走马廊、开敞楼梯和自动扶梯等。火灾发生时这些开口部位是燃烧蔓延的通道，将有开口的上下连通层作为一个防火分区对待，且连通的层数不宜大于2层。

当人防工程地面建有建筑物，且与地下一、二层有中庭相通或地下一、二层之间有中庭相通时，防火分区面积应按上下多层相连通的面积叠加计算；当超过规定的防火分区最大允许建筑面积时，应满足：房间与中庭相通的开口部位应设置火灾时能自行关闭的甲级防火门窗；与中庭相通的过厅、通道等处，应设置甲级防火门或耐火极限不低于3 h的防火卷帘；防火门或防火卷帘应能在火灾时自动关闭或降落；中庭应按规定设置排烟设施。

需设置排烟设施的部位，每个防烟分区的建筑面积不宜大于500 m^2，但当从室内地面至顶棚或顶板的高度在6 m以上时，可不受此限。需设置排烟设施的走道、净高不超过6 m的房间，应采用挡烟垂壁、隔墙或从顶棚突出不小于0.5 m的梁划分防烟分区。

2)防火墙和防火分隔

防火墙应直接设置在基础上或耐火极限不低于3 h的承重构件上。防火墙上不宜开设门、窗、洞口，当需要开设时，应设置能自行关闭的甲级防火门、窗。

电影院、礼堂的观众厅与舞台之间的墙，耐火极限不应低于2.5 h，电影院放映室(卷片室)应采用耐火极限不低于1 h的隔墙与其他部位隔开，观察窗和放映孔应设置阻火闸门。

部分消防建筑、柴油发电机房的储油间，同一防火分区内厨房，食品加工等用火用电用气场所，歌舞娱乐放映游艺场所在满足国标《人民防空工程设计防火规范》(GB 50098—2009)的相关要求时，可采用耐火极限不低于2 h的隔墙和1.5 h的楼板与其他场所隔开。

3)建筑构造

人防工程的耐火等级应为一级。其出入口地面建筑物的耐火等级不应低于二级。允许使用的可燃气体和丙类液体管道，除可穿过柴油发电机房、燃油锅炉房的储油间与机房间的防火墙外，严禁穿过防火分区之间的防火墙；当其他管道需要穿过防火墙时，应采用防火封堵材料将管道周围的空隙紧密填塞。通过防火墙或设置有防火门的隔墙处的管道和管线沟，应采用不燃材料将通过处的空隙紧密填塞。变形缝的基层应采用不燃材料，表面层不应采用可燃或易燃材料。

4)防火门、窗和防火卷帘

位于防火分区分隔处安全出口的门应为甲级防火门；当使用功能上确定需要采用防火卷帘分隔时，应在其旁设置与相邻防火分区的疏散走道相通的甲级防火门。公共场所人员频繁出入的防火门，应采用能在火灾时自动关闭的常开式防火门；平时需要控制人员随意出入的防火门，应设置火灾时不需使用钥匙等任何工具即能轻易从内部打开的常闭防火门，并应在明显位置设置标识和使用提示；其他部位的防火门，宜选用常闭的防火门；用防护门、防护密闭门、密闭门代替甲级防火门时，其耐火性能应符合甲级防火门的要求；且不得用于平战结合公共场所的安全出口处。常开的防火门应具有信号反馈的功能。

用防火墙划分防火分区有困难时，可采用防火卷帘分隔，并满足：当防火分隔部位的宽度不大于 30 m 时，防火卷帘的宽度不应大于 10 m；当防火分隔部位的宽度大于 30 m 时，防火卷帘的宽度不应大于防火分隔部位宽度的 1/3，且不应大于 20 m；防火卷帘的耐火极限不应低于 3 h；根据现行国家标准《门和卷帘的耐火试验方法》(GB/T 7633—2008)有关判定条件，可设置自动喷水灭火系统保护，其火灾延续时间不应小于 3 h；防火卷帘应具有防烟性能，与楼板、梁和墙、柱之间的空隙应采用防火封堵材料封堵；在火灾时能自动降落的防火卷帘，应具有信号反馈的功能。

3. 安全疏散

1)安全出口形式

(1)疏散楼梯间

人防工程发生火灾时，工程内人员只能通过疏散楼梯垂直向上疏散，因此楼梯间必须安全可靠。设有下列公共活动场所的人防工程，当底层室内地面与室外出入口地坪高差大于 10 m 时，应设置防烟楼梯间；当地下为两层，且地下第二层的室内地面与室外出入口地坪高差不大于 10 m 时，应设置封闭楼梯间；防烟楼梯间前室的面积不应小于 6 m^2；当与消防电梯间合用前室时，其面积不应小于 10 m^2。

(2)避难走道

避难走道是走道两侧为实体防火墙，并设置有效防烟等设施，仅用于人员安全通行至室外的走道，当人防工程设置直通室外的安全出口的数量和位置受条件限制时，可设置避难走道。避难走道的作用与防烟楼梯间是相同的，防烟楼梯间是竖向布置的，而避难走道是水平布置的，人员疏散进入避难走道就可视为进入安全区域。

2)安全出口设置要求

人防工程每个防火分区的安全出口数量不应少于 2 个。符合国标《人民防空工程设计防火规范》(GB 50098—2009)要求时，人防工程有 2 个或 2 个以上防火分区相邻，可将相邻防火分区之间防火墙上设置的防火门作为安全出口。

建筑面积不大于 500 m^2，且室内地面与室外出入口地坪高差不大于 10 m，容纳人数不大于 30 人的防火分区，当设置有仅用于采光或进风用的竖井，且竖井内有金属梯直通地面、防火分区通向竖井处设置有不低于乙级的常闭防火门时，可只设置一个通向室外、直通室外的疏散楼梯间或避难走道的安全出口；也可设置一个与相邻防火分区相通的防火门。

建筑面积不大于 200 m^2，且经常停留人数不超过 3 人的防火分区，可只设置一个通向相邻防火分区的防火门。房间建筑面积不大于 50 m^2，且经常停留人数不超过 15 人时，可设置一个疏散出口。

3)安全疏散距离

安全疏散距离是根据允许疏散时间和人员疏散速度确定的，人防工程内的安全疏散距离根据人员密度不同、疏散人员类型不同、工程类型不同及照明条件不同等也有一定幅度的变化。

(1)房间内最远点至该房间门的距离不应大于 15 m；

(2)房间门至最近安全出口的最大距离：医院应为 24 m；旅馆应为 30 m；其他工程应为 40 m。位于袋形走道两侧或尽端的房间，其最大距离应为上述相应距离的一半；

(3)观众厅、展览厅、多功能厅、餐厅、营业厅和阅览室等，其室内任意一点到最近安全出口的直线距离不宜大于 30 m；当该防火分区设置有自动喷水灭火系统时，疏散距离可增加 25%。

4)疏散宽度

人防工程每个防火分区安全出口的总宽度，应按该防火分区设计容纳总人数乘以疏散宽度指标计算确定。人防工程安全出口、疏散楼梯和疏散走道的最小净宽应符合表 4 - 19的规定。

表 4 - 19　安全出口、疏散楼梯和疏散走道的最小净宽　(单位：m)

工程名称	安全出口和疏散楼梯净宽	疏散走道净宽	
		单面布置房间	双面布置房间
商场、公共娱乐场所、健身体育场所	1.4	1.5	1.6
医院	1.3	1.4	1.5
旅馆、餐厅	1.10	1.2	1.3
车间	1.10	1.2	1.5
其他民用工程	1.10	1.2	—

设置有固定座位的电影院、礼堂等的观众厅、地下商店、歌舞娱乐放映游艺场所的疏散宽度按照国标《人民防空工程设计防火规范》(GB 50098—2009)要求执行。

4. 防烟、排烟和通风、空气调节

一旦发生火灾时，由于防烟楼梯间、避难走道及其前室（或合用前室）是人员撤离的生命通道和消防人员进行扑救的通行走道，因此必须确保其各方面的安全，应设置机械加压送风防烟设施。丙、丁、戊类物品库宜采用密闭防烟措施。

应设置机械排烟设施的场所有：总建筑面积大于200 m^2 的人防工程；建筑面积大于50 m^2，且经常有人停留或可燃物较多的房间；丙、丁类生产车间；长度大于20 m的疏散走道；歌舞娱乐放映游艺场所和中庭。

自然排烟口位置与储烟仓高度（清晰高度）有关，详见GB 51251第4.4.12第2点，并应常开或保证其发生火灾时能自动开启。

每个防烟分区内必须设置排烟口，排烟口应设置在顶棚或墙面的上部。机械加压送风防烟管道、排烟管道、排烟口和排烟阀等必须采用不燃材料制作。排烟管道与可燃物的距离不应小于0.15 m，或应采取隔热防火措施。排烟风机可采用普通离心式风机或排烟轴流风机；排烟风机及其进出口软接头应在烟气温度280℃时能连续工作30 min。排烟风机必须采用不燃材料制作。排烟风机入口处的总管上应设置当烟气温度超过280℃时能自动关闭的排烟防火阀，该阀应与排烟风机连锁，当阀门关闭时，排烟风机应能停止运转。

电影院的放映机室宜设置独立的排风系统。当需要合并设置时，通向放映机室的风管应设置防火阀。风管和设备的保温材料应采用不燃材料；消声、过滤材料及黏结剂应采用不燃材料或难燃材料。

5. 消防设施配置

人防工程的消防设施通常包括：消火栓系统、自动喷水灭火系统、气体灭火系统、细水雾灭火系统、灭火器、火灾自动报警系统、应急照明和疏散指示标志等。

1）消防给水

消防用水可由市政给水管网、水源井、消防水池或天然水源供给。利用天然水源时，应确保枯水期最低水位时的消防用水量足够，并应设置可靠的取水设施。采用市政给水管网直接供水时，当消防用水量达到最大时，其水压应满足室内最不利点灭火设备的要求。

2）室内消火栓系统

电影院、礼堂、消防电梯间前室、避难走道和建筑面积大于300 m^2 的人防工程应设置室内消火栓。室内消火栓的设置应符合《人民防空工程设计防火规范》（GB 50098—2009）规定的有关要求。

3）自动喷水灭火系统

下列人防工程和部位宜设置自动喷水灭火系统；当有困难时，也可设置局部应用系统，局部应用系统应符合现行国家标准《自动喷水灭火系统设计规范》（GB 50084—2017）的有关规定。

（1）建筑面积大于100 m^2，且小于或等于500 m^2 的地下商店和展览厅；

（2）建筑面积大于100 m^2，且小于或等于1000 m^2 的影剧院、礼堂、健身体育场所、旅馆、医院等；建筑面积大于 100 m²，且小于或等于 500 m² 的丙类库房。

下列人防工程和部位应设置自动喷水灭火系统：

(1)除丁、戊类物品库房和自行车库外，建筑面积大于 500 m² 的丙类库房和其他建筑面积大于 1000 m² 的人防工程；

(2)大于 800 个座位的电影院和礼堂的观众厅，且吊顶下表面至观众席室内地面高度不大于 8 m 时；舞台使用面积大于 200 m² 时；观众厅与舞台之间的台口宜设置防火幕或水幕分隔；

(3)当防火卷帘的耐火极限符合现行国标《门和卷帘的耐火试验方法》(GB/T 7633—2008)有关背火面辐射热的判定条件时，应设置自动喷水灭火系统保护的防火卷帘；

(4)歌舞娱乐放映游艺场所；

(5)建筑面积大于 500 m² 的地下商店和展览厅；

(6)燃油或燃气锅炉房和装机总容量大于 300 kW 柴油发电机房。

4)其他灭火系统

图书、资料、档案等特藏库房，重要通信机房和电子计算机机房，变配电室和其他特殊重要的设备房间应设置气体灭火系统或细水雾灭火系统。

营业面积大于 500 m² 的餐饮场所，其烹饪操作间的排油烟罩及烹饪部位应设置自动灭火装置，且应在燃气或燃油管道上设置紧急事故自动切断装置。

人防工程应配置灭火器，灭火器的配置应符合现行国标《建筑灭火器配置设计规范》(GB 50140—2005)的有关规定。

5)水泵接合器和室外消火栓

当人防工程内消防用水总量大于 10 L/s 时，应在人防工程外设置水泵接合器，并应设置室外消火栓。水泵接合器和室外消火栓的数量，应按人防工程内消防用水总量确定，每个水泵接合器和室外消火栓的流量应按 10～15 L/s 计算。水泵接合器和室外消火栓应设置在便于消防车使用的地点，距人防工程出入口不宜小于 5 m，室外消火栓距路边不宜大于 2 m，水泵接合器与室外消火栓的距离不应大于 40 m。

6)电气

(1)消防电源及其配电

建筑面积大于 5000 m² 的人防工程，其消防用电应按一级负荷要求供电；建筑面积小于或等于 5000 m² 的人防工程可按二级负荷要求供电。消防疏散照明和消防备用照明可用蓄电池作备用电源，其连续供电时间不应少于 30 min。

消防控制室、消防水泵、消防电梯、防烟风机、排烟风机等消防用电设备应采用两路电源或两回路供电线路供电，并应在最末一级配电箱处自动切换。当采用柴油发电机组作备用电源时，应设置自动启动装置，并应能在 30 s 内供电。

(2)消防疏散照明和消防备用照明

消防疏散照明灯应设置在疏散走道、楼梯间、防烟前室、公共活动场所等部位的墙面上部或顶棚下，地面的最低光照度不应低于 5 lx。

歌舞娱乐放映游艺场所、总建筑面积大于 500 m² 的商业营业厅等公众活动场所的疏散走道的地面上，应设置能保持视觉连续发光的疏散指示标志，并宜设置灯光型疏散指示标志。当地面照度较大时，可设置蓄光型疏散指示标志。

消防备用照明应设置在避难走道、消防控制室、消防水泵房、柴油发电机室、配电室、通风空调室、排烟机房、电话总机房以及发生火灾时仍需坚持工作的其他房间。

消防疏散照明和消防备用照明在工作电源断电后，应能自动投合备用电源

(3)火灾自动报警系统、火灾应急广播和消防控制室

火灾自动报警系统和火灾应急广播系统应按现行国标《火灾自动报警系统设计规范》(GB 50116—2013)的规定执行。下列人防工程或部位应设置火灾自动报警系统：

① 建筑面积大于 500 m^2 的地下商店、展览厅和健身体育场所；

② 建筑面积大于 1000 m^2 的丙、丁类生产车间和丙、丁类物品库房；

③ 重要的通信机房和电子计算机机房，柴油发电机房和变配电室，重要的实验室和图书、资料、档案库房等；

④ 歌舞娱乐放映游艺场所。

设置有火灾自动报警系统、自动喷水灭火系统、机械防烟排烟设施等的人防工程，应设置消防控制室。

燃气浓度检测报警器和燃气紧急自动切断阀的设置，应符合现行国标《城镇燃气设计规范》(GB 50028—2006)(2020 修订版)的有关规定。

4.12　综合管廊防火

由于传统直埋管线占用道路下方的地下空间较多，管线的敷设往往不能和道路的建设同步，造成道路频繁开挖的情况，不但影响了道路的正常通行，同时也带来了噪声和扬尘等环境污染，一些城市的直埋管线频繁出现安全事故。为了增加社会资源和经济效益，在有限的地下空间内实现更多功能，减少道路重复开挖率，综合管廊工程应运而生。综合管廊是建于城市地下用于容纳两类及以上城市工程管线的构筑物及附属设施，是在城市地下建造一个将电力、通信、燃气、市政、给排水等各种管线集中的隧道空间，在这个空间内设置有专门的检测系统、检修口及吊装口，从而实施统一规划、设计、建设和管理的工程。由于综合管廊是地下工程，防火问题值得关注。

4.12.1　综合管廊的火灾危险性和火灾特点

国内综合管廊通常敷设的管线主要有电力电缆、通信光缆、上水管道、中水管道以及热力管道等市政管线设施，此外还有部分自用的缆线设施。出于对各管线安全运营的考虑，燃气管线一般不纳入综合管廊内。从综合管廊内纳入的管线种类可以看出，在综合管廊内的各种管线中，主要是电力线路具有自身起火的可能性。

1. 综合管廊的火灾危险性

综合管廊内的可燃物主要是电缆、光缆和管线。电缆主要构成是导体、绝缘层和保护包皮三部分，我国采用较多的是聚氯乙烯电缆、橡胶电缆等。光缆的主要构成是塑料外皮、塑料保护套管和光导纤维。相间短路、对地短路、接触不良和线路过载等原因都有

可能导致电缆着火,密集敷设的电缆在廊道内着火时,火灾所产生的热量短时间内得不到扩散,将导致管廊内温度迅速上升。管廊内电线电缆层叠集中布置,如果上层电线电缆着火,聚氯乙烯、橡胶等材料的高温熔融物滴落,会很快将火焰蔓延到下层电缆、光缆和管线;下层电缆一旦着火,热烟气和热辐射也会很快影响到上层线路。

如若不及时控制或扑灭综合管廊内火灾,其会对当地的生活和经济产生不利的影响。综合管廊内的火灾发生后,其产生的经济损失主要为电力电缆本身的损失、停电所造成的外部经济损失,以及管沟内其他线缆过火造成的损失。对于防火隔断间的电缆(电力电缆、通信线缆等)一旦过火后,由于其外部绝缘材料已被破坏,已不能再使用,经济损失无法挽回。但对于高电压等级的电缆,其覆盖面积大,一旦失火后将会造成相关地区停电,重则会由于短路,因此整个供电系统崩溃,造成巨大的损失。

2. 综合管廊的火灾特点

集中敷设管线的综合管廊火灾主要存在以下特点:

(1)火势猛烈、燃烧迅速。管廊内前后贯通,电缆敷设密集,一旦着火,电缆会形成火流迅速蔓延到邻近区域,致使火势沿电缆走向迅速蔓延。

(2)扑救困难。电缆燃烧产生大量有毒气体,管廊内通道狭窄,同时通信器受屏蔽影响,通信联络不便,给消防员内攻灭火造成困难。

(3)存在触电危险。在电线电缆密集布置的廊道内,高压电缆在断电后仍有可能留有余压,存在触电危险。

4.12.2 综合管廊消防要求

1. 火灾危险性分类

综合管廊舱室火灾危险性分类应符合表 4-20 的规定。当舱室内含有两类及以上管线时,舱室火灾危险性类别应按火灾危险性较大的管线确定。

表 4-20 综合管廊舱室火灾危险性分类

舱室内容纳管线种类		舱室火灾危险性类别
天然气管道		甲
阻燃电力电缆		丙
通信线缆		丙
热力管道		丙
潜水管道		丁
雨水管道、给水管道、再生水管道	塑料管等难燃管材	丁
	钢管、球墨铸铁管等不燃管材	戊

2. 防火分区和建筑构造

为了保证综合管廊内的安全,综合管廊内的承重结构体应为不燃烧体,内部装修材料应采用不燃材料。

综合管廊主结构体应为耐火极限不低于 3 h 的不燃性结构。综合管廊内不同舱室之间应采用耐火极限不低于 3 h 的不燃性结构进行分隔。除嵌缝材料外，综合管廊内装修材料应采用不燃材料。

天然气管道舱及容纳电力电缆的舱室应每隔 200 m 采用耐火极限不低于 3 h 的不燃性墙体进行防火分隔。防火分隔处的门应采用甲级防火门，管线穿越防火隔断部位应采用阻火包等防火封堵措施进行严密封堵。

综合管廊交叉口及各舱室交叉部位应采用耐火极限不低于 3 h 的不燃性墙体进行防火分隔，当有人员通行需求时，防火分隔处的门应采用甲级防火门，管线穿越防火隔断部位应采用阻火包等防火封堵措施进行严密封堵。

综合管廊内敷设的可燃物主要是电线电缆，且电线电缆往往集中成排布置，火灾荷载大，为将火灾的影响控制在一定范围内，综合管廊内防火分区最大间距应不大于 200 m，且防火分区应设置防火墙、甲级防火门、阻火包等进行防火分隔。综合管廊内的电缆防火与阻燃应符合国家现行标准《电力工程电缆设计标准》(GB 50217—2018)、《电力电缆隧道设计规程》(DL/T 5484—2013)、《阻燃及耐火电缆　塑料绝缘阻燃及耐火电缆分级和要求　第 1 部分：阻燃电缆》(XF 306.1—2007)和《阻燃及耐火电缆　塑料绝缘阻燃及耐火电缆分级和要求　第 2 部分：耐火电缆》(XF 306.2—2007)有关规定。

3. 安全疏散

综合管廊中平常除监控中心外一般无人员操作，但日常也有检修等工作，因此干线综合管廊和支线综合管廊应设置不少于 2 个的人员逃生口，且逃生口宜与投料口、通风口结合起来进行设置。同时逃生口出处应设置灭火器材，如灭火器、黄沙箱等。

4. 自动报警系统

为了及时发现综合管廊内的火灾，从源头上减少因火灾造成的生命和财产损失，综合管廊应设置火灾自动报警系统。根据综合管廊内可燃物的燃烧特点，可以设置感烟报警探测器或者感温报警探测器，在管廊内发生紧急情况时，火灾探测器能及时把火警信号发送至值班室，进而联动其他消防设施进行灭火。一般报警探测器装在顶棚下，发生火灾后，通过高温或是烟雾进行报警，鉴于综合管廊的重要性和特殊性，采用线型感温探测器敷设在供电电缆上，一旦电缆温度过高，立即能监测报警。

5. 自动灭火系统

综合管廊内根据技术经济方案比较可加设湿式自动喷水灭火、水喷雾灭火或气体灭火等固定装置。干线综合管廊中容纳电力电缆的舱室、支线综合管廊中容纳 6 根及以上电力电缆的舱室，应设置自动灭火系统；其他容纳电力电缆的舱室宜设置自动灭火系统。

在实际应用中，虽然湿式自动喷水灭火系统成本低，施工简单，但由于综合管廊中存在大量带电线缆，故不建议采用。水喷雾系统可以扑救带电火灾，但一般市政给水管道直接供水无法满足水喷雾系统设计大流量的要求，若采用泵房加压供水，供水管道直径要求过大，不利于在综合管廊狭小的空间内施工，不能节约空间，而且一旦系统启动后会使管廊内的排水压力过大从而造成次生灾害。七氟丙烷气体灭火系统虽然具有灭火效率高、无残留物的优点,但七氟丙烷气体灭火系统在灭火过程中会产生少量有害气体,这样会损害到管廊里的电缆和其他管线,也会对灭火人员造成影响。气溶胶灭火系统具有环保、无管网、安装方便的优点,但气溶胶灭火系统的灭火分解产物和喷射物的主要成分是氧化钾、碳酸钾,它们吸收水分后会生成强碱氢氧化钾,对管廊内的设备有腐蚀作用,同时气溶胶灭火系统喷射物中的金属盐离子有一定的导电性,可能引起线路短路。IG541 气体灭火系统具有环保、无毒的优势,但其成本较高,同时需定期更换灭火剂,后期的维护费用也比较高。细水雾灭火系统具有环保、无毒、灭火效果好的优点,与水喷雾系统相比较用水量较少,同时又比气体灭火系统造价、维护费用低,为了降低误喷的概率,建议在综合管廊中使用闭式预作用细水雾灭火系统。

6. 其他灭火设施

综合管廊内应在沿线、人员出入口、逃生口等处设置灭火器材,灭火器材的设置间距不应大于 50 m,灭火器的配置应符合现行国家标准《建筑灭火器配置设计规范》(GB 50140—2005)的有关规定。

4.13 古建筑防火

古建筑是指历史上各个朝代遗留下来的,具有较长历史年代与一定文物价值和历史价值的各种建筑物和构筑物的总称,包括宫殿、寺观、坛庙、庵堂、佛塔、楼台、楼阁、古塔、亭阁、城池、宅院、陵墓、民居、园囿、桥梁、堤坝,以及建筑内部陈列的各种古代雕塑、壁画、文物等。

4.13.1 我国古建筑分类

中国古建筑可按用途和结构形式进行分类。按照建筑物的用途分类,主要有民居建筑、宫殿建筑、礼制性祭祀建筑、宗教建筑、陵墓建筑、军事防御体系、古典园林以及桥梁建筑等类型。按照结构形式分类,主要有抬梁式、穿斗式及干阑式。

4.13.2 古建筑的火灾危险性

古建筑多为砖木结构,耐火等级低,火灾荷载较大,扑救困难,一旦发生火灾,火势较难控制,极易造成难以挽回的损失。古建筑火灾危险性可分为以下几个方面。

1. 耐火等级低,火灾荷载大

我国的古建筑文化历史悠久,大多以木材为主要材料,采用土木结构或砖木结构。这种以木构架为主的建筑形式多样,但都是以木柱为基础,柱上架木梁,梁上再立瓜柱,形成一组木构架,木构架之间采用檀、枋联结,檀上再设椽子,好似一座堆积成山的木堆垛。对照现行的规范,大部分木结构古建筑耐火等级为三、四级,火灾荷载大。

古建筑内尤其是古寺庙内悬挂的绸缎、经幡、伞盖、纤维织布,大量的彩绘、锦绣等物,香客送来供奉的鞭炮、香烛、纸张都是可燃、易燃物,大大增加了古建筑的火灾荷载。

2. 组群布局,火势蔓延迅速

现有的古建筑如浙江杭州的灵隐寺、浙江舟山的普陀寺、浙江天台的国清寺等古建筑,它们在布局安排上具有一种简明的组织规律,即以间为单位构成单座建筑,以单座建筑构成庭院，以庭院为单元组成形式多样的组群。由于廊道相接，建筑物彼此相连，没有防火间距，建筑群内没有消防通道，一旦发生火灾极易造成燎原之势，后果不堪设想。

3. 形体高大，有效控制火势难

形体高大是古建筑的一个显著特点。许多殿堂内净高度在 10 m 以上，再加上地势高差和建筑的遮挡，一般消防水枪的充实水柱很难满足灭火需要，射流难以到达火点，无法及时有效地控制火势。

当在大屋顶内部燃烧时，如把水流射向屋面，只要屋顶没有塌落，就很难达到控制火势和消灭火灾的目的，加之古建筑多为木质结构，所处环境通风条件好，火灾发展快，灭火人员要想有效控制火势则非常困难。

4. 远离城镇，灭火救援困难

现存古建筑大部分远离城镇，有的甚至地处深山峡谷，消防车难以到达，即使赶到也无充足消防水源。因此不少火灾发生后，因救援条件所限，小火往往会酿成大灾。

5. 用火用电多，管理难度大

古建筑内用火用电较多，管理混乱，主要体现在以下几个方面：

一是有的寺庙、道观香火旺盛，宗教活动频繁，如烧香、焚纸、点蜡等，香客拥挤，香烟缭绕，灯无灯罩，烛无烛台；二是有的寺观教堂没有安装避雷设施，或虽有但不起作用，易引起雷击火灾；三是有的寺庙内会有人烧火做饭、取暖；四是有的古建筑电气线路老化，电器设备陈旧，电线没有穿管且直接敷设在柱、梁、檩、椽上，甚至临时乱拉乱接，不符合电气安全技术规程要求；五是游客乱扔烟头、火柴、打火机等，增加了火灾发生的概率。

古建筑火灾不同于普通建筑火灾，火灾中往往使珍贵文物古迹被毁，造成难以挽回的重大损失。一些古建筑火灾除了会造成重大的经济损失外，还会在国内外造成严重的政治影响和社会影响。

4.13.3　古建筑消防要求

应根据维持原貌、科学合理、人防技防并重的原则，将古建筑修缮、改造与消防规划相结合，制订切合实际的改造规划，灵活运用现代消防技术措施，达到既保留其固有历史风貌，又提高自身消防安全水平的目的。

1. 消防专项规划

古建筑群应结合其自身特点和消防安全现状，研究消防对策，做好消防改造规划。

1)建立多种形式的消防站

《中华人民共和国消防法》规定："距离当地公安消防队较远、被列为全国重点文物保护单位的古建筑群的管理单位，应当建立单位专职消防队，承担本单位的火灾扑救工作。"根据古建筑群的特点和周边环境，在改造规划中，可考虑建立公安、专职、兼职和民间消防等多种形式的消防站。消防站的选址应在不破坏古建筑群整体格局的前提下，力争到达火灾现场的时间最短，以利及时控制火灾。消防站的规模及内部设施应因地制宜，小型适用，不应追求大而全。消防站的建筑风格可灵活多样，不拘一格，与周围环境相协调。

2)配备实用有效的消防器材

消防车辆的配备,应适合狭窄街道或崎岖山路通行的需要,配备小型消防车或消防摩托车。消防器材的配置应减少水渍损失。配置适合扑救古建筑火灾的灭火效率高、水渍损失小的灭火和抢险救援器材,如高压脉冲水枪、细水雾等。

3)因地制宜地设置消防供水设施

应充分利用天然水源作为消防水源。在无天然水源的古建筑内应建设消防泵房。在消防车能够到达的地方,应修建通向水源地的消防车通道和可靠的取水设施。在消防车无法到达的地方,应设固定或移动的消防泵取水处。地处山区的古建筑宜利用地形优势,修建山顶高位消防水池,形成常高压消防给水系统。

4)科学合理地进行消防安全布局

古建筑开发利用,应与历史、文化背景、使用功能相适应。在保护的基础上,科学规划,适度利用。应拆迁危及古建筑安全的各类危险源和毗连寺庙的易燃棚屋、简易房和临时建筑,打通消防通道,留足防火间距。

2. 耐火性能及耐火等级

古建筑耐火性能差,且很难从根本上加以提高。用现代消防技术,对木质构件、帐幔、飘带、幢幡等装饰织物进行阻燃处理或用难燃材料替换,是提高古建筑消防安全的重要措施。

1)阻燃处理

对可燃构件进行阻燃处理。直接采用防火涂料进行防火处理,对古建筑柱、梁、枋、檩等木质构件应在保持原状的前提下涂刷透明的防火涂料进行处理,以降低木材表面的燃烧性能。涂防火涂料时要求不能改变古建筑的可燃构件及装饰物等的色彩质地和尺度,尊重民族风俗,在不损害建筑整体风格的基础上,可制作相应的防火保护层,以提高耐火等级。

古建筑物的内部可燃物主要是吸水性装饰织物,如窗帘、地毯等棉、麻、毛、丝绸、混纺针织品,可用织物专用型阻燃液处理以降低其燃烧性能。电线电缆应采用防火涂料刷涂、喷涂,以达到防火阻燃的要求。

2)可燃构件替换

对不在保护范围内的建筑结构可以用耐火极限较高的现代建筑材料来替代。如原有建筑内已破旧不堪的木楼板,可以采用耐火性能较高的混凝土现浇楼板来替代。需要重新制作的吊顶应为轻钢龙骨石膏板吊顶。

3)防火隔离带及消防通道建立

古建筑与周围相邻建筑之间,应参照《建筑设计防火规范》(GB 50016—2014)(2018年版)规定留出足够的防火间距。建在森林、郊野的古建筑周围应开辟宽度为30~50 m的防火隔离带,并在秋冬季节清除30 m范围内的杂草、干枯树枝等可燃物。规模较大的古建筑,确实无法开辟防火间距的,应在不破坏原有格局的基础上,设置防火墙、水幕等防火分隔设施。古建筑应在不破坏原布局的情况下,开辟消防通道,以便发生火灾时消防队能及时迅速赶赴施救。

4)火灾隐患建筑拆除

在古建筑外围,应拆除乱接乱建的可燃、易燃棚屋。对危及古建筑消防安全的生产、储存单位和建筑,应强制搬迁和拆除。在古建筑范围内,禁止搭建临时可燃、易燃建筑,禁止在殿堂内使用可燃材料隔断和堆放可燃材料等。

5)防雷设施安装

古建筑应严格按照《建筑物防雷设计规范》设置防雷设施。在不影响古建筑外部结构的前提下,高大的古建筑物上应视地形地物需要,安装避雷设施,并在每年雷雨季之前进行测试维修,保证其完好有效。

6)配置消防设施

设置消防设施是提高古建筑防控火灾能力的有效措施。古建筑消防设施的配置原则上应按现行国家标准《建筑设计防火规范》(GB 50016—2014)(2018年版)、《消防给水及消火栓系统技术规范》(GB 50974—2014)、《气体灭火系统设计规范》(GB 50370—2005)、《自动喷水灭火系统设计规范》(GB 50084—2017)、《火灾自动报警系统设计规范》(GB 50116—2013)、《建筑灭火器配置设计规范》(GB 50140—2005)等的要求执行。

(1)消火栓系统

古建筑保护区,应设有相当数量的消防用水。在城市有消防管道的地区,要参照有关规定的要求,设置消火栓。在缺乏水源的地区,要增设消防水缸,修建蓄水池。供古建筑消防用水的天然水源,要在适当地点修建可供消防车取水的码头。原有的天然水源应妥善维护,保障消防用水。

古建筑在完善消防给水系统的基础上,合理设置消火栓。消火栓的设置数量、方式和位置应符合方便使用、有利灭火、便于管理的原则。考虑到室内消火栓施工难度较大,对古建筑有一定的损害,严寒地区的防冻问题也较难解决,可通过强化室外消火栓的布置方式来弥补室内消火栓的不足。室外消火栓代替室内消火栓时,消火栓水压、设置间距可参考《建筑设计防火规范》(GB 50016—2014)(2018年版)中室内消火栓设置的有关规定,并宜增设消防软管卷盘,配置水枪和水带。

(2)自动灭火系统

古建筑的价值就在于建筑本体的文物性是不可再生的,因此设置消防设施不能破坏文物价值。在古建筑改造工程中,在不影响原有古建筑结构的完整性和古建筑风格的前提下设置自动灭火系统,应因地制宜,充分结合古建筑的实际情况,不要一味地求全、求新。

快速扑救古建筑初期和局部火灾,使灭火后古建筑内各种构件和装饰物能保持原样,对保护古建筑至关重要,这就必须使用适用的灭火剂和灭火系统,避免传统灭火剂灭火后的二次污染造成古建筑的破坏。重要的砖木结构和木结构的古建筑内,宜设置湿式自动喷水灭火系统;寒冷地区需防冻或需防误喷的古建筑宜采用预作用自动喷水灭火系统;缺水地区和珍宝库、藏经楼等重要场所宜采用水喷雾灭火系统、细水雾、超细水雾灭火系统;对性质重要,不宜用水扑救的古建筑,如收藏珍贵文物的古建筑,可结合实际情况设置固定、半固定干粉、气体灭火系统或悬挂式自动干粉灭火装置、二氧化碳自动灭火装置、七氟丙烷自动灭火装置。

(3)火灾自动报警系统

火灾报警、控制和通信系统根据初起火灾较容易扑灭的原理，在不影响原有古建筑结构的完整性和古建筑风格的前提下，安装火灾自动报警设备、烟气控制和抑制及向消防人员自动报警的通信系统尤为重要。古建筑应根据消防安全保护的实际需要，设置火灾自动报警系统。总建筑面积大于 1500 m^2 的木结构公共建筑应设置火灾自动报警系统，木结构住宅建筑内应设置火灾探测与报警装置。

古建筑内大殿，可以选用红外线光束感烟探测器、缆式线型定温探测器及火焰探测器；佛像体上和壁挂、经书、文物较密集的部位可采用缆式线型定温探测器；对于人员住房、库房等其他建筑，可采用感烟探测器和火焰探测器的组合；收藏陈列珍贵文物的古建筑，宜选择吸气式早期火灾探测器或线型光纤感温探测器。火焰图像探测器宜与图像监控系统相结合。

(4)设置消防安全标志

古建筑内应设置消防安全疏散指示标志和“严禁烟火”“禁止吸烟”等消防安全警示标志。

(5)配置灭火器

灭火器的配置类型、数量及位置应根据灭火有效程度、设置点的环境温度等因素综合考虑，合理选择。存有大量壁画、彩绘、泥塑、文字资料等历史珍品的，应选择不污损和破坏被保护对象的灭火器。古建筑的配置应参照现行国标《建筑灭火器配置设计规范》(GB 50140—2005)的有关规定。

(6)火源和易燃易爆物品管理

① 控制火源是推进一切防火措施的基础，也是古建筑防火的基础。引发古建筑火灾的火源有生活用火、施工维修用火、宗教活动用火、电器火花等，应加强防范，严格控制各类火源。

② 禁止在古建筑保护范围内堆存柴草、木料等易燃、可燃物品。

③ 严禁将煤气、液化石油气等引入古建筑内。

④ 禁止在古建筑的主要殿屋设置生产、生活用火。在厢房、走廊、庭院等处需设置生活用火时，必须有防火安全措施。

⑤ 古建筑内严禁使用卤钨灯等高温照明灯具和电炉等电加热器具，不准使用日光灯和大于 60 W 的白炽灯。如确需安装照明灯具和电气设备，应严格执行有关电气安装使用的技术规范和规程。灯饰材料的燃烧性能不应低于 B1 级，且不得靠近可燃物。

⑥ 古建筑内的电气线路，一律采用铜芯绝缘导线，并采用阻燃聚氯乙烯穿管保护或穿金属管敷设，不得直接敷设在梁、柱、枋等可燃构件上。严禁乱拉乱接电线。配线方式应以一座殿堂为一个单独的分支回路，控制开关、熔断器均应安装在专用的配电箱内，配电箱设在室外，严禁使用铜丝、铁丝、铝丝等代替熔丝。

第 5 章　建筑灭火救援措施

随着我国社会经济的发展以及科学技术的逐步提高，城镇建筑的规模越来越大。近年来，高层建筑发生火灾的事件越来越频繁，所以必须采取有效的保护人民生命财产安全的应对措施。在这种背景下，各种功能的消防装备也应运而生，本章主要介绍各种消防车以及其他救援措施。

5.1　消防车

消防车，又称为救火车，诞生于 1518 年的德国，是供消防部门用于灭火、辅助灭火或抢险救援的机动技术装备。现代消防车是指消防汽车，是在通用汽车底盘的基础上，根据消防车的不同类别、用途，设计制造成适宜消防员乘用、装载灭火救援器材或灭火剂的特种车辆。

消防车可以运送消防员抵达灾害现场，并为其执行救灾任务提供多种工具。根据消防车的用途，一般在汽车底盘基础上增设了消防员室、消防泵及引水装置、传动装置、操纵机构、水和泡沫液等灭火剂贮罐、喷射装置、警报器、仪表、灭火器材厢、云梯、无线电通信等专用装置，并对底盘的冷却系、供油系和电气系做了某些改变或增添。多数地区的消防车外观为红色，但也有部分地区消防车外观为黄色，部分特种消防车亦是如此。常见的消防车，按功能用途，可分为灭火消防车、专勤消防车、举高消防车、后援消防车。

5.1.1　消防车发展史

消防车几乎与汽车的发展史同步，自发明至今已有一百年多的历史。十八世纪兴起的工业革命，极大地加快了世界文明发展的步伐。众所周知，1761—1770 年间詹姆斯・瓦特发明及完善了蒸汽机；1876 年奥托发明了汽油机；1885 年，戈特利勃・戴姆勒申请了燃气或煤油发动机的德国专利；1886 年，卡利・本茨获得了煤气发动机汽车德国专利；1893 年，路道夫・狄塞尔发明了柴油机；1856 年旋转式泵开始使用，1900 年左右，离心泵开始使用。这些工业设备的发明和使用是现代消防车诞生的重要前提和基础。

1. 国外消防车发展史

1)消防车的诞生

据《奥格斯堡市工艺史》一书记载，世界第一辆消防车诞生于 1518 年，由金属工艺品手艺人安特尼・布拉特纳受德国奥格斯堡市的委托制造。这辆消防车是把用杠杆操作的大型水泵装在车子上形成的，由马拉或人力推动。1666 年，英国伦敦发生了一场火灾，大火延续 4 天，烧毁了 13200 余座房屋、87 座教堂及 47 个办公厅，包括著名的圣保罗教堂等一些中世纪的建筑物。这场毁灭性大火唤醒了人们开展有组织灭火斗争的意识。灾后不久，英国人发明了世界第一辆用手摇水泵的消防车，并且使用上了水龙带来灭火。

1673 年，荷兰阿姆斯特丹的德尔・海登发明了用皮革做的软输水管用于灭火。1721

年，英国的理查德·涅夏姆发明了比软输水管效率更高的且有车轮的灭火机。这种灭火机被安装在马车上，车上有手握把柄灭火的人，有蹬踏板驱动泵筒的人，通过共同操作能连续喷射出水流灭火。

2)工业革命后的消防车发展

英国的工业革命不久，蒸汽机也被应用在消防中。1829 年，蒸汽机工程师约翰·布雷斯韦特在伦敦发明了以蒸汽机作动力的消防车，如图 5－1 所示。但这种车仍然要由马匹牵引，后部装有一台以煤为燃料、装有一根软水龙带、用 10 马力双缸蒸汽机驱动的消防水泵。美国最早的蒸汽动力消防车是 1841 年由住在纽约的英国人波尔·R·霍古制造的，它能将水喷射到纽约市政厅的屋顶上。到了 19 世纪末，蒸汽机消防车已经在西方得到了普及。到 20 世纪初期，随着现代意义上的汽车的出现，消防车也很快采用了内燃机作为牵引动力，但还是采用蒸汽动力水泵作为消防水泵。

为了克服高处火灾扑救困难，人类逐步提出云梯的设想。1761 年，慕尼黑人瓦格纳大师比尔纳发明两节或三节互相可滑动伸长的拉梯。1799 年，俄罗斯钳工师傅彼得·达利盖龙提出机械式云梯结构。由于拉梯高度增大，重量增加，而且由木结构逐步变成木铁机构，便渐渐转化为塔架马车式，如图 5－2 所示。1831 年德国制造出第一架挂钩消防梯。1872 年，ULM 两轮滑行式云梯车诞生；1877 年，莱比锡消防队装备了安装有工作高度23 m的三节云梯的消防车；1957 年，梅茨制造了当时世界最高的全液压云梯车，工作高度达到 62 m。

图 5－1　世界上第一辆消防车模型

图 5－2　巴黎重炮贮藏室内的 1802 年木制云梯车

3)电动消防车的发展

到 1910 年，虽然蒸汽机消防车发展到了鼎盛阶段，可是已经明显地由电动机、汽油机式消防车取代了它的主导地位，蒸汽机泵浦车不久便遭受冷落，如图 5－3 所示。

在电瓶车式蒸汽泵浦车发展中，梅茨公司 1877 年开始生产电动式消防车。德国布劳恩公司1897年采纳了电瓶车式消防车的结构，开发成功可互换的蓄电池，可使供水量达500 L/min的水泵工作2小时，也可使车辆以20～25 km/h的车速行驶60 km路程。

4)汽油机-电动机混合动力消防车

图5-3　电瓶车-蒸汽泵浦车

汽油机-电动机混合动力汽车，早在1900年就在赛车中成功地使用了这种结构，被称为混合动力车"Mixt - Wagen"。1913年纽伦堡布莱米尔工厂采用布劳恩方案(汽油机与发电机直接耦合)生产出了汽油机-电动机混合动力消防车。由于取消了蓄电池，又省去了费时的充电过程，可以安排更多训练性行驶，这种方案很快受到各消防队的欢迎。这台发电机，不但给轮边电动机供电，也可给照明系统供电，用探照灯照明火场。在云梯车上，用电动机实现云梯的各种运动。汽油机从事两种驱动，前端驱动发电机，后端驱动消防水泵。直到1932年，消防车开始了柴油化，汽油机-电动机混合动力消防车逐渐被取代。

5)汽车式消防车发展

相比之下，汽油机作为动力装置，具有自重轻、起动快、加速性能好的优点；其不足之处是开始阶段的可靠性较差。而对于消防车而言，可靠性是最关键的指标，这就是汽车式消防车迟迟不能推广应用的原因之一。

第一辆由一台汽油机直接驱动行驶的消防车，在1901年的柏林第一届国际防火及救援事业博览会上亮相，反响一般。1906年梅茨消防设备有限公司开始生产汽油机驱动的汽车式消防车，并首次采用了离心式水泵。1910年，德国下萨克森州不伦瑞克职业消防队，首次使用行驶与水泵完全由一台汽油机驱动的消防车。据统计，到1913年，德国消防队共有16辆蒸汽机消防车、19辆汽油机-电动机混合动力消防车、135辆电动消防车及143辆汽油机消防车在服役。

美国沃特卢斯汽车工厂通过汽油机实现了消防车的摩托化，1906年制造了第一辆汽油机水罐消防车，用两台发动机分别驱动汽车及水泵。1907年沃特卢斯生产出第一辆用一台汽油机作为两种动力的水罐消防车。

加拿大于1913年开始拥有第一辆汽车式消防车，巴拿马1911年拥有这种消防车。俄罗斯1904年制造了全俄第一辆消防车，使用的是9马力单缸发动机，但它仅是消防队员的运送车。1914年，俄罗斯才从国外引进了现代概念的水罐消防车。俄罗斯托尔诺克消防装备有限总厂建于1935年，目前是欧洲最大的特种消防车辆制造厂。

在英国，1908年出现了第一辆配置涡轮泵的消防车。法国和英国很早就注重消防车辆的标准化建设。标准规定车身用木质框架，上面覆盖轻金属蒙皮。但制造商用全金属制造车身，历史证明他们是首先为消防车广泛使用铝合金的。

日本1870年分别从英国、法国引进第一辆蒸汽泵浦车，1918年宣布废除这种消防车。1918年，从美国拉佛朗斯引进第一辆汽车式消防车。其后，日本消防车供应商都是美国制造商。二次大战后，森田泵和日本机械工业公司实现了国产消防车，而且还大量出口。

澳大利亚于1912年进口了第一辆消防车，自制消防车始于1925年。奥地利卢森堡亚公司于1866年成立，现在是世界最著名的消防车供应商之一。1908年生产出第一台汽油机驱动的消防泵，1919年开始生产首辆消防车，1923年制造了首台手抬消防泵。

6）消防车柴油化及灭火消防车的多样化

1924—1925年，载重汽车首次换用柴油机做动力，不久便成为一种时尚趋势。在20世纪30年代初，消防车也开始采用柴油机。德国1932年生产了第一辆柴油机水罐消防车。但随着柴油机的逐步成熟，其经济性好、动力强劲的优点日趋显露，德国决定从1935年8月22日起，所有新购置的消防车都应当是柴油消防车。此后，消防车的柴油机化得到了世界消防界的共识。

随着以水为灭火介质消防车的不断发展，灭火消防车品种逐渐增加，服务性的后勤消防车也日益充实不断增多。1904年俄罗斯制造了第一辆运送消防人员的汽油机消防车。1907年，汉堡职业消防队首次使用"公务汽车"作消防指挥车。1907年德国布劳恩公司首先展示了一台二氧化碳消防车。1901年，该公司为汉诺威消防队制造了第一批燃气喷射消防车。1929年德国托泰尔公司开发出世界上第一辆干粉消防车。

1912年德国制造了第一辆化学泡沫消防车。1938年，消防车上的报警设备首次作出统一调整，开始配备有光学、声学报警信号装置。1939年梅茨公司使用三轴汽车底盘改装了越野型二氧化碳消防车。1958年第一辆"干粉-水"联用消防车问世，由麦捷卢斯与托泰尔公司共同开发成功。1963年齐格勒公司在拜恩开发了油类故障处理拖车。1968年德国定制了第一辆水陆两用消防车。1969年梅茨公司为法兰克福飞机场制造了第一辆四桥全驱动并且总重达50吨的机场消防车。德国施密茨公司自1960年开始研发化学事故处理设备，逐步形成化学事故抢险救援消防车。1963年齐格勒公司在拜恩也开发了第一辆油类故障处理挂车。1971年德国麦捷卢斯第一辆路轨两用消防车面世。1971年，德国北莱茵一威斯特法伦州多特蒙德职业消防队开始研究互换装载厢式消防车技术，1980年出版了相应的标准DIN14505。1974年齐格勒公司开发出模块式快速抢险救援消防车，利用随车吊臂装卸上车模块式箱体或起吊出事故的轿车。1974年卢森堡亚开发出柜箱式多功能抢险救援消防车，并在1976年开发出"FOAMMATIC"全自动泡沫比例系统。

7）机动举高消防车的诞生与发展

1892年，劳齐特才尔机器制造厂制造了第一辆工作高度达25 m的塔架式云梯车，升梯动作靠压缩空气实现。1912年，水力液压云梯车取得专利。攀登器公司1904年造出蒸汽机云梯消防车，车辆行驶及梯架的三项基本运动全靠蒸汽机完成。1906年麦捷卢斯为南非开普敦打造了第一辆汽油机汽车底盘的云梯消防车，其工作高度26 m。全世界第一辆让汽车的行驶及梯组的三项基本运动都由同一台汽油机驱动的云梯消防车，是1916年由麦捷卢斯公司制造的，工作高度为25 m。

1902年，美国西格雷夫开始成批生产云梯车，升梯靠有预张力的螺旋弹簧实现；1935年公司制造了全世界第一辆全液压驱动的云梯消防车。1957年，梅茨制造了当时世界上最高的全液压云梯车，工作高度达 60+2 m。日本森田泵公司 1933 年首次生产直臂云梯车，1985 年推出电脑控制式云梯车。

曲臂登高平台车则由建筑行业向消防界推广应用。1959 年，美国芝加哥消防部门首次使用三节铰接臂式登高平台消防车。1961 年，麦捷卢斯展示了 18 m 登高平台消防车。英国西蒙工程公司 1961 年开始生产曲臂登高平台消防车，并首次使用三节铰接曲臂；1984 年开发的 ss600 工作高度达 60 m。美国火鸟是 1966 年首次生产的登高平台消防车。在液压驱动、安全装置、电子控制方面，出臂登高平台车与云梯车是一脉相承、互相渗透的。

1930 年，美国的拉弗朗斯首创举高喷射消防车，其后实现了全金属、全液压化结构，并制造出更新颖的高喷车。后来，日本、苏联、中国、芬兰等国家陆续开始生产相应的高喷消防车。

2. 中国消防车历史沿革

近代中国消防车发展较为滞缓。1916 年，第一部消防车由英国运抵香港投入使用。1917 年，北京的第一辆消防汽车是将“辫子军”张勋坐的汽车进行改装而来的。此后，又陆续从国外购置了各种型号的消防车。到 1949 年，北京也只有 14 辆消防车。1932 年，震旦机器铁工厂选用仿制的“菲亚特”高压离心泵，改装制成了我国历史上第一辆以内燃机为动力的泵浦消防车。

新中国成立初期，我国消防车发展走的是先引进后发展的道路。消防车通常从国外进口的，车上大多没有装高压水泵，而是在车上放置一台机动泵浦(即水泵)。机动泵浦比较笨重，通常有 80 公斤左右重，其射程可达 30 米。

由于消防车制造业相对薄弱，普遍采用外国汽车底盘，按用户需要改装。1956 年 7 月，中国第一汽车厂正式投产，改变了中国消防车长期依赖外国汽车底盘的局面。1957 年，震旦消防机械厂率先采用国产解放汽车底盘改装出泵浦消防车，中国国产的第一辆消防车诞生，第一代国产消防车被命名为“解放牌”。1963 年，震旦消防机械厂开发成功我国第一辆泡沫消防车，如图 5-4 所示。1967 年，第一代全国统一定型的解放中型水罐消防车批量生产。1973 年，中国试制的第一辆登高平台消防车在上海诞生。1974 年，宝鸡消防器材厂试制出中国第一辆干粉消防车。

改革开放以后，我国的消防车制造业更是发展迅速。当前，我国消防车的生产企业有 30 多家，消防车产品种类比较齐全，灭火车、登高车、专勤车等都有配置。但是，其中多以科技含量不高、功能单一的水罐消防车、泡沫消防车和干粉消防车为主，其中水罐车占总量的 60% 以上，而附加值高的特种消防车(除水罐、干粉、泡沫以外的车辆)仅占 15% 左右，云梯车等救援类消防车相对较少。

图 5-4　1963 年震旦消防机械厂开发成功我国第一辆泡沫消防车

3. 消防车的现代化

二十世纪八十年代，世界科技进入快速发展阶段。消防装备，尤其是消防车的科技水平也随着汽车工业的发展得到长足发展。

1)罐类消防车

在灭火消防车方面，仍以罐类消防车为主体，出现了很大的变化。无论是罐体容量、灭火器具、灭火介质、传动与控制手段、消防泵及其他消防车用器材，还是生产工艺都有了较大进步。作为主要装备的消防泵，除了普通低压消防泵外，出现了中压(串并联或变转速)、中低压、高低压及超高压消防泵。从传统水灭火延伸开发出中/高压喷雾枪、中/高压软管卷盘、中压喷雾、高压喷雾等灭火设备及技术战术。

水罐、泡沫罐等各类罐体，在制造工艺及所用材质方面比二十世纪八十年代之前大有改进。主要采用的材质有不锈钢和玻璃钢等。在玻璃钢罐体优化中，生产商使用PP及PE材料混合制造，其具有强度高、抗腐蚀、抗紫外线照射、不易硬化与脆化等优点。

在罐式消防车使用的消防炮方面，其驱动型式、控制型式也趋于现代化，液压、气动、电子技术都得到了充分应用。水压驱动、油压驱动、电机驱动及压缩气体驱动应用广泛；控制方面有电动遥控、液压随动，逐步趋向按钮式全自动控制。

在器材厢方面，采用铝合金型材组成积木式结构，美观方便。车身外蒙皮采用轻金属粘贴技术。帘子门更轻巧，噪声小，密封性好，外观更美。软管卷盘、喷雾枪、水带铺设车等器材重量更轻、操作方便。

在罐体容量方面，各类消防车几乎达到了公路车的最高限度，三桥重型水罐消防车，灭火介质总质量达到18～20吨(总重38吨以内)。更大容量的消防车逐渐普遍起来，其总载液量上限也在不断提高，辅以大流量、高扬程的超级泵浦系统，可以应付特大火场供水需要。近年来消防车又出现了多功能化的趋势，水罐消防车也具有抢险救援的功能，或具有照明功能，并倾向于采用大口径水带供水。

在泡沫消防车方面，革新的趋势更明显，如在泡沫比例混合器和泡沫药剂开发方面，形成了全自动稳压分流泡沫比例混合系统和压缩空气泡沫灭火系统。将压缩空气A类泡沫用来扑救固体火灾及小型B类火灾，效果良好，有望进一步推广。

针对城市特殊火灾，消防车技术现代化体现在多功能、全自动化、电子化、大型化等方面。随着航空业的快速发展，扑救机场火灾的需求越来越大。机场消防车因机动性能好、自动化程度高、载液量和喷射流量大等优点，是用于扑救机场飞机火灾的高效的灭火设备。为了适应地铁及隧道火灾的需要，1971年德国麦捷卢斯首创世界上第一辆公路铁路及隧道三用救援消防车，可以快速开往火灾现场扑救地铁火灾。

2)特种消防车

随着灭火战术的需要，出现了许多新的特种消防车，其中主要有补气消防车、多功能抢险救援消防车、排烟车、大型火场照明车、勘察消防车、卫星定位通信车、涡喷消防车、脉冲喷射消防车、跑道泡沫敷设消防车等。

如今，消防车已经有了越来越专业化的区分，比如二氧化碳消防车主要用于扑救贵重设备、精密仪器、重要文物和图书档案等火灾；机场救援消防车专用于飞机失事火灾的扑救和营救机上人员；照明消防车为夜间灭火、救援工作提供照明；排烟消防车特别适宜于扑救地下建筑和仓库等场所火灾时使用。

3)举高消防车

随着现代建筑水平的提高，高层建筑越来越多、越来越高，消防车也随之发生了变化，举高消防车出现了。云梯消防车上的多级云梯可以直接将消防队员送到高层楼上的失火地点及时救灾，可以将被困在火场的遇险者及时救出，极大地提高了灭火救灾的能力。

过去，三类举高消防车在主要功能、结构方面有比较明晰的区别。但近年来，由于高层建筑消防灭火战术的发展需要，不断要求举高消防车的功能多样化，例如，直臂云梯车，增设高位炮，并在最后或者末端增加一节小折臂；曲臂登高平台车，加配有消防炮等消防设备。此外，也出现了高喷车臂顶端带破拆工具，普通机场车上带举高喷射臂等技术交叉。

随着消防飞机的使用，以及近年来无人机的快速发展，同样为高层消防提供了新的思路和方法。

5.1.2　灭火类消防车

灭火类消防车是指可喷射灭火剂并能够独立扑救火灾的消防车，如图 5-5 所示。属于灭火消防车的有泵浦消防车、水罐消防车、泡沫消防车、A 类泡沫消防车、高倍数泡沫消防车、干粉小风车、二氧化碳消防车、泡沫-干粉联用消防车、干粉-二氧化碳联用消防车及机场消防车等。

图 5-5　灭火类消防车

1. 泵浦消防车

1)概况

泵浦消防车的主要装备是消防泵，不配备灭火剂罐，直接利用水源灭火或供水的消防车。泵浦消防车机动灵活，可以利用火场附近水源直接进行扑救，也可用来向火场其他灭火喷射设备供水，还可兼作火场指挥车使用。泵浦消防车适用于道路狭窄的城市和乡镇以及大型消防车难以到达场所(图 5 - 6)。

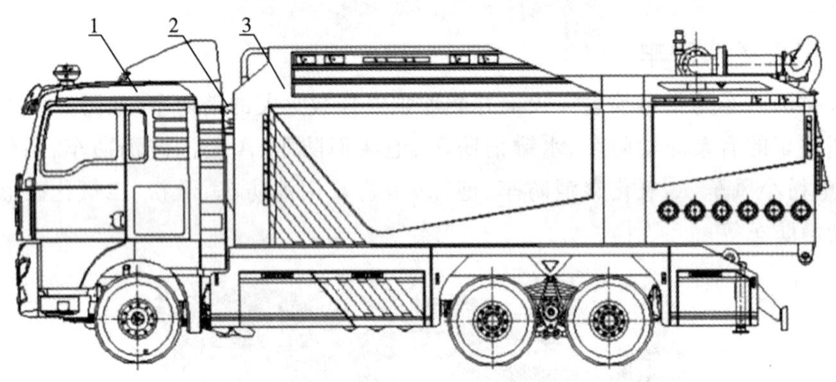

1—驾驶室;2—挂臂钩;3—多功能模块。

图 5 - 6　泵浦消防车

2)消防水力系统要求

(1)消防泵

车用消防泵应符合国标《消防泵》的相关规定，放余水装置应操作方便，并应直接将余水排至车外；与底盘发动机功率匹配应满足消防泵额定工况的轴功率与底盘发动机额定功率之比：汽油机不应大于 55%；柴油机不应大于 60%。

供水系统采用浮艇泵时，浮艇泵应进行 12 h 连续运转试验，并满足：在额定压力下的流量应不小于供水系统的额定流量；如驱动系统为液压系统，液压油温度不应超过 75℃；如驱动系统为电机驱动，绝缘防护等级应不低于 IP 67；如驱动系统为发动机直接驱动，参数应满足国标《消防车第 2 部分：水罐消防车》的要求。浮艇泵的静压密封试验和静水压强试验性能满足《消防车第 7 部分：泵浦消防车》要求。

供水系统采用增压泵时，增压泵增压能力应不小于 0.8 MPa，增压泵应与浮艇泵协同进行 12 h 连续运转试验。

(2)其他性能要求

泵浦消防车的消防管路、消防炮、最大真空度及密封性、连续运转试验、超负荷运转性能与水罐消防车一致。

2. 水罐消防车

水罐消防车是指主要装备车用消防泵和水罐,以水为主要灭火剂的消防车。水罐消防车可将水和消防人员输送到火场并独立进行扑救火灾,也可以从火场附近水源吸水直接进行扑救,或向其他消防车和灭火喷射装备供水。

水罐消防车适合扑救一般性火灾,与泡沫灭火器材配套时,可喷射泡沫扑灭油类火灾,还可用来运水、火场接力供水、运送器材装备和消防员等,是公安消防队和企事业专职消防队常备的消防车辆。在缺水地区,水罐消防车也可做供水、输水用车。

1)水罐消防车分类

(1)按水罐容量分类

轻型:1.5吨以下;中型:1.8～4.0吨;重型:4.0吨以上。目前,重型水罐消防车载水量已达到25吨,特别适合于缺水地区使用。

(2)按泵的位置分类

①前置泵式:结构简单,操作较麻烦;②中置泵式:整车布局合理,操作方便,维修不便;③后置泵式:操作维修方便;④侧置泵式:重心低,适用于机场消防车。

(3)按有无水炮分类

通常带水炮的为重型消防车;不带水炮的为轻型、中型消防车。

(4)按水泵压力分类

① 低压泵水罐消防车:采用单级或双级离心消防泵,车泵的出口压力≤1.3 MPa,通常扬程在110～130 m,流量一般在20～100 L/s。

② 中低压泵水罐消防车:车泵有二级离心叶轮串联组成,车泵出口压力有两种状态,一是低压,二是中压(压力为1.4～2.5 MPa),通常低压扬程为1.0 MPa,流量为40 L/s;中压扬程为2.0 MPa,流量为20 L/s。

③ 高低压泵水罐消防车:车泵由多级离心式叶轮串联组成,第1级叶轮为低压叶轮,后续叶轮为高压叶轮,低压与高压可以同时喷射,车泵出口压力有三种状态:低压、高压(压力≥3.5 MPa)、高低压联用。通常低压扬程为1.0 MPa,流量为70 L/s;高压扬程为4.0 MPa,流量为7 L/s。高压部分设有高压软管卷盘和高压水枪。

④ 全压泵水罐消防车:其车泵出口压力有五种工况,分别是低压、中压、高压、高低压联用、中高压联用五种工况。不仅可以进行喷射灭火,还可以在中压时进行远距离供水,向高层建筑供水或与举高车配合灭火。

2)水罐消防车结构

水罐消防车主要由汽车底盘和乘员室、车厢、水泵及管路、传动系统和操纵机构组成。

一般来说,供水消防车按功能可以分为四部分。消防车最前面的部分是驾驶室,驾驶员和指挥员坐在驾驶室中,驾驶室后面是其他消防队员的位置。车体第一个卷帘后面摆放各种工具，包括水龙头、消防水带等，这些工具后面就是贮存消防用水的水箱。靠近消防车尾部的是水泵舱，是安置水泵的地方，一般水泵舱三面都有卷帘，收起尾部的卷帘还可以看到显示水泵工作状态的显示屏。在水泵舱内，一般还配有使用水泵时所必需的工具(图 5－7)。

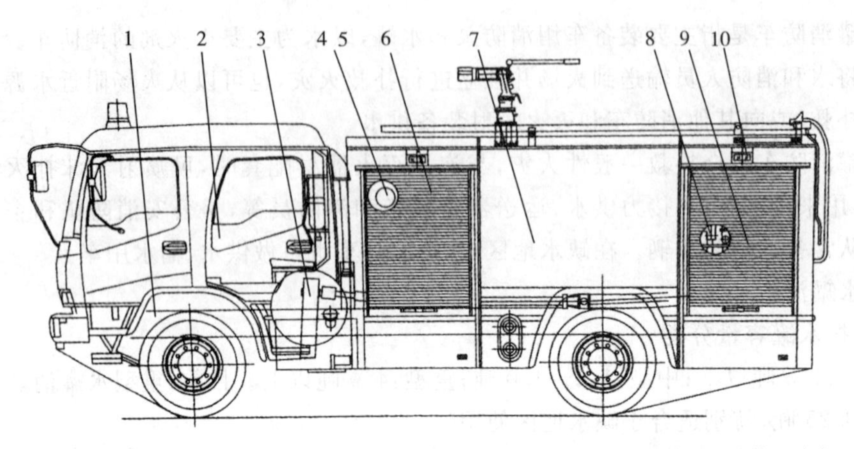

1—底盘改制总成；2—乘员室；3—取力及传动装置；4—器材布置总成；5—器材固定装置总成；6—器材箱；7—容罐装置总成；8—水泵管路总成；9—泵房；10—附加电器；11—仪表管路。

图 5－7　水罐消防车结构图

3)水罐消防车的使用

消防车达到火场后，应根据火场情况，选择合适水源及喷出灭火介质。

(1)使用天然水源：当火场附近有河流、池塘等天然水源时，消防车可从天然水源取水灭火，此时，消防车应尽可能地靠近水源，接好吸水管、滤水器并放入水中。安装吸水管时应认真检查密封圈是否完好无损，并拧紧接头防止漏气。滤水器放入水中深度应不少于 20 cm，以防吸入空气，但也不能触及水底以免吸入泥沙杂物，堵塞管路；然后接好水带、水枪，进行引水操作。引水可以采用水环泵引水或者排气引水器。

(2)从室外消火栓取水：当火场附近无天然水源，但有室外消火栓时，消防车可从室外消火栓取水灭火。

(3)使用水罐水：当火场附近无天然水源或室外消火栓时，可从消防车自带水罐中取水灭火。

(4)与空气泡沫枪配套使用：水罐消防车除直接喷水灭火外，还可与空气泡沫枪配套使用，喷出空气泡沫灭火。

4)消防水力系统的要求

(1)消防泵

选用的车用消防泵应符合国标《消防泵》的相关规定，其放余水装置应操作方便，并直接将余水排至车外。消坊泵额定工况轴功率与发动机额定功率之比：汽油机不应大于55％；柴油机不应大于 60％；取力器的增速比不应大于 1.5。

(2)消防管路

所有管路应采用耐腐蚀材料或采取防腐蚀措施，并便于维护和保养。消防管路应采用不同颜色区分，进水管路和水罐至消防泵的输水管路应为深绿色，出水管路应为大红色。

当消防泵进水口设在侧面时，应在车辆两侧均设进水口，单侧进水口应满足消防车额定压力和流量要求。额定流量不小于 100 L/s 的消防车进水管路应设置阀门。进水管路应保证 45 s 内能够放尽进水管路内的余水。

进水口和吸水管之间应安装抗腐蚀性滤网，滤网的过流面积不应降低消防泵的额定压力和流量。对于额定流量不大于 30 L/s 的消防泵，滤网孔径大于或等于 8 mm。对于额定流量大于 30 L/s 的消防泵，滤网孔径大于或等于 13 mm。消防车携带的吸水管长度不应小于 8 m。进水管路在 0.8 MPa 压力下不应出现管路漏水、冒汗、密封件渗漏等现象；在 1.2 MPa 压力下不应破裂，不应产生影响正常使用的永久变形。

出水管路的通径和数量应保证消防车在额定工况下的出水流量。出水管路应保证 45 s 内能够放尽出水管路内的余水，放余水应方便操作。出水口中心离地高度大于 1.2 m时，出水口应向下倾斜，且离操作踏板上平面的高度不应大于 1.2 m。出水管路应安装可关闭出水管路和消防泵连接的止回阀。出水管路应经静水压密封试验，试验压力为其承受的最大工作压力值的 1.1 倍，管路及各连接处不应出现渗漏。出水管路应经静水压强度试验，试验压力为其承受的最大工作压力值的 1.5 倍，不应出现明显变形和结构破坏。在出水管路最大工作压力下，手动启闭的出水阀开启和关闭力在不使用辅助装置的前提下不应大于 200 N。当出水管路中没有压力时，手动启闭的出水阀开启和关闭力不应大于 50 N。

水罐至消防泵的输水管路上应设置阀门且操作方便，额定流量大于 60 L/s 时不应采用手动开启。管路进口设置在排污孔邻近部位时，应保证污物不进入消防泵内。输水管路进口应设置滤网，并应满足消防车额定工况要求。额定流量不大于 100 L/s 的消防车，水罐至消防泵的输水管路应能保证抽取罐容量 90%以上的水，额定流量大于 100 L/s 的消防车，水罐至消防泵的输水管路应能保证抽取罐容量 85%以上的水。

(3)水罐

罐容积大于或等于 12 m^3 时，容积误差不应超过±2%；容积小于 12 m^3 且不小于 1 m^3 时，每减少 1 m^3，其误差绝对值增加 0.1%；容积小于 1 m^3 时，容积误差不应超过±10%。罐体和阀门应采用防腐蚀材料或经防腐蚀处理。罐容积超过 2 m^3，罐内应设防荡板，罐容积超过 3 m^3，罐内应设纵向防荡板，防荡板隔出的单腔容积不应大于 2 m^3。容积大于 1 m^3 的罐顶部应设置可供人员进出的人孔及人孔盖，人孔直径不小于 400 mm，人孔盖在罐内压力超过 0.1 MP 时可自动卸压。水罐最低处应投置排污孔，排出的淤物不应接触车身和底盘零部件。水罐应设置液位或液量的指示装置。水罐应能承受0.1 MPa 的静水压力，经 0.1 MPa 静水压强度试验，罐体两侧面不应出现明显残余变形，相连接的管道、阀门均不许有渗漏。

消防泵至水罐的注水管路应设置阀门，阀门应方便操作。注水管路通径不应小于 65 mm，管路中不应有积水。从车辆外部向水罐注水的管路通径不应小于 65 mm，管路应保证罐内水不会倒流，管路中不应有积水。注水口应加防护盖。

应在水罐内设置通大气的溢水管路，溢水管路直径不应小于水罐与消防泵间输水管路直径的 30%，溢水管路应高出罐顶。

(4)消防炮

水罐车配备的车载消防炮喷射性能应符合《消防炮通用技术条件》的要求。车载消防炮装车后的俯角不应小于 7°。车顶炮的进水管路应设置控制启闭的阀门。车顶炮和车前炮应有锁紧机构，锁紧机构能够在消防炮喷射时可靠锁止在任何俯仰和回转角度。采用无线遥控时，无线遥控信号不应对消防车其他控制系统和通信系统的工作造成干扰。

(5)最大真空度及密封性

在大气压力为 101 kPa 下，消防车引水装置所能形成的最大真空度不应小于 85 kPa。引水系统的密封性在最大真空度条件下，1 min 内真空度的降低数值不应大于 2.6 kPa。

(6)最大吸深时消防泵的性能、引水时间

在大气压力 101 kPa、水温 20℃下时，最大吸深不应小于 7 m。额定流量不大于 80 L/s时，单个吸水口 7 m 吸深引水时间不大于 60 s；额定流量不大于 80 L/s 时，单个吸水口 7 m 吸深引水时间不大于 100 s。

(7)连续运转试验

水罐车 6 h 连续运转试验应满足：在连续运转试验过程中，发动机转速不应超过发动机的额定转速；发动机无异响、过度振动、漏水、漏油、漏气等异常现象；发动机出水温度小于 90℃；发动机机油温度小于 95℃；变速器及取力器的润滑油温度应小于 100℃；取力器的输出轴轴承座温度应小于 100℃。

(8)水罐车超负荷运转性能

水罐车应进行超负荷运转试验，发动机和消防泵应工作正常，无过度振动、漏油等现象。

3. 泡沫消防车

泡沫消防车是指主要装备消防水泵、水罐、泡沫液罐和成套泡沫比例混合设备、泡沫枪、炮及其他消防器材的灭火消防车。可以独立扑救火灾，也可以向火场供水和泡沫混合液，特别适用于扑救石油等油类火灾，是石油化工企业、输油码头、机场以及城市专业消防必备的消防车，如图 5-8 所示。

1)组成和分类

泡沫消防车均是在水罐消防车的基础上加上成套泡沫比例混合设备而组成，其专用部分由液罐、泵室、器材箱、动力输出及传动系统、管路系统、电气系统等组成。

泡沫消防车按总重量，分为轻型、中型和重型三种；按照有无载炮，分为泡沫消防车和载炮泡沫消防车两种；按照装置水泵的类型，分为低压泵泡沫消防车、中低压泵泡沫消防车、高低压泵泡沫消防车和全压泵泡沫消防车等。

2)工作原理

通过取力器装置将汽车底盘发动机的动力输出，并经一套传动装置驱动消防泵工作，通过消防泵、泡沫比例混合装置将水和泡沫按一定比例混合，再经消防炮和泡沫灭火

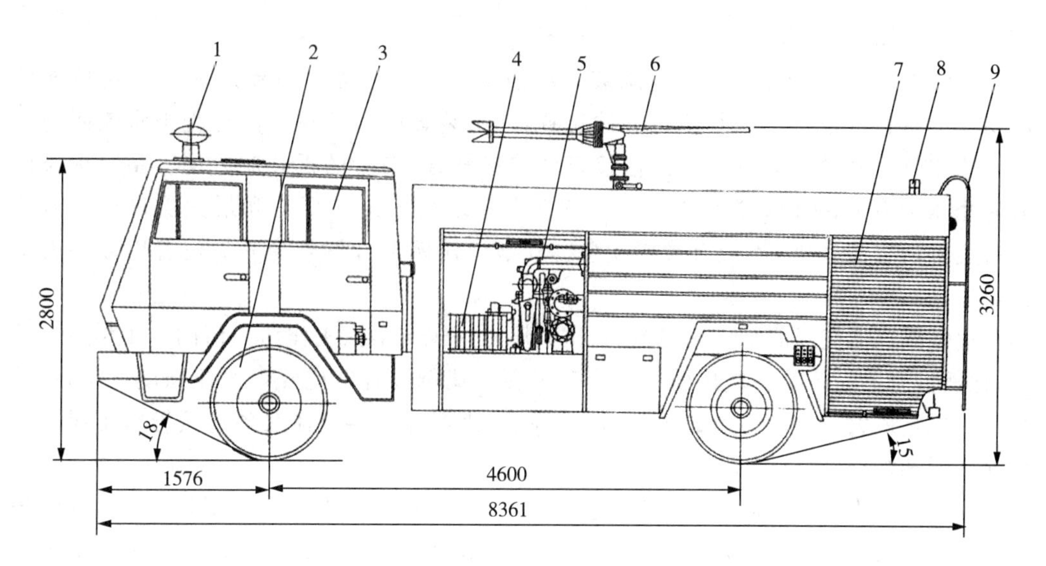

1—警灯及报报警器；2—底盘；3—驾驶室；4—器材；5—水泵及逃出水系统；
6—空气泡沫—水两用炮；7—后器材箱及卷帘门；8—后照明灯；9—后爬梯。

图5-8 泡沫消防车示意图

枪喷出灭火。

3)使用方法

泡沫消防车(炮车)通常兼有水罐消防车的性能，根据火灾的性质和特点正确选用泡沫消防车是一个值得重视的问题。这种消防车面临的火场大多数为石油化工等危险性较大的火灾现场。这类火灾具有燃烧速度快、火场情况变化多、爆炸燃烧概率大以及对消防车及消防人员的威胁大等特点，因此泡沫消防车到达火场的有利位置后，要能够迅速展开灭火战斗。

4)消防水力系统要求

(1)消防泵

所选用的车用消防泵与水罐消防车的消防泵类似。

(2)消防管路

所有消防管路应采用耐腐蚀材料或采取防腐蚀措施，并便于养护。消防管路应用不同颜色区分，消防泵进水管路及水罐至消防泵的输水管路应为深绿色，泡沫罐与泡沫液泵或泡沫比例混合器的输液管路应为深黄色，消防泵出水管路应为大红色。其消防泵、进水管路、出水管路、水罐至消防泵的输水管路设置要求与水罐消防车的消防泵相似。

泡沫罐至泡沫液泵或泡沫比例混合器的输液管路应能抽取罐容量95%以上的泡沫液。泡沫罐输液管路通径应满足泡沫比例混合器的最大流量要求，并在大气压力为101 kPa下，承受85 kPa真空度5 min，不应有渗漏和肉眼可见的变形。泡沫液输液管路进口应装有滤网。

(3)水罐和泡沫液罐

所选用的车用罐体与水罐消防车的罐体要求类似。

(4)车用泡沫系统

泡沫炮或泡沫/水两用炮、泡沫液泵和泡沫比例混合器的过流表面应使用抗泡沫液腐蚀的材料或涂层。系统应设冲洗装置,冲洗装置应避免在冲洗过程中水流回泡沫液罐或水罐。系统应有外吸泡沫液接口和连接软管,二者的拆装应方便。系统中应设有防止水倒流入泡沫液罐的装置。系统在以系统最大工作压力和最大流量运行时应具有良好的密封性能,不应有渗漏现象。在泡沫比例混合器外壳明显位置以箭头表示液流方向。

比例混合器应经静水压密封试验,试验压力为规定最大工作压力值的1.1倍。试验后,比例混合器壳体及各连接处不应出现渗漏。比例混合器应经静水压强度试验,试验压力为规定最大工作压力值的1.5倍,试验后,比例混合器壳体及各连接管路不应出现明显变形和结构破坏。

在大气压力为101 kPa下,负压式泡沫比例混合器在85 kPa真空度条件下,1 min内真空度的降低数值应不大于0.5 kPa,其进、出口的压力差应不大于进口工作压力的35%。

正压式泡沫比例混合器中,其泡沫液泵应设有泄压阀,泄压阀在供泡沫液泵最大工作压力的1.1～1.5倍范围内能自动泄压。当泡沫罐内液体剩余量达到标称容量的4%～6%范围内时,泡沫液泵应能自动停机。

泡沫车配备的泡沫炮或泡沫/水两用炮喷射性能应符合《消防炮通用技术条件》的规定。其设置要求与水罐消防车载消防炮性能一致。

(5)其他指标

泡沫车最大真空度及密封性、引水时间、最大吸深时泵的性能要求、泡沫车连续运转要求、泡沫车超负荷运转要求均与水罐消防车要求一致。

4. 干粉消防车

干粉消防车是指主要装备干粉灭火剂罐、成套干粉喷射装置的灭火消防车。干粉灭火剂具有不导电、不腐蚀、扑救火灾迅速等特点。主要扑救非水溶性和水溶性可燃、易燃液体火灾以及天然气和石油气等可燃气体火灾,一般带电设备火灾,也可以扑救一般物质的火灾。对于大型化工厂管道火灾,扑救效果尤为显著,是石油化工企业常备的消防车。干粉消防车内部结构如图5-9所示。

1)组成和分类

干粉消防车主要由乘员室、车厢、干粉氮气系统及水泵系统等组成。其中,干粉氮气系统是贮气瓶式干粉消防车的主体部分,它主要由动力氮气瓶组、干粉罐、干粉炮、干粉枪、输气系统、出粉管路、吹扫管路、放余气管路及各控制阀门和仪表等组成。干粉消防车按其重量可分为轻型、中型和重型三种。

2)工作原理

当氮气瓶中的高压氮气经减压阀减压流入干粉罐内,强烈地搅动干粉,使罐内充满气粉混合物,粉气流从干粉炮或干粉枪口高速喷出,与火焰接触,吸收燃烧反应链中的自由基团,中断连锁反应,从而使火焰熄灭。

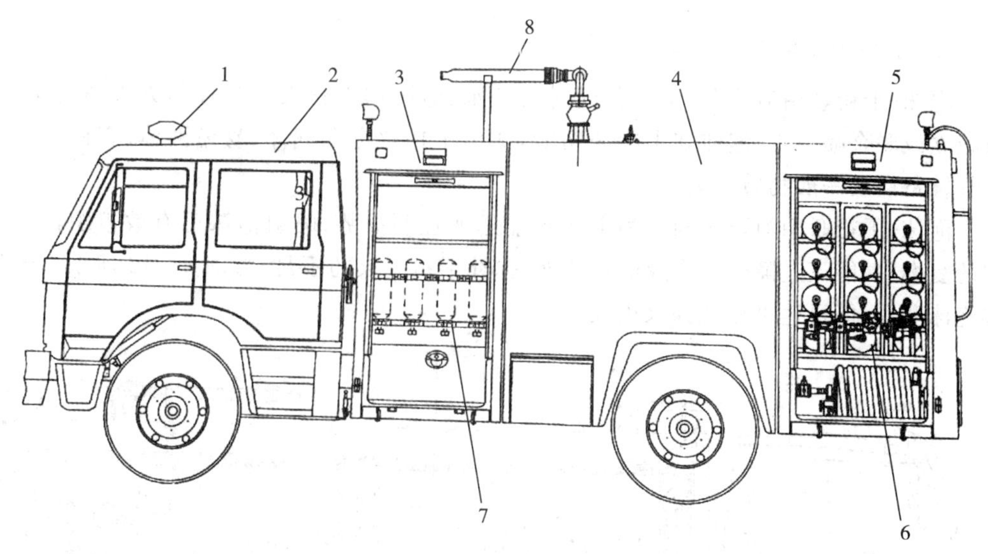

1—附加电气；2—乘员室；3—前器材箱；4—干粉罐；5—后器材箱；6—干粉氮气装置；7—器材布置；8—干粉炮。

图 5-9　干粉消防车内部结构

3)使用方法

当干粉消防车到达火场参与灭火时，先打开电源开关，然后打开所有氮气瓶瓶头阀，给汇流排充气，当“汇流排高压表”显示压力时，缓慢打开高压阀，给减压阀充气，再按下干粉罐进气阀按钮，干粉罐开始充气，当“干粉罐压力表”和“干粉炮压力表”显示到标准压力 1.4 MPa 时，减压阀处于平衡状态，此时，将炮口对准火源，打开干粉炮阀门，即可喷出干粉灭火；当使用干粉枪时，须按“枪出粉阀”按钮，摇开软管卷盘到适当位置，将枪口对准火源，打开干粉枪阀门，即可喷出干粉灭火。当打开干粉炮或干粉枪喷粉时，罐内压力降低，这时减压阀又自动开启，继续向干粉罐内补充氮，如此反复进行。

4)干粉车喷射系统性能

干粉车喷射系统性能见表 5-1 所列。

表 5-1　干粉车喷射系统性能

<table>
<tr><th>干粉额定装载量/kg</th><th>最高工作压力/MPa</th><th>最低工作压力/MPa</th><th>充气时间/s</th><th>剩粉率/%</th><th>干粉炮有效喷射率/(kg·s⁻¹)</th></tr>
<tr><td>250</td><td rowspan="8">≤1.7</td><td rowspan="8">≥0.5</td><td rowspan="4">≤60</td><td rowspan="4">≤10</td><td>—</td></tr>
<tr><td>300</td><td>≥10</td></tr>
<tr><td>750</td><td>≥10</td></tr>
<tr><td>1000</td><td>≥20</td></tr>
<tr><td>1500</td><td rowspan="2">≤120</td><td rowspan="4">≤15</td><td>≥20</td></tr>
<tr><td>2000</td><td>≥30</td></tr>
<tr><td>2500</td><td rowspan="2">≤180</td><td>≥30</td></tr>
<tr><td>3000</td><td>≥30</td></tr>
<tr><td colspan="6">*采用超细干粉灭火剂的喷射装置，其有效喷射率不应低于制造商公布值。</td></tr>
</table>

5. 泡沫-干粉联用消防车

泡沫-干粉联用消防车，是一种同时装备水、泡沫和干粉灭火装置的灭火消防车，具有独立或联合喷射水、泡沫和干粉的功能，适用于扑救可燃气体、易燃液体、有机溶剂和电气设备以及一般物质火灾。

泡沫-干粉联用消防车利用喷射干粉能迅速控制火势，喷射泡沫可有效组织油类火灾的复燃，并能流过障碍物形成的死角处，弥补干粉灭火的不足，如图 5-10 所示。干粉和泡沫联用，能迅速可靠地扑灭火灾。

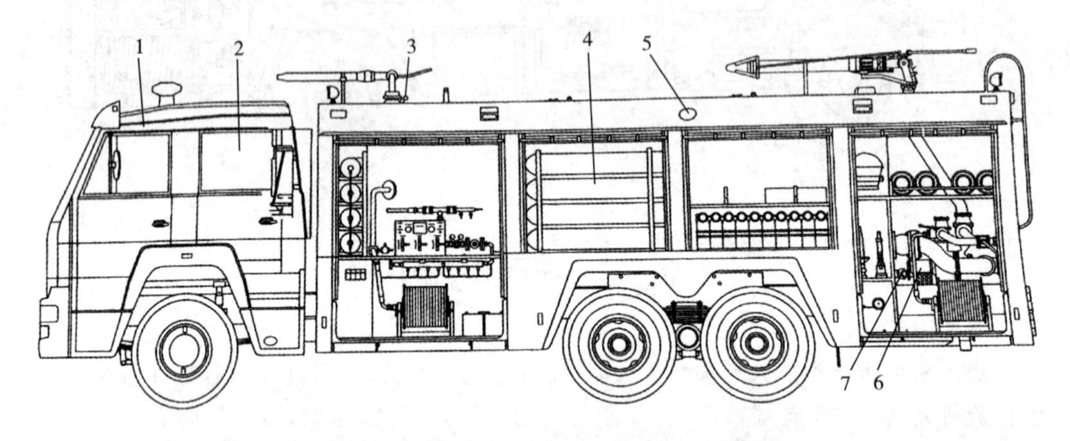

1—附加电气系；2—驾驶室总成；3—干粉管路总成；4—器材箱总成；
5—容罐总成；6—泵、炮管路系；7—附加传动；8—取力器冷却。

图 5-10　泡沫-干粉联用消防车

泡沫-干粉联用车同时装载水、干粉、泡沫三种灭火剂，主要由泡沫灭火系统和干粉灭火系统等组成。新型联用车还装有全功率取力器，能边行驶边喷射，速度快，机动性好，广泛适用于大型石化企业、港口、码头、机场和城市特勤消防站。

泡沫-干粉联用车有大型和中型两种，其中大型联用车装载流量为 100 L/s 的消防水泵，1～3 T 泡沫液，7～9 T 水，1 T 干粉，装备大型水炮、泡沫炮和干粉炮。联用消防车的组成和分类如下：

1)泡沫系统

泡沫系统的性能应符合《消防车第 1 部分：通用技术条件》相关的规定。泡沫炮、水炮的流量允差为±8%。泡沫系统管路、泡沫炮、泡沫比例混合器的过流表面对泡沫液应具有抗腐蚀的性能。泡沫系统应设冲洗泡沫液的装置。泡沫系统应有从车外吸取泡沫液的装置，且拆装方便。泡沫比例混合器应启闭方便、准确。混合液管，泡沫炮座等承压零件应经静水压强度试验，试验压力为管路承受的最大工作压力的 1.5 倍，不得发生破裂、渗漏和残余变形。泡沫炮(包括两用炮、组合炮)应设有锁紧或支撑机构。炮应能水平回转，手操纵炮回转 360°，自动控制炮回转角不小于 270°，仰角不小于 45°，俯角不小于 15°，操作灵活，方便可靠。泡沫液罐应有通气和注液装置，不使用时应能密闭。

2)干粉系统

干粉喷射系统的性能要求应符合《消防车第1部分.通用技术条件》相关的规定。高压管路应具有良好的密封性,气密性试验压力为管路承受的最大工作压力,在规定时间内,压力降低值不大于规定试验压力的10%。干粉喷射系统进行气密性试验压力为该系统承受的最大工作压力,在规定的时间内压力降低值不大于规定试验压力的10%。干粉喷射系统应设有减压装置。出粉管路应设有吹扫装置。出粉管路的过流表面应具有抗干粉腐蚀性能。所有承压管路零、部件须经静水压强度试验,试验压力为设计压力的1.25倍,不得有渗漏和残余变形。干粉喷射系统中的干粉炮和各种阀门、开关等须做操作动作试验,要求灵活,可靠。出粉管路的阀门优先采用球阀。

3)联用车磨合期的水力性能

联用车磨合期的水力性能应符合表5-2规定。

表5-2　联用车磨合期的水力性能

项　　目	指　　标
最大真空度/kPa	≥70
引水装置的密封性(1 min内真空度降落值)/kPa	≤2.6
引水时间/s	不大于GB 796第2.2.5条规定值的1.3倍
消防泵流量/(L·s^{-1})	≥50%
消防泵出口压力/kPa	≥50%

6. 举高消防车

自20世纪90年代以来,随着世界经济的快速发展,世界城市化进程不断加快,高层建筑越来越多,灭火救援的难度也随之增加。为应对高层建筑火灾,举高消防车是高层建筑灭火救援的主要消防装备。举高消防车(aerial fire fighting vehicle)由举高臂架(梯架)、回转机构等装备部件组成,是用于高空灭火救援、输送物资及消防员的消防车。一般分为登高平台消防车、云梯消防车、举高喷射消防车,如图5-11所示。

举高消防车是由汽车底盘、取力装置、支承系统、回转系统、举升系统、水路系统、液压系统、电气系统和安全保险装置等组成。不同种类的举高消防车举升系统有所不同,使用功能也因灭火需要不同而有所侧重。云梯消防车主要用于高层救人,也用于灭火功能;登高平台消防车由于其机动灵活,既可以用于火灾扑救,亦可救人;高喷消防车由于没有工作斗车,只能用于灭火。

举高消防车常用于高层建筑、高大的石油化工装置区、大型仓库等火灾的扑救,它可为火场喷射灭火剂、为消防队员提供灭火通道、供应消防器材和工具,也可用于营救火场受困人员、抢救贵重物资等,在灭火与救援方面具有独特的优势。

1)登高平台消防车

登高平台消防车是可向高空输送消防人员、灭火物资、救援被困人员或喷射灭火剂的消防车。登高平台消防车包括装备折叠式或折叠与伸缩组合式臂架、载人平台、转台

（a）登高平台消防车

（b）云梯消防车

（c）举高喷射消防车

图 5－11　举高消防车

及灭火装置，如图 5－12 所示。登高平台消防车是一种集高空消防、高空抢险救援、高空工程作业等功能于一体的综合型设备，可将消防灭火、抢险救灾的作业范围在垂直高度上扩展至几十米，可对一定高度的高层建筑及一定深度的低洼地带的受困者进行救助。车上设有工作平台和消防水炮（水枪），供消防员登高扑救高层建筑、高大设施等火灾，营救被困人员，抢救贵重物资以及完成其他救援任务。

登高平台消防车的特点是机动灵活、工作平稳、工作跨度大、范围广、工作平台面积大、工作平台承重相对较高，便于开展灭火救援工作，甚至抢救贵重物资。其工作平台可与缓降器、液压绞车或救生滑道联用，实现灭火的同时进行救人。

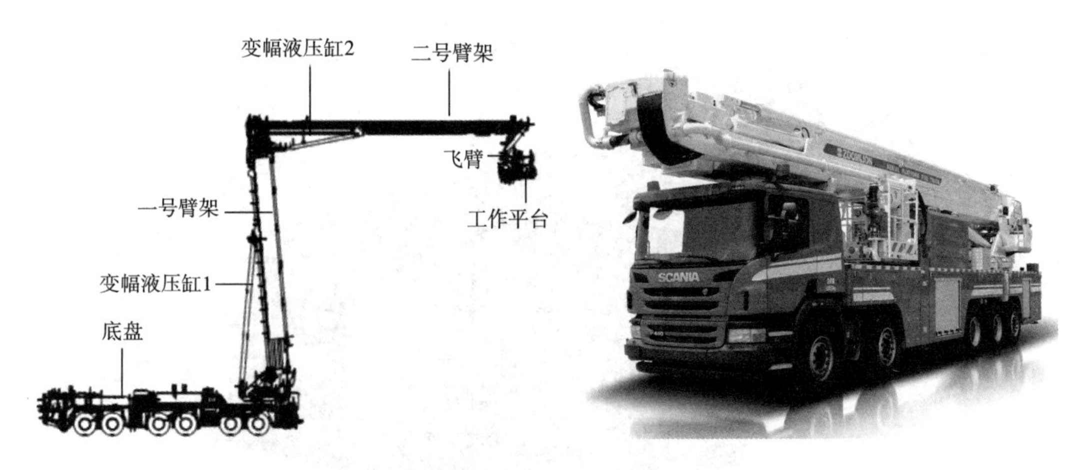

图5-12　登高平台消防车

最大工作高度不大于35 m的登高平台消防车臂架从行驶位置举升到最大工作高度并回转90°的时间应小于150 s。最大工作高度为35～70 m的登高平台消防车，超过35 m部分每增加10 m，时间增加40 s。最大工作高度大于70 m的登高平台消防车，超过70 m部分每增加10 m，时间增加100 s。支腿伸展、支撑并调平的时间不应大于50 s。

登高平台消防车的工作斗面积应大于1.5 m^2。登高平台消防车在工作斗炮不喷水时的工作斗额定负载不应小于270 kg。登高平台消防车设置侧向爬梯时，应设置辅助梯，辅助梯应能保证人员安全到达地面。爬梯顶端应有连接工作斗的过渡梯节。

设置侧向爬梯时，爬梯应设置照明装置，爬梯的强度应能保证其承载最大人数时无永久变形及破坏现象。梯蹬长度应大于400 mm，梯蹬的间距应小于350 mm，梯蹬表面应有防滑措施并且防滑面长度应大于该梯蹬长度的60%。爬梯远离臂架的一侧应有扶手，扶手高出梯蹬的距离应大于300 mm。

装有消防炮时，保证其稳定性同时，还应将全部臂架以45°伸展至工作极限位置，如因结构原因不能将全部臂架以45°伸展至工作极限位置，应将末节臂架以45°伸展至工作极限位置，不能伸展的臂架以与水平面最大角度伸展至工作极限位置，工作斗内按喷射时的规定载荷加载，同时消防炮在工作范围内以额定流量喷射。消防炮绕水平线的俯角、仰角和绕臂架平行线的左摆角和右摆角均应大于45°。消防炮流量不应小于30 L/s，射程不应小于40 m，消防炮的进口应设置阀门和压力表，阀门从开启至最大开度的时间应大于5 s。

2)云梯消防车

云梯消防车(图5-13)是可向高空输送消防人员、灭火物资、救援被困人员或喷射灭火剂的消防车。其装备有伸缩式云梯(可带有升降斗)、转台及灭火装置，供消防人员进行登高扑救高层建筑、高大设施、油罐等火灾，营救被困人员，抢救贵重物资以及完成其他救援任务。

云梯消防车主要由底盘、取力装置、支承、回转和举升系统、水路系统、液压系统、电气系统和安全保险装置等组成。

图 5-13 云梯消防车

(1)举升系统

云梯车的举升系统包括梯架机构、卷扬机构、工作斗和升降斗。其中梯架结构由多节梯依次镶嵌组合而成,每节梯为U形框架结构,长度在7～12 m,可沿外面一级梯节的滑道上下滑动。卷扬机构主要由液压动力泵、液压传动装置和卷扬轴等组成,可将液压动力转变为卷扬轴的回转运动。卷扬机构分为伸梯卷扬机构和升降斗升降卷扬机构两种,分别起到伸梯收梯、升降斗的作用。工作斗指可搭挂在云梯端部供消防人员使用的斗型工作台。工作斗一般限乘2人,喷水灭火时限乘1人,为方便使用,斗内设置电气操作手柄、无线电对讲装置、照明灯、自动水幕喷头等。升降斗指借助梯架扶手作为导轨,能上下滑动并可载人的金属框架。升降斗内一般无操纵装置,由下面人员操纵。

(2)水路系统

云梯车的水路系统分为带水泵和不带水泵两种。不带水泵的云梯车水路比较简单,底盘部分无供水管道,而只在最后一级梯节上配置一根编织水带或金属供水管道,在梯架前段水炮使用时,必须先接好水带再伸梯,使水带沿伸开的梯架自动铺设。带水泵的云梯车,其水路系统包括水泵、伸缩式供水管、水炮等。水泵一般设置在底盘中部,出水管经纵向副大梁、回转中心接头、三脚架、梯架底部侧面各级供水管至最后一级梯节出水管。

一般来说,云梯车的操作程序可分为以下几个步骤:选择合适的停放位置;支腿操作;梯架操作;登梯;升降斗操作;喷水操作。

最大工作高度不大于40 m的云梯消防车梯架从行驶位置举升到最大工作高度并回转90°的时间应小于120 s。最大工作高度大于40 m的云梯消防车,超过40 m的部分每增加10 m,时间增加30 s。支腿伸展、支撑并调平的时间不应大于40 s。

工作斗的面积应大于1.0 m^2，滑车的面积应大于0.8 m^2。在工作斗炮不喷水时的工作斗额定负载不应小于180 kg。云梯消防车应在其梯架下端设置辅助梯，辅助梯打开后可直接到达地面。

梯架应设置照明装置，相关荷载标识。梯蹬长度应大于450 mm，梯蹬的间距应小于350 mm，梯蹬表面应有防滑措施并且防滑面长度应大于该蹬档长度的60%。梯架的两侧均应有扶手，扶手高出梯蹬的距离应大于300 mm。如梯蹬采用圆形形状，则梯蹬包括防滑层的直径应大于32 mm。如梯蹬采用其他形状，则梯蹬的截面积不应小于775 mm^2，包括防滑层的梯蹬截面长边不大于80 mm，短边不小于19 mm。梯架上的梯蹬应能承受2300 N的力不断裂，不产生明显的永久变形。梯架应有行车锁止装置，锁止装置应保证云梯消防车在30 km/h速度下紧急制动梯架不会伸出，锁止装置应无附加开关。

云梯消防车装有载人工作斗和消防炮，保证稳定性同时，还应将梯架以45°伸展至工作极限位置，工作斗内按喷射时的规定载荷加载，同时消防炮在工作范围内以额定流量喷射，云梯消防车稳定性也应符合《消防车第12部分：举高消防车》的要求。

安装在梯顶的消防炮不应对梯架的运动产生影响，不应对按操作规程接近梯顶的人员产生障碍。消防炮绕水平线的俯角和仰角应大于60°，绕梯架平行线的左摆角和右摆角应大于45°。消防炮流量不应小于30 L/s，射程不应小于40 m，进口应设置阀门和压力表，阀门从开启至最大开度的时间应大于5 s。

3)举高喷射消防车

举高喷射消防车(图5-14)是顶端安装消防炮或破拆装置、可高空喷射灭火剂或实施破拆的消防车，包含直臂、曲臂、直曲臂及供液管路等主要装备。消防人员可在地面遥控操作臂架顶端的灭火喷射装置，在空中向施救目标进行喷射扑救。用于扑灭高层火灾，特别是石油化工等行业的火灾。高喷车除灭火功能外，一般无救援功能。

图5-14　举高喷射消防车

举高喷射消防车是由折叠伸缩臂结构、遥控消防炮、罐体及底盘组成，臂架为基本臂（二节臂、三节臂、四节臂），臂端安装遥控消防炮。JP34 型举高喷射消防车整车主要部件如图 5－15 所示。臂架伸缩运动是由液压缸、链条、导轮来同步实现伸缩，消防水管固定在伸缩臂的一侧，与伸缩臂一起伸缩举高，臂架的伸缩、回转操作均在转台上由电控手柄进行控制。

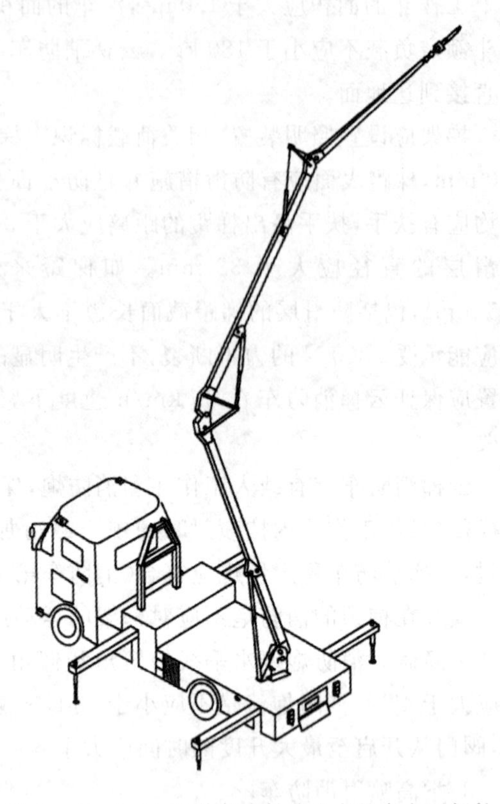

图 5－15　JP34 型举高喷射消防车整车主要部件

最大工作高度不大于 35 m 的举高喷射消防车臂架从行驶位置举升到最大工作高度并回转 90°的时间应小于 150 s。最大工作高度大于 35 m 的举高喷射消防车，超过 35 m 部分每增加 10 m，时间增加 40 s。支腿伸展、支撑并调平的时间应小于 40 s。

举高喷射消防车应在炮身上安装探照灯，探照灯的光色应是黄色，探照灯照射方向与炮喷射方向相同。如举高喷射消防车装有摄像装置，则摄像装置的摄像范围不小于消防炮的喷射范围，所摄影像在操作台上应有显示器显示。

举高喷射消防车的消防炮在最大工作高度以额定工作压力和额定工作流量喷射时，最大工作高度不大于 30 m 的举高喷射消防车臂架应能回转和变幅。举高喷射消防车供水管路应有外供水接口。外供水接口的数量应保证臂架消防炮的喷射流量和压力。消防炮绕水平线的仰角应大于 30°，俯角应小于 60°，举高喷射消防车的消防炮喷射形态、俯仰、水平回转的调整采用自动方式。消防炮流量不应小于 50 L/s，射程不应小于 60 m。消防泵出水口与臂架出水管路连接处应安装出水阀，出水阀从开启至最大开度的时间应大于 5 s。

最大工作高度不大于 20 m 的带破拆装置的举高喷射消防车臂架从最大工作高度返回破拆装置储存箱，更换破拆装置后再举升到最大工作高度的时间不应大于 300 s。最大工作高度大于 20 m 时，超过 20 m 部分每增加 10 m，时间增加 40 s。

5.1.3　专勤消防车

专勤消防车是指担负除灭火以外的某专项消防技术作业的消防车，如图 5－16 所示。它包括通信指挥、抢险救援、排烟照明等。

1. 通信指挥消防车

通信指挥消防车是指用于火场指挥和通信联络的专勤消防车，是火场指挥员在火场上的临时指挥中心(图5-17)。车上设有电台、电话、扩音等通信设备,可进行现场通信联络、灭火数据资料查询、记录,现场图像资料的实时记录和显示等,实施灭火救援指挥,保证灭火救援战斗顺利。

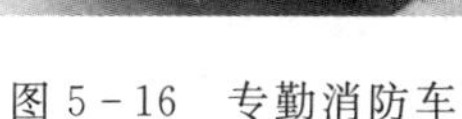

图5-16 专勤消防车

图5-17 通信指挥消防车

根据所采用汽车底盘的不同,可分为轿车型、吉普车型、面包车型三类。通信指挥消防车附设的通信装备,包括无线电话、电子警报器、回转警灯及工作台等。

2. 排烟消防车

排烟消防车是配备了风机、导风管等机械排烟系统专勤消防车,具有排烟和灭火两种功能,主要用于地下建筑、高层建筑及隧道等火灾场所,如图5-18、图5-19所示。当这些场所发生火灾时,往往充满浓烟或有毒气体,此时使用排烟消防车,可帮助消防队员进入现场,进行侦察、抢救、疏散和灭火等工作。

图5-18 排烟消防车

图5-19 排烟消防车

排烟消防车主要有三种:第一种是配备了机械排烟系统;第二种是既配备了机械排烟系统,又配备了高倍数泡沫发生系统,使之更加灵活机动;第三种是既装备了机械排烟系统,同时配备了照明系统,以便在有烟雾的场所或夜间灭火作业。

3. 照明消防车

照明消防车是装备发电和照明设备(发电机、固定升降照明塔和移动灯具)以及通信器材消防车，为夜间灭火、救援工作提供照明，并兼作火场临时电源供通信、广播宣传和做破拆器具的任务，如图 5 - 20 所示。

图 5 - 20　照明消防车

4. 抢险救援消防车

抢险救援消防车又名抢险救援车、救援消防车、抢险救援专用车等，车上装备各种消防救援器材、消防员特种防护设备、消防破拆工具及火源探测器，是担负抢险救援任务的专勤消防车，如图 5 - 21 所示。

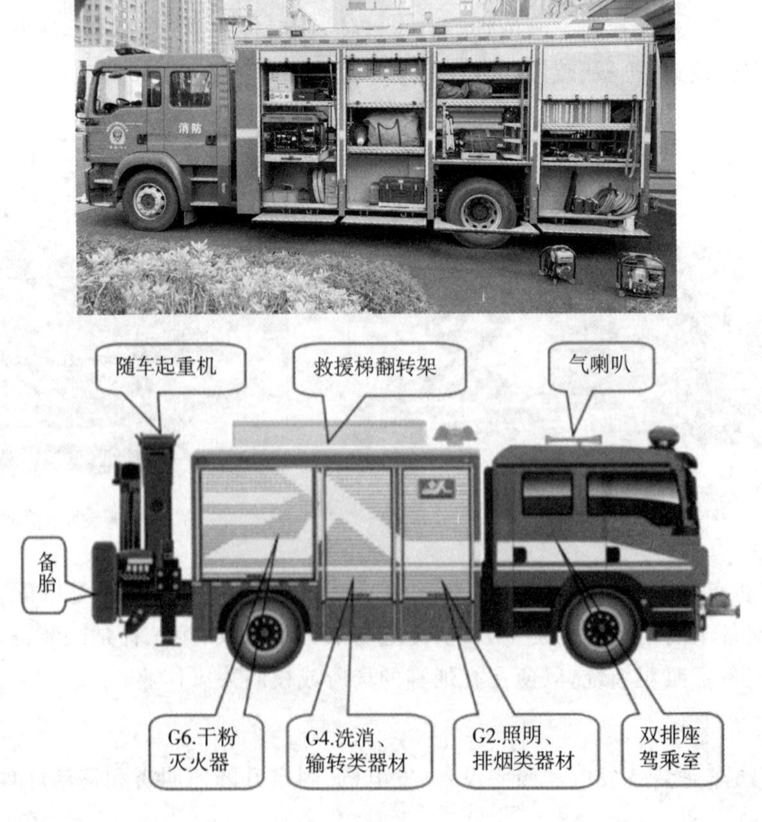

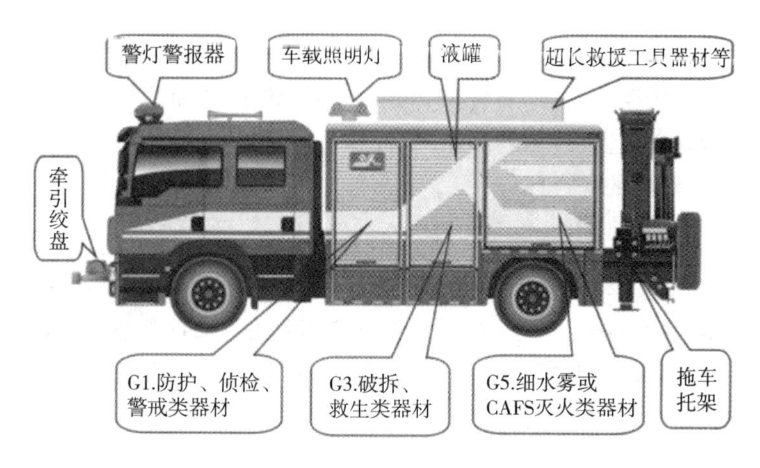

图 5－21　抢险救援消防车

抢险救援消防车具有起吊、自救、牵引、清障、发电、照明等功能，车辆器材箱内部采用铝合金型材可调模块式结构，可装备大量的破拆、侦检、堵漏、防护等各类消防器材或工具，广泛用于应对各种自然灾害、突发事件及抢险、抢救等各个领域。

抢险救援车的结构组成包括汽车底盘，上装厢体(内装抢险救援器材)，取力器及传动装置，发电机(轴带式或独立发电机组)，绞盘(液压或电动)，随车吊(一般为折臂式，在车体后方)，升降照明系统，电气系统。根据抢险救援消防车的用途不同，车的具体配置也不一样，如随车吊，绞盘，发电机，升降灯等不一定所有的抢险车都有。抢险救援消防车分为普通抢险救援车、化学救援消防车、特殊抢险救援车(如地震救援车等)。

5. 防化消防车

随着我国经济的发展，化工产业也随之快速地发展，人们对生产和生活所需的危险化学品的需求量不断提高。由于危险化学品本身具有危害性，而危险化学品事故数量、伤亡人数又呈不断上升的趋势，给国家和人民群众生命财产以及生态环境造成极大的危害，引起社会各界的广泛关注。为了有效地处置有毒物质泄漏事故，最大限度地减小泄漏事故给人民生命财产以及救援人员带来的危害和损失，专业有效地使用防化消防车，对提高整个救援过程的科学性、合理性以及时效性，具有重要意义。

防化消防车是专门处理特殊灾害的消防车，如图 5－22 所示。目前消防部队使用的防化车主要有大型防化救援车、防化洗消车、防化救援洗消车三类。

1)防化救援车

防化救援车装备了个人防护、特殊故障处理、起重、转输、隔离防护、个人洗消、公众救援、抢险破拆、灾害处置设施等各类器材，可进行有毒、易燃易爆气体检测、核放射性射线探测，有毒有害液体定性、定量分析，具有消防救援能力。

2)防化洗消车

防化洗消车装备有洗消帐篷、洗消供水泵、热水加压泵、空气升温设施、洗消污水回收设备、洗消药液均混设备、清水储水袋、污水排回水袋以及其他辅助设备等，满足侦检、洗消、个人防护、堵漏输转、救生、警戒、照明、破拆等需求。

3)防化救援洗消车

防化救援洗消车(图 5－22)除了具有军事毒剂和复合毒剂的侦检,有毒、易燃易爆气体检测、核放射性射线探测,有毒有害液体定性、定量分析等侦检功能之外,还配备了个人防护、特殊故障处理、起重转输隔离保护、特殊灾害处置、公众大型洗消的装备,能够胜任防化抢险与公共消洗的综合任务。

6. 后援消防车

后援消防车(图 5－23),是指为执行火场任务的消防部队提供各类有效后续援助的消防车辆,其基本功能应满足五个方面:为消防车辆提供燃油;为消防车辆补充泡沫、干粉、二氧化碳、氮气等灭火剂;提供特种规格或特殊用途的灭火和抢险救援器材;进行现场补给充气,并供给备用的呼吸高压气瓶;为长时间灭火或抢险的现场消防员提供基本的生活保障。

图 5－22　防化救援洗消车

图 5－23　后援消防车

后援消防车有固定式与模块式两种类型。固定式是指将器材设施与车辆底盘综合为一体的结构型式,基本结构分为驾驶室、器材箱区、灭火剂补给设备区和生活保障区。模块式是指将器材设施组成模块总成,与车辆底盘分开设置的结构形式,使用时可根据需要由车辆拖运相应模块至火场。

5.1.4 消防车道

消防车道是供消防车灭火时通行的道路。设置消防车道的目的在于,一旦发生火灾时,确保消防车畅通无阻,迅速到达火场,为及时扑灭火灾创造条件。消防车道可以利用交通道路,但在通行的净高度、净宽度、地面承载力、转弯半径等方面应满足消防车通行与停靠的需求,并保证畅通。街区内的道路应考虑消防车的通行,室外消火栓的保护半径在 150 m 左右,按规定一般设在城市道路两旁,故将道路中心线间的距离设定为不宜大于 160 m。

消防车道的设置应根据当地消防部队使用的消防车辆的外形尺寸、载重、转弯半径等消防车技术参数,以及建筑物的体量大小、周围通行条件等因素确定,如图 5－24 所示。

1. 消防车道设置形式

1)穿过式消防车道

对于一些使用功能多、面积大、建筑长度长的建筑,可在适当位置设置穿过建筑物的消防车道。当建筑物沿街部分长度超过 150 m 或建筑物总长度:$a+b>220$ m(L 形建筑)

或 $a+b+c>220$ m(U 形建筑)时,应设置穿过建筑物的消防车道。确有困难时,应设置环形消防车道。

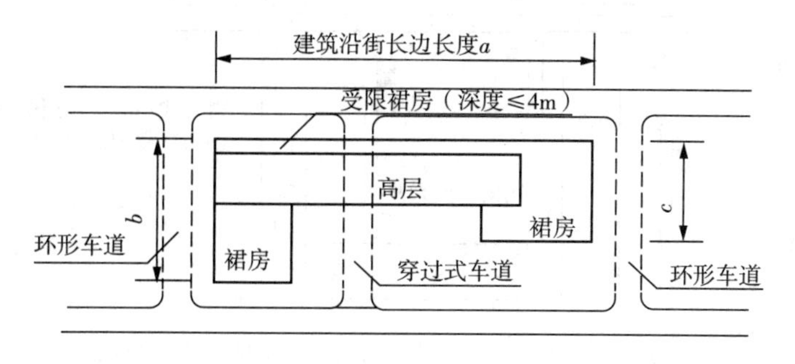

图 5-24 消防车道设置

2)环形消防车道

高层民用建筑,大于 3000 个座位的体育馆,大于 2000 个座位的会堂,占地面积大于 3000 m² 的商店建筑、展览建筑等单、多层公共建筑,高度高、体量大,功能复杂、扑救困难,应设置环形消防车道,确有困难时,可沿建筑的两个长边设置消防车道。对于高层住宅建筑或山坡地或河道边临空建造的高层民用建筑,可沿建筑的一个长边设置消防车道,但该长边所在建筑立面应为消防车登高操作面。如图 5-25 所示。

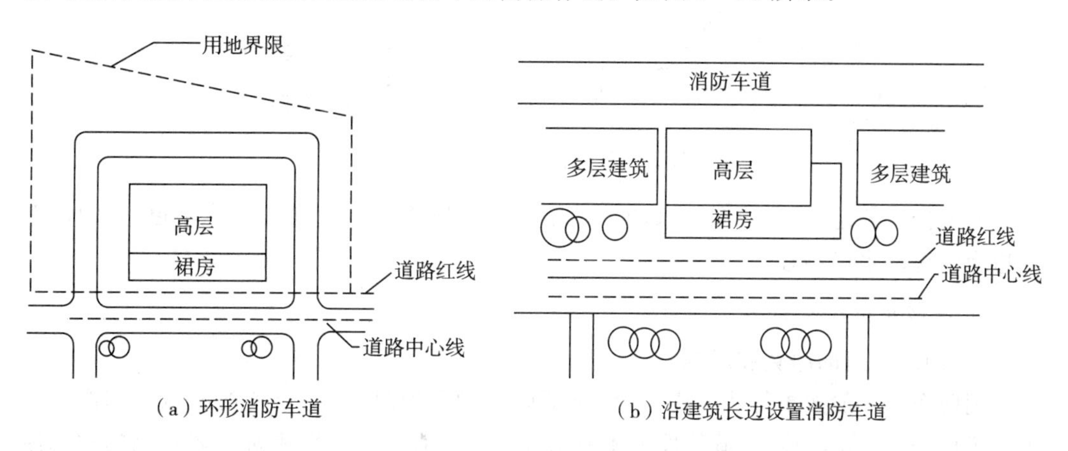

图 5-25 消防车道示意图

设置环形消防车道时至少应有两处与其他车道连通,必要时还应设置与环形车道相连的中间车道,且道路设置应考虑大型车辆的转弯半径。

3)封闭式内院或天井建筑的消防车道设置

为了日常使用方便和消防人员快速便捷地进入建筑内院救火,有封闭内院或天井的建筑物,当其短边长度大于等于 24 m 时,宜设置进入内院或天井的消防车道,如图 5-26 所示。当该建筑物沿街时,应设置连通街道和内院的人行通道(可利用楼梯间),其间距不宜大于 80 m。

在穿过建筑物或进入建筑物内院的消防车道两侧,不应设置影响消防车通行或人员安全疏散的设施。

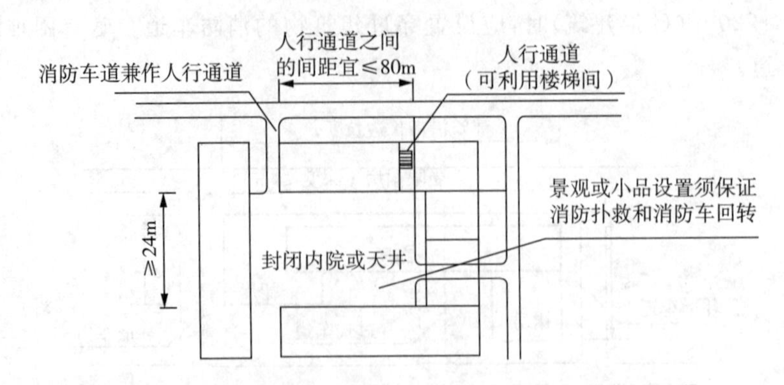

图 5－26　穿过建筑物进入内庭院的消防车道示意图

4）消防车尽头式回车场

当建筑和场所的周边受地形环境条件限制，难以设置环形消防车道或与其他道路连通的消防车道时，应设置消防车尽端式回车场，回车场的面积不应小于 12 m×12 m；对于高层建筑不宜小于 15 m×15 m；供重型消防车使用时，不宜小于 18 m×18 m，如图 5－27 所示。

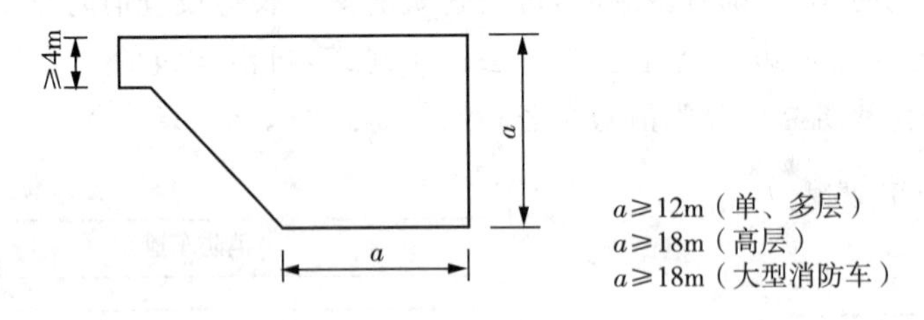

图 5－27　消防车尽端式回车场

需要指出的是，供消防车取水的天然水源和消防水池也应设置消防车道，且消防车道边缘距离取水点不宜大于 2 m。

2．消防车道技术要求

（1）消防车道的净宽和净高

消防车道一般按单行线考虑，为便于消防车顺利通过，消防车道的净宽度和净空高度均不应小于 4 m，消防车道的坡度不宜大于 8%。消防车道靠建筑外墙一侧的边缘距离建筑外墙不宜小于 5 m；消防车道与建筑之间不应设置妨碍消防车操作的树木、架空等障碍物。

（2）消防车道的荷载

轻、中系列消防车最大总质量不超过 11 t；重系列消防车其最大总质量 15～50 t。作为车道，不管是市政道路还是小区道路，一般都应能满足大型消防车的通行。消防车道的路面、救援操作场地及消防车道和救援操作场地下面的管道和暗沟等，应能承受重型消防车的压力，且应考虑建筑物的高度、规模及当地消防车的实际参数。

（3）消防车道的最小转弯半径

消防车道转弯处应考虑消防车的最小转弯半径，以便于消防车顺利通行。消防车的最小转弯半径是指消防车回转时消防车的前轮外侧循圆曲线行走轨迹的半径。目前，我国普通消防车的转弯变径为9 m，登高车的转弯半径为12 m，一些特种车辆的转弯半径为16～20 m，因此，无论是消防车道还是其他道路，均应满足消防车的转弯半径要求。该转弯半径应结合当地消防车的配置情况和区域内的建筑物建设与规划情况结合考虑确定。因此，弯道外侧需要保留一定的空间，保证消防车紧急通行，停车场或其他设施不能侵占消防车道的宽度，以免影响扑救工作。

(4)消防车道的间距

室外消火栓的保护半径在150 m左右，按规定一般设在城市道路两旁，故消防车道的间距应为160 m。

(5)消防车道可利用城乡、厂区道路等，但该道路应满足消防车通行、转弯和停靠的要求。

(6)消防车道不宜与铁路正线平交，确需平交时，应设置备用车道，目的车道的间距不应小于一列火车的长度。

5.2　消防登高面、消防救援场地和灭火救援窗

建筑的消防登高面、消防救援场地和灭火救援窗，是火灾时进行有效的灭火救援行动的重要设施。本节主要介绍这些消防救援设施的设置要求。

5.2.1　定义

消防登高面：登高消防车能够靠近高层主体建筑，便于消防车作业和消防人员进入高层建筑进行抢救人员和扑救火灾的建筑立面，也称建筑的消防扑救面。

消防救援场地：在高层建筑的消防登高面一侧，地面必须设置消防车道和供消防车停靠并进行灭火救人的作业场地，该场地就叫作消防救援场地。

灭火救援窗：在高层建筑的消防登高面一侧外墙上设置的供消防人员快速进入建筑主体且便于识别的灭火救援窗口。厂房、仓库、公共建筑的外墙应每层设置灭火救援窗。

5.2.2　消防登高面

对于高层建筑，应根据建筑的立面和消防车道等情况，合理确定建筑的消防登高面。根据消防登高车的变幅角的范围以及实地作业，高度不大于5 m且进深不大于4 m的裙房不会影响举高车的操作，因此，高层建筑应至少沿一条长边或周边长度的1/4且不小于一条长边长度的底边连续布置消防车登高操作场地，该范围内的裙房进深不应大于4 m。建筑高度不大于50 m的建筑，连续布置消防车登高操作场地有困难时，可间隔布置，但间隔距离不宜大于30 m，且消防车登高操作场地的总长度仍应符合上述规定。

建筑物与消防车登高操作场地相对应的范围内，应设置直通室外的楼梯或直通楼梯间的入口，方便救援人员快速进入建筑展开灭火和救援。

5.2.3　消防救援场地

1. 最小操作场地面积

消防登高场地应与消防车道统筹设置。考虑到举高车的支腿横向跨距不超过6 m、普通车（宽度为2.5 m）的交会以及消防队员携带灭火器具的通行，一般以10 m考虑。根

据登高车的车长 15 m 以及车道的宽度，最小操作场地长度和宽度不宜小于15 m×8 m。对于建筑高度大于 50 m 的建筑，操作场地的长度和宽度分别不应小于20 m×10 m，且场地的坡度不宜大于3%。

2. 场地与建筑的距离

根据火场经验和登高车的操作，一般距离建筑 5 m，最大距离可由建筑高度、举高车的额定工作高度确定。一般如果扑救 50 m 以上的建筑火灾，在 5～13 m 内消防登高车可达其额定高度，为方便布置，登高场地靠外墙一侧距建筑外墙不宜小于 5 m 且不应大于 10 m。

3. 操作场地荷载计算

作为消防车登高操作场地，由于需承受 30～50 t 举高车的重量，对中后桥的荷载也需 26 t，故从结构上考虑做局部处理还是十分必要的。虽然地下管道、暗沟、水池、化粪池等不会很影响消防车荷载，但为安全起见，不宜把上述地下设施布置在消防登高操作场地内。同时在地下建筑上布置消防登高操作场地时，地下建筑的楼板荷载应按承载大型重系列消防车计算。

4. 操作空间的控制

应根据高层建筑的实际高度，合理控制消防登高场地的操作空间，场地与建筑之间不应设置妨碍消防车操作的架空高压电线、树木、车库出入口等障碍，同时要避开地下建筑内设置的危险场所等的泄爆口，如图 5－28 所示。

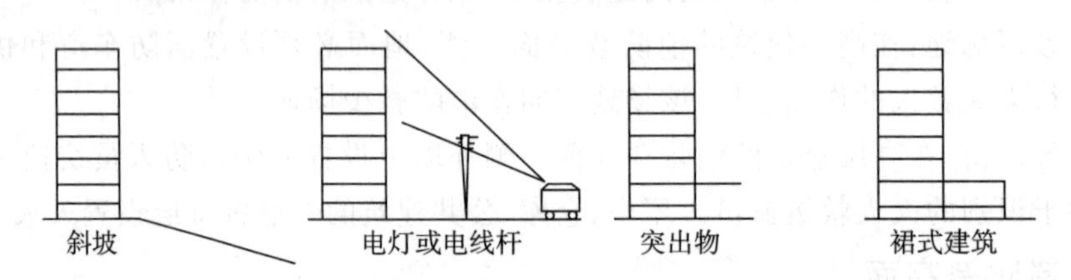

图 5－28　消防车工作空间示意

5.2.4　灭火救援窗

在灭火时，只有将灭火剂直接作用于火源或燃烧的可燃物，才能有效灭火。通常，大部分建筑的火灾在消防队到达时均已发展到比较大的规模，从楼梯间进入有时难以直接接近火源，因此有必要在外墙上设置供灭火救援用的入口。厂房、仓库、公共建筑的外墙应每层设置可供消防救援人员进入的窗口。窗口的净高度和净宽度均不应小于 1.0 m，下沿距室内地面不宜大于 1.2 m，间距不宜大于 20 m，且每个防火分区不应少于 2 个，设置位置应与消防车登高操作场地相对应。窗口的玻璃应易于破碎，并应设置可在室外识别的明显标志。

5.3　消防电梯

在高层建筑设置消防电梯能节省消防员的体力，使消防员能快速接近着火区域，提高战斗力和灭火救援效果。根据在正常情况下对消防员的测试结果，消防员从楼梯攀登的高度一般不大于 23 m；否则，对人体的体力消耗很大。对于地下建筑，由于排烟、通风条件很差，受当前装备的限制，消防员通过楼梯进入地下的危险性较地上建筑要高，因此，要尽量缩短达到火场的时间。由于普通的客、货电梯不具备防火、防烟、防水条件，火灾时往往电源无法保证，不能用于消防员的灭火救援。因此，要求高层建筑和埋深较大的地下建筑设置供消防员专用的消防电梯。符合消防电梯要求的客梯或工作电梯，可以兼作消防电梯。

消防电梯是设置在建筑的耐火封闭结构内，具有前室和备用电源，在正常情况下为普通乘客使用，在建筑发生火灾时其附加的保护、控制和信号等功能能专供消防员使用的电梯。

1. 消防电梯的设置范围

高层建筑根据建筑物的重要性、高度、建筑面积、使用性质等情况合理设置消防电梯。通常建筑高度超过 32 米且设有电梯的高层厂房和建筑高度超过 32 米的高层库房；建筑高度大于 33 m 的住宅建筑；一类高层公共建筑和建筑高度大于 32 m 的二类高层公共建筑；设置消防电梯的建筑的地下或半地下室，埋深大于 10 m 且总建筑面积大于 3000 m^2的其他地下或半地下建筑(室)，根据防火分区设置消防电梯。5 层及以上高层建筑面积大于 3000 m^2(包括设置其他建筑内 5 层及以上楼层)的老年照料设施。

2. 消防电梯的设置要求

(1)消防电梯应分别设置在不同防火分区内，且每个防火分区不应少于 1 台。

(2)建筑高度大于 32 m 且设置电梯的高层厂房(仓库)，每个防火分区内宜设置 1 台消防电梯。但符合下列条件的建筑可不设置消防电梯：①建筑高度大于 32 m 且设置电梯，任一层工作平台上的人数不超过 2 人的高层塔架；②局部建筑高度大于 32 m，且局部高出部分的每层建筑面积不大于 50 m 的丁戊类厂房。

(3)消防电梯应具有防火、防烟、防水功能。

(4)消防电梯应设置前室或与防烟楼梯间合用的前室。设置在仓库连廊、冷库穿堂或谷物筒仓工作塔内的消防电梯，可不设置前室。消防电梯前室应符合以下要求：

① 前室宜靠外墙设置，并应在首层直通室外或经过长度不大于 30 m 的通道通向室外。

② 前室的使用面积公共建筑不应小于 6 m^2，居住建筑不应小于 4.5 m^2；与防烟楼梯间合用的前室，公共建筑不应小于 10 m^2，居住建筑不应小于 6 m^2。

③ 前室或合用前室的门应采用乙级防火门，不应设置卷帘。

(5)消防电梯井、机房与相邻电梯井、机房之间应设置耐火极限不低于 2.00 h 的防火隔墙，隔墙上的门应采用甲级防火门。

(6)在扑救建筑火灾过程中，建筑内有大量消防废水流散，电梯井内外要考虑设置排水和挡水设施，并设置可靠的电源和供电线路，以保证电梯可靠运行。因此在消防电梯的井底应设置排水设施，排水井的容量不应小于 2 m^3，排水泵的排水量不应小于 10 L/s。且消防电梯间前室的门口宜设置挡水设施。

(7)消防电梯的载重量及行驶速度。为了满足消防扑救的需要,消防电梯应能每层停靠,包括地下室各层。电梯的载重量不应小于 800 kg,且轿厢尺寸不宜小于 1.5 m×2 m,这样,火灾时可以将一个战斗班的(8 人左右)消防队员及随身携带的装备运到火场,同时可以满足用担架抢救伤员的需要。对于医院建筑等类似建筑,消防电梯轿厢内的净面积尚需考虑病人、残障人员等的救援以及方便对外联络的需要。为了赢得宝贵的时间,消防电梯从首层至顶层的运行时间不宜大于 60 s。

(8)消防电梯的电源及附设操作装置。消防电梯的供电应为消防电源并设备用电源,在最末级配电箱自动切换,动力与控制电缆、电线、控制面板应采取防水措施;在首层的消防电梯入口处应设置供消防队员专用的操作按钮,使之能快速回到首层或到达指定楼层;电梯轿厢内部应设置专用消防对讲电话,方便队员与控制中心联络。

(9)电梯轿厢的内部装修应采用不燃材料。

消防电梯布置示意图如图 5-29 所示。

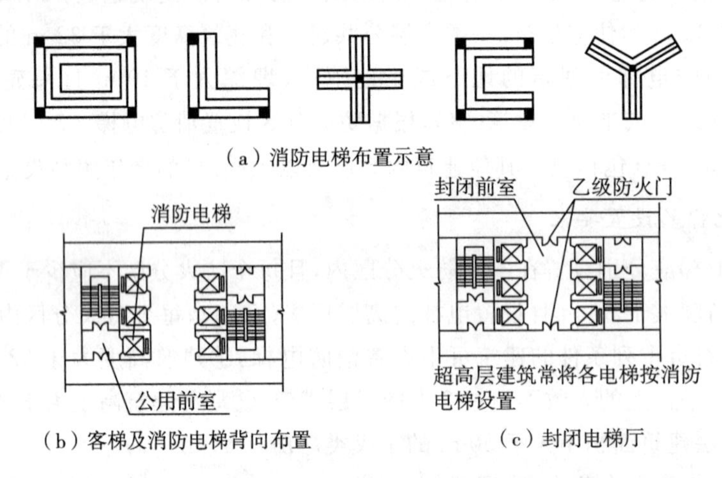

(a) 消防电梯布置示意

(b) 客梯及消防电梯背向布置　　(c) 封闭电梯厅

图 5-29　消防电梯布置

5.4　直升机停机坪

对于建筑高度大于 100 m 的高层建筑,建筑中部需设置避难层,当建筑某楼层着火导致人员难以向下疏散时,往往需到达避难层或屋面等待救援。此时,仅靠消防队员利用云梯车或地面登高施救条件有限,可考虑利用直升机营救被困人员。

1. 直升机停机坪的设置条件

对于建筑高度>100 m 且标准层建筑面积>2000 m^2 的公共建筑,宜在屋顶设置屋顶直升机停机坪或供直升机救助的设施。相关设置应符合国家现行航空管理有关标准的规定。

2. 直升机停机坪的设置要求

1)起降区

(1)起降区面积的大小。当采用圆形与方形平面的停机坪时,其直径或边长尺寸应等于直升机机翼直径的 1.5 倍；当采用矩形平面时，其短边尺寸大于或等于直升机的长度，且在此范围 5 m 内，不应设置设备机房、电梯机房、水箱间、共用天线、旗杆等突出物。

(2)起降区场地的耐压强度。考虑直升机的动荷载、静荷载以及起落架的构造形式，同时考虑冲击荷载的影响，以及直升机降落控制不良导致建筑物破坏，通常按所承受集中荷载不大于直升机总重的 75％考虑。

(3)起降区的标志。停机坪四周应设置航空障碍灯，并应设置应急照明。特别是当一幢大楼的屋顶层局部为停机坪时，这种停机坪标志尤为重要。停机坪起降区常用符号“✠”或“H”表示，符号所用色彩为白色，需与周围地区取得较好对比时亦可采用黄色，在浅色地面上时可加上黑色边框，使之更为醒目。屋顶直升机停机坪示意图如图 5－30 所示。

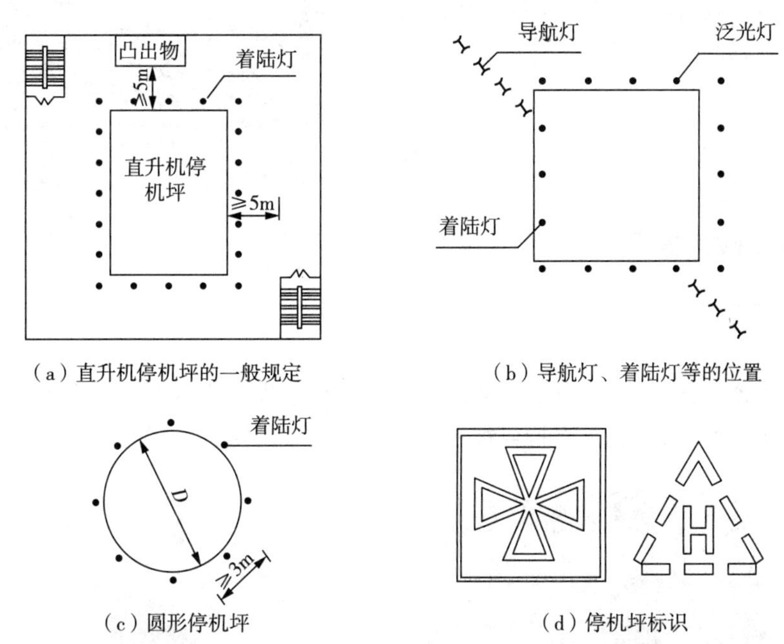

(a) 直升机停机坪的一般规定　(b) 导航灯、着陆灯等的位置

(c) 圆形停机坪　(d) 停机坪标识

注：长方形停机坪边长=2×1.5倍机长（长×宽）；
圆形停机坪直径D=1.5或2.5倍螺旋桨直径。

图 5－30　屋顶直升机停机坪示意图

2)待救区与出口

待救区用以容纳疏散到屋顶停机坪的避难人员。用钢制栅栏等与直升机起降区分隔，防止避难人员涌至直升机处，延误营救时间或造成事故。待救区应设置不少于 2 个通向停机坪的出口，每个出口的宽度不宜小于 0.90 m，其门应向疏散方向开启。

3)夜间照明

停机坪四周应设置航空障碍灯，并应设置应急照明，以保障夜间的起降。

4)设置灭火设备

在停机坪的适当位置应设置消火栓，用于扑救避难人员携带来的火种，以及直升机可能发生的火灾。

第6章 抢险救援器具

6.1 破拆器具

破拆器具是消防人员在灭火或救人时用于开启门窗、拆毁建筑物，开辟消防通道，清除阴燃余火及清理火场的常用装备。破折器分为手动、液压、机动、气动和化学破拆等类型。

6.1.1 手动破拆器具

1. 分类

手动破拆器具有消防斧、消防钩、铁铤、铁锹和绝缘剪等，如图6-1所示。

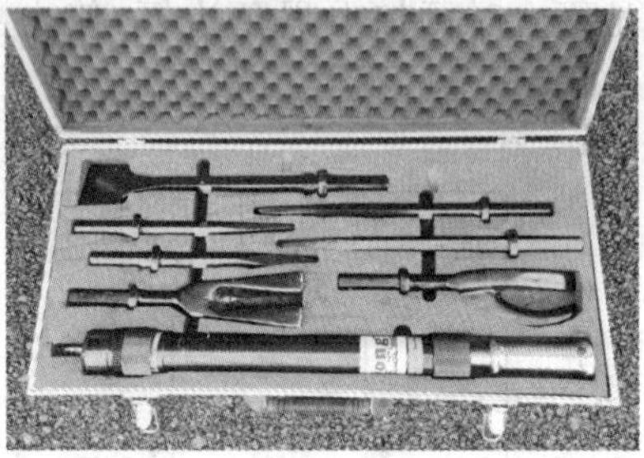

图6-1 手动破拆器具

2. 优缺点

优点：不需要任何能源，适合迫切性小的消防事故救援；缺点：力量小，效率慢。

6.1.2 液压破拆器具

1. 液压剪切器具

1)用途

液压破拆器具如图6-2所示。液压剪切器具用于发生事故时，剪断门框、车辆框架结构或非金属结构，以救援被夹持或被锁于危险环境中的受害者，如图6-3所示。

图6-2 液压破拆器具

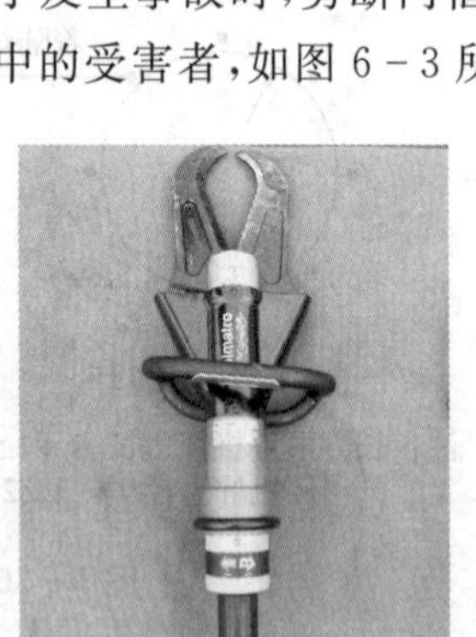

图6-3 液压剪切器具

2)特点

(1)刀具采用可重磨的工具钢制造，活动部件装有保护罩。

(2)剪切防迸溅与自动复位手控转向阀，为操纵者提供安全保证。

(3)符合人体工程学的刀型设计，能自然地把被剪材料推向剪切力量最大的刀片中心。

3)操作程序

首先连接剪切器与油泵，初次使用先转动换向手轮，另一操作者操作油泵供油，先使剪断器空载往复几次，排出油缸内空气，并充满油，被剪材料尽量靠近剪刀根部。然后转动换向阀可控制剪刀开合，工作完毕，使剪切器反向运行一小段距离，以放掉高压油，最后用毕剪刀口呈微开形状，卸掉高压油管，盖好防尘盖。

2. 液压扩张器具

1)用途

液压扩张器(图 6－4)是具有扩张、撕裂和牵拉功能的液压驱动的抢险救援工具，在发生事故时用于支起重物，分离开金属和非金属结构，具有扩张和闭合的功能，可进行高负荷的救援操作。

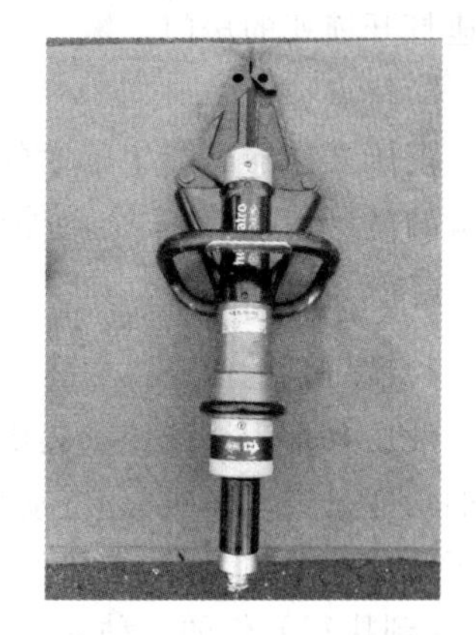

图 6－4　液压扩张器具

2)特点

采用高强度轻质合金钢制造，重量轻，扩张力大；可用于移动、举升障碍物，撬开缝隙并扩充为通道，使金属结构变形，撕裂车体表面钢板；张开闭合耗时短。

3)主要结构

液压扩张器主要由扩张头、扩张臂、中心锁轴锁头、双向液压锁、手控双向阀及手轮、工作油缸、油缸盖、高压软管及操作手柄等部件构成。

4)操作程序

首先连接扩张器与油泵，初次使用先转动换向手轮，另一操作者操作油泵供油，先使扩张器空载往复几次，排出油缸内空气，并充满油，扩张器应与可靠支点接触，保证力点在扩张头上，然后转动换向阀可控制扩张或夹持，工作完毕，使扩张器反向运行一小段距离，以放掉高压油，最后用毕扩张臂呈微开形状，卸掉高压油管，盖好防尘盖。

3. 液压顶撑杆

1)用途

液压顶撑杆用于支起重物，支撑力比扩张器大，但支撑对象空间应大于顶杆的闭合距离。

图 6－5　液压顶撑杆

2)主要结构

液压顶撑杆主要由固定支撑、移动支撑、双向液压锁、手控双向阀、工作油缸、油缸盖、高压软管及操作手柄等部件构成，如图 6－5 所示。

3)应用范围

液压顶撑杆应用于公路、铁路事故、空难及海滩救援；建筑物及灾害救援；移动障碍物，撑顶物体，创造救援通道及保持物体稳定。

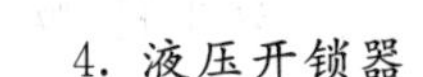

4. 液压开锁器

1)用途

液压开锁器(图 6－6)用于消防事故中打开锁门。其底脚采用特种钢制造，可提供巨大的开门力。

2)应用范围

液压开锁器可应用于意外事故救援,特别适用于住宅、宾馆及商业楼宇的火灾救援,快速打开锁死的房门。

3)特点

液压开锁器可产生巨大的开门破坏力,与手动泵配合可产生自锁功能。可在有爆炸危险的场所使用,较安全。外形小巧、便携,可存储在金属箱内,实施快速机动救援。

5. 液压泵

1)液压泵的简介

液压泵是为液压传动提供加压液体的一种液压元件,是泵的一种,如图 6-7 所示。它的功能是把动力机(如电动机和内燃机等)的机械能转换成液体的压力能。液压泵是液压系统的动力元件,是靠发动机或电动机驱动,从液压油箱中吸入油液,形成压力油排出,送到执行元件的一种元件。

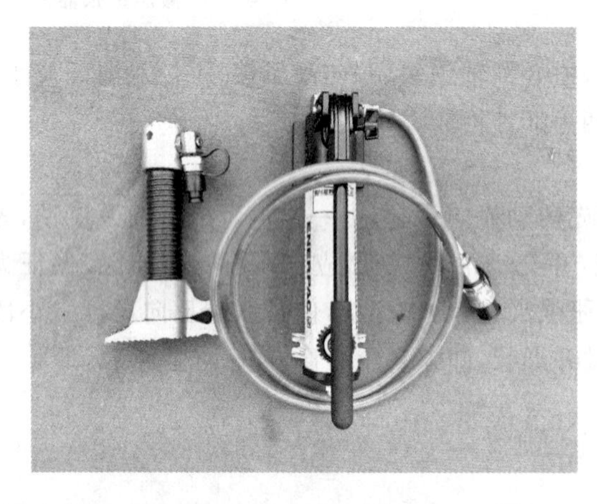

图 6-6 液压开锁器

图 6-7 液压泵

影响液压泵的使用寿命因素很多,除了泵自身设计、制造因素外和一些与泵使用相关元件(如联轴器、滤油器等)的选用、试车运行过程中的操作等也有关系。

2)常用液压泵的种类及优缺点

(1)按流量是否可调节可分为变量泵和定量泵。其中输出流量可以根据需要来调节的称为变量泵,流量不能调节的称为定量泵。

(2)按液压系统中常用的泵结构分为齿轮泵、叶片泵和柱塞泵。

① 齿轮泵:体积较小,结构较简单,对油的清洁度要求不严,价格较便宜;但泵轴受不平衡力,磨损严重,泄漏较大。

② 叶片泵:分为双作用叶片泵和单作用叶片泵。这种泵流量均匀、运转平稳、噪音小、工作压力和容积效率比齿轮泵高、结构比齿轮泵复杂。

③ 柱塞泵:容积效率高、泄漏小、可在高压下工作、大多用于大功率液压系统;但结构复杂,材料和加工精度要求高、价格贵、对油的清洁度要求高。一般在齿轮泵和叶片泵不

能满足要求时才用柱塞泵。

3)特点

铝合金制造强度高、耐腐蚀、重量轻、适合各种环境下作业,双速特性减少了打压次数,在低压室快速处于负载用功状态,立刻转换成高压,缩短每次作业周期且配有压力调节阀,可调节控制及设定工作压力。

4)液压泵的工作原理

单柱塞泵的工作原理如图6-8所示。凸轮由电动机带动旋转,当凸轮推动柱塞向上运动时,柱塞和缸体形成的密封体积减小,油液从密封体积中挤出,经单向阀排到需要的地方去。当凸轮旋转至曲线的下降部位时,弹簧迫使柱塞向下,形成一定真空度,油箱中的油液在大气压力的作用下进入密封容积。凸轮使柱塞不断地升降,密封容积周期性地减小和增大,泵就不断吸油和排油。

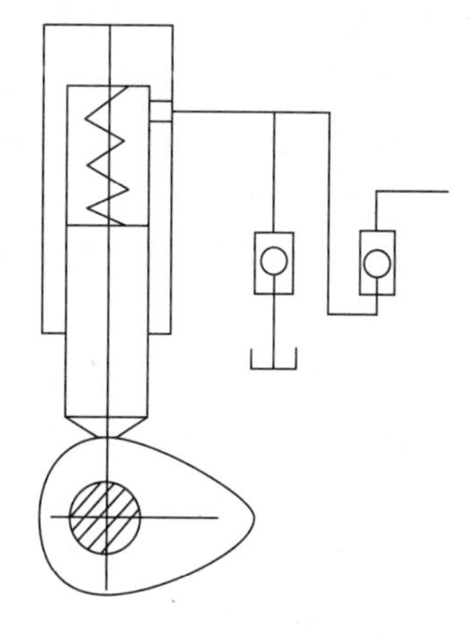

图6-8 单柱塞泵的工作原理

6.1.3 机动破拆器具

如图6-9所示,机动破拆器具由发动机和切割刀具组成,主要有机动锯、机动镐,铲车、挖掘机等;主要以燃料为动力转换机械能实施破拆清障,主要分为无齿锯和机动链锯两类。优点:工作效率快,不受电源影响;缺点:设备大、不便于携带。

图6-9 机动破拆器具

1. 无齿锯

无齿锯以汽油发动机为动力源,通过锯片的高速旋转,切割各类金属、混凝土、砖土等结构。主要用途是切割钢架、铁轨、水管、钢筋、铁板、岩石、钢筋混凝土、石棉等。其中充电式无齿锯用于快速切割各种金属,实现快速救援。适用于消防、地震、武警、公安、民防等抢险作业,磨砂刀片的适用范围见表6-1所列。它的特点是重量轻,体积小,携带方便,电动力,单人即可操作。

表6-1 磨砂刀片的适用范围

刀片类型	用 途
混凝土	混凝土、沥青、石块、砖、铸铁、铝、铜、黄铜、电缆、橡胶等
金属	钢、合金钢、其他硬金属
金刚石	任何砖料、强化混凝土、其他非金属材料、不适合金属

2. 机动链锯

机动链锯由汽油发动机、链锯条、导板以及锯把等组成传给锯切机构。发动机输出的动力通过离合器主要用于切割非金属材料，有以下优点：

① 使用方便：该机采用单人便携式操作、重量轻。

② 作业范围广：可实现切割煤层、岩石、混凝土、钢筋混凝土、管道、砖石、石头和其他石材，木材的作业。

③ 无污染：采用湿式切割，水流从锯板内高速喷出后直达锯链和切割物体，无任何粉尘产生。

④ 安全性高：主机上装有多处防止人身伤害防护装置，机器的任何故障均能保证人身不受伤害。另当冲洗水压力低时链条锯会自动停止工作，防止高温和火花产生。

⑤ 科技含量高：主要驱动元件采用国际最优秀的高速马达，运转平稳效率高；锯链刀头采用金刚石烧结技术，并采用激光焊接，寿命长、切割速度高且价格低廉。

⑥ 主机操作符合人体工学：机上装有巧妙的助力机架，它将操作者向前的推力自动转换成锯链向下的切割力，降低了操作者的劳动强度。

6.1.4 气动破拆器具

1. 气动破拆工具组

如图 6－10 所示，气动破拆器具主要用于以下方面。

① 开辟道路：凿门、锁、挂锁、锁扣。

② 救援：在交通事故中从汽车、卡车里抢救遇险者。

③ 自然灾害抢险：地震、坍塌。

④ 飞机中抢救：切割机壳、翼梁、舱盖。

⑤ 灭火抢险：破拆同时可喷洒灭火剂。

⑥ 钻打孔：混凝土、沥青等。

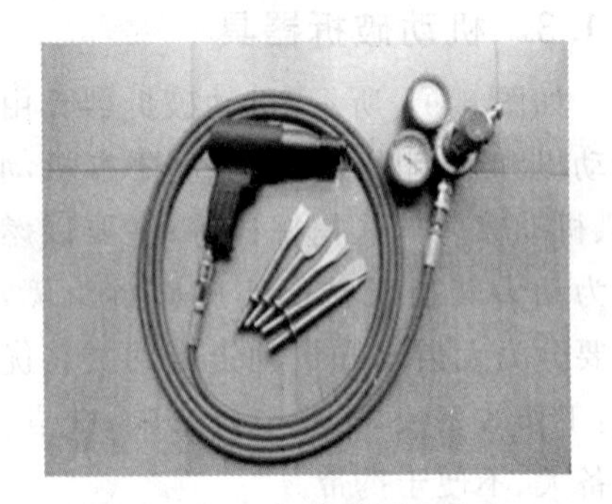

图 6－10　气动破拆工具组

2. 起重气垫

1)起重气垫介绍

起重气垫用于交通事故、房屋倒塌救援事故现场救援，如图 6－11 所示，具备抗静电、抗裂、耐磨抗油、抗老化等性能。起重气垫由凯夫拉材料制成，由气源(高压气瓶或脚踏空气充填泵)提供动力。采用了最先进的芳族聚酰胺增强材料，柔韧性高，耐腐蚀性强；超薄型设计，有很小的缝隙便可插入气垫。其中表面防滑网纹、边缘加厚设计、耐磨。

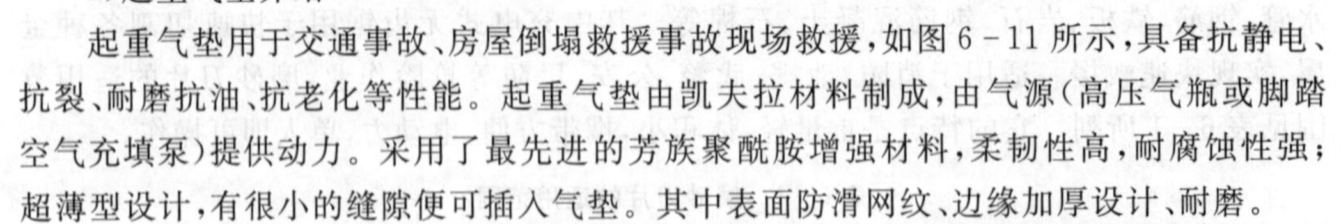

2)特点

升举力极强，独立起重垫的起重压力从 1～71 吨；升举速度快(10000 公斤 4 秒钟)；表面有防滑网纹，安全性能高，配备压力调节器。

3)工作原理

高压气瓶通过压力调节器的减压，将 25 MPa 的高压空气降低到 0.8 MPa 低压空气，0.8 MPa 低

图 6－11　起重气垫

压空气通过双向控制器连接两个气垫或两个气囊，可完成两组起重操作。控制器由双向控制器和单向控制器两种类型，顾名思义，双向控制器可连接两个气垫或两个气囊，单向控制器可连接一个气垫或一个气囊。气囊与气垫的区别为，气囊起重力小，起重高度高，气垫刚好相反。

6.1.5　化学破拆器具

1. 丙烷切割器

1）主要组成部分

丙烷切割器主要由丙烷气瓶、氧气瓶、减压器、丙烷气管、氧气管、割矩等组成，如图6-12所示。

2）用途

用于切割低碳钢、低合金钢构件。

3）切割原理

点燃丙烷对切割物预热，接着按下快风门，高压高速氧单独喷出，使金属氧化并吹走。

4）切割条件

切割部分局部达到氧化温度；氧化物熔点要比金属母材熔点低；氧化物流动性好。

2. 氧气切割器

1）组成

氧气切割器由氧气瓶、气压表、电池、焊条、切割枪、防护眼镜和手套等组成，如图6-13所示。

图6-12　丙烷切割器

图6-13　氧气切割器

2）特点

氧气切割器具有体积小、重量轻、快捷安全和低噪音的特点。切割温度达五千摄氏度。能熔化大部分物质，对生铁、不锈钢、混凝土、花岗石、镍、钛及铝同时有效。

6.2　救生器具

6.2.1　高层逃生器（又称缓降器）

1. 介绍

缓降器由挂钩（或吊环）、吊带、绳索及速度控制等组成，是一种可使人沿（随）绳（带）

缓慢下降的安全营救装置，如图 6－14 所示。它可用专用安装器具安装在建筑物窗口、阳台或楼房平顶等处，也可安装在举高消防车上，营救处于高层建筑物火场上的受难人员。

图 6－14　缓降器

缓降器是依靠使用者自重摩擦或调速器自动调整、控制下降速度而安全降落的救生器具，现已广泛用于高层建筑的下滑自救或对被困人员的营救。缓降器按火场使用方式可分为往返式缓降器和自救式缓降器。

1)往返式缓降器

往返式缓降器有行星轮式缓降器和齿轮式缓降器两种。往返式缓降器主要由速度控制器、安全带、安全钩、救援绳组成。往返式缓降器速度控制器固定，绳索可以上下往返，连续救生，下降速度由人体重量而定，整个下降过程中速度比较均匀，不需要人力进行辅助控制。

往返式缓降器的工作原理：往返式缓降器通过绳索带动传动齿轮，传动齿轮带动制动毂高速转动，将制动毂轮槽的摩擦块甩出，形成摩擦力，控制下滑速度并保持均匀。

2)自救式缓降器

自救式缓降器有多孔板型和摩擦棒型两种。自救式缓降器绳索固定、速度控制器随人从上而下，不能往返使用，下降速度必须由人操纵控制，控制方式有地面人员控制和下降者本人控制两种。

自救式缓降器的工作原理：都是利用绳(带)与速度控制器的摩擦棒(或多孔板)摩擦产生阻力，来控制下降速度的。

2. 缓降器的使用操作方法

① 将吊钩钩于吊架，并旋紧吊钩旋钮；

② 将滑轮扔出窗外。在这之前请先确认着陆地无障碍物。将安全带绑系于腋下，调整后将安全带扣扣好；

③ 面朝墙，爬出窗口，一手握安全带，另一手握滑绳，随滑绳自动降落，双脚可轻触墙壁。滑落过程中始终保持直立姿势。在接近地面时，应使双脚微缩弯曲以防扭伤脚腕。可循环使用。

3. 缓降器使用的注意事项

① 缓降器位置固定要安全可靠，被救者的安全带栓好后要认真检查，需在绝对安全的前提下，方可操作(安全带尽量置于被救者的双腋下)。

② 使用时应将主机放置于外墙面，切勿使钢丝绳索与墙体或锐角摩擦。下降时，不要用手去握上升端的钢丝绳，下降过程中，应面向墙面，尽量避免身体旋转和触摸墙面和其他构件，防止阻碍下降。

③ 摩擦轮内严禁注油，以免摩擦打滑，造成滑降人员坠落伤亡。

④ 滑降绳索编织层严重剥落破损时,需及时更换新绳。

⑤ 对于使用安全带的缓降器,被困人员在降至地面后须把安全带留在安全吊绳的套环内,以便供后继人员使用。

6.2.2　救生滑道(又称救生袋)

1. 介绍

救生袋是两端开口,供人从高处在其内部缓慢滑降的长条形袋状物,通常又称救生通道。它以尼龙织物为主要材料,可固定或随时安装使用,是楼房建筑火场受难人员的脱险器具如图 6-15 所示。目前我国的举高消防车救生通道,是与举高消防车配合使用的救生器具。它结构新颖,可在不同高度下安全使用,而且该通道是与缓降器联合使用的,更增加了安全性,可供消防队员在楼房建筑火灾的情况下营救被困人员时使用。

图 6-15　救生袋

2. 救生通道的使用程序

① 将救生通道安装架放成工作状态,打开背包取出通道筒,将连接带挂钩固定在举高车工作台架上。

② 放下救生通道,并按实际使用高度,用拉链调节通道筒的长度。

③ 被营救人员系配安全带,将两个连接钩钩在安全带上的两个金属环内,双手抓住方框上的扶手。

④ 被营救人员进入通道后,即在通道内下降,其下降速度由地面消防员控制,被营救人员双手向上,不作任何操纵动作。

⑤ 接近地面时,地面消防员应适当加大操纵力,减小下降速度,使被营救人员平稳着地。

3. 救生滑道的分类

救生滑道主要分为直降式救生滑道和斜降式救生滑道两种。

① 直降式救生滑道:由固定装置、内层阻尼套、外层防火套等部分组成。利用人体自重下滑,靠手脚肩部控制下滑速度。下滑速度不超过 3.5 m/s。

② 斜降式救生滑道:由固定装置、隧道状布筒组成。布筒由三、四层织物组成,外层防火,内层是刹车层,底层为支撑层。

4. 安全注意事项

① 使用前必须检查连接钩与安全带上的两只环是否钩牢。

② 速度控制器必须位于扶手内侧。

③ 被营救人员应脱掉棉、皮大衣。

④ 重量小于 50 千克的被营救人员可骑在另一人肩上同时下降。

⑤ 严禁地面控制下降速度的消防员双手松开缓降滑带,使被营救人员自由下降;严禁被营救人员做任何操纵动作;接近地面时,地面控制下降速度的消防员应加大操纵力,

以减小下降速度，使被营救人员安全平稳着地。

6.2.3 救生软梯

1. 介绍

救生软梯是一种用于营救和撤离被困人员的移动式梯子，平时可收藏在包装袋内。在楼房建筑物发生火灾或意外事故时，楼梯通道被封闭的危急情况下，可用其进行有效的救生。

2. 组成与主要部件

救生软梯一般由钩体和梯体两大部分组成如图 6－16 所示。救生软梯主要部件包括钢制梯钩（固定在窗台墙上）、边索、踏板和撑脚。其中梯钩是指救生软梯最上端的能使梯子的上部固定在建筑物上的金属构件，是梯体悬挂用的固定装置；边索是指救生软梯两侧柔性的阻燃纤维编织带。踏板是指用表面具有防滑功能的铝合金管制作且用电镀铆钉或螺丝固定在两侧边索上的、用于脚踏的金属构件；撑脚是能使救生梯的踏板内沿与墙壁保持一定距离的金属构件。

图 6－16 救生软梯

3. 适用范围及注意事项

救生软梯适用于七层以下楼宇、非明火环境下、在突发事故发生时救援或逃生。

救生软梯适用于专业消防人员在扑救高层建筑火灾时，救助建筑物内人员应急脱险。它限于专业消防人员和身体健康人员使用，最多可同时承载八人。根据楼梯高度，可加挂副梯，载荷不变。

4. 使用方法

救生软梯通常盘卷放于包装袋内（缩合状态），使用时，将窗户打开后，把梯钩安全地钩挂在牢固的窗台上或窗台附近其他牢固的物体上，而后将梯体向窗外垂放，即可使用。用户应根据楼层高度和实际需求选择不同规格的救生软梯。

6.2.4 救生绳

1. 介绍

救生绳是消防员在灭火救援、抢险救灾中用于救人和自救的绳索，或用于日常训练。救生绳采用外包保护层的夹心绳结构，如图 6－17 所示。救生绳是上端固定悬挂，供人们手握进行滑降的绳子。救生绳也可以用于运送消防施救器材，还可以在火情侦察时做标

图 6－17 救生绳

绳用。

2. 操作方法

(1)将救生绳一端固定在牢固的物体上,并将救生绳顺着窗口抛向楼下。

(2)双手握住救生绳,左脚面勾住窗台,右脚蹬外墙面,待人平稳后,左脚移出窗外。

(3)两腿微弯,两脚用力蹬墙面的同时,双臂伸直,双手微松,两眼注视下方,沿救生绳下滑。

(4)当快接近地面时,右臂向前弯曲,勒绳两腿微曲,两脚尖先着地。

3. 注意事项

(1)使用时不能使绳受到超负荷的冲击或载荷;否则,会出现断股,甚至断绳。

(2)平时应存放在干燥通风处,以防霉变。

(3)使用后涮洗。温水涮洗后应及时放在通风干燥处阴干或晒干,切忌长时间曝晒。

(4)勤检查,如发现绳索磨损较大或有1/2股以上磨断时,应立即停止使用。

(5)使用者应定期做负重检查,如无断股或破损,方可继续使用。

(6)救生绳在保管时,避免使绳与尖利物品接触,如沾有酸、碱物质时,应立即冲洗干净并晾干。

6.2.5 空气救生垫及救生网

1. 救生网介绍

救生网(图6-18)是一种接救从火场下落人员的网。下落者接触到同面时,由于弹性原理,缓冲了下落者所受的力量,使下落者免受伤害。其性质和作用与杂技团作高空表演时,下面拉起的保护网相同。在火场中,可用于地面接救从建筑物上跳下的受困人员或消防员,也可用于建筑物顶部抢救受困人员或消防员。由于使用场合和方法不同,救生网的结构和要求也有所不同。目前国内常用的有地面接救受困人员的圆形救生网和正方形救生网。

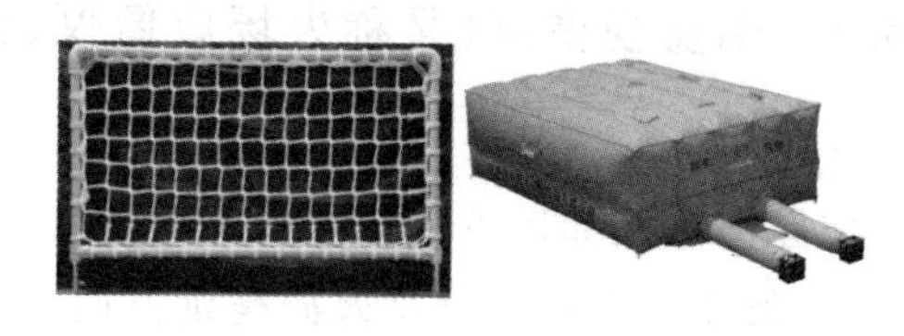

图6-18 空气救生垫及救生网

2. 救生网的结构组成

救生网由金属框架和可承受巨大冲击力的弹性网体组成。网的四周装有橡胶手柄,外包皮革保护层。为吸收和减缓冲击力,网上装有32对减震器。

3. 救生气垫介绍

消防救生气垫是接救从高处下跳人员的一种充气软垫,其作用和性能基本与救生网相似。救生垫内一般都配有压缩空气充气装置,不用时可以折叠保存。救生气垫可分为通用型消防救生气垫、气柱型消防救生气垫两种类型。

4. 通用型消防救生气垫和气柱型消防救生气垫

(1)通用型消防救生气垫采用电动机或发动机驱动的通风机向整个气垫内充气,气垫内多分隔为两至三层,待气垫内充至一定压力鼓起后以承接跳下人员。

(2)气柱型消防救生气垫采用气瓶或气泵向气垫内四周的气柱内充气,待气柱内充气至一定压力立起后支撑起整个气垫以承接跳下人员。

5. 救生气垫使用方法

(1)选择现场疏散口垂直下方地面,地面应是较平整且无尖锐物的场地,平面展开救生气垫,救生气垫四周应留有一定的空地。

(2)救生气垫上空至疏散口之间应无障碍物。

(3)将救生气垫进气口紧固在风机排风口上,然后启动发动机使其正常运转,待救生气垫高度标志线自然伸直时,怠速运转,救生气垫进气口软管此时可呈弯曲壮,以免逃生人员触及救生气垫时将风机拉翻。

(4)在怠速运转时,救生气垫工作高度的保持可通过开闭风门来控制,不可将救生气垫充气成饱和状态,以免过大增加反弹力,影响正常使用,危及人身安全。

(5)救生气垫充气后可能出现飘移,在使用时,四角应有专人把持,使用时微开安全风门,同时指挥逃生人员要对准救生气垫顶部的垫顶反光标志下跳,下跳人员触垫后必须迅速离开救生气垫,以使救生气垫能继续承接下跳人员。

(6)使用结束后,打开安全风门,待气全部排尽后,按原来的方式折叠存放。

6.3 侦检器材

6.3.1 烟雾视像仪(又称火场成像仪、火源探测仪)

1. 用途

烟雾视像仪如图 6-19 所示,其作用为在黑暗、浓烟条件下观测火源及火势蔓延方向,寻找被困人员,监测异常高温及余火,观测消防员进入现场情况。

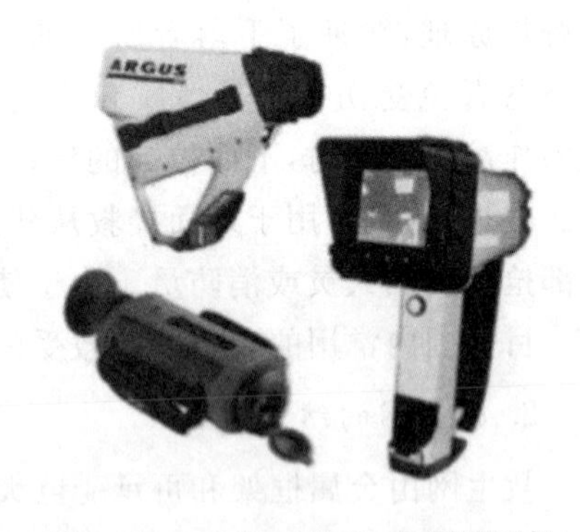

图 6-19 火场成像仪、火源探测仪

2. 工作原理

所有温度超过绝对零度的物体都辐射红外能,这种能量向四面八方传播。当对准一个目标时,烟雾视像仪的透镜就把能量集聚在红外探测器上。探测器产生一个相应的电压信号,这个信号与接受的能量成正比,也和目标温度成正比。通过对探测器输出采样和处理,通过视像转换,在观察视窗上可以看到与周围环境存在温度梯度且温度较高物体的轮廓。

6.3.2 红外测温仪

1. 用途

红外测温仪如图 6-20 所示。可用于测量火场上建筑物、受辐射的液化石油气储罐、油罐及其他化工装置的温度。

2. 工作原理

光学系统汇集其视场内的目标红外辐射能量，视场的大小由测温仪的光学零件以及位置决定。红外能量聚焦在光电探测仪上并转变为相应的电信号。该信号经过放大器和信号处理电路按照仪器内部的算法和目标发射率校正后转变为被测目标的温度值。一切温度高于绝对零度的物体都在不停地向周围空间发出红外辐射能量。物体的红外辐射能量的大小及其按波长的分布——与它的表面温度有着十分密切的关系。因此，通过对物体自身辐射的红外能量的测量，便能准确地测定它的表面温度，这就是红外辐射测温所依据的客观基础。

图 6－20　红外测温仪

6.3.3　可燃气体检测仪

可燃气体检测仪是对单一或多种可燃气体浓度响应的探测器，如图 6－21 所示。可燃气体检测仪有催化型、红外光学型两种类型。催化型可燃气体检测仪是利用难熔金属铂丝加热后的电阻变化来测定可燃气体浓度。当可燃气体进入探测器时，在铂丝表面引起氧化反应(无焰燃烧)，其产生的热量使铂丝的温度升高，而铂丝的电阻率便发生变化。

1. 用途

(1)可燃气体生产储存场所经常性检查。

(2)可燃气体发生泄漏时的现场检测。

(3)确定警戒区的范围依据。

(4)灭火过程中的监控。

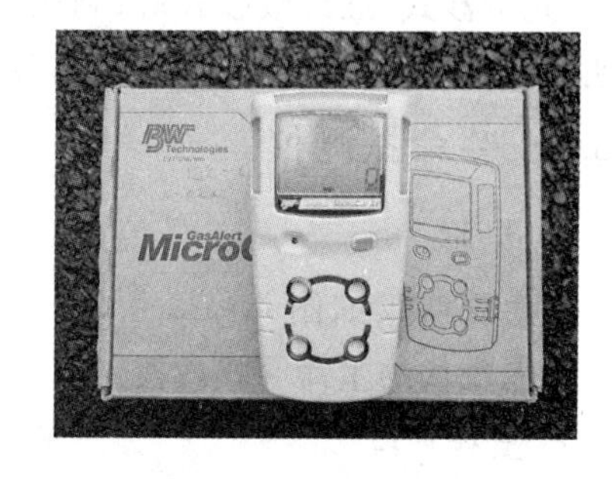

图 6－21　可燃气体检测仪

2. 工作原理

1)接触燃烧式

可燃气体在检测元件表面受到催化剂的作用被氧化而发热，使铂丝线圈温度上升。温度上升的幅度和气体的浓度成比例，而线圈温度上升又和铂丝电阻值成比例变化。通过测定检测电路中电桥的电压差可测定出气体的浓度。

2)固体热传导式

固体热传导式利用的是热传导作用。当电流流经铂线圈时，金属氧化物半导体(SnO_2)保持 300℃～450℃，吸附可供出电子的可燃性气体，使电子浓度增加，半导体的热传导性提高。结果由于放热，半导体的温度下降，阻抗降低。这样，铂线圈和接触燃烧式传感器相同，能起到测温的作用。热线性半导体式利用电传导作用。从电的角度看检测器，可以看作线圈的阻抗(R_h)和半导体的阻抗(R_s)构成的并联电路。由于半导体吸附了气体使半导体的阻抗减小，使得总阻抗(R)也减小。利用这种热传导和电传导原理使 R 变化，而产生电桥电路上的电压差，后者与检测的气体浓度保持相应的变化关系。

6.3.4 有毒气体探测仪

1. 用途

有毒气体探测仪用于检测周围大气中的毒气，起到安全警示作用。通过随机提供的四种专门探测元件可以同时检测四类气体，如可燃气（甲烷、煤气、丙烷、丁烷等），毒气（一氧化碳、硫化氢、氯化氢、氨气等），氧气和有机挥发气体，如图 6-22 所示。

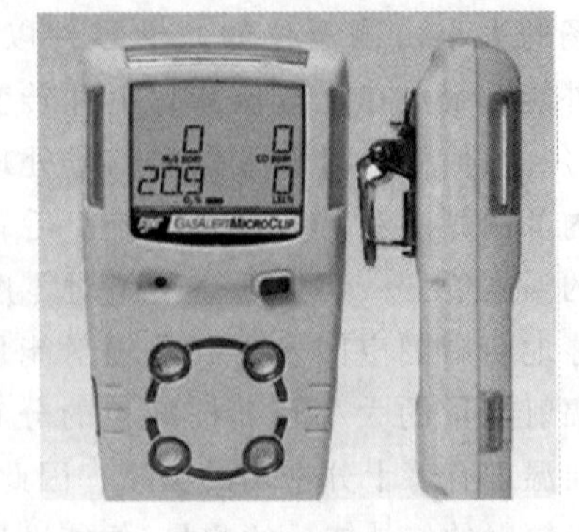

图 6-22 有毒气体探测仪

2. 工作原理

定电位电解式传感器原理：由工作电极、参比电极和对极三个电极及电解液组成。外壳为塑料制成。在工作电极和参比电极之间保持一个恒电位，被测气体扩散到传感器内后，在工作电极和对极发生电解反应，产生电解电流，其输出与气体浓度成比例，即可通过测量电解电流获得气体的浓度。参比电极的作用是恒定工作电极和参比电极本身之间的恒电位，两者之间并无电流通过。

气体传感器原理：利用物理化学性质的气体传感器，如半导体式（表面控制型、体积控制型、表面电位型），催化燃烧式，固体热导式等；利用物理性质的气体传感器，如热传导式、光干涉式、红外吸收式等；利用电化学性质的气体传感器，如定电位电解式、迦伐尼电池式、隔膜离子电极式、固定电解质式等。

6.3.5 生命探测仪

1. 用途

生命探测仪如图 6-23 所示，适用于建筑物倒塌现场的生命寻找救援。

图 6-23 生命探测仪

2. 工作原理

目前生命探测仪主要分为四种：音频、视频、红外和雷达生命探测仪，由于类型不同各自工作原理也不同。

(1)音频生命探测仪应用了声波及震动波的原理，采用高灵敏度的声音/振动传感器，进行全方位的振动信息收集，可探测各种声波和振动，并将非目标的噪音波和其他背景干扰波过滤，进而迅速确定被困者的位置。这样它通过探测地下微弱的诸如被困者呻吟、呼喊、爬动、敲打等产生的音频声波和振动波，就可以判断生命是否存在，甚至即使是被困者无法发声和动作，只要有心脏跳动的微弱振动，也能探测出来。

(2)视频生命探测仪类似于内窥镜，利用细长柔软的光导纤维伸入缝隙之中，将废墟之下的内部影像传递出来，通过分析视频从而探测生命的迹象。

(3)红外生命探测仪利用人体的红外辐射特性与周围环境的红外辐射特性不同，以成像的方式把要搜索的目标与背景分开。人体的红外辐射能量较集中的中心波长为 9.4 μm，人体皮肤的红外辐射范围为 3～50 μm，其中 8～14 μm 占全部人体辐射能量的 46%，这个波长是设计人体红外探测仪的重要的技术参数。

(4)雷达生命探测仪利用电磁波的反射原理制成，通过检测人体生命活动所引起的各种微动，从这些微动中得到呼吸、心跳的有关信息，从而辨识有无生命。雷达生命探测仪是目前世界上最先进的生命探测仪，它主动探测的方式使其不易受到温度、湿度、噪音、现场地形等因素的影响，电磁信号连续发射机制更增加了其区域性侦测的功能。

6.3.6　军事毒剂侦检仪

军事毒剂侦检仪如图 6－24 所示。

1. 功能

(1)侦检装备是否受到污染。

(2)检测进出避难所、警戒区是否安全。

(3)侦检污染及毒剂袭击的结果。

(4)检测洗消作业是否达标。

(5)直接侦测气态、雾态、滴液态、粉末尘土态战剂和冻结态战剂。

图 6－24　军事毒剂侦检仪

2. 特点

便携，检测化学品的种类宽泛，维护简单，易于操作，检测功能多样化(既可用于化学毒剂的检测，也可用于有毒工业品的检测)，误报率最低化，附带有放射性及生物检测功能模块。

6.3.7　水质分析仪

1. 用途

水质分析仪能对地表水、地下水、各种废水、饮用水等中的化学物质进行定性分析。能简便、快速地定量检测水中营养盐、金属离子、COD 等各种污染物的准确浓度。

2. 工作原理

水质分析仪由光谱分析仪(主机)、特定元素催化剂、加热器、试管等组成，可与计算机连接，输出和打印分析结果，如图 6－25 所示。该仪器通过特殊催化剂，利用化学反应变色原理使被测原液变色，在经过光谱分析仪的偏光分析，确定水中化学物质的浓度。主要测试内容有：氰化物、甲醛、硫酸盐、氟、苯酚、硝酸盐、磷、氯、铅等 23 种物质，反应时间为 3 s。

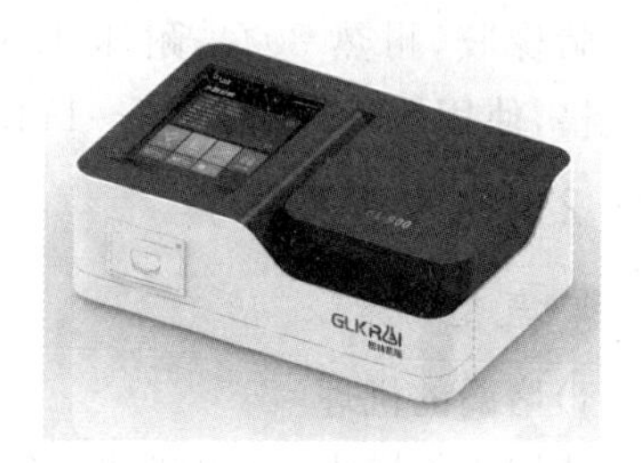

图 6－25　水质分析仪

6.3.8 核放射探测仪

1. 用途

如图 6-26 所示，探测 α、β、γ 和 X 射线，可直接将探测的结果显示在 LCD 上；用户可根据需要，选择合适的计量单位。在任何探测过程中，红灯闪一次表示仪器探测到了一次电离作用。

图 6-26 核放射探测仪

2. 工作原理

盖革管由阴、阳电极组成，由氩、氖和氯(溴)分隔。负极是一片很薄的金属管，两端用绝缘板封闭，管内充满混合气体；正极是一根电线，伸入金属管内。正负电极在高电压的作用下，在管内产生电场。当辐射射线通过管腔并电离内部的气体时，会产生瞬间脉冲电流，从而将检测到的电流强度反映在仪器屏幕上。

3. 分类

辐射探测器主要分为两类：

一类是粒子入射到探测器后，经过一定的处置才给出为人们感官所能接受的信息。例如，各种粒子径迹探测器，一般经过照相、显影或辐射监测仪化学腐蚀等过程。还有热释光探测器、光致发光探测器，则经过热或光激发才能给出与被照射量有关的光输出。这一类探测器基本上不属于核电子学的研究范围。

另一类探测器接收到入射粒子后，立即给出相应的电信号，经过电子线路放大、处理，就可以进行记录和分析，这一类称为电探测器。电探测器是应用最广泛的辐射探测器。这一类探测器的问世，导致了核电子学这一新的分支学科的出现和发展。

6.4 堵漏器材

6.4.1 简易堵漏器材

简易堵漏器材有木质或橡胶质的堵漏楔(锥形、楔形)，用于罐壁孔洞、裂缝堵漏；下水道口堵漏袋，用于下水管道断裂堵漏；管道密封套，用于系列金属管道堵漏，如图 6-27 所示。

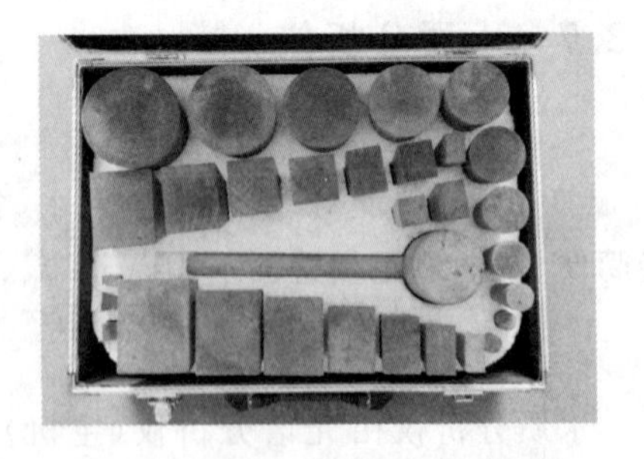

图 6-27 简易堵漏器材

管道密封套用金属制成，内衬耐热、耐酸碱的丁腈橡胶，耐热 80℃、耐压 1.6 MPa，共有 9 种规格，使用管道直径 21.3～114.3 mm。

6.4.2 充气堵漏器具

1. 气垫内堵

1)堵漏的机理

使用于管道内、利用圆柱形气塞充气后的膨胀力与管道之间形成的密封比压，堵住泄漏。气垫膨胀后的直径可达到原有直径的两倍。共有 8 种规格，适用于 25～1400 mm

内径的管道。短期耐热 90℃，长期耐热 85℃，有 10 m 长带有快速接头的输气管。

2)堵漏的工具组成

充气堵漏器具如图 6-28 所示。

(1)堵漏楔塞。圆锥形或圆柱形橡胶，不同规格，可以充气。

(2)压缩空气瓶。用于向气垫充气，气瓶压力为 20～30 MPa。也可用脚踏泵或手压泵供气。

(3)连接器(带减压阀、安全阀)。用于连接气瓶和气垫，并将气瓶内的高压减压，当气垫内的压力达到其操作压力时，安全阀自动打开。

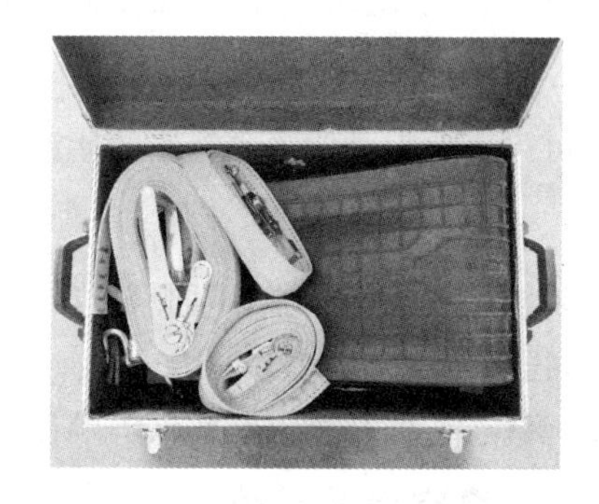

图 6-28　充气堵漏器具

2. 气垫外堵

1)堵漏的机理

利用压紧在泄漏部位外部的气垫内部的压力对气垫下的密封垫产生的密封比压，在泄漏部位重建密封，从而达到堵漏的目的。

2)堵漏工具

(1)气垫

气垫上带有充气接口和固定导向扣。气垫充气的压力不超过 0.6 MPa。对于需要排流的介质，气垫上可带排流管接口。气垫的规格和大小根据介质的压力和泄漏部位的大小确定。

(2)固定带

固定带用于将气垫固定压紧在泄漏部位，固定带上带有棘爪，用于张紧带子。可承受 5000 公斤拉力。对于小型气垫可直接用带毛刺粘的捆绑带。

(3)密封垫

密封垫材料一般选用能耐温、耐介质的橡胶，如氯丁橡胶等。

6.4.3　注胶堵漏器具

注胶堵漏器具，如图 6-29 所示。可广泛用于石油、化工、化肥、发电、冶金、医药、化纤、煤气、自来水、供热等各种工业流程。系统由注胶堵漏枪、63 MPa 液压泵、高压油路、无火花钻、各种卡具及密封胶组成。可以消除管线、法兰面、阀门填料、三通、弯头、焊缝处泄漏。适用温度为－200℃～900℃，压力从真空到 32 MPa 以上。

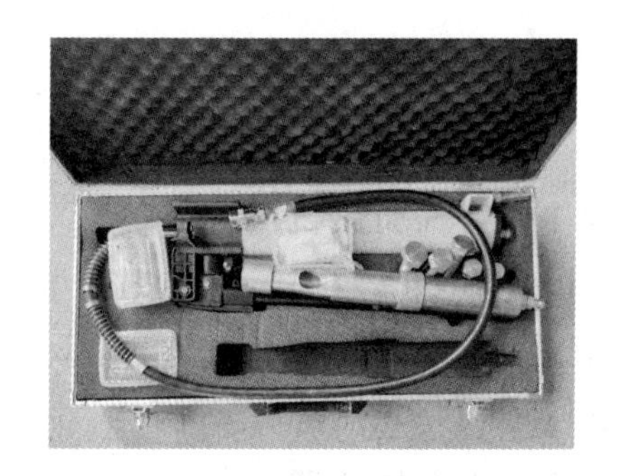

图 6-29　注胶堵漏器具

6.4.4　磁压堵漏系统

磁压堵漏系统利用磁铁对受压体的吸引力，将密封胶、胶粘剂、密封垫压紧和固定在泄漏处堵住泄漏。这种方法适用于不能动火、无法固定压具和夹具、用其他方法无法解决的裂缝、松散组织、孔洞等低压泄漏部位的堵漏。

1. 用途

可用于大直径储罐和管线的堵漏作业。

2. 性能及组成

系统由磁压堵漏器、不同尺寸的铁靴及堵漏胶组成,如图 6-30 所示。适用温度小于 80℃,压力从真空到 1.8 MPa 以上;适用介质:水、油、气、酸、碱、盐;适用材料:低碳钢、中碳钢、高碳钢、低合金钢及铸铁等顺磁性材料。

6.4.5 真空堵漏系统

1. 用途

可用于大直径储罐和管线的堵漏作业。

2. 性能及组成

系统由真空泵、模具、连接管等部分组成粘接。真空堵漏系统,如图 6-31 所示。

图 6-30 磁压堵漏系统

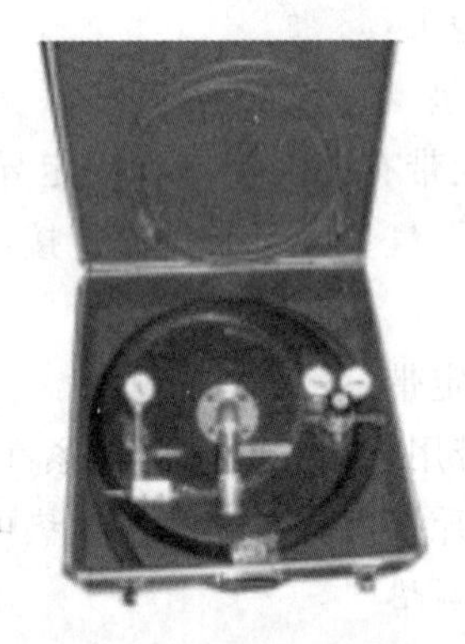

图 6-31 真空堵漏系统

6.5 洗消器材

6.5.1 空气加热机

空气加热机,如图 6-32 所示。主要用于对洗消帐篷内供热或送风。电源为 220V/50Hz。有手动、恒温器自动控制。双出口柴油热风机,耗油量 3.65L/h,油箱 51L,连续工作时间 14 h,供热量 35000 千卡/小时,最高风温 95℃,重量 70 kg。

6.5.2 热水加热器

1. 用途

主要用于对供入洗消帐篷内的水进行加热。热水加热器如图 6-33 所示。

图 6 - 32　空气加热机

图 6 - 33　热水加热器

2. 性能及组成

主要部件有燃烧器、热交换器、排气系统、电路板和恒温器。可以提供 95℃的热水，水的热输出功率在 70～110kW。水罐分为两档工作，水流量为 600～3200L/h，升温能力为 30℃/3200L/h，供水压力 12 巴，电源为 220V/50Hz，重量 148 kg。

6.5.3　充气帐篷

充气帐篷高 2.80 m，长 10.30 m，宽 5.60 m，面积 60 m^2。一个帐篷包括一个运输包(内有帐篷、放在包里的撑杆)和一个附件箱(内有一个帐篷包装袋、一个拉索包、两个修理用包、一个充气支撑装置、塑料链和脚踏打气筒)。帐篷内有喷淋间、更衣间等场所，如图 6 - 34 所示。

6.5.4　高压清洗机

1. 用途

主要用于清洗各种机械、汽车、建筑物、工具上的有毒污渍。

2. 性能及组成

由长手柄带高压泵、高压水管、喷头、开关、入水管、接头、捆绑带、携带手柄、喷枪、清洗剂输送管、高压出口等组成，如图 6 - 35 所示。电源启动，能喷射高压水流。必要时可以添加清洗剂，常用的皮肤消毒剂及其对应的毒类见表 6 - 2 所列。

图 6 - 34　充气帐篷

图 6 - 35　高压清洗机

表 6-2　常用的皮肤消毒剂及其对应的毒类

消毒剂名称	消除毒剂类型
2%碳酸钠水溶液	G类毒
10%氨水	G类毒
10%三合二水溶液	G类毒、糜烂毒
10%二氯异三聚氰酸钠水溶液	V类毒、糜烂毒
10%二氯胺邻苯二甲酸二甲酯溶液	V类毒、糜烂毒
18%～25%一氯胺醇水混合溶液或5%二氯胺酒精溶液	糜烂毒
5%碘酒	路易氏剂
5%二巯基丙醇软膏	路易氏剂

6.6　消防员防护装备

6.6.1　消防员个人防护服装

1. 防护服装分类

服装防护器具主要指避免消防队员受到高温、毒品及其他有害环境伤害的服装、头盔、靴帽、眼镜等。主要有消防战斗服、隔热服、避火服、抢险救灾服等。

2. 消防战斗服

消防战斗服是消防员进入一般火场进行灭火战斗时为保护自身而穿着的防护服装，适宜在火场的“常规”状态中使用，如图 6-36 所示。消防战斗服分八五式和九七式。目前消防中队配备的多为八五式消防战斗服，该服装分为冬服、夏服、防水防火服及长型消防服四种类型，适用于一般的灭火战斗，不适用于近火作业和抢险救援。九七战斗服是最新研究成功的一种消防战斗服，具有防火、阻燃、隔热、防毒等功能，适用于火灾扑救和部分抢险救援工作。

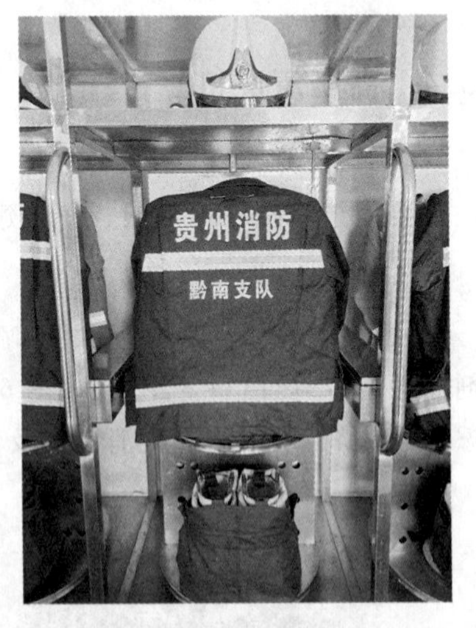

图 6-36　消防战斗服

1)消防头盔

消防头盔主要用来保护消防员头部免受辐射热危害及落物砸击等，如图 6-37 所示。对消防头盔，要求有防震、防击、防热辐射、防酸碱化学药品及耐冲击等性能。

2)消防靴

消防靴有普通消防靴、消防皮靴和长筒隔热胶靴三种。制作消防靴的材料有氯丁橡胶和丁基橡胶，具有隔热、防酸碱化学毒品等功能。金属部件用来保护脚趾、脚掌、防砸伤、刺穿，如图 6-38 所示。

图 6－37　消防头盔

图 6－38　消防靴

3)消防手套

消防手套有防水手套、防火隔热手套,防割耐火手套等。用凯夫拉纤维长丝制成的手套,其断裂强度比钢材高 5 倍,可耐 500℃高温,可以从火场抓住高温燃烧物。

3. 特种防护服

1)简易防护服

用途:适用于短时间轻度污染场所,如图 6－39 所示。

性能及组成:可以防止液态化学品喷射污染和粉尘污染。由拉伸性极强的高强度聚乙烯制成。厚度 150μm。对面部、手部和胸部不起作用。

2)防火防护服

用途:火灾和化学危害现场防护,如图 6－40 所示。

性能及组成:(1)外层:镀铝;(2)衬里:可拆卸,有两层组成。

3)避火服

(1)用途

适用于高温有火焰灼伤危险的场合,如图 6－41 所示。

图 6－39　简易防护服

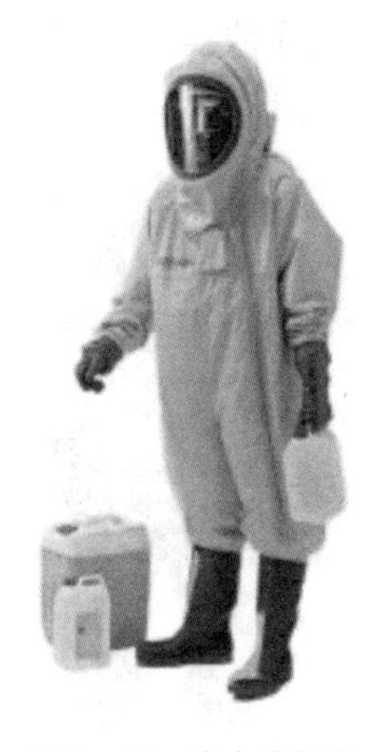

图 6－40　防火防护服

图 6－41　避火服

(2)性能及组成

绝热玻璃纤维表面。衣形符合人体轮廓,加大避火服可佩戴呼吸器,观测镜由多层热处理玻璃及防热玻璃制成。防火温度 833℃,防辐射 1111℃。

消防避火服的面料一般采用耐燃纤维植物。目前大多数采用含二氧化硅(SiO_2)量较高的玻璃纤维织物或金属丝玻璃纤维织物等耐燃纤维织物。

4)内置式重型防化服

(1)用途:当在对眼睛、呼吸道及表皮有直接腐蚀性危害时使用,如图 6-42 所示。

(2)性能及组成

① 由高质量的涂层织物制成,抗所有的芳香烃、卤代烷、酸、植物油及动物油。

② 制作:双层缝纫,拉锁由氯丁橡胶黏合,完全密封。

③ 头部设备:能够提供呼吸所需要的空气并排除罩内的水气,不妨碍视线,面屏可防止化学物质喷射。呼出的气体排入衣服里可保持正压。

④ 气门:气门位于背部的口袋中,可保护防化服内的正压。

⑤ 手套:由氯丁橡胶制成,高弹性塑料涂层,手套通过一种自动安全的坚固装置可快速安装拆卸,两只手套可互换。

⑥ 靴子:有防扎鞋底及安全头,有极好的密封性,使用者可随意蹲下及再站起。

5)封闭式防化服

(1)用途:放射性污染、军事毒剂、生化组合毒剂和化学事故现场防护,如图 6-43 所示。

(2)性能及组成

① 轻便、着装迅速。

② 能迅速洗消并重复使用。

③ 重量约 500 g。

④ 可与所有毒气面罩匹配。

6)防化防核服

(1)用途:能防护高强度的核放射事故、军事毒剂、生化毒剂事故和化学事故,如图 6-44所示。

图 6-42　内置式重型防化服

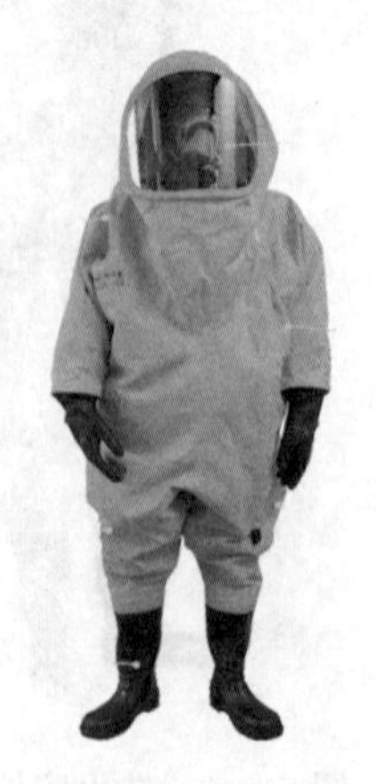

图 6-43　封闭式防化服

图 6-44　防化防核服

(2)性能及组成

① 可直接穿,也可套在衬衣外面穿。

② 外层:防火、防水,具有良好的抗拉性及抗紫外线能力。

③ 内层:浸渍有活性炭的聚氨酯压缩泡沫。

④ 芥子气浓度达到 10 g/m³ 的环境中可以工作 24 h 以上,在污染区外围使用可长达 1 个月。

⑤ 重量约 1.8 kg。

7)消防隔热服

消防隔热服的面料一般均采用铝箔复合阻燃织物,也有采用真空镀铝阻燃织物和喷涂铝粉的阻燃织物。目前国外大多数国家大多采用铝箔复合阻燃织物,其阻燃织物的种类较多,有抗热克斯织物、玻璃纤维织物、碳纤维织物、酚醛纤维织物、石棉织物、预氧丝织物、阻燃后整理纯棉织物等,如图 6-45 所示。

图 6-45　消防隔热服

6.6.2　空气呼吸器

空气呼吸器适用范围广,结构简单,空气源经济方便,呼吸阻力小,空气新鲜,流量充足,呼吸舒畅,佩戴舒适,大多数人都能适应;操作使用和维护保养简便;视野开阔,传声较好,不易发生事故,安全性好;尤其是正压式空气呼吸器,面罩内始终保持正压,毒气不易进入面罩,使用更加安全,其不足之处是,钢瓶重量较大。但是正压式空气呼吸器,更适合在灭火战斗中使用。

1. 构造

如图 6-46 所示,正压式空气呼吸器主要由高压空气瓶与气瓶开关、减压器、快速接头、正压型空气供给阀、正压型全面罩、气源压力表、气瓶余气报警器、中压安全阀、正压呼气阀、背托、肩带、腰带等部件组成。

图 6-46　空气呼吸器

2. 工作原理

打开气瓶阀，高压空气进入减压器，减至适当压力；同时压力表指示出气瓶压力。减压后的压缩空气经中压软导管、快速接头进入正压型空气供给阀。吸气时，供给阀开启，呼气阀关闭，供给阀给全面罩按佩戴者的吸气量供气，被吸入人体肺部；并使全面罩在整个佩戴过程中保持正压。呼气时，供给阀关闭而呼气阀开启，人体呼出的浊气经面罩上的呼气阀直接排到大气中。这样气体始终沿着一个方向流动而不会逆流。

6.6.3 正压式氧气呼吸器

正压式氧气呼吸器是一种自给、密闭式呼吸保护器具，如图 6－47 所示。戴上面罩后，呼吸器即与外界隔绝，外界的浓烟和有毒气体无法进入人体内，人体呼出的气体也不排出面罩外，而在器具内部循环，经过吸收剂吸收二氧化碳后，再与氧气瓶供给的新鲜氧气混合，继续供佩带者使用。氧气呼吸器按储氧方式，可分为压缩氧气呼吸器、化合氧气呼吸器和液态氧气呼吸器。

图 6－47　正压式氧气呼吸器

1. 工作原理

佩戴者呼出的气体，经全面罩、呼气软管和呼气阀进入清净罐，清净罐中的吸收剂[$Ca(OH)_2$]将气体中的二氧化碳吸收，其余气体进入气囊。另外，气瓶中贮存的压缩氧气经高压管、减压器进入气囊，混合成含氧气体。当佩戴者吸气时，含氧气体从气囊经吸气阀、吸气软管、全面罩进入佩戴者的呼吸器官，完成一个呼吸循环。此过程中，由于呼气阀和吸气阀都是单向阀，保证了呼吸气流始终单向循环流动。

2. 优缺点

优点：使用时间较长，一般为 4 小时左右；采用正压结构，面罩内压力始终大于外界压力，使外界有害气体无法侵入佩戴者的呼吸器官，提高使用安全系数。

缺点：采用闭式循环，加之吸收二氧化碳过程产生大量热量，因此呼吸感觉不舒服；使用者须具备一定的专业知识及操作技能，因为使用前需安装吸收剂和冷却冰；使用成本比较高。

6.7 特种消防专备

6.7.1 消防机器人

1. 消防机器人的分类

消防机器人是机器人中的一种，属于特种机器人范畴，如图 6－48 所示。消防机器人在国外发展比较快，尤其在美、日等国家，投入灭火及抢险救援使用比较早，技术也比较完善。

消防机器人分类按灭火救援技术可进行如下分类：

(1)按消防机器人在灭火救援中的功能可分为:灭火机器人(图6-49)、排烟机器人(图6-50)、火场侦察机器人、危险物品泄漏探测机器人、救人机器人、破拆机器人及多功能消防机器人。

图6-48 消防机器人

(2)按消防机器人的控制方式可分为:线控消防机器人、无线遥控消防机器人、自适应消防机器人等。自适应消防机器人是控制技术和方法比较先进的一种。

(3)按消防机器人灭火救援中的行走方式可分为:轮式行走消防机器人(图6-51)、履带式消防机器人、履带轮式行走消防机器人等。

图6-49 灭火机器人

图6-50 排烟机器人

图6-51 履带式消防机器人

(4)按消防机器人的感觉功能可分为:视觉消防机器人、嗅觉消防机器人、温感消防机器人、烟感消防机器人及触觉消防机器人等。

(5)按消防机器人的智能化程度,可分为:程序化控制消防机器人、具有感觉功能计算机辅助控制消防机器人和智能化消防机器人等。程序化控制消防机器人是第一代消防机器人,具有感觉功能计算机辅助控制消防机器人是第二代消防机器人,而智能化消防机器人是第三代消防机器人。

2. 国外消防机器人

美国和苏联开展消防机器人研究最早,其后,欧洲的英国、德国、法国和亚洲的日本也开始研究此类技术。目前,世界上已有各种功能的消防机器人用于实际救灾现场。

早在20世纪的80年代,日本就研制了5种型号能够自动行驶的灭火机器人,分别配备于大阪、东京、高石、太田、蒲田等地的消防部门。1986年,东京消防厅首次在火灾扑救中使用了“彩虹5号”灭火机器人。灭火机器人以内燃机或者电动机作为动力,配置驱动轮或者履带式行驶机构,能够爬越小坡,做俯仰和左右旋转,喷射一定流量的灭火剂,并装有气体检测仪器和电视监视设备,通过电缆控制或无线控制,无线控制的最大距离为100～150 m。此外,其侦察、抢险机器人,装有气体检测仪器、温度传感器、烟气浓度分析装置、红外摄像装置和电视监视器设备,能够侦察火灾内部情况、是否有人、着火点位置、周围温度、烟气浓度等。此外,侦察、抢险机器人依靠自身安置的机械手,通过遥控处理危险物品。美国研制的消防机器人,顶部采用碳纤外壳保护,外部的执行系统驱动履带车轮模块,采用履带车轮驱动平台,能够越过较大的障碍物、沟、台阶和路阶等。其通信方式为无线通信,通过射频来传递视频和音频信号的反馈。其传感器为微型摄像机和立体声系统。这种消防机器人装有消防水枪和破拆工具,能一边喷水灭火,一边进行破拆作业。其中,“FFR-1型消防机器人”的自我保护冷却系统特别优秀,能使消防机器人在6000℃的高温环境下保持自身的温度在600℃左右。英国研制的“RO-VEH遥控消防车”,装有消防水炮、摄像机、热像仪,采用有线控制,无人驾驶。该遥控消防车的最大特点是能够爬楼梯。挪威研制的蛇形消防机器人,能够爬楼梯,能够穿过不太厚实的墙壁,且可与标准的消防水带相接,牵着水带进入消防员无法到达的区域进行灭火。目前,发达国家正在加快开发具有感觉功能的多功能实用型消防机器人,并把智能化消防机器人的开发列入本国的近期科学技术发展规划。

3. 国内消防机器人

国内的机器人研制工作始于20世纪70年代,并在机器人的感觉识别、操作、移动技术等方面取得了比较大的进展。20世纪90年代,国家把消防机器人的研制课题正式作为国家“863”高科技计划研究发展项目,组织有关单位进行研发。自此,国内的消防机器人的研制工作正式起步。与此同时,上海消防科研所专门成立了上海强师消防装备有限公司,会同上海交通大学和上海市消防总队,联合研制消防机器人。历经数年,消防机器人——自行式消防水炮研制成功,并通过专家组验收。该自行式消防水炮可以承担灭火、冷却和化学污染场所的洗消等危险任务。以后,安徽明光消防车厂生产出遥控灭火消防车，抚顺起重工程有限公司也研制出“多功能消防机器人”。近几年来，江苏、辽宁、云南、湖北等地的消防部队先后陆续配备了一部分国产和进口消防机器人。2010 年，陕西银河消防科技装备有限公司（原宝鸡消防器材总厂）拟研发的消防机器人可能在某些关键性技术以及消防功能的实现方面获得突破。

（1）根据危险场所的火场侦察、排烟、灭火和抢险救援工作的实际需要，研发系列化的消防机器人，如组合式自动爬楼排烟机器人、自动爬楼冷气溶胶灭火机器人、自动爬楼多功能灭火机器人、多功能抢险救援机器人、自动爬楼多功能后勤保障照明等系列消防机器人。这样，将大力推动我国消防机器人在危险场所灭火救援领域中的实际运用，为实现科技强警、打造消防铁军和提升灭火救援战斗力提供了新的技术装备保障。同时，系列化的消防机器人将具有自己的自主知识产权。

（2）实现机器人真正意义上的爬楼梯。即，消防机器人既能够上楼，又能够下楼，自动行走，其独有的防倾翻专利技术使消防机器人上下爬坡坡度大于等于 35°（进口“陆虎 60”排烟机器人爬坡度小于等于 30°、下坡度小于等于 15°）。此外，由于消防机器人的外形尺寸比较小，长×宽×高不超过 1100 mm×850 mm×1500 mm，对于我国相关规范规定的建筑楼梯宽度以及地铁上下过道，能够上下楼梯自如、平稳，并且行走速度达到 5～7 km/h，从而解决大功率、重型消防装备无法接近地下、高层以及狭窄、易爆火灾现场的消防难题。

（3）消防机器人的动力采用当今世界上先进的低碳、环保动力源。该动力源体积小，从而有效增加了消防装备的安装空间，减轻了自重；使用时间长，一次可有效使用 3 h，并可通过后勤保障机器人和其他方式提供持续动力；功率比较大，从而使得大功率的消防装备能够在消防机器人上安装并配合使用。

（4）装载量大，消防机器人的自重 0.2 吨左右，而可载的消防装置或灭火剂在 300～800 kg。

（5）消防机器人的消防装备将采用最新的系统工程优化设计。如机器人上安装的排烟装置，无论是驱动装置，还是叶片等核心部件，均是当今一流的设计与施工（专利技术），尽管只有不到 1 m^2 的底座安装平面面积，总排烟量可能接近 200000 m^3/h，是进口“陆虎 60”排烟机器人排烟量的 4 倍以上，只略低于号称世界排烟之王——法国“MVU 型”排烟车的排烟量，真正实现小型装置大功率化。此外，消防机器人还同时具有降温、除尘、化学洗消等功能，是能够深入灾害现场的救人机器人，更是构思新颖、设计独特，搜救人员和被救护者能够在缺氧、有毒的环境下生存超过 4 h。

（6）消防机器人具有良好的我保护功能。机器人上安装的所有电器以及线路都具有耐高温、抗辐射、防爆炸、防水的特点。行走系统耐高温、防水。并且，机器人外部装备有紧急喷射自保装置，为消防机器人的自身安全提供可靠的保障。

（7）消防机器人的操控系统由带显示器的控制器以及减速装置等部分组成，操控方便、可靠、实用。

（8）所有消防机器人均具有对火场的侦查和监控功能。

4. 消防机器人的长处与不足

与其他消防技术装备一样，消防机器人同样存在着长处与不足。其长处主要在于它的人工智能性以及可重复使用性和无生命损伤性。

消防机器人是融合了机械工业、计算机技术、电子技术、控制理论和人工智能等技术的集合体，尤其在当前人工智能技术不断发展成熟的情况下，可以针对特殊环境、特殊要求，开发出具有特殊功能的消防机器人。这种消防机器人由于具备一定的人工智能性，因而能够自主地判断危险情况来源，自动进行数据采集、处理、传输反馈，并进行灭火、救援等工作。其次，消防机器人作为一种特殊的消防技术装备，只要细心维护保养，可反复多次重复使用。另外，消防机器人作为一种无生命的载体，在高温、有毒、缺氧、浓烟、易燃易爆等各种危险复杂劣的环境，在消防员不及之处可充分发挥作用，大大减少消防员的伤亡。其不足之处：一是由于消防机器人是各种高新技术的集合体，研制周期长，研制费用高，因而造价比较昂贵；二是消防机器人是多种技术的融合，自身结构相对比较复杂。消防机器人本身，既有消防部分，又有操控、行驶部分，还有机电部分，无论是平时的维护保养，还是正常使用，均需要使用人员和维护人员具备一定的专业知识并且需要一定的维护费用。

5. 消防机器人应用范围

(1)高层建筑火灾灭火救援。高层建筑火灾由于可燃物多、火灾荷载大以及“烟筒效应”而燃烧猛烈、蔓延迅速。加之高层建筑主体建筑高、功能复杂、层数多、建筑形式多样，致使火灾时人员疏散困难，扑救难度大。因此，高层建筑火灾扑救应坚持“立足于自救”“以建筑物内固定消防设施扑救为主、建筑物外移动消防设施扑救为辅”的原则。在利用移动消防设施火灾扑救方面，目前存五大制约因素：一是举高消防车高度的限制(目前全球最高举高车的高度为 130 m)，二是消防员登高能力的限制，三是消防员登高途径的限制，四是烟雾毒气大、排烟困难，五是消防用水量大、垂直供水困难。此外，高层建筑火灾中遇难人员的搜救也是难题之一。而针对不同高层建筑火灾研制的消防机器人，载有冷气溶胶灭火装置、A 类泡沫系统灭火装置、组合排烟装置、载人救护仓装置等，可以上下楼自如，能够深入高层建筑火场内部进行火情侦察、找准着火点实施有效内攻、强力排烟、搜索救助等，大大提高了灭火剂的利用率及排烟和灭火救援的效率，有效减低损失，避免消防员的伤亡。所以，消防机器人的投入，对于破解高层建筑灭火这一世界性的消防难题是一种创新和尝试。

(2)地下建筑以及密闭空间的灭火救援。地下建筑以及密闭空间由于对外通道少、相对封闭，使得着火时的高温不易散热、热烟气容易积聚，从而造成火场温度高、烟雾浓。高温、浓烟是消防员实施地下建筑以及密闭空间救援的主要困难和障碍。此外，窒息、被困、受伤和中毒也是消防员实施地下建筑以及密闭空间救援的主要危险之一。此时，如使用消防机器人开展救援，既可避免消防员的伤亡，也能有效进行灭火救援。

(3)地铁、隧道等突发事件的抢险救援。目前，世界各国应对地铁、隧道等突发事件的处置方法基本达成共识，所采取的措施主要有以下六条：

① 要求地铁的电气、动力设备应绝缘良好，防水、防过热、防超负荷，并定期维修、更新；

② 应急照明设备应齐全；

③ 地铁、隧道的安全出口应符合要求，地铁站台应设置屏蔽封闭门；

④ 应安装火灾自动报警、灭火设施、事故广播、排烟设施等；

⑤ 尽量减少地铁站内的可燃物，地铁车厢采用不燃材料；

⑥ 配强灭火救援装备。可见，配强灭火救援装备是应对地铁、隧道等突发事件的重要措施之一。而具有爬楼梯功能、能够进入地铁车站内的大功率排烟消防机器人和灭火机器人非常适合地铁场所的使用。

(4)石油化工、危险品泄漏等高危场所的火灾扑救和抢险救援。这些高危场所火灾时的热辐射强度大，有时热辐射强度甚至高达 75 kW/m^2。实验表明，在热辐射强度大于 6 kW/m^2 的情况下，人会灼伤；在 14 kW/m^2 情况下，消防车会受热起火。加之这些场所危险品多，随时可能发生爆炸，消防员如随意进入，极易造成伤害。如使用消防机器人，可极大地减少消防员的伤亡。2003 年 9 月 24 日，湖北省消防总队在处置长达 10 天之久的利川“9・15”天然气井喷事故过程中，利用灭火机器人进入毒气泄漏区侦察、掩护消防员堵漏，机器人自带的水炮射出强大的雾状水流，瞬间将四周的毒气驱散，为实现“零伤亡”、尽快顺利处置利川井喷事故创造了条件。

(5)冷库等特殊场所的灭火救援。冷库一般为钢结构大跨度建筑，库内温度经常维持在－20℃～0℃，具有隔热防潮性能好、出入口少以及空间密闭等特点。火灾初期，由于燃烧产生的热量不足使库内的温度迅速升高，火灾产生的烟气是低温烟气，它比一般火灾的热烟气减光性更强。加之冷库密封，燃烧极不充分，因而烟气毒性和密度更大。因此，浓烟、有毒、减光性大是冷库火灾灭火救援的难题。而能够方便地进入冷库内部的大功率排烟消防机器人和灭火机器人却是排烟、灭火的利器。

6.7.2　特种消防车

随着灭火战术需要，出现了许多新的特种消防车，其中主要有补气消防车、多功能抢险救援消防车、排烟车、大型火场照明车、勘察消防车、卫星通信车、涡喷消防车、脉冲喷射消防车、跑道泡沫敷设消防车、气溶胶涡喷车等。

补气消防车是集照明、发电、充气为一体的综合性灭火救援装备，主要用于给消防员空气呼吸器补气、空气瓶的检测和检验。整车配置两台防爆充气箱，可安全快速地对 12 只空气瓶进行补气。

在自卸厢式消防车方面，欧洲应用得更广，20 世纪末及 21 世纪初有许多文章介绍，但是在新技术方面，没有特别引人注目的地方。1994 年卢森堡亚推出“AT”4 吨级多功能抢险救援消防车，如图 6－52 所示，全铝合金上装，模块设计。该车型除了有救援、照明、灭火功能外，还采用局域网控制技术和 PLC 智能控制系统，是先端科技的结晶。

图 6－52　吨级多功能抢险救援车

在地下商场、隧道里适用的小型排烟消防车，如图 6－53 所示，采用履带式底盘，可以灵活地上、下楼梯，或爬 30°以上的坡道。在排烟机的风道上布有喷水喷头，需要时可通过水带供水，由排风带向火场以降低火场温度和烟尘。

利用涡轮喷射的大量气体来灭火的想法，首先是由匈牙利布达佩斯消防军官提出的，因为飞机的燃气轮机发动机，功率强大但使用寿命控制很严，尤其是小型战斗机发动机。苏联早在1961年就利用他的设想开发并提供了第一辆涡喷消防车，后来东德、西德等地都投入了开发，并都取得了成功。

1986年中国北京航空研究所，利用退役燃气轮机开发涡轮喷雾消防车，如图6-54所示，1992年与北京消防局共同开发此类消防车，于1996年通过了国家消防装备质量检测中心的检测，1998年上目录。

图6-53　小型排烟车

图6-54　涡喷车扑救油气井喷火灾

自1996年以来BASF消防开发研制第二代涡喷消防车Ⅱ，据FFZ6/2005的介绍，最近数年中在各场灭火战斗中，他们开发的这种气溶胶涡喷消防车表现出色，2005年5月初，第二辆这种消防车已投入路德维希港的消防服务。

化学事故抢险救援消防车，如图6-55所示，现在是德国施密茨公司的专长，它配有发电机组、升降照明机组、随车吊、绞盘、防护、侦检、破拆、堵漏、洗消、转输分析等设备。

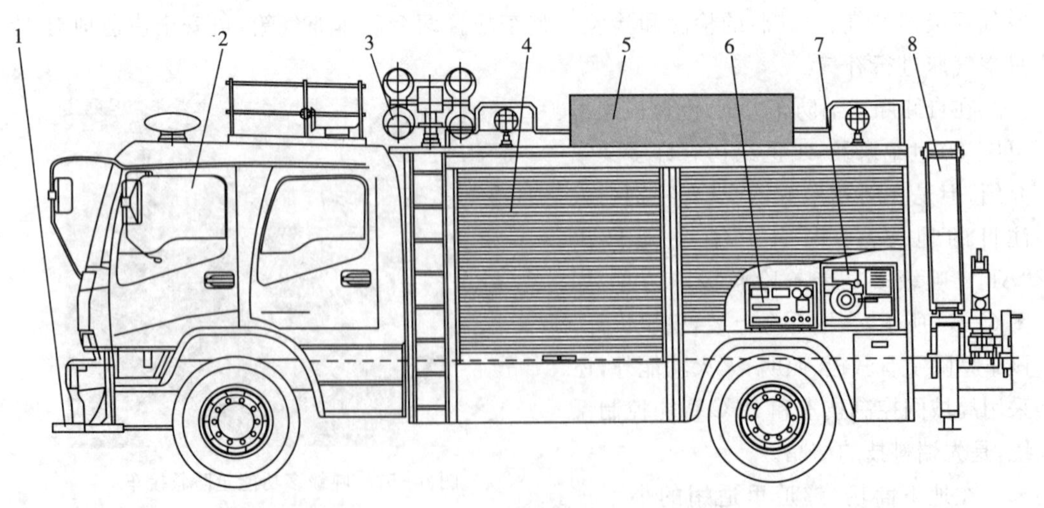

1—牵引装置；2—乘员室；3—升降照明灯；4—器材箱；5—顶箱；6—电气控制箱；7—发电机组；8—随车起重机。

图6-55　化学事故抢险救援消防车

为了使起落架故障的飞机能安全降落在飞机跑道上，消防部门一般会预先在飞机降落前，于跑道上敷设一层高倍泡沫。为此近年来开发出了跑道泡沫敷设消防车，如图 6－56 所示。消防车装有大容量的水罐和泡沫液罐，采用独立的消防泵组向装在消防车尾部的泡沫喷头组供应水和泡沫混合液，并以 20～30 km/h 车速边行驶边敷设泡沫。

脉冲喷射消防车底盘一般采用履带式行走机构，如图 6－57 所示，脉冲炮利用高压气体将水喷出，喷射的水雾粒子小，有一定的冲击力，灭火效率高。

图 6－56　飞机跑道泡沫敷设消防车

图 6－57　脉冲喷射消防车

6.7.3　消防飞机

航空消防是在二十世纪中后期出现的消防新技术，短短几十年里已获得了快速的发展。它把航空领域的高新技术运用到防火和灭火工作中，不仅大大提高了消防现代化的科技含量，而且为世界各国的消防业务和消防人员输送着全新的理念，使现代消防具备了更强大、更有效的技术手段。

航空消防的核心装备是消防飞机，如图6－58所示。现代消防飞机按其飞行原理可分为固定翼飞机和直升机两大类。固定翼消防飞机飞行速度快、航程远、载重量大，一般用于森林、草原等野外火灾扑救。这类飞机多数是由运输机、轰炸机、反潜机、农用机等机型改装而成。

图 6－58　消防飞机

消防直升机一般是利用已有成熟的军用或民用直升机改装而成，如图 6－59 所示。直升机具有垂直起降、空中悬停等独特性能，在很多方面更适合消防任务的需要。如在森林灭火中，直升机功能齐全、作业准确，动用直升机比使用固定翼灭火飞机更为经济有效。而在城市和建筑火灾扑救中，消防直升机的作用则是无法替代的。当前国外消防直升机不仅大量用于城市和高层建筑消防救援，有的国家如日本等还研制开发出了用于扑灭高楼火灾的专用灭火直升机和用于高层建筑火灾时营救被困人员的紧急救援特种直升机，因此消防直升机具有广阔的发展前景。

图 6-59　消防直升机

6.7.4　消防船

消防船是执行对港内船舶或岸边临水建筑物消防灭火工作的专业船。如图 6-60 所示，消防船外形很像拖船，所以也有兼作拖船使用的消防船。船上备有大功率水泵系统、高压喷水枪和灭火剂等消防器材，并配有救护人员和医疗设备。为适应油船消防还设置专门的消防泡沫炮。消防水枪设在离水面很高的消防塔架上，有的设在加粗的船桅顶上，其射程可达 40 m 以上。为了能更深进入火区救火，船上还设有水幕装置。在进入火区时，全船由水幕罩着。消防船漆成红色，从外观上很易识别。消防船航速较高，并有良好的耐波性，还要求有很好的操纵性，使船能在狭窄水道或拥挤的港口内执行消防任务。

图 6-60　消防船

第 7 章　消防设施安装、监测与维护管理

7.1　消防设施质量控制、维护保养与消防控制室管理

消防设施主要包括灭火设施(设备)、防烟排烟设施、建筑及城市火灾自动报警(监控)系统、安全疏散引导设施等,是建筑使用管理单位及时发现火灾,有效扑救初期火灾或者控制火势,排出高温有毒烟气,引导人员疏散并为安全疏散提供相对安全空间的有效手段。消防设施的主要技术参数的选取与设置、施工安装质量、维护管理水平,是建筑火灾发生时消防设施发挥应有效能的关键。建筑消防设施按照国家有关法律法规和国家工程建设消防技术标准设置,是探测火灾发生、及时控制和扑救初起火灾的重要保障。对建筑消防设施实施维护管理,确保其完好有效,是建筑物产权、管理和使用单位的法定职责。

7.1.1　消防设施安装调试与检测

消防设施施工安装是实现消防设施早期报警,扑救或者控制初期火灾,保护、引导人员安全疏散等基本功能的关键环节,其质量控制直接关系到消防设施发挥作用的实际效果。

1. 消防设施现场检查

各类消防设施的设备、组件以及材料等采购到达施工现场后,施工单位组织实施现场检查。消防设施现场检查包括产品合法性检查、产品一致性检查以及产品质量检查。

1)产品合法性检查

按照国家相关法律法规规定,消防产品按照国家或者行业标准生产,并经型式检验和出厂检验合格后,方可使用。消防产品合法性检查,重点查验其符合国家市场准入规定的相关合法性文件,以及出厂检验合格证明文件。

(1)市场准入文件

到场检查重点查验下列市场准入文件:

① 纳入强制性产品认证的消防产品,查验其依法获得的强制认证证书。

② 新研制的尚未制定国家或者行业标准的消防产品,查验其依法获得的技术鉴定证书。

③ 目前尚未纳入强制性产品认证的非新产品类的消防产品,查验其经国家法定消防产品检验机构检验合格的型式检验报告。

④ 非消防产品类的管材管件以及其他设备查验其法定质量保证文件。

(2)产品质量检验文件

到场检查重点查验下列消防产品质量检验文件:

① 查验所有消防产品的型式检验报告;其他相关产品的法定检验报告。

② 查验所有消防产品、管材管件以及其他设备的出厂检验报告或者出厂合格证。

2)产品一致性检查

消防产品一致性检查是防止使用假冒伪劣消防产品施工、降低消防设施施工安装质量的有效手段。消防产品到场后,根据消防设计文件、产品型式检验报告等,查验到场消防产品的铭牌标志、产品关键件和材料、产品特性等一致性程度。

消防产品一致性检查按照下列步骤及要求实施:

(1)逐一登记到场的各类消防设施的设备及其组件名称、批次、规格型号、数量和生产厂名、地址和产地,与其设备清单、使用说明书等核对无误。

(2)查验各类消防设施的设备及其组件的规格型号、组件配置及其数量、性能参数、生产厂名及其地址与产地,以及标志、外观、材料、产品实物等,与经国家消防产品法定检验机构检验合格的型式检验报告一致。

(3)查验各类消防设施的设备及其组件规格型号,符合经法定机构批准或者备案的消防设计文件要求。

3)产品质量检查

消防设施的设备及其组件、材料等产品质量检查主要包括外观检查、组件装配及其结构检查、基本功能试验以及灭火剂质量检测等内容。

(1)火灾自动报警系统、火灾应急照明以及疏散指示系统的现场产品质量检查,重点对其设备及其组件进行外观检查。

(2)水系灭火系统(如消防给水及消火栓系统、自动喷水灭火系统、水喷雾灭火系统、细水雾灭火系统、泡沫灭火系统等)的现场产品质量检查,重点对其设备、组件以及管件、管材的外观(尺寸)、组件结构及其操作性能进行检查,并对规定组件、管件、阀门等进行强度和严密性试验;泡沫灭火系统还需按照规定对灭火剂进行抽样检测。

(3)气体灭火系统、干粉灭火系统除参照水系灭火系统的检查要求进行现场产品质量检查外,还要对灭火剂储存容器的充装量、充装压力等进行检查。

(4)防烟排烟设施的现场产品质量检查,重点检查风机、风管及其部件的外观(尺寸)、材料燃烧性能和操作性能;检查活动挡烟垂壁、自动排烟窗及其驱动装置、控制装置的外观、操控性能等。

2. 施工安装调试

消防设施施工安装调试是消防设施由设计成果转化为实物成果,实现火灾报警、扑救与控制初期火灾、防烟排烟、疏散引导等功能的关键环节,消防设施施工安装质量的好坏直接关系到消防设施效能的发挥程度。

1)施工安装依据

消防设施施工安装以经法定机构批准或者备案的消防设计文件、国家工程建设消防技术标准为依据;经批准或者备案的消防设计文件不得擅自变更,确需变更的,由原设计单位修改,报经原批准机构批准后,方可用于施工安装。

消防供电以及火灾自动报警系统设计文件,除需要具备前述消防设施设计文件外,还需具备系统布线图和消防设备联动逻辑说明等技术文件。

2)施工安装要求

消防设施施工安装过程中，施工现场要配齐相应的施工技术标准、工艺规程以及实施方案，建立健全质量管理体系、施工质量控制与检验制度。

施工单位做好施工(包括隐蔽工程验收)、检验(包括绝缘电阻、接地电阻)、调试、设计变更等相关记录；施工结束后，施工单位对消防设施施工安装质量进行全面检查，在施工现场质量管理检查、施工过程检查、隐蔽工程验收、资料核查等检查全部合格后，完成竣工图以及竣工报告。

3)调试要求

各类消防设施施工结束后，由施工单位或者其委托的具有调试能力的其他单位组织实施消防设施调试，调试工作包括各类消防设施的单机设备、组件调试和系统联动调试等内容。消防设施调试需要具备下列条件：

(1)系统供电正常，电气设备(主要是火灾自动报警系统)具备与系统联动调试的条件。

(2)水源、动力源和灭火剂储存等满足设计要求和系统调试要求，各类管网、管道、阀门等密封严密，无泄漏。

(3)调试使用的测试仪器、仪表等性能稳定可靠，其精度等级及其最小分度值能够满足调试测定的要求，符合国家有关计量法规以及检定规程的规定。

(4)对火灾自动报警系统及其组件、其他电气设备分别进行通电试验，确保其工作正常。

消防设施调试负责人由专业技术人员担任。调试前，调试单位按照各消防设施的调试需求，编制相应的调试方案，确定调试程序，并按照程序开展调试工作；调试结束后，调试单位提供完整的调试资料和调试报告。

消防设施调试合格后，填写施工过程检查记录，并将各消防设施恢复至正常工作状态。

7.1.2　消防设施维护管理

消防设施维护管理是确保消防设施完好有效，以实现及早探测火灾、及时控制和扑救初期火灾、有效引导人员安全疏散等安全目标的重要保障，是一项关乎人员生命财产安全，避免重大火灾损失的基础性工作。《中华人民共和国消防法》赋予社会单位按照国家标准、行业标准配置消防设施、器材，定期组织检验、维修，确保完好有效的法定职责。国家标准《建筑消防设施的维护管理》(GB 25201—2010)规定了消防设施维护管理的内容、方法和要求，引导和规范社会单位的消防设施维护管理工作。

1. 消防设施维护管理的内容

消防设施维护管理由建筑物的产权单位或者受其委托的建筑物业管理单位(以下简称“建筑使用管理单位”)依法自行管理或者委托具有相应资质的消防技术服务机构实施管理。消防设施维护管理包括值班、巡查、检测、维修、保养、建档等工作。

2. 消防设施维护管理要求

为确保建筑消防设施正常运行，建筑使用管理单位需要对其消防设施的维护管理明确归口管理部门、管理人员及其工作职责，建立消防设施值班、巡查、检测、维修、保养、建档等管理制度。

1)维护管理人员从业资格要求

消防设施操作管理以及值班、巡查、检测、维修、保养的从业人员，需要具备符合下列规定的从业资格：

(1)消防设施检测、维护保养等消防技术服务机构的项目经理、技术人员，经注册消防工程师考试合格，具有规定数量的、持有一级或者二级注册消防工程师的执业资格证书。

(2)消防设施操作、值班、巡查的人员，经消防行业特有工种职业技能鉴定合格，持有初级技能(含，下同)以上等级的职业资格证书，能够熟练操作消防设施。

(3)消防设施检测、保养人员，经消防行业特有工种职业技能鉴定合格，持有高级技能以上等级职业资格证书。

(4)消防设施维修人员，经消防行业特有工种职业技能鉴定合格，持有技师以上等级职业资格证书。

2)维护管理装备要求

用于消防设施的巡查、检测、维修、保养的测量用仪器、仪表、量具以及泄压阀、安全阀等，依法需要计量检定的，建筑使用管理单位按照有关规定进行定期校验，并具有有效证明文件。

3)维护管理工作要求

建筑使用管理单位按照下列要求组织实施消防设施维护管理：

(1)明确管理职责。同一建筑物有 2 个以及 2 个以上产权、使用单位的，明确消防设施的维护管理责任，实行统一管理，以合同方式约定各自的权利与义务；委托物业管理单位、消防技术服务机构等实施统一管理的，物业管理单位、消防技术服务机构等严格按照合同约定，履行消防设施维护管理职责，确保管理区域内的消防设施正常运行。

(2)制定消防设施维护管理制度和维修管理技术规程。建筑消防设施投入使用后，建立建筑使用管理单位制度并落实巡查、检测、报修、保养等各项维护管理制度和技术规程，及时发现问题，适时维修保养，确保消防设施处于正常工作状态，并且完好有效。

(3)落实管理责任。建筑使用管理单位自身具备维修保养能力的，明确维修、保养职能部门和人员；不具备维修保养能力的，与消防设备生产厂家、消防设施施工安装单位等有维修、保养能力的单位签订消防设施维修、保养合同。

(4)实施消防设施标识化管理。消防设施的电源控制柜、水源以及灭火剂等控制阀门，处于正常运行位置，具有明显的开(闭)状态标识；需要保持常开或者常闭的阀门，采取铅封、标识等限位措施，保证其处于正常位置；具有信号反馈功能的阀门，其状态信号能够按照预定程序及时反馈到消防控制室；消防设施及其相关设备电气控制设备具有控制方式转换装置的，除现场具有控制方式及其转换标识外，其控制信号能够反馈至消防控制室。

(5)故障消除及报修。值班、巡查、检测时发现消防设施故障的，按照单位规定程序，及时组织修复;单位没有维修保养能力的,按照合同约定报修;消防设施因故障维修等原因需要暂时停用的,经单位消防安全责任人批准,报公安机关消防机构备案,采取消防安全措施后,方可停用检修。

(6)建立健全建筑消防设施维护管理档案。定期整理消防设施维护管理技术资料,按照规定期限和程序保存、销毁相关文件档案。

(7)远程监控管理。城市消防远程监控系统联网用户,按照规定协议向城市监控中心发送建筑消防设施运行状态、消防安全管理等信息。

3. 维护管理各环节工作要求

消防设施维护管理各个环节的工作均关系到消防设施完好有效、正常发挥作用,建筑使用管理单位要根据各个环节工作特点,组织实施维护管理。

1)值班

建筑使用管理单位根据建筑或者单位的工作、生产、经营特点,建立值班制度。在消防控制室、具有消防配电功能的配电室、消防水泵房、防排烟机房等重要设备用房,合理安排符合从业资格条件的专业人员对消防设施实施值守、监控,负责消防设施操作控制,确保火灾情况下能够按照操作技术规程,及时、准确地操作建筑消防设施。

单位制定灭火和应急疏散预案、组织预案演练时,要将消防设施操作内容纳入其中,并对操作过程中发现的问题及时给予纠正。

2)巡查

巡查是指建筑使用管理单位对建筑消防设施直观属性的检查。根据 GB 25201—2010 的规定,消防设施巡查内容主要包括消防设施设置场所(防护区域)的环境状况、消防设施及其组件、材料等外观以及消防设施运行状态、消防水源状况及固定灭火设施灭火剂储存量等。

(1)巡查要求

建筑管理使用单位按照下列要求组织巡查:

① 明确各类消防设施的巡查频次、内容和部位。

② 巡查时,准确填写《建筑消防设施巡查记录表》。

③ 巡查发现故障或者存在问题的,按照规定程序进行故障处置,消除存在问题。

(2)巡查频次

建筑使用管理单位按照下列频次组织巡查:

① 公共娱乐场所营业期间,每 2 h 组织 1 次综合巡查。其间,将部分或者全部消防设施巡查纳入综合巡查内容,并保证每日至少对全部建筑消防设施巡查一遍。

② 消防安全重点单位每日至少对消防设施巡查 1 次。

③ 其他社会单位每周至少对消防设施巡查 1 次。

④ 举办具有火灾危险性的大型群众性活动的,承办单位根据活动现场实际需要确定巡查频次。

3)检测

根据 GB 25201—2010 的规定,消防设施检测主要是对国家标准规定的各类消防设施的功能性要求进行的检查、测试。

(1)检测频次

消防设施每年至少检测1次。重大节日或者重大活动,根据活动要求安排消防设施检测。

设有自动消防设施的宾馆饭店、商场市场、公共娱乐场所等人员密集场所、易燃易爆单位以及其他一类高层公共建筑等消防安全重点单位,自消防设施投入运行后的每年年底,将年度检测记录报当地公安机关消防机构备案。

(2)检查对象

检测对象包括全部系统设备、组件等。消防设施检测按照竣工验收技术检测方法和要求组织实施,并符合《建筑消防设施检测技术规程》(XF 503—2004)的要求。检测过程中,如实填写《建筑消防设施检测记录表》的相关内容。

4)维修

值班、巡查、检测、灭火演练中发现的消防设施存在问题和故障,相关人员按照规定填写《建筑消防设施故障维修记录表》,向建筑使用管理单位消防安全管理人报告;消防安全管理人对相关人员上报的消防设施存在的问题和故障,要立即通知维修人员或者委托具有资质的消防设施维保单位进行维修。

维修期间,建筑使用管理单位要采取确保消防安全的有效措施;故障排除后,消防安全管理人组织相关人员进行相应功能试验,检查确认,并将检查确认合格的消防设施,恢复至正常工作状态,维修情况在《建筑消防设施故障维修记录表》中全面、准确记录。

5)保养

建筑使用管理单位根据建筑规模、消防设施使用周期等,制订消防设施保养计划,载明消防设施的名称、保养内容和周期;储备一定数量的消防设施易损件或者与有关消防产品厂家、供应商签订相关合同,以保证维修保养供应。

消防设施维护保养时,维护保养单位相关技术人员填写《建筑消防设施维护保养记录表》,并进行相应功能试验。

6)档案建立与管理

消防设施档案是建筑消防设施施工质量、维护管理的历史记录,具有延续性和可追溯性,是消防设施施工调试、操作使用、维护管理等状况的真实记录。

(1)档案内容

建筑消防设施档案至少包含下列内容:

① 消防设施基本情况。主要包括消防设施的验收意见和产品、系统使用说明书、系统调试记录、消防设施平面布置图、系统图等原始技术资料。

② 消防设施动态管理情况。主要包括消防设施的值班记录、巡查记录、检测记录、故障维修记录以及维护保养计划表、维护保养记录、自动消防控制室值班人员基本情况档案及培训记录等。

(2)保存期限

消防设施施工安装、竣工验收以及验收技术检测等原始技术资料长期保存;《消防控制室值班记录表》和《建筑消防设施巡查记录表》的存档时间不少于 1 年；《建筑消防设施检测记录表》《建筑消防设施故障维修记录表》《建筑消防设施维护保养计划表》《建筑消防设施维护保养记录表》的存档时间不少于 5 年。

7.1.3　消防控制室管理

消防控制室设有火灾自动报警控制设备和消防控制设备，用于接收、显示、处理火灾报警信号，控制相关消防设施，是指挥火灾扑救，引导人员安全疏散的信息、指挥中心，是消防安全管理的核心场所。

为确保消防控制室实现接受火灾报警、处置火灾信息、指挥火灾扑救、引导人员安全疏散等消防安全目标，消防控制室配备的监控设备要能够准确、规范地实施消防监控与管理等各项功能。

1. 消防控制室管理要求

规范、统一的消防控制室管理和消防设施操作监控，是建筑火灾发生时能够及时发现火灾、确认火灾，准确报警并启动应急预案，有效组织初期火灾扑救，引导人员安全疏散的根本保证。

1)消防控制室值班要求

建筑使用管理单位按照下列要求，安排合理数量的、符合从业资格条件的人员负责消防控制室管理与值班：

(1)实行每日 24 h 专人值班制度，每班不少于 2 人，值班人员持有规定的消防专业技能鉴定证书。

(2)消防设施日常维护管理符合国家标准 GB 25201—2010 的相关规定。

(3)确保火灾自动报警系统、固定灭火系统和其他联动控制设备处于正常工作状态，不得将应处于自动控制状态的设备设置在手动控制状态。

(4)确保高位消防水箱、消防水池、气压水罐等消防储水设施水量充足，确保消防泵出水管阀门、自动喷水灭火系统管道上的阀门常开；确保消防水泵、防排烟风机、防火卷帘等消防用电设备的配电柜控制装置处于自动控制位置(或者通电状态)。

2)消防控制室应急处置程序

火灾发生时，消防控制室的值班人员按照下列应急程序处置火灾：

(1)接到火灾警报后，值班人员立即以最快方式确认火灾。

(2)火灾确认后，值班人员立即确认火灾报警联动控制开关处于自动控制状态，同时拨打“119”报警电话准确报警；报警时需要说明着火单位地点、起火部位、着火物种类、火势大小、报警人姓名和联系电话等。

(3)值班人员立即启动单位应急疏散和初期火灾扑救灭火预案，同时报告单位消防安全负责人。

3)消防控制室控制、显示要求

消防控制室内的图形显示装置、火灾报警控制器、消防联动控制设备，其功能既相互独立，又互相关联，准确把控其功能是充分发挥消防控制室监控与管理作用的关键。

(1)消防控制室图形显示装置

采用中文标注和中文界面的消防控制室图形显示装置，其界面对角线长度不得小于430 mm。消防控制室图形显示装置按照下列要求显示相关信息：

① 能够显示前述电子资料内容以及符合规定的消防安全管理信息。

② 能够用同一界面显示建(构)筑物周边消防车道、消防登高车操作场地、消防水源位置，以及相邻建筑的防火间距、建筑面积、建筑高度、使用性质等情况。

③ 能够显示消防系统及设备的名称、位置和消防控制器、消防联动控制设备(含消防电话、消防应急广播、消防应急照明和疏散指示系统、消防电源等控制装置)的动态信息。

④ 有火灾报警信号、监管报警信号、反馈信号、屏蔽信号、故障信号输入时，具有相应状态的专用总指示，在总平面布局图中应显示输入信号所在的建(构)筑物的位置，在建筑平面图上应显示输入信号所在的位置和名称，并记录时间、信号类别和部位等信息。

⑤ 10 s 内能够显示输入的火灾报警信号和反馈信号的状态信息，100 s 内能够显示其他输入信号的状态信息。

⑥ 能够显示可燃气体探测报警系统、电气火灾监控系统的报警信息、故障信息和相关联动反馈信息。

(2)火灾报警控制器

火灾报警控制器能够显示火灾探测器、火灾显示盘、手动火灾报警按钮的正常工作状态、火灾报警状态、屏蔽状态及故障状态等相关信息，能够控制火灾声光警报器启动和停止。

(3)消防联动控制设备

消防联动控制设备能够将各类消防设施及其设备的状态信息传输到图形显示装置；能够控制和显示各类消防设施的电源工作状态、各类设备及其组件的启、停等运行状态和故障状态，显示具有控制功能、信号反馈功能的阀门、监控装置的正常工作状态和动作状态，能够控制具有自动控制、远程控制功能的消防设备的启、停，并接收其反馈信号。

7.2 消防给水

水是最常用的一种天然灭火剂。水在灭火中具有高效、经济、获取方便、使用简单的特点，水在消防灭火中获得了广泛的应用。水灭火的作用主要有冷却作用、窒息作用、对水溶性可燃液体的稀释作用、冲击乳化作用以及水力冲击作用等。建筑消防给水是指为建筑消火栓给水系统、自动喷水灭火系统等水灭火系统提供可靠的消防用水的供水系统。

7.2.1 系统安装调试与检测验收

消防给水系统的安装调试、检测验收包括消防水池、消防水箱的施工、安装、系统检测、验收等内容。供水设施安装包括消防水泵、消防气压给水设备、消防水泵接合器等及其附属管道的安装、调试和检测、验收。

1. 消防水源

1)消防水池、消防水箱的施工、安装

(1)消防水池、消防水箱的施工和安装,应符合现行国家标准《给水排水构筑物工程施工及验收规范》(GB 50141—2008)的有关规定。

(2)消防水池、消防水箱应设置于便于维护、通风良好、不结冰、不受污染的场所。在寒冷的场所,消防水箱应保温或在水箱间设置采暖(室内气温大于5℃)。

(3)在施工安装时,消防水池及消防水箱的外壁与建筑本体结构墙面或其他池壁之间的净距,要满足施工、装配和检修的需要。无管道的侧面,净距不宜小于0.7 m;有管道的侧面,净距不宜小于1.0 m,且管道外壁与建筑本体墙面之间的通道宽度不宜小于0.6 m;设有人孔的池顶,顶板面与上面建筑本体板底的净空不应小于0.8 m。

(4)消防水箱采用钢筋混凝土时,在消防水箱的内部应贴白瓷砖或喷涂瓷釉涂料。采用其他材料时,消防水箱宜设置支墩,支墩的高度不宜小于600 mm,以便于管道、附件的安装和检修。在选择材料时,除了考虑强度、造价、材料的自重、不易产生藻类外,还应考虑到消防水箱的耐腐蚀性(耐久性)。适合做水箱的材料有许多种,最常见的材料有碳素钢、不锈钢、钢筋混凝土、玻璃钢、搪瓷钢板等材料。

(5)钢筋混凝土消防水池或消防水箱的进水管、出水管要加设防水套管,钢板等制作的消防水池和消防水箱的进出水等管道宜采用法兰连接,对有振动的管道应加设柔性接头。组合式消防水池或消防水箱的进水管、出水管接头宜采用法兰连接,采用其他连接时应做防锈处理。

(6)消防水池、消防水箱的溢流管、泄水管不得与生产或生活用水的排水系统直接相连,应采用间接排水方式。

(7)消防水池和消防水箱出水管或水泵吸水管要满足最低有效水位出水不掺气的技术要求。

2)消防水池、消防水箱的检测验收

消防水池、消防水箱的验收,应符合现行国家标准《给水排水构筑物工程施工及验收规范》(GB 50141—2008)、GB 50242—2002等标准的有关规定。

(1)对照图纸,用测量工具检查水池容量是否符合要求,观察有无补水措施、防冻措施以及消防用水的保证措施,测量取水口的高度和位置是否符合技术要求,察看溢流管、泄水管的安装位置是否正确。对水箱需测量水箱的容积、安装标高及位置是否符合技术要求;查看水箱的进出水管、溢流管、泄水管、水位指示器、单向阀、水箱补水及增压措施是否符合技术要求;查看管道与水箱之间的连接方式及管道穿楼板或墙体时的保护措施。

(2)敞口水箱装满水静置24 h后观察,若不渗不漏,则敞口水箱的满水试验合格;而封闭水箱在试验压力下保持10 min,压力不降、不渗不漏则封闭水箱的水压试验合格。

(3)对照图纸,用测量工具检查水箱安装位置及支架或底座安装情况,其尺寸及位置应符合设计要求,埋设平整牢固。

(4)观察检查水箱溢流管和泄放管应设置在排水地点附近但不得与排水管直接

连接。

3)其他消防水源的检测验收

除了消防水池及水箱外，其他消防水源应符合下列要求：

(1)天然水源取水口、地下水井等其他消防水源的水位、出水量、有效容积、安装位置，应符合设计要求；

(2)对照设计资料检查江河湖海、水库和水塘等天然水源的水量、水质是否符合设计要求，应验证其枯水位、洪水位和常水位的流量符合设计要求；地下水井的常水位、出水量等应符合设计要求；

(3)给水管网的进水管管径及供水能力应符合设计要求；

(4)消防水泵直接从市政管网吸水时，应测试市政供水的压力和流量能否满足设计要求的流量。

2. 消防供水设施、设备

1)消防水泵

(1)消防水泵的安装调试

① 安装前要对水泵进行手动盘车，检查其灵活性。除小型管道泵可以将水泵直接安装在管道上而不做基础外，大多数水泵的安装需要设置混凝土基础。水泵安装前应对土建施工的基础进行复查验收，水泵基础应符合相应水泵产品样本中水泵安装基础图的要求。基础需要检查设备基础的位置、尺寸、高度及地脚螺孔位置和尺寸，应符合设计规定。设备基础表面要平整光滑，并清除地脚螺栓预留孔内的杂物。

② 水泵的减振措施。当有减振要求时，水泵应配有减振设施，将水泵安装在减振台座上。减振台座是在水泵的底座下增设槽钢框架或混凝土板，框架或混凝土板通过地脚螺栓与基础紧固，减振台座下使用减振装置。常用的减振设施有橡胶隔振垫(图 7-1)，橡胶剪切减振器，弹簧减振器(图 7-2)等。

图 7-1　橡胶隔振垫

图 7-2　阻尼弹簧减振器

③ 水泵安装操作。水泵安装有整体安装和分体安装两种方式。水泵安装得好坏，对水泵的运行和寿命有重要影响。

(2)消防水泵控制柜的安装要求

① 控制柜的基座其水平度误差不大于±2 mm，并应做防腐处理及防水措施；

② 控制柜与基座采用不小于 φ12 mm 的螺栓固定，每只柜不应少于 4 只螺栓；

③ 做控制柜的上下进出线口时，不应破坏控制柜的防护等级。

(3)消防水泵的检测验收要求

① 消防水泵运转应平稳,应无不良噪声的振动。

② 对照图纸,检查工作泵、备用泵、吸水管、出水管及出水管上泄压阀、水锤消除设施、止回阀、信号阀等的规格、型号、数量,应符合设计要求(图 7－3);吸水管、出水管上的控制阀应锁定在常开位置,并有明显标记。

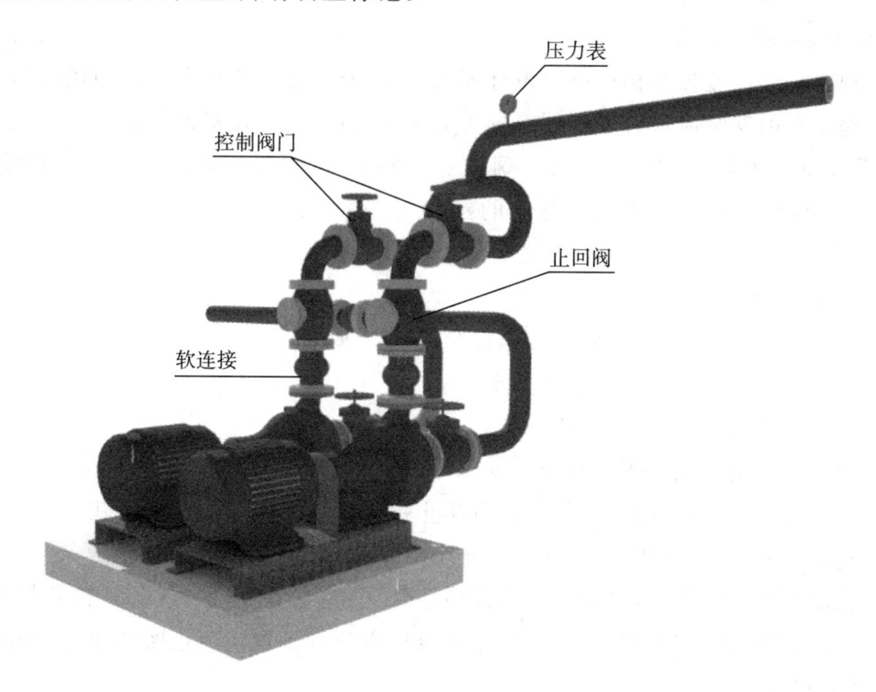

图 7－3　水泵出口各阀门及部件的安装应符合设计要求

③ 消防水泵应采用自灌式引水或其他可靠的引水措施,并保证全部有效储水被有效利用。

④ 分别开启系统中的每一个末端试水装置、试水阀和试验消火栓,水流指示器、压力开关、低压压力开关、高位消防水箱流量开关等信号的功能,均符合设计要求。

⑤ 打开消防水泵出水管上试水阀,当采用主电源启动消防水泵时,消防水泵应启动正常;关掉主电源,主、备电源应能正常切换;消防水泵就地和远程启停功能应正常,并向消防控制室反馈状态信号。

⑥ 在阀门出口用压力表检查消防水泵停泵时,水锤消除设施后的压力不应超过水泵出口设计额定压力的 1.4 倍。

⑦ 采用固定和移动式流量计、压力表测试消防水泵的性能,水泵性能应满足设计要求。

⑧ 消防水泵启动控制应置于自动启动挡。

2)消防增(稳)压设施

(1)气压水罐安装要求

① 气压水罐有效容积、气压、水位及设计压力符合设计要求;

② 气压水罐安装位置和间距、进水管及出水管方向符合设计要求；

③ 气压水罐宜有有效水容积指示器；

④ 气压水罐安装时其四周要设检修通道，其宽度不宜小于 0.7 m，消防气压给水设备顶部至楼板或梁底的距离不宜小于 0.6 m；消防稳压罐的布置应合理、紧凑；

⑤ 当气压水罐设置在非采暖房间时，应采取有效措施防止结冰。

(2)稳压泵的安装要求

① 规格、型号、流量和扬程符合设计要求，并应有产品合格证和安装使用说明书；

② 稳压泵的安装应符合现行国家标准 GB 50141—2008，《机械设备安装工程施工及验收通用规范》(GB 50231—2009)，《风机、压缩机、泵安装工程施工及验收规范》(GB 50275—2010)的有关规定，并考虑排水的要求。

3)消防增(稳)压设施的检测验收

(1)气压水罐验收要求

① 气压水罐的有效容积、调节容积符合设计要求；

② 气压水罐气侧压力符合设计要求。

(2)稳压泵验收要求

① 稳压泵的型号性能等符合设计要求；

② 稳压泵的控制符合设计要求，并有防止稳压泵频繁启动的技术措施；

③ 稳压泵在 1 h 内的启停次数符合设计要求，不大于 15 次/h；

④ 稳压泵供电应正常，自动手动启停应正常；关掉主电源，主、备电源能正常切换；

⑤ 稳压泵吸水管应设置明杆闸阀，稳压泵出水管应设置消声止回阀和明杆闸阀。

4)水泵接合器

(1)水泵接合器的安装规定

① 组装式水泵接合器的安装，应按接口、本体、连接管、止回阀、安全阀、放空管、控制阀的顺序进行，止回阀的安装方向应使消防用水能从水泵接合器进入系统，整体式水泵接合器的安装，按其使用安装说明书进行。

② 水泵接合器接口的位置应方便操作，安装在便于消防车接近的人行道或非机动车行驶地段，距室外消火栓或消防水池的距离宜为 15～40 m。

③ 墙壁水泵接合器的安装应符合设计要求。设计无要求时，其安装高度距地面宜为 0.7 m；与墙面上的门、窗、孔、洞的净距离不应小于 2.0 m，且不应安装在玻璃幕墙下方。

④ 地下水泵接合器的安装，应使进水口与井盖底面的距离不大于 0.4 m，且不应小于井盖的半径；井内应有足够的操作空间并应做好防水和排水措施，防止地下水渗入。寒冷地区井内应做防冻保护。

⑤ 水泵接合器与给水系统之间不应设置除检修阀门以外其他的阀门；检修阀门应在水泵接合器周围就近设置，且应保证便于操作。

(2)水泵接合器的检测验收

① 消火栓水泵接合器与消防通道之间不应设有妨碍消防车加压供水的障碍物(用于保护接合器的装置除外)；

② 水泵接合器的安全阀及止回阀安装位置和方向应正确,阀门启闭应灵活;

③ 水泵接合器应设置明显的耐久性指示标志,当系统采用分区或对不同系统供水时,必须标明水泵接合器的供水区域及系统区别的永久性固定标志(图7-4);

图7-4　水泵接合器上应有明显的标识

④ 地下消防水泵接合器应采用铸有“消防水泵接合器”标志的铸铁井盖,并在附近设置指示其位置的永久性固定标志;

⑤ 消防水泵接合器数量及进水管位置应符合设计要求,消防水泵接合器应采用消防车车载消防水泵进行充水试验,且供水最不利点的压力、流量应符合设计要求;当有分区供水时应确定消防车的最大供水高度和接力泵的设置位置的合理性。

3. 给水管网

1)给水管网的安装

(1)管道连接方式

目前消防管道工程常用的连接方式有螺纹连接、焊接连接、法兰连接、承插连接、沟槽连接等形式。

当管道采用螺纹、法兰、承插等方式连接时的要求:

① 采用螺纹连接时,热浸镀锌钢管的管件宜采用现行国家标准《可锻铸铁管路连接件》(GB 3287—2011～GB 3289)的有关规定,热浸镀锌无缝钢管的管件宜采用现行国家标准的有关规定;

② 螺纹连接时螺纹应符合现行国家标准《55°圆锥管螺纹》(GB 7306)的有关规定,宜采用密封胶带作为螺纹接口的密封,密封带应在阳螺纹上施加;

③ 法兰连接时法兰的密封面形式和压力等级应与消防给水系统技术要求相符合;法兰类型宜根据连接形式采用平焊法兰、对焊法兰和螺纹法兰等,法兰选择应符合现行国家标准《钢制管法兰》(GB 9124.1—2019、GB 9124.2—2019)《钢制对焊管件类型与参数(GB/T 12459—2019)》和《管法兰用聚四氟乙烯包覆垫片》(GB/T 13404—2008)的有关规定;

④ 当热浸镀锌钢管采用法兰连接时要选用螺纹法兰,当必须焊接连接时,法兰焊接应符合现行国家标准《现场设备、工业管道焊接工程施工规范》(GB 50236—2011)、《工业金属管道工程施工规范》(GB 50235—2010)的有关规定;

⑤ 球墨铸铁管承插连接时,应符合现行国家标准《给水排水管道工程施工及验收规范》(GB 50268—2008)的有关规定;

⑥ 管径大于DN50的管道不应使用螺纹活接头,在管道变径处应采用单体异径接头。

(2)管网的试压和冲洗

消防给水管网施工完成后,要进行试压和冲洗,要求如下:

① 管网安装完毕后，要对其进行强度、冲洗和严密性试验；

② 强度试验和严密性试验宜用水进行；

③ 系统试压完成后，要及时拆除所有临时盲板及试验用的管道，并与记录核对无误；

④ 管网冲洗在试压合格后分段进行。冲洗顺序先室外，后室内；先地下，后地上；室内部分的冲洗应按配水干管、配水管、配水支管的顺序进行。

(3)消防给水系统阀门的安装

消防给水系统阀门的安装要求：

① 各类阀门型号、规格及公称压力符合设计要求；

② 阀门的设置应便于安装维修和操作，且安装空间能满足阀门完全启闭的要求，并作标志；

③ 阀门有明显的启闭标志；

④ 消防给水系统干管与水灭火系统连接处设置独立阀门，并保证各系统独立使用。

2)给水管网的检测验收

(1)管网应符合下列要求：

① 管道的材质、管径、接头、连接方式及采取的防腐、防冻措施，管道标识符合设计要求；

② 管网排水坡度及辅助排水设施，应符合设计要求；

③ 管网不同部位安装的阀门及部件等，均应符合设计要求；

④ S架空管道的立管、配水支管、配水管、配水干管设置的支架，应符合相关规定；

⑤ 消防给水系统流量、压力的验收，应通过系统流量、压力检测装置和末端试水装置进行放水试验，系统流量、压力和消火栓充实水柱等应符合设计要求。

(2)阀门应符合下列要求：

阀门的型号、安装位置和方向应符合设计文件的规定。安装位置、进出口方向应正确，连接应牢固、紧密，启闭应灵活，阀杆、手轮等朝向应合理。

7.2.2 系统维护管理

消防给水系统的维护管理是确保系统正常完好、有效使用的基本保障。维护管理人员经过消防专业培训后应熟悉消防给水系统的相关原理、性能和操作维护方法。

1. 消防水源的维护管理

消防水源的维护管理应符合下列规定：

① 每季度监测市政给水管网的压力和供水能力；

② 每年对天然河湖等地表水消防水源的常水位、枯水位、洪水位，以及枯水位流量或蓄水量等进行一次检测；

③ 每年对水井等地下水消防水源的常水位、最低水位、最高水位和出水量等进行一次测定；

④ 每月对消防水池、高位消防水池、高位消防水箱等消防水源设施的水位等进行一次检测；消防水池(箱)玻璃水位计两端的角阀在不进行水位观察时应关闭；

⑤ 在冬季每天要对消防储水设施进行室内温度和水温检测，当结冰或室内温度低于

5℃时，要采取确保不结冰和室温不低于5℃的措施；

⑥ 每年应检查消防水池、消防水箱等蓄水设施的结构材料是否完好，发现问题时及时处理；

⑦ 永久性地表水天然水源消防取水口有防止水生生物繁殖的管理技术措施。

2. 供水设施设备的维护管理

1)供水设施的维护管理规定

(1)每月应手动启动消防水泵运转一次，并检查供电电源的情况；

(2)每周应模拟消防水泵自动控制的条件自动启动消防水泵运转一次，且自动记录自动巡检情况，每月应检测记录；

(3)每日对稳压泵的停泵启泵压力和启泵次数等进行检查和记录运行情况；

(4)每日对柴油机消防水泵的启动电池的电量进行检测，每周检查储油箱的储油量，每月应手动启动柴油机消防水泵运行一次；

(5)每季度应对消防水泵的出流量和压力进行一次试验；

(6)每月对气压水罐的压力和有效容积等进行一次检测。

2)水泵接合器的维护管理规定

(1)查看水泵接合器周围有无放置构成操作障碍的物品；

(2)查看水泵接合器有无破损、变形、锈蚀及操作障碍，确保接口完好、无渗漏、闷盖齐全；

(3)查看闸阀是否处于开启状态；

(4)查看水泵接合器的标志是否还明显。

3. 给水管网的维护管理

① 系统上所有的控制阀门均应采用铅封或锁链固定在开启或规定的状态，每月应对铅封、锁链进行一次检查，当有破坏或损坏时应及时修理更换；

② 每月对电动阀和电磁阀的供电和启闭性能进行检测；

③ 每季度对室外阀门井中进水管上的控制阀门进行一次检查，并应核实其处于全开启状态；

④ 每天对水源控制阀进行外观检查，并应保证系统处于无故障状态；

⑤ 每季度对系统所有的末端试水阀和报警阀的放水试验阀进行一次放水试验，并应检查系统启动、报警功能以及出水情况是否正常；

⑥ 在市政供水阀门处于完全开启状态时，每月对倒流防止器的压差进行检测，且应符合现行国家标准《减压型倒流防止器》(GB/T 25178—2020)和《双止回阀倒流防止器》(CJ/T 160—2010)等的有关规定。

7.3　消火栓系统及消防炮系统

消火栓系统按建筑物外墙为界又分为室内消火栓给水系统和室外消火栓给水系统，是民用建筑最基本的灭火设备。消防炮系统适用于大空间、大跨度建筑或用于保护化工装置。此系统经常作为扑救、控制建筑物初期火灾的有效灭火措施，是应用最为广泛、用量最大的水灭火系统。

7.3.1 室外消火栓系统

担负消防灭火任务的给水系统称为消防给水系统。在建筑物外墙中心线以外的室外消火栓给水系统，担负着城市、集镇、居住地或工矿企业等室外部分的消防给水。

1. 消火栓的选用和布置

室外消火栓的选用和布置应符合下列要求：

(1)室外消火栓宜采用地上式，当采用地下式消火栓时，应有明显标志。室外地上式消火栓应有一个直径为 150 mm 或 100 mm 和两个直径为 65 mm 的栓口。室外地下式消火栓应有直径为 100 mm 和 65 mm 的栓口各一个。冬季结冰地区宜采用干式地上室外消火栓，严寒地区可采用消防水鹤。

(2)城市、居住区的室外消火栓应根据消火栓的保护半径和间距布置。建筑物的室外消火栓的数量应按室外消防用水量经计算确定，并符合消火栓保护半径和间距要求。每个室外消火栓的用水量应按 10～l5 L/s 计算。与保护对象的距离在 5～40 m 范围内的市政消火栓，可计入室外消火栓的数量内。

(3)室外消火栓的保护半径不应大于 150 m，间距不应大于 120 m。

(4)室外消火栓距路边不应大于 2 m，距房屋外墙不宜小于 5 m。

(5)当建筑物在市政消火栓保护半径 150 m 以内，且消防用水量不超过 15 L/s 时，可不设建筑物室外消火栓。

(6)室外消火栓应沿高层建筑周围均匀布置，并不宜集中布置在建筑物的一侧。

(7)人防工程、地下工程等建筑应在出入口附近设置室外消火栓，且距出入口的距离不宜小于 5 m，并不宜大于 40 m。

(8)停车场的室外消火栓宜沿停车场周边设置，且距离最近一排汽车不宜小于 7 m，距加油站或油库不宜小于 15 m。

(9)室外消火栓应设置在便于消防车使用的地点。

(10)室外消火栓应沿道路设置。当道路宽度大于 60 m 时，宜在道路两边设置消火栓，并宜靠近十字路口。

(11)严寒地区消防用水量较大的商务区可设置水鹤等辅助消防给水设施，其布置间距宜为 1000 m，接消防水鹤的市政给水管的管径不宜小于 DN200。

(12)建筑的室外消火栓、阀门、消防水泵接合器等设置地点应设置永久性固定标识。

(13)室外消火栓宜沿建筑周围均匀布置，且不宜集中布置在建筑一侧；建筑消防扑救面一侧的室外消火栓数量不宜少于 2 个。

(14)甲、乙、丙类液体储罐区和液化烃罐罐区等构筑物的室外消火栓，应设在防火堤或防护墙外，数量应根据每个罐的设计流量经计算确定，但距罐壁 15 m 范围内的消火栓，不应计算在该罐可使用的数量内。

(15)工艺装置区等采用高压或临时高压消防给水系统的场所，其周围应设置室外消火栓，数量应根据设计流量经计算确定，且间距不应大于 60.0 m。当工艺装置区宽度大于 120.0 m 时，宜在该装置区内的路边设置室外消火栓。

(16)当工艺装置区、罐区、可燃气体和液体码头等构筑物的面积较大或高度较高，室外消火栓的充实水柱无法完全覆盖时，宜在适当部位设置室外固定消防炮。

(17)当工艺装置区、储罐区、堆场等构筑物采用高压或临时高压消防给水系统时，消火栓的设置应符合下列规定：

① 室外消火栓处宜配置消防水带和消防水枪；

② 工艺装置休息平台等处需要设置的消火栓的场所应采用室内消火栓，并应符合其他规范的有关规定。

(18)室外消防给水引入管当设有减压型倒流防止器时，应在减压型倒流防止器前设置一个室外消火栓。

2. 室外消火栓的安装调试与检测验收

(1)施工安装

安装准备：

① 认真熟悉图纸，结合现场情况复核管道的坐标、标高是否位置得当，如有问题，及时与设计人员研究解决检查预留及预埋位置是否适当；

② 检查设备材料是否符合设计要求和质量标准；

③ 安排合理的施工顺序、避免工种交叉作业干扰，影响施工。

管道安装：

① 管道安装应根据设计要求使用管材，按压力要求选用管材；

② 管道在焊接前应清除接口处的浮锈、污垢及油脂；

③ 室外消火栓安装前，管件内外壁均涂沥青冷底子油两遍，外壁需另回热沥青两遍、面漆一遍，埋入土中的法兰盘接口涂沥青冷底子油两遍，外壁需另加热沥青两遍、面漆一遍，并用沥青麻布包严。

栓体安装：

① 消火栓安装按《室外消火栓及消防水鹤安装》(13S201)的要求进行。消火栓安装位于人行道沿上 1.0 m 处，采用钢制双盘短管调整高度，做内外防腐。

② 室外地上式消火栓安装时，消火栓顶距地面高为 0.64 m，立管应垂直、稳固，控制阀门井距消火栓不应超过 1.5 m，消火栓弯管底部应设支墩或支座。

③ 室外地下式消火栓应安装在消火栓井内，消火栓井一般用 MU7.5 红砖、M7.5 水泥砂浆砌筑。消火栓井内径不应小于 1.5 m，井内应设爬梯以方便阀门的维修。

④ 消火栓与主管连接的三通或弯头下部位应带底座，砥座应设混凝土支墩，支墩与三通，弯头底部用 M7.5 水泥砂浆抹成八字托座。

⑤ 消火栓井内供水主管底部距井底不应小于 0.2 m，消火栓顶部至井盖底距离最小不应小于 0.2 m，冬季室外温度低于－20℃的地区，地下消火栓井口需作保温处理。

⑥ 安装室外地上式消火栓时，其放水口应用粒径为 20～30 mm 的卵石做渗水层，铺设半径为 500 mm，铺设厚度自地面下 100 mm 至槽底。铺设渗水层时，应保护好放水弯头，以免损坏。

(2)检测验收室外消火栓应符合下列规定：

① 室外消火栓的选型、规格、数量、安装位置应符合设计要求；

② 同一建筑物内设置的室外消火栓应采用统一规格的栓口及配件；

③ 室外消火栓应设置明显的永久性固定标志；

④ 室外消火栓水量及压力应满足要求。

7.3.2 室内消火栓系统

凡担负室内消火栓灭火设备给水任务的一系列工程设施，称室内消火栓给水系统。室内消火栓系统的主要设备包括：消防泵及其控制柜、气压给水装置、给水管网及阀门、室内消火栓箱、水泵接合器等。除消火栓箱及配件外，其余设备参见第四章。室内消火栓是固定式消防给水系统中的主要部件，通常安装在消火栓箱内，与消防水带和水枪等器材配套使用，是使用最早和最普通的消防设施之一，在消防灭火的使用中因性能可靠、成本低廉而被广泛采用。

1. 室内消火栓系统设置范围

存有与水接触能引起燃烧爆炸的物品除外的下列场所应设置 DN65 的室内消火栓：

1)多层民用和工业建筑

(1)建筑占地面积大于 300 m^2 的厂房和仓库；

(2)体积大于 5000 m^3 的车站、码头、机场等候车(船、机)建筑、展览建筑、商店建筑、旅馆建筑、医疗建筑、老年人照料设施和图书馆建筑等；

(3)特等、甲等剧场，超过 800 个座位的其他等级的剧场和电影院等以及超过 1200 个座位的礼堂、体育馆等；

(4)建筑高度大于 15 m 或体积超过 10000 m^3 的办公建筑、教学建筑、非住宅类居住建筑等其他民用建筑；

(5)建筑高度大于 21 m 的住宅建筑应设置室内消火栓系统，但当确有困难时，可只设置干式消防竖管和不带消火栓箱的 DN65 室内消火栓，消防竖管的直径不应小于 DN65；

(6)国家级文物保护单位的重点砖木或木结构的古建筑宜设置；

(7)在一座一、二级耐火等级的厂房内，如有生产性质不同的部位时，可根据各部位的特点确定设置或不设置室内消火栓(消防给水)；

(8)设有室内消火栓的人员密集公共建筑以及低于上述几条规定规模的其他公共建筑宜设置消防软管卷盘；建筑面积大于 200 m^2 的商业服务网点应设置消防软管卷盘。

(9)下列建筑物可不设室内消防给水：

① 耐火等级为一、二级且可燃物较少的丁、戊类厂房和库房(高层工业建筑除外)；耐火等级为三、四级且建筑体积不超过 3000 m^3 的丁类厂房和建筑体积不超过 5000 m^3 的戊类厂房(仓库)，粮食仓库、金库可不设置室内消火栓；

② 室内没有生产、生活给水管道，室外消防用水取自储水池且建筑体积不超过

5000 m^3的建筑物。

2)高层民用建筑及其裙房;高层工业建筑。

3)建筑面积大于 300 m^2,且平时使用的人防工程。

4)车库、修车库和停车场。

① 耐火等级为一、二级且停车数超过 5 辆的汽车库;停车数超过 5 辆的停车场;超过 2 个车位以上的修车库应设消防给水系统;

② 当汽车库设在其他建筑物内,其停车数小于上述规定时,但建筑内有消防给水系统时,亦应设置消火栓。

2. 室内消火栓的选用与检查

室内消火栓的选型应根据使用者、火灾危险性、火灾类型和不同灭火功能等因素综合确定。

1)室内消火栓的选用规定

室内消火栓的选用应符合下列要求:

(1)室内消火栓 SN65 可与消防软管卷盘一同使用;

(2)SN65 的消火栓应配置公称直径 65 有内衬里的消防水带,每根水带的长度不宜超过 25 m;消防软管卷盘应配置内径不小于 ф19 的消防软管,其长度宜为 30 m;

(3)SN65 的消火栓宜配当量喷嘴直径 16 mm 或 19 mm 的消防水枪,但当消火栓设计流量为 2.5 L/s 时宜配当量喷嘴直径 11 mm 或 13 mm 的消防水枪;消防软管卷盘应配当量喷嘴直径 6 mm 的消防水枪。

2)室内消火栓的检查

(1)安装准备

消火栓系统管材应根据设计要求选用,一般采用碳素钢管或无缝钢管,管材不得有弯曲锈蚀重皮及凹凸不平等现象。

消火栓箱体的规格类型应符合设计要求,箱体表面平整光洁金属箱体无锈蚀、划伤,箱门开启灵活箱体方正,箱内配件齐全栓阀外形规矩,无裂纹,启闭灵活,关闭严密,密封填料完好,有产品出厂合格证。

(2)管道安装

管道安装必须按图纸设计要求之轴线位置,标高进行定位放线安装顺序一般是主干管、干管分支管、横管垂直管。

室内与走廊必须按图纸设计要求的天花高度,首先让主干管紧贴梁底走管,干管分支管紧贴梁底或楼板底走管,横管垂直管根据图纸及结合现场实际情况按规范布置,尽量做到美观合理。

管井的消防立管安装采用从下至上的安装方法,即管道从管井底部逐层驳接安装,直至立管全部安装完,并且固定至各层支架上。

管道穿梁及地下室剪力墙水池等,应在预埋金属管中穿过。

管网安装完毕后,应对其进行强度试验冲洗和严密性试验。

水压强度试验的测试点应设在系统管网的最低点对管网注水时,应将管网内的空气排净，并应缓慢升压，达到试验压力后，稳压 30 min 后，管网应无泄漏无变形，且压力降不应大于 0.05 MPa。

管网冲洗应在试压合格后分段进行冲洗顺序应先室外，后室内；先地下，后地上；室内部分的冲洗应按配水干管配水管配水支管的顺序进行；管网冲洗结束后，应将管网内的水排除干净。

水压严密性试验应在水压强度试验和管网冲洗合格后进行试验压力应为设计工作压力，稳压 24 h，应无泄漏。

(3)栓体及配件安装

消火栓箱体要符合设计要求(其材质有铁和铝合金等)，产品均应有质量合格证明文件方可使用。

消火栓支管要以栓阀的坐标，标高来定位，然后稳固消火栓箱，箱体找正稳固后再把栓阀安装好，当栓阀侧装在箱内时应在箱门开启的一侧，箱门开后应灵活。

消火栓箱体安装在轻体隔墙上应有加固措施。

箱体配件安装应在交工前进行消防水龙带应折好放在挂架上或卷实盘紧放在箱内；消防水枪要竖放在箱体内侧，自救式水枪和软管应放在挂卡上或放在箱底部消防水龙带与水枪、快速接头的连接，一般用 14＃铅丝绑扎两道，每道不少于两圈，使用卡箍时，在里侧加一道铅丝设有电控按钮时，应注意与电器专业配合施工。

管道支吊架的安装间距，材料选择，必须严格按照规定要求和施工图纸的规定，接口缝距支吊连接缘不应小于 50 mm，焊缝不得放在墙内。阀门的安装应紧固严密，与管道中心垂直，操作机构灵活准确。

7.3.3 消防炮灭火系统

固定消防炮灭火系统(简称消防炮灭火系统)是用于保护面积较大、火灾危险性较高而且价值较昂贵的重点工程的群组设备等要害场所，能及时、有效地扑灭较大规模的区域性火灾、灭火威力较大的固定灭火设备，一般有水炮、泡沫炮、干粉炮三种类型。

1. 消防炮灭火系统的设置要求

消防炮灭火系统的设置应符合《固定消防炮灭火系统设计规范》(GB 50338—2003)的有关规定。

1)一般规定

(1)供水管道应与生产、生活用水管道分开。

(2)供水管道不宜与泡沫混合液的供给管道合用。寒冷地区的湿式供水管道应设防冻保护措施，干式管道应设排除管道内积水和空气的设施。管道设计应满足设计流量、压力和启动至喷射的时间等要求。

(3)消防水源的容量不应小于规定灭火时间和冷却时间内需要同时使用水炮、泡沫炮、保护水幕喷头等用水量及供水管网内充水量之和。该容量可减去规定灭火时间和冷却时间内可补充的水量。

(4)消防水泵提供的供水压力应能满足系统中水炮、泡沫炮喷射压力的要求。

(5)灭火剂及加压气体的补给时间均不宜大于 48 h。

(6)水炮系统和泡沫炮系统从启动至炮口喷射水或泡沫的时间不应大于 5 min,干粉炮系统从启动至炮口喷射干粉的时间不应大于 2 min。

2)消防炮布置

(1)室内消防炮的布置数量不应少于两门,其布置高度应保证消防炮的射流不受上部建筑构件的影响,并应能使两门水炮的水射流同时到达被保护区域的任一部位。

室内系统应采用湿式给水系统,消防炮位处应设置消防水泵起动按钮。设置消防炮平台时,其结构强度应能满足消防炮喷射反力的要求,结构设计应能满足消防炮正常使用的要求。

(2)室外消防炮的布置应能使消防炮的射流完全覆盖被保护场所及被保护物,且应满足灭火强度及冷却强度的要求。

① 消防炮应设置在被保护场所常年主导风向的上风方向。

② 当灭火对象高度较高、面积较大时,或在消防炮的射流受到较高大障碍物的阻挡时,应设置消防炮塔。

(3)消防炮宜布置在甲、乙、丙类液体储罐区防护堤外,当不能满足第(2)条的规定时,可布置在防护堤内,此时应对远控消防炮和消防炮塔采取有效的防爆和隔热保护措施。

(4)液化石油气、天然气装卸码头和甲、乙、丙类液体、油品装卸码头的消防炮的布置数量不应少于两门,泡沫炮的射程应满足覆盖设计船型的油气舱范围,水炮的射程应满足覆盖设计船型的全船范围。

(5)消防炮塔的布置应符合下列规定:

① 甲、乙、丙类液体储罐区、液化烃储罐区和石化生产装置的消防炮塔高度的确定应使消防炮对被保护对象实施有效保护。

② 甲、乙、丙类液体、油品、液化石油气、天然气装卸码头的消防炮塔高度应使消防炮的俯仰回转中心高度不低于在设计潮位和船舶空载时的甲板高度;消防炮水平回转中心与码头前沿的距离不应小于 2.5 m。

③ 消防炮塔的周围应留有供设备维修用的通道。

3)消防炮系统的设计要求

(1)水炮系统

水炮的设计射程和设计流量应符合下列规定:

① 水炮的设计射程应符合消防炮布置的要求。室内布置的水炮的射程应按产品射程的指标值计算,室外布置的水炮的射程应按产品射程指标值的 90%计算。

② 当水炮的设计工作压力与产品额定工作压力不同时,应在产品规定的工作压力范围内选用。

③ 水炮的设计射程可按 GB 50338—2003 所给公式计算确定,常用消防炮的射程见表 7-1 所列。

表 7-1 常用水炮的试验射程

水炮型号	射程(m)				
	0.6 MPa	0.8 MPa	1.0 MPa	1.2 MPa	1.4 MPa
PS40	53	62	70	—	—
PS50	59	70	79	86	—
PS60	64	75	84	91	—
PS80	70	80	90	98	104
PS100	—	86	96	104	112

④ 当上述计算的水炮设计射程不能满足消防炮布置的要求时,应调整原设定的水炮数量、布置位置或规格型号,直至达到要求。

⑤ 水炮的设计流量可按 GB 50338—2003 所给公式计算确定。

室外配置的水炮其额定流量不宜小于 30 L/s。

水炮系统灭火及冷却用水的连续供给时间应符合下列规定:

① 扑救室内火灾的灭火用水连续供给时间不应小于 1.0 h。

② 扑救室外火灾的灭火用水连续供给时间不应小于 2.0 h。

③ 甲、乙、丙类液体储罐、液化烃储罐、石化生产装置和甲、乙、丙类液体、油品码头等冷却用水连续供给时间应符合国家有关标准的规定。

水炮系统灭火及冷却用水的供给强度应符合下列规定:

① 扑救室内一般固体物质火灾的供给强度应符合国家有关标准的规定,其用水量应按两门水炮的水射流同时到达防护区任一部位的要求计算。民用建筑的用水量不应小于 40 L/s,工业建筑的用水量不应小于 60 L/s。

② 扑救室外火灾的灭火及冷却用水的供给强度应符合国家有关标准的规定。

③ 甲、乙、丙类液体储罐、液化烃储罐和甲、乙、丙类液体、油品码头等冷却用水的供给强度应符合国家有关标准的规定。

④ 石化生产装置的冷却用水的供给强度不应小于 16 L/(min・m^2)。

水炮系统灭火面积及冷却面积的计算应符合下列规定:

① 甲、乙、丙类液体储罐、液化烃储罐冷却面积的计算应符合国家有关标准的规定。

② 石化生产装置的冷却面积应符合 GB 50160—2018 的规定。

③ 甲、乙、丙类液体、油品码头的冷却面积应按 GB 50338—2003 所给公式计算。

④ 其他场所的灭火面积及冷却面积应按照国家有关标准或根据实际情况确定。

水炮系统的计算总流量应为系统中需要同时开启的水炮设计流量的总和,且不得小于灭火用水计算总流量及冷却用水计算总流量之和。

(2)泡沫炮系统

泡沫炮的设计射程和设计流量应符合下列规定:

① 泡沫炮的设计射程应符合消防炮布置的要求。室内布置的泡沫炮的射程应按产品射程的指标值计算,室外布置的泡沫炮的射程应按产品射程指标值的 90%计算。

② 当泡沫炮的设计工作压力与产品额定工作压力不同时，应在产品规定的工作压力范围内选用。

③ 泡沫炮的设计射程可 GB 50338—2003 所给公式计算确定，常用泡沫炮的射程见表 7 - 2 所列。

表 7 - 2　常用泡沫炮的试验射程

泡沫炮型号	射程(m)			
	0.6 MPa	0.8 MPa	1.0 MPa	1.2 MPa
PP32	39	47	52	59
PP48	55	65	74	81
PP64	58	68	75	83
PP100	—	73	80	88

④ 当上述计算的泡沫炮设计射程不能满足消防炮布置的要求时，应调整原设定的泡沫炮数量、布置位置或规格型号，直至达到要求。

⑤ 泡沫炮的设计流量可按 GB 50338—2003 所给公式计算确定。

室外配置的泡沫炮的额定流量不宜小于 48 L/s。扑救甲、乙、丙类液体储罐区火灾及甲、乙、丙类液体、油品码头火灾等的泡沫混合液的连续供给时间和供给强度应符合国家有关标准的规定。

泡沫炮灭火面积的计算应符合下列规定：

① 甲、乙、丙类液体储罐区的灭火面积应按实际保护储罐中最大一个储罐横截面积计算。泡沫混合液的供给量应按两门泡沫炮计算。

② 甲、乙、丙类液体、油品装卸码头的灭火面积应按油轮设计船型中最大油舱的面积计算。

③ 飞机库的灭火面积应符合 GB 50284—2008 的规定。

④ 其他场所的灭火面积应按照国家有关标准或根据实际情况确定。

⑤ 供给泡沫炮的水质应符合设计所用泡沫液的要求。

⑥ 泡沫混合液设计总流量应为系统中需要同时开启的泡沫炮设计流量的总和，且不应小于灭火面积与供给强度的乘积。混合比的范围应符合国家标准 GB 50151—2021 的规定，计算中应取规定范围的平均值。泡沫液设计总量应为其计算总量的 1.2 倍。

(3)干粉炮系统

室内布置的干粉炮的射程应按产品射程指标值计算，室外布置的干粉炮的射程应按产品射程指标值的 90%计算。

干粉炮系统的单位面积干粉灭火剂供给量可按表 7 - 3 选取。

可燃气体装卸站台等场所的灭火面积可按保护场所中最大一个装置主体结构表面积的 50%计算。

干粉炮系统的干粉连续供给时间不应小于 60 s。

干粉设计用量应符合下列规定：

表 7-3 干粉炮系统单位面积干粉灭火剂供给量

干粉种类	单位面积干粉灭火剂供给量(kg/m^2)
碳酸氢钠干粉	8.8
碳酸氢钾干粉	5.2
氨基干粉、磷酸铵盐干粉	3.6

① 干粉计算总量应满足规定时间内需要同时开启干粉炮所需干粉总量的要求，并不应小于单位面积干粉灭火剂供给量与灭火面积的乘积；干粉设计总量应为计算总量的1.2倍。

② 在停靠大型液化石油气、天然气船的液化气码头装卸臂附近宜设置喷射量不小于2000 kg干粉的干粉炮系统。

干粉炮系统应采用标准工业级氮气作为驱动气体，其含水量不应大于0.005%的体积比，其干粉罐的驱动气体工作压力可根据射程要求分别选用1.4 MPa、1.6 MPa、1.8 MPa。

干粉供给管道的总长度不宜大于20 m。炮塔上安装的干粉炮与低位安装的干粉罐的高度差不应大于10 m。

干粉炮系统的气粉比应符合下列规定：

① 当干粉输送管道总长度大于10 m、小于20 m时，每千克干粉需配给50 L氮气。

② 当干粉输送管道总长度不大于10 m时，每千克干粉需配给40 L氮气。

2. 消防炮灭火系统适用场所

消防炮灭火系统的适用场所是根据灭火介质以及操作方式确定的。

水炮系统适用于一般固体可燃物火灾场所；泡沫炮系统适用于甲、乙、丙类液体火灾、固体可燃物火灾场所；干粉炮适用于液化石油气、天然气等可燃气体火灾。

7.3.4 消火栓消防炮系统的调试、检测及验收

消火栓消防炮系统安装完毕应由施工单位根据国家有关技术标准、厂家使用手册对系统进行调试，调试合格后，报有资格单位对系统进行全功能检测，最后由建设单位报请当地消防部门组织验收。

1. 消火栓消防炮系统的调试

消火栓消防炮系统的调试应参照GA 503—2004及相关设计文件和厂家的产品设计使用手册进行。

1)消火栓系统

消火栓系统的调试应包括以下内容：

(1)检查消防泵工作环境及消防泵、稳压设备、电源控制柜、室内外消火栓、管网、阀门、水泵接合器、储水设施等是否处于正常完好状态；试验内燃机驱动的消防泵能否正常工作。

(2)启动消防泵，当消防泵为自动控制时，应模拟自动控制条件进行启动。设备用泵

时，应同时试验主、备泵的切换情况。

(3)全数调试远距离启泵按钮启动消防泵。

(4)屋顶消火栓出水，检查管网压力和水质。

2)消防炮系统

消防炮系统的调试应包括以下内容：

(1)查看外观，转动手轮，查看入口控制阀；人为操作消防炮，查看回转与仰俯角度及定位机构。

(2)查看外观和配件；触发按钮后，查看消防泵启动情况、按钮确认灯和反馈信号显示情况。

(3)触发启泵按钮，查看消防泵启动和信号显示，记录炮入口压力表数值；具有自动或远程控制功能的消防炮，根据设计要求检测消防炮的回转、仰俯与定位控制。

2. 消火栓消防炮系统的检测

消火栓消防炮系统在调试合格后，应由施工单位报有资格单位进行功能检测。检测单位应依据公安消防部门的审核意见书、系统设计资料、产品技术文件对系统进行功能检测。

1)消火栓系统

消火栓系统的检测内容可参考相关规范规定。

合格判定：实际检测的项目，A类检测项目合格率100%；B类检测项目合格率≥90%；C类检测项目合格率≥80%；系统判定为合格。

不合格判定：实际检测的项目，A类检测项目合格率＜100%；B类检测项目合格率＜90%；C类检测项目合格率＜80%；系统判定为合格。

2)消防炮

消防炮系统的检测应包括以下内容：

(1)审验系统所用设备是否具有相关消防产品市场准入证明和合格证明；

(2)设备安装是否符合设计图纸和产品技术文件等要求；

(3)控制阀是否启闭灵活。

(4)回转与仰俯操作是否灵活，操作角度是否符合设定值，定位机构是否可靠。

(5)启泵按钮外观是否完好，是否有透明罩保护，并配有击碎工具；被触发时，是否能直接启动消防泵，同时确认灯显示；按钮手动复位，确认灯是否随之复位。

(6)触发启泵按钮，查看消防泵启动和信号显示，记录炮入口压力表数值。

(7)具有自动或远程控制功能的消防炮，根据设计要求检测消防炮的回转、仰俯与定位控制。

3. 消火栓消防炮系统的验收

消火栓消防炮系统的验收应在调试、检测合格后，由建设单位报请当地公安消防部门验收，消防部门对系统验收时，应注重对其产品是否符合有关市场准入制度及系统功能的验收。验收的方法可参照GA 503—2004和公安部的有关文件执行。

7.4 自动喷水灭火系统

自动喷水灭火系统是一种能自动启动喷水灭火，并能同时发出火警信号的灭火系统，具有工作性能稳定、适应广、安全可靠、控火灭火成功率高、维护简便等优点，可用于各种建筑物中允许用水灭火的场所。据资料统计证实，这种灭火系统具有很高的灵敏度和灭火成功率，是扑灭建筑初期火灾非常有效的一种灭火设备。在发达国家的消防规范中，几乎要求所有应该设置灭火设备的建筑都采用自动喷水灭火系统，以保证生命财产安全。在我国，自动喷水灭火系统仅在人员密集、不易疏散、外部增援灭火与救生较困难的或火灾危险性较大的公共场所中设置。

7.4.1 系统组件安装调试与检测验收

自动喷水灭火系统的安装调试、检测验收包括供水设施、管网及系统组件等安装、系统试压和冲洗、系统调试、技术检测、竣工验收等内容。

1. 喷头

1)喷头安装及质量检测要求

系统试压、冲洗合格后，进行喷头安装；安装前，查阅消防设计文件，确定不同使用场所的喷头型号、规格。喷头安装按照下列要求实施：

(1)采用专用扳手(如图 7－5 所示)安装喷头，严禁利用喷头的框架施拧；喷头的框架、溅水盘产生变形、释放原件损伤的，采用规格、型号相同的喷头进行更换。

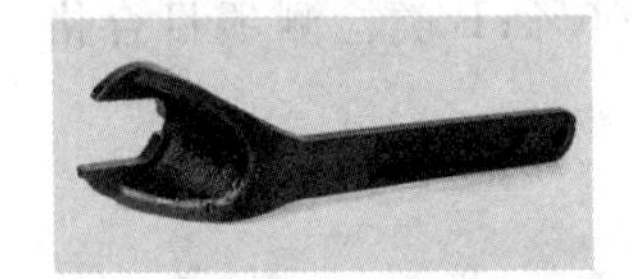

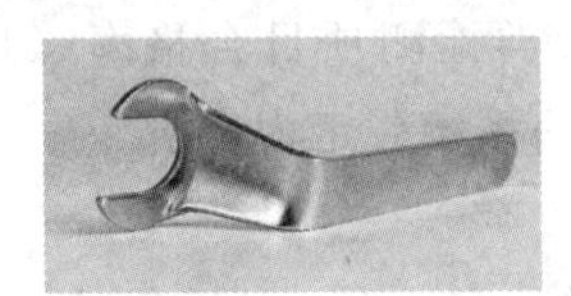

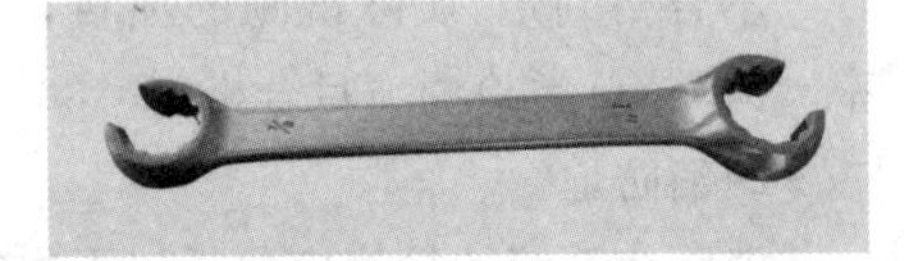

图 7－5　喷头安装专用工具实物示例

(2)喷头安装时，不得对喷头进行拆装、改动，严禁在喷头上附加任何装饰性涂层。

(3)不同类型的喷头按照具体规范要求安装。

(4)当喷头的公称直径小于 10 mm 时，在系统配水干管、配水管上安装过滤器。

(5)按照消防设计文件要求确定喷头的位置、间距，根据土建工程中吊顶、顶板、门、窗、洞口或者其他障碍物以及仓库的堆垛、货架设置等实际情况，适当调整喷头位置，以符合《自动喷水灭火系统设计规范》(GB 50084—2017)第五章相关内容的自动喷水灭火系统设计参数中关于建筑最大净空高度、作用面积和仓库内喷头设置等技术参数，以及喷头溅水盘与吊顶、门、窗、洞口或者障碍物的距离要求。

(6)当喷头溅水盘高于附近梁底或者高于宽度小于 1.2 m 的通风管道、排管、桥架腹面时，喷头溅水盘高于梁底、通风管道、排管、桥架腹面的最大垂直距离符合国家标准《自动喷水灭火系统施工及验收规范》(GB 50261—2017)的规定。梁、通风管道、排管、桥架宽度大于 1.2 m 时，在其腹面以下部位增设喷头。

(7)喷头安装在不到顶的隔断附近时,喷头与隔断的水平距离和最小垂直距离符合 GB 50261—2017 的规定。

2)检测方法

采用目测观察和尺量检查的方法检测;技术检测具体方法和判定标准详见竣工验收中喷头的验收方法和合格判定标准。

2. 报警阀组

报警阀组安装在供水管网试压、冲洗合格后组织实施。

1)报警阀组安装与技术检测共性要求

报警阀组按照下列要求进行安装,并通过技术检测控制其安装质量:

(1)按照标准图集或者生产厂家提供的安装图纸进行报警阀阀体及其附属管路的安装。

(2)报警阀组垂直安装在配水干管上,水源控制阀、报警阀组水流标识与系统水流方向一致。报警阀组的安装顺序为先安装水源控制阀、报警阀,再进行报警阀辅助管道的连接。

(3)按照设计图纸中确定的位置安装报警阀组;设计未予明确的,报警阀组安装在便于操作、监控的明显位置。

(4)报警阀阀体底边距室内地面高度为 1.2 m;侧边与墙的距离不小于 0.5 m;正面与墙的距离不小于 1.2 m;报警阀组凸出部位之间的距离不小于 0.5 m。

(5)报警阀组安装在室内时,室内地面增设排水设施。

2)附件安装要求

报警阀组相关附件按照下列要求确定其安装位置、进行安装,并通过技术检测控制其安装质量:

(1)压力表安装在报警阀上便于观测的位置。

(2)排水管和试验阀安装在便于操作的位置。

(3)水源控制阀安装在便于操作的位置,且设有明显的开、闭标识和可靠的锁定设施。

(4)在报警阀与管网之间的供水干管上,安装由控制阀、检测供水压力、流量用的仪表及排水管道组成的系统流量压力检测装置,其过水能力与系统启动后的过水能力一致;干式报警阀组、雨淋报警阀组安装检测管路时,水流不得进入系统管网的信号控制阀。

(5)水力警铃安装在公共通道或者值班室附近的外墙上,并安装检修、测试用的阀门。

(6)水力警铃和报警阀的连接,采用热镀锌钢管,当镀锌钢管的公称直径为 20 mm 时,其长度不宜大于 20 m。

(7)安装完毕的水力警铃启动时,警铃声强度不小于 70 dB。

(8)系统管网试压和冲洗合格后,排气阀安装在配水干管顶部、配水管的末端。

3)报警阀组检测方法

采用目测观察、尺量和声级计测量等方法进行检测;技术检测具体方法和判定标准详见竣工验收中报警阀组的验收方法和合格判定标准。

3. 水流报警装置

水流报警装置根据系统类型的不同，可选用水流指示器、压力开关及其组合对系统水流压力、流动等进行监控报警。

1）水流指示器

（1）安装与技术检测要求

管道试压和冲洗合格后，方可安装水流指示器。水流指示器（如图 7－6 所示）安装前，对照消防设计文件核对产品规格、型号。

法兰式水流指示器

马鞍式水流指示器

对夹式水流指示器

螺纹式水流指示器

沟槽式水流指示器

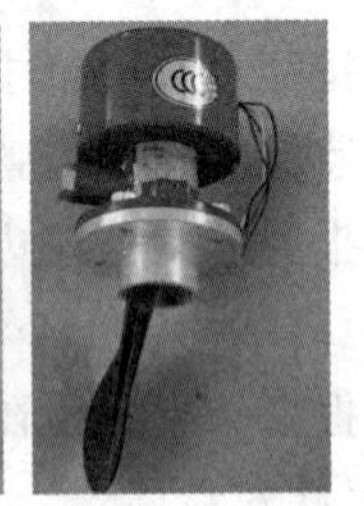
焊接式水流指示器

图 7－6　水流指示器

水流指示器按照下列要求进行安装：

① 水流指示器电器元件（部件）竖直安装在水平管道上侧，其动作方向与水流方向一致。

② 水流指示器安装后，其浆片、膜片动作灵活，不得与管壁发生碰擦。

③ 同时使用信号阀和水流指示器控制的自动喷水灭火系统，信号阀安装在水流指示器前的管道上，与水流指示器间的距离不小于 300 mm。

（2）检测方法

水流指示器按照下列方法和步骤进行检测：

① 安装前，检查管道试压和冲洗记录，对照图纸检查、核对产品规格型号。

② 目测检查电器元件的安装位置，开启试水阀门放水检查水流指示器的水流方向。

③ 放水检查水流指示器浆片、膜片动作情况，检查有无卡阻、碰擦等情况。

④ 采用卷尺测量控制水流指示器的信号阀与水流指示器的距离。

2）压力开关

（1）安装与技术检测要求

压力开关按照下列要求进行安装：

① 压力开关(图 7－7)竖直安装在通往水力警铃的管道上，安装中不得拆装改动。

② 按照消防设计文件或者厂家提供的安装图纸安装管网上的压力控制装置。

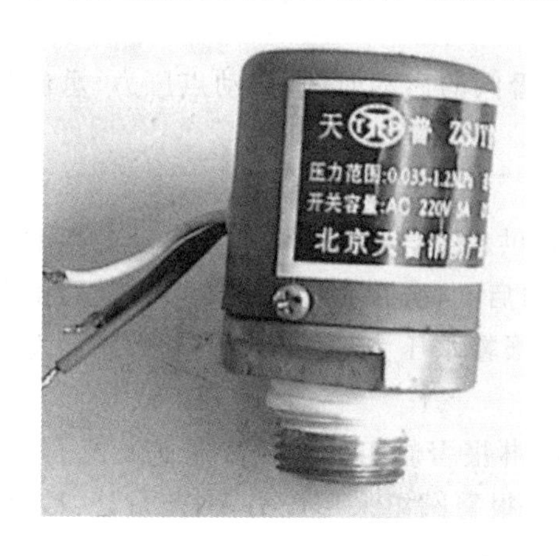

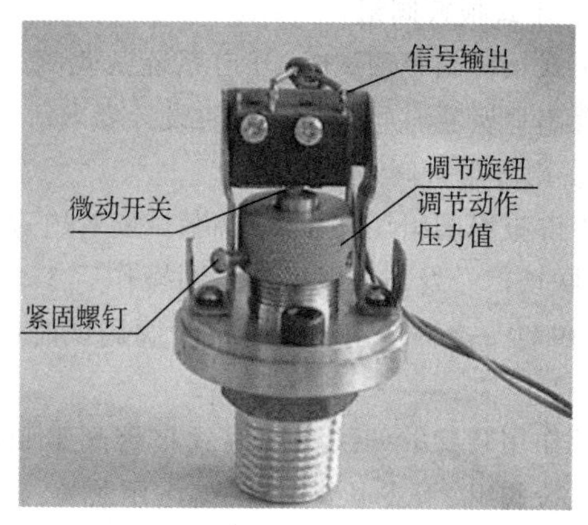

图 7－7　压力开关

(2)检测方法

对照图纸目测检查压力开关位置、安装方向。

3)压力开关、信号阀、水流指示器的引出线

压力开关、信号阀、水流指示器等引出线采用防水套管锁定；采用观察检查进行技术检测。

4. 系统调试

系统调试包括水源测试、消防水泵调试、稳压泵调试、报警阀调试、排水设施调试和联动试验等内容。调试过程中，系统出水通过排水设施全部排走。

1)系统调试准备

系统调试需要具备下列条件：

(1)消防水池、消防水箱已储存设计要求的水量。

(2)系统供电正常。

(3)消防气压给水设备的水位、气压符合消防设计要求。

(4)湿式喷水灭火系统管网内充满水；干式、预作用喷水灭火系统管网内的气压符合消防设计要求；阀门均无泄漏。

(5)与系统配套的火灾自动报警系统调试完毕，处于工作状态。

2)系统调试要求及功能性检测

(1)报警阀组

报警阀组调试按照湿式报警阀组、干式报警阀组、预作用装置、雨淋报警阀组各自特点进行调试，报警阀组调试前，首先检查报警阀组组件，确保其组件齐全、装配正确，在确认安装符合消防设计要求和消防技术标准规定后，进行调试。

① 湿式报警阀组

湿式报警阀组调试时，从试水装置处放水，当湿式报警阀进水压力大于 0.14 MPa、

放水流量大于1 L/s时，报警阀启动，带延迟器的水力警铃在5～90 s内发出报警铃声，不带延迟器的水力警铃应在15 s内发出报警铃声，压力开关动作，并反馈信号。

② 干式报警阀组

干式报警阀组调试时，开启系统试验阀，报警阀的启动时间、启动点压力、水流到试验装置出口所需时间等符合消防设计要求。

③ 雨淋报警阀组

雨淋报警阀组调试采用检测、试验管道进行供水。自动和手动方式启动的雨淋报警阀，在联动信号发出或者手动控制操作后15 s内启动；公称直径大于200 mm的雨淋报警阀，在60 s之内启动。雨淋报警阀调试时，当报警水压为0.05 MPa，水力警铃发出报警铃声。

预作用装置的调试按照湿式报警阀组和雨淋报警阀组的调试要求进行综合调试。湿式报警阀组、干式报警阀组、预作用装置、雨淋报警阀组采用压力表、流量计、秒表、声强计测量，并进行观察检查。

(2)联动调试及检测

① 湿式系统

调试及检测内容：系统控制装置设置为“自动”控制方式，启动1只喷头或者开启末端试水装置，流量保持在0.94～1.5 L/s，水流指示器、报警阀、压力开关、水力警铃和消防水泵等及时动作，并有相应组件的动作信号反馈到消防联动控制设备。

检测方法：打开阀门放水，使用流量计、压力表核定流量、压力，目测观察系统动作情况。

② 干式系统

调试检测内容：系统控制装置设置为“自动”控制方式，启动1只喷头或者模拟1只喷头的排气量排气，报警阀、压力开关、水力警铃和消防水泵等及时动作并有相应的组件信号反馈。

检测方法：采用目测观察进行检查。

③ 预作用系统、雨淋系统、水幕系统

调试检测内容：系统控制装置设置为“自动”控制方式，采用专用测试仪表或者其他方式，模拟火灾自动报警系统输入各类火灾探测信号，报警控制器输出声光报警信号，启动自动喷水灭火系统。采用传动管启动的雨淋系统、水幕系统联动试验时，启动1只喷头，雨淋报警阀打开，压力开关动作，消防水泵启动，并有相应组件信号反馈。

检测方法：采用目测观察进行检查。

5. 系统竣工验收

系统竣工后，建设单位组织实施工程竣工验收。自动喷水灭火系统的竣工验收内容包括系统各组件的抽样检查和功能性测试。

1)管网验收检查

(1)验收内容

① 查验管道材质、管径、接头、连接方式及其防腐、防冻措施。

② 测量管网排水坡度，检查辅助排水设施设置情况。

③ 检查系统末端试水装置、试水阀、排气阀等设置位置、组件及其设置情况。

④ 检查系统中不同部位安装的报警阀组、闸阀、止回阀、电磁阀、信号阀、水流指示器、减压孔板、节流管、减压阀、柔性接头、排水管、排气阀、泄压阀等组件设置位置、安装情况。

⑤ 测试干式灭火系统管网容积、系统充水时间；测试预作用和雨淋灭火系统管道充水时间。

⑥ 检查配水支管、配水管、配水干管的支架、吊架、防晃支架设置情况。

(2)验收方法

① 对照设计文件、出厂合格证明文件等，对验收内容的"(1)""(3)""(4)"项进行核对，并现场目测观察其设置位置、设置情况。

② 采用水平尺、卷尺等，对验收内容的"(2)""(6)"项进行测量，目测观察其排水设施的排水效果，以及管道支架、吊架、防晃支架设置情况。

③ 通水试验对验收内容的"(5)"项进行验收，采用秒表测量管道充水时间。

(3)合格判定标准

① 经对照检查，管道材质、管径、接头，管道连接方式以及采取的防腐、防冻等措施，符合消防技术标准和消防设计文件要求；报警阀后的管道上未安装其他用途的支管、水龙头。

② 经测量，管道横向安装坡度为0.002～0.005，且坡向排水管；相应的排水措施设置符合规定要求。

③ 系统中末端试水装置、试水阀、排气阀设置位置、组件等符合消防设计文件要求。

④ 经对照消防设计文件，系统中的报警阀组、闸阀、止回阀、电磁阀、信号阀、水流指示器、减压孔板、节流管、减压阀、柔性接头、排水管、排气阀、泄压阀等设置位置、组件、安装方式、安装要求等符合要求。

⑤ 经测量，干式灭火系统的管道充水时间不大于1 min；预作用和雨淋灭火系统的管道充水时间不大于2 min。

⑥ 经测量，管道支架、吊架、防晃支架，固定方式、设置间距、设置要求等符合消防技术标准规定。

2)喷头验收检查

(1)验收内容

① 查验喷头设置场所、规格、型号以及公称动作温度、响应时间指数(RTI)等性能参数。

② 测量喷头安装间距，喷头与楼板、墙、梁等障碍物的距离。

③ 查验特殊使用环境中喷头的保护措施。

④ 查验喷头备用量。

(2)合格判定标准

① 经核对，喷头设置场所、规格、型号以及公称动作温度、响应时间指数(RTI)等性

能参数符合消防设计文件要求。

② 按照距离偏差±15 mm进行测量，喷头安装间距，喷头与楼板、墙、梁等障碍物的距离符合消防技术标准和消防设计文件要求。

③ 有腐蚀性气体的环境、有冰冻危险场所安装的喷头，采取了防腐蚀、防冻等防护措施；有碰撞危险场所的喷头加设有防护罩。

④ 经点验，各种不同规格的喷头的备用品数量不少于安装喷头总数的1%，且每种备用喷头不少于10个。

3)报警阀组验收检查

(1)验收内容

① 验收前，检查报警阀组及其附件的组成、安装情况，以及报警阀组所处状态。

② 启动报警阀组检测装置，测试其流量、压力。

③ 测试报警阀组及其对系统的自动启动功能。

(2)合格判定标准

① 报警阀组及其各附件安装位置正确，各组件、附件结构安装准确；供水干管侧和配水干管侧控制阀门处于完全开启状态，锁定在常开位置；报警阀组试水阀、检测装置放水阀关闭，检测装置其他控制阀门开启，报警阀组处于伺应状态；报警阀组及其附件设置的压力表读数符合设计要求。

② 经测量，供水干管侧和配水干管侧的流量、压力符合消防技术标准和消防设计文件要求。

③ 启动报警阀组试水阀或者电磁阀后，供水干管侧、配水干管侧压力表值平衡后，报警阀组以及检测装置的压力开关、延迟器、水力警铃等附件动作准确、可靠；与空气压缩机或者火灾自动报警系统的联动控制准确，符合消防设计文件要求。

④ 经测试，水力警铃喷嘴处压力符合消防设计文件要求，且不小于0.05 MPa；距水力警铃3 m远处警铃声声强符合设计文件要求，且不小于70 dB。

⑤ 消防水泵自动启动，压力开关、电磁阀、排气阀入口电动阀、消防水泵等动作，且相应信号反馈到消防联动控制设备。

7.4.2 系统维护管理

自动喷水灭火系统的维护管理是系统正常完好、有效使用的基本保障。从事维护管理人员要经过消防专业培训，具备相应的从业资格证书，熟悉自动喷水灭火系统的原理、性能和操作维护规程。

1. 系统巡查

自动喷水灭火系统巡查主要是针对系统组件外观、现场运行状态、系统检测装置工作状态、安装部位环境条件等实施的日常巡查。

1)巡查内容

自动喷水灭火系统巡查内容主要包括：

(1)喷头外观及其周边障碍物、保护面积等。

(2)报警阀组外观、报警阀组检测装置状态、排水设施状况等。

(3)充气设备、排气装置及其控制装置、火灾探测传动、液(气)动传动及其控制装置、现场手动控制装置等外观、运行状况。

(4)系统末端试水装置、楼层试水阀及其现场环境状态,压力监测情况等。

(5)系统用电设备的电源及其供电情况。

2)巡查方法及要求

采用目测观察的方法,检查系统及其组件外观、阀门启闭状态、用电设备及其控制装置工作状态和压力监测装置(压力表、压力开关)工作情况。

(1)喷头

建筑使用管理单位按照下列要求对喷头进行巡查:

① 观察喷头与保护区域环境是否匹配,判定保护区域使用功能、危险性级别是否发生变更。

② 检查喷头外观有无明显磕碰伤痕或者损坏,有无喷头漏水或者被拆除等情况。

③ 检查保护区域内是否有影响喷头正常使用的吊顶装修,或者新增装饰物、隔断、高大家具以及其他障碍物;若有上述情况,采用目测、尺量等方法,检查喷头保护面积、与障碍物间距等是否发生变化。

(2)报警阀组

建筑使用管理单位按照下列要求对报警阀组进行巡查:

① 检查报警阀组的标志牌是否完好、清晰,阀体上水流指示永久性标识是否易于观察,与水流方向是否一致。

② 检查报警阀组组件是否齐全,表面有无裂纹、损伤等现象。

③ 检查报警阀组是否处于伺应状态(图 7 - 8),观察其组件有无漏水等情况。

④ 检查报警阀组设置场所的排水设施有无排水不畅或者积水等情况。

⑤ 检查干式报警阀组、预作用装置的充气设备、排气装置及其控制装置的外观标志有无磨损、模糊等情况,相关设备及其通用阀门是否处于工作状态;控制装置外观有无歪斜翘曲、磨损划痕等情况,其监控信息显示是否准确。

⑥ 检查预作用装置、雨淋报警阀组的火灾探测传动、液(气)动传动及其控制装置、现场手动控制装置的外观标志有无磨损、模糊等情况,控制装置外观有无歪斜翘曲、磨损划痕等情况,其显示信息是否准确。

(3)末端试水装置和试水阀巡查

建筑使用管理单位按照下列要求对末端试水装置、楼层试水阀进行巡查:

① 检查系统(区域)末端试水装置、楼层试水阀的设置位置是否便于操作和观察,有无排水设施。

② 检查末端试水装置设置是否正确。

③ 检查末端试水装置压力表,能否准确监测系统、保护区域最不利点静压值。

(4)系统供电巡查

建筑使用管理单位按照下列要求对系统供电情况进行巡查:

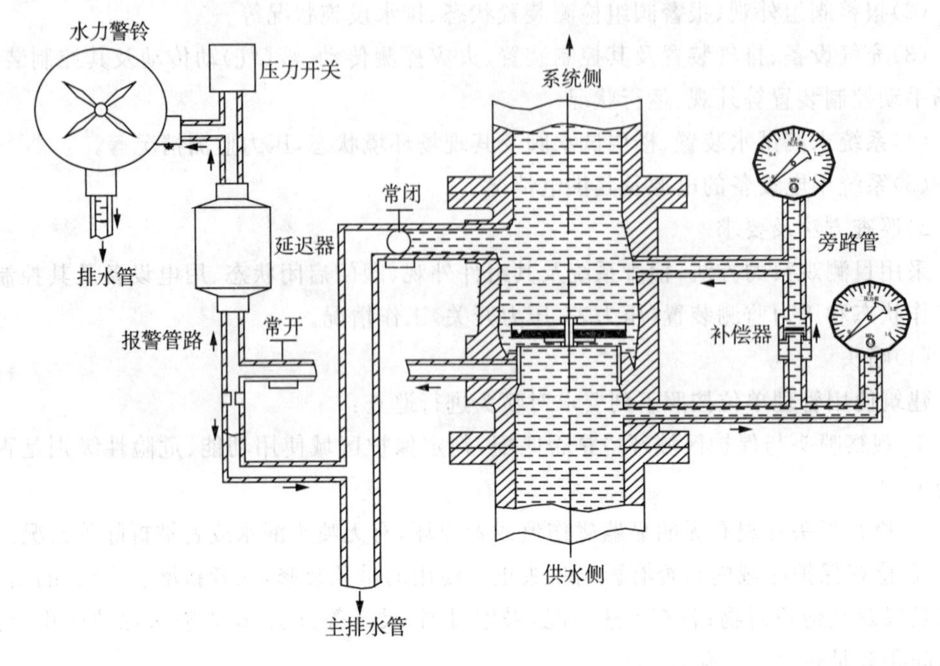

图 7-8　外补偿式湿式报警阀组伺应状态示例

① 检查自动喷水灭火系统的消防水泵、稳压泵等用电设备配电控制柜，观察其电压、电流监测是否正常，水泵启动控制和主、备泵切换控制是否设置在“自动”位置。

② 检查系统监控设备供电是否正常，系统中的电磁阀、模块等用电元器(件)是否通电。

3)巡查周期

建筑管理使用单位至少每日组织一次系统全面巡查。

2. 系统周期性检查维护

系统周期性检查是指建筑使用管理单位按照国家工程建设消防技术标准的要求，对已经投入使用的自动喷水灭火系统的组件、零部件等，按照规定检查周期进行的检查、测试。经检查，自动喷水灭火系统发生故障，需要停水检修的，向主管值班人员报告，取得单位消防安全管理人的同意后，派人临场监督，设置相应的防范措施后，方能停水动工。消防水池、消防水箱、消防气压给水设备内的水，根据当地环境、气候条件不定期更换。寒冷季节，消防储水设备的任何部位均不得结冰。

1)月检查项目

(1)检查项目

下列项目至少每月进行一次检查与维护：

① 电动、内燃机驱动的消防水泵(增压泵)启动运行测试。

② 喷头完好状况、备用量及异物清除等检查。

③ 系统所有阀门状态及其铅封、锁链完好状况检查。

④ 消防气压给水设备的气压、水位测试；消防水池、消防水箱的水位以及消防用水不

被挪用的技术措施检查。

⑤ 电磁阀启动测试。

⑥ 水流指示器动作、信息反馈试验。

⑦ 水泵接合器完好性检查。

(2)检查与维护要求

① 检查内容“①”“④”项采用手动启动或者模拟启动试验进行检查，发现异常问题的，检查消防水泵、电磁阀使用性能以及系统控制设备的控制模式、控制模块状态等。属于控制方式不符合规定要求的，调整控制方式；属于设备、部件损坏、失常的，及时更换；属于供电、燃料供给不正常的，对电源、热源及其管路进行报修；泵体、管道存在局部锈蚀的，进行除锈处理；水泵、电动机的旋转轴承等部位，及时清理污渍、除锈、更换润滑油。

② 喷头外观及备用数量检查，发现有影响正常使用的情况(如溅水盘损坏、溅水盘上存在影响使用的异物等)的，及时更换喷头，清除喷头上的异物；更换或者安装喷头使用专用扳手。对于备用喷头数不足的，及时按照单位程序采购补充。

③ 系统各个控制阀门铅封损坏，或者锁链未固定在规定状态的，及时更换铅封，调整锁链至规定的固定状态；发现阀门有漏水、锈蚀等情形的，更换阀门密封垫，修理或者更换阀门，对锈蚀部位进行除锈处理。

④ 检查消防水池、消防水箱以及消防气压给水设备，发现水位不足、气体压力欠压的，查明原因，及时补足消防用水和消防气压给水设备水量、气压：

A. 属于操作管理制度不落实的，报单位消防安全管理人按照制度给予处理。

B. 属于系统存在严重漏水的，找准渗漏点，按照程序报修。

C. 属于水位监控装置不能正常工作的，及时修理或者更换；钢板消防水箱和消防气压给水设备的玻璃水位计，其两端的角阀在不进行水位观察时恢复至关闭状态。

D. 属于消防用水挪作他用的，检查并消除消防用水不挪为他用的技术措施的存在问题。

E. 消防气压给水设备压力表读数低于设定压力值的，首先检查压力表的完好性和控制阀开启情况，属于压力表控制阀未开启或者开启不完全的，完全开启压力表控制阀；属于压力表损坏的，及时更换压力表；确定压力表正常后，对消防气压给水设备补压，并检查有无气体泄漏点。

⑤ 利用末端试水装置、楼层试水阀对水流指示器进场动作、报警检查试验时，首先检查消防联动控制设备和末端试水装置、楼层试水阀的完好性，符合试验条件的，开启末端试水装置或者试水阀，发现水流指示器在规定时间内不报警的，首先检查水流指示器的控制线路，存在断路、接线不实等情况的，重新接线至正常；之后，检查水流指示器，发现有异物、杂质等卡阻桨片的，及时清除异物、杂质；发现调整螺母与触头未到位的，重新调试到位。

⑥ 查看消防水泵接合器的接口及其附件，发现闷盖、接口等部件有缺失的，及时采购安装；发现有渗漏的，检查相应部件的密封垫完好性，查找管道、管件因锈蚀、损伤等出现

的渗漏。属于密封垫密封不严的，调整密封垫位置或者更换密封垫；属于管件锈蚀、损伤的，更换管件，进行防锈、除锈处理。

2)季度检查项目

(1)检查项目

下列项目至少每季度进行一次检查与维护：

① 报警阀组的试水阀放水及其启动性能测试。

② 室外阀门井中的控制阀门开启状况及其使用性能测试。

(2)检查与维护要求

分别利用系统末端试水装置、楼层试水阀和报警阀组旁的放水试验阀等测试装置进行放水试验，检查系统启动、报警功能以及出水情况：

① 检查消防控制设备、消防水泵控制设备、测试装置的完好性和控制方式，确认设备(装置)完好，控制方式为"自动"状态后，分别进行功能性试验。

② 经测试进场，发现报警阀组存在问题的，按照后述各类报警阀组"常见故障分析"，查找并及时消除故障。

检查室外阀门井情况，发现阀门井积水、有垃圾或者有杂物的，及时排除积水，清除垃圾、杂物；发现管网中的控制阀门未完全开启或者关闭的，完全开启到位；发现阀门有漏水情况的，按照前述室内阀门的要求查漏、修复、更换、除锈。

3)年度检查项目

(1)检查项目

下列项目至少每年进行一次检查与维护：

① 水源供水能力测试。

② 水泵接合器通水加压测试。

③ 储水设备结构材料检查。

④ 过滤器排渣、完好状态检查。

⑤ 系统联动测试。

(2)检查与维护要求

① 检查消防储水设备结构、材料，对于缺损、锈蚀等情况及时进行修补缺损和重新油漆。

② 检查系统过滤器的使用性能，对滤网进行拆洗，并重新安装到位。

③ 系统联动试验按照验收、检测要求组织实施，可结合年度检测一并组织实施。

3. 系统年度检测

年度检测是建筑使用、管理单位按照相关法律法规和国家消防技术标准，每年度开展的定期功能性检查和测试；建筑使用管理单位可以委托具有资质的消防技术服务单位组织实施年度检测。

1)喷头

重点检查喷头选型与保护区域的使用功能、危险性等级等匹配情况，核查闭式喷头玻璃泡色标高于保护区域环境最高温度 30℃的要求，以及喷头无变形、附着物、悬挂物等影响使用的情况。

2)报警阀组

检测前,查看自动喷水灭火系统的控制方式、状态,确认系统处于工作状态,消防控制设备以及消防水泵控制装置处于自动控制状态。湿式报警阀组、干式报警阀组、预作用装置、雨淋报警阀组等按照其组件检测和功能测试两项内容进行检测。

(1)报警阀组件共性要求检测

检测内容及要求:

① 检查报警阀组外观标志,标识清晰、内容翔实,符合产品生产技术标准要求,并注明系统名称和保护区域,压力表显示符合设定值。

② 系统控制阀以及报警管路控制阀全部开启,并用锁具固定手轮,具有明显的启闭标志;采用信号阀的,反馈信号正确;测试管路放水阀关闭;报警阀组处于伺应状态。

③ 报警阀组的相关组件灵敏可靠;消防控制设备准确接收压力开关动作的反馈信号。

检测操作步骤:

① 查看外观标识和压力表状况,查看并记录、核对其压力值。

② 检查系统控制阀,查看锁具或者信号阀及其反馈信号;检查报警阀组报警管路、测试管路,查看其控制阀门、放水阀等启闭状态。

③ 打开报警阀组测试管路放水阀,查看压力开关、水力警铃等动作、反馈信号情况。

(2)湿式报警阀组

检测内容及要求:

湿式报警阀组功能按照下列要求进行检测:

① 开启末端试水装置,出水压力不低于 0.05 MPa,水流指示器、湿式报警阀、压力开关动作。

② 报警阀动作后,测量水力警铃声强,不得低于 70 dB。

③ 开启末端试水装置 5 min 内,消防水泵自动启动。

④ 消防控制设备准确接收并显示水流指示器、压力开关及消防水泵的反馈信号。

检测操作步骤:

① 开启系统(区域)末端试水装置前,查看并记录压力表读数;开启末端试水装置,待压力表指针晃动平稳后,查看并记录压力表变化情况。

② 查看消防控制设备显示的水流指示器、压力开关和消防水泵的动作情况以及信号反馈情况。

③ 从末端试水装置开启时计时,测量消防水泵投入运行的时间。

④ 在距离水力警铃 3 m 处,采用声级计测量水力警铃声强值。

⑤ 关闭末端试水装置,系统复位,恢复到工作状态。

(3)干式报警阀组

检测内容及要求:

检查空气压缩机和气压控制装置状态,保持其正常,压力表显示符合设定值。干式报警阀组功能按照下列要求进行检测:

① 开启末端试水装置,报警阀组、压力开关动作,联动启动排气阀入口电动阀和消防水泵,水流指示器报警。

② 水力警铃报警,水力警铃声强值不得低于 70 dB。

③ 开启末端试水装置 1 min 后,其出水压力不得低于 0.05 MPa。

④ 消防控制设备准确显示水流指示器、压力开关、电动阀及消防水泵的反馈信号。

检测操作步骤:

① 缓慢开启气压控制装置试验阀,小流量排气;空气压缩机启动后,关闭试验阀,查看空气压缩机运行情况、核对其启、停压力。

② 开启末端试水装置控制阀,同上查看并记录压力表变化情况。

③ 查看消防控制设备、排气阀等,检查水流指示器、压力开关、消防水泵、排气阀入口的电动阀等动作及其信号反馈情况,以及排气阀的排气情况。

④ 从末端试水装置开启时计时,测量末端试水装置水压力达到 0.05 MPa 的时间。

⑤ 按照湿式报警阀组的要求测量水力警铃声强值。

⑥ 关闭末端试水装置,系统复位,恢复到工作状态。

3)水流指示器

(1)检测内容及要求

检查水流指示器外观,有明显标志;信号阀完全开启,准确反馈启闭信号;水流指示器的启动与复位灵敏、可靠,反馈信号准确。

(2)检测操作步骤

① 现场检查水流指示器外观。

② 开启末端试水装置、楼层试水阀,查看消防控制设备显示的水流指示器动作信号。

③ 关闭末端试水装置、楼层试水阀,查看消防控制设备显示的水流指示器复位信号。

4)末端试水装置

(1)检测内容及要求

检查末端试水装置的阀门、试水接头、压力表和排水管,设置齐全,无损伤;压力表显示正常,符合规定要求。

(2)检测操作步骤

① 现场查看末端试水装置的阀门、压力表、试水接头及排水管等外观。

② 关闭末端试水装置,读取并记录其压力表数值。

③ 开启末端试水装置的控制阀,待压力表指针晃动平稳后,读取并记录压力表数值。

④ 水泵自动启动 5 min 后,读取并记录压力表数值,观察其变化情况。

⑤ 关闭末端试水装置,系统复位,恢复到工作状态。

7.5 水喷雾灭火系统

水喷雾灭火系统是在自动喷水灭火系统的基础上发展起来的,利用专门设计的水雾喷头,在水雾喷头的工作压力下将水流分解成粒径不超过 1 mm 的细小水滴进行灭火或防护冷却的一种固定式灭火系统。水喷雾灭火系统与雨淋喷水灭火系统、水幕系统的区别主要在于喷头的结构和性能不同。它是利用水雾喷头在较高的水压力作用下，将水流分离成细小水雾滴，喷向保护对象实现灭火和防护冷却作用的。水喷雾灭火系统用水量少，冷却和灭火效果好，使用范围广泛。水喷雾灭火系统的应用发展，实现了用水扑救油类和电气设备火灾，并且克服了气体灭火系统不适合在露天的环境和大空间场所使用的缺点。

7.5.1　水喷雾系统施工施工、安装、调试

1. 水喷雾系统施工的一般规定

(1)系统分部工程、子分部工程、分项工程应按《水喷雾灭火系统技术规范》(GB 50219—2014)附录B划分。

(2)施工现场应具有相应的施工技术标准、健全的质量管理体系和施工质量检验制度，并应进行施工全过程质量控制。施工现场质量管理应按《水喷雾灭火系统技术规范》(GB 50219—2014)附录C的要求填写记录，检查结果应合格。

(3)系统的施工应按经审核批准的设计施工图、技术文件和相关技术标准的规定进行。

(4)系统施工前应具备下列技术资料：

① 经审核批准的设计施工图、设计说明书；

② 主要组件的安装及使用说明书；

③ 消防泵，雨淋报警阀(或电动控制阀、气动控制阀)，沟槽式管接件，水雾喷头等系统组件应具备符合相关准入制度要求的有效证明文件和产品出厂合格证；

④ 阀门、压力表、管道过滤器、管材及管件等部件和材料应具备产品出厂合格证。

(5)系统施工前应具备下列条件：

① 设计单位已向施工单位进行设计交底，并有记录；

② 系统组件、管材及管件的规格、型号符合设计要求；

③ 与施工有关的基础、预埋件和预留孔经检查符合设计要求；

④ 场地、道路、水、电等临时设施满足施工要求。

(6)系统应按下列规定进行施工过程质量控制：

① 应按《水喷雾灭火系统技术规范》(GB 50219—2014)第8.2节的规定对系统组件、材料等进行进场检验，检验合格并经监理工程师签证后方可使用或安装；

② 各工序应按施工技术标准进行质量控制，每道工序完成后，应进行检查，合格后方可进行下道工序施工；

③ 相关各专业工种之间应进行交接认可，并经监理工程师签证后，方可进行下道工序施工；

④ 应由监理工程师组织施工单位有关人员对施工过程质量进行检查，并应按《水喷雾灭火系统技术规范》(GB 50219—2014)附录D的规定进行记录，检查结果应全部合格；

⑤ 隐蔽工程在隐蔽前，施工单位应通知有关单位进行验收并按《水喷雾灭火系统技

术规范》(GB 50219—2014)表 D.0.7 记录。

(7)系统安装完毕,施工单位应进行系统调试。当系统需与有关的火灾自动报警系统及联动控制设备联动时,应联合进行调试。调试合格后,施工单位应向建设单位提供质量控制资料和施工过程检查记录。水喷雾系统如图 7-9 所示。

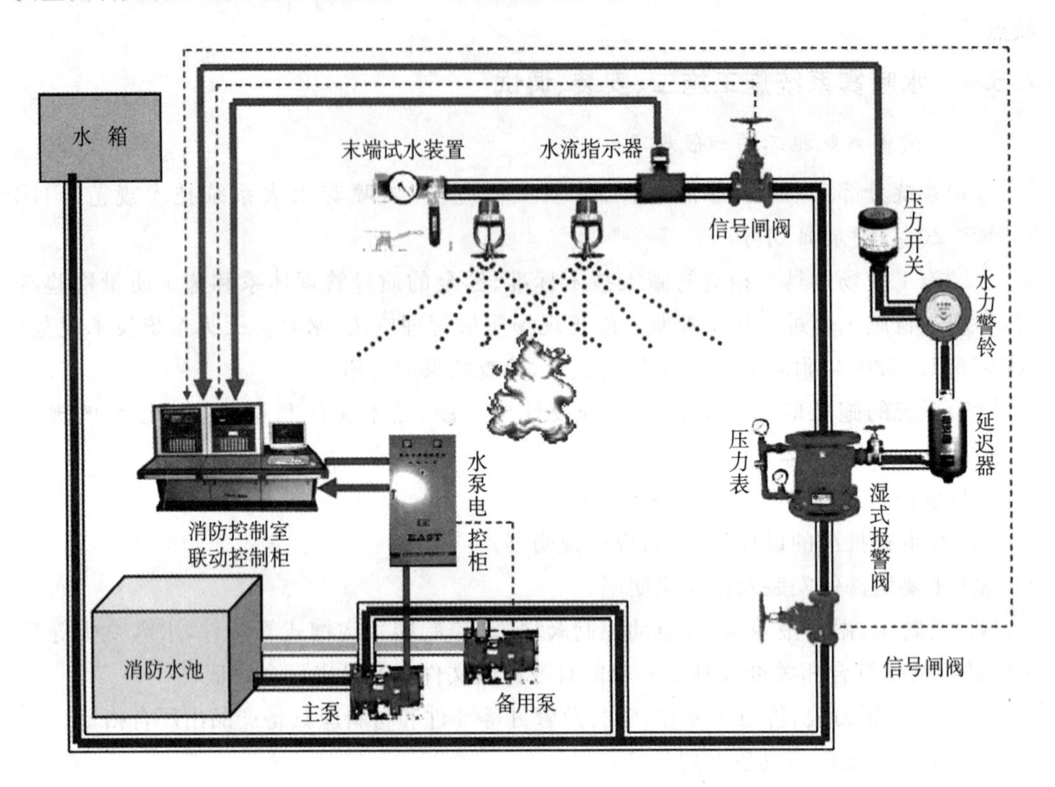

图 7-9　水喷雾系统示意图

2. 水喷雾系统的安装、调试

1)系统的安装

(1)系统的下列施工,除应符合《水喷雾灭火系统技术规范》(GB 50219—2014)的规定外,尚应符合现行国家标准《现场设备、工业管道焊接工程施工规范》(GB 50253—2014)的规定。

① 管道的加工、焊接、安装;

② 管道的检验、试压、冲洗、防腐;

③ 支、吊架的焊接、安装;

④ 阀门的安装。

(2)系统与火灾自动报警系统联动部分的施工应符合现行国家标准《火灾自动报警系统施工及验收标准》(GB 50166—2019)的规定。

(3)系统的施工应按《水喷雾灭火系统技术规范》(GB 50219—2014)表 D.0.3～表 D.0.7 记录。

(4)消防泵组的安装应符合下列要求：

① 消防泵组的安装应符合现行国家标准 GB 50231—2019 和 GB 50275—2010 的规定。

② 消防泵应整体安装在基础上。

检查数量:全数检查。

检查方法:直观检查。

③ 消防泵与相关管道连接时,应以消防泵的法兰端面为基准进行测量和安装。

检查数量:全数检查。

检查方法:尺量和直观检查。

④ 消防泵进水管吸水口处设置滤网时,滤网架应安装牢固,滤网应便于清洗。

检查数量:全数检查。

检查方法:直观检查。

⑤ 当消防泵采用柴油机驱动时,柴油机冷却器的泄水管应通向排水设施。

检查数量:全数检查。

检查方法:直观检查。

(5)消防水池(罐)、消防水箱的施工和安装应符合下列要求：

① 应符合现行国家标准 GB 50141—2008、GB 50242—2002 的规定。

检查数量:全数检查。

检查方法:对照规范及图纸核查是否符合要求。

② 消防水池(罐)、消防水箱的容积、安装位置应符合设计要求。安装时,消防水池(罐)、消防水箱外壁与建筑本体结构墙面或其他池壁之间的净距应满足施工或装配的需要。

检查数量:全数检查。

检查方法:对照图纸,尺量检查。

(6)消防气压给水设备和稳压泵的安装应符合下列要求：

① 消防气压给水设备的气压罐,其容积、气压、水位及工作压力应符合设计要求。

检查数量:全数检查。

检查方法:对照图纸,直观检查。

② 消防气压给水设备的安装位置、进水管及出水管方向应符合设计要求。

检查数量:全数检查。

检查方法:对照图纸,尺量检查和直观检查。

③ 消防气压给水设备上的安全阀、压力表、泄水管、水位指示器、压力控制仪表等的安装应符合产品使用说明书的要求。

检查数量:全数检查。

检查方法:对照图纸核查。

④ 稳压泵的安装应符合现行国家标准 GB 50231—2019、GB 50275—2010 的规定。

检查数量:全数检查。

检查方法：对照规范及图纸核查是否符合要求。

(7)消防水泵接合器的安装应符合下列要求：

① 系统的消防水泵接合器应设置与其他消防系统的消防水泵接合器区别的永久性固定标志，并有分区标志。

检查数量：全数检查。

检查方法：直观检查。

② 地下式消防水泵接合器应采用铸有“消防水泵接合器”标志的铸铁井盖，并应在附近设置指示其位置的永久性固定标志。

检查数量：全数检查。

检查方法：直观检查。

③ 组装式消防水泵接合器的安装应按接口、本体、连接管、止回阀、安全阀、放空管、控制阀的顺序进行，止回阀的安装方向应使消防用水能从消防水泵接合器进入系统；整体式消防水泵接合器的安装应按其使用安装说明书进行。

检查数量：全数检查。

检查方法：直观检查。

(8)雨淋报警阀组的安装应符合下列要求：

① 雨淋报警阀组的安装应在供水管网试压、冲洗合格后进行。安装时应先安装水源控制阀、雨淋报警阀，再进行雨淋报警阀辅助管道的连接。水源控制阀、雨淋报警阀与配水干管的连接应使水流方向一致。雨淋报警阀组的安装位置应符合设计要求。

检查数量：全数检查。

检查方法：检查系统试压、冲洗记录表，直观检查和尺量检查。

② 水源控制阀的安装应便于操作，且应有明显开闭标志和可靠的锁定设施；压力表应安装在报警阀上便于观测的位置；排水管和试验阀应安装在便于操作的位置。

检查数量：全数检查。

检查方法：直观检查。

③ 雨淋报警阀手动开启装置的安装位置应符合设计要求，且在发生火灾时应能安全开启和便于操作。

检查数量：全数检查。

检查方法：对照图纸核查和开启阀门检查。

④ 在雨淋报警阀的水源一侧应安装压力表。

检查数量：全数检查。

检查方法：直观检查。

(9)控制阀的规格、型号和安装位置均应符合设计要求；安装方向应正确，控制阀内应清洁、无堵塞、无渗漏；主要控制阀应加设启闭标志；隐蔽处的控制阀应在明显处设有指示其位置的标志。

检查数量：全数检查。

检查方法：直观检查。

(10)压力开关应竖直安装在通往水力警铃的管道上,且不应在安装中拆装改动。压力开关的引出线应用防水套管锁定。

检查数量:全数检查。

检查方法:直观检查。

(11)水力警铃的安装应符合设计要求,安装后的水力警铃启动时,警铃响度应不小于 70dB(A)。

检查数量:全数检查。

检查方法:直观检查;开启阀门放水,水力警铃启动后用声级计测量声强。

(12)节流管和减压孔板的安装应符合设计要求。

检查数量:全数检查。

检查方法:对照图纸核查和尺量检查。

(13)减压阀的安装应符合下列要求:

① 减压阀的安装应在供水管网试压、冲洗合格后进行。

检查数量:全数检查。

检查方法:检查管道试压和冲洗记录。

② 减压阀的规格、型号应与设计相符,阀外控制管路及导向阀各连接件不应有松动,减压阀的外观应无机械损伤,阀内应无异物。

检查数量:全数检查。

检查方法:对照图纸核查和手扳检查。

③ 减压阀水流方向应与供水管网水流方向一致。

检查数量:全数检查。

检查方法:直观检查。

④ 应在减压阀进水侧安装过滤器,并宜在其前后安装控制阀。

检查数量:全数检查。

检查方法:直观检查。

⑤ 可调式减压阀宜水平安装,阀盖应向上。

检查数量:全数检查。

检查方法:直观检查。

⑥ 比例式减压阀宜垂直安装;当水平安装时,单呼吸孔减压阀的孔口应向下,双呼吸孔减压阀的孔口应呈水平。

检查数量:全数检查。

检查方法:直观检查。

⑦ 安装自身不带压力表的减压阀时,应在其前后相邻部位安装压力表。

检查数量:全数检查。

检查方法:直观检查。

(14)管道的安装应符合下列规定:

① 水平管道安装时,其坡度、坡向应符合设计要求。

检查数量：干管抽查1条；支管抽查2条；分支管抽查5%，且不得少于1条。

检查方法：用水平仪检查。

② 立管应用管卡固定在支架上，其间距不应大于设计值。

检查数量：全数检查。

检查方法：尺量检查和直观检查。

③ 埋地管道安装应符合下列要求：

埋地管道的基础应符合设计要求；

埋地管道安装前应做好防腐，安装时不应损坏防腐层；

埋地管道采用焊接时，焊缝部位应在试压合格后进行防腐处理；

埋地管道在回填前应进行隐蔽工程验收，合格后应及时回填，分层夯实，并应按《水喷雾灭火系统技术规范》(GB 50219—2014)表D.0.7进行记录。

检查数量：全数检查。

检查方法：直观检查。

④ 管道支、吊架应安装平整牢固，管墩的砌筑应规整，其间距应符合设计要求。

检查数量：按安装总数的20%抽查，且不得少于5个。

检查方法：直观检查和尺量检查。

⑤ 管道支、吊架与水雾喷头之间的距离不应小于0.3，与末端水雾喷头之间的距离不宜大于0.5 m。

检查数量：按安装总数的10%抽查，且不得少于5个。

检查方法：尺量检查。

⑥ 管道安装前应分段进行清洗。施工过程中，应保证管道内部清洁，不得留有焊渣、焊瘤、氧化皮、杂质或其他异物。

⑦ 同排管道法兰的间距应方便拆装，且不宜小于100 mm。

⑧ 管道穿过墙体、楼板处应使用套管；穿过墙体的套管长度不应小于该墙体的厚度，穿过楼板的套管长度应高出楼地面50 mm，底部应与楼板底面相平；管道与套管间的空隙应采用防火封堵材料填塞密实；管道穿过建筑物的变形缝时，应采取保护措施。

检查数量：全数检查。

检查方法：直观检查和尺量检查。

⑨ 管道焊接的坡口形式、加工方法和尺寸等均应符合现行国家标准《气焊、焊条电弧焊、气体保护焊和高能束焊的推荐坡口》(GB/T 985.1—2008)、《埋弧焊的推荐坡口》(GB/T 985.2—2008)的规定，管道之间或与管接头之间的焊接应采用对口焊接。

⑩ 管道采用沟槽式连接时，管道末端的沟槽尺寸应满足现行国家标准《自动喷水灭火系统 第11部分 沟槽式管接件》(GB 5135.11—2006)的规定。

⑪ 对于镀锌钢管，应在焊接后再镀锌，且不得对镀锌后的管道进行气割作业。

(15)管道安装完毕应进行水压试验，并应符合下列规定：

① 试验宜采用清水进行，试验时，环境温度不宜低于5℃，当环境温度低于5℃时，应采取防冻措施；

② 试验压力应为设计压力的 1.5 倍；

③ 试验的测试点宜设在系统管网的最低点，对不能参与试压的设备、阀门及附件，应加以隔离或拆除；

④ 试验合格后，应按《水喷雾灭火系统技术规范》(GB 50219—2014)表 D.0.4 记录。

检查数最：全数检查。

检查方法：管道充满水，排净空气，用试压装置缓慢升压，当压力升至试验压力后，稳压 10 min，管道无损坏、变形，再将试验压力降至设计压力，稳压 30 min，以压力不降、无渗漏为合格。

(16)管道试压合格后，宜用清水冲洗，冲洗合格后，不得再进行影响管内清洁的其他施工，并应按《水喷雾灭火系统技术规范》(GB 50219—2014)表 D.0.5 记录。

检查数量：全数检查。

检查方法：宜采用最大设计流最，流速不低于 1.5 m/s，以排出水色和透明度与入口水目测一致为合格。

(17)地上管道应在试压、冲洗合格后进行涂漆防腐。

检查数量：全数检查。

检查方法：直观检查。

(18)喷头的安装应符合下列规定：

① 喷头的规格、型号应符合设计要求，并应在系统试压、冲洗、吹扫合格后进行安装。

检查数量：全数检查。

检查方法：直观检查和检查系统试压、冲洗记录。

② 喷头应安装牢固、规整，安装时不得拆卸或损坏喷头上的附件。

检查数量：全数检查。

检查方法：直观检查。

③ 顶部设置的喷头应安装在被保护物的上部，室外安装坐标偏差不应大于 20 mm，室内安装坐标偏差不应大于 10 mm；标高的允许偏差，室外安装为±20 mm，室内安装为±10 mm。

检查数量：按安装总数的 10％抽查，且不得少于 4 只，即支管两侧的分支管的始端及末端各 1 只。

检查方法：尺量检查。

④ 侧向安装的喷头应安装在被保护物体的侧面并应对准被保护物体，其距离偏差不应大于 20 mm。

检查数量：按安装总数的 10％抽查，且不得少于 4 只。

检查方法：尺量检查。

⑤ 喷头与吊顶、门、窗、洞口或障碍物的距离应符合设计要求。

检查数量：全数检查。

检查方法：尺量检查。

2)系统的调试

(1)系统调试应在系统施工结束和与系统有关的火灾自动报警装置及联动控制设备

调试合格后进行。

(2)系统调试应具备下列条件:

① 调试前应具备《水喷雾灭火系统技术规范》(GB 50219—2014)第 8.1.4 条所列技术资料和《水喷雾灭火系统技术规范》(GB 50219—2014)表 B、表 C、表 D.0.1～表 D.0.5、表 D.0.7 等施工记录及调试必需的其他资料;

② 调试前应制订调试方案;

③ 调试前应对系统进行检查,并应及时处理发现的问题;

④ 调试前应将需要临时安装在系统上并经校验合格的仪器、仪表安装完毕,调试时所需的检查设备应准备齐全;

⑤ 水源、动力源应满足系统调试要求,电气设备应具备与系统联动调试的条件。

(3)系统调试应包括下列内容:

① 水源测试;

② 动力源和备用动力源切换试验;

③ 消防水泵调试;

④ 稳压泵调试;

⑤ 雨淋报警阀、电动控制阀、气动控制阀的调试;

⑥ 排水设施调试;

⑦ 联动试验。

(4)水源测试应符合下列要求:

① 消防水池(罐)、消防水箱的容积及储水量、消防水箱设置高度应符合设计要求,消防储水应有不作他用的技术措施。

检查数量:全数检查。

检查方法:对照图纸核查和尺量检查。

② 消防水泵接合器的数量和供水能力应符合设计要求。

检查数量:全数检查。

检查方法:直观检查并应通过移动式消防水泵做供水试验进行验证。

(5)系统的主动力源和备用动力源进行切换试验时,主动力源和备用动力源及电气设备运行应正常。

检查数量:全数检查。

检查方法:以自动和手动方式各进行 1～2 次试验。

(6)消防水泵的调试应符合下列要求:

① 消防水泵的启动时间应符合设计规定。

检查数量:全数检查。

检查方法:使用秒表检查。

② 控制柜应进行空载和加载控制调试,控制柜应能按其设计功能正常动作和显示。

检查数量:全数检查。

检查方法:使用电压表、电流表和兆欧表等仪表通电检查。

(7)稳压泵、消防气压给水设备应按设计要求进行调试。当达到设计启动条件时，稳压泵应立即启动；当达到系统设计压力时，稳压泵应自动停止运行。

检查数量：全数检查。

检查方法：直观检查。

(8)雨淋报警阀调试宜利用检测、试验管道进行。以自动和手动方式启动的雨淋报警阀应在 15 s 之内启动；在调试公称直径大于 200 mm 的雨淋报警阀时，雨淋报警阀应在 60 s 之内启动；在调试雨淋报警阀时，当报警水压为 0.05 MPa 时，水力警铃应发出报警铃声。

检查数量：全数检查。

检查方法：使用压力表、流量计、秒表、声强计测量检查，直观检查。

(9)电动控制阀和气动控制阀自动开启时，开启时间应满足设计要求；手动开启或关闭应灵活、无卡涩。

检查数量：全数检查。

检查方法：使用秒表测量，手动启闭试验。

(10)调试过程中，系统排出的水应能通过排水设施全部被排走。

检查数量：全数检查。

检查方法：直观检查。

(11)联动试验应符合下列规定：

① 采用模拟火灾信号启动系统，相应的分区雨淋报警阀(或电动控制阀、气动控制阀)、压力开关和消防水泵及其他联动设备均应能及时动作并发出相应的信号。

检查数量：全数检查。

检查方法：直观检查。

② 采用传动管启动的系统。启动 1 只喷头，相应的分区雨淋报警阀、压力开关和消防水泵及其他联动设备均应能及时动作并发出相应的信号。

检查数量：全数检查。

检查方法：直观检查。

③ 系统的响应时间、工作压力和流量应符合设计要求。

检查数量：全数检查。

检查方法：当为手动控制时，以手动方式进行 1～2 次试验；当为自动控制时，以自动和手动方式各进行 1～2 次试验，并用压力表、流量计、秒表计量。

(12)系统测试合格后，应按《GB 50219—2014 水喷雾灭火系统技术规范》表 D.0.6 填写调试检查记录，并应用清水冲洗后放空，复原系统。

7.5.2　系统施工操作控制与维护管理

系统建设完成后，其运营维护也极其重要，建设单位需要对水喷雾灭火系统进行定期检查、测试和维护，以确保系统的完好工作状态。系统的维护维修要选择具有水喷雾灭火系统设计安装经验的单位进行。系统的运行管理需要制定管理、测试和维护规程，明确管理者职责。

1. 操作与控制

(1)水喷雾灭火系统应设有自动控制、手动控制和应急操作三种控制方式。当响应时间大于 60 s 时,可采用手动控制和应急操作两种控制方式。

自动控制:指水喷雾灭火系统的火灾探测、报警部分与供水设备、雨淋阀组等部件自动连锁操作的控制方式。

手动控制:指人为远距离操纵供水设备、雨淋阀组等系统组件的控制方式。

应急操作:指人为现场操纵供水设备、雨淋阀组等系统组件的控制方式。

(2)火灾探测与报警应按现行的国家标准 GB 50116—2013 的有关规定执行。

(3)火灾探测器可采用缆式线型定温火灾探测器、空气管式感温火灾探测器或闭式喷头。当采用闭式喷头时,应采用传动管传输火灾信号。

传动管直接启动系统:传动管和雨淋阀的控制腔直接连接,雨淋阀控制腔与传动管同时降压,雨淋阀在其入口水压作用下开启,并连锁启动系统。

传动管间接启动系统:传动管的压降信号通过压力开关传输至报警控制器启动系统。

(4)传动管的长度不宜大于 300 m,公称直径宜为 15～25 mm。传动管上闭式喷头之间的距离不宜大于 2.5 m。

(5)当保护对象的保护面积较大或保护对象的数量较多时,水喷雾灭火系统宜设置多台雨淋阀,并利用雨淋阀同时控制喷雾的水雾喷头数量。

(6)保护液化气贮罐的水喷雾灭火系统,除应能启动直接受火罐的雨淋阀外,尚应能启动距离直接受火罐 1.5 倍罐径范围内邻近罐的雨淋阀。

(7)分段保护皮带输送机的水喷雾灭火系统,除应能启动起火区段的雨淋阀外,尚应能启动起火区段下游相邻区段的雨淋阀,并应能同时切断皮带输送机的电源。

(8)水喷雾灭火系统的控制设备应具有下列功能:

① 选择控制方式;

② 重复显示保护对象状态;

③ 监控消防水泵启、停状态;

④ 监控雨淋阀启、闭状态;

⑤ 监控主、备用电源自动切换。

2. 水喷雾灭火系统的验收和维护

1)设备、管道的验收

(1)水喷雾灭火系统中所采用的各种消防产品、消防电子产品,如水雾喷头、雨淋阀、限经孔板、压力开关、火灾探测器、闭式喷头等均应符合中华人民共和国公安部、国家标准化管理委员会、住房和城乡建设部有关规定,并具有消防产品质量监督检测中心所颁发的质量检验合格证。

(2)给水、压缩空气、排水管道的施工质量,应符合 GB 50261—2017 及《采暖与卫生工程施工及验收规范》(GBJ 242—1982)的要求。

(3)由于水喷雾灭火系统中给水管道压力较高,管道安装完毕后应认真进行管道冲洗及水压试验。试验要求应按 GB 50261—2017 执行。

(4)在系统安装完后,正式验收之前,安装者必须进行排水试验、报警试验和漏水试验。

(5)应重视支、吊架的设计。喷头之间每段管段的配管,均应有吊架,且考虑支吊架的防晃问题,应按 GB 50261—2017 执行。

(6)喷头安装用填料应采用聚四氟乙烯胶带,顺时针方向缠绕三整圈,不允许用麻线作填料。

2)维护与检修

(1)对于水喷雾灭火系统每半年进行一次喷雾试验,检查整个系统运行情况。

(2)每季度应对过滤器水雾喷头、控制阀以及火灾探测器等进行一次检修,并填写检修记录并存档。

(3)配管内的水要定期更换,以防水对管道产生腐蚀。

(4)每天对水喷雾灭火系统进行一次巡检,观测有无渗漏水现象,压力表指针是否正常,阀门标记是否正确等。

(5)水喷雾灭火系统应建立一套完整的操作、维护、检验的规程,操作人员应随时对照检查。

7.6 细水雾灭火系统

细水雾灭火系统由水源(储水池、储水箱、储水瓶)、供水装置(泵组推动或瓶组推动)、系统管网、控水阀组、细水雾喷头以及火灾自动报警及联动控制系统组成。细水雾灭火系统主要以水为灭火介质,采用特殊喷头在压力作用下喷洒细水雾进行灭火或控火,是一种灭火效能较高、环保、适用范围较广的灭火系统,是国际上应用广泛的哈龙灭火系统的替代系统之一,具有广泛的工程应用前景。细水雾自动灭火系统作为一种新的替代技术显示出了非常优越的特点,而引起了国际消防界的广泛重视。

7.6.1 系统施工与安装调试

细水雾灭火系统安装调试包括供水设施、管网及系统组件的安装、系统试压和冲洗、系统调试等内容。供水设施主要包括泵组、储水箱、储水瓶组与储气瓶组的安装准备、安装要求和检查方法。管道是细水雾系统的重要组成部分,管道安装也是整个系统安装工程中工作量最大、较容易出问题的环节,返修也较繁杂。因而在管道安装时需要采取行之有效的技术措施,依据管道的材质和工作压力等自身特性,按照现行国家标准 GB 50253—2014 和 GB 50236—2011 的相关规定进行,并注意满足管网工作压力的要求。

1. 施工

1)一般规定

(1)施工安装前应具备下列条件:

① 设计施工图、设计说明书等技术文件和资料齐全;

② 系统组件、管件及其他设备、材料等的品种、规格、型号符合设计要求;

③ 防护区、设备间设置条件或防护区内被保护对象的设置条件与设计文件相符；

④ 系统所需的预埋件和孔洞符合设计要求；

⑤ 施工现场和施工中使用的水、电、气满足施工要求，并能保证连续施工。

(2)施工应由具有相应资质的专业施工队伍承担，并应在安装前提供详细的安装、试验程序和方法，安装质量保证制度和施工安全管理制度。

(3)施工安装应按照经审核批准的工程设计文件进行。

(4)施工前应对采用的系统组件、管件及其他设备、材料进行现场检验，并应符合下列规定：

① 具有国家法定检验机构出具的系统合格检验报告及产品出厂合格证；

② 系统组件的所有外露口均设有防护堵盖，且密封良好，管件、预加工管道、阀门等的接口螺纹或法兰密封面无损伤；

③ 喷头组件的规格、型号、数量符合设计要求。

(5)施工现场质量管理应按《细水雾灭火系统技术规范》(GB 50898—2013)附录E的要求填写检查记录。

(6)施工过程应按下列规定进行质量控制：

① 按第(4)条的规定对系统组件、材料等进行进场检验合格后，应经监理工程师签证后方可安装使用；

② 各工序应按施工技术标准进行质量控制；每道工序完成后，相关专业工种之间应进行交接认可，并经监理工程师签证后方可进行下道工序施工；

③ 隐蔽工程在隐蔽前，施工单位应通知有关单位进行验收并记录；

④ 安装完毕，施工单位应按GB 50898—2013的规定进行系统调试。调试合格后，施工单位应向建设单位提供质量控制资料和按GB 50898—2013附录F的要求填写的全部施工过程检查记录。

2)安装要求

(1)贮水瓶组、贮气瓶组的安装应符合下列规定：

① 瓶组的充装宜在出厂前完成；

② 安装前应对贮气瓶组的驱动装置进行检查，电磁驱动的电源、电压应符合设计要求。通电检查电磁铁芯，其行程应满足系统启动要求，且动作灵活无卡阻现象；

③ 瓶组的安装定位尺寸应符合设计要求，其操作面距墙或操作面之间的距离不应小于0.8 m；

④ 瓶组的安装、固定和支撑应稳固，且固定支框架应进行防腐处理；

⑤ 瓶组的设置应便于检查、测试、重新灌装和维护维修。容器上的压力表应朝向操作面，安装高度和方向应一致。

检查数量：全数检查。

检查方法：尺量和观察检查。

(2)泵组的安装应符合下列规定：

① 消防泵的型号、规格应符合设计要求，安装后应充装和检查曲轴箱内的油位；

② 高压水泵的安装应符合现行国家标准《风机、压缩机、泵安装工程施工及验收规范》(GB 50275—2010)的有关规定。高压水泵与原动机之间的联轴器的型式及安装要求应符合制造厂的要求。底座的刚度应满足同轴性要求；

③ 高压水泵吸水管上应设置过滤器、阀门，水平段不得有气囊和漏气情况，变径处应采用偏心大小头连接。

检查数量：全数检查。

检查方法：观察检查。

(3)阀组的安装应符合下列规定。

① 阀组的观测仪表和操作阀门的安装位置应符合设计要求，并应便于观测和操作。

检查数量：全数检查。

检查方法：观察检查。

② 分区控制阀的安装应在管道试压和冲洗合格后进行，安装高度应为 1.2～1.6 m，操作面与墙或其他设备的距离不应小于 0.8 m。

③ 分区控制阀开启控制装置的安装位置应符合设计要求，且在发生火灾时应能安全开启和便于操作。水传动管的安装应符合湿式系统有关要求。阀后的管道若需充气，其安装应按干式报警阀组有关要求进行。

检查数量：全数检查。

检查方法：对照图纸观察检查和开启阀门检查。

④ 末端试水装置和试水阀的安装位置应便于检查、试验，并应有具备相应排水能力的排水设施。

检查数量：全数检查。

检查方法：观察检查。

(4)管道的安装应符合下列规定：

① 管道材质应符合设计要求；

② 管道的安装应符合现行国家标准《工业金属管道工程施工规范》(GB 50235—2019)、GB 50236—2011 的相关规定；

③ 管道施工过程中应保证管道内部清洁，不得有焊渣、焊瘤、氧化皮、机械杂质或其他异物；

④ 同排管道法兰的间距应方便拆装，且不应小于 100 mm；

⑤ 应在管道穿过墙壁、楼板处安装套管。穿墙套管长度不应小于墙体厚度，其接头位置距墙面宜大于 0.8 m，穿过楼板的套管长度应高出地面 50 mm，管道与套管间的空隙应采用柔性不燃材料填塞密实；

⑥ 管道焊接的坡口形式、加工方法和尺寸标准等，均应符合现行国家标准《气焊、焊条电弧焊、气体保护焊和高能束焊的推荐坡口》(GB/T 985.1—2008)、《埋弧焊的推荐坡口》(GB/T 985.2—2008)的有关规定；管道与管道、管道与管接头的焊接应采用对口焊接。

检查数量：全数检查。

检查方法：尺量和观察检查。

(5)系统管道安装完毕后应进行冲洗，并应符合下列规定：

① 宜使用满足 GB 50898—2013 第 3.6.5 条系统水源水质要求的用水进行管道冲洗；

② 冲洗应连续进行，流速不应低于设计流速的 1.05 倍；

③ 冲洗前应对系统的仪表采取保护措施，并应对管道支架、吊架进行检查，必要时应采取加固措施；

④ 冲洗合格后，应按 GB 50898—2013 表 F.0.3 进行记录。

检查数量：全数检查。

检查方法：宜采用最大设计流量，沿灭火时管网水流方向分区、分段进行，以排出水色和透明度与入口水目测一致为合格。

(6)系统管道冲洗合格后应进行水压试验，并应符合下列规定：

① 试验用水宜满足 GB 50898—2013 第 3.6.5 条的要求；

② 试验时环境温度不应低于 5℃，当环境温度低于 5℃时，应采取防冻措施；

③ 试验压力应为系统工作压力的 1.5 倍；

④ 试验的测试点宜设在系统管网的最低点，对不能参与试压的设备、仪表、阀门及附件应加以隔离或拆除；

⑤ 试验合格后，应按 GB 50898—2013 表 F.0.2 进行记录。

检查数量：全数检查。

检查方法：将管道充满水，排净空气，用试压装置缓慢升压，当压力升至试验压力后，稳压 5 min，管道若无损坏、变形，再将试验压力降至设计压力，稳压 120 min，以压力不降、无渗漏、目测管道无变形为合格。

不具备水压试验条件的寒冷地区，可采用空气或氮气进行试验。

(7)对于闭式系统或瓶组式系统，在水压强度试验后，应进行严密性试验，试验压力应为水压强度试验压力的 2/3。试验合格后，应按 GB 50898—2013 表 F.0.2 进行记录。

检查数量：全数检查。

检查方法：将压力升至试验压力，关闭气源后，3 min 内压力降不应超过试验压力的 10 %，且用涂刷肥皂水等方法检验管道连接处，以无气泡产生为合格。

(8)对于系统管道，在水压强度试验和严密性试验合格后，宜采用压缩空气或氮气吹扫，吹扫压力不应超过管道的设计压力，流速不宜小于 20 m/s。

检查数量：全数检查。

检查方法：在管道末端设置贴白布或涂白漆的木制耙板，以 5 min 内耙板上无铁锈、灰尘、水渍及其他杂物为合格。

(9)喷头的安装应符合下列规定：

① 喷头安装应在管道试压、吹扫合格后进行；

② 喷头安装时，应根据设计文件逐个核对其型号、规格和喷孔方向，不得对喷头进行拆装、改动；

③ 喷头安装时应采用专用扳手；

④ 不带装饰罩的喷头，其连接管管端螺纹不应露出吊顶；带装饰罩的喷头应紧贴吊顶；带有外置式过滤网的喷头，其过滤网不应伸入支干管内；

⑤ 喷头安装时不应采用聚四氟乙烯、麻丝、黏结剂等作为密封材料，宜采用端面密封或O型圈密封。细水雾喷头如图7-10所示。

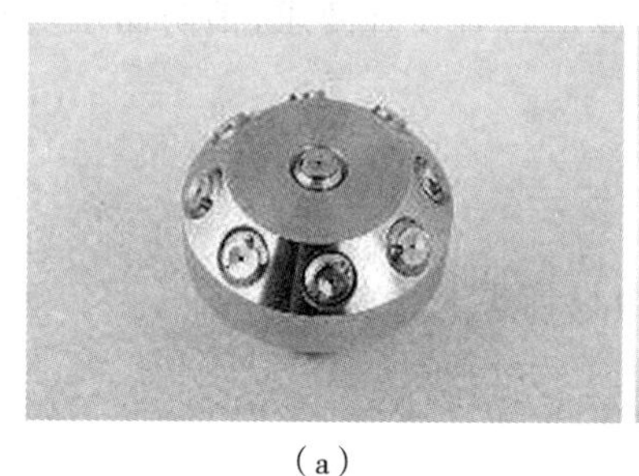
(a)

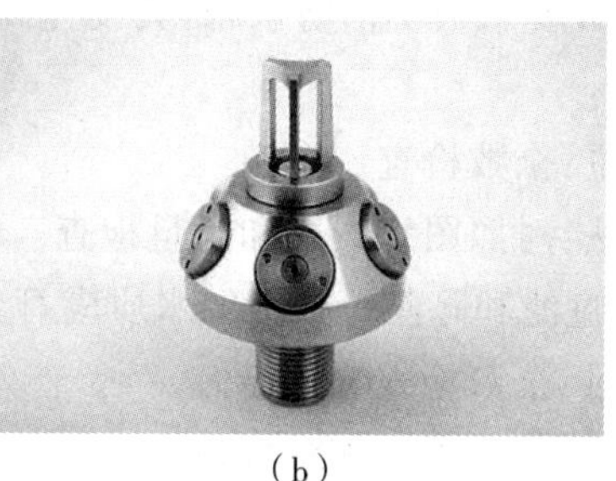
(b)

图7-10　细水雾喷头

检查数量：全数检查。

检查方法：观察检查。

(10)与细水雾灭火系统联动的火灾自动报警系统和其他联动控制装置的安装应符合现行国家标准GB 50166—2019的规定。

2. 系统调试

1)一般规定

(1)系统调试应在系统施工完成后进行。当由与系统有关的火灾自动报警系统及联动控制设备时，应联合进行调试。

(2)系统调试前应具备符合相关规定的现场检查记录。

(3)调试前施工单位应制订调试方案，并经监理单位批准。调试人员应根据批准的方案和程序进行。

(4)调试时应准备齐全所需的检查设备，调试所需仪器、仪表应经校验合格并与系统连接和固定。

(5)系统调试应具备下列条件：

① 消防水箱已储存符合设计要求的水量；

② 系统供电正常；

③ 消防气压给水设备的水位、气压符合设计要求；

④ 闭式细水雾系统管网内已充满水，阀门均无泄漏；

⑤ 现场安全条件符合要求。

2)调试要求

(1)系统调试应包括下列内容：

① 水源测试；

② 消防水泵调试；

③ 稳压泵调试；

④ 控制阀调试；

⑤ 排水设施调试；

⑥ 联动试验。

(2)水源测试应符合下列规定。

① 按设计要求核实消防水箱，其设置高度应符合设计要求；消防储水应有保证不作他用的措施。

检查数量：全数检查。

检查方法：对照图纸观察和尺量检查。

② 经过过滤和除藻等处理的水质应符合设计要求的水质标准。

检查数量：全数检查。

检查方法：查看资料和观察检查。

(3)消防水泵调试应符合下列规定。

① 以自动或手动方式启动消防水泵时，消防水泵可在 30 s 内正常运行。

检查数量：全数检查。

检查方法：用秒表检查。

② 以备用电源切换方式或备用泵切换启动消防水泵时，消防水泵可在 30 s 内投入正常运行。

检查数量：全数检查。

检查方法：用秒表检查。

(4)稳压泵应按设计要求进行调试。当达到设计启动条件时，稳压泵应能立即启动；当达到系统设计压力时，稳压泵可自动停止运行；当消防主泵启动时，稳压泵应能自动停止运行。

检查数量：全数检查。

检查方法：观察检查。

(5)控制阀调试应符合下列规定。

① 对于闭式系统的控制阀，应在试水装置处放水，且当闭式控制阀进口水压大于 0.14 MPa、放水流量大于 1 L/s 时，控制阀应及时启动；水力警铃在试水阀门打开后 15 s 内应发出报警铃声；压力开关应及时动作并反馈信号。

检查数量：全数检查。

检查方法：使用压力表、流量计、秒表和观察检查。

② 对于开式系统的控制阀，宜利用检测、试验管道进行。自动和手动启动控制阀时，阀门可在 15 s 内启动。当报警水压为 0.05 MPa 时，水力警铃应能发出报警铃声。

检查数量：全数检查。

检查方法：使用压力表、流量计、秒表、声强计和观察检查。

(6)系统在调试过程中排出的水，可通过排水设施全部被排走。

检查数量：全数检查。

检查方法：观察检查。

(7)联动试验应按下列规定进行,并应按 GB 50898—2013 附录 F 附表 F.0.4 的要求填写调试记录。

① 对于闭式系统,启动 1 只喷头从末端试水装置处放水时,相应的控制阀、压力开关、水力警铃和消防水泵等均可及时动作并发出相应的信号。对于采用传动管启动的闭式系统,当 1 只喷头动作后,相应的控制阀、压力开关和水泵等均可正常启动并发出相应的信号。

检查数量:全数检查。

检查方法:打开阀门放水,使用流量计和观察检查。

② 对于开式系统,可采用模拟火灾信号方式启动细水雾系统。系统启动后,相应的控制阀、压力开关、水力警铃和消防水泵等均可及时动作并发出相应的信号。

检查数量:全数检查。

检查方法:观察检查。

7.6.2　系统验收与维护管理

1. 系统验收

1)一般规定

(1)系统的验收应由建设单位组织监理、设计、供货、施工等单位共同进行。

(2)系统验收时,应按 GB 50898—2013 附录 G 填写质量控制资料核查记录,并应提供下列资料:

① 竣工验收申请报告、设计变更通知书、系统竣工图;

② 施工现场质量管理检查记录;

③ 系统施工过程质量管理检查记录;

④ 系统质量控制检查资料;

⑤ 其他施工资料和文件。

(3)系统的验收应按 GB 50898—2013 附录 H 的要求进行记录。验收不合格者应进行整改。

(4)系统验收合格后应将系统恢复至正常运行状态。

2)验收要求

(1)对于系统供水水源的检查验收应符合下列规定:

① 室外给水管网的进水管管径及供水能力、消防水箱的容量,均应符合设计要求;

② 水源的水质符合设计规定的标准;

③ 水箱前和控制阀组前的过滤器符合设计要求。

检查数量:全数检查。

检查方法:对照设计资料观察检查,对于水质取样检查。

(2)消防泵房的验收应符合下列规定:

① 消防泵房应符合现行国家标准 GB 50016—2014(2018 年版)等规范的规定;

② 消防泵房内外的应急照明应符合设计要求;

③ 备用电源、自动切换装置的设置应符合设计要求。

检查数量:全数检查。

检查方法:对照现行有关国家建筑防火规范等标准和设计图纸观察检查。

(3)消防水泵验收应符合下列规定。

① 工作泵、备用泵、吸水管、出水管及出水管上的泄压阀、水锤消除装置、止回阀、信号阀等的规格、型号、数量应符合设计要求;吸水管、出水管上的控制阀应锁定在常开位置,并有明显标记。

检查数量:全数检查。

检查方法:对照设计资料和产品说明书观察检查。

② 消防水泵应采用自灌式引水或其他可靠的引水措施。

检查数量:全数检查。

检查方法:观察和尺量检查。

③ 分别开启系统中的每一个末端试水装置和试水阀,压力开关等信号装置的功能均符合设计要求和产品的技术要求。

④ 打开消防水泵出水管上的试水阀,当采用主电源启动消防水泵时,消防水泵应能在规定时间内正常启动;关掉主电源后,主、备电源应能在规定时间内正常切换。

检查数量:全数检查。

检查方法:用秒表等观察检查。

⑤ 消防水泵停泵时,水锤消除装置后的压力不应超过水泵出口额定压力的 1.3～1.5 倍。

检查数量:全数检查。

检查方法:在阀门出口处用压力表检查。

⑥ 当系统气压下降到设计最低压力时,消防气压给水设备应能通过压力变化信号启动稳压泵。

检查数量:全数检查。

检查方法:使用压力表,观察检查。

⑦ 消防水泵启动控制应处于自动启动位置。

检查数量:全数检查。

检查方法:观察检查。

(4)控制阀组的验收应符合下列规定。

① 控制阀组的各组件应符合产品标准要求。

检查数量:全数检查。

检查方法:对照标准和产品说明书观察检查。

② 打开系统流量和压力检测装置的放水阀,所测出的流量、压力应符合设计要求。

检查数量:全数检查。

检查方法:使用流量计、压力表观察检查。

③ 水力警铃的设置位置应符合设计和产品规定要求。测试时,水力警铃出水口处的

压力不应小于 0.05 MPa，且距水力警铃 3 m 远处的警铃声声强不应小于 70 dB。

检查数量：全数检查。

检查方法：打开阀门放水，使用压力表、声级计和尺量检查。

④ 打开手动试水阀或电磁阀时，开式控制阀组应可靠动作。

⑤ 控制阀前后的水通道的阀门均应锁定在常开位置。

检查数量：全数检查。

检查方法：观察检查。

⑥ 火灾自动报警系统的联动控制应符合设计要求。

(5)管网验收应符合下列规定：

① 管道的材质与规格、管径、接头、连接方式及采取的防腐、防冻措施应符合设计规范及设计要求。

② 管网的排水设施应符合 GB 50898—2013 的相关规定。

检查方法：尺量检查。

③ 系统中的末端试水装置、试水阀、排气阀的规格和设置位置应符合设计要求。

④ 在管网不同部位安装的报警阀组、闸阀、止回阀、电磁阀、信号阀、减压阀、柔性接头、排水管、排气阀、泄压阀等，其规格和设置位置均应符合设计要求。

检查数量：对于报警阀组、压力开关、止回阀、减压阀、泄压阀、电磁阀全数检查；对于闸阀、信号阀、柔性接头、排气阀等抽查设计数量的 50%，且数量均不少于 5 个。

检查方法：对照图纸观察检查。

⑤ 在控制阀后的管道上不应安装其他用途的支管或控制阀。

检查数量：全数检查。

检查方法：观察检查。

⑥ 配水支管、配水管、配水干管的固定支架、吊架和防晃支架，应符合 GB 50898—2013 第 4.4.5 条的规定。

检查数量：抽查设计喷头数量的 30%；当不多于 10 个时，应全数核查。

检查方法：尺量检查。

(6)喷头验收应符合下列规定：

① 喷头的规格、型号、公称动作温度等应符合设计要求。

检查数量：抽查设计喷头总数量的 20%；当总数不多于 10 个时，应全数核查。

检查方法：对照图纸尺量检查。

② 喷头设置位置、安装间距、与梁等障碍物的距离偏差与设计要求不应大于±15 mm。

检查数量：抽查设计喷头数量的 20%；当总数不多于 10 个时，应全数核查。

检验方法：对照图纸尺量检查。

③ 有与设置环境相适应的防护措施。

检查数量：抽查设计喷头数量的 50%。

检查方法：观察检查。

④ 应有各种不同规格的喷头的备用品，其备用量不应小于实际安装总数的 1%，且

每种备用喷头不应少于5个。

(7)应利用系统流量压力检测装置通过放水试验对系统的流量、压力进行验收,所测系统的流量、压力均应符合设计要求。

检查数量:全数检查。

检查方法:观察检查。

(8)系统应进行系统模拟灭火功能试验,并应符合下列规定:

① 控制阀应正常动作,水力警铃应鸣响;

② 压力开关应能动作,并应能在动作后启动消防水泵及与其联动的相关设备,可正常发出反馈信号;

③ 电磁阀可正常开启,开式系统的控制阀应能正常开启,并可正常发出反馈信号;

④ 消防水泵及其他消防联动控制设备被启动后,应有反馈信号显示。

检查数量:全数检查。

检查方法:观察检查。

2. 维护管理

建设单位需要对细水雾灭火系统进行定期检查、测试和维护,以确保系统的完好工作状态。系统的维护维修要选择具有细水雾灭火系统设计安装经验的企业进行。系统的运行管理需要制定管理、测试和维护规程,明确管理者职责。同时,由于细水雾系统管路承压高、对水质要求高、系统组成部件较多且较复杂,需要维护管理人员具备较高的素质,熟悉系统的操作维护方法,因此要求细水雾灭火系统的维护管理人员经过专业培训。

(1)系统的维护管理应根据制定的维护管理制度和操作规程进行,使系统处于正常运行状态。

(2)系统的维护管理应由经过培训的人员承担。维护管理人员应熟悉系统的工作原理、系统设备的性能和操作维护方法与要求。

(3)系统的日常维护管理宜按GB 50898—2013附录I的要求进行,并应填写检查与维护保养记录。

(4)系统上所有的控制阀门均应采用铅封方式或锁链固定在开启状态或其他规定的运行状态。

(5)系统发生故障并需停水进行修理时,应在事前向主管值班人员报告,并经同意和采取了相应的防范措施后方能动工。

(6)对于消防水箱、消防气压给水设备内的水,应根据当地环境、气候条件不定期更换,应采取措施保证消防储水设备的任何部位在冬季不会被冻结。

对于消防水箱和消防气压给水设备的玻璃水位计两端的角阀,在不进行水位观察时应关闭。

(7)当改变建、构筑物的用途或物品存放位置、堆存高度会影响到系统可靠运行时,应对系统进行核查或重新设计。

(8)系统的年检应符合下列规定:

① 应定期测定1次系统水源的供水能力;

② 应对消防储水设备进行1次全面检查，并修补缺损和重新油漆。

(9)系统的季检应符合下列规定：

① 应对系统所有的末端试水阀和控制阀旁的放水试验阀进行1次放水试验，检查系统启动、报警功能以及出水情况是否正常；

② 应检查进水管上的控制阀门是否处于全开启状态。

(10)系统的月检应符合下列规定：

① 应启动运转1次消防水泵或内燃机驱动的消防水泵。当消防水泵为自动控制启动时，应模拟自动控制条件启动运转1次；

② 应检查1次电磁阀并做启动试验，动作失常时应及时更换；

③ 应检查1次系统各控制阀门上的铅封或锁链是否完好，阀门是否处于正确位置；

④ 应检查1次消防水箱及消防气压给水设备的外观、消防储备水位及消防气压给水设备的气压，检查保证消防用水不作他用的措施是否完好；

⑤ 对于闭式系统，应利用末端试水装置对压力开关进行1次试验；

⑥ 应对喷头进行1次外观及备用数量检查，发现有不正常的喷头应及时更换；应及时清除喷头上的异物。更换或安装喷头均应使用专用扳手。

(11)系统的日检应符合下列规定：

① 应对水源管道上的各种阀门、控制阀组进行外观检查，并应保证系统处于正常运行状态；

② 应检查设置储水设备的房间温度，且不应低于5℃。

7.7　气体灭火系统

以气体作为灭火介质的灭火系统统称为气体灭火系统。灭火剂可以由一种气体组成，也可以由多种气体组成。为降低、消除火灾的危害，需要在建筑物内安装灭火设施。但在灭火的同时，灭火剂产生的次生危害也是不容忽视的，为此，产生了气体灭火系统。气体灭火系统是以某些在常温、常压下呈现气态的物质作为灭火介质，通过这些气体在整个防护区内或保护对象周围的局部区域内建立起灭火浓度实现灭火的系统。由于其性能特点主要用于保护某些特定场合，因此气体灭火系统是建筑物内安装的灭火设施中的一种重要形式。

气体灭火系统具有化学稳定性好、耐储存、腐蚀性小、不导电、毒性低等特点，可适用于电气火灾、固体表面火灾、液体火灾等情形。

7.7.1　系统组件的施工准备与调试

1. 施工准备

1)一般规定

(1)气体灭火系统施工前应具备下列技术资料：

① 设计施工图，设计说明书，系统及其主要组件的使用、维护说明书；

② 容器阀、选择阀、单向阀、喷嘴和阀驱动装置等系统组件的产品出厂合格证和由国

家质量监督检验测试中心出具的检验报告，灭火剂输送管道及管道附件的出厂检验报告与合格证；

③ 系统中采用的不能复验的产品，如安全膜片等，应具有生产厂出具的同批产品检验报告与合格证。

(2)气体灭火系统(见图 7－11)的施工应具备下列条件：

① 防护区和灭火剂贮瓶间设置条件与设计相符；

② 系统组件与主要材料齐全，其品种、规格、型号符合设计要求；

③ 系统所需的预埋件和孔洞符合设计要求。

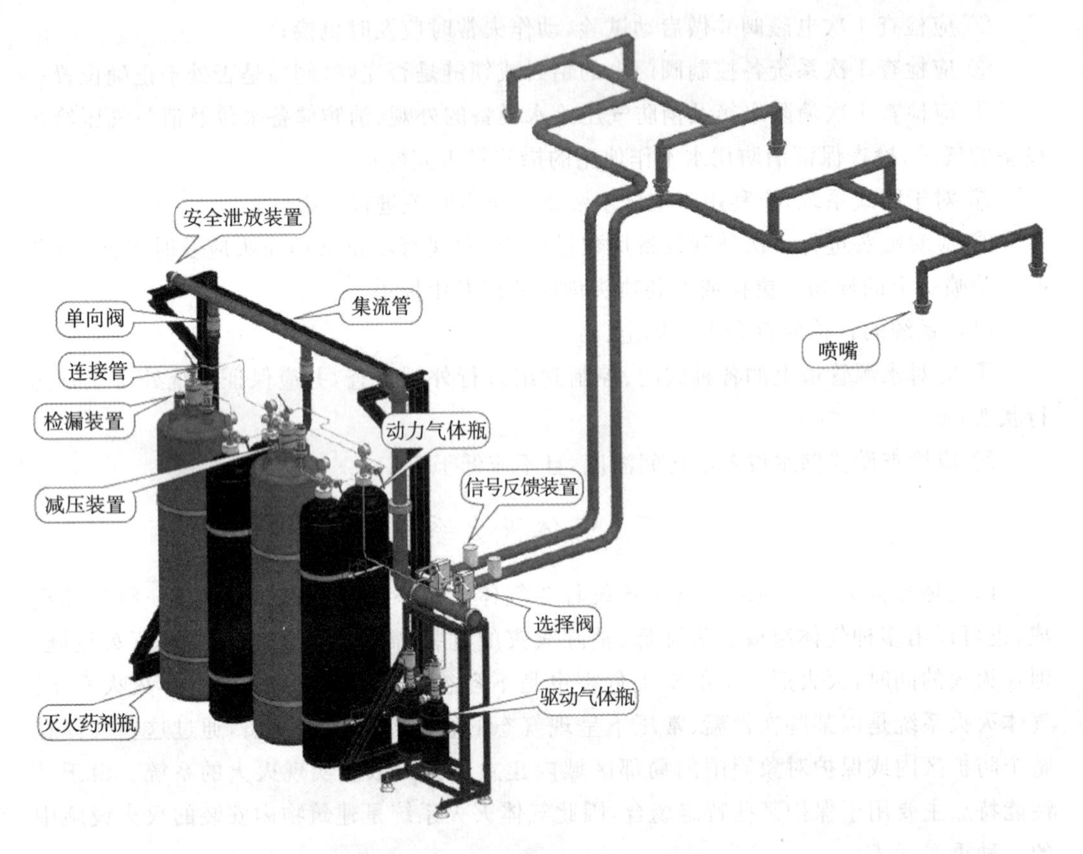

图 7－11　气体灭火系统示意图

2)系统组件检查

(1)气体灭火系统施工前应对灭火剂贮存容器、容器阀、选择阀、单向阀、喷嘴和阀驱动装置等系统组件进行外观检查，并应符合下列规定：

① 系统组件无碰撞变形及其他机械性损伤；

② 组件外露非机械加工表面保护涂层完好；

③ 组件所有外露接口均设有防护堵盖，且封闭良好，接口螺纹和法兰密封面无损伤；

④ 铭牌清晰，其内容符合相应的现行国家标准《卤代烷 1211 灭火系统设计规范》(GBJ 110—87)、《卤代烷 1301 灭火系统设计规范》(GB 50163—92)和《二氧化碳灭火系

统设计规范》(GB 50193—93)(2010 年版)的规定；

⑤ 保护同一个防护区的灭火剂贮存容器规格应一致，其高度差不宜超过 20 mm；

⑥ 气动驱动装置的气体贮存容器规格应一致，其高度差不宜超过 10 mm。

(2)气体灭火系统安装前应检查灭火剂贮存容器内的充装量与充装压力，且应符合下列规定：

① 灭火剂贮存容器的充装量不应小于设计充装量，且不得超过设计充装量的 1.5%；

② 卤代烷灭火剂贮存容器内的实际压力不应低于相应温度下的贮存压力，且不应超过该贮存压力的 5%；

③ 不同温度下灭火剂的贮存压力应按 GB 50263—2007《气体灭火系统施工及验收规范》附录 A 确定。[注:《气体灭火系统施工及验收规范》(GB 50263—2007)中未注明的压力均指表压。]

(3)气体灭火系统安装前应对选择阀、液体单向阀、高压软管和阀驱动装置中的气体单向阀逐个进行水压强度试验和气压严密性试验，并应符合下列规定：

① 水压强度试验的试验压力应为系统组件设计工作压力的 1.5 倍，气压严密性试验的试验压力应为系统组件的设计工作压力；

② 进行水压强度试验时，水温不应低于 5℃，达到试验压力后，稳压时间不应少于 1 min，在稳压期间目测试件应无变形；

③ 气压严密性试验应在水压强度试验后进行。加压介质可为空气或氮气。试验时宜将系统组件浸入水中，达到试验压力后，稳压时间不应少于 5 min，在稳压期间应无气泡自试件内溢出；

④ 系统组件试验合格后，应及时烘干，并封闭所有外露接口。

(4)在气体灭火系统安装前应对阀驱动装置进行检查，并应符合下列规定：

① 电磁驱动装置的电源电压应符合系统设计要求。通电检查电磁铁芯，其行程应能满足系统启动要求，且动作灵活无卡阻现象；

② 气动驱动装置贮存容器内气体压力不应低于设计压力，且不得超过设计压力的 5%；

③ 气动驱动装置中的单向阀芯应启闭灵活，无卡阻现象。

2. 安装调试

气体灭火系统的安装调试、检测验收包括灭火剂储存装置安装、选择阀及信号反馈装置安装、灭火剂输送管道安装、系统调试和系统检测验收等内容。

1)安装要求

(1)灭火剂储存装置安装

① 储存装置的安装位置要符合设计文件的要求；

② 灭火剂储存装置安装后，泄压装置的泄压方向不应朝向操作面。低压二氧化碳灭火系统的安全阀要通过专用的泄压管接到室外；

③ 储存装置上压力计、液位计、称重显示装置的安装位置便于人员观察和操作；

④ 将储存容器的支架、框架固定牢靠,并做防腐处理;

⑤ 对于储存容器宜涂红色油漆,正面标明设计规定的灭火剂名称和储存容器的编号;

⑥ 安装集流管前检查内腔,确保清洁;

⑦ 集流管上的泄压装置的泄压方向不应朝向操作面;

⑧ 连接储存容器与集流管间的单向阀的流向指示箭头应指向介质流动方向;

⑨ 集流管应固定在支、框架上,支、框架应固定牢靠,并做防腐处理。

(2)选择阀及信号反馈装置的安装

① 将选择阀操作手柄安装在操作面一侧,当安装高度超过1.7 m时采取便于操作的措施;

② 采用螺纹连接的选择阀,其与管网连接处宜采用活接;

③ 选择阀的流向指示箭头要指向介质流动方向;

④ 选择阀上要设置标明防护区或保护对象名称或编号的永久性标志牌,并应便于观察;

⑤ 信号反馈装置的安装符合设计要求。

(3)阀驱动装置的安装

拉索式机械驱动装置的安装要求:

① 对于拉索(除必要外露部分外),采用经内外防腐处理的钢管防护;

② 对于拉索转弯处采用专用导向滑轮;

③ 将拉索末端拉手设在专用的保护盒内;

④ 将拉索套管和保护盒固定牢靠。

安装以重力式机械驱动装置时,应保证重物在下落行程中无阻挡,其下落行程要保证驱动所需距离,且不小于25 mm。

电磁驱动装置驱动器的电气连接线要沿固定灭火剂储存容器的支架、框架或墙面固定。

气动驱动装置的安装规定:

① 将驱动气瓶的支架、框架或箱体固定牢靠,并做防腐处理;

② 驱动气瓶上有标明驱动介质名称、对应防护区或保护对象名称或编号的永久性标志,并便于观察。

气动驱动装置的管道安装规定:

① 管道布置符合设计要求;

② 在竖直管道始端和终端设防晃支架或采用管卡固定;

③ 对于水平管道采用管卡固定。管卡的间距不宜大于0.6 m。转弯处应增设1个管卡。

气动驱动装置的管道安装后,要进行气压严密性试验。

试验时,逐步缓慢增加压力,当压力升至试验压力的50%时,如未发现异状或泄漏,继续按试验压力的10%逐级升压,每级稳压3 min,直至试验压力值。保持压力,检查管道各处,无变形,无泄漏为合格。

(4)灭火剂输送管道的安装

灭火剂输送管道连接要求：

① 采用螺纹连接时，宜采用机械切割管材方式；螺纹没有缺纹、断纹等现象；螺纹连接的密封材料均匀附着在管道的螺纹部分，拧紧螺纹时，不得将填料挤入管道内；安装后的螺纹根部应有 2～3 条外露螺纹；连接后，将连接处外部清理干净并做防腐处理；

② 采用法兰连接时，衬垫不得凸入管内，其外边缘宜接近螺栓，不得放双垫或偏垫。连接法兰的螺栓，直径和长度符合标准，拧紧后，凸出螺母的长度不大于螺杆直径的 1/2 且保有不少于 2 条的外露螺纹；

③ 对于已做防腐处理的无缝钢管不宜采用焊接方式连接，对于选择阀等个别连接部位需采用法兰焊接连接时，要对被焊接损坏的防腐层进行二次防腐处理。

管道穿越墙壁、楼板处要安装套管。套管公称直径比管道公称直径至少大 2 级，穿越墙壁的套管长度应与墙厚相等，穿越楼板的套管长度应高出地板 50 mm。管道与套管间的空隙采用防火封堵材料填塞密实。当管道穿越建筑物的变形缝时，要设置柔性管段。

管道支、吊架的安装规定：

① 管道要固定牢靠，管道支、吊架的最大间距应符合表 7－4 的规定；

表 7－4　支、吊架之间最大间距

DN/mm	15	20	25	32	40	50	65	80	100	150
最大间距/m	1.5	1.8	2.1	2.4	2.7	3.0	3.4	3.7	4.3	5.2

② 对于管道末端采用防晃支架固定，支架与末端喷嘴间的距离不大于 500 mm；

③ 对于公称直径大于或等于 50 mm 的主干管道，在垂直方向和水平方向上至少各安装 1 个防晃支架。当管道穿过建筑物楼层时，每层设 1 个防晃支架。当水平管道改变方向时，增设防晃支架。

灭火剂输送管道安装完毕后，要进行强度试验和气压严密性试验。

试验时，应逐步缓慢增加压力，当压力升至试验压力的 50%时，如未发现异状或泄漏，继续按试验压力的 10%逐级升压，每级稳压 3 min，直至试验压力值。保持压力，检查管道各处，无变形，无泄漏为合格。

在灭火剂输送管道的外表面宜涂红色油漆。对于吊顶内、活动地板下等隐蔽场所内的管道，可涂红色油漆色环，色环宽度不应小于 50 mm。每个防护区或保护对象的色环宽度要一致，间距应均匀。

(5)喷嘴的安装

① 安装喷嘴时要按设计要求逐个核对其型号、规格及喷孔方向；

② 安装在吊顶下的不带装饰罩的喷嘴，其连接管管端螺纹不能露出吊顶；安装在吊顶下的带装饰罩的喷嘴，其装饰罩要紧贴吊顶。

(6)预制灭火系统的安装

① 热气溶胶灭火装置等预制灭火系统及其控制器、声光报警器的安装位置要符合设

计要求,并固定牢靠;

② 预制灭火系统装置周围空间环境符合设计要求。

(7)控制组件的安装

① 灭火控制装置的安装符合设计要求,防护区内火灾探测器的安装符合国家标准 GB 50166—2019 的规定。

② 设置在防护区处的手动、自动转换开关要安装在防护区入口便于操作的部位,安装高度为中心点距地(楼)面 1.5 m。

③ 手动启动、停止按钮安装在防护区入口便于操作的部位,安装高度为中心点距地(楼)面 1.5 m;防护区的声光报警装置安装符合设计要求,并安装牢固,不倾斜。

④ 气体喷放指示灯宜安装在防护区入口的正上方。

2)调试

调试步骤如下。

(1)调试前进行安装质量检查。

① 检查防护区气体灭火系统输送管道是否按照施工图进行施工;

② 再次对灭火剂储存容器、容器阀、选择阀、单向阀、阀驱动器和喷嘴进行外观和安装检查;

③ 对气体储存容器的充装量进行称重抽查;

④ 对气体储存容器和氮气启动的气源压力进行检查。

(2)进行系统联动调试前,应对灭火控制器进行功能试验,控制器功能试验应符合下列要求:

① 通电后,控制器面板的各指示灯正常显示;

② 控制器处于无故障状态;

③ 灭火控制器的控制程序应为:当防护区内任意一个感烟探测报警时,警铃鸣响;当感温探测器报警时,声光报警器鸣响;同时接通控制模块,关闭相关风阀,延时 30 s 后,电磁阀动作,系统释放灭火剂进行灭火,放气确认灯常亮;系统复位后,恢复正常监视状态。

(3)气体灭火系统的调试,应对每个防护区进行模拟试验。

(4)模拟试验前,应断开电磁启动器电源,安上指示灯泡。

(5)拆下一个探测器的探头,看控制器是否显示故障信号,同时询问消防中心是否显示该防护区的故障信号。

(6)将防护区任意一个手动转换开关打至手动,该手动转换开关的手动显示灯常亮,同时查看控制器是否显示该手动状态,和查看消防中心是否能显示该信号。

(7)单点测试压力讯号器,查看消防中心是否能显示动作信号,控制器能否接收该动作信号。

(8)模拟试验过程。

使防护区的探测器接受模拟火灾信号;当对感烟探测器进行吹烟试验时,警铃铃响;再对感温探测器进行加热,(此时,试验人员迅速撤离防护区)声光报警器鸣响;同时,相关防火阀关闭(控制器应接受并显示该防火阀关闭的信号),延时 30 s 后,电磁启动器上的灯泡常亮，且放气确认灯常亮，手动转换开关上的放气灯常亮。系统复位后，手动打开防火阀复位按钮，直至防火阀打开。并检查消防中心是否有该防护区的一级报警信号、二级报警信号。

(9)使防护区接受紧急释放按钮信号，该防护区的有关声、光报警信号及其他动作信号同以上一致。

(10)使防护区接受紧急释放按钮信号，在系统进入延时前，按下紧急中断按钮，查看该系统是否被中断，相应声、光信号是否被中断；然后，对紧急中断按钮进行复位，查看系统是否恢复释放功能。

(11)使防护区接受紧急释放按钮信号，在系统进入延时前，将手、自动转换开关打至手动状态，查看系统是否被中断。

(12)对防护区进行模拟喷放试验。

① 抽检防护区进行模拟喷放试验，数量按防护区总数的10%进行抽检；

② 试验介质采用氮气；

③ 氮气储存容器结构、型号和规格应采用深圳地铁项目采用的灭火剂储存容器的结构、型号和规格(100 L)；

④ 氮气的充装压力应与深圳地铁项目采用的灭火剂储存压力4.2 MPa相等；

⑤ 氮气储存容器数量不应小于1个；

⑥ 对防护区进行自动控制，其动作程序与本方案中第(2)条一致；但是，其中电磁启动器应接通电源，不再采用灯泡代替；

⑦ 模拟喷放试验结果，应符合：

A. 试验气体能从被试验防护区的每个喷嘴中喷出；

B. 相关声、光报警系统正确；

C. 相关防火阀、压力开关和电磁阀动作正常；

D. 气瓶间内的设备及灭火剂输送管道应无明显晃动。

(13)试验后，应将系统恢复到正常工作状态。

7.7.2　操作控制、验收与维护管理

1. 操作与控制

(1)采用气体灭火系统的防护区，应设置火灾自动报警系统，其设计应符合现行国家标准GB 50116—2013的规定，并应选用灵敏度级别高的火灾探测器。

(2)管网灭火系统应设自动控制、手动控制和机械应急操作三种启动方式。预制灭火系统应设自动控制和手动控制两种启动方式。

(3)采用自动控制启动方式时，根据人员安全撤离防护区的需要，应有不大于30 s的可控延迟喷射；对于平时无人工作的防护区，可设置为无延迟的喷射。

(4)灭火设计浓度或实际使用浓度大于无毒性反应浓度(NOAEL浓度)的防护区和采用热气溶胶预制灭火系统的防护区，应设手动与自动控制的转换装置。当人员进入防护区时，应能将灭火系统转换为手动控制方式；当人员离开时，应能恢复为自动控制方

式。应在防护区内外设手动、自动控制状态的显示装置。

(5)自动控制装置应在接到两个独立的火灾信号后才能启动。手动控制装置和手动与自动转换装置应设在防护区疏散出口的门外便于操作的地方,安装高度为中心点距地面1.5 m。机械应急操作装置应设在储瓶间内或防护区疏散出口门外便于操作的地方。

(6)气体灭火系统的操作与控制,应包括对开口封闭装置、通风机械和防火阀等设备的联动操作与控制。

(7)对于设有消防控制室的场所,各防护区灭火控制系统的有关信息,应传送给消防控制室。

(8)气体灭火系统的电源,应符合现行国家有关消防技术标准的规定;采用气动力源时,应保证系统操作和控制需要的压力和气量。

(9)组合分配系统启动时,选择阀应在容器阀开启前或同时打开。

2. 安全要求

(1)防护区应有保证人员在30 s内疏散完毕的通道和出口。

(2)防护区内的疏散通道及出口,应设应急照明与疏散指示标志。防护区内应设火灾声报警器,必要时,可增设闪光报警器。防护区的入口处应设火灾声、光报警器和灭火剂喷放指示灯,以及防护区采用的相应气体灭火系统的永久性标志牌。灭火剂喷放指示灯信号,应保持到防护区通风换气后,以手动方式解除。

(3)防护区的门应向疏散方向开启,并能自行关闭;用于疏散的门必须能从防护区内打开。

(4)灭火后的防护区应通风换气,地下防护区和无窗或设固定窗扇的地上防护区,应设置机械排风装置,排风口宜设在防护区的下部并应直通室外。通信机房、电子计算机房等场所的通风换气次数应不小于每小时5次。

(5)储瓶间的门应向外开启,储瓶间内应设应急照明装置;储瓶间应有良好的通风条件,地下储瓶间应设机械排风装置,排风口应设在下部,可通过排风管排出室外。

(6)经过有爆炸危险和变电、配电场所的管网,以及布设在以上场所的金属箱体等,应设防静电接地。

(7)有人工作防护区的灭火设计浓度或实际使用浓度,不应大于有毒性反应浓度(LOAEL浓度),该值应符合GB 50263—97气体灭火系统施工及验收规范附录G的规定。

(8)防护区内设置的预制灭火系统的充压压力不应大于2.5 MPa。

(9)灭火系统的手动控制与应急操作应有防止误操作的警示显示与措施。

热气溶胶灭火系统装置的喷口前1.0 m内,装置的背面、侧面、顶部0.2 m内不应设置或存放设备、器具等。设有气体灭火系统的场所,宜配置空气呼吸器。

7.7.3 系统验收与维护管理

气体灭火系统安装调试完成后,应委托具有相应资质的机构进行技术检测,对系统的部件及功能都要进行全数检查,检查是否存在不合格组件、管件的使用等情况。

1. 验收

1)一般规定

气体灭火系统竣工后,应进行工程验收,验收不合格不得投入使用。系统验收主要包括以下内容。

(1)气体灭火系统的竣工验收应由建设主管单位组织,建设、公安消防监督机构、设计、施工等单位组成验收组共同进行。

(2)竣工验收时,建设单位应提交下列技术资料:经批准的竣工验收申请报告、施工记录和隐蔽工程中间验收记录、竣工图和设计变更文字记录、竣工报告、设计说明书、调试报告、系统及其主要组件的使用维护说明书、系统组件、管道材料及管道附件的检验报告、试验报告和出厂合格证。

(3)竣工验收应包括下列场所和设备:

① 防护区和贮瓶间;

② 系统设备和灭火剂输送管道;

③ 与气体灭火系统联动的有关设备;

④ 有关的安全设施。

(4)竣工验收完成后,应按GB 50263—2007气体灭火系统施工及验收规范附录E的规定出具竣工验收报告。竣工验收报告的表格形式可根据气体灭火系统的结构形式和防护区的具体情况进行调整。

(5)气体灭火系统验收合格后,应将气体灭火系统恢复到正常工作状态。验收不合格的不得投入使用。

2)防护区和贮瓶间验收

(1)防护区的划分、用途、位置、开口、通风、几何尺寸、环境温度及可燃物的种类与数量应符合设计要求,并应符合现行国家有关设计规范的规定。

(2)防护区下列安全设施的设置应符合设计要求,并应符合现行国家有关标准、规范的规定。安全设施如下:

① 防护区的疏散通道、疏散指示标志和应急照明装置;

② 防护区内和入口处的声光报警装置、入口处的安全标志;

③ 无窗或固定窗扇的地上防护区和地下防护区的排气装置;

④ 门窗设有密封条的防护区的泄压装置;

⑤ 专用的空气呼吸器或氧气呼吸器。

(3)贮瓶间的位置、通道、耐火等级、应急照明装置及地下贮瓶间机械排风装置应符合设计要求,并应符合现行有关国家标准、规范的规定。

3)设备验收

(1)灭火剂贮存容器的数量、型号、规格、位置与固定方式、油漆和标志、灭火剂的充装量和贮存压力,以及灭火剂贮存容器的安装质量应符合设计要求,并应符合GB 50263—2007《气体灭火系统施工及验收规范》第2部分与第3部分的有关规定。

(2)灭火剂贮存容器内的充装量,应按实际安装的灭火剂贮存容器总数(不足5个的按 5 个计)的 20%进行称重抽查。应逐个检查卤代烷灭火剂贮存容器内的贮存压力。

(3)集流管的材料、规格、连接方式、布置和集流管上泄压方向应符合设计要求和 GB 50263—2007《气体灭火系统施工及验收规范》第 3 部分的有关规定。

(4)阀驱动装置的数量、型号、规格和标志,安装位置和固定方法,气动驱动装置中驱动气瓶的介质名称和充装压力,以及气动管道的规格、布置、连接方式和固定,应符合设计要求和 GB 50263—2007《气体灭火系统施工及验收规范》第 2 部分与第 3 部分的有关规定。

(5)选择阀的数量、型号、规格、位置、固定和标志及其安装质量应符合设计要求和 GB 50263—2007《气体灭火系统施工及验收规范》第 3 部分的有关规定。

(6)设备的手动操作处,均应有标明对应防护区名称的耐久标志。手动操作装置均应有加铅封的安全销或防护罩。

(7)灭火剂输送管道的布置与连接方式、支架和吊架的位置及间距、穿过建筑构件及其变形缝的处理、各管段和附件的型号和规格以及防腐处理和油漆颜色,应符合设计要求和 GB 50263—2007《气体灭火系统施工及验收规范》第 2 部分与第 3 部分的有关规定。

(8)喷嘴的数量、型号、规格,安装位置、喷孔方向,固定方法和标志,应符合设计要求和 GB 50263—2007《气体灭火系统施工及验收规范》第 2 部分与第 3 部分的有关规定。

4)系统功能验收

(1)系统功能验收时,应进行下列试验:

① 按防护区总数(不足 5 个按 5 个计)的 20%进行模拟启动试验。

② 按防护区总数(不足 10 个按 10 个计)的 10%进行模拟喷气试验。

(2)模拟自动启动试验时,应先关闭有关灭火剂贮存容器上的驱动器,安上相适应的指示灯泡、压力表或其他相应装置,再使被试防护区的火灾探测器接受模拟火灾信号。试验时应符合下列规定:

① 指示灯泡显示正常或压力表测定的气压足以满足驱动容器阀和选择阀的要求。

② 有关的声、光报警装置均能发出符合设计要求的正常信号。

③ 有关的联动设备动作正确,符合设计要求。

(3)模拟喷气试验应符合 GB 50263—2007《气体灭火系统施工及验收规范》第 4.2.3 条和第 4.2.4 条的规定。

(4)当模拟喷气试验结果达不到 GB 50263—2007《气体灭火系统施工及验收规范》第 4.2.4 条的规定时,功能检验为不合格,应在排除故障后对全部防护区进行模拟喷气试验。

2. 维护管理

气体灭火系统应由经过专门培训、并经考试合格的专职人员负责定期检查和维护,应按检查类别规定对气体灭火系统进行检查,并做好检查记录,检查中发现问题应及时处理。

1)系统巡查

系统巡查是对建筑消防设施直观属性的检查。自动喷水灭火系统巡查主要是针对系统组件外观、现场运行状态、系统检测装置工作状态、安装部位及环境条件等的日常巡查。

(1)巡查内容及要求

① 气体灭火控制器工作状态是否良好,盘面紧急启动按钮保护措施是否有效,检查主电是否正常,指示灯、显示屏、按钮、标签是否正常,钥匙、开关等是否在平时正常位置,系统是否在通常设定的安全工作状态(自动或手动,手动是否容许等);

② 每日应对低压二氧化碳储存装置的运行情况、储存装置间的设备状态进行检查并记录;

③ 选择阀、驱动装置上标明其工作防护区的永久性铭牌应明显可见,且妥善固定;

④ 防护区外有专用的空气呼吸器或氧气呼吸器;

⑤ 防护区入口处灭火系统防护标志是否设置、完好;

⑥ 预制灭火系统、柜式气体灭火装置喷口前 2.0 m 内不得有阻碍气体释放的障碍物;

⑦ 灭火系统的手动控制与应急操作处有防止误操作的警示显示与措施。

(2)巡查方法

采用目测观察的方法,检查系统及其组件外观、阀门启闭状态、用电设备及其控制装置工作状态和压力监测装置(压力表、压力开关)工作情况。

(3)巡查周期

建筑管理(使用)单位至少每日组织一次巡查。

2)系统周期性检查维护

系统周期性检查是指建筑使用、管理单位按照国家工程消防技术标准的要求,对已经投入使用的气体灭火系统的组件、零部件等按照规定检查周期进行的检查、测试。

月检查项目情况如下。

(1)检查项目及其检查周期

下列项目至少每月进行一次维护检查:

① 对灭火剂储存容器、选择阀、液流单向阀、高压软管、集流管、启动装置、管网与喷嘴、压力信号器、安全泄压阀及检漏报警装置等系统全部组成部件进行外观检查。系统的所有组件应无碰撞变形及其他机械损伤,表面应无锈蚀,保护层应完好,铭牌应清晰,手动操作装置的防护罩、铅封和安全标志应完整;

② 气体灭火系统组件的安装位置不得有其他物件阻挡或妨碍其正常工作;

③ 驱动控制盘面板上的指示灯应正常,各开关位置应正确,各连线应无松动现象;

④ 火灾探测器表面应保持清洁,应无任何会干扰或影响火灾探测器探测性能的擦伤、油渍及油漆;

⑤ 气体灭火系统贮存容器内的压力,气动型驱动装置的气动源的压力均不得小于设计压力的 90%。

(2)检查维护要求

① 对低压二氧化碳灭火系统储存装置的液位计进行检查,灭火剂损失 10%时应及时补充。

② 高压二氧化碳灭火系统、七氟丙烷管网灭火系统及 IG541 灭火系统等系统的检查

内容及要求应符合下列规定：

A. 灭火剂储存容器及容器阀、单向阀、连接管、集流管、安全泄放装置、选择阀、阀驱动装置、喷嘴、信号反馈装置、检漏装置、减压装置等全部系统组件应无碰撞变形及其他机械性损伤，表面应无锈蚀，保护涂层应完好，铭牌和保护对象标志牌应清晰，手动操作装置的防护罩、铅封和安全标志应完整；

B. 灭火剂和驱动气体储存容器内的压力，不得小于设计储存压力的90%；

C. 预制灭火系统的设备状态和运行状况应正常。

季度检查项目：

① 可燃物的种类、分布情况，防护区的开口情况，应符合设计规定；

② 储存装置间的设备、灭火剂输送管道和支、吊架的固定，应无松动；

③ 连接管应无变形、裂纹及老化，必要时，送法定质量检验机构进行检测或更换；

④ 各喷嘴孔口应无堵塞；

⑤ 对高压二氧化碳储存容器逐个进行称重检查，灭火剂净重不得小于设计储存量的90%；

⑥ 灭火剂输送管道有损伤与堵塞现象时，应按相关规范规定的管道强度试验和气密性试验方法进行严密性试验和吹扫。

年度检查要求：

① 撤下1个区启动装置的启动线，进行电控部分的联动试验，应启动正常；

② 对每个防护区进行一次模拟自动喷气试验。通过报警联动，检验气体灭火控制盘功能，并以自动启动方式模拟喷气试验，检查比例为20%(最少一个分区)。此项检查每年进行一次；

③ 对高压二氧化碳、三氟甲烷储存容器逐个进行称重检查，灭火剂净重不得小于设计储存量的90%；

④ 进行预制气溶胶灭火装置、自动干粉灭火装置有效期限检查；

⑤ 进行泄漏报警装置报警定量功能试验，检查的钢瓶比例为100%；

⑥ 进行主用量灭火剂储存容器切换为备用量灭火剂储存容器的模拟切换操作试验，检查比例为20%(最少一个分区)；

⑦ 灭火剂输送管道有损伤与堵塞现象时，应按有关规范的规定进行严密性试验和吹扫。

五年后的维护保养工作(由专业维修人员进行)：

① 五年后，每三年应对金属软管(连接管)进行水压强度试验和气密性试验，性能合格方能继续使用，如发现老化现象，应进行更换；

② 五年后，对释放过灭火剂的储瓶、相关阀门等部件进行一次水压强度和气体密封性试验，试验合格方可继续使用。

3)其他

(1)低压二氧化碳灭火剂储存容器的维护管理应按国家现行《压力容器安全技术监察规程》的规定执行；

(2)钢瓶的维护管理应按国家现行《气瓶安全技术监察规程》的规定执行；

(3)灭火剂输送管道耐压试验周期应按《压力管道安全管理与监察规定》的规定执行。

4)系统年度检测

年度检测是建筑使用、管理单位按照相关法律法规和国家消防技术标准，每年度开展的定期功能性检查和测试；建筑使用、管理单位的年度检测可以委托具有资质的消防技术服务单位实施。

7.8　泡沫灭火系统

泡沫灭火系统是石油化工行业应用最为广泛的灭火系统，主要用于扑救可燃液体火灾，也可用于扑救固体物质火灾。另外，随着泡沫灭火技术的发展，该系统在民用建筑、电力行业等领域内的应用也越来越多。泡沫灭火系统主要由消防水泵、消防水源、泡沫灭火剂储存装置、泡沫比例混合装置、泡沫产生装置及管道等组成。它是通过泡沫比例混合器将泡沫灭火剂与水按比例混合成泡沫混合液，再经泡沫产生装置形成空气泡沫后施放到着火对象上实施灭火的系统。泡沫灭火系统按泡沫产生倍数的不同，分为高、中、低倍数三种系统。本章主要介绍了泡沫灭火系统的系统构成、施工、调试、验收及维护管理等内容。

7.8.1　系统的安装调试与检测验收

1. 施工

1)一般规定

(1)泡沫液储罐及支架、支座的安装，除应符合《泡沫灭火系统施工及验收规范》(GB 50281—2006)的规定外，尚应符合国家现行有关容器工程施工质量验收规范的规定。

(2)消防泵或固定式消防泵组的安装除应符合 GB 50281—2006 的规定外，尚应符合现行国家标准 GB 50275—2010 中的有关规定。

(3)常压钢质泡沫液储罐现场制作、焊接、防腐，管道及支、吊架的加工制作、焊接、安装和管道系统的试压、冲洗、防腐，阀门的安装等，除应符合 GB 50281—2006 的规定外，尚应符合现行国家标准《工业金属管道工程施工规范》(GB 50235—2019)、GB 50236—2011 中的有关规定。

(4)泡沫喷淋系统的安装，除应符合 GB 50281—2006 的规定外，尚应符合现行国家标准 GB 50261—2017 中的有关规定。

(5)备用动力和电气设备的安装应符合国家现行有关标准、规范中的相关规定。

(6)火灾自动报警系统与泡沫灭火系统联动部分的施工，应按现行国家标准 GB 50166—2019 执行。

2)固定式消防泵组的安装

(1)固定式消防泵组应整体安装在基础上，并应牢固固定，不得随意拆卸，确需拆卸时，应由生产厂家进行。

检查数量:全数检查。

检查方法:观察检查。

(2)固定式消防泵组应以工字钢底座水平面为基准进行找平、找正。

检查数量:全数检查。

检查方法:用水平尺和塞尺检查。

(3)固定式消防泵组与相关管道连接时,应以固定式消防泵组的法兰端面为基准进行测量和安装。

检查数量:全数检查。

检查方法:尺量和观察检查。

(4)固定式消防泵组进水管吸水口处设置滤网时,其滤网的过水面积应大于进水管截面积的4倍;滤网架的安装应坚固。

检查数量:全数检查。

检查方法:尺量、计算和观察检查。

(5)附加冷却器的泄水管应通向排水设施。

检查数量:全数检查。

检查方法:观察检查。

(6)内燃机排气管的安装应符合设计要求,当设计无规定时,应将直径相同的钢管连接后通向室外。

检查数量:全数检查。

检查方法:观察检查。

3)泡沫液储罐的安装

(1)泡沫液储罐的安装位置和高度应符合设计要求,当设计无规定时,泡沫液储罐应留有宽度不小于0.7 m的通道,且操作面不应小于1.5 m。压力泡沫液储罐顶部至楼板或梁底的距离应满足检修需要。

检查数量:全数检查。

检查方法:用尺测量。

(2)常压泡沫液储罐的安装应符合下列规定:

① 常压泡沫液储罐的安装方式应符合设计要求,当设计无规定时,应根据其形状按立式或卧式安装在支架或支座上,支架应与基础固定,安装时不得损坏其储罐上的配管和附件。常压泡沫液储罐如图7-12所示。

图7-12　常压泡沫液储罐

检查数量:全数检查。

检查方法:观察检查。

② 现场制作的常压钢质泡沫液储罐,泡沫液出口管道不应高于泡沫液储罐最低

液面 1 m，管道底口距泡沫液储罐底面不应小于 150 mm。

检查数量：全数检查。

检查方法：用尺测量。

③ 现场制作的常压钢质泡沫液储罐内、外表面应按设计要求在严密性试验合格后进行防腐处理。

检查数量：全数检查。

检查方法：观察检查，当对泡沫液储罐内表面防腐涂料有疑义时，可进行化验。

④ 常压钢质泡沫液储罐罐体与支座接触部位的防腐，应符合设计要求，当设计无规定时，应按加强防腐层的做法施工。

检查数量：全数检查。

检查方法：观察检查，必要时可切开防腐层检查。

(3)压力泡沫液储罐的安装应符合下列规定。

① 压力泡沫液储罐的支座应与基础固定，安装时不宜拆卸或不应损坏其储罐上的配管和附件，且安全阀的出口不应朝向操作面。压力泡沫液储罐如图 7 - 13 所示。

图 7 - 13　压力泡沫液储罐

检查数量：全数检查。

检查方法：观察检查。

② 压力泡沫液储罐安装在室外时，应根据环境条件采取防晒、防雨、防冻和防腐措施，且与储罐罐壁的间距应符合设计要求。

检查数量：全数检查。

检查方法：尺量和观察检查。

4)泡沫比例混合器的安装

(1)泡沫比例混合器的安装应使液流方向与标注的方向一致。环泵式泡沫比例混合器以及压力式比例混合器如图 7 - 14 与图 7 - 15 所示。

图 7 - 14　环泵式泡沫比例混合器

图 7 - 15　压力式比例混合器

检查数量:全数检查。

检查方法:观察检查。

(2)环泵式泡沫比例混合器的安装应符合下列规定。

① 环泵式泡沫比例混合器的安装应符合设计要求,其标高的允许偏差为±10 mm。

检查数量:全数检查。

检查方法:用拉线、尺量检查。

② 环泵式泡沫比例混合器的连接管道及附件的安装必须严密。

检查数量:全数检查。

检查方法:观察检查,在试验压力下不渗漏。

③ 备用的环泵式泡沫比例混合器应并联安装在系统上,并应有明显的标志。

检查数量:全数检查。

检查方法:观察检查。

(3)压力式比例混合器的安装应符合下列规定。

① 带压力储罐的压力式泡沫比例混合器应整体安装,并应与基础牢固固定。

检查数量:全数检查。

检查方法:观察检查。

② 压力式泡沫比例混合器应安装在压力水的水平管道上,泡沫液的进口管道应与压力水的水平管道垂直,其长度不宜小于1.0 m;压力表与压力式泡沫比例混合器的进口处的距离不宜大于0.3 m。

检查数量:全数检查。

检查方法:尺量和观察检查。

(4)平衡压力式泡沫比例混合器的安装应符合下列规定。

① 平衡压力式泡沫比例混合器应整体竖直安装在压力水的水平管道上;压力表应分别安装在水和泡沫液进口的水平管道上,并与平衡压力式泡沫比例混合器进口处的距离不宜大于0.3 m。

检查数量:全数检查。

检查方法:尺量和观察检查。

② 水力驱动式平衡压力比例混合器应安装在压力水的水平管道上,其安装高度不宜大于1.5 m,且管道的连接方式应符合设计要求。平衡压力式泡沫比例混合器如图7-16所示。

检查数量:全数检查。

检查方法:尺量和观察检查。

(5)管线式泡沫比例混合器应安装在压力水的水平管道上,并应靠近储罐或防护区,其吸液口与泡沫液储罐或泡沫液桶最低液面的高度不得大于1.0 m。具体实物如图7-17所示。

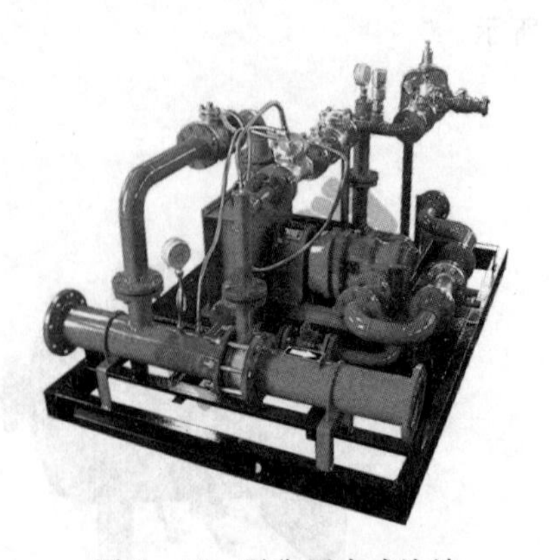

图7-16 平衡压力式泡沫比例混合器

检查数量：全数检查。

检查方法：尺量和观察检查。

5）管道、阀门和消火栓的安装

（1）管道的安装应符合下列规定。

① 水平管道安装时，其坡向、坡度应符合设计要求。当设计无规定时，应有 2‰的坡度坡向放空阀，3‰的坡度坡向防火堤。

图 7－17　管线式泡沫比例混合器

检查数量：对于干管，抽查 1 根；对于支管，抽查 2 根；对于分支管，抽查 10%，但不得少于 1 根；对于泡沫喷淋分支管，抽查 5%，但不得少于 1 根。

检查方法：用水平尺和尺量检查。

② 立管的安装应符合设计要求，并应用管卡固定在与储罐或防护区预埋件焊接的支架上。

检查数量：全数检查。

检查方法：观察检查。

③ 管道安装的允许偏差应符合表 7－5 的规定。

表 7－5　管道安装的允许偏差及检查数量和检查方法

<table>
<tr><th colspan="3">项目</th><th>允许偏差/mm</th><th>检查数量</th><th>检查方法</th></tr>
<tr><td rowspan="5">坐标</td><td rowspan="2">地上、架空及地沟</td><td>室外</td><td>25</td><td rowspan="5">对于干管，抽查 1 根；对于支管，抽查 2 根；对于分支管，抽查 10%，但不得少于 1 根；对于泡沫喷淋分支管，抽查 5%，但不得少于 1 根</td><td rowspan="5">用经纬仪或拉线、尺量检查</td></tr>
<tr><td>室内</td><td>15</td></tr>
<tr><td rowspan="2">泡沫喷林</td><td>室外</td><td>15</td></tr>
<tr><td>室内</td><td>10</td></tr>
<tr><td colspan="2">埋地</td><td>60</td></tr>
<tr><td rowspan="5">标高</td><td rowspan="2">地上，架空及地沟</td><td>室外</td><td>±20</td><td rowspan="5">同上</td><td rowspan="5">用水准仪、拉线和尺量检查</td></tr>
<tr><td>室内</td><td>±15</td></tr>
<tr><td rowspan="2">泡沫喷林</td><td>室外</td><td>±15</td></tr>
<tr><td>室内</td><td>±10</td></tr>
<tr><td colspan="2">埋地</td><td>±25</td></tr>
<tr><td colspan="2" rowspan="2">水平管道平直度</td><td>DN≤100</td><td>2L‰最大 50</td><td rowspan="2">同上</td><td rowspan="2">用水平尺、直尺、拉线和尺量检查</td></tr>
<tr><td>DN＞100</td><td>3L‰最大 80</td></tr>
<tr><td colspan="3">立管垂直度</td><td>5L‰最大 30</td><td>同上</td><td>用吊线和尺量检查</td></tr>
<tr><td colspan="3">与其他管道成排布置间距</td><td>15</td><td>同上</td><td>尺量检查</td></tr>
<tr><td colspan="3">与其他管道交叉时外壁或绝热层间距</td><td>20</td><td>同上</td><td>尺量检查</td></tr>
</table>

注：（1）L—管道有效长度；（2）DN—管道公称直径。

④ 管道支、吊架安装应平整牢固，管墩的砌筑应规整，其间距应符合设计要求。

检查数量：按安装总数的10%检查，但不得少于5个。

检查方法：观察、尺量检查。

⑤ 管道安装完毕宜用清水进行强度和严密性试验，试验前应将泡沫发生装置、泡沫比例混合器加以隔离或封堵，试验合格后，应按GB 50281—2006附录B，表B.0.1－3进行记录。

检查数量：全数检查。

检查方法：将管道充满水，排净空气，用试压装置缓慢升压，当压力升至试验压力，即设计压力的1.5倍后，稳压10 min，再将试验压力降至设计压力，停压30 min，以压力不降，无渗漏为合格。

⑥ 管道试压合格后宜用清水进行冲洗，冲洗前应将试压时安装的隔离或封堵设施拆下，打开或关闭有关阀门，分段进行，冲洗合格后，不得再进行影响管内清洁的其他施工，并应按GB 50281—2006附录B，表B.0.1－4进行记录。

检查数量：全数检查。

检查方法：宜采用最大流量，流速不低于1.5 m/s，以排出水色和透明度与入口水目测一致为合格。

(2)泡沫混合液管道的安装应符合下列规定：

① 泡沫混合液立管与水平管道用金属软管连接时，不得损坏其不锈钢编织网。

检查数量：按安装总数的10%，但不得少于1根。

检查方法：观察检查。

② 泡沫混合液立管下端设置的锈渣清扫口，可采用闸阀或盲板。

检查数量：全数检查。

检查方法：观察检查。

③ 当泡沫混合液管道从储罐内通过时，采用的耐压软管应符合设计要求，且与储罐底部伴热管的距离不应小于设计值。

检查数量：全数检查。

检查方法：观察和尺量检查。

④ 外浮顶储罐梯子平台上设置的带闷盖的管牙接口，应靠近平台栏杆安装，宜高出平台0.5 m，接口应朝向储罐；此接口用管道沿罐壁引至防火堤外距地面高0.7m后，设置相应的管牙接口，并应面向道路或朝下。

检查数量：按储罐总数的10%检查，但不得少于1个储罐。

检查方法：观察和尺量检查。

⑤ 防火堤外侧泡沫混合液水平管道上设置的压力表接口，距防火堤外壁不宜大于0.2 m。

检查数量：按安装总数的10%检查，但不得少于1个。

检查方法：尺量检查。

⑥ 横式泡沫产生器进口前泡沫混合液水平直管段的长度不应小于1.0 m；横式或立

式泡沫产生器在储罐上开孔中心，距罐壁顶部宜为 0.2～0.3 m，中倍数泡沫发生器宜为 0.3 m。

检查数量：按安装总数的 10%检查，但不得少于 1 个。

检查方法：尺量检查。

⑦ 泡沫混合液主管道上留出的检测仪器安装位置应符合设计要求，检测仪器拆下后宜用不锈钢金属软管连接；泡沫混合液管道上试验检测口宜设置在防护区或储罐泡沫发生装置前的水平管道上。

检查数量：对于主管道上检测仪器安装位置，全数检查，试验检测口按安装总数的 10%，但不得少于 1 个防护区或储罐的数量。

检查方法：观察检查。

⑧ 若储罐区固定式泡沫灭火系统同时又要求具备半固定系统功能时，应在防火堤外通向泡沫发生装置的分支管上控制阀与检测泡沫发生装置工作压力的压力表接口之间安装控制阀和带闷盖的管牙接口，其安装高度不应大于 1.8 m，并应符合 GB 50281—2006 中 5.5.7 条第 6 款的有关规定。

检查数量：按安装总数的 10%检查，但不得少于最小储罐的安装数量。

检查方法：尺量和观察检查。

(3)泡沫管道的安装应符合下列规定。

① 液下喷射泡沫喷射口设在储罐中心时，其泡沫喷射管应固定在与储罐底焊接的支架上；当设有一个以上喷射口，并沿罐周均匀设置时，其间距偏差不宜大于 100 mm。

检查数量：按储罐总数的 10%检查，但不得少于 1 个储罐。

检查方法：观察和尺量检查。

② 对于半固定式系统的泡沫管道，在防火堤外设置的高背压泡沫产生器快装接口与防火堤外壁的距离，宜大于 0.3 m。

检查数量：全数检查。

检查方法：观察和尺量检查。

③ 若泡沫管道上采用防油品渗漏设施时，防油品渗漏设施可安装在止回阀出口或泡沫喷射口处，安装应按设计要求进行，且不应损坏密封膜。

检查数量：全数检查。

检查方法：观察检查。

(4)泡沫液管道上的冲洗及放空管道应设置在泡沫液泵进口管道的最低处。

检查数量：全数检查。

检查方法：观察检查。

(5)泡沫喷淋管道支、吊架的安装应符合下列规定。

① 泡沫喷淋管道支、吊架的安装位置不应妨碍泡沫喷头喷射泡沫的效果；管道支、吊架与泡沫喷头之间的距离不宜小于 300 mm，与末端泡沫喷头之间的距离不宜大于 500 mm。

检查数量：按安装总数的 10%检查，但不得少于 5 个。

检查方法：尺量检查。

② 在泡沫喷淋分支管上每一直管段，相邻两泡沫喷头之间的管段上设置的支、吊架均不宜少于1个；当泡沫喷头之间的距离小于1.8 m时，可隔段设置支、吊架，但支、吊架的间距不宜大于3.6 m；当泡沫喷头的设置高度大于10 m时，支、吊架的间距不宜大于3.2 m。

检查数量：按安装总数的10%检查，但不得少于5个。

检查方法：尺量检查。

(6)泡沫混合液管道、泡沫管道埋地安装时还应符合下列规定。

① 埋地安装的泡沫混合液管道、泡沫管道安装前应做好防腐，安装时不应损坏防腐层。

检查数量：全数检查。

检查方法：观察检查，有疑义时可局部解剖检查。

② 埋地安装采用焊接时，焊缝部位应在试压合格后进行防腐处理。

检查数量：全数检查。

检查方法：观察检查。

③ 埋地安装的泡沫混合液管道、泡沫管道在回填土前应进行隐蔽工程中间验收，合格后及时回填土，分层夯实，并应按GB 50281—2006附录B，表B.0.1－5进行记录。

检查数量：全数检查。

检查方法：观察检查。

(7)阀门的安装应符合下列规定。

① 口径大于300 mm的泡沫混合液管道，采用电动、气动或液动阀门时，应按相关标准进行安装，并应选用明杆阀门或有明显的启闭标志。

检查数量：全数检查。

检查方法：按相关标准的要求检查。

② 泡沫混合液流量大于或等于100 L/s时，系统的泵、比例混合装置及管道上的控制阀、干管控制阀所具备的遥控操纵功能，应根据所选的设备，按相关标准安装。操纵机构应安装在操作台上。若选择自动控制系统，操纵机构(手动、自动)应由消防控制设备联动开启。

检查数量：全数检查。

检查方法：按相关标准的要求检查和观察检查。

③ 液下喷射和半液下喷射泡沫灭火系统泡沫管道进储罐处设置的钢质控制阀和止回阀应水平安装，其止回阀上标注的方向应与泡沫的流动方向一致。

检查数量：按安装总数的10%检查，但不得少于1个。

检查方法：观察检查。

④ 高倍数泡沫发生器进口端泡沫混合液管道上设置的压力表、管道过滤器、控制阀应安装在水平支管上。

检查数量：全数检查。

检查方法：观察检查。

⑤ 泡沫混合液管道上设置的自动排气阀应直立安装，并应在系统试压、冲洗合格后进行。

检查数量：按安装总数的 10％检查，但不得少于 1 个。

检查方法：观察检查。

⑥ 设置在防火堤外、连接泡沫发生装置的泡沫混合液管道上的控制阀，应安装在压力表接口外侧的立管上。当最低环境温度大于 0℃或选用钢质阀门时可安装在水平管道上，并应采用明杆阀门；若连接泡沫发生装置的泡沫混合液管道从高度大于 1.8 m 的防火堤顶部通过时，控制阀应安装在距地面高度 1.1～1.5 m 的立管上。

检查数量：按安装总数的 10％检查，但不得少于 1 个。

检查方法：观察和尺量检查。

⑦ 泡沫混合液立管上设置控制阀时，其安装高度宜为 1.1～1.5 m，并应采用明杆阀门；当泡沫混合液水平管道从高度大于 1.8 m 的防火堤顶部通过时，储罐上泡沫混合液立管控制阀处，可设置操作平台或操作凳。

检查数量：按安装总数的 10％检查，但不得少于 1 个。

检查方法：观察和尺量检查。

⑧ 泡沫消防泵的出水管上设置的带控制阀的回流管，应符合设计要求，控制阀的安装高度距地面宜为 1.1～1.5 m。

检查数量：全数检查。

检查方法：尺量检查。

⑨ 管道上的放空阀应安装在低处。

检查数量：全数检查。

检查方法：观察检查。

(8)消火栓的安装应符合下列规定。

① 泡沫混合液管道上设置消火栓的规格、型号、数量、位置、安装方式、间距应符合设计要求。

检查数量：按安装总数的 10％检查，但不得少于 1 个储罐区。

检查方法：对照图纸和尺量检查。

② 消火栓应垂直安装。

检查数量：按安装总数的 10％检查，但不得少于 1 个。

检查方法：吊线和尺量检查。

③ 当采用地上式消火栓时，其大口径出水口应面向道路。

检查数量：按安装总数的 10％检查，但不得少于 1 个。

检查方法：观察检查。

④ 当采用地下式消火栓时，应有明显的标志，其顶部出口与井盖底面的距离不得大于 400 mm。

检查数量：按安装总数的 10％检查，但不得少于 1 个。

检查方法：观察和尺量检查。

⑤ 当采用室内消火栓或消火栓箱时，栓口应朝外或面向通道，其坐标的允许偏差为20 mm，标高的允许偏差为±20 mm。

检查数量：按安装总数的10%检查，但不得少于1个。

检查方法：观察和拉线、尺量检查。

6)泡沫发生装置的安装

(1)泡沫产生器设在露天处时，其喷射口应用耐腐蚀的金属网堵、盖封口，但不得妨碍泡沫的喷射效果。

检查数量：全数检查。

检查方法：观察检查。

(2)低倍数泡沫产生器的安装应符合下列规定。

① 液上喷射的泡沫产生器应根据产生器类型水平或垂直安装在固定顶储罐罐壁顶部或外浮顶储罐罐壁顶端的泡沫导流罩上。

检查数量：全数检查。

检查方法：观察检查。

② 水溶性液体储罐内泡沫溜槽的安装应沿罐壁内侧螺旋下降到距罐底1.0～1.5 m处，溜槽与罐底平面夹角宜为30°；泡沫降落槽应垂直安装，其垂直度允许偏差不应大于罐高度的5‰；多孔石棉管一端应安装在泡沫管道上，另一端缝合卷起放在泡沫室开口部位，其管径不应小于泡沫管径，长度应超过泡沫室至储罐最低液面的距离。

检查数量：按安装总数的10%，但不得少于1个。

检查方法：用拉线、吊线、量角器和尺量检查。

③ 液下及半液下喷射的高背压泡沫产生器应设在防火堤外，并应水平安装在泡沫混合液管道上。

检查数量：全数检查。

检查方法：观察检查。

④ 在高背压泡沫产生器进口侧设置的压力表接口，距高背压泡沫产生器不宜大于0.1 m，并应直立安装；其出口侧设置的压力表、背压调节阀和泡沫取样口与高背压泡沫产生器四者之间距离宜各为0.1 m，且背压调节阀和泡沫取样口上的控制阀应选用钢质阀门。

检查数量：按安装总数的10%，但不得少于最小储罐的安装数量。

检查方法：尺量和观察检查。

⑤ 半液下喷射泡沫采用的高背压泡沫产生器的规格、型号、数量应符合设计要求，并应与半液下泡沫喷射设备配套使用，且应符合GB 50444—2008中第4、5款的规定。

检查数量：全数检查。

检查方法：观察检查。

⑥ 液上喷射泡沫产生器或泡沫倒流罩沿罐周均匀布置时，其间距偏差不宜大于100 mm。

检查数量：按间距总数的10%，但不得少于最小储罐的数量。

检查方法：用拉线和尺量检查。

⑦ 对于外浮顶储罐，当泡沫喷射口设置在浮顶上时应符合设计要求；当设计无规定时，喷射口应采用两个出口直管段的长度均不小于其直径 5 倍的 T 形管，且 T 形管的横管均应水平安装；当泡沫喷射口设在密封或挡雨板上方时，其伸入泡沫堰板后应向下倾斜 30°～60°。

检查数量：按安装总数的 10%，但不得少于最小储罐的安装数量。

检查方法：用水平尺、量角器和尺量检查。

⑧ 当外浮顶储罐泡沫喷射口设置在罐壁顶端、挡雨板上方或金属挡雨板的下部时，泡沫堰板的高度及与罐壁的间距应符合设计要求，并不应低于设计值。

检查数量：按储罐总数的 10%检查，但不得少于 1 个储罐。

检查方法：尺量检查。

⑨ 在泡沫堰板的最低部位设置的排水孔的数量和尺寸应符合设计要求，并应沿泡沫堰板周长均布，其间距偏差不宜大于 20 mm。

检查数量：按排水孔总数的 5%检查，但不得少于 4 个孔。

检查方法：尺量检查。

⑩ 单、双盘式内浮顶储罐泡沫堰板的高度及与罐壁的间距应符合设计要求，并不应低于设计值。

检查数量：按储罐总数的 10%检查，但不得少于 1 个储罐。

检查方法：尺量检查。

⑪ 对于外浮顶储罐上安装的低倍数泡沫产生器，应拆下其密封玻璃。

检查数量：全数检查。

检查方法：观察检查。

⑫ 当一个储罐所需的高背压泡沫产生器并联安装时，从第一个分支点至各高背压泡沫产生器的管道长度和管道直径应一致。

检查数量：按储罐总数的 10%，但不得少于 1 个储罐。

检查方法：用游标卡尺和尺量检查。

⑬ 半液下泡沫喷射设备应整体安装在泡沫管道进储罐处设置的钢质控制阀与止回阀之间的水平管道上，并应采用扩张器（伸缩器）或金属软管与止回阀连接，安装时不应拆卸和损坏密封膜及其附件。低倍数泡沫发生器如图 7－18(a)所示。

检查数量：全数检查。

检查方法：观察检查。

(3)中倍数泡沫发生器[图 7－18(b)]的安装位置及尺寸应符合设计要求，安装时不得损坏或随意拆卸附件。

检查数量：按安装总数的 10%，但不得少于最小储罐或保护区的安装数量。

检查方法：用拉线和尺量检查。

(4)高倍数泡沫发生器[图 7－18(c)]的安装应符合下列规定。

① 高倍数泡沫发生器的安装位置和高度应符合设计要求，当设计无规定时，其安装高度应在泡沫淹没深度以上，安装位置宜接近保护对象。

(a)低倍数泡沫发生器

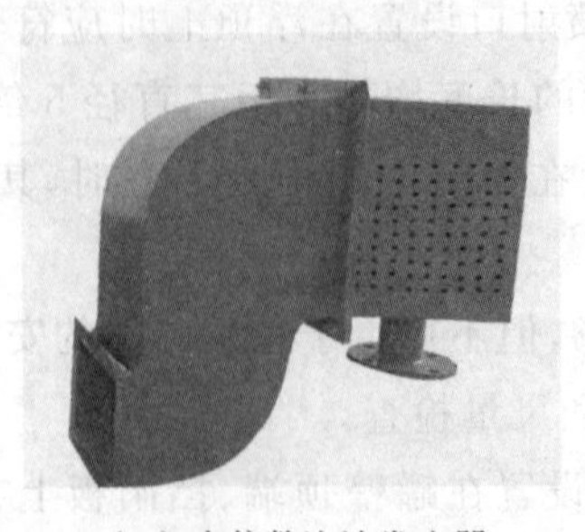
(b)中倍数泡沫发生器

(c)高倍数泡沫发生器

图 7-18　泡沫产生器

检查数量:全数检查。

检查方法:用拉线尺量和观察检查。

② 距高倍数泡沫发生器的进气端小于或等于 0.3 m 处不应有遮挡物。

检查数量:全数检查。

检查方法:尺量和观察检查。

③ 在高倍数泡沫发生器的发泡网前小于或等于 1.0 m 处,不应有影响泡沫喷放的障碍物。

检查数量:全数检查。

检查方法:尺量和观察检查。

④ 高倍数泡沫发生器应整体安装,并应牢固固定。

检查数量:全数检查。

检查方法:观察检查。

⑤ 泡沫喷头的安装应符合下列规定。

A. 泡沫喷头的安装应在系统试压、冲洗合格后进行。

检查数量:全数检查。

检查方法:检查系统试压记录。

B. 泡沫喷头的安装应牢固、规整,安装时不得拆卸或损坏其喷头上的附件。

检查数量:全数检查。

检查方法:观察检查。

C. 顶喷式泡沫喷头应安装在被保护物的上部,并应垂直向下;其坐标的允许偏差,室外安装为 15 mm,室内安装为 10 mm;标高的允许偏差,室外安装为±15 mm,室内安装为±10 mm。

检查数量:按安装总数的 10%,但不得少于 4 只,即支管两侧的分支管的始端及末端各 1 只。

检查方法:用水平尺、拉线、吊线和尺量检查。

D. 水平式泡沫喷头应安装在被保护物的侧面并应对准被保护物体,其距离允许偏差为 20 mm。

检查数量:按安装总数的 10%,但不得少于 4 只。

检查方法：尺量检查。

E. 弹射式泡沫喷头应安装在被保护物的下方，并应在地面以下，在未喷射泡沫时，其顶部应低于地面 10～15 mm。

检查数量：按安装总数的 10%，但不得少于 4 只。

检查方法：尺量检查。

(5)固定式泡沫炮的安装应符合下列规定。

① 固定式泡沫炮的立管应垂直安装，炮口应朝向防护区，并不应有影响泡沫喷射的障碍物。

检查数量：全数检查。

检查方法：观察检查。

② 安装在炮塔或支架上的固定式泡沫炮应牢固。

检查数量：全数检查。

检查方法：观察检查。

③ 电动泡沫炮的控制设备、电源线、控制线的规格、型号及设置位置、敷设方式、接线等应符合设计要求。

检查数量：按安装总数 10%，但不得少于 1 个。

检查方法：观察检查。

2. 调试

1)一般规定

(1)泡沫灭火系统的调试应在整个系统施工结束和与系统有关的电气设备、火灾自动报警装置及联动控制设备调试合格后进行。

(2)调试前应具备符合 GB 50151—2021 第 9.4 条所列技术资料和附录 A、B、D 等施工记录及调试必需的其他资料。

(3)调试应由施工单位组织，监理工程师参加，参加调试人员应职责明确，并应按照预定的调试程序进行。

(4)调试前系统施工过程质量检查应合格。

(5)调试前应将需要临时安装在系统上的仪器、仪表安装完毕，调试时所需的检查设备应准备齐全。

(6)水源应符合设计要求，泡沫液用量应先满足系统调试要求。

(7)系统的动力源运转应正常。

(8)单机调试可用清水代替泡沫液进行。

(9)泡沫灭火系统的调试应在单机调试合格后进行，调试时应使系统中所有的阀门处于正常状态。

(10)泡沫灭火系统调试时，每个防护区均应进行喷水试验，当对储罐进行喷水试验时，喷水口可设在靠近储罐的水平管道上。

2)调试

(1)消防泵或固定式消防泵组应进行运行试验，试验内容和要求应符合现行国家标准 GB 50275—2010 中的有关规定。

检查数量：全数检查。

检查方法：按现行国家标准 GB 50275—2010 执行。

(2)泡沫比例混合器应进行调试，实测性能指标应符合标准的要求。

检查数量：全数检查。

检查方法：用流量计、压力表检查。

(3)泡沫发生装置的调试应符合下列规定。

① 低、中倍数泡沫发生装置应进行喷水试验，其进口压力应符合设计要求。

检查数量：选择最不利点的防护区或储罐。

检查方法：用压力表检查。

② 泡沫喷头应进行喷水试验，其任意四个相邻喷头进口压力的平均值不应小于设计值。

检查数量：选择最不利点防护区的最不利点四个相邻喷头。

检查方法：用压力表检查。

③ 固定式泡沫炮(包括手动、电动)应进行喷水试验，进口压力应符合设计要求，其射程、射高、仰俯角度、水平回转角度等指标应符合标准的要求。

检查数量：全数检查。

检查方法：用压力表、手动或电动实际操作检查。

④ 高倍数泡沫发生器应进行喷水试验，其进口压力的平均值不应小于设计值，每台高倍数泡沫发生器发泡网的喷水状态应正常。

检查数量：全数检查。

检查方法：用压力表和观察检查。

(4)消火栓应进行喷水试验，其压力应符合低、中倍数泡沫枪进口压力的要求。

检查数量：选择最不利点的消火栓。

检查方法：用压力表和观察检查。

(5)泡沫灭火系统的主动力源和备用动力源应切换试验 1～3 次，运行应正常。

(6)工作与备用固定式消防泵组在设计负荷下连续运转不应小于 30 min，其间转换运行 1～3 次，各项性能指标应符合设计要求。

检查方法：用压力表、流量计、秒表、温度计、量杯、耳听和观察检查。

(7)泡沫灭火系统的调试应符合下列规定。

① 当为手动灭火系统时，应以手动控制的方式进行一次喷水试验；当为自动灭火系统时，应以手动和自动控制的方式各进行一次喷水试验，其各项性能指标均应达到设计要求。

检查数量：当为手动灭火系统时，选择最大的防护区或储罐；当为自动灭火系统时，选择最大和最远的两个防护区或储罐分别以手动和自动的方式进行试验。

检查方法：用压力表、流量计检查，用秒表测量水到达最远的防护区或储罐的时间。

② 低、中倍数泡沫灭火系统喷水试验完毕，将系统中的水放空后，进行喷泡沫试验；

当为自动灭火系统时，应以自动控制的方式进行；喷射泡沫的时间不宜小于 1 min；实测泡沫混合液的混合比及泡沫混合液的发泡倍数应符合设计要求。

检查数量：选择最不利点的防护区或储罐，进行一次试验。

检查方法：泡沫混合液的混合比用流量计或手持糖量折光仪检测；泡沫混合液的发泡倍数按 GB 50151—2021 的方法进行测量；喷射泡沫的时间和泡沫混合液或泡沫到达最远防护区或储罐的时间，用秒表测量。

③ 高倍数泡沫灭火系统除应符合 GB 50444—2008 第 1 款的规定外，尚应对每个防护区进行喷泡沫试验，喷射泡沫的时间不宜小于 30 s，泡沫最小供给速率应符合设计要求。

检查数量：全数检查。

检查方法：记录各高倍数泡沫发生器进口端压力表读数，用秒表测量喷射泡沫的时间，然后按生产厂家给出的曲线查出对应的发泡量，经计算得出防护区系统的泡沫最小供给速率。

(8)泡沫灭火系统调试合格后，应用清水冲洗后放空，将系统恢复到正常状态，并应按 GB 50151—2021 附录 A，表 A.0.1 填写泡沫灭火系统调试记录。

检查数量：全数检查。

检查方法：观察检查。

7.8.2　系统验收与维护管理

泡沫灭火系统的施工现场需要有相应的施工技术标准，健全的质量管理体系和施工质量检验制度，要实现施工全过程质量控制。此外，泡沫灭火系统在火灾时能否按设计要求投入使用，要由平时的定期检查、试验和检修来保证。整个系统需要确保在任何时间内都处于良好的工作状态。

1. 验收

1)一般规定

(1)泡沫灭火系统的质量验收应在施工过程质量检查合格和调试合格后进行。施工过程质量检查记录见 GB 50151—2021 附录 B。

(2)泡沫灭火系统质量验收应由建设单位组织，监理、设计、施工单位共同进行。

2)验收

(1)对泡沫灭火系统质量控制资料进行核查，应按 GB 50151—2021 附录 B，表 B.0.4 进行记录，并应提供下列资料：

① 施工图、设计说明书、设计变更文件和设计审核意见书等；

② 开工(施工)证和现场质量管理检查记录；

③ 主要设备、泡沫液的国家市场准入制度要求的证明文件；

④ 系统及设备的使用说明书；

⑤ 系统的施工记录(含常压储罐和阀门的强度和严密性试验记录、管道试压和管道冲洗记录、隐蔽工程中间验收记录)；

⑥ 系统调试记录；

⑦ 泡沫灭火系统施工过程质量检查和质量验收及质量控制资料核查记录；

⑧ 与系统相关的水源、电源、备用动力、电气设备以及火灾自动报警系统和联动控制设备等验收合格的证明；

⑨ 竣工图。

(2)对泡沫灭火系统施工质量进行抽查，并应包括下列内容：

① 泡沫液储罐、泡沫比例混合器、泡沫发生装置、消防泵或固定式消防泵组、消火栓、阀门、压力表、管道过滤器、金属软管等设备的规格、型号、数量、安装位置及安装质量；

② 管道及附件的规格、型号、位置、坡向、坡度、连接方式及安装质量；

③ 固定管道的支、吊架，管墩的位置、间距及牢固程度；

④ 管道穿防火堤、楼板、墙等的处理；

⑤ 管道和设备的防腐；

⑥ 水池或水罐的容量、水位指示装置及补水设施；

⑦ 当采用天然水源为系统供水水源时，应抽查水量、水质和枯水期最低水位时确保系统用水量的措施；

⑧ 电源供电级别、备用动力的容量及电气设备的规格、型号、数量和安装质量；

⑨ 泡沫液见证取样检验。

(3)对泡沫灭火系统功能抽验应按下列规定进行：

① 主动力源和备用动力源切换试验运行应正常，其检查数量和检查方法按 GB 50151—2021 第 10.0.8 条的规定执行；

② 工作与备用固定式消防泵组在设计负荷下运行试验主要性能指标应符合设计要求，其检查数量和检查方法按 GB 50151—2021 第 9.4.18 条的规定执行；

③ 低、中倍数泡沫灭火系统喷泡沫试验实测泡沫混合液的混合比及泡沫混合液的发泡倍数应符合设计要求，其检查数量和检查方法按 GB 50151—2021 第 9.4.18 条第 2 款的规定执行；

④ 高倍数泡沫灭火系统喷泡沫试验泡沫最小供给速率应符合设计要求，其检查数量和检查方法按 GB 50151—2021 第 9.4.18 条第 3 款执行；

⑤ 若在泡沫灭火系统功能抽验中任何一款不合格，均不得通过验收。

(4)泡沫灭火系统工程质量验收合格后，应用清水冲洗后放空，将系统恢复到正常状态，并应按 GB 50151—2021 附录 B，表 B.0.5 进行记录。

2. 维护管理

1)一般规定

(1)泡沫灭火系统质量验收合格方可投入运行。

(2)泡沫灭火系统投入运行前，建设单位应配齐经过专门培训、并通过考试合格的人员负责系统的维护、管理、操作和定期检查。

(3)泡沫灭火系统正式启用时，应具备下列条件：

① GB 50151—2021 第 9.1.4 条所规定的技术资料；

② 操作规程和系统流程图；

③ 值班员职责；

④ 系统的检查记录；

⑤ 已建立泡沫灭火系统的技术档案。

2)系统的定期检查和试验

(1)每周应对消防泵和备用动力进行一次启动试验，并应按 GB 50151—2021 附录 D 表 D. 0. 2 进行记录。

(2)每月应对系统进行检查，检查内容及要求应符合 GB 50151—2021 附录 D 表 D. 0. 2 规定：

① 对低倍数泡沫产生器，中、高倍数泡沫发生器，泡沫喷头，固定式泡沫炮，泡沫比例混合器进行外观检查，应完好无损；

② 对固定式泡沫炮的回转机构、仰俯机构或电动操作机构进行检查，性能应达到标准的要求；

③ 消火栓和阀门的开启与关闭应自如，不应锈蚀；

④ 压力表、管道过滤器、金属软管、管道及附件不应有损伤；

⑤ 电源和电气设备工作状况应良好；

⑥ 供水水源及水位指示装置应正常。

(3)每半年应对系统进行检查，检查内容及要求除月检规定的检查外，尚应符合下列规定，并应按 GB 50151—2021 附录 D 表 D. 0. 2 进行记录：

① 年检时，除低、中倍数泡沫混合液立管和液下喷射防火堤内泡沫管道以及高倍数泡沫发生器进口端控制阀后的管道外，其余管道应全部冲洗，清除锈渣；

② 对低、中倍数泡沫混合液立管，只清除锈渣。

(4)系统运行每 2 年应按下列规定对系统进行彻底检查和试验，并应按 GB 50151—2021 附录 D 表 D. 0. 2 进行记录：

① 对低倍数泡沫灭火系统中的液上及液下喷射、泡沫喷淋、固定式泡沫炮和中倍数泡沫灭火系统进行喷泡沫试验，并对系统中所有的设备、设施、管道及附件进行全面检查；

② 对于高倍数泡沫灭火系统，可在防护区内进行喷泡沫试验，并对系统中所有设备、设施、管道及附件进行全面检查；

③ 系统检查和试验完毕，应对消防泵、泡沫液管道、泡沫混合液管道、泡沫管道、泡沫比例混合器、管道过滤器等用清水进行彻底冲洗清除锈渣，并立即放空，然后涂漆。

(5)对检查和试验中发现的问题应及时解决，对损坏或不合格者应立即更换，并应使系统恢复到正常状态。

7.9　干粉灭火系统

干粉灭火系统由干粉储存容器、驱动气体瓶组、启动气体瓶组、减压阀、管道及喷嘴组成，是一种不需要水泵、内燃机等动力源，而借助于惰性气体压力的驱动，并由这些气体携带干粉灭火剂形成气粉两相混合流，通过管道输送经喷嘴喷出实施灭火的固定式或半固定式灭火系统。

由于该系统具有灭火速度快、不导电、对环境条件要求不严等特点，在某些场合，如宾馆、饭店的厨房，敞口的易燃液体容器，不宜用水扑救的室外变压器等处，设置干粉灭火系统较合适。另外，与其他灭火系统相比，干粉灭火系统较经济。

此灭火系统按安装方式可分为两种：固定式干粉灭火系统和半固定式干粉灭火系统。前者系统组件可全部固定安装，后者系统组件中部分可以移动。

7.9.1 系统组件安装调试与检测验收

干粉灭火系统的安装调试、检测验收主要包括干粉储存装置、管网、喷头及系统其他组件等安装、系统试压和冲洗、系统调试、系统检测、验收等内容。

1. 系统组件的安装与技术检测

干粉灭火系统的安装应在相应的技术标准、质量管理体系和施工质量检验制度下进行，并对施工全过程进行质量控制。在系统组件安装完成后，还需由建设单位组织委托相应资质的消防设施检测机构进行检测，以判断系统安装是否符合相关技术标准，确保系统能够按照设定的功能发挥作用，为系统竣工验收提供技术支持。

1)干粉储存容器

干粉储存容器在安装前需确保其安装位置符合设计图纸要求，周边要留操作空间及维修间距；干粉储存容器的支座应与地面固定，并做防腐处理；且安装地点避免潮湿或高温环境，不受阳光直接照射。

在安装时，要注意安全防护装置的泄压方向不能朝向操作面；压力显示装置方便人员观察和操作；阀门便于手动操作。

2)驱动气体储瓶

驱动气体储瓶在安装前要检查瓶架是否固定牢固并做了防腐处理；检查集流管和驱动气体管道内腔，确保清洁无异物并坚固在瓶架上。

安装驱动气体储瓶时，注意安全防护装置的泄压方向不能朝向操作面；启动气体储瓶和驱动气体储瓶上压力计、检漏装置的安装位置便于人员观察和操作；驱动介质流动方向与减压阀、止回阀标记的方向一致。

3)干粉输送管道

干粉输送管道在安装前需清洁管道内部，避免油、水、泥沙或异物存留于管道内；其安装时应注意以下几点。

(1)采用螺纹连接时，管材采用机械切割；螺纹不得有缺纹和断纹等现象；螺纹连接的密封材料均匀附着在管道的螺纹部分，拧紧螺纹时，避免将填料挤入管道内；安装后的螺纹根部有 2～3 扣的外露螺纹，连接处外部清理干净并做防腐处理。

(2)采用法兰连接时，衬垫不能凸入管内，其外边缘宜接近螺栓孔，不能放双垫或偏垫。拧紧后，凸出螺母的长度不能大于螺杆直径的 1/2，确保有不少于 2 扣的外露螺纹。

(3)防腐处理后的无缝钢管不采用焊接连接，选择阀等个别连接部位需采用法兰焊接连接时，要对被焊接损坏的防腐层进行二次防腐处理。

(4)管道穿过墙壁、楼板处需安装套管。套管公称直径比管道公称直径至少大 2 级，穿墙套管长度与墙厚相等，穿楼板套管长度高出地板 50 mm。管道与套管间的空隙采用防火封堵材料填塞密实。当管道穿越建筑物的变形缝时，需设置柔性管段。

(5)管道末端采用防晃支架固定，支架与末端喷头间的距离不大于 500 mm。

4)喷头

喷头(图 7-19)在安装前，需逐个核对其型号、规格及喷孔方向是否符合设计要求。当安装在吊顶下时，喷头如果没有装饰罩，其连接管管端螺纹不能露出吊顶；如果带有装饰罩，装饰罩需紧贴吊顶安装。另外，喷头在安装时还应设有防护装置，以防灰尘或异物堵塞喷头。

(a) 扩散喷头

(b) 直通式喷头

(c) 鸭嘴式喷头

图 7-19　干粉喷头实物图

对于贮压型系统，当采用全淹没灭火系统时，喷头的最大安装高度为 7 m；当采用局部应用系统时，喷头最大安装高度为 6 m。对于贮气瓶型系统，当采用全淹没灭火系统时，喷头的最大安装高度为 8 m；当采用局部应用系统时，喷头最大安装高度为 7 m。

5)其他组件和管件

(1)减压阀

安装要求：

① 减压阀的流向指示箭头与介质流动方向一致；

② 压力显示装置安装在便于人员观察的位置。

检查方法：观察检查。

(2)选择阀

安装要求：

① 在操作面一侧安装选择阀操作手柄，当安装高度超过 1.7 m 时，要采取便于操作的措施；

② 选择阀的流向指示箭头与介质流动方向一致；

③ 选择阀采用螺纹连接时，其与管网连接处采用活接或法兰连接；

④ 选择阀上需设置标明防护区或保护对象名称或编号的永久性标志牌。

检查方法：观察检查。

(3)阀驱动装置

安装要求：

① 对于拉索式机械阀驱动装置，除必要外露部分外，拉索需采用经内外防腐处理的钢管防护，拉索转弯处采用专用导向滑轮，拉索末端拉手需设在专用的保护盒内，且拉索套管和保护盒固定牢靠；

② 对于重力式机械阀驱动装置，需保证重物在下落行程中无阻挡，其下落行程需保证驱动所需距离，且不小于25 mm；

③ 对于气动阀驱动装置，启动气体储瓶上需永久性标明对应防护区或保护对象的名称或编号。

检查方法：观察检查和用尺测量。

2. 系统试压和吹扫

为确保系统投入运行后不出现漏粉、管道及管件承压能力不足、杂质及污损物影响正常使用等问题，在管网安装完成后，须对管网进行强度试验和严密性试验。

一般情况下，系统强度试验和严密性试验采用清水作为介质，当不具备水压强度试验条件时，可采用气压强度试验代替。水压试验合格后，用干燥压缩空气对管道进行吹扫，以清除残留水分和异物。系统试压完成后，及时拆除所有临时盲板和试验用管道，并与记录核对无误。

1)系统试压、吹扫的基本要求

试压试验和管网吹扫在管网安装完毕后进行，在具备下列规定条件的情况时，方可开展试压和吹扫工作：

(1)经复查，埋地管道的位置及管道基础、支墩等符合设计文件要求；

(2)准备不少于2只的试压用压力表，精度不低于1.5级，量程为试验压力值的1.5～2.0倍；

(3)试压冲洗方案已获批准；

(4)隔离或者拆除不能参与试压的设备、仪表、阀门及附件；加设的临时盲板具有突出于法兰的边耳，且有明显标志，并对临时盲板数量、位置进行记录；

(5)采用生活用水进行水压试验和管网冲洗，不得使用海水或者含有腐蚀性化学物质的水进行试压试验、管网冲洗。

2)水压强度试验

水压强度试验前，用温度计测试环境温度，确保环境温度不低于5℃，如果低于5℃，须采取必要的防冻措施，以确保水压试验正常进行。另外，还应在试验前对照设计文件核算试压试验压力，确保水压强度试验压力为系统最大工作压力的1.5倍。

水压强度试验时，其测试点选择在系统管网的最低点；管网注水时，将管网内的空气排净，以不大于0.5 MPa/s的速率缓慢升压至试验压力，达到试验压力后，稳压5 min后，管网无泄漏、无变形。可采用试压装置进行试验，观察管网外观和测压用压力表。系统试压过程中出现泄漏时，停止试压，放空管网中的试验用水；消除缺陷后，重新试验。

3)气压强度试验

当水压强度试验条件不具备时，可采用气压强度试验代替。气压强度试验压力取系统最大工作压力的 1.5 倍。在试验前，用加压介质进行预试验，预试验压力为 0.2 MPa；试验时，逐步缓慢增加压力，当压力升至试验压力的 50%时，如未发现异状或泄漏，继续按试验压力的 10%逐级升压，每级稳压 3 min，直至试验压力；保压检查管道各处无变形，无泄漏为合格。气压试验可采用试压装置进行试验，观察管网外观和测压用压力表。

4)管网吹扫

干粉输送管道在水压强度试验合格后，在气密性试验前需进行吹扫。管网吹扫可采用压缩空气或氮气；吹扫时，管道末端的气体流速不小于 20 m/s。可采用白布检查，直至无铁锈、尘土、水渍及其他异物出现。

5)气密性试验

进行气密性试验时，对于干粉输送管道，试验压力为水压强度试验压力的 2/3；对于气体输送管道，试验压力为气体最高工作储存压力。

进行气密性试验时，应以不大于 0.5 MPa/s 的升压速率缓慢升压至试验压力。关断试验气源，3 min 内压力降不超过试验压力的 10%为合格。

3. 系统调试与现场功能测试

干粉灭火系统调试在系统各组件安装完成后进行，系统调试包括对系统进行模拟启动试验、模拟喷放试验和模拟切换操作试验等。模拟启动试验的目的是检测控制系统及驱动装置是否安装正确和系统组件是否可靠；模拟喷放试验用来检测系统动作顺序和动作可靠性、反馈信号以及管道连接的正确性，也是一次实战演习；模拟切换操作试验的目的在于检查备用干粉储存容器连接及切换操作的正确性，从而保证系统起到预期作用。

1)模拟自动启动试验

(1)试验方法

① 将灭火控制器的启动信号输出端与相应的启动驱动装置连接，启动驱动装置与启动阀门的动作机构脱离。对于燃气型预制灭火装置，可以用一个启动电压、电流与燃气发火装置相同的负载代替启动驱动装置。

② 人工模拟火警使防护区内任意一个火灾探测器动作。

③ 观察探测器报警信号输出后，防护区的声光报警信号及联动设备动作是否正常。

④ 人工模拟火警使防护区内两个独立的火灾探测器动作。观察灭火控制器火警信号输出后，防护区的声光报警信号及联动设备动作是否正常。

(2)判定标准

延时启动时符合设定时间，声光报警信号正常，联动设备动作正确，启动驱动装置(或负载)动作可靠。

2)模拟手动启动试验

(1)试验方法

① 将灭火控制器的启动信号输出端与相应的启动驱动装置连接，启动驱动装置与启动阀门的动作机构脱离。

② 分别按下灭火控制器的启动按钮和防护区外的手动启动按钮。观察防护区的声光报警信号及联动设备动作是否正常。

③ 按下手动启动按钮后，在延迟时间内再按下紧急停止按钮，观察灭火控制器启动信号是否终止。

(2)判定标准

延时启动时符合设定时间；声光报警信号正常；联动设备动作正确；启动驱动装置(或负载)动作可靠。

3)模拟喷放试验

(1)试验要求

模拟喷放试验采用干粉灭火剂和自动启动方式，干粉用量不少于设计用量的 30%；当现场条件不允许喷放干粉灭火剂时，可采用惰性气体；采用的试验气瓶需与干粉灭火系统驱动气体储瓶的型号规格、阀门结构、充装压力、连接与控制方式一致。试验时应保证出口压力不低于设计压力。

(2)试验方法

① 启动驱动气体释放至干粉储存容器；

② 容器内达到设计喷放压力并达到设定延时后，开启释放装置。

在模拟喷放完毕后，还需进行模拟切换试验，试验时将系统使用状态从主用量干粉储存容器切换为备用量干粉储存容器，同时切换驱动气体储瓶、启动气体储瓶。

(3)判定标准

延时启动时符合设定时间；有关声光报警信号正确；信号反馈装置动作正常；干粉输送管无明显晃动和机械性损坏；干粉或气体能喷入被试防护区内或保护对象上，且能从每个喷头喷出。

4)干粉炮调试

(1)试验准备

干粉炮灭火系统调试时，先分别对动力源、电动阀门和干粉炮等逐个进行单机动作运行检查，正常后再对系统进行调试。

(2)试验要求

① 采用液(气)压源作动力的干粉炮，其液(气)压源的实测工作压力，需符合产品使用说明书的要求；

② 调试全部电动阀门；

③ 调试全部无线遥控装置；

④ 系统调试以氮气代替干粉进行联动试验；

⑤ 对于装有现场手动按钮的干粉炮灭火系统，全部调试现场手动按钮所控制的相应联动单元。

(3)判定要求

① 有反馈信号的电动阀门反馈信号准确、可靠；

② 无线遥控装置的遥控距离符合设计要求，多台无线遥控装置同时使用时，没有相

互干扰或被控设备误动作现象；

③ 联动试验按设计的每个联动单元进行喷射试验时，其结果符合设计要求；

④ 对于装有现场手动按钮的干粉炮灭火系统，现场手动按钮按下后，系统按设计要求自动运行，其各项性能指标均达到设计要求。

4. 系统验收

系统各组件安装、调试完成后，需对系统进行技术检测和验收，以判断系统安装是否符合相关技术标准，系统调试是否符合相关功能要求，以确保系统能够按照设定的功能发挥作用，为确保系统工作可靠提供技术支持。

系统验收需对各组件的安装位置、安装方式、安装要求以及系统整体调试进行全方位的验收，主要包括系统组件验收和功能验收，主要内容如下。

1)系统组件验收

(1)干粉储存容器

验收内容：

① 干粉储存容器的数量、型号和规格，位置与固定方式，油漆和标志等；

② 干粉灭火剂的类型、干粉充装量和干粉储存容器的安装质量。

验收检查方法：观察或测量检查。

合格判定标准：干粉储存容器的数量、型号和规格、位置与固定方式、油漆和标志、干粉充装量，以及干粉储存容器的安装质量符合设计要求。

(2)驱动气体储瓶

验收内容：

① 驱动气体储瓶的型号、规格和数量；

② 驱动气体储瓶充装量、充装压力和气体种类。

验收检查方法：对于验收内容“①项”，观察检查；对于验收内容“②项”，观察和称重检查。

合格判定标准：驱动气体储瓶型号、规格和数量以及充装量、充装压力符合设计要求。

(3)集流管、驱动气体管道和减压阀

验收内容：

① 规格、连接方式、布置及其安全防护装置的泄压方向；

② 集流管内腔清洁度；

③ 支、框架牢固程度及防腐处理程度；

④ 减压阀的流向指示箭头指向；

⑤ 减压阀的压力显示装置安装位置。

验收检查方法：观察或测量检查。

合格判定标准：

① 集流管、驱动气体管道和减压阀的规格、连接方式、布置符合设计要求；

② 减压阀的压力显示装置位置便于人员观察；

③ 集流管内腔清洁；

④ 集流管和驱动气体管道固定牢固并做防腐处理；

⑤ 减压阀的流向指示箭头与介质流动方向一致，压力显示装置安装位置便于人员观察。

(4)阀驱动装置

验收内容：

① 阀驱动装置的数量、型号、规格和标志，安装位置；

② 气动阀驱动装置中启动气体储瓶的介质名称和充装压力，以及启动气体管道的规格、布置和连接方式；

③ 拉索式机械阀驱动装置的安装要求；

④ 气动阀驱动装置的启动气体储瓶是否永久性标明对应防护区或保护对象的名称或编号。

验收方法：观察或测量检查。

合格判定标准：

① 阀驱动装置的数量、型号、规格和标志、安装位置符合设计要求；

② 气动阀驱动装置的启动气体储瓶上需永久性标明对应防护区或保护对象的名称或编号。

③ 经检查，拉索式机械阀驱动装置的拉索除必要外露部分外，其他部分采用了经内外防腐处理的钢管防护；拉索转弯处设置有专用导向滑轮；拉索末端拉手设在专用的保护盒内；拉索套管和保护盒已固定牢靠。

(5)管道

验收内容：

① 管道的布置与连接方式。

② 支架和吊架的位置及间距。

③ 穿过建筑构件及其变形缝的处理。

穿过建筑构件及其变形缝的处理、各管段和附件的型号规格以及防腐处理和油漆颜色符合消防技术标准和设计要求；管道支、吊架最大间距符合表 7－6 的要求。

表 7－6 管道支、吊架最大间距

DN/mm	15	20	25	32	40	50	65	80	100
最大间距/m	1.5	1.8	2.1	2.4	2.7	3.0	3.4	3.7	4.3

④ 管道固定牢靠，管道末端采用了防晃支架固定，支架与末端喷头间的距离不大于 500 mm。

⑤ 管道的外表面红色油漆涂覆。

验收方法：观察或测量检查。

合格判定标准：

管道的布置与连接方式、支架和吊架的位置及间距、穿过建筑构件及其变形缝的处理、各管段和附件的型号规格以及防腐处理和油漆颜色符合设计要求和安装要求。

(6)喷头

验收内容：

① 喷头的数量、型号、规格、安装位置和方向；

② 是否设有防止灰尘或异物堵塞的防护装置。

验收方法：观察检查。

合格判定标准：

① 喷头的数量、型号、规格、安装位置和方向符合相关设计标准和设计要求；

② 喷头设有防止灰尘或异物堵塞的防护装置。

(7)启动气体储瓶和选择阀

验收内容：

① 启动气体储瓶和选择阀的机械应急手动操作处是否设有标明对应防护区或保护对象名称的永久标志；

② 启动气体储瓶和选择阀是否加铅封的安全销，现场手动启动按钮是否有防护罩。

验收方法：观察检查。

合格判定标准：

① 启动气体储瓶和选择阀的机械应急手动操作处设有标明对应防护区或保护对象名称的永久标志；

② 启动气体储瓶和选择阀加设了铅封的安全销，现场手动启动按钮设有防护罩。

2)防护区或保护对象及储存间验收

(1)验收内容

① 防护区或保护对象的位置、用途、几何尺寸、开口、通风环境，可燃物种类与数量，防护区封闭结构等。

② 安全设施(疏散通道、应急照明、标志指示、声光报警、通风排气、安全泄压等应符合有关规定)。

③ 干粉储存装置专用间的位置、通道、耐火等级、应急照明、火灾报警控制电源等。

④ 火灾报警控制系统及联动设备。

(2)验收方法：观察检查、功能检查或核对设计要求。

(3)合格判定标准

① 防护区或保护对象的设置条件符合设计要求。

② 防护区的疏散通道、疏散指示标志和应急照明装置、防护区内和入口处的声光报警装置、入口处的安全标志及干粉灭火剂喷放指示门灯、无窗或固定窗扇的地上防护区和地下防护区的排气装置和门窗设有密封条的防护区的泄压装置符合设计要求。

③ 储存装置间的位置、通道、耐火等级、应急照明装置及地下储存装置间机械排风装置符合设计要求。

3)系统功能性验收

系统功能性验收包括进行模拟启动试验验收、模拟喷放试验验收和模拟主、备用电源切换试验，其试验方法和判定标准同功能测试相同。

7.9.2 系统维护管理

干粉灭火系统的维护管理是系统正常完好、有效使用的基本保障。维护管理人员经过消防专业培训，熟悉干粉灭火系统的原理、性能和操作维护规程。

1. 系统巡查

巡查是指对建筑消防设施直观属性的检查。干粉灭火系统的巡查主要是针对系统组件外观、现场运行状态、系统监测装置工作状态、安装部位环境条件等的日常巡查。

1)巡查内容

(1)喷头外观及其周边障碍物等。

(2)驱动气体储瓶、灭火剂储存装置、干粉输送管道、选择阀、阀驱动装置外观。

(3)灭火控制器工作状态。

(4)紧急启/停按钮、释放指示灯外观。

2)巡查方法及要求

(1)巡查方法:采用目测观察的方法，检查系统及其组件外观、阀门启闭状态、用电设备及其控制装置工作状态和压力监测装置(压力表)的工作情况。

(2)要求

喷头:

① 喷头外观无机械损伤，内外表面无污物;

② 喷头的安装位置和喷孔方向与设计要求一致。

干粉储存容器:

无碰撞变形及其他机械性损伤，表面保护涂层完好。

管道:

管道及管道附件的外观平整光滑，不能有碰撞、腐蚀。

阀驱动装置:

① 电磁驱动装置的电气连接线沿固定灭火剂储存容器的支、框架或墙面固定。

② 电磁铁心动作灵活，无卡阻现象。

选择阀:

① 选择阀操作手柄安装在操作面一侧且便于操作，高度不超过 1.7 m。

② 选择阀上设置标明防护区名称或编号的永久性标志牌，并将标志牌固定在操作手柄附近。

集流管:

① 集流管固定在支、框架上。支、框架固定牢靠。

② 对于装有泄压装置的集流管，泄压装置的泄压方向朝向操作面。

2. 系统周期性检查维护

系统周期性检查是指建筑使用、管理单位按照国家工程消防技术标准的要求，对已经投入使用的干粉灭火系统的组件、零部件等按照规定检查周期进行的检查、测试。

1)日检查内容

(1)检查项目及周期

下列项目至少每日检查 1 次：

① 干粉储存装置外观；

② 灭火控制器运行情况；

③ 启动气体储瓶和驱动气体储瓶压力。

(2)检查内容

① 干粉储存装置是否固定牢固，标志牌是否清晰等；

② 启动气体储瓶和驱动气体储瓶压力是否符合设计要求。

2)月检查内容

(1)检查项目及周期

下列项目至少每月检查 1 次：

① 干粉储存装置部件；

② 驱动气体储瓶充装量。

(2)检查内容

① 检查干粉储存装置部件是否有碰撞或机械性损伤，防护涂层是否完好；铭牌，标志，铅封应完好。

② 对二氧化碳驱动气体储瓶逐个进行称重检查。

3)年度检查内容

(1)检查项目及周期

下列项目每年检查 1 次：

① 防护区及干粉储存装置间；

② 管网、支架及喷放组件；

③ 模拟启动检查。

(2)检查内容

① 干粉储存容器的数量、型号和规格，位置与固定方式，油漆和标志，干粉充装量，以及干粉储存容器的安装质量；

② 集流管、驱动气体管道和减压阀的规格、连接方式、布置及其安全防护装置的泄压方向；

③ 选择阀及信号反馈装置的数量、型号、规格、位置、标志及其安装质量；

④ 阀驱动装置的数量、型号、规格和标志，安装位置，气动阀驱动装置中启动气体储瓶的介质名称和充装压力，以及启动气体管道的规格、布置和连接方式；

⑤ 管道的布置与连接方式、支架和吊架的位置及间距、穿过建筑构件及其变形缝的处理、各管段和附件的型号规格以及防腐处理和油漆颜色；

⑥ 喷头的数量、型号、规格、安装位置和方向；

⑦ 灭火控制器及手动、自动转换开关，手动启动、停止按钮，喷放指示灯、声光报警装置等联动设备的设置；

⑧ 防护区的疏散通道、疏散指示标志和应急照明装置、防护区内和入口处的声光报警装置、入口处的安全标志及干粉灭火剂喷放指示门灯、无窗或固定窗扇的地上防护区和地下防护区的排气装置和门窗设有密封条的防护区的泄压装置。储存装置间的位置、通道、耐火等级、应急照明装置及地下储存装置间机械排风装置。

3. 系统年度检测

年度检测是建筑使用、管理单位按照相关法律法规和国家消防技术标准,每年度开展的定期功能性检查和测试;建筑使用、管理单位的年度检测可以委托具有资质的消防技术服务单位实施。

1)喷头

(1)检测内容及要求

喷头数量、型号、规格、安装位置和方向符合设计文件要求,组件无碰撞变形或其他机械性损伤,有具备型号、规格的永久性标识。

(2)检测步骤

对照设计文件查看喷头外观。

2)储存装置

(1)检测内容及要求

① 干粉储存容器的数量、型号和规格,位置与固定方式,油漆和标志符合设计要求。

② 驱动气瓶压力和干粉充装量符合设计要求。

(2)检测步骤

① 对照设计文件查看干粉储存容器外观。

② 查看驱动气瓶压力表状况,并记录其压力值。

3)功能性检测

(1)检测内容及要求

① 模拟干粉喷放功能检测

② 模拟自动启动功能检测

③ 模拟手动启动/紧急停止功能检测

④ 备用瓶组切换功能检测

(2)检测步骤

① 选择试验所需的干粉储存容器,并与驱动装置完全连接。

② 拆除驱动装置的动作机构,接以启动电压相同、电流相同的负载。模拟火警,使防护区内1只探测动作,观察相关设备(如声、光警报装置)的动作是否正常;模拟火警,使防护区内另1只探测动作,观察复合火警信号输出后相关设备的动作是否正常(如声、光警报装置,非消防电源切断,停止排风,关闭通风空调、防火阀,关闭防护区内除泄压口以外的开口等);人工使压力讯号器动作,观察放气指示灯是否被点亮。

③ 拆除驱动装置的动作机构,接以启动电压相同、电流相同的负载,按下手动启动按钮,观察有关设备动作是否正常(如声、光警报装置,非消防电源切断,停止排风,关闭通风空调、防火阀,关闭防护区内除泄压口以外的开口等);人工使压力讯号器动作,观察放

气指示灯是否点亮。

重复自动模拟启动试验，在启动喷射延时阶段按下手动紧急停止按钮，观察自动灭火启动信号是否被中止。

④ 按说明书的操作方法，将系统使用状态从主用量灭火剂储存容器切换至备用量灭火剂储存容器的使用状态。

7.10　建筑灭火器

用灭火器扑救建筑初期火灾是火灾早期控制最为有效的方法，灭火器具有轻便灵活，容易操作等特点。本章重点讲述了建筑灭火器及其配套产品到场检查以及现场判定、安装设置、验收检查、日常维护管理、报废条件、维修条件与维修能力等内容和要求。不同种类的灭火器，适用于不同物质的火灾，其结构和使用方法也各不相同。灭火器的种类较多，按其移动方式可分为：手提式和推车式。按驱动灭火剂的动力来源可分为：储气瓶式、储压式。按所充装的灭火剂则又可分为：水基型、干粉、二氧化碳灭火器、洁净气体灭火器等。按灭火类型分：A 类灭火器、B 类灭火器、C 类灭火器、D 类灭火器、E 类灭火器等。

7.10.1　系统安装与检测验收

1. 系统的安装

1）一般规定

（1）《建筑灭火器配置验收及检查规范》（GB 50444—2008）规定了灭火器安装设置所包括的对象和内容，即灭火器的设置，灭火器箱的设置或安装，手提式灭火器挂钩、托架的安装，以及发光指示标志的安装。

（2）GB 50444—2008 规定了建筑灭火器的安装设置要根据现行国家标准 GB 50140—2005 和建筑灭火器配置设计图来确定在哪些位置，设置何种灭火器。

同时，GB 50444—2008 要求灭火器的安装设置单位需根据设计单位提供的建筑灭火器配置设计图和安装说明来确定灭火器的安装设置方式，进行灭火器，灭火器箱或手提式灭火器挂钩、托架的安装设置。

（3）GB 50444—2008 之所以提出灭火器在安装设置后应便于取用，且不得影响安全疏散的要求，是考虑到这些要求很重要，涉及能否真正充分发挥灭火器及时有效地扑灭建筑场所初起火灾的作用，并保证人员疏散时的安全。这些要求能否完全做到，除了正确配置设计之外，还与在实际安装设置中的具体情况有关，即是否按照建筑灭火器配置设计图和安装说明进行安装设置，安装设置的质量是否达到要求，因此需要做出规定。

（4）灭火器的安装设置要求铭牌朝外，器头向上，便于人员识别和紧急情况下使用。同时，GB 50444—2008 对灭火器的本身安全也提出了稳固设置的要求。

（5）GB 50444—2008 要求灭火器设置点的环境温度要与灭火器的使用温度范围相适应，是为了防止在超出使用温度范围上限时，灭火器驱动气体压力过高而可能导致灭火器爆裂，也防止在低于使用温度范围下限时，灭火器驱动气体压力偏低，影响灭火器的灭火效果。

2)手提式灭火器的安装设置

(1)手提式灭火器通常要设置在灭火器箱内或挂钩、托架上,这不仅对手提式灭火器本身的保护具有一定的益处,还可以防止灭火器被水浸渍,受潮,生锈,而且灭火器也不易被随意挪动或碰翻。将灭火器放置在灭火器箱内,还可以防止日晒、雨淋等环境条件对灭火器的不利影响。

对于地面铺设大理石、地板或地毯,环境干燥、洁净的建筑场所,可以将手提式灭火器直接放置在地面上。例如:洁净厂房、电子计算机房、通信机房和宾馆等灭火器配置场所。

(2)灭火器箱在安装设置后,不允许灭火器箱被遮挡、拴系或上锁等影响取用灭火器的情况发生。

(3)灭火器箱门的开启要方便,灵活,且箱门开启后不得阻挡人员的安全疏散。灭火器箱在安装设置后也要求达到《灭火器箱》(GA 139—2009)规定的要求。开门式灭火器箱的箱门开启角度不应小于175°,此时箱门几乎可以与箱体在一个平面上,从而保证了既便于取用灭火器,又不造成箱门开启后阻挡人员安全疏散。翻盖式灭火器箱的翻盖开启角度不应小于100 °,此时翻盖可倾斜至箱体后侧,同时前部上挡板自动落下,从而保证了在取用灭火器时,不需要扶住翻盖,也不需将灭火器抬得很高就能便捷拿出灭火器。

当然,在开阔、宽敞的空间,不影响取用灭火器和人员疏散的场所,可不必做此要求。

(4)手提式灭火器的挂钩和托架等安装配件,需要长年累月地固定、支撑灭火器,因此要求挂钩、托架安装后应能承受一定的静载荷。检查时,可将5倍的手提式灭火器的载荷(不小于45 kg)悬挂于挂钩、托架上,作用5 min,观察其是否出现松动、脱落、断裂和明显变形等现象。如其不够牢固,灭火器跌落,有可能造成灭火器损坏或人身伤害。

(5)针对安装设置后的手提式灭火器的挂钩、托架,要求其能够保证:用徒手的方式,即不借助任何工具,就能方便、快速地取用设置在其中的灭火器。这项规定,可以防止有些挂钩、托架,因过分强调牢固而造成结构过度烦琐、复杂,甚至出现不能徒手取用的情况。

当两具或两具以上手提式灭火器,通过挂钩、托架相邻设置时,要求保证在取用其中的任一具灭火器时,都不会受到相邻设置的另一具或几具灭火器的影响。

(6)对于设有夹持带的挂钩、托架,主要是靠夹持带来保持灭火器不会发生倾倒或跌落。为了保证关键时刻能顺利打开夹持带,GB 50444—2008 规定应从正面就能看清、了解夹持带的打开方式,并要求当夹持带打开时,不能发生因灭火器跌落造成灭火器损坏或伤人事故。

(7)根据现行国家标准 GB 50140—2005 的要求,手提式灭火器顶部离地面高度不应大于1.50 m,底部离地面高度不宜小于0.08 m。因此,嵌墙式灭火器箱、挂钩、托架的安装高度应当保证设置在灭火器箱内或挂钩、托架上的手提式灭火器都能符合这些要求。

应当注意的是,这里并不是直接规定嵌墙式灭火器箱、挂钩、托架本身的安装高度,而是规定灭火器的实际安装高度,两者并不完全等同。例如,嵌墙式灭火器箱的顶部高度可超过 1.50 m，只要其中设置的灭火器顶部不超过 1.50 m，即符合规范要求。又如，挂钩本身高度虽然没有超过 1.50 m，但设置在其上的灭火器顶部高度超过了 1.50 m 的话，就不符合规范要求了。

3）推车式灭火器的设置

（1）推车式灭火器的总质量较大，并且是通过移动机构来拉动或推动的。当其设置在斜坡上时容易发生自行滑动。另外，当其设置在台阶上时，不便于移动和操作。因此，GB 50444—2008 规定推车式灭火器要设置在平坦场地上，不能设置在台阶上。

另外，推车式灭火器的设置方式应当保证：在没有外力作用下，灭火器不得自行滑动，避免其可能突然滑动或翻倒，造成灭火器损坏或伤人事故。

（2）推车式灭火器的设置和防止自行滑动的固定措施等均不得影响其操作使用和正常行驶移动。因此，推车式灭火器不能采用绳索、铁丝或锁链等进行捆扎、固定，可用木块等卡住轮子，防止自行滑动。当使用时，能方便地拆除、撤去这些固定措施，不影响推车式灭火器的正常操作和行驶。

4）其他

（1）现行国家标准 GB 50140—2005 规定，在有视线障碍的灭火器设置点，应设置指示其位置的发光标志。在安装设置灭火器时，同样也应当将其作为安装设置的一项内容加以要求。故相应提出在有视线障碍的场所安装设置灭火器时，需要在墙面上醒目处设置发光指示标志。

现行国家标准 GB 13495.1—2015 中的灭火器标志，其图形说明中规定：该标志指示灭火器的存放地点，除非灭火器立即可见，否则该标志应与箭头一起使用。

（2）在灭火器箱的箱体正面和灭火器设置点附近的墙面上应设置指示灭火器位置的标志，这些标志宜选用发光标志。

在手提式灭火器筒体上粘贴发光标志，已在现行国家标准《手提式灭火器 第 1 部分：性能和结构要求》（GB 4351.1—2005）中做出了规定，但当其放入灭火器箱中，该发光标志就看不见了。为了继续发挥这一作用，推荐在灭火器箱的箱体正面也粘贴发光标志，以延续或代替放在箱内的手提式灭火器发光标志的作用，使人们在黑暗中也能及时发现灭火器设置点的位置，从而可迅速地取到灭火器，及时扑救初起火灾。

（3）将灭火器设置在室外，如没有采取防护措施，在某些情况和条件下，不可避免地会使灭火器受到风吹、雨淋、日晒、低温等因素的影响。为了保证灭火器的安全性和有效性，要求对灭火器采取遮阳防晒、挡雨防湿、保温防寒等相应的保护措施。

（4）当灭火器需要设置在潮湿或腐蚀性的场所时，则要求对这些灭火器采取防湿和防腐蚀的措施。例如，给灭火器套上专用的防护外罩，或选用不锈钢筒体灭火器等。

2. 配置验收

1）一般规定

（1）在建筑灭火器安装设置工程竣工之后，需要进行建筑灭火器配置的工程验收，验收不合格者不得投入使用。

（2）建设单位应当组织设计单位、安装设置单位和监理单位，按照建筑灭火器配置设计文件进行验收，其目的是保障建筑灭火器的有效使用和安全操作。建设单位组织验收合格之后，可按照有关规定向建筑工程管辖区公安消防监督机构申报验收。

（3）在建筑灭火器配置验收前，安装设置单位需要提交建筑灭火器配置设计工程竣工图和建筑灭火器配置定位编码表等主要技术文件。

（4）建筑灭火器配置验收报告需有标准表格。以往，对建筑灭火器配置验收比较随意，不利于建筑灭火器配置验收工作的规范化。

2）配置验收

（1）实际配置灭火器的类型、规格、灭火级别和数量都要符合建筑灭火器配置设计要求，应当以建筑灭火器配置设计图、配置设计说明和建筑设计防火审核意见书为依据。关于检查数量的确定，分两种情况：①对于火灾危险性大、人员流动量大、公众聚集的重要建筑场所，例如歌舞娱乐放映游艺场所、甲（乙）类火灾危险性场所、文物保护单位等，为了防止群死群伤的事故发生，应当全数检查；②对于其他场所，则以灭火器配置单元为检查单位，数量多时抽检，数量少时全检。

（2）考虑到有关灭火器产品质量配置验收的可操作性，GB 50444—2008 规定分两种情况进行：①对灭火器的外观质量，采取抽样检查的方式；②对灭火器的内在质量方面的合格性文件，采取全数检查的方式。

（3）GB 50444—2008 规定在同一个配置单元内采用不同类型灭火器时，其灭火剂之间应当互相能够相容。并规定采用抽样检查的方式，对照经审核批准的建筑灭火器配置设计图和灭火器铭牌，现场核实。

（4）灭火器的保护距离应当保持在现行国家标准 GB 50140—2005 的规定范围内。在实际情况中，由于灭火器经常被随意挪动，故其保护距离常常满足不了配置设计规范的规定。这一情况很常见，应在配置验收工作中给予重视。验收以灭火器配置单元为检查单位，抽样比例为 20%。

（5）在灭火器设置点的附近应当没有障碍物，不能影响灭火器的取用，也不能使疏散通道局部变窄以至影响人员安全疏散。

（6）有关灭火器箱的验收内容及要求详见 GB 50444—2008 第 3 章第 2 节的有关要求。GB 50444—2008 规定采用抽样检查的方式，抽样比例为 20%。

（7）有关灭火器的挂钩、托架的验收内容及要求详见 GB 50444—2008 第 3 章第 2 节的有关要求。GB 50444—2008 规定采用抽样检查的方式，抽样比例为 5%。

（8）灭火器的设置高度应当保持在现行国家标准 GB 50140—2005 的规定范围内。允许设置高度存在安装误差，GB 50444—2008 给出了垂直偏差值。本文规定采用抽样检查的方式，抽样比例为 20%。

（9）灭火器的摆放应稳固，并对灭火器设置的环境提出了具体要求。对室内灭火器安装设置环境，要求通风、干燥、洁净。对室外灭火器安装设置环境，要求防止日光暴晒和风吹雨淋。本文规定全数观察检查。

3）配置验收判定规则

（1）由于建筑灭火器的安装设置是独立性的施工过程，与消火栓系统安装工程、自动喷水灭火系统安装工程等在地位上是平等的，因此也是分部工程。建筑灭火器配置的验收应以一幢建筑物内的灭火器安装设置工程为一个分部工程进行评定。局部申报验收时，申报范围内的灭火器安装设置工程亦可作为一个分部工程对待。

(2)GB 50444—2008 给出了建筑灭火器配置工程验收合格与否的判定基准，根据缺陷项的分类(严重缺陷项 A、重缺陷项 B、轻缺陷项 C)和数量进行综合判定。

建筑灭火器的安装设置工程量比灭火系统少一些，建筑灭火器配置的竣工验收内容及缺陷项也比灭火系统少得多，应当是一个相对简化的验收过程。因此，GB 50444—2008 规定的建筑灭火器配置验收合格判定的总原则是：

严重缺陷项 A：应当为零，A＝0。

重缺陷项 B：只允许出现 1 项，B≤1。

轻缺陷项 C：当严重缺陷项(A)和重缺陷项(B)的数量均为零时，轻缺陷项(C)的数量不得大于 4；当严重缺陷项(A)的数量为零时，若有 1 个重缺陷项(B)，则轻缺陷项(C)的数量不得大于 3。

综上所述，建筑灭火器配置验收合格判定的具体执行条件是 A＝0，B＝0，C≤4；A＝0，B＝1，C≤3；否则，为不合格。

为便于执行 GB 50444—2008 规定，GB 50444—2008 附录 B 给出了各种缺陷项的分类方式和具体内容。

7.10.2　系统检查与维护

建筑灭火器的维护管理包括日常管理、维修、报废等工作。灭火器日常巡查、检查等管理工作由消防安保人员负责，灭火器的维修与报废由具备相应资质的专业机构组织实施。

1. 一般规定

(1)GB 50444—2008 规定建筑灭火器的检查与维护应当由相关技术人员负责。因为这是一项重要的需要落实到人的技术工作。

(2)为了保障在建筑灭火器配置场所内持续保有一定的扑救初起火灾的安全防护能力，即在每个灭火器配置单元中，不能因为灭火器的送出维修而影响灭火器的整体灭火能力，GB 50444—2008 规定每次送去维修的灭火器数量不得超过该单元配置灭火器总数量的 1/4。超出时，应当选择类型规格和操作方法均相同的备用灭火器来替代，替代灭火器的灭火级别不能小于原配置灭火器的灭火级别。

(3)GB 50444—2008 要求维修好的灭火器应当按原配置位置设置，不能随意变动原设置点的位置。这是因为在建筑灭火器配置设计的过程中，已经依据现行国家标准 GB 50140—2005 关于灭火器保护距离和灭火器定位的具体规定，确定了灭火器设置点的位置。

(4)灭火器的维修和报废是专业性很强的技术工作，而且具有一定的危险性，不是任何单位或个人都能安全操作的。GB 50444—2008 规定应当由灭火器生产企业或灭火器专业维修单位承担灭火器的维修和报废工作。

2. 检查

(1)GB 50444—2008 规定了普通建筑场所每月至少要对灭火器进行一次全面的检查,包括配置检查和外观检查。GB 50444—2008 附录 C 全面、详细地规定了灭火器月检应当检查的具体内容和要求。

(2)GB 50444—2008 规定实际上是上面(1)的例外情况,属于加严检查,要求每半个月进行一次检查。GB 50444—2008 第 1 款所列的诸如候车(机、船)室和歌舞娱乐放映游艺场所等人员流动量大、公众聚集场所,若发生火灾,容易造成群死群伤恶性事故。第 2 款所列的诸如堆场、罐区、石油化工装置区、加油站、锅炉房、地下室等场所,若发生火灾,容易造成人员、财产的严重损失,这是因为甲、乙类物品火灾危险性大,地下建筑灭火救援困难,要求灭火器更要保持随时能够安全使用的正常状态。

因此,GB 50444—2008 规定应当采取提高检查频率的措施来实现此目的,要求每半个月按附录 C 规定的内容和要求进行一次全面检查。

附录 C 中第 11 项规定的:"特殊场所"是指潮湿、腐蚀、高温、低温场所。

(3)GB 50444—2008 是对灭火器日常巡检的具体规定。对于灭火器位置变动、缺少零部件以及配置场所使用性质发生变化等一些容易发现的问题,要求及时纠正。

(4)GB 50444—2008 规定灭火器的月检、半月检和日常巡检都应当保存检查记录。

3. 送修

(1)GB 50444—2008 规定了灭火器需要送修的具体条件,包括在检查中发现存在机械损伤、明显锈蚀、灭火剂泄露、被开启使用过或符合其他维修条件的灭火器,都需要送到灭火器生产企业或灭火器专业维修单位,及时地进行维修。

(2)GB 50444—2008 对灭火器的维修期限做出了详细规定。只要达到或超过维修期限,即使灭火器未曾使用过,也应送修。GB 50444—2008 还规定了首次维修之后的灭火器维修期限间隔。

GB 50444—2008 规定了灭火器的送修,至于灭火器如何维修,由行业标准 GA 95—2015 进行规定。

4. 报废

(1)GB 50444—2008 规定了应当报废的 5 种灭火器类型。这些类型的灭火器,均系技术落后,产品过时。酸碱型灭火器、化学泡沫灭火器的灭火剂对灭火器筒体腐蚀性强,使用时要倒置,容易产生爆炸危险。氯溴甲烷灭火器、四氯化碳灭火器的灭火剂毒性大,已经被淘汰。这些灭火器类型被列入了国家颁布的淘汰目录,产品标准也已经被废止。在灭火器月检、半月检、日常巡检时,若发现这些类型的灭火器,应当予以报废。

(2)GB 50444—2008 规定了灭火器应当予以报废的 8 种情况。存在上述 8 种情况之一的灭火器,使用时有可能对人员产生伤害。因此,若发现这些灭火器,应当予以报废。

至于在灭火器维修过程中发现了质量问题,诸如水压试验强度不合格、筒体和器头的螺纹受损、灭火器筒体内部防腐层损坏等，而应当予以报废的灭火器，则由行业标准GA 95—2015具体规定。

(3)GB 50444—2008确定了灭火器的报废期限。任何一种灭火器的使用寿命都是有限的，使用超过报废期限的灭火器，不但会影响灭火效果，而且有可能对使用人员造成伤害。因此，只要达到或超过报废期限，即使灭火器未曾使用过，均应当予以报废。GB 50444—2008规定与维修期限的原则相呼应，水基型灭火器的报废期限较短，干粉、洁净气体灭火器的报废期限较长，二氧化碳灭火器的报废期限最长。

灭火器应用广泛，是扑救各类工业与民用建筑初起火灾的常规灭火装备。由于灭火器筒体内部充有驱动气体，因此，使用时会有一定的危险性。坚持灭火器的定期维修和到期报废，就是为了保障灭火器安全使用，能够及时有效地扑灭初起火灾，尽量地减少火灾危害，保护人身和财产安全。

对于焊接结构、承受低压的灭火器，水压试验的次数太多，对其结构、金相及焊缝等影响较大，因此其水压试验周期、维修期限宜短一些，水压试验次数应少一些，总次数不超过3次，其报废期限则也应当短一些。对于无缝钢管结构、承受高压的灭火器筒体，其水压试验的总次数不超过4次，其报废期限则也应当长一些。

水基型灭火器的灭火剂对灭火器筒体的腐蚀较为明显，其水压试验周期、维修期限较短，出厂期满3年应当进行首次维修，以后每隔1年进行一次维修，但总共不超过3次。即：3＋1＋1＝5，5年后的下一年报废，就确定了水基型灭火器报废期限为6年。

干粉灭火器和洁净气体灭火器出厂期满5年应当进行首次维修，以后每隔2年进行一次维修，但总共不超过3次。即：5＋2＋2＝9，9年后的下一年报废，就确定了干粉灭火器和洁净气体灭火器报废期限为10年。

二氧化碳灭火器出厂期满5年应当进行首次维修，以后每隔2年进行一次维修，但总共不超过4次。即：5＋2＋2＋2＝11，11年后的下一年报废，就确定了二氧化碳灭火器报废期限为12年。

(4)为保证灭火器的报废不影响灭火器配置场所的总体灭火能力，GB 50444—2008特做此规定。灭火器报废后，应当按照等效替代的原则进行更换。等效替代的含义主要包括：新配灭火器的灭火种类、温度适用范围等应与原配灭火器一致，其灭火级别和配置数量均不得低于原配灭火器。

7.11　防排烟系统

防排烟系统是防烟系统和排烟系统的总称。防烟系统是采用机械加压送风方式或自然通风方式，防止烟气进入疏散通道的系统；排烟系统是采用机械排烟方式或自然通风方式，将烟气排至建筑物外的系统。火灾时，防止烟气大量产生和迅速蔓延对确保疏散安全，改善扑救条件是非常重要的，而防排烟系统可减少火灾烟气的毒性，降低烟气温度，使受灾人员有足够的时间和基本的活动能力逃离火场，同时也为消防人员的扑救活动创造条件，以保证灭火战斗顺利进行。

7.11.1 防排烟系统的施工

1. 一般规定

(1)防排烟系统的施工应严格按照设计图纸施工,并制订必要的施工方案,施工图纸修改应有设计单位的变更通知书或技术核定签证。

(2)承担防排烟系统工程项目的施工企业,应具有相应的工程施工承包资质及相应的质量管理体系。

(3)防排烟系统的设备安装,应符合其产品说明书的有关要求。

2. 管道系统的施工

(1)对风管制作质量的验收,应按其材料、系统类别和使用场所的不同分别进行,主要包括材质、规格、强度、严密性与成品外观质量等项内容。

(2)管道系统安装完毕后,按系统类别进行严密性检验,检验以主、干管道为主。其强度和严密性要求应符合设计或下列规定:

① 风管的强度应能满足在1.5倍工作压力下接缝处无开裂。

② 风管的允许漏风量,应符合以下规定:

$$\text{低压系统风管}\quad Q_L \leqslant 0.1056\,P^{0.65}\,[\mathrm{m^3/(h\cdot m^2)}]$$

$$\text{中压系统风管}\quad Q_M \leqslant 0.0352\,P^{0.65}\,[\mathrm{m^3/(h\cdot m^2)}]$$

排烟管道均按中压系统的规定。

式中:Q_L,Q_M——系统风管在相应工作压力下,单位面积风管单位时间内的允许漏风量$[\mathrm{m^3/(h\cdot m^2)}]$;$P$——风管系统的工作压力(Pa)。风管系统按其系统的工作压力划分为三个类别,见表7-7所列,其中防排烟系统为低压、中压系统。

表7-7 风管系统类别划分

系统类别	系统工作压力 P/Pa
低压系统	$P\leqslant 500$
中压系统	$500<P\leqslant 1500$
高压系统	$P>1500$

③ 砖、混凝土风道的允许漏风量不应大于矩形风管规定值的1.5倍。

④ 低压系统的严密性检验可采用漏光法检测,检测不合格时,作漏风量测试;中压系统应在用漏光法检测合格后,作漏风量测试。

检查数量:全数检查。

检查方法:检查产品合格证明文件和测试报告,并进行系统的强度和漏风量测试。

3. 金属风管的制作和安装

应符合下列要求:

(1)风管的最小壁厚应按表选用。

(2)风管的连接采用法兰连接,风管法兰材料规格应按表7-8选用。

表7-8　矩形风管法兰

风管长边尺寸 b/mm	法兰材料规格(角钢)	螺栓规格
$b\leqslant 630$	25×3	M6
$630<b\leqslant 1500$	30×3	M8
$1500<b\leqslant 2500$	40×4	
$2500<b\leqslant 4000$	50×5	M10

(3)风管的接缝应采用咬口连接方式,风管的密封应以板材连接的密封为主,必要时可辅以密封胶嵌缝或其他方法密封,密封面宜设在风管的正压侧。

(4)排烟管道的隔热层应采用厚度不小于40 mm的不燃绝热材料(如矿棉、岩棉、硅酸铝等),绝热材料的施工应按GB 50243—2016的有关规定执行。

检查数量:全数检查。

检查方法:尺量、观察检查。

4. 非金属风管的连接应符合下列规定

(1)法兰的规格应分别符合表7-9的规定,其螺栓孔的间距不得大于120 mm;矩形风管法兰的四角处应设有螺孔,具体实物如图7-20所示。

(2)采用套管连接时,套管厚度不得小于风管板材的厚度。

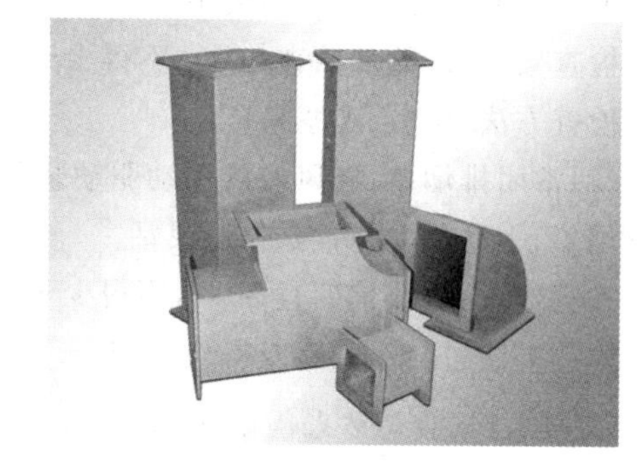

图7-20　无机玻璃钢风管

表7-9　无机玻璃钢风管法兰规格　(单位:mm)

风管边长 b/mm	材料规格(宽×厚)	连接螺栓
$b\leqslant 400$	30×4	M8
$400<b\leqslant 1000$	40×6	
$1000<b\leqslant 2000$	50×8	M10

检查数量:按加工批数量抽查5%,不得少于5件。

检查方法:尺量、观察检查。

(3)砖、混凝土风道的制作应保证管道的气密性,灰缝必须饱满,内表面水泥砂浆面层应平整。

检查数量:全数检查。

检查方法:观察检查。

5. 管道的安装还应符合下列条件

(1)管道的规格、安装位置、标高、走向应符合设计要求,现场管道接口的配置,不得缩小有效截面。

(2)风管吊、支架的安装应根据 GB 50243—2016 的有关规定执行。

(3)风管与砖、混凝土风道的连接接口,应顺着气流方向插入,并应采取密封措施。

(4)送风口、排烟口与管道的连接应严密、牢固。

(5)管道与风机的连接宜采用法兰连接,或采用不燃材料的柔性连接。如风机仅用于防排烟,可不用柔性连接。

(6)风管穿越隔墙时,管道与隔墙之间的空隙,应采用水泥砂浆等非燃材料严密填塞。

检查数量:按批抽查 10%,不得少于 1 个系统。

检查方法:核对材料,尺量、观察检查。

6. 管道部件的安装

(1)送风口、排烟口应可靠地固定在设计位置上,表面平整、不变形,调节灵活。排烟口距可燃物或可燃构件的距离不应小于 1.5 m。

检查数量:按数量抽查 30%,不得少于 5 件。

检查方法:尺量、观察检查。

(2)常闭排烟口、送风口的手动驱动装置应设在便于操作的位置,预埋套管不得有死弯及瘪陷,手动驱动装置操作应灵活。

检查数量:按数量抽查 30%,不得少于 5 件。

检查方法:尺量、观察及操作检查。

7. 防火阀、排烟防火阀的安装应符合下列要求

(1)安装的方向、位置应正确;

(2)手动或电动装置应灵活、可靠。

检查数量:按数量抽查 20%,不得少于 5 件。

检查方法:尺量、观察及动作检查。

8. 风机的安装

(1)风机的安装应符合下列规定:

① 风机应设在混凝土或钢架基础上,并不设减振装置;若排烟系统与通风空调系统共用需要设置减振装置,不应使用橡胶减振装置;

② 型号、规格应符合设计规定,其出口方向应正确;

③ 风机外壳至墙壁或其他设备的距离不应小于 600 mm。

检查数量:全数检查。

检查方法:依据设计图核对,观察检查。

(2)排烟风机宜设在该系统最高排烟口之上,排烟风机宜设置在机房内,机房与相邻部位应采用耐火极限不低于 2 h 的隔墙、1 h 的楼板和甲级防火门隔开。

检查数量:全数检查。

检查方法:依据设计图核对、观察检查。

9. 其他附件的安装

(1)排烟窗的安装应符合下列规定：

① 型号、规格应符合设计规定，其设置位置应符合设计要求；

② 手动开启装置的安装应能保证正常的使用功能，并便于操作；

③ 电动排烟窗的驱动装置应灵活、可靠。

检查数量：全数检查。

检查方法：依据设计图核对，动作检查。

(2)挡烟垂壁的安装应符合下列规定：

① 型号、规格应符合设计规定，其设置位置应符合设计要求；

② 活动挡烟垂壁与建筑结构(柱或墙)面的缝隙不应大于 60 mm，由数块挡烟垂帘组成的连续性挡烟垂壁各块之间不应有缝隙；

③ 活动挡烟垂壁的手动操作装置的安装应能保证正常的使用功能，并便于操作。

检查数量：全数检查。

检查方法：依据设计图核对，动作检查。

7.11.2　防排烟系统调试

1. 一般规定

(1)系统调试所使用的测试仪器和仪表，性能应稳定可靠，其精度等级及最小分度值应能满足测定的要求，并应符合国家有关计量法规及检定规程的规定。

(2)系统调试应由施工单位负责、监理单位监督，设计单位与建设单位参与和配合。系统调试的实施可以是施工企业本身或委托给具有调试能力的其他单位。

(3)系统调试前，承包单位应编制调试方案，报送专业监理工程师审核批准；调试结束后，必须提供完整的调试资料和报告。

(4)防排烟系统的试运转及调试，应包括下列项目：

① 设备单机试运转与调试；

② 系统联动试运转与调试。

2. 设备单机试运转与调试

(1)对常闭的送风口、排烟口进行手动开启、复位试验。执行机构动作应灵敏，脱扣钢丝的连接应不松弛，不脱落。

检查数量：全数检查。

检查方法：动作检查。

(2)对自动排烟窗、活动挡烟垂壁进行手动开启、复位试验。

检查数量：全数检查。

检查方法：动作检查。

(3)送风机、排烟风机的运转和调试应包括下列项目：

① 手动开启风机，风机应正常运转 30 min，叶轮旋转方向应正确、运转平稳、无异常振动与声响；

② 核对风机的铭牌值，应与设计相符，并测定风机入口处的风量。

检查数量：全数检查。

检查方法：观察、旁站、测定、查阅试运转记录及有关文件。

(4)根据设计模式，开启送风机和相应的送风口，测试风口处的风速，以及楼梯间、前室、合用前室、消防电梯前室、封闭避难层的余压值，应分别达到设计要求。

检查数量：全数检查。

检查方法：测定、记录。

(5)根据设计模式，开启排烟风机和相应的排烟口，测试风口处的风速，应达到设计要求。

检查数量：全数检查。

检查方法：测定、记录。

3. 系统联动试运转及调试

(1)对机械加压送风系统进行联动试动转，应包括下列项目：

① 当任何一个常闭送风口开启时，送风机均能自动启动；

② 与火灾自动报警系统联动调试。当火灾报警后，应启动有关部位的送风口、送风机。

检查数量：全数检查。

检查方法：动作检查。

(2)对机械排烟系统进行联动试动转应包括下列项目：

① 当任何一个常闭排烟口开启时，排烟风机均能自动启动；

② 与火灾自动报警系统联动调试。当火灾报警后，应启动有关部位的排烟口、排烟风机。

检查数量：全数检查。

检查方法：动作检查。

(3)设置自动排烟窗，使之在火灾报警后进行自然排烟，相应部位的排烟窗联动开启。

检查数量：全数检查。

检查方法：动作检查。

(4)在火灾报警后设置活动挡烟垂壁，相应部位的挡烟垂壁自动下垂。

检查数量：全数检查。

检查方法：动作检查。

7.11.3 防排烟系统工程验收

1. 防排烟系统工程竣工验收

验收材料有：

(1)图纸会审记录、设计变更通知书和竣工图；

(2)主要材料、设备、成品、半成品和仪表的出厂合格证明及进场检(试)验报告；

(3)隐蔽工程检查验收记录;

(4)工程设备、风管系统安装及检验记录;

(5)管道试验记录;

(6)设备单机试运转记录;

(7)观感质量综合检查记录;

(8)管理、维护人员登记表。

2. 防排烟系统设备观感质量综合验收

观感质量综合验收应包括以下项目:

① 风管表面应平整、无损坏;接管合理,风管的连接以及风管与风机的连接应无明显缺陷;

② 风口表面应平整,颜色一致,安装位置正确,风口可调节部件应能正常动作;

③ 各类调节装置的制作和安装应正确牢固、调节灵活、操作方便。

④ 风管、部件及管道的支、吊架形式,位置及间距应符合要求;

⑤ 风机的安装应正确牢固。

检查数量:各按系统抽查30%,不得少于1个系统。

检查方法:尺量、观察检查。

3. 防排烟系统设备功能验收

(1)设备手动功能验收,应包括下列项目:

① 送风机、排烟风机应能正常手动开启和关闭;

② 对送风口、排烟口、自动排烟窗进行手动开启和复位功能检查;

③ 对活动挡烟垂壁进行手动开启、复位功能检查。

检查数量:全数检查。

检查方法:动作检查。

(2)设备联动功能验收,应包括下列项目:

火灾报警后,根据设计模式,相应系统的送风机开启,送风口开启,排烟风机开启,排烟口开启,自动排烟窗开启,活动挡烟垂壁下垂。

检查数量:全数检查。

检查方法:动作检查。

4. 防排烟系统技术性能验收

(1)自然排烟系统验收,应包括下列项目:

① 防烟楼梯间及其前室、消防电梯前室、合用前室可开启外窗的面积;

② 内走道可开启外窗的面积;

③ 需要排烟的房间可开启外窗的面积;

④ 中庭可开启的顶窗和侧窗的面积。

检查数量:全数检查。

检查方法:尺量。

(2)机械防烟系统的技术性能验收,应包括下列项目:

① 任取一个模拟火灾层,当系统门全闭时,测试前室、楼梯间、避难层的风压,走廊→前室→楼梯的压力应呈递增分布,前室、合用前室、消防电梯前室、封闭避难层(间)的压力差应符合要求,防烟楼梯间的压力差应符合要求;

② 同时打开模拟火灾层及其上下一层的防火门,测试模拟火灾层各门洞处的风速,其风速应大于等于 0.7 m/s;

③ 进行模拟喷烟试验,烟气流向应为楼梯→前室→走廊。

检查数量:系统全数检查。

检查方法:动作检查。

(3)机械排烟系统的技术性能验收,应包括下列项目:

① 内走道排烟量;

② 需要排烟的房间排烟量;

③ 中庭的排烟量。

检查数量:系统全数检查。

检查方法:动作检查。

7.12 消防用电设施的供配电与电气防火

我国的电气规范和建筑规范有一些关于电气安全的规定,但强调的是设备的自身保护,没有相关电气防火内容的规定,因此在工程的设计和施工上有许多先天的缺陷。由于没有有力的法律法规的支持,相关电气安全的管理监督工作也就基本属于空白。即使有些地方已经开始这方面的工作,但监督手段和技术水平的低下,制约了电气防火安全检查和质量评估作用的发挥。

7.12.1 电力线路及电器装置铺设的基本要求

(1)架空电力线与甲、Z类厂房(仓库),可燃材料堆,甲、乙、丙类液体储罐,液化石油气储罐,可燃、助燃气体储罐的最近水平距离应符合表的规定。

(2)35 kV 及以上架空电力结与单罐容积大于 200 m^3 或总容积 1000 m^3 化石油气储罐的最近水平距离不应小于 40 m。

(3)电力电缆不应和输送甲、乙、丙类液体管道,可燃气体管道,热力管道敷设在同一管沟内。

(4)配电线路不得穿越通风管道内腔或直接敷设在通风管道外壁上,穿金属导管保护的配电线路可紧贴通风管道外壁敷设。配电线路敷设在有可燃物的闷顶、吊员内时,应采取穿金属导管、采用封闭式金属槽盒等防火保护措施。

(5)开关、插座和照明灯具靠近可燃物时,应采取隔热、散热等防火措施。卤钨灯和额定功率不小于 100 W 的自炽灯泡的吸顶灯、槽灯、嵌入式灯,其引入线应采用瓷管、矿棉等不燃材料作隔热保护。额定功率不小于 60 W 的白炽灯、卤钨灯、高压钠灯、金属卤化物灯、荧光高压汞灯(包捂电感镇流器)等,不应直接安装在可摇物体上或采取其他防火措施。

(6)可燃材料仓库内宜使用低温照明灯具，并应对灯具的发热部件采取隔热等防火措施，不应使用卤钨灯等高温照明灯具。配电箱及开关应设置在仓库外。爆炸危险环境电力装置的设计应符合现行国家标准 GB 50058—2014 的规定。

(7)下列建筑或场所的非消防用电负荷宜设置电气火灾监控系统：

① 建筑高度大于 50 m 的乙、丙类厂房和丙类仓库，室外消防用水量大于 30 L/s 的厂房(仓库)；

② 一类高层民用建筑；

③ 座位数超过 1500 个的电影院、剧场，座位数超过 3000 个的体育馆，任一层建筑面积大于 3000 m^2 的商店和展览建筑，省(市)级及以上的广播电视、电信和财贸金融建筑，室外消防用水量大于 25 L/s 的其他公共建筑；

④ 国家级文物保护单位的重点砖木或木结构的古建筑。

7.12.2　电力线路及电器装置的安全和保养

电气线路是用于传输电能、传递信息和宏观电磁能量转换的载体，电气线路火灾除了由外部的火源或火种直接引燃外，主要是由于自身在运行过程中出现的短路、过载、接触电阻过大以及漏电等故障产生电弧、电火花或电线、电缆过热，引燃电线、电缆及其周围的可燃物而引发的火灾。通过对电气线路火灾事故原因的统计分析，电气线路的防火措施主要应从电线电缆的选择、线路的敷设及连接、在线路上采取保护措施等方面入手。

1. 电线电缆的选择

1)电线电缆选择的一般要求

根据使用场所的潮湿、化学腐蚀、高温等环境因素及额定电压要求，选择适宜的电线电缆。同时根据系统的载荷情况，合理地选择导线截面，在经计算所需导线截面基础上留出适当增加负荷的余量。

2)电线电缆导体材料的选择

固定敷设的供电线路宜选用铜芯线缆。

重要电源、重要的操作回路及二次回路、电机的励磁回路等需要确保长期运行在连接可靠的回路中；移动设备的线路及振动场所的线路，对铝有腐蚀的环境，高温环境、潮湿环境、爆炸及火灾危险环境，工业及市政工程等场所不应选用铝芯线缆。

非熟练人员容易接触的线路，如公共建筑与居住建筑，线芯截面为 6 m^2 及以下的线缆不宜选用铝芯线缆。

对铜有腐蚀而对铝腐蚀相对较轻的环境、氨压缩机房等场所应选用铝芯线缆。

3)电线电缆绝缘材料及护套的选择

(1)普通电线电缆

普通聚氯乙烯电线电缆适用温度范围为－15℃～60℃，使用场所的环境温度超出该范围时，应采用特种聚氯乙烯电线电缆；普通聚氯乙烯电线电缆在燃烧时会散放有毒烟气，不适用于地下客运设施、地下商业区、高层建筑和重要公共设施等人员密集场所。

交联聚氯乙烯(XLPE)电线电缆不具备阻燃性能，但燃烧时不会产生大量有毒烟气，适用于有“清洁”要求的工业与民用建筑。

橡皮电线电缆弯曲性能较好，能够在严寒气候下敷设，适用于水平高差大和垂直敷设的场所；橡皮电线电缆适用于移动式电气设备的供电线路。

(2)阻燃电线电缆

阻燃电缆是指在规定试验条件下被燃烧，能使火焰蔓延仅在限定范围内，撤去火源后，残焰和残灼能在限定时间内自行熄灭的电缆。

阻燃电缆的性能主要用氧指数和发烟性两个指标来评定。由于空气中氧气占21%，因此氧指数超过21的材料在空气中会自熄，材料的氧指数愈高，则表示它的阻燃性愈好。

阻燃电缆燃烧时的烟气特性可分为一般阻燃电缆、低烟低卤阻燃、无卤阻燃电缆三大类。电线电缆成束敷设时，应采用阻燃型电线电缆。当电缆在桥架内敷设时，应考虑将来增加电缆时，也能符合阻燃等级，宜按近期敷设电缆的非金属材料体积预留20%余量。电线在槽盒内敷设时，也宜按此原则来选择阻燃等级。在同一通道中敷设的电缆，应选用同一阻燃等级的电缆。阻燃和非阻燃电缆也不宜在同一通道内敷设。非同一设备的电力与控制电缆若在同一通道时，宜互相隔离。

直埋地电缆、直埋入建筑孔洞或砌体的电缆及穿管敷设的电线电缆，可选用普通型电线电缆。敷设在有盖槽盒、有盖板的电缆沟中的电缆，若已采取封堵、阻水、隔离等防止延燃的措施，可降低一级阻燃要求。

(3)耐火电线电缆

耐火电线电缆是指在规定试验条件下，在火焰中被燃烧一定时间内能保持正常运行特性的电缆。

耐火电缆按绝缘材质可分为有机型和无机型两种。有机型主要是采用耐高温800℃的云母带以50%重叠搭盖率包覆两层作为耐火层。外部采用聚氯乙烯或交联聚乙烯为绝缘，若同时要求阻燃，只要绝缘材料选用阻燃型材料即可。加入隔氧层后，可以耐受950℃高温。无机型是矿物绝缘电缆。它是采用氧化镁作为绝缘材料，铜管作为护套的电缆，国际上称为MI电缆。

耐火电线电缆主要适用于凡是在火灾时仍需要保持正常运行的线路，如工业及民用建筑的消防系统、应急照明系统、救生系统、报警及重要的监测回路等。

耐火等级应根据一旦火灾时可能达到的火焰温度确定。火灾时，由于环境温度剧烈升高，导致线芯电阻的增大，当火焰温度为800℃～1000℃时，导体电阻约增大3～4倍，此时仍应保证系统正常工作，需按此条件校验电压损失。耐火电缆亦应考虑自身在火灾时的机械强度，因此，明敷的耐火电缆截面积应不小于2.5 mm^2。应区分耐高温电缆与耐火电缆，前者只适用于调温环境。一般有机类的耐火电缆本身并不阻燃。若既需要耐火又要满足阻燃，应采用阻燃耐火型电缆或矿物绝缘电缆。普通电缆及阻燃电缆敷设在耐火电缆槽盒内，并不一定满足耐火的要求，设计选用时必须注意这一点。

4)电线电缆截面的选择

电线电缆截面的选型原则应符合下列规定：

(1)通过负载电流时,线芯温度不超过电线电缆绝缘所允许的长期工作温度;

(2)通过短路电流时,不超过所允许的短路强度,高压电缆要校验热稳定性,母线要校验动、热稳定性;

(3)电压损失在允许范围内;

(4)满足机械强度的要求;

(5)低压电线电缆应符合负载保护的要求,TNT 系统中还应保证在接地故障时保护电器能断开电路。

2. 电气线路的保护措施

为有效预防由于电气线路故障引发的火灾,除了合理地进行电线电缆的选型,还应根据现场的实际情况合理选择线路的敷设方式,并严格按照有关规定规范线路的敷设及连接环节,保证线路的施工质量。此外低压配电线路还应按照 GB 50054—2011 及 GB/T 139552—2017 等相关标准要求设置短路保护、过负载保护和接地故障保护装置。

1)短路保护

短路保护装置应保证在短路电流导体和连接件产生的热效应和机械力造成危害之前分断该短路电流;分断能力不应小于保护电气安装的预期短路电流,但在上级已装有所需分断能力的保护电气时,下级保护电路的分断能力允许小于预期短路电流,此时该上下级保护电器的特性必须配合,使得通过下级保护电器的能量不超过其能够承受的能量。应在短路电流使导体达到允许的极限温度之前分断该短路电流。

2)过负载保护

保护电器应在过负载电流引起的导体升温对导体的绝缘、接头、端子或导体周围的物质造成损害之前分断过负载电流。对于突然断电比过负载造成的损失更大的线路,如消防水泵之类的负荷,其过负载保护应作为报警信号,不应作为直接切断电路的触发信号。

过负载保护电器的动作特性应同时满足以下两个条件:

(1)线路计算电流小于等于熔断器熔体额定电流,后者应小于等于导体允许持续载流量;

(2)保证保护电器可靠动作的电流小于等于 1.45 倍熔断器熔体额定电流。

注:当保护电器为断路器时,保证保护电器可靠动作的电流为约定时间内的约定动作电流;当保护电器为熔断器时,保证保护电器可靠动作的电流为约定时间内的熔断电流。

3)接地故障保护

当发生带点导体与外露可导电部分、装置外可导电部分、PE 线、PEN 线、大地等之间的接地故障时,保护电器必须切断该故障电路。接地故障保护电器的选择应根据配电系统的接地形式、电气设备使用特点及导体截面等确定。

TN 系统接地保护方式:

(1)当灵敏性符合要求时,采用短路保护兼做接地故障保护;

(2)零序电流保护模式适用于 TN－C、TN－C－S、TN－S 系统,不适用于谐波电流大的配电系统；

(3)剩余电流保护模式适用于TN－S系统，不适用于TN－C系统。

7.12.3 电气装置和设备的维护方法

电气装置和设备在安装调试成功以后，在正式的运行与使用阶段，由于其受所处环境的温度、湿度和供电质量等多方面的影响，运行阶段出现这样或那样的隐患在所难免，因此，对系统进行必要的定期维护十分重要。系统经行维护前，应定制详细的维护方案，综合运用红外测温技术、超声波探测技术和电工测量技术等多种现代科技手段，选定必要的范围进行抽样检查。

1. 温度

电气装置和设备在异常情况下必然会出现异常的温度，因此温度的检测是安全维护一个非常重要的方面。

2. 绝缘电阻

绝缘电阻值反映电气装置和设备的绝缘能力，绝缘电阻值下降，说明绝缘老化，可能会出现过热、短路等故障，容易引起火灾事故。

3. 接地电阻

电气装置和设备接地分为保护性接地和功能性接地。为了保证电气装置和设备的正常工作，必须有一个良好的接地系统。接地电阻是反映接地系统好坏的一个重要指标，对于防雷、防爆、防静电场所尤为重要。

4. 谐波分量及中性线过载电流

中性线电流是由三相不平衡负载电流和非线性负载电流的三次甚至更高倍的奇次谐波电流组成，同时，利用仪表检测相线电流直接判定导线的负荷状态也十分必要。

5. 火花放电

火花放电可以导致火灾的发生，准确掌握火花放电部位是预防电气火灾的前提，用超声波检测仪可以检测出电器。

7.13 消防应急照明与疏散指示系统

目前，我国城市发展十分迅速，大型公共建筑物越来越多。这些建筑内部结构复杂，人员高度密集，一旦发生火灾，由于缺乏逃生训练和疏散经验，当面临多条逃生路径时，如无恰当的疏散诱导和指挥，容易造成混乱，发生人身安全事故。近年来国内外发生了一系列因火灾时人员疏散不当造成的群死群伤恶性事件，其中大部分伤亡人员是由于找不到明确的逃生路线和方向，被火灾现场的烟熏致死。

当建筑物内发生火灾时，首先应利用建筑物本身的消防设施进行灭火和疏散人员、物资。如没有可靠的电源，消防设施将无法正常工作，而导致不能及时报警与灭火，不能有效地疏散人员、物资和控制火势蔓延，势必造成重大的损失。因此，合理地确定消防用电负荷等级、科学地设计消防电源供配电系统，对保障建筑消防用电设备的供电可靠性是非常重要的。

7.13.1 设备进场

1. 一般规定

(1)主要设备及配件进场应有设备清单、安装使用说明书、合格证、检验报告等文件。消防应急灯具还应有型式认可证书和认可标识。

(2)应填写并保存《应急照明和疏散指示标志系统主要设备及配件进场验收记录表》。符合本章要求后,方可在施工中使用。

2. 主要设备

(1)应急照明和疏散指示标志系统的主要设备应是通过国家型式认可(或认证)的产品。产品名称、型号、规格、使用电池应与检验报告一致。

检验方法:核对认可(或认证)证书与产品标志、名称、型号、规格是否相符,核对检验报告(有产品照片)与产品外观是否相符。

(2)对于自带电源消防应急灯具,应抽查其应急工作时间是否大于90 min,且大于其标称的应急工作时间。检查消防应急灯具的状态转换和状态指示是否正常。

检验方法:各抽一台标志灯和照明灯。充24 h后放电。

(3)疏散标志牌应是通过国家消防装备质量检验检测中心检验合格产品。产品名称、型号、规格应与检验报告一致。

检验方法:核对检验报告与产品。

(4)各类消防应急灯具及疏散标志牌表面应无明显划痕、毛刺等机械损伤,紧固部位应无松动。

检验方法:目测。

7.13.2 安装

1. 一般规定

(1)应急照明和疏散指示标志系统的施工应按已批准的设计图纸进行,不得随意更改。当确需更改设计时,需经原设计单位同意更改。

(2)应急照明和疏散指示标志系统必须由具有相应资质的专业施工队伍施工。

(3)应急照明和疏散指示标志系统施工前,应具备系统图、设备布置平面图、接线图、安装图以及消防设备联动说明等必要的技术文件。

(4)系统布线和接地应符合国家标准《建筑电气工程施工质量验收规范》(GB 50303—2015)要求。

(5)消防应急灯具与供电线路之间的连接不得使用插头连接,必须在预埋盒或接线盒内连接。

(6)消防应急灯具安装后不应对人员正常通行产生影响。消防应急疏散指示标志灯周围应保证无其他遮挡物或其他标志灯(或标志牌)。

(7)带有疏散方向指示箭头的消防应急疏散指示标志灯在安装时应保证箭头指向与疏散方向相同。

(8)消防应急灯具在安装时应保证将灯具上的各种状态指示灯处于易被看到的位置,试验按钮(开关)能被人工操作。

(9)消防应急灯具在安装时,其连接的主电供电方式与控制方式应能保证在火灾应急时,使所有消防应急灯具全部切换到应急状态。

(10)消防应急照明灯安装在墙上时,不能使照明灯光线正面迎向人员疏散方向。

(11)消防应急灯具吊装时必须使用金属吊管。金属吊管上端应固定在建筑物实体上。

(12)标志牌只能安装在相邻两个标志灯之间,并与标志灯在同一条直线上,作为辅助指示,不能代替标志灯。

2. 消防应急疏散指示标志灯(以下简称标志灯)的安装

(1)标志灯在顶部安装时,不宜吸顶安装,宜安装在顶棚下 20 cm 的位置,底边距地面距离应在 2.2 m 至 2.5 m 之间。具体实物如图 7-21 所示。

检验方法:测量。

(2)将标志灯安装在疏散走道出口、楼梯出口、避难层入口处时应安装在出口里侧和入口外侧的顶部,严禁安装在可移动的门上。顶棚高度低于 2 m 时,宜安装在门的两侧,但不能被门遮挡。标志表面应迎面对向疏散方向。

检测方法:测量。

图 7-21 消防应急疏散指示标志灯

(3)将标志灯安装在疏散走道及其转角处时,应安装在距地面(楼面)1 m 以下的墙上,标志表面应与墙面平行且凸出墙面不应大于 20 mm,凸出墙面的部分不应有尖锐角及伸出的固定件。在直型疏散走道内安装标志灯时,两个标志灯间距离不应大于 10 m(人防工程不大于 10 m)。

检验方法:测量。

(4)将标志灯安装在地面上时,灯具的所有金属构件应做防腐处理,电源和螺钉均应用密封胶密封,防尘、防水性能应符合 IP65 要求。标志灯表面应与地面平行,与地面高度水平差不宜大于 1 mm。试验按钮可安装在远处或用遥控方式。两灯之间距离应不大于 10 m。

检验方法:测量、试验。

(5)封闭楼梯间内指示楼层的标志灯应安装在正对楼梯的本层平面墙上;楼梯间内直接通往地下层时,应在首层或地面层设置明显指示出口的标志灯。

检验方法:目测、尺量。

(6)建筑供电为两路以上时,消防应急疏散指示灯供电应符合下述要求:

① 持续型消防应急疏散指示标志灯和集中控制型标志灯的主电源端宜在双电源互投后最末一级配电箱取电;

② 非持续型标志灯的主电源应在发生火灾时需切断的正常供电线路取电,而不能在

双电源互投后取电。

检验方法:目测、断电试验。

(7)在超过1500个座位的影剧院、3000个座位的体育馆或会堂、任一层建筑面积超过5000 m^2 的展览建筑、任一层建筑面积超过3000 m^2 的地上商店和建筑面积超过500 m^2的地下商店等人员密集的大型室内公共场所的疏散走道和主要疏散线路上设置的保持视觉连续的起辅助作用的标志灯在安装时还应符合下述要求:

① 标志间的安装距离不宜大于1.5 m;

② 标志箭头指示方向或导向光流流动方向与疏散方向一致。

检验方法:目测、尺量。

3. 消防应急照明灯(以下简称照明灯)的安装

(1)疏散走道及前室、消防电梯厅及前室等场所宜安装在棚顶或2.2 m以上的侧面墙上,疏散走道上安装的照明灯应均匀布置,并保证其地面平均照度不低于0.5 lx,地下人防工程地面平均照度不低于1 lx。消防应急照明灯如图7-22所示。

检验方法:用照度计测量地面各点照度,按照国家标准计算平均照度。

(2)多层建筑中每层面积大于1500 m^2的展厅、营业厅,面积大于200 m^2的演播厅、礼堂和医院门诊,高层建筑中的多功能厅、餐厅、会议厅,候车(机)厅、展厅、营业厅、面积大于200 m^2 的办公大厅,人员密集且面积大于300 m^2 的地下建筑等场所及避难层等公共场所疏散楼梯间设置的消防应急照明灯应均匀安装。

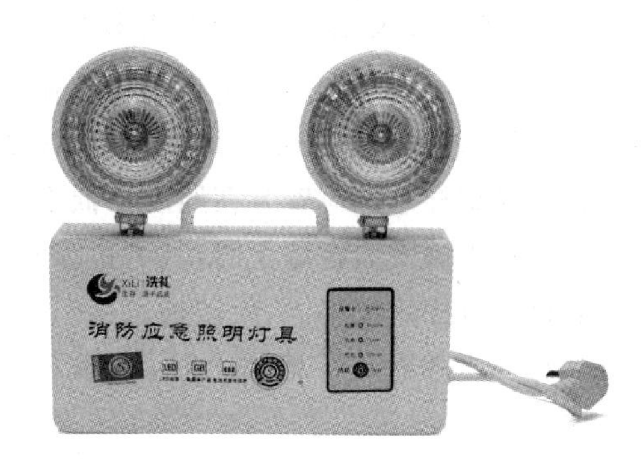

图7-22　消防应急照明灯

(3)照明灯在侧面墙上顶部安装时,其底部距地面距离不得低于2.2 m,在距地面1 m以下侧面墙上安装时,应采用嵌入式安装,其凸出墙面最大水平距离不应超过20 mm,且应保证光线照射在水平线以下;照明灯安装不得安装在地面或1～2.2 m侧面墙上。

检验方法:目测、尺量。

(4)建筑供电为两路以上时,照明灯宜在双电源互投后最末一级配电箱取电。

(5)照明灯光源工作温度大于60℃时,应采取隔热、散热等防火措施。若采用白炽灯、卤钨灯等光源时,不应直接安装在可燃装修材料或可燃物件上。

(6)配接集中电源型的照明灯,其线路应采用耐火电线(缆),穿管明敷或在非燃烧体内穿刚性导管暗敷,暗敷保护层厚度不小于30 mm。

检测方法:目测、点温计、尺量。

4. 集中应急电源的安装

(1)集中应急电源的控制装置应安装在有人值班或经常巡视的场所,场所应无腐蚀性气体、易燃物、蒸气及大量尘土;电池应安装于通风良好的场所,严禁安放在密封环境、有可燃气管道的场所、仓库等场所,室内温度不应超过 35℃。

(2)集中应急电源的输出支路严禁连接除消防应急照明和疏散指示以外的其他负载。

(3)集中应急电源的供电应在发生火灾时需切断的主电线路上取电。

(4)集中应急电源的同一供电支路不宜同时给两个防火分区的消防应急灯具供电。

检验方法:目测。

5. 集中控制型的安装

(1)集中控制型系统的控制设备应安装在消防控制中心内,若无消防控制中心应安装于常有人值守的场所。

(2)控制器的主电源应有明显标志,与外接电源之间应直接连接,严禁使用插头,控制器接地应牢固,并有明显标志。

(3)控制器的控制线路应单独穿管。

检测方法:目测。

6. 蓄光型疏散标志牌(以下简称标志牌)的安装

(1)将标志牌安装在疏散走道和主要疏散路线的地面或靠近地面的墙上时,其箭头应指向最近的疏散出口或安全出口;标志牌之间的安装间距不应大于 1.5 m。

(2)蓄光型标志牌应安装在照度不低于 100 lx 的环境内。

(3)将标志牌安装在墙上时,其下边缘距地面距离不应大于 1 m。

(4)标志牌固定应牢固,无破损。

(5)将标志牌安装在地面上时,只能采用粘贴、镶嵌式工艺安装,其安装后应平整、牢固。

7.13.3 调试

系统的调试应在系统施工结束后进行,调试前对系统中的消防应急灯具、消防应急灯具专用应急电源盒、应急照明集中电源、应急照明控制器、应急照明配电箱、应急照明分配电装置等设备应分别进行单机通电检查。

1. 一般规定

(1)应急照明和疏散指示标志系统的调试,应在建筑内部装修和系统施工结束后进行。

(2)应急照明和疏散指示标志系统调试前应准备齐全 GB 50303—2015 的 3.1.2 条和 3.1.3 条规定的文件及调试必需的其他文件,系统布线和接地应符合国家标准《建筑电气工程施工质量验收规范》(GB 50303—2015)要求。

(3)调试负责人必须由专业技术人员担任,所有参加调试人员应职责明确,并应按照调试程序工作。

(4)系统内的消防应急灯具、集中电源、控制器均应调试,并应有调试记录。

2. 标志灯和照明灯的调试

(1)检查安装位置和标志信息上的箭头指示方向是否与实际疏散方向相符。

(2)操作试验按钮或其他试验装置,消防应急灯具应转入应急工作状态。

(3)断开连续充电 24 h 的消防应急灯具电源，同时开始计时；消防应急灯具应在 5 s 内转入应急工作状态(集中控制型除外)；应急灯具主电指示灯应处于非点亮状态，应急工作时间应不小于 90 min 且大于本身标称的应急工作时间。

(4)使顺序闪亮形成导向光流的标志灯转入应急工作状态，其光流导向应与实际的疏散方向相同。

(5)使有语音指示的标志灯转入应急工作状态，检查其语音是否与设计相符。

(6)在黑暗条件下，使照明灯转入应急状态，用照度计测量和计算地面的平均照度，该照度值应符合设计要求。

3. 集中应急电源的调试

(1)分别在主电工作和应急工作状态下，观察集中应急电源的主电电压、电池电压、输出电压和输出电流、主电显示、充电显示灯是否与生产企业提供的说明书相符。

(2)操作手动应急转换控制机构，集中应急电源应能转入应急工作状态，各消防应急灯具应转入应急工作状态。

(3)断开主电电源，集中应急电源应能自动转入应急工作状态，其供电的各消防应急灯具应转入应急工作状态。

(4)使集中应急电源供电的所有消防应急灯具均转入应急工作状态，集中应急电源应能正常工作。

(5)使任一供电回路短路，其他回路应正常工作。

4. 集中控制系统的调试

(1)操作集中控制系统的控制功能，控制系统的控制器应能控制任何消防应急灯具从应急工作状态到主电工作状态的切换，并有相应的状态显示，记录消防应急灯具转入应急状态的时间。

(2)检查控制器的防止非专业人员操作的功能。

(3)断开任一消防应急灯具与控制器间连线，控制器应发出声、光故障信号，并显示故障部位。故障存在期间，操作控制器应能使与此故障无关的消防应急灯具转入应急工作状态。

(4)断开控制器的主电源，使控制器备电工作。控制器在备电工作期间各种控制功能应不受影响，且能工作 2 h 以上。

5. 系统功能的调试

1)一般规定

(1)操作整个应急照明和疏散指示标志系统的控制机构，核对其整个系统功能是否与原设计相符。

(2)调试期间应完成各调试记录。

2)区域系统的调试

(1)应急功能的调试应满足以下要求：

检查配电箱供电输入和配电箱电源指示是否正确；切换供电电源的供电状态，检查应急照明和疏散指示标志系统的状态和显示是否正确；断开自带电源应急灯的配电箱供电电源，检查应急灯具是否在5 s内自动进入点亮状态，区域内的应急灯具应急工作是否正常。

(2)其他功能的调试应满足以下要求：

在应急工作状态下，检查应急照明和疏散指示标志系统能否保证调试区域的照度满足GB 50303—2015 8.3.1条要求；切断该区域配电箱供电输入，检查该区域应急灯具的应急时间是否大于90 min。

3)系统联动的调试

本区域非持续式的自带电源型应急灯系统必须联动自动切入应急工作状态；本区域装有非持续及可控方式的集中应急照明系统必须可以监控系统指令或从正常照明系统间接给出指令使其进入强迫点灯状态；至少可按消防工作场所及其疏散区域、避难层、航空疏散区域及通用疏散区域4个类别直接划分各区域子系统单独进行应急联动状态调试，使各区域子系统进入应急工作状态；任何区域系统进入应急放电完毕，不得自动弹回供电电源工作态。

7.13.4 系统的验收

1. 一般规定

消防应急照明和疏散标志系统验收内容应包括系统布线、GB 50303—2015的第3、4章要求的技术文件和记录、系统的安装位置、施工质量和功能等内容。

2. 验收前的准备

(1)消防应急照明和疏散标志系统验收前，建设单位应向公安消防监督机构提交验收申请报告，并附下列技术文件：

① 系统竣工表(见GB 50303—2015附录A)；

② 系统竣工图；

③ 施工记录(包括隐蔽工程验收记录、绝缘电阻和接地电阻测试记录)；

④ 调试记录和调试报告；

⑤ 管理、维护人员登记表；

⑥ 系统检验报告(含产品检验报告、合格证及相关材料)。

(2)消防应急照明和疏散标志系统验收前，建设和使用单位应进行操作、管理、维护人员配备情况检查。

(3)消防应急照明和疏散标志系统验收前，建设和使用单位应进行施工质量复查。复查应包括下列内容：

① 消防应急照明和疏散标志系统的主电源、备用电源、自动切换装置等安装位置及施工质量；

② 消防用电设备的动力线、控制线、接地线的敷设方式；

③ 应急灯具类别、型号、适用场所、安装高度、间距等；

④ 安装位置、型号、数量、类别、功能及安装质量；

⑤ 报验资料是否齐全合格；

⑥ 系统的设置是否符合现行有关规范的规定。

3. 验收

(1)按现行国家标准《电气装置工程施工及验收规范》的规定对系统的布线进行验收。

(2)消防用电设备主、备电源的自动转换装置，应进行 3 次转换试验，每次试验均应正常。

(3)消防应急照明和疏散标志系统中的集中控制器和集中电源应按实际安装数量全部进行功能检验。各种消防应急灯具应按下列要求进行功能检验：

① 实际安装数量在 5 台以下者，全部检验；

② 实际安装数量在 6～10 台者，抽验 5 台；

③ 实际安装数量超过 10 台者，按实际安装数量 30%～50%的比例、但不少于 5 台抽验；

④ 检验时每个功能应重复 1～2 次；

⑤ 各装置的安装位置、型号、数量、类别及安装质量应符合设计要求。

7.14　火灾自动报警系统施工及验收规范

火灾自动报警系统是由触发装置、火灾报警装置、联动输出装置以及具有其他辅助功能装置组成的，是火灾探测报警与消防联动控制系统等的简称。它能在火灾初期，将燃烧产生的烟雾、热量、火焰等物理量，通过火灾探测器变成电信号，传输到火灾报警控制器，并同时以声或光的形式通知整个楼层疏散，控制器记录火灾发生的部位、时间等，使人们能够及时发现火灾，并及时采取有效措施，扑灭初期火灾，最大限度地减少因火灾造成的生命和财产的损失，是人们同火灾做斗争的有力工具。

7.14.1　系统的施工

1. 一般规定

(1)火灾自动报警系统的施工应按设计图纸进行，不得随意更改。

(2)火灾自动报警系统施工前，应具备设备布置平面图、接线图、安装图、系统图以及其他必要的技术文件。

(3)火灾自动报警系统竣工时，施工单位应提交下列文件：

① 竣工图；

② 设计变更文字记录；

③ 施工记录(包括隐蔽工程验收记录)；

④ 检验记录(包括绝缘电阻、接地电阻的测试记录)；

⑤ 竣工报告。

2. 布线

(1)火灾自动报警系统的布线，应符合现行国家标准《电气装置工程施工及验收规范》的规定。

(2)火灾自动报警系统布线,应根据现行国家标准 GB 50116—2019 的规定,对导线的种类、电压等级进行检查。

(3)3 条在管内或线槽内的穿线,应在建筑抹灰及地面工程结束后进行。在穿线前,应将管内或线槽内的积水及杂物清除干净。

(4)不同系统、不同电压等级、不同电流类别的线路,不应穿在同一管内或线槽的同一槽孔内。

(5)导线在管内或线槽内,不应有接头或扭结。导线的接头,应在接线盒内焊接或用端子连接。

(6)敷设在多尘或潮湿场所管路的管口和管子连接处,均应做密封处理。

(7)管路超过下列长度时,应在便于接线处装设接线盒:

① 管子长度每超过 45 m,无弯曲时;

② 管子长度每超过 30 m,有 1 个弯曲时;

③ 管子长度每超过 20 m,有 2 个弯曲时;

④ 管子长度每超过 12 m,有 3 个弯曲时;

(8)管子入盒时,盒外侧应套锁母,内侧应装护口,在吊顶内敷设时,盒的内外侧均应套锁母。

(9)在吊顶内敷设各类管路和线槽时,宜采用单独的卡具吊装或支撑物固定。

(10)线槽的直线段应每隔 1.0～1.5 m 设置吊点或支点,在下列部位也应设置吊点或支点:

① 线槽接头处;

② 距接线盒 0.2 m 处;

③ 线槽走向改变或转角处。

(11)吊装线槽的吊杆直径不应小于 6 mm。

(12)管线经过建筑物的变形缝(包括沉降缝、伸缩缝、抗震缝等)处时,应采取补偿措施,导线跨越变形缝的两侧应固定,并留有适当余量。

(13)火灾自动报警系统导线敷设后,应对每回路的导线用 500 V 的兆欧表测量绝缘电阻,其对地绝缘电阻值不应小于 20 MΩ。

3. 火灾探测器的安装

(1)点型火灾探测器的安装位置,应符合下列规定。火灾探测器如图 7－23 所示。

① 探测器至墙壁、梁边的水平距离,不应小于 0.5 m。

② 探测器周围 0.5 m 内,不应有遮挡物。

③ 探测器至空调送风口边的水平距离,不应小于 1.5 m;探测器至多孔送风顶棚孔口的水平距离,不应小于 0.5 m。

④ 在宽度小于 3 m 的内走道顶棚上设置探测器时,宜居中布置。感温探测器的安装间距,不应超过 10 m;感烟探测器的安装间距,不应超过 15 m。探测器距端墙的距离,不应大于探测器安装间距的一半。

⑤ 探测器宜水平安装,当必须倾斜安装时,倾斜角不应大于 45°。

(2)线型火灾探测器和可燃气体探测器等有特殊安装要求的探测器,应符合现行有关国家标准的规定。

(3)探测器的底座应固定牢靠,其导线连接必须可靠压接或焊接。当采用焊接时,不得使用带腐蚀性的助焊剂。

(4)探测器的"+"线应为红色,"-"线应为蓝色,其余线应根据不同用途采用其他颜色区分。但同一个工程中相同用途的导线颜色应一致。

图7-23　火灾探测器

(5)探测器底座的外接导线,应留有不小于15 cm的余量,入端处应有明显标志。

(6)探测器底座的穿线孔宜封堵,安装完毕后的探测器底座应采取保护措施。

(7)探测器的确认灯,应面向便于人员观察的主要入口方向。

(8)探测器在即将调试时方可安装,在安装前应妥善保管,并应采取防尘、防潮、防腐蚀措施。

4. 手动火灾报警按钮的安装

(1)手动火灾报警按钮,应安装在墙上距地(楼)面高度1.5 m处。

(2)手动火灾报警按钮,应安装牢固,并不得倾斜。

(3)手动火灾报警按钮的外接导线,应留有不小于10 cm的余量,且在其端部应有明显标志。手动火灾报警按钮如图7-24所示。

图7-24　手动火灾报警按钮

5. 火灾报警控制器的安装

(1)火灾报警控制器(以下简称控制器)在墙上安装时,其底边距地(楼)面高度不应小于1.5 m;落地安装时,其底宜高出地坪0.1～0.2 m。

(2)控制器应安装牢固,不得倾斜。安装在轻质墙上时,应采取加固措施。

(3)引入控制器的电缆或导线,应符合下列要求:

① 配线应整齐,避免交叉,并应固定牢靠;

② 电缆芯线和所配导线的端部,均应标明编号,并与图纸一致,字迹清晰不易褪色;

③ 端子板的每个接线端,接线不得超过2根;

④ 电缆芯和导线,应留有不小于20 cm的余量;

⑤ 导线应绑扎成束;

⑥ 导线引入线穿线后,在进线管处应封堵。

(4)控制器的主电源引入线,应直接与消防电源连接,严禁使用电源插头。主电源应有明显标志。

(5)控制器的接地,应牢固,并有明显标志。

6. 消防控制设备的安装

(1)消防控制设备在安装前,应进行功能检查,不合格者,不得安装。

(2)消防控制设备的外接导线,当采用金属软管作套管时,其长度不宜大于 2 m,且应采用管卡固定,其固定点间距不应大于 0.5 m。金属软管与消防控制设备的接线盒(箱),应采用锁母固定,并应根据配管规定接地。

(3)消防控制设备外接导线的端部,应有明显标志。

(4)消防控制设备盘(柜)内不同电压等级、不同电流类别的端子应分开,并有明显标志。

7. 系统接地装置的安装

(1)工作接地线应采用铜芯绝缘导线或电缆,不得利用镀锌扁铁或金属软管。

(2)由消防控制室引至接地体的工作接地线,在通过墙壁时,应穿入钢管或其他坚固的保护管。

(3)工作接地线与保护接地线,必须分开,保护接地导体不得利用金属软管。

(4)接地装置施工完毕后,应及时做隐蔽工程验收。验收应包括下列内容:

① 测量接地电阻,并做记录;

② 查验应提交的技术文件;

③ 审查施工质量。

7.14.2 系统的调试

火灾自动报警系统施工安装前,按照施工过程质量控制要求,需要对系统设备、材料及配件进行现场检查(检验)和设计符合性检查,不合格的设备、材料和配件及不符合设计图纸要求的产品不得使用。

1. 一般规定

(1)火灾自动报警系统的调试,应在建筑内部装修和系统施工结束后进行。

(2)火灾自动报警系统调试前应具备 GB 50166—2019 的第 4.2.1 条所列文件及调试必需的其他文件。

(3)调试负责人必须由有资格的专业技术人员担任,所有参加调试人员应职责明确,并应按照调试程序工作。

2. 调试前的准备

(1)调试前应按设计要求查验设备的规格、型号、数量、备品备件等。

(2)应按本规范第 2 章的要求检查系统的施工质量。对属于施工中出现的问题,应会同有关单位协商解决,并有文字记录。

(3)应按本规范第 2 章要求检查系统线路,对于错线、开路、虚焊和短路等应进行处理。

3. 调试

(1)火灾自动报警系统调试,应先分别对探测器、区域报警控制器,集中报警控制器、火灾警报装置和消防控制设备等逐个进行单机通电检查，正常后方可进行系统调试。

(2)火灾自动报警系统通电后，应按现行国家标准《火灾报警控制器》(GB 4717—2005)的有关要求对报警控制器进行下列功能检查：

① 火灾报警自检功能；

② 消音、复位功能；

③ 故障报警功能；

④ 火灾优先功能；

⑤ 报警记忆功能；

⑥ 电源自动转换和备用电源的自动充电功能；

⑦ 备有电源的欠压和过压报警功能。

(3)检查火灾自动报警系统的主电源和备用电源，其容量应分别符合现行有关国家标准的要求，在备用电源连接充放电 3 次后，主电源和备用电源应能自动转换。

(4)应采用专用的检查仪器对探测器逐个进行试验，其动作应准确无误。

(5)应分别用主电源和备用电源供电，检查火灾自动报警系统的各项控制功能和联动功能。

(6)火灾自动报警系统应在连续运行 120 h 无故障后，按《火灾自动报警系统施工及验收标准》(GB 50166—2019)的附录一填写调试报告。

7.14.3　系统的验收

在整个系统竣工后，需组织有关单位进行施工、设计、监理等检测。检测不合格不得投入使用。

1. 一般规定

(1)火灾自动报警系统竣工验收，应在公安消防监督机构监督下，由建设主管单位主持、设计、施工、调试等单位参加，共同进行。

(2)火灾自动报警系统验收应包括下列装置：

① 火灾自动报警系统装置(包括各种火灾探测器、手动报警按钮、区域报警控制器和集中报警控制器等)；

② 灭火系统控制装置(包括室内消火栓、自动喷水、卤代烷、二氧化碳、干粉、泡沫等固定灭火系统的控制装置)；

③ 电动防火门、防火卷帘控制装置；

④ 通风空调、防烟排烟及电动防火阀等消防控制装置；

⑤ 火灾事故广播、消防通讯、消防电源、消防电梯和消防控制室的控制装置；

⑥ 火灾事故照明及疏散指示控制装置。

(3)火灾自动报警系统验收前，建设单位应向公安消防监督机构提交验收申请报告，并附下列技术文件：

① 系统竣工表[见火灾自动报警系统施工及验收标准》(GB 50166—2019)附录二]；

② 系统的竣工图；

③ 施工记录(包括隐蔽工程验收记录);

④ 调试报告;

⑤ 管理、维护人员登记表。

(4)火灾自动报警系统验收前,公安消防监督机构应进行操作、管理、维护人员配备情况检查。

(5)火灾自动报警系统验收前,公安消防监督机构应进行施工质量复查。复查应包括下列内容:

① 火灾自动报警系统的主电源、备用电源、自动切换装置等安装位置及施工质量;

② 消防用电设备的动力线、控制线、接地线及火灾报警信号传输线的敷设方式;

③ 火灾探测器的类别、型号、适用场所、安装高度、保护半径、保护面积和探测器的间距等;

④《火灾自动报警系统施工及验收标准》(GB 50166—2019)第 4.1.2 条的一～五款中各种控制装置的安装位置、型号、数量、类别、功能及安装质量;

⑤ 火灾事故照明和疏散指示控制装置的安装位置和施工质量。

2. 系统竣工验收

(1)消防用电设备电源的自动切换装置,应进行 3 次切换试验,每次试验均应正常。

(2)火灾报警控制器应按下列要求进行功能抽验:

① 实际安装数量在 5 台以下者,全部抽验;

② 实际安装数量在 6～10 台者,抽验 5 台;

③ 实际安装数量超过 10 台者,按实际安装数量 30%～50%的比例,但不少于 5 台抽验。

抽验时每个功能应重复 1～2 次,被抽验控制器的基本功能应符合现行国家标准 GB 4717—2005 中的功能要求。

(3)火灾探测器(包括手动报警按钮),应按下列要求进行模拟火灾响应试验和故障报警抽验:

① 实际安装数量在 100 只以下者,抽验 10 只;

② 实际安装数量超过 100 只,按实际安装数量 5%～10%的比例,但不少于 10 只抽验。

被抽验探测器的试验均应正常。

(4)室内消火栓的功能验收应在出水压力符合现行国家有关 GB 50016—2014(2018 年版)的条件下进行,并应符合下列要求:

① 工作泵、备用泵转换运行 1～3 次;

② 消防控制室内操作启、停泵 1～3 次;

③ 消火栓处操作启泵按钮按 5%～10%的比例抽验。

以上控制功能应正常,信号应正确。

(5)自动喷水灭火系统的抽验,应在符合现行国家标准 GB 50084—2017 的条件下,抽验下列控制功能:

① 工作泵与备用泵转换运行 1～3 次;

② 消防控制室内操作启、停泵 1～3 次;

③ 水流指示器、闸阀关闭器及电动阀等按实际安装数量的 10%～30%的比例进行末端放水试验。

上述控制功能、信号均应正常。

(6)卤代烷、泡沫、二氧化碳、干粉等灭火系统的抽验，应在符合现行各有关系统设计规范的条件下按实际安装数量的 20%～30%抽验下列控制功能：

① 人口启动和紧急切断试验 1～3 次；

② 与固定灭火设备联动控制的其他设备试验(包括关闭防火门窗、停止空调风机、关闭防火阀、落下防火幕等)1～3 次；

③ 抽一个防护区进行喷放试验(卤代烷系统应采用氮气等介质代替)。

上述试验控制功能、信号均应正常。

(7)电动防火门、防火卷帘的抽验，应按实际安装数量的 10%～20%抽验联动控制功能，其控制功能、信号均应正常。

(8)通风空调和防排烟设备(包括风机和阀门)的抽验，应按实际安装数量的 10%～20%抽验联动控制功能，其控制功能、信号均应正常。

(9)消防电梯的检验应进行 1～2 次人工控制和自动控制功能检验，其控制功能、信号均应正常。

(10)火灾事故广播设备的检验，应按实际安装数量的 10%～20%进行下列功能检验：

① 在消防控制室选层广播；

② 共用的扬声器强行切换试验；

③ 备用扩音机控制功能试验。

上述控制功能应正常，语音应清楚。

(11)消防通信设备的检验，应符合下列要求：

① 对消防控制室与设备间所设的对讲电话进行 1～3 次通话试验；

② 对电话插孔按实际安装数量的 5%～10%进行通话试验；

③ 对消防控制室的外线电话“119 台”进行 1～3 次通话试验。

上述功能应正常，语音应清楚。

(12)本节各项检验项目中，当有不合格者时，应限期修复或更换，并进行复验。复验时，对有抽验比例要求的，应进行加倍试验。复验不合格者，不能通过验收。

(13)火灾自动报警系统投入运行前，应具备下列条件：

① 火灾自动报警系统的使用单位应有经过专门培训、并经过考试合格的专人负责系统的管理操作和维护。

② 火灾自动报警系统正式启用时，应具有下列文件资料：

A. 系统竣工图及设备的技术资料；

B. 操作规程；

C. 值班员职责；

D. 值班记录和使用图表。

③ 应建立火灾自动报警系统的技术档案。

④ 火灾自动报警系统应保持连续正常运行，不得随意中断。

(14)火灾自动报警系统的定期检查和试验，应符合下列要求。

① 每日应检查火灾报警控制器的功能，并应按附录F的格式填写系统运行和控制器日检登记表。

② 每季度应检查和试验火灾自动报警系统的下列功能，并应按表6.0.5(GB 50166—2019)的格式填写季度登记表。

③ 采用专用检测仪器分期分批试验探测器的动作及确认灯显示。

④ 试验火灾警报装置的声光显示。

⑤ 试验水流指示器、压力开关等报警功能、信号显示。

⑥ 对备用电源进行1～2次充、放电试验，1～3次主电源和备用电源自动切换试验。

⑦ 自动或手动检查下列消防控制设备的控制显示功能：

A. 防排烟设备(可半年检查1次)、电动防火阀、电动防火门、防火卷帘等的控制设备；

B. 室内消火栓、自动喷水灭水系统的控制设备；

C. 卤代烷、二氧化碳、泡沫、干粉等固定灭火系统的控制设备；

D. 火灾事故广播、火灾事故照明灯及疏散指示标志灯。

⑧ 强制消防电梯停于首层试验。

⑨ 消防通信设备应在消防控制室进行对讲通话试验。

⑩ 检查所有转换开关。

⑪ 强制切断非消防电源功能试验。

⑫ 探测器投入运行2年后，应每隔3年全部清洗一遍，并做响应阈值及其他必要的功能试验，合格者方可继续使用，不合格者严禁重新安装使用。

7.15 城市消防远程监控系统

按照我国相关现行建筑防火规范与标准的要求，各建筑物内均安装有火灾探测报警设备、自动灭火设施和应急疏散系统等消防设施，用于早期火灾预防和灭火。这些报警设备和消防设施在火灾预防和早期火灾扑救方面发挥了重要作用，但在实际使用过程中暴露出大量问题，主要体现在设备的质量参差不齐，部分设备不稳定或无法正常运行，丧失其应有作用；部分单位的人为因素导致消防设施使用和维护不当，也影响设备功能的正常发挥。虽然消防部门大力加强监管力度，但因缺乏有效监管手段和技术支持，无法及时发现、消除、整改许多单位业已存在的重大火险隐患。目前不少地方的建筑消防设施完好率较低，相当一部分群死群伤火灾都留下了建筑消防设施不能发挥应有作用的惨痛教训。

建立城市消防远程监控系统，能够对各建筑物内的消防设施的火灾报警和运行状态实施大区域远程联网监控，一方面通过巡检及时发现设备运行故障，及时进行维修更换，提高建筑消防设施的完好率，另一方面可以对联网单位起警示作用，使联网单位不敢随意关闭火灾自动报警控制设备，提高建筑消防设施的运营率，并能帮助用户单位实时掌握本单位内部建筑消防设施运行情况，及时发现故障、问题，积极整改自身存在的火灾隐患。同时，城市消防远程监控系统通过现代网络、监控技术可以快速、准确地将火灾自动报警系统的火警信号在最短时间内传送至消防部门的指挥中心，缩短火灾发生后报警的时间，达到早期发现火警、及时报警、快速扑灭火灾的目的，显著提高消防部队快速反应能力，提高扑灭初起火灾的成功率。

城市消防远程监控系统的建立和逐步完善，可以为公安消防部门提供一个动态掌控各社会单位消防安全状况的平台，实现对社会单位的消防安全宏观监管和精确监管，更有效地预防和遏制重、特大火灾尤其是群死群伤火灾的发生。

7.15.1　城市消防远程监控系统建设中应注意的问题

城市消防远程监控系统的建设，是一项综合应用数据通信、数据采集、计算机网络、信息处理等多种技术的系统工程。在系统建设过程中，需要把握监控范围、建设原则、系统接口、系统安全性、可靠性、维护管理等问题。城市消防远程监控系统的构成如图 7-25 所示。

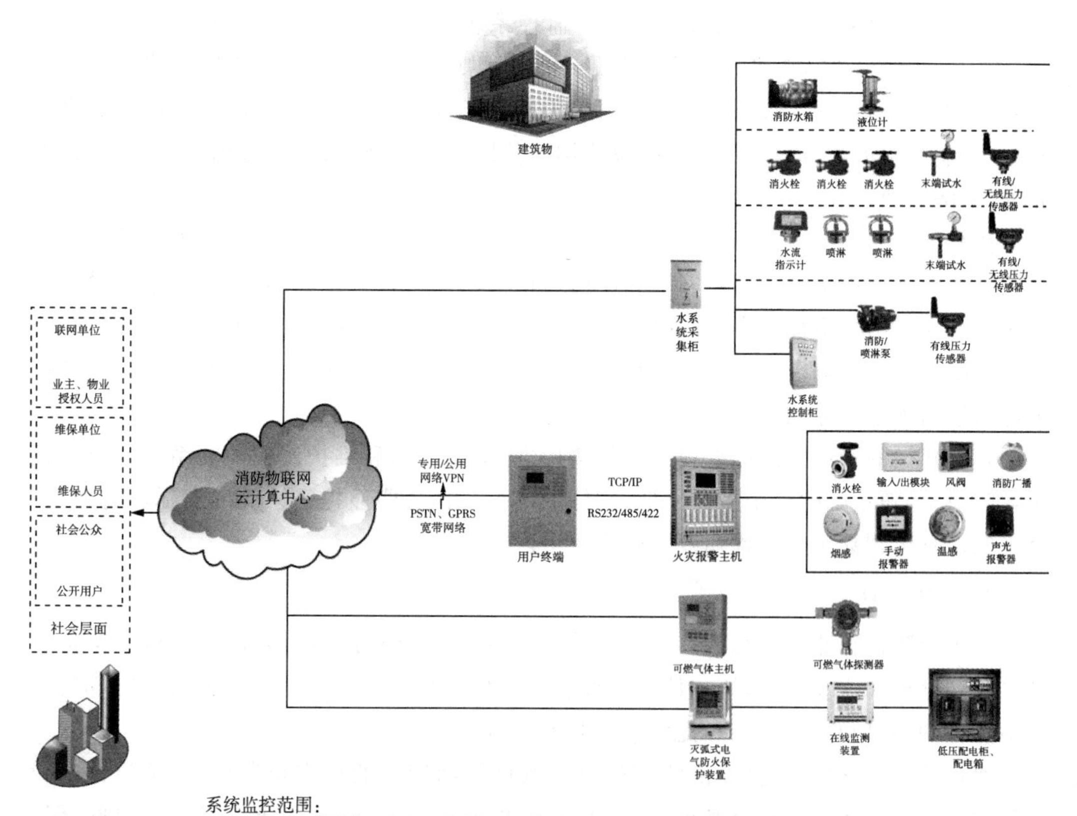

图 7-25　城市消防远程监控系统

1. 监控范围

《城市消防远程监控系统技术规范》(GB 50440—2007)中明确指出，该系统对联网用户的火灾报警信息、建筑消防设施运行状态信息进行接收、处理和查询，城市消防远程监控系统的监控范围覆盖各联网用户的建筑消防设施。建筑消防设施是指依照国家消防法律、法规和技术标准配置在建筑中用于火灾报警、灭火、疏散、防火分隔、防烟排烟等的设施。城市消防远程监控系统正是通过对各联网用户的建筑消防设施的运行状态实施远程监控，从而为公安消防部门掌控联网用户和建筑的消防安全状况提供重要技术手段。

目前，我国部分城市已经建立不同规模的消防远程监控系统，从实际应用情况来看，许多远程监控系统的监控范围仅局限于联网用户建筑内部的火灾探测报警设备，相当一部分建筑消防设施没有被纳入监控范围中来。因此，在城市消防远程监控系统的建设过程中，应充分利用新技术、新产品，切实做到监控到位、覆盖全面，真正做到为公安消防部门及时发现火灾隐患提供有效手段，实现各类建筑消防设施的全面监控。

2. 系统建设原则

从大的方面来说，建设城市消防远程监控系统的原则主要包含技术原则和费用原则，作为系统建设中需要考虑的重要问题，技术原则决定了系统设计和建设的技术路线和方案，费用原则对系统设计和建设的规模、性能等有重要影响。远程监控系统的设计和施工，应与城市消防通信指挥系统及公用通信网络系统等相适应，做到安全可靠、技术先进、经济合理。

在系统建设的技术层面应充分重视系统的适应性、安全性、可靠性和可维护性。消防远程监控系统利用公共通信网络和专用通信网络作为报警传输网络，所以系统设计应遵循公共通信网络系统标准。同时，消防远程监控系统确认的真实火警信息需要被及时传输到城市消防通信指挥系统，所以在消防远程监控系统建设中，其系统设计应与城市消防通信指挥系统标准保持一致。

系统建设的费用方面应重视系统的实用性、运行成本和维护费用。在系统运行过程中，维护将伴随系统的整个生命周期，良好的维护工作会明显提高系统的实际运行效果，是确保系统达到甚至超过预期效用的重要手段。

3. 系统接口

城市消防远程监控系统的基本功能在火灾报警信息和建筑消防设施运行状态信息的接收和处理功能基础上，增加信息查询、用户服务功能，即监控中心为公安消防部门提供信息查询接口和为联网用户提供信息服务接口。

通过信息查询接口，公安消防部门可以查询联网用户的火灾报警信息、建筑消防设施运行状态信息和消防安全管理信息，并进行相关技术统计，从而进一步加强对联网用户单位消防安全管理状况的监督，扩大监管视角，延长监管视线，及时开展有针对性的监督执法工作，把隐患消除在萌芽状态，切实做到消防工作重心转移、隐患整治关口前移。

通过信息服务接口，联网用户可以查询其自身的火灾报警、建筑消防设施运行状态信息及消防安全管理信息，对建筑消防设施日常维护保养情况进行管理，进行消防安全管理信息的数据录入、编辑操作，并可实现对值班人员日常值班工作的远程监督。

4. 系统安全性

系统的安全性是确保系统正常运行的重要方面。理论上说，没有绝对安全的系统，但是在进行系统建设过程中，应充分考虑采用各种手段来努力提升系统安全性。城市消防远程监控系统主要面临的安全性问题主要有以下几个方面：

(1)来自系统外界的恶意和无意的攻击；

(2)来自内部的恶意和无意的攻击；

(3)信息的安全性。

消防远程监控系统(包括监控中心、用户信息传输装置、相关信息终端)称为内部系统，与之相对的部分称为外部系统。在各类系统与消防远程监控系统连接时，应保证网络连接安全，通过建立网管系统，设置防火墙，对外部攻击进行实时监控和防范。对消防远程监控系统资源的访问应有身份认证和授权，系统的数据库服务器应有备份功能，应有防止修改火灾报警信息、建筑消防设施运行状态信息等原始数据的措施和方案，同时，安装在联网用户的用户信息传输装置，在采集各类建筑消防设施的运行和报警数据时，宜采用光电隔离方式，保证电气连接的安全性。

5. 系统可靠性

消防远程监控系统可靠性是考虑如何抵御运行过程中出现的各种恶劣条件所带来的干扰。在系统建设过程中，在注重系统施工质量的同时，应从联网用户的用户信息传输装置和监控中心设置两个方面采取可靠性措施。

1)联网用户

联网用户端的用户信息传输装置在运行过程中，可能受到来自外部环境的各种干扰，作为数据传输类产品，国家标准《消防联动控制系统》(GB 16806—2006)对传输设备的电磁兼容等抗干扰性能和环境适应性等提出了明确要求，从而保证产品的运行可靠性。目前，用户信息传输装置已被列入消防产品强制性3C认证范围。

用户信息传输装置与监控中心之间通过报警传输网络进行信息传输。报警传输网络可采用公用通信网或专用通信网构建，一般采用有线通信或无线通信方式。为保证火灾报警信息和建筑消防设施运行信息的可靠传输，可以考虑采用主、备用传输信道方式。当主传输信道发生故障中断时，应能及时启用备用传输信道进行数据传输。

2)监控中心

监控中心作为对消防远程监控系统的信息进行集中管理的中心节点，在系统建设过程中需要考虑采取以下可靠性措施。

(1)监控中心的设置地点应选择在耐火等级为一、二级的建筑中，并宜设置在火灾危险性较小的部位；监控中心周围不应布置电磁场干扰较强或其他影响监控中心正常工作的设备。

(2)监控中心的内部布线和防雷接地应满足相关标准的要求。

(3)监控中心的关键硬件设备可以采用双机备份的方式，备份的方式有热备份和冷备份两种，主要考虑数据服务器与通信服务器的备份、通信方式和通道的备份等。

(4)监控中心与用户信息传输装置之间通过动态设置巡检方式和时间周期，保证两者之间的通信畅通。

(5)监控中心应建立突发事件应急处理机制，保证在任何情况下能够正常接收、处理报警信息。

7.15.2 城市消防远程监控系统验收

(1)城市远程消防监控系统的性能指标应符合下列要求。

① 监控中心应能同时接收和处理不少于3个联网用户的火灾报警信息。

② 从用户信息传输装置获取火灾报警信息到监控中心接收显示的响应时间不应大于20 s。

③ 监控中心向城市消防通信指挥中心或其他接处警中心转发经确认的火灾报警信息的时间不应大于3 s。

④ 监控中心与用户信息传输装置之间通信巡检周期不应大于2 h，并能动态设置巡检方式和时间。

⑤ 监控中心的火灾报警信息、建筑消防设施运行状态信息等记录应备份，其保存周期不应小于1年。当按年度进行统计处理时，应保存至光盘、磁带等存储介质中。

⑥ 录音文件的保存周期不应少于6个月。

⑦ 远程监控系统应有统一的时钟管理，累计误差不应大于5 s。

(2)在系统运行过程中，通常需要通过计算机网络建立内部系统和外部系统之间的联系，而外部系统又往往要与其他更多的系统相互连接，或通过国际互联网进行连接。有了这层联系，内部系统在安全上会受到外部系统的威胁。

系统安全性主要是考虑如何抵御各种人为的攻击，而系统可靠性则是考虑如何抵御运行过程中出现的各种恶劣条件所带来的干扰。在系统建设过程中，在注重系统施工质量的同时，应从联网用户的用户信息传输装置和监控中心设置方面采取可靠措施。

主要参考文献

［1］中华人民共和国公安部．固定消防炮灭火系统设计规范：GB 50338—2016[S]．北京：中国计划出版社，2016．

［2］中华人民共和国公安部．建筑消防设施检测技术规程：GA 503—2004[S]．北京：中国标准出版社，2004．

［3］中华人民共和国建设部，中华人民共和国国家质量技术监督检验检疫总局．干粉灭火系统技术规范：GB 50347—2004[S]．北京：中国计划出版社，2004．

［4］中华人民共和国住房和城乡建设部，中华人民共和国国家质量监督检验检疫总局．自动喷水灭火系统设计规范：GB 50084—2017[S]．北京：中国计划出版社，2017．

［5］中华人民共和国公安部．建筑消防设施的维护管理：GA 587—2005[S]．北京：中国标准出版社，2005．

［6］中华人民共和国住房和城乡建设部，中华人民共和国国家质量监督检验检疫总局．自动喷水灭火系统施工及验收规范：GB 50261—2017[S]．北京：中国计划出版社，2018．

［7］中华人民共和国建设部，中华人民共和国国家质量监督检验检疫总局．泡沫灭火系统施工及验收规范：GB 50281—2006[S]．北京：中国计划出版社，2006．

［8］中华人民共和国建设部，中华人民共和国国家质量监督检验检疫总局．气体灭火系统施工及验收规范：GB 50263—2007[S]．北京：中国计划出版社，2007．

［9］中华人民共和国住房和城乡建设部，国家市场监督管理总局．火灾自动报警系统施工及验收标准：GB 50166—2016[S]．北京：中国计划出版社，2016．

［10］中华人民共和国住房和城乡建设部，中华人民共和国国家质量监督检验检疫总局．建筑灭火器配置验收及检查规范：GB 50444—2008[S]．北京：中国计划出版社，2008．

［11］中华人民共和国国家质量监督检验检疫总局，中国国家标准化管理委员会．建筑消防设施的维护管理：GB 25201—2010[S]．北京：中国标准出版社，2010．

［12］国家市场监督管理总局，中国国家标准化管理委员会．消防控制室通用技术要求：GB 25506—2010[S]．北京：中国标准出版社，2011．

［13］中华人民共和国公安部．消防产品现场检查判定规则：GA 588—2012[S]．北京：中国计划出版社，2012．

［14］中华人民共和国住房和城乡建设部，中华人民共和国国家质量监督检验检疫总局．细水雾灭火系统技术规范：GB 50898—2013[S]．北京：中国计划出版社，2013．

［15］陈伟．防排烟系统的竣工验收与维护管理[J]．科技信息，2010(26)：768．

［16］赵东明，李超．消防应急照明及智能疏散系统的功能和应用[J]．消防技术与

产品信息.2013(7):53－56.

[17] 中华人民共和国住房和城乡建设部,中华人民共和国国家质量监督检验检疫总局.消防给水及消火栓系统技术规范:GB 50974—2014[S].北京:中国计划出版社,2014.

[18] 中华人民共和国公安部.电气火灾监控系统:GB 14287—2014[S].北京:中国计划出 版社,2014.

[19] 中华人民共和国公安部消防局.中国消防手册.第三卷.消防规划·公共消防设施·建筑防火设计[M].上海:上海科学技术出版社,2006.

[20] 中华人民共和国公安部消防局.中国消防手册.第六卷.公共场所、用火用电防火·建筑消防设施[M].上海:上海科学技术出版社,2007.

[21] 中国建筑标准设计研究院.室内管道支架及吊架:03S402—2007[S].北京:中国计划出版社,2007.

[22] 中国建筑标准设计研究院.消防专用水泵选用及安装:04S204—2004[S].北京:中国计划出版社,2007.

[23] 中国建筑标准设计研究院.消防增压稳压设备选用与安装(隔膜式气压罐):98S205[S].北京:中国计划出版社,2009.

[24] 中华人民共和国国家经济贸易委员会.固定式消防泵:JB/T 10378—2002[S].北京:机械工业出版社,2002.出版时间不确定

[25] 陈育坤.建筑消防设施操作与检查[M].昆明:云南美术出版社,2011.

[26] 李天荣.建筑消防设备工程[M].重庆:重庆大学出版社,2002.

[27] 住房和城乡建设部工程质量安全监管司,中国建筑标准设计研究院.全国民用建筑工程设计技术措施:2009年版.规划、建筑、景观[M].北京:中国计划出版社,2010.

[28]《消防安全技术综合能力》编委会.消防安全技术综合能力[M].北京:中国计划出版社,2016.

[29] 注册消防工程师资格考试用书编委会.消防安全技术实务[M].成都:电子科技大学出版社,2017.

[30] 中华人民共和国住房和城乡建设部,中华人民共和国国家质量监督检验检疫总局.消防给水及消火栓系统技术规范:GB 50974—2014[S].北京:中国计划出版社,2014.

[31] 中华人民共和国住房和城乡建设部,中华人民共和国国家质量监督检验检疫总局.固定消防炮灭火系统设计规范:GB 50338—2003[S].北京:中国计划出版社,2003.

[32] 中华人民共和国住房和城乡建设部,中华人民共和国国家质量监督检验检疫总局.水喷雾灭火系统技术规范:GB 50219—2014[S].北京:中国计划出版社,2015.

[33] 中华人民共和国住房和城乡建设部,中华人民共和国国家质量监督检验检疫总局.细水雾灭火系统技术规范:GB 50898－2013[S].北京:中国计划出版社,2015.

[34] 中华人民共和国住房和城乡建设部,中华人民共和国国家质量监督检验检疫总局.二氧化碳灭火系统设计规范:GB 50193—93[S].2010年版.北京:中国计划出版

社,2010.

[35] 中华人民共和国建设部,中华人民共和国国家质量监督检验检疫总局. 气体灭火系统设计规范:GB 50370—2005[S]. 北京:中国计划出版社,2006.

[36] 中华人民共和国建设部,中华人民共和国国家质量监督检验检疫总局. 干粉灭火系统设计规范:GB 50347—2004[S]. 北京:中国计划出版社,2004.

[37] 中华人民共和国住房和城乡建设部,中华人民共和国国家质量监督检验检疫总局. 烟雾灭火系统技术规程 CECS 169:2004[S]. 北京:中国计划出版社,2004.

[38] 中华人民共和国住房和城乡建设部,国家市场监督管理总局. 泡沫灭火系统技术标准:GB 50151—2021[S]. 北京:中国计划出版社,2021.

[39] 中华人民共和国住房和城乡建设部,中华人民共和国国家质量监督检验检疫总局. 火灾自动报警系统设计规范:GB 50116—2013[S]. 北京:中国计划出版社,2014.

[40] 中华人民共和国住房和城乡建设部,中华人民共和国国家质量监督检验检疫总局. 建筑设计防火规范:GB 50016—2014 [S]. 2018 年版. 北京:中国计划出版社,2018.

[41] 中华人民共和国建设部,中华人民共和国国家质量监督检验检疫总局. 建筑灭火器配置设计规范:GB 50140—2005[S]. 北京:中国计划出版社,2005.

[42] 中华人民共和国建设部,中华人民共和国国家质量监督检验检疫总局. 城市消防远程监控系统技术规范:GB 50440—2007[S]. 北京:中国计划出版社,2007.

[43] 中华人民共和国国家质量监督检验检疫总局,中国国家标准化管理委员会. 防火卷帘:GB 14102—2005[S]. 北京:中国计划出版社,2005.

[44] 中华人民共和国国家质量监督检验检疫总局,中国国家标准化管理委员会. 消防车 第 1 部分 通用技术条件:GB 7956. 1—2014[S]. 北京:中国计划出版社,2014.

[45] 中华人民共和国国家质量监督检验检疫总局,中国国家标准化管理委员会. 消防车 第 2 部分 水罐消防车:GB 7956. 2—2014[S]. 北京:中国计划出版社,2014.

[46] 中华人民共和国国家质量监督检验检疫总局,中国国家标准化管理委员会. 消防车 第 3 部分 泡沫消防车:GB 7956. 3—2014[S]. 北京:中国计划出版社,2014.

[47] 国家市场监督管理总局,国家标准化管理委员会. 消防车:第 7 部分 泵浦消防车:GB 7956. 7—2019[S]. 北京:中国标准出版社,2020.

[48] 国家市场监督管理总局,国家标准化管理委员会. 消防车:第 4 部分 干粉消防车:GB 7956. 4—2019[S]. 北京:中国标准出版社,2020.

[49] 中华人民共和国国家质量监督检验检疫总局,中国国家标准化管理委员会. 消防车 第 12 部分 举高消防车:GB 7956. 12—2015[S]. 北京:中国标准出版社,2015.

[50] 中华人民共和国公安部. 消防车 消防要求和试验方法:GA 39—2016[S]. 北京:中国标准出版社,2016.

[51] 中华人民共和国国家质量监督检验检疫总局,中国国家标准化管理委员会. 漆膜颜色标准:GB/T 3181—2008[S]. 北京:商务印书馆,2008.

[52] 中华人民共和国国家质量监督检验检疫总局,中国国家标准化管理委员会. 手提式灭火器 第 1 部分 性能和结构要求:GB 4351. 1—2005[S]. 北京:中国标准出版

社,2005.

[53] 中华人民共和国国家质量监督检验检疫总局,中国国家标准化管理委员会．消防泵:GB 6245—2006[S]. 北京:中国标准出版社,2006.

[54] 中华人民共和国国家质量监督检验检疫总局,中国国家标准化管理委员会．消防电梯制造与安装安全规范 GB 26465－2011[S]. 北京:中国标准出版社,2011.

[55] 中华人民共和国公安部．古建筑消防管理规则[M]. 北京:中国计划出版社,1984.

[56] 中华人民共和国公安部消防局．中国消防手册．第六卷．公共场所、用火用电防火·建筑消防设施[M]. 上海:上海科学技术出版社,2007.

[57] 王艳．古建筑火灾危险性分析及预防对策[J]. 武警学院学报,2005,21(4):28－29＋32.

[58] 中华人民共和国住房和城乡建设部,中华人民共和国国家质量监督检验检疫总局．爆炸危险环境电力装置设计规范:GB 50058—2014[S]. 北京:中国计划出版社,2014.

[59] 中华人民共和国住房和城乡建设部,中华人民共和国国家质量监督检验检疫总局．建筑内部装修设计防火规范:GB 50222—2017[S]. 北京:中国环境出版社,2018. 时间不确定

[60] 中华人民共和国住房和城乡建设部,中华人民共和国国家质量监督检验检疫总局．工业建筑供暖通风与空气调节设计规范:GB 50019—2015[S]. 北京:中国计划出版社,2016.

[61] 中华人民共和国交通部．海港总平面设计规范 局部修订(航道边坡坡度和设计船型尺度部分:JTJ 211—99[S]. 北京:文汇出版社,2003.

[62] 中华人民共和国交通部．装卸油品码头防火设计规:JTJ 237—49[S]. 北京:水利水电出版社,1999.

[63] 中华人民共和国住房和城乡建设部,中华人民共和国国家质量监督检验检疫总局．汽车加油加气站设计与施工规范:GB 50156—2012[S]. 北京:中国计划出版社,2013. 查不到

[64] 中华人民共和国住房和城乡建设部,中华人民共和国国家质量监督检验检疫总局．城镇燃气设计规范:GB 50028—2006[S]. 2020 年版．北京:中国建筑工业出版社,2020.

[65] 中华人民共和国国家质量监督检验检疫总局,中国国家标准化管理委员会．液化天然气(LNG)生产、储存和装运:GB/T 20368—2012[S]. 北京:中国标准出版社,2013.

[66] 中华人民共和国住房和城乡建设部,中华人民共和国国家质量监督检验检疫总局．人民防空工程设计防火规范:GB 50098—2009[S]. 北京:中国计划出版社,2009.

[67] 中华人民共和国住房和城乡建设部,国家市场监督管理总局．火力发电厂与变电站设计防火标准:GB 50229—2019 [S]. 北京:中国计划出版社,2019.

[68] 中华人民共和国住房和城乡建设部,中华人民共和国国家质量监督检验检疫总局．数据中心设计规范:GB 50174—2017[S]. 北京:中国计划出版社,2017.

[69] 中华人民共和国建设部,中华人民共和国国家质量监督检验检疫总局．气体灭火系统设计规范:GB 50370—2005[S]. 北京:中国计划出版社,2006.

[70] 中华人民共和国建设部,中华人民共和国国家质量监督检验检疫总局．人民防空地下室设计规范:GB 50038—2005[S]. 北京:中国计划出版社,2006.

[71] 中华人民共和国住房和城乡建设部,中华人民共和国国家质量监督检验检疫总局．汽车库、修车库、停车场设计防火规范:GB 50067—2014[S]. 北京:中国计划出版社,2015.

[72] 中华人民共和国国家质量监督检验检疫总局,中国国家标准化管理委员会．门和卷帘的耐火试验方法:GB/T 7633—2008[S]. 北京:中国标准出版社,2008.

[73] 孙磊,刘澄波．综合管廊的消防灭火系统比较与分析[J]. 地下空间与工程学报,2009,5(3):616－620.

[74] 程洁群．综合管廊消防设计探讨[J]. 武警学院学报,2014,30(8):54－56.

[75] 中华人民共和国住房和城乡建设部,中华人民共和国国家质量监督检验检疫总局．城市综合管廊工程技术规范:GB 50838—2015[S]. 北京:中国计划出版社,2015.

[76] 张泽江,梅秀娟．古建筑消防[M]. 北京:化学工业出版社,2010.